ZHONGGUO DONGYA FEIHUANG
SHUZIHUA QUHUA
YU KECHIXU ZHILI

中国东亚飞蝗
数字化区划与可持续治理

杨普云　黄文江　任彬元　董莹莹　朱景全　主编

中国农业出版社

北　京

编写人员名单

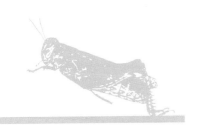

主编：杨普云　黄文江　任彬元　董莹莹　朱景全

编写人员：

省级人员

天津市农业综合行政执法总队　张志武

河北省植保植检总站　崔栗　张进文　李娜

山西省植保植检站　张东霞　刘一景　王丽英

辽宁省农业发展服务中心　张万民　张丹
　　屈丽莉

江苏省植物保护植物检疫站　朱凤　田子华
　　周晨

安徽省植物保护总站　郑兆阳　曹辉辉

山东省农业技术推广中心　杨万海　黄渭

河南省植保植检站　王江蓉　郭姝辰　何洋

广东省农业有害生物预警防控中心　郑静君
　　黄立胜

广西壮族自治区植保站　谢义灵　覃保荣

海南省植物保护总站　李相煌　陈丽君　宋禹

陕西省植物保护工作总站　郭海鹏　史静妮

四川省农业农村厅植物保护站　徐翔

县级人员

天津市

宝坻区种植业发展服务中心　刘梦颖

北辰区植保植检站　李贵响

滨海新区植保植检站　范春斌　杨勇　陈青山
　　阳积文

蓟州区植保植检站　李国利

津南区植保植检站　冯学良

静海区植保植检站　申红利

宁河区植保植检站　曹玉霞

武清区植保植检站　张万明

西青区植保植检站　毕艳

河北省

石家庄市植物保护检疫站　江彦军　何飞飞

行唐县农业技术推广中心　康海燕

灵寿县农业技术推广中心　周树梅

鹿泉区植物保护检疫站　张立娇

平山县防蝗植保站　韩丽　刘明霞

保定市植保植检站　白颖

蠡县农业农村局　贾艳辉　刘文昌

安新县植保站　张小龙　李虎群

沧州市植物保护检疫站　寇奎军　刘震

沧县植保站　孙泽信　张巧丽

海兴县植保植检站　李玖祥

南大港管理区植保植检站　宋华盛　刘志强
　　张家林　董宪梅

献县植保站　胡国律　张景松

衡水市植物保护检疫站　于卫红　张　影

衡水市冀州区农业农村局植保植检站　李永刚
　　李　荣

衡水市桃城区农业技术推广中心　赵树良
　　康翠红

承德市植保植检站　赵鹏飞

宽城满族自治县植保站　姚明辉

廊坊市植保植检站　荆微微

霸州市植物保护植物检疫站　潘小花　刘　莹

大城县植保植检站　张宝军　吴雅娟

文安县农业农村局　高洪吉

香河县植保植检站　李秀清

邯郸市农牧局植物保护站　毕章宝

山西省

万荣县植保植检站　贺春娟　贾蕊勤

河津市植保站　史瑞叶

临猗县植物保护检疫站　张智强

平陆县植保站　朱　强

芮城县植保站　任照国

永济市植保站　杨晓峰

辽宁省

葫芦岛市现代农业发展服务中心　金　伟

南票区农业发展服务中心　杨斌凯

盘山县现代农业生产基地发展服务中心　张振和

绥中县农业事务服务中心　蔡纪新

江苏省

洪泽区植物保护站　倪运东

盱眙县植物保护站　王国兵　刘福祥　洪国保

连云港市赣榆区植保植检站　李广森

灌云县植保站　李海生

泗洪县植保站　高　攀

宿豫区农业技术推广中心　程玲娟

沛县治蝗站　李玉静

徐州市铜山区植物保护站　李兴东

大丰区植保植检站　陈　华

徐州市植保植检站　陈恩会

连云港市植保植检疫站　孔令军

宿迁市植保植检站　陈之政　张　明

淮安市植保植检站　李春梅

盐城市植物保护站　朱汉青

安徽省

淮北市烈山区农水局　张启敬

凤阳县植保站　沈言根

固镇县农业技术推广中心　陈正州

怀远县植保站　唐兴龙　王同岁

明光市植保站　刘廷府

天长市植检植保站　董玉海

凤台县植保植检站　蔡广成　高　矿

阜南县植保植检站　马标　宋振颖　赵其苍

颍上县病虫测报站　马　骥　胡冠麟

霍邱县植物保护植物检疫站　陈　贵

寿县农业技术推广中心　周德美

灵璧县植保植检站　任新松

山东省

济南市植物保护站　赵　政

济南市长清区植物保护站　房泽东

平阴县植物保护检疫站　张化良

枣庄市植物保护站　李　瑞

滕州市植物保护站	杨建国	乐陵市植物保护站	赵　燕
滕州市植物保护站	赵　猛	庆云县植物保护站	高保军
峄城区植物保护站	孟凡亮	滨州市植物保护站	张路生
薛城区植物保护站	殷宪亮	无棣县植物保护站	王其武
山亭区植物保护站	许　珂	沾化区植物保护站	张世强
市中区植物保护站	刘树艳	菏泽市植物保护站	郝　伟
台儿庄植物保护站	张　丰	菏泽市植物保护站	晁国德
东营市植物保护站	谢秀华	郓城县植物保护站	徐建国
东营市植物保护站	张西健	东明县植物保护站	张冬菊
东营区农业农村局植保站	张向阳	鄄城县植物保护站	路　迈
河口区农业农村局植保站	李祖龙	鄄城县植物保护站	张小冬
垦利区农业农村局植保站	王笃志	菏泽市牡丹区植物保护站	徐龙宝
利津县农业农村局植保站	王新国	巨野县植物保护站	田翠玲
广饶县农业农村局植保站	张百忍	曹县植物保护站	王广莲
潍坊市植物保护站	潘云平	单县植物保护站	杨绪彦

河南省

潍坊市寒亭区植物保护站	曹虎春		
寿光市植物保护站	丁发强	郑州市植保植检站	邢彩云　李丽霞
昌邑市植物保护站	宫瑞杰	惠济区植保植检站	邹　剑　宋培菊
潍坊市峡山生态经济开发区农林水利局	季建强	荥阳市植保植检站	何　凡　高　杨
济宁市农业农村局	曹　增	中牟县植保植检站	袁世昌
济宁市任城区农业农村局	何秋艳	巩义市植保植检站	刘　宁
鱼台县农业农村局	孟鲁艳	开封市植保植检站	胡培海
邹城市农业农村局	赵艳丽	祥符区植保植检站	窦强莉
汶上县农业农村局	朱庆荣	兰考县植保植检站	徐竹莲
微山县农业农村局	陈福华	洛阳市植物保护植物检疫站	丁征宇　张　莉
嘉祥县农业农村局	王桂丽	嵩县植物保护植物检疫站	李志强
梁山县农业农村局	张慧玲	洛宁县植物保护植物检疫站	吕丽萍
金乡县农业农村局	周银华	新安县植物保护植物检疫站	崔小伟
泰安市植物保护站	代伟成	孟津区植物保护植物检疫站	张华敏
东平县植物保护站	卜凡平	偃师市植物保护植物检疫站	赵要辉
德州市植物保护站	王尽松	新乡市植保植检站	苏　丽　徐　英

封丘县植保植检站　王志申　刘广鑫

原阳县植保植检站　王永锋　马喜彦

长垣县植保植检站　杜卫东　秦珊珊

焦作市植保植检站　张玉华　胡俊芳

孟州市植保站　林开创　薛晓敏

温县植保站　张同庆　石卫东

武涉县植保站　马建华　雒德才

濮阳市植保植检站　陈艳利　柴宏飞

濮阳县农业技术推广中心　张伟霞

台前县植保植检站　郭宪振

范县植保植检站　李大华　王建华

三门峡市植保站　乔建中　王　东　魏向阳

渑池县植保站　王军英

陕州区植保站　王晓霞

灵宝市植保站　郭银英

卢氏县植保站　石玉坤

驻马店市农业技术推广和植物保护检疫站　吴　方

新蔡县植保站　柏　雷

平舆县植物保护站　冯贺奎

确山县农业综合行政执法大队　王卫雨

汝南县植保站　李　勇

上蔡县植保植检站　杨文礼

遂平县植保植检站　薛运启

泌阳县植物保护植物检疫站　黄振宇

西平县植保植检站　陈保林

正阳县植保植检站　赵　刚

驿城区农业技术推广和植物保护检疫站　曹　然

济源市植保植检站　李艳丽

广东省

雷州市农业有害生物预警防控中心　李国君

廉江市农业技术推广中心　周福庆

广西壮族自治区

来宾市植物保护站　罗　维

兴宾区植物保护站　兰志斌

象州县植物保护检疫站　黄汉能

武宣县植物保护站　李旭林

柳州市农业技术推广中心　谢培超

柳城县农作物病虫害预测预报站　李雪凤

柳江区植保植检站　蓝启和

北海市农业技术推广中心　沈小英

合浦县植保站　黄向荣

海南省

儋州市农林科学院　袁群雄　彭振高　唐真正

东方市农业服务中心　金宝红

乐东黎族自治县蝗灾应急防治站　孙定波　吴海跃　邢　雄

昌江黎族自治县农业技术推广服务中心　陈金雄　蒲运峰

陕西省

富平县农业技术推广中心　郜艳丽

华阴市植保植检站　贠红亮

临渭区农业技术推广中心　刘　娟

大荔县农业技术推广中心　谷卫忠

华州区植保植检站　吴玲洁

蒲城县植保植检站　李小虎

潼关县农业技术推广中心　戴　端

韩城市农业技术推广中心　王健稳

合阳县农业技术推广中心　张渭薇

秦都区植保植检站　张春玲　王　琼

武功县植保植检站　马　刚　何党军

周至县植保植检站　李晓蕊　冯　华

兴平市植保植检站　冯文涛　王忠娣

序

东亚飞蝗具有群居性、暴发性和迁飞性等特点，在历史上与水灾、旱灾并称为三大自然灾害，是最重要的农作物害虫，曾给我国农业生产和人民生活造成严重影响。东亚飞蝗暴发一般可造成粮食减产30%～70%，发生严重时甚至绝收。从古至今，蝗灾的发生都备受各国政府和公众的高度关注，各国都把对蝗灾的防控纳入政府和决策机构的行动计划之中。

新中国成立后，党和政府十分重视治蝗工作，制定了"改治并举"的治蝗方针，通过兴修水利、开垦荒滩、植树造林、治沙治碱等大规模的蝗区治理活动和积极开展大面积的化学防治等一系列行之有效的措施，使蝗灾基本得到了控制。进入21世纪，农业行政和植保技术部门精心组织、扎实工作，千方百计控制了蝗虫危害，实现了"飞蝗不起飞成灾、土蝗不扩散危害"的治理目标。

近年，东亚飞蝗发生密度、发生面积和危害程度持续下降，蝗虫灾害进入可持续治理阶段。但受河道变迁、河水流量变化、湖库水位升降及气候变化等自然因素和水利设施建设、植树造林、农业生产及生态治理活动等人为因素的影响，使得蝗区面貌和分布情况发生很大变化，及时对全国东亚飞蝗蝗区进行重新勘测并实现精细化管理很有必要。

为此，全国农业技术推广服务中心（农业农村部蝗灾防治指挥部办公室）会同中国科学院空天信息创新研究院对全国范围内东亚飞蝗常发生的11个省、自治区、直辖市170多个县进行了遥感勘测，并组织有关省、市、县级植保机构开展了东亚飞蝗发生和防治技术的分析研究，力求全面反应我国东亚飞蝗发生现状和近年来取得的可持续治理成绩。本书从自然环境变化、人类生产活动等方面客观分析了近30年中国不同类型东亚飞蝗蝗区的演变原因、过程和结果，内容兼具广度和深度、图文并茂、理论联系实际，是指导蝗虫防控实践的好书。相信本书的面世将使中国东亚飞蝗的可持续治理工作再上新台阶，为保障我国农业生产安全作出积极贡献。

全国农业技术推广服务中心主任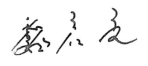
农业农村部蝗灾防治指挥部办公室
2021年12月

目　录

概述 · GAISHU

东亚飞蝗[*Locusta migratoria manilensis* (Meyen)]是引发中国蝗灾暴发的最重要蝗虫种类。中国有文字记载的4 000多年历史上，水、旱、蝗并称三大自然灾害，而蝗灾主要是由东亚飞蝗引起的，曾经给人民造成深重的灾难。

中国已知的蝗虫种类有900多种，其中对农林、牧业造成危害的有60余种，危害严重的有30多种。飞蝗（*Locusta migratory*）是中国危害最严重的蝗虫，具有暴发性、迁飞性和毁灭性的特点。飞蝗在中国已知有东亚飞蝗[*Locusta migratoria manilensis* (Meyen)]、亚洲飞蝗[*Locusta migratoria locusta* (Meyen)]、西藏飞蝗（*Locusta migratoria tibitensis* Chen）3个亚种，其中东亚飞蝗在我国分布范围最广，暴发频率最高，危害最重。

新中国成立以来，各级政府高度重视蝗灾的治理工作。农业行政、科研和植保部门密切合作，开展了蝗灾的应急防控与可持续治理的工作，取得了显著成效，有效地控制了蝗灾的发生与危害，连续六十多年实现了"飞蝗不起飞成灾、土蝗不大面积扩散危害、入境蝗虫不二次迁飞"的治蝗总体目标。监测预警数字化进一步完善，防治指挥信息化明显提高，监控信息系统基本建立；防控装备明显改善，防控行动专业化取得明显进步，市场化机制探索取得重要进展。截至2018年，生态改造蝗区面积2 000万亩*以上，农区蝗虫达标区域防治覆盖率达到70%以上，牧区达到50%以上；农区专业化统防统治比例达到80%以上，牧区达到70%以上；农区和牧区生物防治比例均提高到60%以上。

在"改治并举"治蝗方针指导下，经过长期的治理和蝗区的生态改造，东亚飞蝗的滋生面积已由20世纪50年代的520多万hm^2压缩到2017年的160多万hm^2，东亚飞蝗的滋生面积减少了70.4%，东亚飞蝗的暴发频率显著降低。近20年来，随着东亚飞蝗暴发频率的降低，东亚飞蝗的防控策略由"狠治夏蝗，抑制秋蝗"、以化学农药应急防治为主，调整为"以生物防控为主、化学防控为辅"的可持续治理策略。

实施东亚飞蝗的可持续治理，蝗区的勘测是基础。1987—1997年的十年间，原全国农业植物保护总站（现全国农业技术推广服务中心）组织有关省、直辖市植保站开展了第一次东亚飞蝗蝗区勘测。通过为期十年的实地系统调查和观测，对中国20世纪90年代东亚飞蝗的蝗区分布范围、发生面积、生态状况和发生动态进行了系统的描叙和记载，为东亚飞蝗的可持续治理打下了良好的基础。

2009—2018年，全国农业技术推广服务中心在原农业部（现农业农村部）农作物病虫鼠害疫情监测与防控项目、国家公益性行业科研专项和国家自然科学基金等项目的资助下，利用现代信息技术开展了东亚飞蝗蝗区的数字化勘测，利用GIS、GPS和卫星遥感技术，全面系统和精确地进行了东亚飞蝗的蝗区分布范围、面积和生态状况的系统普查和勘测，形成了东亚飞蝗蝗区分布的数字化地图，为东亚飞蝗的精准监测和可持续治理，根治中国东亚飞蝗蝗灾奠定基础。

第一节　东亚飞蝗蝗区概念与数字化区划

一、蝗区概念

马世俊1965年把中国东亚飞蝗蝗区划分为三类：即核心蝗区（发生基地），一般蝗区（适生区）和临时发生区（扩散区、侵袭区）。

核心蝗区：也称为发生基地，具有东亚飞蝗滋生的最适宜的环境条件，平时保留有高密度东亚飞蝗种群，大发生时由此向外迁移。

一般蝗区：也称之为适生区，一般只有少数东亚飞蝗活动，每年蝗虫数量有增有减，但外地蝗虫迁入即可就地繁殖。

临时发生地：也称扩散区，侵袭区，正常情况下不适于东亚飞蝗的滋生，但在大的自然气候条件

---

* 亩为非法定计量单位，1亩≈667m^2，余同。——编者注

变化中，如旱涝灾害相间发生的年份后，则有可能成为飞蝗发生地，但也容易迅速消失。

二、数字化区划蝗区概念

数字化区划蝗区的概念是指东亚飞蝗的地理分布区，也称之为宜蝗区，是以生态学为基础而划分的，是指现时存在的蝗虫分布和发生区域。这类蝗区在数字化区划中分为一般蝗区和核心蝗区两个层次。

一般蝗区：是指东亚飞蝗的地理分布区，在该分布区内具有比较稳定和适宜东亚飞蝗滋生的环境条件，常年分布有东亚飞蝗种群。

核心蝗区：是指在一般蝗区内，具有东亚飞蝗滋生的最适宜的环境条件，平时保留有高密度东亚飞蝗种群，是东亚飞蝗的核心防治区或发生中心，在暴发年份是必须采取应急防治的区域。

三、蝗区数字化区划的依据

一般蝗区：根据历史记载和多年调查，确定为东亚飞蝗的地理分布区，对该区域通过GPS进行了精确的定位和测算。

核心蝗区：在一般蝗区的范围内，通过5个主要变量，对卫星遥感图片进行系统分析和测算确定的具有东亚飞蝗滋生的最适宜的环境条件，平时保留有高密度东亚飞蝗种群的区域。

蝗区数字化区划的依据：根据本区域最近（2017年）东亚飞蝗蝗区分布数字地图，测算核心蝗区（发生基地）和一般蝗区（适生区）的位置信息和测算出面积，以下几个方面的变量为测算依据。①地形特征描述。非耕地：东亚飞蝗分布在北纬42℃以南的洼地、平原和丘陵。荒地（海滩地、河滩地、湖滩地）、草原、高原等。②气候特征。温度发育起点温度15℃，蝗蝻发育起点温度为18℃。一个世代：要求25℃以上不少于30天。日均气温在 −10℃以下，连续20天或 −15℃以下超过5天，则蝗卵不能安全越冬。另外，7月份的24℃等温线也大致符合东亚飞蝗的分布北界。随气候变暖，分布线北移。

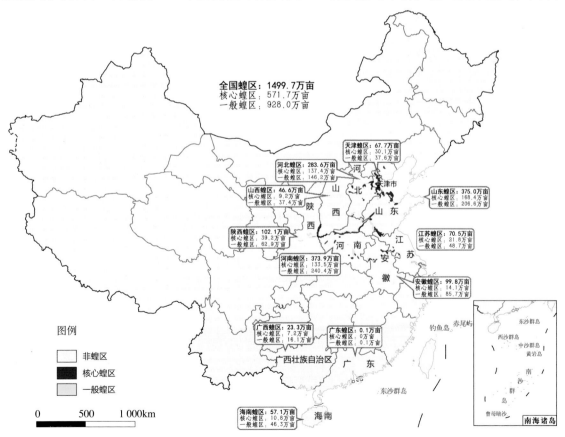

③土壤特征。产卵虫源地：含盐量<0.5%适合，含盐量>1.2%不产卵。沙土含水量8%～12%，壤土含水量15%～18%，黏土含水量19%～22%适合产卵。④植被特征。植被覆盖度范围10%～80%，最适宜覆盖度15%～50%，禾本科植物如芦苇、稗草、茅草等。⑤水文特征。海滩地、河滩地、湖滩地水位的季节性或年度性变化规律对东亚飞蝗发生的影响。

第二节　东亚飞蝗蝗区遥感定量勘测

一、背景及意义

近年来，由于全球气候变暖、农业生态环境变化及人类活动的影响，东亚飞蝗蝗区的分布范围不断变化，加之飞蝗自身的暴发性、迁飞性和发生不确定性等特征，致使蝗虫防治任务日益艰巨。

蝗虫防治工作须在蝗虫迁飞前进行，准确的防治区域划分和防治面积确定是治蝗的关键。目前，我国蝗区测报、防控体系相对传统，多在"点"上开展工作，极易造成防控效率低下，蝗情漏防成灾等问题，因此急需开展大范围的东亚飞蝗蝗区定量勘测工作。另一方面，21世纪以来，我国未开展系统的蝗区普查，而蝗区演变特征及其生态控制、生物防治、化学防治对策所产生的治理效果对于今后防治对策的制订具有重要指导意义。因此，迫切需要开展东亚飞蝗蝗区的遥感定量勘测工作，这对于东亚飞蝗精准防治、减少农药施用、提高我国病虫害绿色防控效率具有重要意义。

近年来，空间对地观测技术发展迅猛，我国发射的高分（GF）系列、风云（FY）系列、资源（CBERS、ZY）系列、环境（HJ）系列等卫星，以及欧空局发射的Sentinel系列卫星和美国发射的Landsat陆地卫星正构筑起一个高频度、高空间分辨率、多谱段、全覆盖、周期性的对地观测系统。不断更新加密的气象站点数据以及由遥感、气象数据耦合形成的面状气象参数产品为蝗区生境监测提供了丰富的数据源。当前，多源信息融合算法的发展有助于充分利用多源异构数据中的互补信息，形成具有更高分辨率和精度的时空连续数据集。同时，GIS技术强大的空间分析功能和数据综合能力可将各类空间地理数据、遥感数据、蝗虫生境特征数据及历史蝗害记录进行综合集成和分析，为全国蝗区遥感定量勘测提供方法指导和技术支撑。

二、东亚飞蝗蝗区遥感定量勘测方法

由于蝗虫个体较小，不可能从遥感图像上直接对它们进行监测，因此，对蝗区的遥感勘测主要是通过对其赖以生活、生存的环境，即飞蝗的生境监测来实现的。东亚飞蝗的地理分布主要受地形、气候、土壤、植被和水文等5个生境因子影响。近年来，大量学者将遥感技术应用于东亚飞蝗生境因子（如地表温度、土壤温度、土壤盐度、植被覆盖度等）的遥感反演、蝗虫发生与生境因子的关系机理等方面的研究中，取得了一系列研究成果，为蝗区遥感定量勘测提供了理论基础。

东亚飞蝗蝗区遥感定量勘测即应用遥感及GIS空间分析技术，对东亚飞蝗涉及省份的地形、气候、土壤、植被和水文等5种飞蝗生境影响因子进行监测和评估，依据东亚飞蝗各生境因子最适宜的环境条件、定量评价其生境适宜性，从而实现东亚飞蝗蝗区的定量提取并对其核心蝗区和一般蝗区进行区划。

本书依据东亚飞蝗的生理学、生态学特征及其发育条件，综合分析地形、气候、土壤、植被、水文等飞蝗生境因子的数据可获得性及遥感可反演性，选取合适的生境影响因子指标，应用遥感、GIS空间分析、多源数据融合等技术手段，实现对东亚飞蝗蝗区的定量勘测。

1. 东亚飞蝗蝗区定量勘测生境影响因子指标选取

（1）地形因子

基本特征：东亚飞蝗分布区位于北纬42°以南的洼地、平原和丘陵。其海拔高度绝大多数为2～

50m，地势倾斜比降一般在1/5 000～1/10 000之间，这些地区多为河流、湖泊、水库、沿海地区的滩地或荒地，地势低洼或平坦。

指标选取：本书地形因子指标选用数字高程模型（Digital Elevation Model，DEM）数据产品。DEM是用一组有序数值阵列形式表示的地面高程的一种实体地面模型，可派生其他各种地形特征值，如高程、坡度、坡向及坡度变化率等。

（2）气候因子

基本特征：温度和降水是影响东亚飞蝗分布最重要的因素。蝗卵的发育起点温度为15℃，蝗蝻发育起点温度为18℃，整个生育期要求25℃以上天数不少于30天，冬季5～10cm土层温度在−15℃以下时，蝗卵难以越冬；降水除影响飞蝗发育进度、对初孵蝗蝻造成机械性杀伤外还会影响土壤含水量，从而影响飞蝗的产卵和孵化。

指标选取：基于以上东亚飞蝗分布区气候特征，选取以下2个温度指标和1个降水指标作为气候因子指标。

a.孵化盛期地表温度。影响蝗蝻出土时间、生育周期、蝗虫活动性及蝗蝻分布，此数据通过遥感数据反演获取或通过遥感产品直接获取。

b.降水。过量降水会抑制飞蝗发育进程，而适量降水可促使蝗区植被生长从而促进蝗虫的发育，此数据可通过气象站点或国家气象中心等气象信息共享平台获取。

（3）土壤因子

基本特征：土壤是东亚飞蝗的产卵场所，土壤含盐量、含水量以及表土的松紧度都是制约东亚飞蝗分布的重要因素。东亚飞蝗通常选择含盐量<0.5%的土壤产卵，含盐量>1.2%不产卵；沙土含水量8%～12%，壤土含水量15%～18%，黏土含水量19%～22%时适宜飞蝗产卵和生存。

指标选取：基于以上东亚飞蝗分布区土壤特征，本书选取以下4个指标作为土壤因子指标。

a.土壤湿度。影响东亚飞蝗产卵地选择、蝗卵存活率及孵化率，在一定范围内一般湿度越低，蝗虫发育程度越高，此数据通过遥感数据反演获取。

b.土壤盐度。影响东亚飞蝗产卵地选择和蝗卵存活率，土壤盐度过高时会引起蝗卵停育或死亡，此数据通过遥感数据反演获取。

c.越冬期土温：严重影响蝗卵越冬成活率，此数据从气象站点获取或通过遥感数据反演地表温度建立其与土壤温度的关系间接获取。

d.土壤类型。影响东亚飞蝗产卵地选择和蝗卵存活率，此数据可通过全国土壤类型分布数据（包含表土质地分布数据）获取。

（4）植被因子

基本特征：东亚飞蝗发生区植被类型多以禾本科植物占主导地位，如芦苇、稗草、茅草等，而农田分布区主要以小麦、玉米、水稻、甘蔗和大豆等为主；蝗区的植被覆盖度一般在75%以下，最适宜覆盖度为15%～50%，覆盖度超过80%很少有蝗虫分布，东亚飞蝗多选择植被覆盖度小于50%的地方产卵，高于70%极少产卵。

指标选取：基于以上东亚飞蝗分布区植被特征，本书选取以下2个指标作为植被因子指标。

a.植被类型。影响东亚飞蝗的分布，通过土地利用/覆盖数据（遥感产品）进行初步筛选，排除人工表面、林地、裸地等非蝗虫分布区的用地类型，保留湿地、滩地、草地、耕地、盐碱地等用地类型。

b.植被覆盖度。影响东亚飞蝗产卵地选择及蝗蝻分布，且不同类型的蝗区植被覆盖度不同，沿海蝗区较低，河泛、湖库（淀）蝗区略高，此数据可通过遥感数据反演获取。

（5）水文因子

基本特征：东亚飞蝗分布区多在沿海、沿河、沿湖（库、淀）的海滩地、河滩地和湖滩地，这些地方水文变化幅度大，水位的涨落不定和河水的季节性或年度间变化为东亚飞蝗的滋生创造了良好环境。

指标选取：根据东亚飞蝗的"水缘性"特征，选用全国基础地理数据中河流水系、湖泊水体等水文数据及海岸线数据作为东亚飞蝗的水文因子指标，对东亚飞蝗的分布区进行限定。

综上所述，本书选取地形（数字高程模型）、气候（越冬期土温、孵化盛期地表温度、降水）、土壤（土壤湿度、土壤盐度、土壤类型）、植被（植被类型、植被覆盖度）和水文五大生境影响因子的10个指标用于东亚飞蝗蝗区的遥感定量勘测，其中越冬期土温、孵化盛期地表温度、土壤湿度、土壤盐度和植被覆盖度5个指标为遥感监测指标，可通过多源遥感数据反演后直接或间接获取，其余5个指标可通过遥感产品、辅助数据或相关专题产品来获取。

2. 数据获取与处理

（1）数据获取。东亚飞蝗蝗区遥感勘测必须依赖于足够和有效的资料和数据才能开展，并有可能获得合理可靠的结果。在广泛查阅国内外相关文献，并调研各类数据的可获取性后，确定了本书所需要获取的资料类型，其中主要包括植保数据、气象数据、地理空间数据和遥感影像数据。

①植保数据。植保数据主要为东亚飞蝗历史发生数据，主要来源于各地植保站及文献调研，包括发生面积、发生程度、发生时期、防治面积及发生区域的统计观测数据。此数据主要作为辅助数据对蝗区的提取进行辅助分析，并对蝗区提取结果进行优化验证。

②气象数据。气象数据主要包括气温和降水数据，通过各地气象站点或气象数据共享平台获取，包括东亚飞蝗关键生育期（出土始期、出土盛期、3龄盛期、羽化盛期）的旬气温和旬降水数据，此数据主要作为辅助数据对蝗区的提取进行辅助分析。

③地理空间数据。地理空间数据主要包括：全国DEM数据，数据类型为TIFF，空间分辨率为30m；全国水体信息系统数据，数据类型为矢量，比例尺为1：100万；全国土地利用/覆盖数据，数据类型为栅格，此数据为遥感产品，空间分辨率为30m；全国土壤数据库数据，数据类型为矢量，比例尺为1：100万，包括土壤类型、土壤表土质地等属性；全国行政区划数据（精确到县级），数据类型为矢量，比例尺为1：100万。

④遥感影像数据。中国发射的高分（GF）、风云（FY）、资源（CBERS、ZY）、环境（HJ）系列卫星、欧空局发射的Sentinel系列卫星，以及美国发射的Landsat陆地卫星和EOS系列卫星提供的大量高时间分辨率和空间分辨率影像数据为东亚飞蝗生境因子反演提供了丰富的遥感数据源。

本书对我国1990—1999年及2010—2017年东亚飞蝗蝗区进行了遥感定量监测，其中21世纪10年代生境影响因子遥感监测指标反演用到的遥感数据主要为Landsat 8 OLI数据、MODIS陆面温度产品（MOD11A2）、MODIS植被指数产品（MOD13A2）、ASTER数据等；20世纪90年代可用遥感数据有限，主要为Landsat 5 TM数据，其他无可用遥感数据进行反演的生境因子指标，应用相应年份其他遥感产品或地面调查数据进行替代或补充，如土壤湿度数据使用发欧洲太空局1978—2010年微波遥感土壤水分产品，地面温度数据则使用气象站点实测数据生成的面状气温参数产品替代。

（2）遥感影像数据处理。由于遥感系统空间、波谱、时间以及辐射分辨率的限制，很难精确地记录复杂地表的信息，因而误差不可避免地存在于数据获取过程中。这些误差降低了遥感数据的质量，从而影响了图像的分析精度。因此，在实际的图像分析和处理之前，有必要对遥感原始图像进行预处理。图像的预处理又被称作图像纠正和重建，其主要目的是纠正原始图像中的几何和辐射变形，即通过对图像获取过程中产生的变形、扭曲、模糊和噪音的纠正，得到一个尽可能在几何和辐射上真实的图像。本书中所用遥感图像主要进行了几何校正和辐射校正处理，下面做简要介绍。

①几何校正。受卫星的姿态、轨道、速度变化以及地球运动和形状等外部因素或遥感器本身结构性能和扫描镜的不规则运动、检测器采样延迟、波段间的配准失调等内部因素的影响，原始遥感图像通常包含严重的几何畸变。图像几何变形一般分为两大类：一类是系统性变形，一般由传感器本身引起（内部因素），有规律可循并且可以预测，可以用传感器模型来校正，卫星地面接收站已经完成这项工作；另一类是非系统性变形，变形不规律，由传感器平台本身的高度、姿态等不稳定，

或地球曲率及空气折射变化及地形变化引起（外部因素）。几何校正的目的就是纠正这些系统性和非系统性因素引起的图像变形，实现与标准图像或地图的几何配准，以使校正后的图像具有最大的几何精度。

一般卫星地面站已经对遥感图像进行了粗加工，即对辐射误差、系统几何误差进行了校正或部分校正，但是这些产品仍有不小的残余误差，定位精度不够。为提高定位精度，需要进行精加工处理，即利用地面控制点（GCP）和几何校正数学模型来进行几何精校正，将图像投影到平面上，使其符合地图投影系统。具体步骤包括地面控制点的选取、像元坐标变换和像元亮度值重采样三方面。

a.地面控制点的选取。GCP的选取原则：一是具有明显清晰的定位识别标志，如道路交叉口、农田界线等；二是地面控制点上的地物不随时间变化；三是地面控制点应均匀地分布在整个校正区域内；四是地面控制点要有一定的数量保证，以保证精度。

地面控制点一般在地形图上进行选取或进行实地测量，本书中涉及遥感数据较多，各遥感图像的地面控制点在Google Earth上进行选取。

b.像元坐标变换。地面控制点确定后，在待校正的图像上找到对应点像元坐标（x, y）并通过键盘输入控制点坐标数据（X, Y）。图1是遥感图像几何纠正示意图，图中把原始变形图看成某种曲面，参考图作为规则平面。理论上，任何曲面都可以通过适当的高次多项式来拟合，因而可以用一个合适的多项式来描述两者的坐标关系。通过GCP，建立图像坐标（x, y）与地图坐标（X, Y）的数学换算关系，即：

$$x = F(X, Y), \quad y = G(X, Y) \tag{1-1}$$

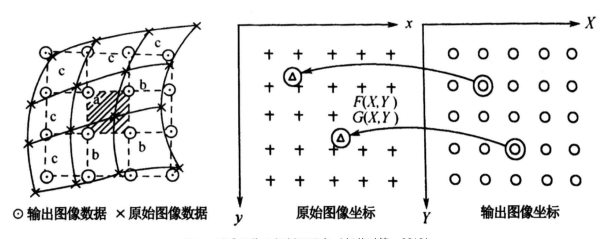

图1 遥感图像几何纠正示意（赵英时等，2013）

通常用一个次多项式来表示，选择的次方数取决于图像变形程度、地面控制点数量和地形位移的大小，最少控制点计算公式为（$n+1$）×2，一般2次即可，或采用3次。

$$x = a_0 + a_1X + a_2Y + a_3X^2 + a_4XY + a_5Y^2 + \cdots$$
$$y = b_0 + b_1X + b_2Y + b_3X^2 + b_4XY + b_5Y^2 + \cdots \tag{1-2}$$

当多项式次数（n）选定后，用地面控制点坐标按最小二乘法回归求出多项式系数。然后用公式计算每个地面控制点的均方根误差（RMS_{error}），来验证校正方法及数学模型的有效性。

$$RMS_{error} = \sqrt{(x'-x)^2 + (y'-y)^2} \tag{1-3}$$

式中，x、y为地面控制点在原图像中的坐标，x'、y'为对应于相应的多项式计算的控制点坐标。通常用户会指定一个可以接受的最大总均方根误差，如果控制点的最大总均方根误差超过这个值，则需要对控制点进行调整，重新计算RMS误差，直至达到所要求的精度为止。

最后，利用求得的换算参数，代入确定的多项式数学模型，对全幅遥感图像的各像元进行坐标变换，解算每个像元点的坐标，从而达到纠正目的。

本书中遥感图像几何校正在ENVI 5.3软件中进行，选用二次多项式模型进行校正，校正后误差小于半个像元，可满足使用要求。

c.像元亮度值重采样。经坐标变换后的像元在原图像中的分布是不均匀的，需要根据重新定位的像元在原图像中的位置对原始图按一定规则重新采样，进行亮度值的插值计算。常用的内插方法有：最近邻法，这种方法输出图像仍保持原来的像元值，计算简单，处理速度快，但最大可产生半个像元的位置偏移；双线性内插法，该方法虽然计算量有所增加，但是精度明显提高；三次卷积内插法，该方法具有均衡化和清晰化的效果，但它破坏了原来的像元值，并且计算量较大。

重采样会引起图像信息的变化，不同的方法各有特色，考虑到双线性内插法具有较高的空间位置精确性和适当的计算量，本书中对遥感图像几何校正的重采样方法选择双线性内插法。

②辐射校正。观测目标地物辐射或反射的电磁能量时，从遥感器得到的测量值与目标地物的光谱反射率或光谱辐射亮度等物理量是不一致的，遥感器本身的光电系统特征、太阳高度、地形以及大气条件等都会引起光谱亮度的失真。为了正确评价地物的反射特征及辐射特征，必须尽量消除这些失真。这种消除图像数据中依附在辐射亮度里的各种失真，恢复地物的本征辐射特性的过程称为遥感图像辐射校正。完整的辐射校正包括成像系统校准、太阳高度和地形校正以及大气校正。

a.成像系统辐射校正。成像系统产生的辐射误差主要由传感器本身原因造成，这是由于传感器多个检测器之间存在差异，以及仪器系统工作产生的误差，导致获取图像的色调不均匀，产生条纹和噪声。通常这些误差在数据生产过程中，已经由卫星发射单位根据传感器参数进行了校正，不需要用户自行校正。本书中所使用的遥感数据未涉及成像系统的辐射误差校正。

b.太阳高度和地形校正。进行图像分析时，由于纬度造成的太阳高度不同使得照度也不同，需要根据太阳光的入射角对图像亮度值进行校正。将太阳倾斜照射时获取的图像值校正为垂直照射时图像值的过程，称为太阳高度角引起的辐射误差校正。太阳高度角可根据成像时刻、季节和地理位置来计算，公式如下：

$$\sin \theta = \sin \phi \sin \delta \pm \cos \phi \cos \delta \cos t \tag{1-4}$$

式中，θ、δ为太阳高度角、太阳赤纬，ϕ为地理纬度，t为时角。当不考虑地物二向反射特性时，太阳高度角的校正可通过调整图像内的平均灰度来实现。设斜射时图像灰度值为$f(x, y)$，直射时为$g(x, y)$，则二者关系为：

$$g(x, y) = f(x, y) / \sin\theta \tag{1-5}$$

地形坡度较大时，经地表扩散、反射再入射到遥感器的太阳光的辐照度会依倾斜度发生变化，本书中提取东亚飞蝗蝗区的地形较平坦，地形坡度对遥感图像辐照度影响可忽略。

c.大气校正。太阳光在到达目标地物之前及目标地物的反射、辐射光在到达遥感器前都会由于大气中物质的吸收、散射而衰减。地表除受到直接来自太阳的光线照射外，也受到大气引起的散射光即天空光的照射。同样，入射到遥感器上的除来自目标地物的反射、散射光以外，还有大气引起的散射光即光路辐射（图2）。消除这些由大气引起影响的处理过程叫大气校正，也就是说，大气校正是反演地物真实反射率的过程（图3）。

常用的大气校正方法有3种：①基于图像特征的校正方法，这种方法假设地表大气水平均一，不同时间不同波段的图像间存在线性相关，仅适用于较小范围，且校正后图像均存在不同程度的噪声，此种基于图像的相对校正可满足多时相图像数据的对比分析，但不能满足定量遥感（参数反演）的

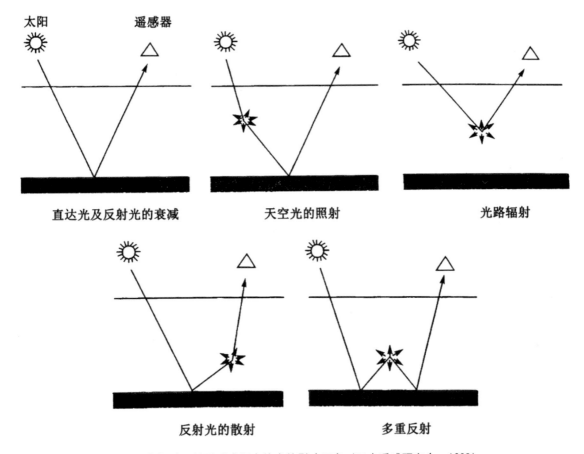

图2　大气对入射到遥感器中的光的影响示意（日本遥感研究会，1993）

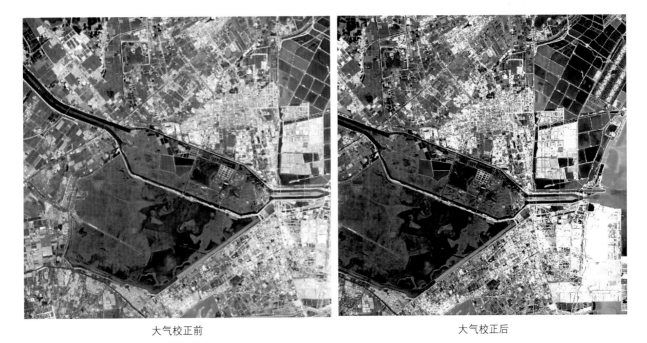

图3　遥感图像的大气校正

要求；②基于地面实测数据的校正方法，该方法通过建立成像时地面目标反射光谱的实测值与遥感图像相应地物灰度值的线性回归方程并求解，从而完成整幅遥感图像的辐射度校正，该方法计算简单、适用性强，但需进行大量野外光谱测量，成本较高；③基于大气辐射传输模型的校正方法，通过建立电磁波在大气散射、吸收、发射的传输模型，获取大气透过率、大气程辐射等重要大气校正参数，计算每个像元的反射值，完成对整幅图像的大气校正精度较高。目前应用较广泛的辐射传输模型有LOWTRAN模型、MODTRAN模型和6S模型等。

FLAASH是可对波谱数据进行大气校正的ENVI扩展模块。大气校正的目的是消除大气和光照等因素对地物反射的影响，获得地物辐射率、反射率、地表温度等真实物理模型参数。FLAASH除可以消除大气中水、臭氧、氧、二氧化碳、甲烷和一氧化氮等气体对地物反射的影响，还可以消除大气分子和气溶胶散射的影响。FLAASH适用的波长范围包括可见光至近红外及短波红外，最大波长为3μm，其支持的传感器种类多，包括多光谱的ASTER、Landsat 4/5/7/8、MODIS、资源三号（ZY-3）、资源一号02C（ZY-02C）、高分一号（GF-1）等；高光谱的AVIRIS、Hyperion、AISA等。

FLAASH模块基于MODTRAN5辐射传输模型，该模型由进行大气校正算法研究的领先者Spectral Sciences Inc.（SSI）和美国空军实验室（Air Force Research Laboratory）共同研发，算法精度高。任何有关图像的标准MODTRAN大气模型和气溶胶类型都可以直接使用。同时，FLAASH通过图像像素光谱上的特征来估计大气的属性，不依赖遥感成像时同步测量的大气参数数据，方便实用。

本书需要定量反演全国东亚飞蝗蝗区的植被覆盖情况、地表温度、土壤盐度等参数，选用遥感数据传感器类型多样，因此，蝗区提取所用遥感数据应用ENVI 5.3软件的FLAASH大气校正模块实现大气校正处理。

3. 生境因子遥感监测指标反演方法　综合考虑各监测指标所需数据的空间、时间和光谱分辨率特征和数据可获取性，分析不同数据在地表参数反演的优势，确定各监测指标反演时所用的遥感数据源，如Landsat数据具有从可见光、近红外到热红外的谱段组合且相对较高的空间分辨率，可用来反演植被覆盖度、土壤盐度或土壤湿度指标；MODIS数据地面产品丰富，可用来反演东亚飞蝗关键生育期地表温度、土壤温度和土壤湿度指标，本书中各遥感监测指标具体的反演方法如下。

(1) 植被覆盖度。植被覆盖度指植被冠层的垂直投影面积与土壤总面积之比。它是描述植被群落及生态系统的重要参数，是衡量地表植被状况的重要指标，对东亚飞蝗的产卵地选择及3龄盛期飞蝗若虫的分布具有重要影响。

归一化差值植被指数（Normalized Difference Vegetation Index，NDVI）是植被生长状态及植被覆盖度的最佳指示因子，在植被遥感中广泛应用，其被定义为近红外波段（NIR）与可见光红波段（R）数值之差和这两个波段数值之和的比值，计算公式如下：

$$NDVI = (\varrho_{NIR} - \varrho_R) / (\varrho_{NIR} - \varrho_R) \tag{1-6}$$

式中，ϱ_{NIR}为近红外波段的地表反射率，ϱ_R为可见光红波段的地表反射率。NDVI计算可以将多光谱数据变换为一个单独的图像波段，用于显示植被分布。

本书选用NDVI计算研究区的植被覆盖度状况，计算公式如下：

$$F_c = (NDVI - NDVI_{soil}) / (NDVI_{veg} - NDVI_{soil}) \tag{1-7}$$

式中，F_c为植被覆盖度，$NDVI$为所求地块或像元的植被指数，$NDVI_{soil}$为完全是裸土或无植被覆盖区域的植被指数，$NDVI_{veg}$则代表完全被植被所覆盖的像元的植被指数，即纯植被像元的植被指数。

在蝗区定量监测中，植被覆盖度指标包括2个：蝗虫产卵期（上一年7—8月）植被覆盖度和蝗虫生长期（当年6—9月）植被覆盖度。21世纪10年代植被覆盖度反演使用遥感数据为Landsat 8 OLI，20世纪90年代使用Landsat 5 TM数据，计算时，取不少于3个时相的植被覆盖度均值为最终值。

(2) 土壤湿度。土壤湿度是与地面气象学、水文学和生态学相关的重要环境变量之一，对蝗虫产卵地的选择及蝗卵存活具有重要影响。蝗卵的发育需要吸收水分，土壤湿度过低或过高都会影响其发育。对某一区域来说，植被通过蒸腾作用将吸收的辐射能转化为潜热的能力会随植被覆盖度的增加而加强，而转化显热的作用相对减弱。地表干旱缺水时，植被蒸腾转化为潜热的能力减弱，显热交换增加，冠层温度会迅速升高；反之，土壤温度较大时，冠层温度增加较少。本书使用温度植被干旱指数（Temperature Vegetation Dryness Index, TVDI）来表征土壤湿度，该指数多用来指示某区域的干旱程度，与土壤湿度成反比。本书将野外实测土壤湿度数据与遥感反演的TVDI数据进行回归分析，建立土壤湿度与TVDI的关系方程，从而反演获得土壤湿度。

温度植被干旱指数（TVDI）由Sandholt等人（2002）通过研究NDVI与地表温度（LST）构成的三角形特征空间的分布关系（图4）提出，是一个基于光学与热红外遥感通道数据指示植被覆盖区域表层土壤水分含量的指数，其计算公式如下：

$$TVDI = (LST - LST_{min}) / (LST_{max} - LST_{min}) \tag{1-8}$$

式中，LST为任意像元的地表温度；$LST_{min} = a_1 + b_1 \times NDVI$，湿边方程，表示最低的地表温度，对应特征空间的湿边（三角形的下边）；$LST_{max} = a_2 + b_2 \times NDVI$，对应干边方程，表示最高的地表温度，对应特征空间的干边（三角形的上边）；a_1、b_1、a_2和b_2分别是干边和湿边拟合方程的系数。

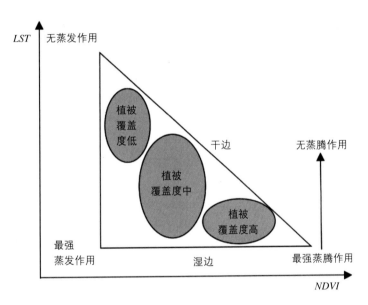

图4　地表温度（LST）与归一化植被指数（NDVI）概念三角形示意（Sandholt等，2002）

本书中植被指数与地表温度数据分别使用MODIS植被指数产品（MOD13A2）和MODIS陆面温度产品数据（MOD11A2），空间分辨率为1 000m，时间分辨率分别为16天和8天，可满足蝗区提取精度。计算时，取蝗虫关键生育期6—9月不少于3个时相的TVDI均值对土壤湿度进行反演。

（3）土壤盐度。土壤盐分含量与东亚飞蝗的发生有密切关系，盐分含量过高容易引起蝗卵缺水死亡。相关研究表明，盐分含量在0.5%以下的地区是飞蝗的适宜滋生区；盐分含量在0.5%～0.79%的地区是飞蝗的扩散区，适宜飞蝗的活动、取食，但不适宜其产卵繁殖。因此，土壤盐度严重影响蝗虫产卵地选择和蝗卵存活率，对土壤盐度的反演对于蝗区遥感定量监测具有重要作用。

土壤的光谱反射率会随着土壤盐分含量的变化而改变，基于这一基本原理，国内外学者提出了多种基于光谱信息的土壤盐分遥感反演模型。Zhang等（2011）采用高光谱植被指数作为监测指标运用偏最小二乘方法（PLSR）定量反演了黄河流域土壤盐分；樊彦国等（2010）、王建雯等（2017）基于实测高光谱数据的光谱特征分别采用BP神经网络方法和PLSR方法建立了土壤盐分的定量反演模型，具有较高的反演精度；An等（2016）和张素铭等（2018）分别基于野外土壤高光谱数据和Landsat波段特征及光谱参量，结合实测土壤盐度数据，构建了土壤盐分反演的多元线性回归模型，并将其应用于TM、ETM+和OLI遥感影像实现滨海盐渍区的土壤盐分反演；王多多等（2018）分析Landsat OLI各波段反射率及相关波谱指数与土壤盐分的相关性，认为多元样条自回归模型（MARS）较PLSR具有更高的土壤盐分反演精度。

因沿海蝗区与河泛蝗区、湖库（洼淀）蝗区和内涝蝗区的土壤盐分存在一定差异，在做全国区域东亚飞蝗蝗区定量提取时，不同蝗区生态类型需构建相应的土壤盐度反演模型，为减少计算量并考虑到遥感数据的可重复利用性，本书中土壤盐度的反演选用Landsat TM和OLI影像作为数据源，构建基于波段反射率及波段组合的多元线性回归模型，基本可达到东亚飞蝗蝗区提取精度。计算时，取蝗虫孵化期和产卵期两个时段的土壤盐度均值为最终反演结果。

（4）孵化盛期地表温度。东亚飞蝗蝗蝻的活动能力较弱，受外界环境影响较大。若气温过低，蝗蝻的生理、生化反应较慢，采食等活动均受影响，严重影响其发育速率、龄期长短、蝗虫活动性和自然死亡率，对蝗虫种群数量有很大影响。因此，东亚飞蝗孵化盛期的地表温度是蝗区提取的重要监测指标。

热红外遥感是通过热红外波段获取地表温度、地表热状况信息非常重要的手段，应用热红外遥感技术实现地表温度反演的研究较为成熟。常用的地表温度反演算法主要有单通道法、多通道法、单通道多角度法、多通道多角度法等。下面以Landsat系列卫星遥感数据热红外波段的Artis和Camahan辐射校正温度反演法（单通道法）为例介绍地表温度的遥感反演方法，该算法可以简化计算过程，减少大气影响，包括辐射亮度值计算、亮度温度反演和地表温度反演三步，具体计算方法如下：

辐射亮度值计算

$$L_b = L_{min} + (L_{max} - L_{min}) \times (DN - Q_{calmin}) / (Q_{calmax} - Q_{calmin}) \tag{1-9}$$

其中：L_b是地物在大气顶部的辐射亮度值，L_{min}和L_{max}是辐射亮度的最小值和最大值，Q_{calmax}和Q_{calmin}是辐射定标后像元可取得的最大值和最小值，这些数据的数值在遥感图像的元文件中都可以获取。

亮度温度反演

根据普朗克公式计算地表的亮度温度，计算公式如下：

$$T_b = K_2 / [\ln(K_1/L_b + 1)] \tag{1-10}$$

其中：T_b为亮度温度，辐射亮度值L_b已知，K_1和K_2为热红外波段的参数亮温反演常数，可在影像元文件中获取。

地表温度反演

根据Artis和Carnahan（1982）提出的辐射校正温度反演法，对地表真实温度进行反演，并将以K为单位的地面温度用摄氏温度表示，单位为℃，计算公式如下：

$$T_s (℃) = T_b / [1 + (\lambda \times T_b/\varrho) \times \ln\varepsilon] - 273.15 \tag{1-11}$$

其中：T_s为地面温度，T_b上文已求出，λ为热红外波段的中心波长，ϱ=hc/k（1.438×10^{-2} mK），h为普朗克常量（6.626×10^{-34} Js），c为光速（2.99793×10^8 m/s），k为玻尔兹曼常量（1.38×10^{-23} J/K），ε为地表比辐射率（详细算法本书不再赘述）。

因本书中东亚飞蝗蝗区提取中地表温度反演涉及范围较大，为减少工作量，地表温度直接使用MODIS陆面温度产品（MOD11A2），其空间分辨率为1 000m，时间分辨率为8天，可满足蝗区提取精度。计算时，选取孵化盛期4月中下旬至7月中下旬多期地表温度均值作为最终反演结果。

（5）越冬期土温。东亚飞蝗的生活史包括虫卵越冬期、孵化期、若虫期和成虫期四个阶段。在越冬期，虫卵保存于土壤中，对土壤温度有一定要求，冬温过低会增加虫卵冻死的比率，在地形低洼区，水分较易形成冻土，而冻土形成和消失过程中的融作用会破坏表土而不利于卵的保存。因此，越冬期土壤温度对于东亚飞蝗的生长发育至关重要，严重影响蝗卵越冬成活率。东亚飞蝗产卵时卵块下端距地面的深度一般为4～6cm，因此，本书中所指的越冬期土壤温度主要指5cm表层土壤温度。

从区域能量平衡的观点来看，遥感获取的陆地表面温度（LST）和土壤温度之前必然存在着能量方面的联系，因此，国内外学者发展了多种由地表温度反演土壤温度的模型。在众多模型中，Jones 和 Kiniry（1986）提出的 CERES（Crop Environment Resource Synthesis）模型可计算不同深度土层的温度，土壤剖面土温计算根据气温等气象资料以及土温年变化的经验统计来估算，其运算方便，具有较强的实用性，但其对5cm 土层的温度反演误差较大（郭倩等，2008）。周曙光等（2011）对高寒牧区草原地表20cm 深度土壤温度进行反演，构建了 MODIS-LST 反演土壤温度的线性回归模型，发现夜间土壤温度估算精度优于白天且估算精度较高，可满足大量科研应用。

在土壤温度反演模型选择时，一方面，考虑东亚飞蝗产卵主要在4~6cm 的深度，此深度土壤温度与地表温度线性相关性较大，而 CERES 模型的反演精度较低；另一方面，考虑 CERES 模型计算时以土温的年变化经验统计来计算，而本书中只需要越冬期土壤温度，且冬天夜间土壤温度低于白天温度，对蝗卵的存活率影响更大。因此，本书中土壤温度的反演通过建立蝗卵越冬期（1月份）夜间地表温度与土壤实测温度的线性回归模型来实现，可满足提取精度。

东亚飞蝗蝗区提取中土壤温度反演涉及范围较大，为减少工作量，地表温度直接使用 MODIS 陆面温度产品（MOD11A2），其空间分辨率为1 000m，时间分辨率为8天，可满足蝗区提取精度。使用地气象站点或气象数据共享平台的5cm 土壤温度分析产品作为研究区实测土壤温度。计算时，选取上一年1月份4期 MODIS 产品反演的土壤温度最低值作为最终反演结果。

4. 综合多生境因子的东亚飞蝗蝗区遥感定量勘测方法　为实现东亚飞蝗蝗区的遥感定量勘测，并对其进行核心蝗区和一般蝗区的划分，除需要选取各生境因子的监测指标外，还需要确定适宜东亚飞蝗滋生的各遥感监测指标的阈值，建立这些生境因子与飞蝗发生和蝗区分布之间的关系，并依据蝗虫历史发生情况等辅助数据对蝗区勘测结果进行优化验证，最后结合东亚飞蝗最适宜生境条件和防控需求实现核心蝗区和一般蝗区的划分，实现东亚飞蝗蝗区分布范围和面积的精确提取。具体方法如下（图5）：

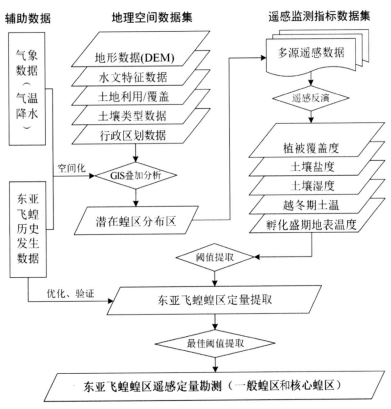

图5　东亚飞蝗蝗区遥感定量勘测方法流程

首先，根据东亚飞蝗生态学特征，应用GIS空间分析技术对地形因子指标（DEM）、水文因子指标（水文特征数据）、土壤因子指标（土壤类型数据）、植被因子指标（土地利用/覆盖数据）、基础地理数据等地理空间数据和由气象数据生成的降水空间分布产品进行叠加分析，得到基于地理空间数据的东亚飞蝗潜在蝗区分布区。

其次，根据东亚飞蝗的生理学及生境条件特征，以潜在蝗区分布区为研究区，选取合适的多源遥感数据对东亚飞蝗生境影响因子5个遥感监测指标进行反演，根据适宜东亚飞蝗滋生的生境条件，对各指标反演结果进行生态阈值提取，得到东亚飞蝗蝗区的初步提取结果，应用东亚飞蝗历史发生数据对提取结果进行优化及验证，提高其提取精度。

最后，根据最适宜东亚飞蝗滋生的生境条件、蝗虫防控需求及飞蝗历史发生数据，确定东亚飞蝗滋生区一般蝗区及核心蝗区所对应的气候、土壤和植被等生境影响因子遥感监测指标的最佳生态阈值，实现东亚飞蝗一般蝗区和核心蝗区分布范围及面积的精确提取，从而完成综合多生境因子的东亚飞蝗蝗区的遥感定量勘测。

三、东亚飞蝗蝗区演变监测方法

遥感技术除用于信息提取外还常用于变化检测，所谓遥感信息变化检测，是用同一地区不同时相的遥感图像提取该地区地物变化信息进而得出地物变化规律的方法（卢小平等，2012）。常用的遥感变化检测方法有：①多时相图像叠合方法，即将不同时相遥感数据的各波段数据分别赋予红、绿、蓝颜色，从而对变化区域进行增强和识别，这种方法虽然可直观地显示多个时相的变化区域，便于目视解译，却无法定量提供变化的类型和大小；②图像代数变化检测算法，是一种简单的变化区域及变化量识别方法，包括图像差值和比值运算，差值运算中没有变化的区域为0，比值运算中值域范围为0~1，值为1表示无变化，一般需要设置阈值来反映变化的分布和大小；③多时相图像主成分变化检测，即通过主成分变换，生成新的互不相关的多成分分量的合成图像，并直接对各主成分波段进行对比，检测变化信息，这种方法虽然简单，但只能反映变化的分布和大小，难以表示变化的类型；④分类后对比检测，即对配准后的两个或多个不同时相遥感图像分别作分类处理，获得分类图像，并逐个像元进行比较生成变化图像，根据变化检测矩阵确定各像元是否变化以及变化类型，该方法优点是除了能够确定变化的空间范围外，还可提供变化性质的信息，缺点是必须进行多次图像分类，且变化分析的精度依赖于图像分类的精度。

以上方法多用于小区域相同类别或相同分辨率的遥感图像的变化检测，而本书中东亚飞蝗蝗区范围大，涉及遥感图像数量、类型较多，图像空间分辨率亦不统一，且后续变化分析只需要对提取的蝗区范围进行分析，并非对整个遥感图像进行分析。另一方面，蝗区的演变需要分省甚至是分县进行分析，在这方面GIS空间分析技术具有更大的优势，而且全国行政区划数据（精确到县级）亦为矢量格式。因此，东亚飞蝗蝗区的演变监测是通过将20世纪90年代和21世纪10年代两个年代的蝗区提取结果转化为矢量数据后在ArcGIS10.3软件中应用GIS空间分析技术进行的。

东亚飞蝗蝗区演变分析主要从两方面进行：一是在研究尺度上，蝗区演变分析主要从全国尺度和省（直辖市、自治区）级尺度进行分析；二是在蝗区类型上，演变分析主要从蝗区级别和蝗区生态类型的演变进行分析。在蝗区定量遥感勘测时，已经将蝗区分为一般蝗区和核心蝗区两类。在实际分析时，通过分析各蝗区的形成结构及形成原因，将其划分为沿海蝗区、河泛蝗区、湖库（洼淀）蝗区和内涝蝗区4种生态类型并对其分布面积进行统计。随后，基于蝗区各类型提取结果及全国行政区划数据，应用GIS的空间分析及叠加分析技术对20世纪90年代和21世纪10年代两个年代的东亚飞蝗蝗区在全国尺度和省（直辖市、自治区）级尺度的变化进行分析，包括各省市蝗区县数量变化、各类型蝗区空间位置、面积变化等，具体分析结果见下文。

第三节　东亚飞蝗蝗区的演变

一、20世纪90年代东亚飞蝗蝗区分布状况

对20世纪90年代的蝗区进行遥感定量监测，核定20世纪90年代中国东亚飞蝗蝗区的总面积为124.53万hm²（图6）。其中，以蝗区类别统计，核心蝗区38.29万hm²（占蝗区总面积的30.75%），一般蝗区86.24万hm²（占蝗区总面积的69.25%）（图7、图8）；以蝗区生态类型统计，沿海蝗区43.44万hm²（占蝗区总面积的34.88%，其中海南岛热带稀树草原蝗区3.26万hm²，占蝗区总面积的2.62%），河泛蝗区38.53万hm²（占蝗区总面积的30.94%）、湖库（洼淀）蝗区21.56万hm²（占蝗区总面积的17.31%）、内涝蝗区21.00万hm²（占蝗区总面积的16.86%）（图9、图10）。蝗区分布涉及山东、河南、河北、陕西、安徽、江苏、天津、海南、山西、广西共10个省（直辖市、自治区）的167个县（市、区）（表1）。

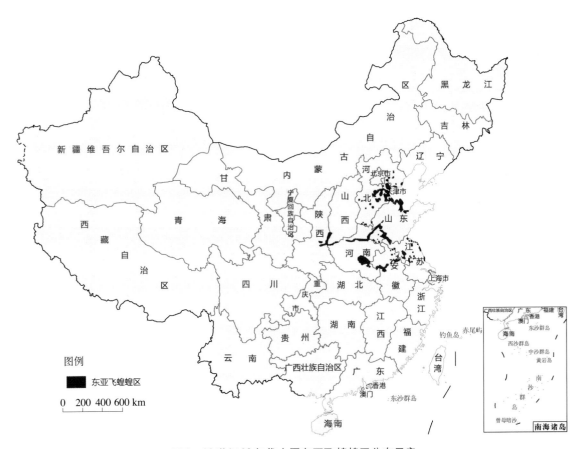

图6　20世纪90年代中国东亚飞蝗蝗区分布示意

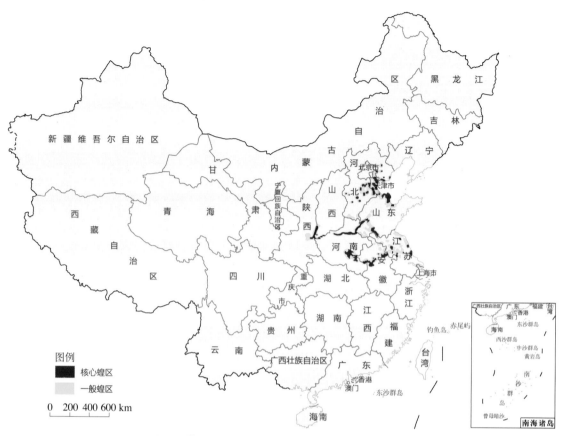

图7 20世纪90年代中国东亚飞蝗蝗区类别分布示意图

（注：因全国尺度显示时蝗区范围较小，图中蝗区范围做了突出显示处理。）

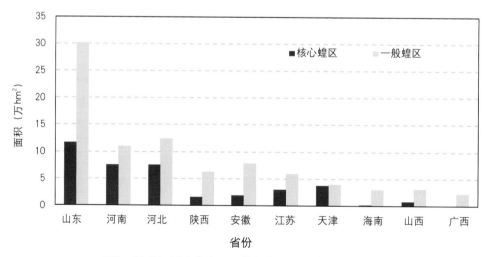

图8 20世纪90年代东亚飞蝗各省份蝗区类别面积统计

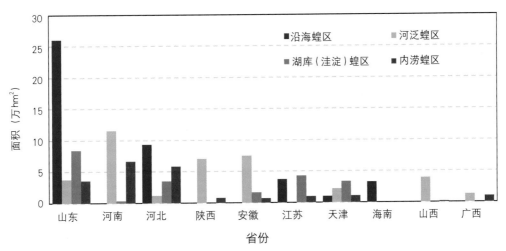

图9　20世纪90年代东亚飞蝗各省份蝗区生态类型面积统计

表1　20世纪90年代全国东亚飞蝗分布县（市、区）汇总表

省、直辖市、自治区	县（市、区）名称
山东（29）	滨州市：无棣县、沾化区 东营市：河口区、利津县、垦利区、东营区、广饶县 济南市：长清区、平阴县 泰安市：东平县 济宁市：梁山县、汶上县、嘉祥县、任城区、邹城市、微山县、金乡县、鱼台县 潍坊市：寿光市、寒亭区、昌邑市 菏泽市：东明县、成武县、曹县、单县、巨野县、鄄城县、郓城县、牡丹区
河南（32）	省直管：长垣县、兰考县、巩义市、新蔡县 焦作市：武陟县、温县、孟州市 开封市：龙亭区、祥符区 洛阳市：孟津县 濮阳市：台前县、范县、濮阳县 新乡市：原阳县、封丘县 漯河市：郾城区、舞阳县 郑州市：荥阳市、中牟县、惠济区 三门峡市：灵宝市、湖滨区、陕县 平顶山市：舞钢市 驻马店市：西平县、上蔡县、遂平县、汝南县、平舆县、泌阳县、确山县、正阳县
河北（35）	保定市：安新县、高阳县、蠡县、清苑县、雄县 沧州市：沧县、海兴县、黄骅市、献县、任丘市、青县 承德市：宽城满族自治县 邯郸市：磁县、临漳县、大名县、魏县 衡水市：冀州区、桃城区 廊坊市：霸州市、大城县、文安县 石家庄市：辛集市、鹿泉区、平山县 唐山市：迁西县、乐亭县、丰润县、遵化市、丰南区、滦南县、唐海县 邢台市：隆尧县、任县、威县、宁晋县

（续）

省、直辖市、自治区	县（市、区）名称
安徽（16）	蚌埠市：怀远县、固镇县、五河县 滁州市：天长市、明光市、凤阳县 阜阳市：颍上县、阜南县 淮北市：濉溪县 淮南市：市辖区、寿县、凤台县 六安市：霍邱县 宿州市：埇桥区、泗县、灵璧县
江苏（21）	淮安市：盱眙县、洪泽县、金湖县、淮阴县 连云港市：市辖区、赣榆区、灌云县 泰州市：兴化市 宿迁市：泗阳县、宿豫区、泗洪县 徐州市：铜山区、沛县 盐城市：盐都县、响水县、射阳县、阜宁县、东台市、滨海县 扬州市：高邮市、宝应县
陕西（8）	渭南市：市辖区、大荔县、韩城市、合阳县、华阴市、华州区、蒲城县、潼关县
海南（7）	儋州市、东方市、三亚市、万宁市、昌江黎族自治县、陵水黎族自治县、乐东黎族自治县
天津（10）	宝坻区、北辰区、滨海新区、东丽区、蓟州区、津南区、静海区、宁河区、武清区、西青区
山西（6）	运城市：河津市、永济市、临猗县、平陆县、芮城县、万荣县
广西（3）	南宁市：宾阳县 来宾市：兴宾区、武宣县

注：各省、直辖市、自治区后括号中数字代表蝗区县（市、区）数量。

　　20世纪90年代蝗区主要分布中黄河中下游河道、渤海湾盐碱滩涂、淮河行洪、滞洪区、华北内涝洼淀、水库，微山湖、洪泽湖区周围及广西中部和海南西部、南部沿海地区（图10）。不同的蝗区生态类型分布特点如下。

　　（1）沿海蝗区。沿海蝗区分布区涉及30多个县（市、区），重点发生区主要分布在渤海湾、黄河入海口地区，如山东的无棣县、沾化区、河口区、利津县、垦利区、东营区等，河北的海兴县、黄骅市，天津的滨海新区，江苏沿海有少量分布。

　　（2）河泛蝗区。河泛蝗区分布区涉及60个县（市、区），主要集中在禹门口以下的黄河中下游河滩、陕西西安以东的渭河下游沿岸、淮河中下游行洪道。重点发生区有30多个县（市、区），如山东省的长清区、东明县、郓城县，河南省的长垣县、原阳县、武陟县、中牟县、孟津县和灵宝市等，陕西省大荔县、华阴市、华州区，山西省永济市和芮城县以及安徽省的阜南县和霍邱县等地。

　　（3）湖库（洼淀）蝗区。湖库（洼淀）蝗区分布区涉及蝗区大小湖泊、水库和洼淀30余个，其中重点发生区10个。如天津北大港水库，河北省的安新白洋淀、南大港农场水库、衡水湖，山东东平湖，苏鲁交界处微山湖，晋、陕、豫毗邻的三门峡水库以及安徽的城西湖等。

（4）内涝蝗区。内涝蝗区分布区涉及近30个县（市、区），其中主要有河北省的大城县、文安县、献县，天津的静海区、宝坻区，河南的嵩县、驻马店等地以及山东的菏泽和济宁等地。

（5）热带稀树草原蝗区。热带稀树草原蝗区主要分布在海南省的西海岸和南海岸，包括儋州市、东方市、三亚市、万宁市、昌江黎族自治县、陵水黎族自治县、乐东黎族自治县等7个县（市）。该蝗区与大陆其他蝗区有本质性的区别，但从蝗区演变的制约因素看，东亚飞蝗的发生受海洋性气候的影响，因此，在统计时将此类蝗区列入沿海蝗区大类型。

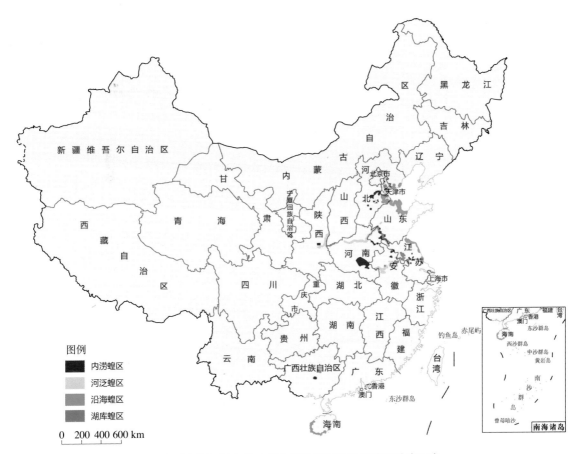

图10　20世纪90年代中国东亚飞蝗蝗区生态类型分布示意

二、21世纪10年代东亚飞蝗蝗区分布状况

经过蝗区遥感定量监测，核定21世纪10年代中国东亚飞蝗蝗区的总面积为99.63万hm²（图11）。其中，以蝗区类别统计，核心蝗区38.16万hm²（占蝗区总面积的38.30%），一般蝗区61.47万hm²（占蝗区总面积的61.70%）（图12、图13）；以蝗区生态类型统计，沿海蝗区24.02万hm²（占蝗区总面积的24.11%，其中海南岛热带稀树草原蝗区3.77万hm²，占蝗区总面积的3.78%），河泛蝗区35.31万hm²（占蝗区总面积的35.44%）、湖库（洼淀）蝗区20.07万hm²（占蝗区总面积的20.14%）、内涝蝗区20.23万hm²（占蝗区总面积的20.31%）（图14、图15）。蝗区分布涉及山东、河南、河北、陕西、安徽、江苏、天津、海南、山西、广西、广东共11个省（直辖市、自治区）的171个县（市、区）（表2）。

表2 21世纪10年代全国东亚飞蝗分布县（市、区）汇总表

省、直辖市、自治区	县（市、区）名称
山东（34）	滨州市：无棣县、沾化区 东营市：河口区、利津县、垦利区、东营区、广饶县 德州市：乐陵市、庆云县 济南市：长清区、平阴县 泰安市：东平县 济宁市：梁山县、汶上县、嘉祥县、任城区、邹城市、微山县、金乡县、鱼台县 潍坊市：寿光市、寒亭区、昌邑市、峡山区 枣庄市：枣庄市市辖区、滕州市 菏泽市：东明县、成武县、曹县、单县、巨野县、鄄城县、郓城县、牡丹区
河南（34）	省直管：长垣县、兰考县、巩义市、新蔡县 焦作市：武陟县、温县、孟州市 开封市：龙亭区、祥符区 洛阳市：新安县、孟津县、偃师市、洛宁县、嵩县 濮阳市：台前县、范县、濮阳县 新乡市：原阳县、封丘县 郑州市：荥阳市、中牟县、惠济区 三门峡市：灵宝市、卢氏县、湖滨区 驻马店市：驿城区、西平县、上蔡县、遂平县、汝南县、平舆县、泌阳县、确山县、正阳县
河北（38）	保定市：安新县、定兴县、阜平县、高阳县、蠡县、清苑县、容城县、雄县 沧州市：沧县、海兴县、黄骅市、孟村回族自治县、南皮县、献县、盐山县 承德市：宽城满族自治县 邯郸市：磁县、峰峰矿区、邯郸市、邯郸县、鸡泽县、邱县、曲周县、魏县、武安市 衡水市：冀州区 廊坊市：大城县、桃城区、文安县、香河县、霸州市 石家庄市：行唐县、灵寿县、鹿泉区、平山县 唐山市：迁西县、玉田县、遵化市
陕西（14）	渭南市：大荔县、富平县、韩城市、合阳县、华阴市、华州区、临渭区、蒲城县、潼关县 西安市：鄠邑区、周至县 咸阳市：秦都区、武功县、兴平市
安徽（14）	蚌埠市：怀远县、固镇县、五河县 滁州市：天长市、明光市、凤阳县 阜阳市：颍上县、阜南县 淮北市：烈山区 淮南市：寿县、凤台县 六安市：霍邱县 宿州市：砀山县、灵璧县
江苏（9）	盐城市：大丰区 淮安市：盱眙县、洪泽县 连云港市：赣榆区、灌云县 宿迁市：宿豫区、泗洪县 徐州市：铜山区、沛县
天津（10）	宝坻区、北辰区、滨海新区、东丽区、蓟州区、津南区、静海区、宁河区、武清区、西青区

（续）

省、直辖市、自治区	县（市、区）名称
海南（5）	儋州市、东方市、昌江黎族自治县、白沙黎族自治县、乐东黎族自治县
山西（6）	运城市：河津市、永济市、临猗县、平陆县、芮城县、万荣县
广西（6）	北海市 柳州市：柳城县、柳江区 来宾：兴宾区、武宣县、象州县
广东（1）	雷州市

注：各省、直辖市、自治区后括号中数字代表蝗区县（市、区）数量。

现有蝗区主要分布中黄河中下游河道、渤海湾盐碱滩涂、淮河行洪、滞洪区，华北内涝洼淀、水库，微山湖、洪泽湖区周围及广西中部和海南西部沿海地区（图15）。不同的蝗区生态类型分布特点如下：

（1）沿海蝗区。沿海蝗区分布区涉及20个县（市、区），重点发生区主要分布在渤海湾、黄河入海口及江苏沿海的少量地区，包括山东的无棣县、沾化区、河口区、利津县、垦利区、东营区、广饶县、寿光市、寒亭区和昌邑市3市10县（市、区），河北的沧县、海兴县、黄骅市、孟村回族自治县、南皮县和盐山县6县，天津的滨海新区及江苏灌云县、赣榆县和大丰市。

（2）河泛蝗区。河泛蝗区分布区涉及75个县（市、区），主要集中在禹门口以下的黄河中下游

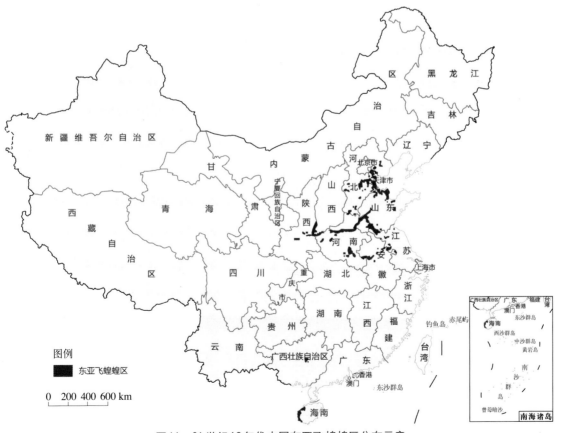

图11　21世纪10年代中国东亚飞蝗蝗区分布示意

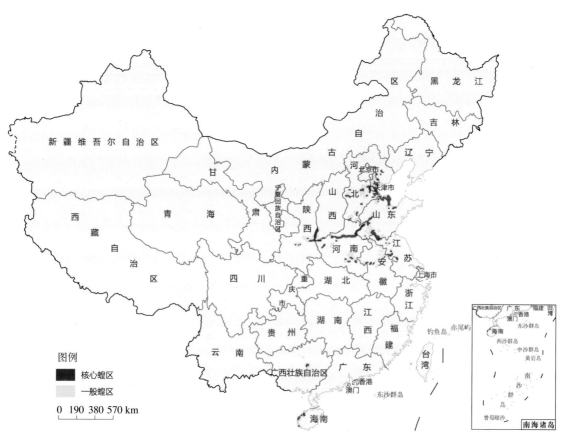

图12 21世纪10年代中国东亚飞蝗蝗区类别分布示意

（注：因全国尺度显示时蝗区范围较小，图中蝗区范围做了突出显示处理。）

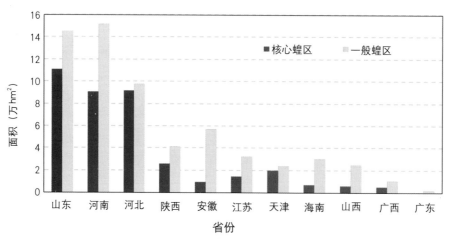

图13 21世纪10年代东亚飞蝗各省份蝗区类别面积统计

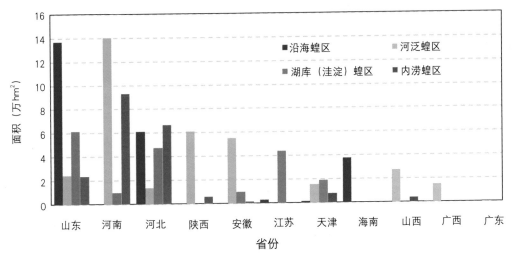

图14　21世纪10年代东亚飞蝗各省份蝗区生态类型面积统计

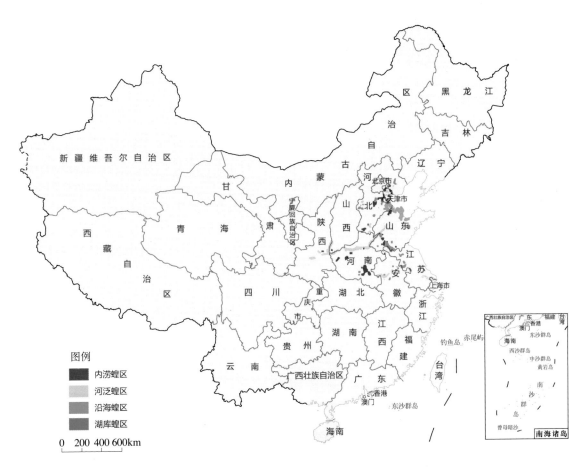

图15　21世纪10年代中国东亚飞蝗蝗区生态类型分布示意

河滩、陕西西安以东的渭河下游沿岸、淮河中下游行洪道及河北、天津的一些河流沿岸。重点发生区有30多个县，包括山东省的长清区、平阴县、东平县、鄄城县、东明县，河南省的台前县、范县、濮阳县、长垣县、封丘县、原阳县、武陟县、巩义市、偃师市、孟津县、新安县和灵宝市等，陕西省韩城市、合阳县、大荔县、武功县、兴平市，山西省万荣县、永济市和芮城县等，安徽阜南县和霍邱县等地。

（3）湖库（洼淀）蝗区。湖库（洼淀）蝗区分布区涉及47个县（市、区），包括大小湖泊、水库和洼淀30余个，其中重点发生区10个。如天津北大港水库，河北省的安新白洋淀、平山岗南水库、南大港农场水库、衡水湖、山东东平湖、峡山水库，苏鲁交界处微山湖，晋、陕、豫毗邻的三门峡水库、江苏洪泽湖等。

（4）内涝蝗区。内涝蝗区分布区涉及60个县（市、区），其中主要有河北省的文安县、蠡县、霸州市、玉田县，天津的静海区、宝坻区、宁河区、东丽区，山东的庆云县、乐陵市、嘉祥县、金乡县、汶上县、东平县、任城区，河南的嵩县、驻马店等地。

（5）热带稀树草原蝗区。热带稀树草原蝗区主要分布在海南省的西海岸，包括儋州市、东方市、昌江黎族自治县、白沙黎族自治县和乐东黎族自治县5个市、县。此外，广西壮族自治区的北海市也有零星分布。

三、蝗区演变分析

蝗区演变是指一定条件下东亚飞蝗适生区生态类型的转化、次级结构的分化或人为活动的影响而造成蝗区的新生、退化、消亡和分布上的变化。

1. **蝗区演变概况**　根据蝗区定量勘测结果，全国东亚飞蝗蝗区由20世纪90年代的124.53万hm²减少为21世纪10年代的99.63万hm²，蝗区面积减少24.90万hm²，约20%。四类蝗区生态类型均呈减少趋势，其中沿海蝗区由20世纪90年代的43.44万hm²减少到21世纪10年代的24.02万hm²（面积变化44.71%），河泛蝗区由20世纪90年代的38.53万hm²减少到21世纪10年代的35.31万hm²（面积变化8.36%），湖库（洼淀）蝗区由20世纪90年代的21.56万hm²减少到21世纪10年代的20.07万hm²（面积变化6.91%），内涝蝗区由20世纪90年代的21.00万hm²减少到21世纪10年代的20.23万hm²（面积变化3.67%），沿海蝗区面积变化量及变化率均最高（图16、图17）。虽然蝗区面积有所减少，但蝗区县（市、区）个数略有增加，由20世纪90年代的167个增加到了21世纪10年代的171个（表3）。

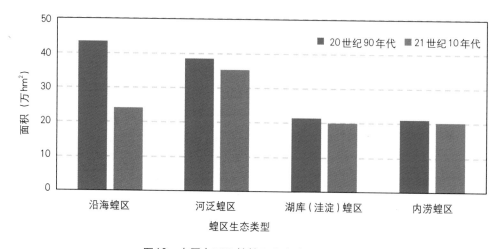

图16　中国东亚飞蝗蝗区生态类型面积对比

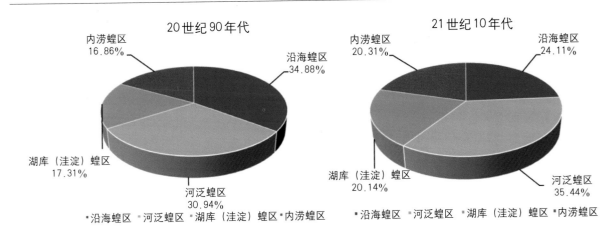

图17　中国东亚飞蝗蝗区生态类型面积构成图

表3　各省（直辖市、自治区）蝗区县（市、区）数量变化表

年代	山东	河南	河北	陕西	安徽	江苏	天津	海南	山西	广西	广东	合计
20世纪90年代	29	32	35	8	16	21	10	7	6	3	—	167
21世纪10年代	34	34	38	14	14	9	10	5	6	6	1	171

从各省（直辖市、自治区）的蝗区面积来看，除河南、海南蝗区面积有所增加外，其余各省面积均有不同程度的减少，其中山东面积减少最多，由20世纪90年代的41.85万hm²减少到21世纪10年代的25.61万hm²，减少了38.81%，其次为江苏、天津、安徽、陕西、河北、山西和广西，另外广东省雷州市新增了小面积蝗区（图18、图19）。

2. **蝗区演变现状及成因**　在蝗区演变过程中，将蝗区分为稳定蝗区、消亡蝗区和新生蝗区三类。所谓稳定蝗区，即为20世纪90年代和21世纪10年代都是东亚飞蝗蝗区的区域；所谓消亡蝗区，即为20世纪90年代为蝗区，21世纪10年代不再是蝗区的区域；所谓新生蝗区，即为20世纪90年代不是蝗

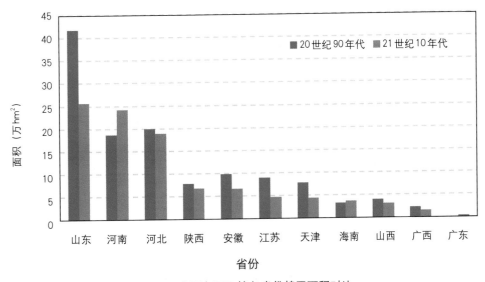

图18　中国东亚飞蝗各省份蝗区面积对比

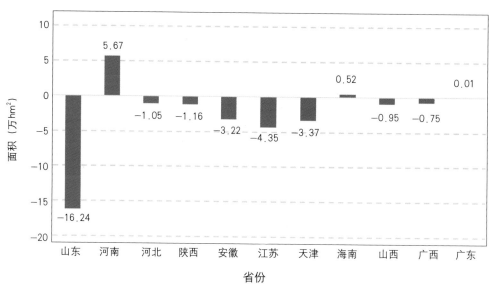

图19 中国东亚飞蝗各省份蝗区面积变化量

区，21世纪10年代成为蝗区的区域。对20世纪90年代和21世纪10年代的蝗区范围进行叠加分析，发现稳定蝗区面积为29.66万hm²，消亡蝗区面积为94.87万hm²，新生蝗区面积为69.97万hm²（图20）。从图1-20中可以看出，稳定蝗区多分布于黄河中下游沿岸河道、渤海湾盐碱滩涂、黄河入海口、晋鲁交界处微山湖及河北省内涝洼淀水库周围，基本位于消亡蝗区与新生蝗区之间，很好地说明了东亚飞蝗的"水缘性"特征，同时也说明水文条件是东亚飞蝗蝗区变化的最主要驱动力。

分析蝗区演变的因素，可归结为自然因素和人为因素两大类。自然因素主要是指异常气候和水文因子，这对蝗区的形成和演变起着主导和决定性作用，如持续干旱、河道摆动、流量增减或断流、湖库水位涨落以及土壤和植被的自然演替引起的地表覆盖类型的变化等。人为因素主要指人为的水利建设、植树造林、退耕还草、农业生产活动及生态治理活动等。综合分析20世纪90年代至21世纪10年代近30年中国东亚飞蝗蝗区演变特征，蝗区演变成因主要包括以下两个方面。

（1）蝗区的消亡。蝗区的消亡是蝗区顺序演变的结果，其消亡的根本原因是原有环境不再适宜东亚飞蝗的滋生，其演变受自然因素和人为因素共同影响。自然因素主要通过河道变迁、河水流量变化、湖库水位升降及气候变化等影响蝗区生态环境使其不再适宜东亚飞蝗滋生从而造成蝗区的消亡。人为因素主要通过农业综合开发、兴修水利设施、植树造林、生态环境治理等措施恶化东亚飞蝗的滋生条件，创造不利于其繁殖和栖息的环境，对原有蝗区进行改造。通过对20世纪90年代和21世纪10年代全国东亚飞蝗蝗区的定量监测及分析，自20世纪90年代至21世纪10年代的近30年间，全国消亡蝗区面积达94.87万hm²，沿海蝗区、河泛蝗区、湖库（注淀）蝗区和内涝蝗区四类蝗区生态类型均有减少，其减少量、分布范围及演变原因如下。

①沿海蝗区。自20世纪90年代，全国东亚飞蝗沿海蝗区消亡面积达31.89万hm²，主要位于环渤海湾沿岸、黄河入海口、江苏省东部沿海及海南省西、南部沿海地区。

渤海湾北岸河北省唐山市丰南市、滦南县、东亭县、唐海县，西岸沧州市沧县、青县、海兴县及黄骅市消亡蝗区在20世纪90年代时主要为沿海荒地或农田夹荒地，后经植树造林、开垦荒地、兴建盐厂、开展精耕细作等措施，不断缩减了蝗区面积；位于渤海湾西岸的天津东丽区及滨海新区则通过建设开发区、开展水产养殖业等措施不断对原有蝗区的盐碱地进行改造，从而完成蝗区治理。

黄河入海口消亡的沿海蝗区主要位于山东省滨州市无棣县、沾化区，东营市河口区、利津县、垦利区、东营区、广饶县及潍坊市寿光市、寒亭区和昌邑市，此区域蝗区的消亡主要是通过开展沿海滩涂渔业、盐业开发、饲草产业和苇草业开发、生态农业开发、人工造林和封育草场等措施完成蝗

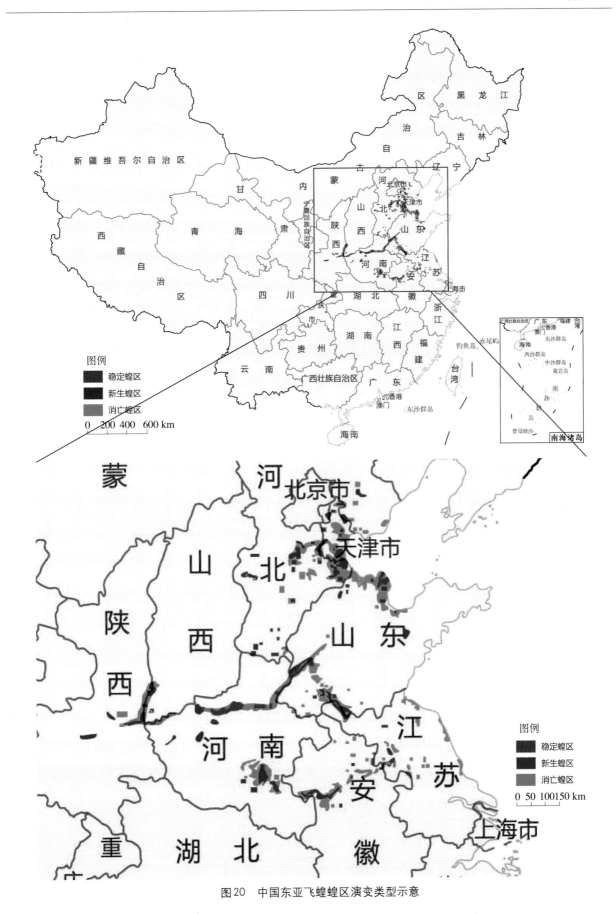

图 20　中国东亚飞蝗蝗区演变类型示意

区改造。

江苏省东部沿海消亡的沿海蝗区主要位于连云港市市辖区、赣榆区、灌云县，盐城市响水县、射阳县、滨海县和东台市。此沿海蝗区的消亡主要是通过采取滩涂开发、开荒种植、发展养殖业等生态防治措施及开展放鸭食蝗和放鹅啄食草根、翻土破坏蝗卵等生物防治措施，破坏东亚飞蝗的滋生条件，从而根治蝗区。

海南省热带稀树草原蝗区因主要受海洋性气候的影响将其列入沿海蝗区。经过近30年的治理，海南省儋州市、昌江黎族自治县、东方市、乐东黎族自治县、三亚市、陵水黎族自治县及万宁市的沿海蝗区得到大面积缩减，究其原因，主要是海南省植保部门采取了以下几个方面防治措施改造蝗区生境：一是提高复种指数，调整种植结构，改种蝗虫不喜食的热带经济作物，提高植被覆盖度；二是恢复森林植被，减少撂荒草原景观；三是兴建水利工程，改善水利设施，增加灌溉面积，减少沙化和撂荒地；四是大力发展旅游业和房地产产业，改造蝗区生境。

②河泛蝗区。自20世纪90年代，全国东亚飞蝗河泛蝗区消亡面积达29.36万hm²，主要位于黄河中下游河滩、陕西西安以东的渭河下游沿岸、淮河中下游行洪道及河北、天津的若干河流沿岸。

黄河中下游河滩消亡的河泛蝗区主要包括山东省东明县、牡丹区、鄄城县、郓城县等8县、区，河南省灵宝市、孟津县、武陟县、原阳县、中牟县、兰考县、长垣县、台前县等20市、县、区，陕西省韩城市、合阳县、大荔县和潼关县共4市、县，山西省河津市、万荣县、临猗县、永济市、芮城县、平陆县等6市、县；渭河下游沿岸消亡的河泛蝗区主要包括陕西省大荔县、潼关县、华阴市、华县和渭南市5市、县。经分析，黄河滩及渭河滩蝗区消亡原因主要包括5个方面：一是随着河道摆动，原河泛蝗区老滩的地势变高，不易上水漫滩，开垦利用程度高，改变了飞蝗适生条件；二是在黄河、渭河沿岸修建堤坝、水库、开挖排水沟渠，调节河水流量、稳定水位、固定河滩，同时大面积垦荒种植，压缩减少了飞蝗发生基地；三是加强农田基本建设，扩大机耕面积，精耕细作，改善种植结构，种植棉花、大豆、苜蓿等东亚飞蝗非喜食植物，改变蝗区植被，恶化了其食物条件；四是在滩涂植树造林，实行园林化、林网化，发展果树及其他经济林，提高植被覆盖度，恶化了飞蝗产卵环境，不利其生存繁殖；五是开展生物防治，发展林下养殖，改造滩涂洼地，种植莲藕等，滩区较多的坑塘及适宜的环境气候使得鸟类、蛙类及各种昆虫天敌生存繁衍，抑制了飞蝗的发生。

淮河中下游行洪道消亡的河泛蝗区主要包括安徽省阜南县、颍上县、霍邱县、凤台县、寿县、淮南市、怀远县、固镇县、五河县和泗县共10个市、县。分析其蝗区消亡原因，主要是安徽省植保部门采取了以下几个方面防治措施改造蝗区生境：一是整治淮河，开挖河渠，加固淮河防洪大堤，在干流设闸防洪，稳定河湖水位，改造飞蝗的适生条件，使其不利于蝗虫的繁殖和栖息；二是开垦、消灭夹荒地、撂荒地，宜农则农，宜林则林，宜牧则牧，改善生态环境，创造不利于蝗虫发生的环境；三是发展养殖业，沿淮蝗区因地制宜开挖精养鱼塘，发展养殖业，将蝗虫滋生地改造成鱼塘，减少了宜蝗面积。

此外，天津市宝坻区、宁河县、武清区、北辰区、西青区和滨海新区及河北省献县、威县、大名县、魏县和临漳县也有小面积河泛蝗区减少，蝗区消亡原因主要是对这些地区的蝗区进行了河滩改造等防治措施。

③湖库（洼淀）蝗区。自20世纪90年代至21世纪10年代，全国东亚飞蝗湖库（洼淀）蝗区消亡面积达15.86万hm²，主要位于天津市北大港水库、团泊洼水库、东丽水库、于桥水库，河北省安新白洋淀、衡水湖，山东省东平湖，苏鲁交界处微山湖，河南省宿鸭湖，安徽省花园湖、女山湖及江苏省洪泽湖等20余个大小湖泊、水库和洼淀沿岸。

天津市消亡的此类蝗区为湖库蝗区，除津南区外其他9个区均有消亡。蝗区消亡的原因主要是采取生态调控方式对蝗区进行了改造：一是进行开发区建设和房地产开发，彻底改造蝗区适生环境；二是将芦苇丛生的盐碱荒地、洼淀、水库改造成鱼塘、虾池，进行水产养殖；三是蓄水养苇，大面积养殖密集型芦苇，增加植被覆盖度，破坏蝗虫产卵场所，抑制蝗虫繁殖；四是垦荒造田，主要是将洼地、荒地改造成稻田、棉田等；五是在受雨水影响较大、不宜彻底改造成良田的蝗区种植苜蓿、棉花等蝗虫不喜食的作物，减小蝗虫适生地。此外，水库蓄水量缩减，水域面积减少也会改变蝗区范围，如蓟州区于桥水库，自20世纪90年代至今，水库东部水域不断萎缩加之农田改造使得东南部远离水库的老蝗区不再适宜东亚飞蝗滋生而消减。

河北省消亡的湖库（洼淀）蝗区主要位于省内水库和洼淀周围，包括宽城满族自治县和迁西县境内的潘家沟水库蝗区、遵化市和丰润县境内的丘庄水库蝗区、安新县白洋淀蝗区、大城县若干洼淀蝗区、平山县岗南水库蝗区、鹿泉区黄壁庄水库蝗区、冀州市和衡水市桃城区境内的衡水湖蝗区及磁县境内的岳城蝗区和东武仕水库蝗区。蝗区消亡主要为蝗区生态改造的结果：一是，兴修水利，挖排水沟，修整土地，开垦荒地，精耕细作，改变蝗区植被、土壤、农田等生态环境，减少蝗虫适生区域；二是，改造种植模式，在低洼蝗区种水稻，修建鱼塘发展水产养殖，地势较高处种植苜蓿、棉花、西瓜等蝗虫不喜食农作物，破坏蝗虫适生环境；三是，注重生物控制，牧鸭控蝗，在蝗区周边多植树，增加蝗虫天敌等鸟类的歇息地，达到生态控蝗的目的。

山东、安徽和江苏消亡的此类蝗区主要为滨湖蝗区，分布于各个大小型湖泊周围，各省涉及的蝗区县及湖泊包括：山东省东平湖所在的平阴县、东平县和梁山县，微山湖所在的微山县、鱼台县及济宁市任城区南阳湖地带；安徽省凤台县西淝湖、凤阳县花园湖、明光市女山湖、天长市高邮湖、五河县和泗县的天岗湖；江苏省微山湖所在的沛县、铜山县，洪泽湖沿岸的泗阳县、泗洪县、盱眙县、洪泽县、淮阴区及高邮湖沿岸的金湖县。此类蝗区的消亡主要是各省植保部门采取了以下措施：一是，兴修水利，控制湖泊水位，对滨湖蝗区进行大规模改造，从根本上改变蝗虫滋生环境；二是，实行生态控制，湖滩区造塘养鱼，抬田种粮，大力发展淡水养殖业及鸡、鸭等畜禽养殖业，因地制宜种植苜蓿、水稻、大豆等粮经作物；三是，植树造林，沿湖发展植树造林，形成林网，绿化环境，造林引鸟，注意保护鸟类等蝗虫天敌，改造蝗区面貌。

此外，河南省三门峡市湖滨区和驻马店市汝南县也有小面积湖库（洼淀）蝗区消亡，此区域蝗区消亡主要是自然因素变化引起，如湖滨区蝗区消亡为黄河河道北移致使原有蝗区生境不再适合东亚飞蝗繁殖引起；汝南县蝗区消减则是因为宿鸭湖水库水域面积变大，原有蝗区范围变成水域不再适宜飞蝗滋生。

④内涝蝗区。自20世纪90年代至21世纪10年代，全国东亚飞蝗内涝蝗区消亡面积达17.76万hm^2，主要包括天津市、河北省南部、山东省西南部、河南省南部的部分蝗区及陕西省、山西省、安徽省、江苏省和广西壮族自治区的若干区、县。

各地区消亡的内涝蝗区分布如下：天津市主要为内涝洼淀蝗区，分布于蓟州区、宝坻区、宁河区、东丽区、津南区和静海区6个区；河北省主要包括霸州市、雄县、文安县、大城县、高阳县、清苑县、蠡县、献县、辛集市、宁晋县、隆尧县、任县、威县和魏县等10余个市、县；山东省主要位于鲁西南地区，包括东平县、梁山县、汶上县、嘉祥县、金乡县、邹城市、巨野县、成武县、单县和曹县10个县、市；河南省主要包括驻马店市舞阳县、舞钢市、西平县、上蔡县、遂平县、确山县、汝南县、平舆县、新蔡县、正阳县和中牟县11个县、市；安徽省主要包括濉溪县、宿州市埇桥区、灵璧县、固镇县和五河县5个县、区；江苏省主要包括阜宁县、宝应县、高邮市和兴化市4个县、市。此外，山西省永济市、陕西省蒲城县和广西宾阳县也有小面积内涝蝗区消亡。

分析各地区内涝蝗区消亡原因，首先要了解内涝蝗区的形成原因，内涝蝗区是由于平原地区的坡洼地带，因雨季积水不易排出，洼地难以正常耕种成为撂荒地，使具有"逐水产卵"习性的东亚飞蝗繁衍滋生，从而形成蝗虫适生区。内涝蝗区多为撂荒地，随雨季和旱季的变化，形成荒地洼涝地，而治理这类蝗区就要从根本上改变东亚飞蝗的适生环境，使其不再适宜东亚飞蝗滋生。基于以上认识，各地植保人员采取了多种措施改造内涝蝗区生态环境从而消减了大面积的内涝蝗区：一是兴修水利，疏通河道，挖渠排涝，兴建水库，修复加固堤坝，解决内涝蝗区的积水与排水问题，形成不利于蝗虫发生的生态环境；二是开垦荒地，加强农田基本建设，将洼地、荒地改造成稻田、棉田等，精耕细作，不断减少宜蝗面积；三是植树造林，种植花草，硬化边坡，开展大规模的林网改造，破除路边沟边杂草、板土等蝗虫适生区；四是调整农业结构，提高复种指数，种植芝麻、花生、花椰菜等蝗虫不喜食的作物，有效减少蝗虫食料，创造不利于蝗虫适生的环境；五是将雨季积水的内涝蝗区改造成为稳定的水环境，消灭虫窝，或把低洼地改造成鱼塘，恶化蝗虫生存环境，减少蝗虫生存地。

（2）蝗区的新生。蝗区的新生是新蝗区的形成或潜在蝗区反向演变的结果。黄河河床的滚动、黄河中下游的频繁断流、黄河沿岸及入海口的泥沙淤积、自然植被的破坏、新水库的建成、全球气候变暖及农业生态环境变化的影响，均使黄河中下游河滩、黄河入海口、环渤海沿岸及华北内涝洼地等地不断形成新的蝗区。通过对20世纪90年代和21世纪10年代全国东亚飞蝗蝗区的定量监测及分析，自20世纪90年代至21世纪10年代的近30年间，全国累计新增蝗区面积69.97万 hm²，沿海蝗区、河泛蝗区、湖库（洼淀）蝗区和内涝蝗区四类蝗区生态类型均有新生，其新生面积、分布范围及演变原因如下：

①沿海蝗区。自20世纪90年代，全国东亚飞蝗沿海蝗区新生面积达12.48万 hm²，主要位于渤海湾西岸、黄河入海口、海南省西北沿海及江苏省东部沿海若干县、市、区。

渤海湾西岸新生的沿海蝗区主要包括河北省黄骅市和沧州市盐山县以及天津市滨海新区的若干小范围蝗区。此区域蝗区的新生主要是由渤海湾沿岸气候条件、生态环境和农事制度共同作用下形成的：一是，受大气温室效应和全球气候变暖的影响，我国北方高温带出现北移趋势，有效积温增加，加之持续干旱，使得宜蝗面积不断增加；二是，此区域多为大面积苇荒地和湿地，其主要植被芦苇是东亚飞蝗最喜食的植物，极适宜东亚飞蝗活动取食，为其滋生、繁殖提供适宜场所；三是，由于土壤含盐碱量高，耕地多为粗放作业的低产农田，其间的夹荒地和苇荒地对东亚飞蝗的迁移、扩散和繁殖创造了有利条件；四是，复杂的植被结构为东亚飞蝗提供了丰富的食物来源，除主要植被芦苇外，此区域粮食作物中的冬小麦、玉米、高粱和谷子等均为东亚飞蝗喜食的植物。

黄河入海口新生的沿海蝗区主要包括山东省滨州市无棣县、沾化区，东营市河口区、利津县、垦利区、东营区及潍坊市寒亭区和昌邑市，此区域蝗区的新生原因主要有以下几个方面：一是，本区域地处黄河三角洲，是黄河冲淤而成的新陆地，在海河陆相互作用下，形成了完整的生态系统，土地开发利用率低，加之潮湿和特殊的气候条件，使得本区自然植被和土质条件适宜蝗虫产卵、滋生和繁殖；二是，全球变暖或气候异常等因素，极大地促进了东亚飞蝗产卵、蝗卵越冬及生长发育，宜蝗面积不断变大；三是，在气候、温度、光、热等影响下，入海口地区土壤次生盐碱化严重，造成大面积盐碱荒地，发展成为东亚飞蝗的适宜滋生区。

海南省热带稀树草原蝗区因主要受海洋性气候的影响将其列入沿海蝗区。近30年，海南省儋州市、昌江黎族自治县、东方市和乐东黎族自治县都不同程度地生成了新的蝗区，究其原因主要包括以下几个方面：一是，对林木不合理的采伐使森林植被减少，而稀树灌丛、草地逐渐增加，形成了适宜蝗虫生长、发育与繁殖的热带稀树草原生态景观；二是，因气候干旱等原因，加之无序的垦荒种地或耕作粗放，造成大面积的土地撂荒，给飞蝗的繁殖创造了良好的条件；三是，干旱少雨的气候条件及化学农药的不当使用，使得蝗虫的天敌难以生存而大量减少，极大地促进了东亚飞蝗的滋生发育。

此外，江苏省连云港市赣榆区、灌云县和盐城市大丰区也新生了小面积沿海蝗区，究其原因，一是水产行情不景气时部分沿海滩涂出现弃养现象，养殖区无人管理，致使弃养区东亚飞蝗密度不断增高；二是位于潮间带、潮汐带的外滩草地未被开垦，其间生长的茅草、芦苇、盐蒿等植物为蝗虫提供了适生条件。

②河泛蝗区。自20世纪90年代至21世纪10年代，全国东亚飞蝗河泛蝗区新生面积达26.34万 hm²，主要位于黄河中下游河滩、陕西咸阳以东的渭河下游沿岸、淮河中下游行洪道及河北、天津、广西的若干河流沿岸。

黄河中下游河滩新生的河泛蝗区主要包括山东省长清区、平阴县、梁山县、东明县等8县、区、河南省灵宝市、新安县、孟津县、孟州市、偃师市、巩义市、温县、荥阳市、封丘县、范县、台前县等20市、县，陕西省韩城市、合阳县、大荔县、潼关县共4个县、市，山西省万荣县、永济市、芮城县、平陆县等6县、市；渭河下游沿岸消亡的河泛蝗区主要包括陕西省富平县、武功县、周至县、兴平市、临渭区、华州区、华阴市等9县、市、区；淮河中下游行洪道消亡的河泛蝗区主要包括安徽省阜南县、颍上县、霍邱县、寿县、怀远县、五河县等10个县、市。

分析以上河泛蝗区新生的原因主要包括以下几个方面：一是，黄河河床滚动导致黄河嫩滩、夹河滩不断出现，这些滩区基本不耕或耕作粗放，翌年便长出芦苇等杂草，这种地貌长期得不到有效治理便会逐步演变为东亚飞蝗的滋生基地；二是，在全球变暖等气候条件影响下，黄河年径流量减少，导致河流两岸滩地荒地大片裸露，使得宜蝗面积不断变大；三是，淮河沿岸年年行洪，旱涝交替频繁，两岸河滩多为国有荒地，受行洪影响，杂草植被极不稳定，植被覆盖率低，成为东亚飞蝗发生、繁衍的主要适生地；四是，某些地区由于水库建设等原因，库区居民迁移，有了更多撂荒地、夹心滩和新滩，不利于改造和耕种，使蝗区地貌更加复杂。

此外，天津市宝坻区、宁河区、北辰区和武清区，河北省迁西县、阜平县、容城县和曲周县及广西兴宾区和武宣县也新生了小面积河泛蝗区，其新生原因主要是在干旱年份，河流水位降低或河道间偶尔无水，使得河道两侧的大面积荒地生长芦苇等蝗虫喜食植物，成为东亚飞蝗适生区。

③湖库（洼淀）蝗区。自20世纪90年代，全国东亚飞蝗湖库（洼淀）蝗区新生面积达14.34万hm²，主要位于天津市北大港水库、东丽水库、于桥水库，河北省安新白洋淀、衡水湖、迁西大黑汀水库、行唐口头水库、平山岗南水库和黄壁庄水库，山东省潍坊峡山水库、泰安东平湖、枣庄岩马水库，苏鲁交界处微山湖，江苏省骆马湖、洪泽湖，安徽省女山湖、瓦埠湖，河南省宿鸭湖、板桥水库、宋家场水库及广西象州县丰收水库等20余个大小湖泊、水库和洼淀沿岸。

分析这些湖泊、水库及洼淀周围蝗区新生的原因主要包括3个方面：一是由于异常气候、生态环境及水位变化影响，湖区、库区及低洼苇田脱水面积逐年加大，大面积洼淀芦苇常年裸露，且疏于管理，生态环境逐步恶化，形成了适宜东亚飞蝗发生的生态环境，如河北省白洋淀蝗区；二是由于人为影响，某些水库蓄水量增加，水域面积不断扩大，水库周围低洼一侧易形成新的撂荒地，加之耕作粗放等原因，易在原有蝗区周围形成新的宜蝗区，如河南省汝南县宿鸭湖蝗区；三是近年来，各地政府逐渐重视水源地等自然保护区内生态环境的保护，禁止在水源保护地周围喷洒农药，使得这些地区东亚飞蝗的虫口密度逐年增加，最终暴发成灾形成新的蝗区，潍坊峡山水库东亚飞蝗蝗区便是这么形成的。

④内涝蝗区。自20世纪90年代，全国东亚飞蝗内涝蝗区新生面积达16.81万hm²，主要位于天津市蓟州区、武清区、宁河区、东丽区和西青区，河北省玉田县、香河县、文安县、大城县、雄县、高阳县、蠡县、鸡泽县、邯郸市，山东省庆云县、东陵市、梁山县、济宁市任城区、枣庄市辖区等地，河南省卢氏县、洛宁县、嵩县、偃师市、中牟县、驻马店等地及山西省永济市和安徽省砀山县、灵璧县等若干县、市。

内涝蝗区由于地势低洼，耕作粗放，过去经常出现"大雨大灾，小雨小灾，无雨旱灾"的局面。随着农业基础设施的加强，虽然排涝抗旱能力有所提高，但旱涝交替仍然是影响内涝蝗区飞蝗发生的主要因素，降水量和雨季降水强度是这类蝗区蝗虫暴发的关键因子，是目前人力不能控制的因素。

分析我国近30年东亚飞蝗内涝蝗区新生的原因主要有以下几个方面：一是，受全球变暖等气候和环境因素影响，平原地势低洼区降水的年内、年际变化大，季节性分配不均，极易出现春旱、夏涝、秋旱等旱涝交替现象，形成大量荒碱涝洼土地，这些土地常年无人耕种，杂草丛生，适宜飞蝗繁殖、活动、取食，成为蝗虫繁殖基地；二是，虽然部分洼地已开垦成农田，但是种不保收，复种指数低，耕作粗放，并存在夹荒地，使其成为东亚飞蝗滋生区；三是，地势低洼区的农田或农田夹荒地不能及时排水，形成内涝后会造成农田撂荒，退水后出现适宜蝗虫产卵的大面积退水地，周围蝗虫集中到退水地产卵，为蝗虫滋生创造了有利条件。

天津 · TIANJIN
蝗区概况

一、总体概况

1. 天津市自然地理概貌　天津市位于北纬38°34′~40°15′之间，东经116°43′~118°04′之间，处于国际时区的东八区。天津市土地总面积11 916.9km²，现辖16个区，包括滨海新区、和平区、河北区、河东区、河西区、南开区、红桥区、东丽区、西青区、津南区、北辰区、武清区、宝坻区、静海区、宁河区、蓟州区。截至2016年末，全市常住人口1 562.12万人，天津市土地资源丰富，其中耕地面积48.56万hm²，占全市土地总面积的40.7%；园地面积37 324hm²，占3.13%；林地34 227hm²，占2.87%；牧草地594hm²，占0.05%；居民点及工矿用地218 345hm²，占18.33%；交通用地32 937hm²，占2.76%；水域315 089hm²，占26.43%。天津地处北温带位于中纬度亚欧大陆东岸，主要受季风环流的支配，是东亚季风盛行的地区，属暖温带半湿润季风性气候。临近渤海湾，海洋气候对天津的影响比较明显。主要气候特征是，四季分明，春季多风，干旱少雨；夏季炎热，雨水集中；秋季气爽，冷暖适中；冬季寒冷，干燥少雪。冬半年多西北风，气温较低，降水也少；夏半年太平洋副热带暖高压加强，以偏南风为主，气温高，降水也多，有时会有春旱。天津的年平均气温约为14℃，7月最热，月平均温度28℃；历史最高温度是41.6℃。1月最冷，月平均温度 -2℃。历史最低温度是 -17.8℃。年平均降水量为360~970mm，1949—2010年平均值是600mm左右。天津位于海河流域下游，是海河五大支流南运河、北运河、子牙河、大清河、永定河的汇合处和入海口，素有"九河下梢""河海要冲"之称。流经天津的一级河道有19条，总长度为1 095.1km。还有子牙新河、独流减河、马厂减河、永定新河、潮白新河、还乡新河6条人工河道，总长度为284.1km。二级河道有79条，总长度为1 363.4km，深渠1 061条，总长度为4 578km。新中国成立后，天津修建了不少平原水库，其中大中型水库13座，小型水库35座，较大的水库有蓟州区于桥水库，宝坻区黄庄洼水库，宁河区东七里海水库、静海区团泊水库，津南区津南水库，西青区鸭淀水库，北辰区永金水库、滨海新区北大港水库、黄港二库、营城水库、沙井子水库、官港湖、钱圈水库。这些水库大部分为季节性积水或隔年积水，只有少数水库为常年积水。因此，部分水库已成了东亚飞蝗的滋生地。天津市植被资源丰富，共有植物149科597属1 049种，其中蝗虫发生区多以禾本科和莎草科为主。天津市粮食作物主要品种有水稻、小麦、玉米、高粱、谷子等。水稻种植面积2.659万hm²、小麦10.841万hm²、玉米21.531万hm²。经济作物以棉花、蔬菜、果树为主，棉花种植面积1.235万hm²、果树2.386万hm²、蔬菜7.654万hm²。2016年粮食总产量196.37万t，蔬菜产量453.36万t。

2. 蝗区类型及特征

(1) **蝗区地形特征**　天津市为华北平原地区，除北部蓟州区有部分山区，其他区县均为平原，且蓟州区北部山区不适合东亚飞蝗发生。全市蝗区主要有3种类型：一是湖库型蝗区，以北大港水库、团泊水库、七里海水库、永金水库、鸭淀水库等为典型代表，受降雨和蓄水影响，水库水面和植被覆盖面变化较大，水旱相接适合蝗虫发生；二是河泛蝗区，以独流减河、潮白新河、北京排污河、永定新河、子牙新河为典型代表，河道两侧均生长大面积芦苇、莎草等杂草，非常适宜蝗虫发生；三是内涝洼淀蝗区，以青甸洼蝗区、大黄堡蝗区、板桥农场蝗区、大港农场蝗区为典型代表，内涝洼甸蝗区多为撂荒地，随雨季和旱季的变化，形成荒地洼涝地，内生芦苇、莎草等多种蝗虫喜食的植物，多为可改造蝗区。

(2) **蝗区气候特征**　天津市蝗区春季多风，干旱少雨；夏季7月份和8月份炎热，7月最热，月平均温度28℃，雨水集中；秋季气爽，冷暖适中；冬季寒冷，干燥少雪，1月最冷，月平均温度 -2℃。年平均降水量为360~970mm。蝗区夏季和秋季气候非常有利于蝗虫发生，冬季气温也适合蝗虫安全越冬。

(3) **蝗区土壤特征**　天津蝗区的土质主要是黏土和壤土。土壤的坚硬程度、土质类型以及含水量和含盐量对蝗虫的产卵均有一定影响。土壤湿度适中情况下，东亚飞蝗喜欢在土质坚硬的土壤中产卵，如道路、堤埝等处。土壤干旱情况下，蝗虫会转移到比较低洼，湿度适中的地区产卵。当黏土含水量达到18%～20%，壤土含水量达到15%～18%时，适合蝗虫产卵。经测定，土壤含盐量1%以下的蝗区都适合蝗虫产卵。含盐量超过1%的蝗区只有极少量蝗虫产卵。

（4）植被特征 天津蝗区生长植物102种，但蝗虫喜食的植物以芦苇为主，其次是稗草、狗尾草、马绊草、茂草等。不同类型的蝗区植物种类和植被覆盖度不同，内涝洼淀蝗区因含盐量高，生长植物种类少，多生长黄须、柽柳、蒿类等耐盐碱植物。有水的地方生长芦苇，大部分内涝洼淀蝗区的植被覆盖度为15%～75%。湖库蝗区和河泛蝗区植物种类较多，尤其蝗虫喜食的禾本科杂草种类较多，植被覆盖度高达25%～100%。不同地理环境中植被覆盖度不一样。道路、堤埝植被覆盖度相对较小，松软的洼淀和平地植被覆盖度大。东亚飞蝗喜欢选择植被覆盖度在50%以下的地方产卵。

（5）水文特征 由于天津水库、河道众多，主要蝗区均为湖库类型蝗区和河泛蝗区类型。天津水库类型蝗区，有的水库常年蓄水，如于桥水库、团泊水库、鸭淀水库，这种类型的水库，水库周边未被水淹的区域为蝗虫适生区；有的水库不蓄水或降雨少的情况下，常年处于干涸半干涸状态，如北大港水库、七里海水库等，这些水库水位低，植被长势好，非常适宜蝗虫发生，也成为蝗虫重发区。天津市大部分河道蝗区，如潮白新河蝗区、独流减河蝗区、北京排污河蝗区、蓟运河蝗区等，河道中部常年有水，河道两侧多为大面积荒地，蝗区面积受降雨影响较大，但常年面积变化不大，河道两侧芦苇等植被长势好，非常适宜蝗虫发生。

二、蝗区的演变

天津蝗区经过大面积蝗区改造之后，原有蝗区类型、分布及其生态环境发生很大变化。新中国成立初期蝗区面积40.33万hm²，经过垦荒种田、平原兴修水库、开挖河道等蝗区改造，沿海荒地和内涝农田大大减少，同时也形成了新的水库蝗区和河泛蝗区，到1990年，蝗区面积已减少到23.95万hm²，其中，国有荒地蝗区面积10.62万hm²，内涝农田蝗区13.33万hm²。又经过20世纪90年代十年蝗区改造治理，主要是内涝农田蝗区改造，大部分内涝农田已不适合蝗虫发生，蝗区面积大大缩小，例如，静海区的大丰堆、胡连庄、蔡公庄、北肖楼等乡的农田蝗区，西青区的辛口、南河、王稳庄等乡镇农田蝗区，东丽区的军粮城等乡镇农田蝗区，北辰区的霍庄子、东堤头等乡镇农田蝗区，宝坻区的黄庄乡、宁河区的大贾乡等农田蝗区，这些原有蝗区都已被彻底改造成农田。到2000年，蝗区面积已缩减到10.624万hm²，蝗区类型也由沿海蝗区、湖库蝗区、河泛蝗区、内涝农田蝗区四种蝗区类型转变为湖库蝗区、河泛蝗区、内涝洼淀蝗区，原有的沿海蝗区和内涝农田蝗区合并为内涝洼淀蝗区。进入21世纪，随着天津市经济的迅速发展，城市房地产业大力开发，农村城镇化步伐加快，农村渔业、林业、牧业快速兴起，20世纪的原有蝗区又得到进一步改造变化，一些蝗区被开发成房地产，一些被开挖成鱼、虾、蟹水产养殖区，一些盐咸荒地被建成开发区，蝗区面积进一步缩小，特别是天津四个郊区面积变化最大，主要用于开发房地产，东丽区已无蝗区，津南区、西青区、北辰区面积都有相应缩减，滨海新区面积大大缩减，原有蝗区进行了开发区建设和水产养殖业生产，到2010年蝗区面积已缩减为8.536万hm²。2010—2017年七年间，天津市部分区蝗区又发生了小幅度变化。蓟州区青甸洼蝗区通过农田改造缩减了533.3hm²，于桥水库蓄水量增大，缩减了666.7hm²；宝坻区潮白新河和和蓟运河轻过河滩改造，面积缩减了2 533.3hm²；武清区大黄堡蝗区芦苇塘面积增加了66.7hm²；津南区通过房地产开发和洼淀开挖鱼塘、虾池，蝗区缩减了1 033.3hm²，至2017年全市蝗区面积为8.066万hm²。2000—2017年天津市核心蝗区面积和一般蝗区面积也发生了变化，核心面积由4.623万hm²变为5.183万hm²，一般蝗区面积由6.01万hm²变为2.883万hm²。核心面积增加，一般面积减少。天津市核心蝗区以水库和河道为主，一般蝗区以内涝洼淀为主，近17年，受气候影响，蝗虫集中在北大港水库、七里海湿地、团泊水库等湖库蝗区和独流减河、潮白新河、永定新河、北京排污河等河泛蝗区发生，青甸洼、团泊洼等内涝洼淀蝗区发生轻，因此，原来蝗虫发生较轻的一般蝗区也变为核心蝗区，核心蝗区面积增加，一般蝗区面积减少。2017年中国科学院遥感所卫星遥感监测的天津市蝗区面积为4.513万hm²，但必须说明的是，此遥感数据仅能作为天津市2017年宜蝗区内植被覆盖面积，而不能作为天津市宜蝗面积，宜蝗面积是指常年有可能发生蝗虫的蝗区面积，而此遥感面积不包含水面和白地，且随着不同年份降水、蓄水、退水等因素影响，适宜蝗虫发生的蝗区面积变化大。宜蝗区面积不仅应该包括植被面积，还应包括水面和白地等面积。

2017年，天津市蝗区面积为8.066万hm²，按蝗虫发生级别可分为核心蝗区和一般蝗区，核心蝗区面积5.183万hm²，一般蝗区面积为2.883万hm²。按生态类型可分为湖库蝗区、河泛蝗区和内涝洼淀蝗区。全市湖库蝗区3.792万hm²，河泛蝗区2.284万hm²，内涝洼甸蝗区1.99万hm²。有蝗区的行政区为9个区，分别为蓟州区、宝坻区、武清区、宁河区、静海区、西青区、津南区、北辰区和滨海新区，原东丽区蝗区已全部改造，原塘沽区、汉沽区、大港区三区合并为滨海新区。

全市湖库蝗区3.792万hm²。包括蓟州区于桥水库，宝坻区黄庄洼水库，宁河区东七里海水库，静海区团泊水库，西青区鸭淀水库，北辰区永金水库，滨海新区北大港水库、黄港二库、营城水库、沙井子水库、官港湖、钱圈水库。湖库蝗区生态环境受降水和蓄水影响较大，干旱年份蝗区内大面积生长芦苇、莎草等植物，降雨多的年份或人工蓄水年份，蝗区内积水较多，形成大型湿地，地势高的地方生长芦苇、莎草等植物。

全市河泛蝗区2.284万hm²，包括潮白新河、蓟运河、青龙湾、北京排污河、独流减河、大清河、马厂碱河、黑龙港河、永定新河、子牙新河。河泛蝗区河道中间常年有水，干旱年份偶尔无水，河道两侧多为裸露地，生长芦苇等蝗虫喜食植物。

全市内涝洼淀蝗区1.99万hm²，包括蓟州区青甸洼蝗区，宝坻区东淀苇地蝗区，武清区大黄堡蝗区，宁河区田辛庄和赵温庄蝗区，静海区团泊洼农场蝗区，津南区茶棚蝗区、大韩庄蝗区，西青区东淀大洼蝗区，北辰区风电产业园蝗区、小贺庄复垦地蝗区，滨海新区宁车沽村北蝗区、芦苇公司蝗区、原茶淀镇太平村前进村蝗区、原营城镇五七村蝗区、板桥农场蝗区、大港农场蝗区、大苏庄农场蝗区、万亩荒地蝗区、远景二灌场蝗区、老联盟蝗区、翟庄子蝗区、窦庄子西洼蝗区、刘岗庄东洼蝗区、张庄子村北蝗区。内涝洼淀蝗区多为撂荒地，随雨季和旱季的变化，形成荒地洼涝地，内生芦苇、莎草等多种蝗虫喜食的植物，为可改造蝗区。

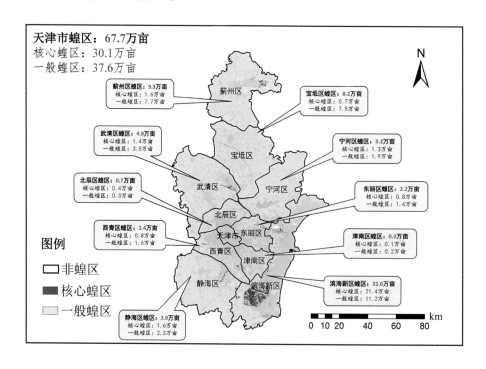

天津市东亚飞蝗宜蝗区面积统计表

区县	1990年（万hm²）	2000年（万hm²）	2010年（万hm²）	2017年（万hm²）	2017年卫星遥感蝗区植被面积（万hm²）
蓟县	0.83	0.83	0.58	0.46	0.62
宝坻	0.369	0.4	0.8	0.547	0.547
武清	0.87	0.87	0.227	0.233	0.327
宁河	0.663	0.7	0.7	0.7	0.213
静海	0.737	0.87	1.067	1.067	0.26
东丽	0.663	0.73	0	0	0.147
西青	0.44	0.44	0.36	0.36	0.16
津南	0.23	0.23	0.253	0.15	0.02
北辰	0.223	0.25	0.139	0.139	0.047
滨海新区塘沽	0.93	0.93	0.533	0.533	
滨海新区汉沽	0.074	0.074	0.133	0.133	2.173
滨海新区大港	4.3	4.3	3.744	3.744	
全市	10.33	10.62	8.536	8.066	4.513

注：20世纪90年代天津蝗区国有荒地面积10.62万hm²，内涝农田蝗区13.33万hm²。表中1990年的蝗区面积为国有荒地面积，不包括内涝农田蝗区。2017年卫星遥感蝗区面积为中国科学院卫星遥感监测的当年蝗区内植被覆盖面积，不包括水面，不能作为宜蝗面积。

三、发生规律

东亚飞蝗具有群居、远距离迁飞、暴食、生殖力强、取食范围广的特点，是为害农作物重要的有害生物之一。蝗虫灾害与水灾、旱灾一样是构成威胁人类生存安全、社会稳定的重要灾害，是农业防灾、减灾的重要内容之一，一旦暴发成灾，将给农业生产造成巨大损失，历史上"飞蝗蔽天，禾草皆光"的例子不胜枚举。天津境内河道沟渠纵横交错，湖库、洼淀众多，芦苇丛生，降水量年际变化大，季节分布不均，容易形成水旱灾害。其独特的地理环境、植被分布和气候特点为东亚飞蝗提供了有利的滋生环境，致使东亚飞蝗在天津市频繁发生，也使天津成为中国历史上有名的滨海老蝗区。

1. **天津东亚飞蝗生活史**　东亚飞蝗是直翅目不完全变态昆虫，一生经历卵、若虫（蝗蝻）、成虫三个阶段。东亚飞蝗在天津一年发生两代，分群居型和散居型两种，第一代称夏蝗，发生期为5—7月，第二代称秋蝗，发生期为8—9月。以夏蝗卵在土壤中越夏，越夏期为7月底至8月初，以秋蝗蝗卵在土壤中越冬，越冬期为10月至翌年4月。夏蝗出土孵化始期为5月上旬，出土盛期为5月中旬，夏蝗蝻7天左右为一个龄期，共5个龄期，发生期集中在5月中旬至6月下旬，夏蝗成虫期为6月下旬至7月中旬。秋蝗出土孵化始期为8月上旬，出土盛期为8月中旬，秋蝗蝻5天左右为一个龄期，共5个龄期，发生期集中在8月中旬至9月中旬，秋蝗成虫期为9月中旬至10月中旬。

2. **天津东亚飞蝗发生特点**　东亚飞蝗最喜食禾本科作物，尤其喜食芦苇，河泛、湖库、洼甸芦苇丛生的环境是东亚飞蝗最适宜繁衍生息的场所，天津境内分布有北大港水库、团泊水库等湖库，有七里海、大黄堡等湿地，有独流减河、华北大河、潮白河等河泛区，有蓟县青甸洼等洼地，这些环境内芦苇丛生，非常适合蝗虫繁衍生息，也造就了东亚飞蝗在天津常年发生，5～10年大发生，大发生年蝗虫密度每平方米高达千头乃至万头，群聚远距离迁飞进入农田为害，对天津市粮食安全生产构成严重威胁。东亚飞蝗密度较低时为散居型，不迁飞为害，当密度达到每平方米10头以上时，可形成群居型蝗虫，群居型蝗虫具有远距离迁飞、暴食习性，可造成农作物毁灭性损失。东亚飞蝗喜欢在向阳、高岗、地面较硬、植被稀疏、土壤湿度和盐碱度适中的场所产卵。产卵场所土壤适宜含水量范围为10.0%～20.0%，适宜含盐量范围为0.09%～1.5%，且当含水量大于30%或含盐量大于2%时，不再适合飞蝗产卵。东亚飞蝗是一种喜欢干旱气候的害虫，夏季干旱、高温、少雨有利于其发生。

3.天津东亚飞蝗成灾史 新中国成立以前，天津市蝗灾发生严重，给人民造成巨大的灾难。史料中常有"蝗食禾苗殆尽""飞蝗蔽日""饥民相食"的记载。1928年和1931年蝗虫特大发生，将禾苗一掠而空，迫使人民背井离乡、四处逃散。40年代初蝗虫大发生，西青区禾苗草根都被食尽，又飞入村庄吃掉窗纸。新中国成立后，各级政府组织人力物力开展大规模的治蝗运动，蝗害基本得到控制。

1985年北大港水库全面脱水，秋蝗大发生达1.333万hm²，密度高达2 000头/m²，9月20日，一股成虫突然起飞，经过河北省的黄骅、海兴、沧县、孟村等县及中捷和南大港两个国营农场，降落面积东西宽约30km，南北长约100余km，波及面积达16.67万km²。虽在秋后未造成大的危害，但却是新中国成立以来我国首次跨省大迁飞，影响极大。

1994—1995年大港区北大港水库、独流减河、子牙新河、静海东淀洼、大清河流域及团泊水库等蝗区又连续两年大发生，发生面积分别为2.333万hm²和12.47万hm²，小部分农作物和大面积芦苇被吃成光秆，由于动用了"运五"飞机进行防治，措施得力、防治及时，未造成大的经济损失。

2000—2002年连续三年大发生，三年累计发生面积达22万hm²，蝗虫最高密度均达3 000～5 000头/m²，蝗虫密度每平方米达千头以上的高密度点片随处可见，发生区域涉及大港、静海、宁河、武清、汉沽、西青等区县。部分乡镇个别地块的玉米被吃成光秆。

2008—2009年连续两年大生，两年累计发生面积达12万hm²，蝗虫最高密度均达3 000～5 000头/m²。两年均发生在大港水库蝗区。

2012—2013年，北辰区永金水库大发生，最高密度达5 000头/m²以上，两年累计面积0.067万hm²。

2015—2017年，北大港水库出现点片高密度蝗虫，3年高密度点片都在0.133万hm²左右，密度高达20～1 000头/m²。

4.天津东亚飞蝗成灾因素

（1）环境因素。天津独特的地理环境是蝗虫灾害频繁发生的重要因素之一。天津市境内水库河道众多，干旱年份，水库、河道几近干涸，为蝗虫提供了适宜的生存环境。国有荒地面积大，植被以蝗虫喜食的芦苇为主，为蝗虫提供丰富的食料来源。荒地以盐碱地为主，宜于蝗虫产卵及蝗卵孵化。

（2）气候因素。天津气候多以干旱气候为主，特别是20世纪90年代以来，干旱年份明显增多。蝗虫是一种喜干旱气候昆虫，干旱气候有利于蝗虫发生，同时干旱气候使多数湖库蝗区常年处于干涸状态，为蝗虫提供了更广阔适生地。天津的冬季气温最低气温－18～10℃，适合蝗虫越冬，夏、秋季多干旱气候也有利于蝗虫繁衍发生。

（3）蝗区因素。不宜改造蝗区多。大港区北大港水库、蓟县于桥水库等库区蝗区都是不易改造蝗区，是天津的大水缸，干旱年份便成为蝗虫最宜生存活动的环境。独流减河行洪道等河道蝗区是行洪专用河道，也不宜改造，在干旱年份便成为蝗虫最好适生地。

（4）蝗虫习性因素。东亚飞蝗虫体大，且具有远距离迁飞、群居、暴食、食量大等特点，是发生蝗灾的重要因素。

天津市历年蝗虫发生防治面积统计表

单位：万hm²次

| 年份 | 发生面积（万hm²） | | | | | 防治面积（万hm²） | | | |
	夏蝗	秋蝗	合计	发生程度	主要发生地点	夏蝗	秋蝗	合计	生物防治面积
1998	2.667	2	4.667	4	大港水库、静海独流减河	2.533	1.467	4	0.133
1999	3	1	4	5	独流减河河心滩地、北大港水库	2.867	0.8	3.667	0.067

（续）

年份	发生面积（万hm²）					防治面积（万hm²）			
	夏蝗	秋蝗	合计	发生程度	主要发生地点	夏蝗	秋蝗	合计	生物防治面积
2000	4.127	2.333	6.46	5	独流减河河心滩地、大港水库和宁河七里海水库	1.36	1.98	3.34	0.2
2001	4	3.553	7.553	5	独流减河、子牙新河、宁河七里海、汉沽营城水库、港外农田、静海农田	3.4	2.547	5.947	0
2002	4.933	3.027	7.96	5	大港/宁河/汉沽/武清/北辰/宝坻、大港减河和水库/宝坻周良庄开发区荒地/宁河东七里海兴坨苇地	3.667	0.72	4.387	0.133
2003	3.417	3.4	6.817	3	蓟县麦田、大港独流减河、宝坻东淀苇地、宁河东七里海	2	1	3	0.267
2004	3.24	3	6.24	2	北大港水库	2.067	1	3.067	0.067
2005	2.747	2.333	5.08	2	北大港水库	0.487	0.467	0.953	0
2006	2.333	2	4.333	2	北大港水库	2	1	3	0.733
2007	3.333	2.333	5.667	4	北大港水库	2.333	1.333	3.667	0.467
2008	5.333	4	9.333	5	北大港水库、七里海	5.2	3.333	8.533	0.2
2009	4.4	2	6.4	4	北大港水库	3.667	0.467	4.133	0.333
2010	4	2	6	2	北大港水库、七里海	3.333	1.333	4.667	0.333
2011	4	2.667	6.667	2	北大港水库	2.667	1.667	4.333	0.667
2012	2.667	2.667	5.333	3	北辰永金水库高密度、北大港水库	2	1.667	3.667	0.2
2013	3.333	2.667	6	3	北辰永金水库高密度、北大港水库	2.667	2.267	4.933	0.4
2014	2.667	2.667	5.333	2	北大港水库、七里海	2.667	2.267	4.933	0.533
2015	2.667	2.667	5.333	3	北大港水库	2.667	2.267	4.933	1.467
2016	2.6	2.5	5.1	3	北大港水库高密度、七里海	1.677	1.227	2.903	2.2
2017	2.4	2.467	4.867	3	北大港水库高密度、七里海	1.133	1.583	2.717	2.717

四、可持续治理

经过多年来对东亚飞蝗监测预报技术的实施及综合治理技术的开展，现已全面掌握了东亚飞蝗的发生规律、生活史，以及化学防治、生物防治等治理技术。虽然天津市蝗灾治理取得了显著成效，但蝗虫滋生地难以根除，发生面积依然居高不下，时常出现高密度蝗群危害，对农业生产稳定发展的威胁依然存在，迫切需要加大治理力度，持续控制蝗灾。因蝗虫多发生在国有荒地，又因其具有暴发成灾的因素，是唯一需要政府部门统一组织防控的害虫，多年来，国家及各级政府对蝗虫防控历来高度重视，常年给予大量的资金支持，并采取多种防控措施，取得显著防控成绩。在天津市蝗虫大发生年，农业部及市政府、市农委、市财政局等各级领导对蝗虫发生都高度重视，常深入重点蝗区和防蝗第一线视察督导防蝗工作，农业农村部领导曾多次莅临天津市防蝗第一线指导防蝗工作。

1. 飞机防治措施　飞机防治技术也称飞机航化治虫技术，在蝗虫中等以上发生年份，实施飞机防治是非常行之有效的方法。天津多年来一直采取飞机防治，采用的机型有"运五""直升机""小蜜蜂""小型固定翼"等飞机，每种飞机都有各自的作业优缺点。飞机防治以其防治面积大、省工省时、不受蝗区恶劣环境影响等特点成为蝗虫防治首选防治措施，但飞机防治受天气影响较大、能见度较低、阴雨天气不能作业，另外受空域和空管限制因素较大。

天津市蝗虫飞机防治有辉煌的历史，20世纪80年代至今，飞机防治经历了三种机型。一是"运五"飞机飞防阶段，2000—2002年，天津蝗虫大发生，主要使用"运五"飞机防治，使用农药为马拉硫磷和锐劲特，防治区域为大港区北大港水库、宁河七里海、汉沽营城水库、武清大黄堡、独流减河等重点蝗区。2000年飞防2.387万hm²，2001年飞防2.133万hm²，2002年飞防3.2万hm²。2008—2009年，天津蝗虫大发生，仍然使用"运五"飞机防治，使用农药为马拉硫磷，防治区域为大港区北大港水库和宁河七里海。2008年飞防3.333万hm²，2009年飞防1.933万hm²。二是"直升机"飞防阶段，2012—2013年，主要实施直升机喷施马拉硫磷化学农药和蝗虫微孢子虫生物农药，飞防区域为宁河七里海蝗区，2012年飞机防治1.267万hm²，2013年飞机防治0.067万hm²；2017年飞防1.203万hm²，飞防区域为北大港水库和宁河七里海。三是"小型固定翼"飞机飞防阶段，时间为2015—2016年，主要实施飞机喷施蝗虫微孢子虫生物农药，飞防区域为宁河七里海蝗区，2015年飞防0.367万hm²，2016年飞防0.533万hm²。

2. 背负式机动喷雾器和大型药械防治措施　2007年以前，天津市蝗虫人工防治主要使用背负式机动喷雾器进行防治，需大量人工，防治效率低。2008年以后，引进大型药械防治技术，以其较飞机不受气象条件影响，较背负式机动喷雾器作业面积大、省工省时等优点成为近年来天津在防治小范围蝗虫时首选防治措施。天津用于蝗虫防治的大型车载式防蝗药械主要有四种机型，分别是深圳遥控3WC-30-G型机、深圳3WC-30-4P型机、北京丰茂遥控3WD2000-35型机、西班牙高效远射程喷雾机。深圳3WC-30-G型机和3WC-30-4P型机用于喷施绿僵菌、马拉硫磷等油剂剂型，实施超低量喷药。北京丰茂遥控3WD2000-35型机和西班牙高效远射程喷雾机用于喷施马拉硫、高氯马等乳剂，实施常量喷雾。

3. 化学农药防治措施　实施化学防治是蝗虫大发生年首选防治措施，以其防治效果好、杀虫快、持效期长等优点成为应对突发蝗情的必要措施。新中国成立以来至今年，应用化学农药防治蝗虫经历了四个阶段，20世纪80年代以前，主要应用六六粉进行防治；20世纪90年代以喷施马拉硫磷为主；2000—2009年，以喷施锐劲特和马拉硫磷为主；2010—2014年，以喷施高氯马和马拉硫磷为主；2015—2017年以喷施苦参碱为主。2014年以前，化学农药防治为主要手段，2015年以后喷施生物农药为主要手段。

4. 绿色防控措施　天津市主要蝗区均为水库、河道、湿地等自然保护区，是引用水源地、野生动物天堂，蝗区内水产养殖分布广，利用生物农药防控、生态调控、天敌保护利用、蝗区改造等绿色防控措施治理蝗虫灾害是保护野生动物、保护水源地、保护蝗区生态环境的有效措施，是实现蝗虫可持续治理关键措施。自2000年以来，天津市大面积应用绿色防控技术进行蝗害治理，起到了非常好的防控效果，推进了蝗害治理可持续发展。2000—2017年，天津市应用生物农药防治蝗虫面积累计达10.92万hm²。

（1）生物农药防治措施。天津市应用生物农药防治蝗虫经历了四个阶段，20世纪80年代和90年代，以喷施卡死克生物农药为主；2000—2009年，以试验示范蝗虫微孢子虫、绿僵菌、苦皮藤素、苦参碱等生物农药防治蝗虫为主，累计示范面积2.4万hm²；2010—2014年，以喷施蝗虫微孢子虫为主，累计喷施面积2.133万hm²；2015—2017年，以大面积喷施蝗虫微孢子虫和苦参碱两种生物农药为主，累计喷施面积达6.517万hm²，2017年同时示范推广了印楝素生物农药，示范面积达0.167万hm²。生物农药防治区域主要为北大港水库蝗区、独流减河蝗区和宁河七里海蝗区。

（2）保护利用天敌防治措施。天津蝗区蝗虫天敌种类达65种以上，以鸟类、蜘蛛、芫菁、虎甲、步甲、螳螂、黑卵蜂、青蛙为主。天敌优势种群以迷宫漏斗蛛、飞蝗黑卵蜂为主，捕食和寄生率可达10%左右。保护和利用好天敌对蝗虫的自然控制是相当重要的。

（3）生态调控措施。蝗虫生态调控是指通过对蝗区实施改造，使宜蝗区变为蝗虫无法生息的环境，达到控蝗目的。天津市实施的生态控蝗技术主要有：一是将蝗区改造成良田，新中国成立到现在，天津市改造的蝗区面积达 6.667 万 hm², 主要是将洼地、荒地改造成稻田、棉田等；二是在受雨水影响较大、不宜彻底改造成良田的蝗区，在退水地种植苜蓿、棉花等蝗虫不喜食的作物，以减小蝗虫适生地；三是在大面积芦苇湿地，可以结合芦苇承包蓄水养苇的方法，破坏蝗虫产卵场所；四是结合水产养殖，将苇苇丛生的盐碱荒地、洼地改造成鱼塘、虾池。

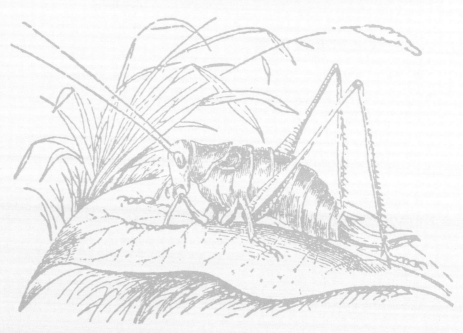

宝坻区蝗区概况

一、蝗区概况

宝坻区隶属天津市，位于天津市北部，与河北省玉田县、香河县、三河市相连，面积1 450km²，南北长65km，东西宽24km。区辖8个街道，87.13万人，耕地面积147 200hm²，人均生产总值5.45万元。

宝坻区属于暖温带半湿润大陆性季风气候。一年之中四季分明，春秋短，冬夏长。年平均气温11.6℃，年降水量612.5mm，年降水量的70%～80%集中在6—9月。历年无霜期平均184天左右。

二、蝗区分布及演变

现有蝗区5 466.6hm²，划分为5个蝗区，主要分布在东淀苇地、蓟运河河滩、潮白河河滩、青龙湾河滩及黄庄洼水库。蝗虫类型有东亚飞蝗、土蝗等。

东淀苇地蝗区：地形为低洼地，面积为333.3hm²。蝗区四周是鱼塘，鱼塘面积约为66.7hm²，鱼塘经营已有四五年，现已开发为尔王庄生态苇地休闲观光园，主要开展垂钓捕捞、苇地水上游休闲活动等。蝗区内主要以养苇为主。芦苇3月份开始出土生长，到12月份人工收割，其间有人员不定期给苇地上水。

青龙湾蝗区：地形为河埝及河滩，面积为733.3hm²，主要是青龙湾河河道两侧的泛区。由于河道主要是为上游河道泄洪使用，所以到汛期面积可缩小30%。河埝和河滩内主要以稗草、狗尾草等杂草为主。近两年政府有两河四岸、多点一体的规划思路，准备打造京津郊野公园，在堤岸上栽植部分树木。

潮白河蝗区：地形为河埝以及河滩，面积为1 800hm²。主要是潮白河河道两侧的泛区。由于河道主要是为上游河道泄洪使用，到汛期面积可缩小30%。河埝和河滩内由于政府开发打造潮白河湿地公园，堤岸上栽植景观树木，全力打造潮白河生态休闲河堤景观带。

蓟运河蝗区：地形为河埝以及河滩，面积为1 600hm²。由于河道主要是为上游河道泄洪使用，到汛期面积可缩小50%。河埝和河滩内主要以农田为主。

黄庄洼蝗区：地形为低洼地，面积为1 000hm²。目前水库正在建设之中，水库建设使库区内的生态环境发生了变化。蓄水、放水从而形成滩地，就会出现新蝗区。蝗区内植被稀疏。

蝗区历史演变：宝坻区原有4个连片的大面积内涝和洼淀蝗区（即大中庄洼、黄庄洼、里自沽洼、尔王庄洼），总面积6.2万hm²。由于垦荒造田，蝗区改造成农田，导致蝗区与蝗虫的发生产生了显著的变化，逐渐演变为如今蝗区现状。

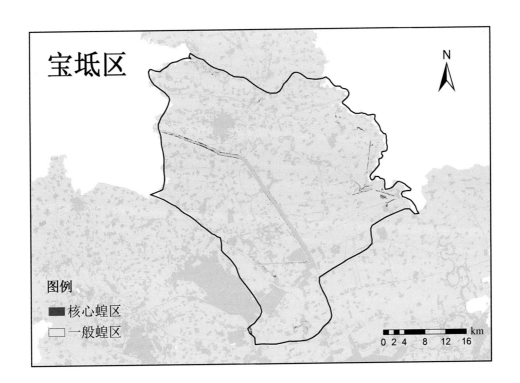

三、蝗虫发生情况

东亚飞蝗常年发生面积333.3hm²，一般情况下不需要采取防治。核心蝗区面积466.7hm²，零星分布在各个蝗区。核心蝗区内主要是杂草丛生，植被覆盖度较高，有利于蝗虫的发生。一般蝗区面积5 000hm²，主要是种植小麦、玉米等农作物或是景观树木。蝗虫密度很稀，一般不会形成灾害。

夏蝗出土始期在6月10日左右，出土盛期6月20日左右，3龄盛期7月1日左右，羽化盛期7月18日左右，产卵盛期7月25日左右。

四、治理对策

（1）贯彻"改治并举"方针，结合当地实际进行生态控制。通过种植景观花草树木，改变蝗区植被结构，破坏蝗虫的适生环境。采用蓄水养苇的方式，淹没苇田蝗卵，控制蝗虫的发生。垦荒种植，深耕细作，减少蝗虫产卵场所。

（2）重视蝗情调查及预测预报。准确掌握蝗情是搞好治蝗工作的重要环节。建立和完善蝗情报告制度，提高蝗情监测和预报质量，准确、系统地监测蝗虫发生动态，及时发布预报，指导防治工作。

（3）农作物病虫害兼防兼治。蝗区内种植农作物，防治病虫害同时可兼治蝗虫。

（4）注重生物防治。可利用绿僵菌及蝗虫微孢子虫进行防治。

（5）化学防治。化学农药防治仍是当前蝗虫防控的重要手段，采用的农药有马拉硫磷、高效氯氰菊酯等。

北辰区蝗区概况

一、蝗区概况

北辰区位于天津市中北部，北与武清区相交，面积478km²，南北长20.8km，东西宽43.2km，总面积478.48km²。区辖7街道9镇126村，40.4万人，耕地面积1.6万hm²，人均生产总值2.3万元。

二、蝗区分布及演变

现有蝗区1 387hm²，划分为4个蝗区，主要分布在小淀镇永金水库、风电产业园、华北河和小贺庄复垦地。蝗虫类型有东亚飞蝗、土蝗等。

（1）永金水库蝗区：地形低洼。主要有永金引河，属于大陆性气候，降水年平均500mm。天敌种类有鸟类，植被杂草主要有芦苇，土壤属潮土类及盐化潮，农作物主要是玉米、棉花、小麦等。

（2）风电产业园：地形平坦，属于大陆性气候，降水年平均500mm。天敌种类有鸟类，植被杂草主要有芦苇，土壤属潮土类及盐化潮，农作物主要是玉米。

（3）华北河：地形低洼，属于大陆性气候，降水年平均500mm。天敌种类有鸟类，植被杂草主要有芦苇，土壤属潮土类及盐化潮，农作物主要是玉米。

（4）小贺庄复垦地：地形低洼，属于大陆性气候，降水年平均500mm。天敌种类有鸟类，植被杂草主要有芦苇，土壤属潮土类及盐化潮，农作物主要是玉米。

核心蝗区永金水库蝗区自2009年以来，总体蝗情低密度发生，在2012年出现了高密度蝗片，最高密度500头/m²。

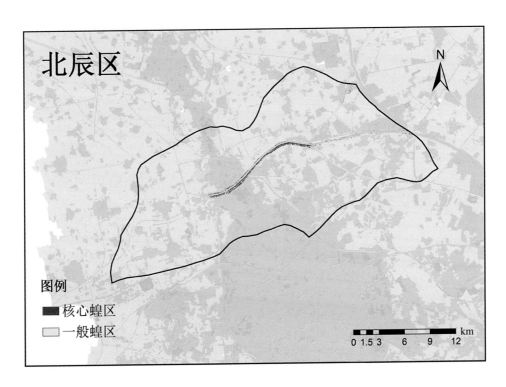

三、蝗虫发生情况

常年发生面积240hm²，防治面积240hm²。永金水库蝗区在2009年以前，水库内有水，未发生高密度蝗片。自2009年后因取水困难，水库干枯，芦苇丛生，2012年发生高密度蝗片，发生面积200hm²。经过2012—2013年大规模防治，至今监测未发现高密度蝗片。2014年与水利部门及乡镇配合，水库中重新蓄水，水库周边荒地植树造林，改变蝗区生态环境。夏蝗出土始期在5月中旬，出土盛期5月底，3龄盛期6月中旬，羽化盛期7月初，产卵盛期7月上中旬。

四、治理对策

（1）贯彻"改治并举"方针，结合北辰区实际去除荒草，植树造林，水库蓄水等方式改变蝗区生态环境。

（2）重视蝗情调查及预测预报，北辰站技术人员与蝗区所在镇分管人员自每年4月初开始挖卵踏查，到10月结束调查。

（3）加强生态控制，北辰区积极改变蝗区生态环境，大力发展生态造林。

（4）所用药剂：化学药剂为马拉硫磷。

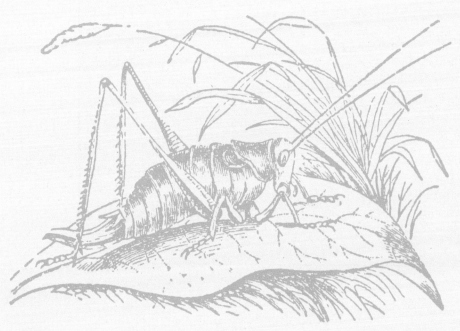

滨海新区蝗区概况

一、蝗区概况

滨海新区位于山东半岛与辽东半岛交汇点上、海河流域下游、天津市中心区的东面，濒临渤海，北与河北省丰南县为邻，南与河北省黄骅市为界，北纬38°40′～39°00′，东经117°20′～118°00′。行政区划面积2 270km²，海岸线153km，下辖开发区、保税区、高新区等7个经济功能区、19个街镇，人口298万人，耕地面积2.013万hm²。

二、蝗区分布及演变

现有蝗区44 106.6hm²，划分为24个蝗区，主要分布在北大港水库、独流减河行洪道、子牙新河行洪道、沙井子水库、钱圈水库、宁车沽、潮白新河、永定新河、芦苇公司、黄港二库等蝗区。蝗虫类型有东亚飞蝗、土蝗和稻蝗等。地形为平原，属于温带季风气候海洋性较强。蝗区植被主要是芦草、马唐、茅草、三棱草等。蝗区蝗虫天敌主要有两栖类、鸟类和蜘蛛类及昆虫纲的步甲、虎甲和寄生蜂等。

（1）北大港水库蝗区：常发蝗区，面积为1.54万hm²，其中水面为0.53万hm²，裸露地面为1.01万hm²。主要植被为芦苇，部分地块被水包围，形成高台坨子，水位随着蓄水和季节变化，间有杂草丛生，农作物种植呈点、片不规则分布。蝗区内种植作物种类为玉米、棉花、经济林等，面积为8 000余亩。

（2）独流减河行洪道蝗区：常发蝗区，面积为0.79万hm²，其中水面为0.22万hm²，裸露地面为0.57万hm²。主要植被为芦苇，间有杂草丛生，水位随着蓄水和季节变化，没有农作物种植。

（3）子牙新河行洪道蝗区：常发蝗区，面积为0.32万hm²，其中水面为0.08万hm²，裸露地面为0.24万hm²。主要植被为芦苇，间有杂草丛生，水位随着蓄水和季节变化，没有农作物种植。

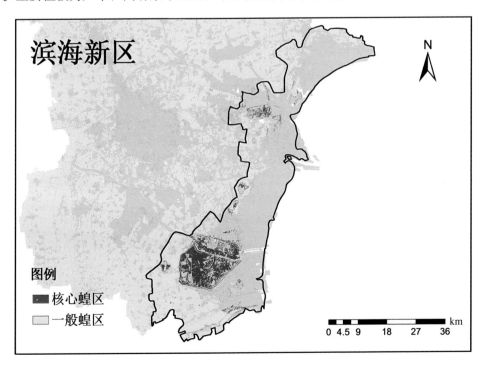

滨海新区

图例
■ 核心蝗区
□ 一般蝗区

km
0 4.5 9   18   27   36

（4）沙井子水库蝗区：常发蝗区，面积为0.08万hm²，均为裸露地面。主要植被为芦苇和杂草；农作物种植呈点、片不规则分布，种类为玉米、棉花。

（5）官港湖蝗区：常发蝗区，面积为0.09万hm²，其中水面为0.07万hm²，裸露地面为0.02万hm²。主要植被为树木、灌木、草坪和芦苇。没有农作物种植。

（6）钱圈水库蝗区：常发蝗区，面积为0.09万hm²，均为裸露地面。主要植被为芦苇和杂草；农作物种植呈点、片不规则分布，种植玉米、棉花。

（7）板桥农场蝗区：一般蝗区，面积为0.09万hm²，均为裸露地面。主要植被为芦苇和杂草；农作物种植呈点、片不规则分布，种植玉米、棉花。

（8）大港农场蝗区：一般蝗区，面积为0.11万hm²，均为裸露地面。主要植被为芦苇和杂草；农作物种植呈点、片不规则分布，种植玉米、棉花。

（9）大苏庄农场蝗区：一般蝗区，面积为0.13万hm²，均为裸露地面。主要植被为芦苇和杂草；农作物种植呈点、片不规则分布，种植玉米、棉花。

（10）万亩荒地蝗区：一般蝗区，面积为0.16万hm²，均为裸露地面。主要植被为芦苇和杂草；农作物种植呈点、片不规则分布，种植玉米、棉花。

（11）远景二灌区蝗区：偶发蝗区，面积为0.06万hm²，均为裸露地面。主要植被为芦苇和杂草；农作物种植呈点、片不规则分布，种植玉米、棉花。

（12）老联盟蝗区：偶发蝗区，面积为0.03万hm²，均为裸露地面。主要植被为芦苇和杂草；农作物种植呈点、片不规则分布，种植玉米、棉花。

（13）翟庄子蝗区：偶发蝗区，面积为0.01万hm²，均为裸露地面。主要植被为芦苇和杂草；农作物种植呈点、片不规则分布，种植玉米、棉花。

（14）窦庄子西洼蝗区：偶发蝗区，面积为0.03万hm²，均为裸露地面。主要植被为芦苇和杂草；农作物种植呈点、片不规则分布，种植玉米、棉花。

（15）刘岗庄东洼蝗区：偶发蝗区，面积为0.12万hm²，均为裸露地面。主要植被为芦苇和杂草；农作物种植呈点、片不规则分布，种植玉米、棉花。

（16）张庄子村北蝗区：偶发蝗区，面积为0.09万hm²，均为裸露地面。主要植被为芦苇和杂草；农作物种植呈点、片不规则分布，种植玉米、棉花。

（17）宁车沽蝗区：常发蝗区，蝗区面积100hm²，地形平原，地处永定新河。天敌种类有鸟类、蛙类，植被杂草主要为芦苇，土壤为滨海盐碱土，农作物主要为玉米、棉花。

（18）潮白新河蝗区：常发蝗区，蝗区面积667hm²，地形平原，地处潮白新河下游，与永定新河交汇附近。天敌种类有鸟类、蛙类，植被杂草主要为芦苇，土壤为滨海盐碱土。

（19）永定新河蝗区：常发蝗区，蝗区面积100hm²，地形平原，地处永定新河下游，与潮白新河交汇附近。天敌种类有鸟类、蛙类，植被杂草主要为芦苇，土壤为滨海盐碱土。

（20）芦苇公司蝗区：常发蝗区，蝗区面积3 133hm²，地形平原，地处北塘水库西岸。天敌种类有鸟类，植被杂草主要为芦苇，土壤为滨海盐碱土，原为芦苇公司荒地，现已慢慢缩小，逐步开发为建设用地。

（21）黄港二库蝗区：偶发蝗区，蝗区面积1 333hm²，地形平原，地处永定新河下游南岸。天敌种类有鸟类、蛙类，植被杂草主要为单子叶杂草，土壤为滨海盐碱土，水库承载泄洪蓄水功能。

（22）原茶淀镇太平村前进村蝗区：位于蓟运河道西侧，主要是原茶淀镇大辛村、东新村、太平村、前进村耕地，政府征用后撂荒，还有约134hm²河套地，总面积约为737hm²，其中裸露地面为603hm²，绝大部分为芦苇地，另有农民自己开垦的耕地约30hm²；水面面积约为67hm²，主要是水塘、河道。目前被政府征用，暂未开发。该蝗区为偶发蝗区。

（23）原营城镇五七村蝗区：位于蓟运河东侧，为原营城镇五七村耕地，政府征用后撂荒，面积约为200hm²，植被主要以芦苇为主，无水面面积，该片蝗区为偶发蝗区。

（24）原营城水库蝗区：面积为400hm²，其中裸露地面积为335hm²，植被主要为芦苇，水面面积为67hm²，目前被政府征用，暂未开发。该蝗区为一般蝗区。

塘沽区是我国历史上著名的滨海老蝗区，在1928年和1931年曾经发生两次大蝗灾，新中国成立后，在党和政府领导下，开展了大规模的治蝗运动，蝗虫发生面积和密度得到了控制。塘沽沿海蝗区主要分布在宁车沽，80年代初，蝗虫发生程度又有回升；1984年在塘沽宁车沽发生较大面积的高密度蝗蝻。1998—1999年，东亚飞蝗的夏蝗在塘沽有较大规模的发生。经过持之不懈的治理，近些年未发生大规模蝗灾。

汉沽区自2000年以来总体蝗情为土蝗零星发生，东亚飞蝗未发生。在2001年秋到2002年夏出现了高密度蝗片，最高密度为200头/m²。除了此次发生高峰汉沽再没有发生过蝗情，当地的土蝗密度保持在0.5～0.1头/m²。

大港区是历史上的沿海老蝗区，也是天津蝗虫发生频率最高的区域。新中国成立后，虽经多年的蝗区改造和蝗虫除治，取得了较大成绩，宜蝗面积由1949年前的5.33万hm²下降到3.74万hm²，但由于大港水库、独流碱河行洪道、子牙新河行洪道等主要蝗区的自然条件没有得到根本改变，大量的盐碱荒地及自然形成的撂荒地等，致使蝗虫仍频繁发生，成为全国最主要的蝗区之一，特别是1985年北大港水库蝗虫的小股迁飞，不仅造成巨大的经济损失，而且影响到国家的声誉。

大港历史上蝗灾频繁发生，新中国成立后蝗虫仍然连续大发生，1963年大港与静海连片发生大面积蝗虫；1966年发生蝗虫0.8万hm²，高密度达1000头/m²；1969年大港与西青连片发生蝗虫；1978年独流碱河行洪道发生夏蝗0.27万hm²，密度100～500头/m²；1985年夏、秋连续发生，以秋蝗发生较重，面积达1.26万hm²，大港水库内4万亩芦苇被吃光，并有小股飞蝗群集，向港外迁飞；1986年夏、秋蝗仍连续大发生，发生面积达3.1万hm²，一般密度0.2～10头/m²，高密度区100头以上/m²；1990年发生3.05万hm²，一般密度3～10头/m²，高密度区100～1000头/m²；1994年发生秋蝗2.87万hm²，一般密度3～10头/m²，高密度区500～1000头/m²；由于1994年秋残蝗密度大，1995年又发生夏、秋蝗4.6万hm²，一般密度1～20头/m²，高密度区500～2000头/m²；2000年发生夏蝗2.67万hm²，一般密度3～15头/m²，高密度区500～2000头/m²；2002年发生夏蝗2.33万hm²，一般密度2～10头/m²，高密度区500～1000头/m²；2008年发生夏蝗1.63万hm²，一般密度1～10头/m²，高密度区200～1000头/m²。

三、蝗虫发生情况

受异常气候和农业生态环境的影响，滨海新区的蝗虫以大港区域为主频繁发生，一般年份发生面积为3.86万～4.53万hm²，防治面积为1.67万～2.33万hm²。从发生程度看，基本上是3年小发生，5年中发生，10年大发生。

通过查阅历史资料以及实地勘察之后得知，滨海新区蝗虫以东亚飞蝗（*Locusta migratoria manilensis*）为本地优势种群。经过调查分析，东亚飞蝗的发生规律主要表现为：正常情况下，1年发生2代，越冬卵一般在5月上旬开始孵化，蝗蝻出土盛期一般在5月下旬至6月初，3龄盛期一般在6月上旬，该代蝗虫称为夏蝗。夏蝗蝻一般经30～35天羽化为成虫，夏蝗蝻羽化后10～15天交尾，交尾后4～7天开始产卵，夏蝗产卵盛期一般在6月底至7月中旬，卵一般经15天孵化出土，出土的蝗蝻成为秋蝗。秋蝗出土始期在7月中旬，盛期在7月下旬至8月初，秋蝗蝻经25～30天羽化为成虫，羽化盛期在8月中旬至9月初，成虫羽化后15～20天开始交尾，9月下旬开始有秋残蝗产卵，产卵盛期在9月底至10月中旬。东亚飞蝗具有滋生区广、繁殖力强、发育快、食性杂、暴食性等特点，并具有成群聚集和远距离迁飞等习性，因此容易猖獗成灾。

以2017年大港区域为例，东亚飞蝗夏蝗出土始期为5月6日，高峰期为5月18日，3龄若虫盛期为6月10日，羽化盛期为6月27日，产卵盛期为7月4日；秋蝗出土始期为7月2日，出土高峰期为8月1日，3龄若虫盛期为8月16日，成虫羽化盛期为8月30日，产卵盛期为9月17日。

四、治理对策

（1）贯彻"改治并举"方针，深入分析当地实际以及周边环境。采取"飞机除治与地面除治相结合"的除治方法，在充分利用飞机除治速度快、效率高、效果好的同时，也注重发挥地面人工除治迅速、及时、灵活、机动、经济、实用的优点，对那些出土早、分布零散、高密度蝗蝻群和集中的残蝗进行地面人工除治，取得了一定除治效果。

（2）充分重视蝗情调查以及预测预报。严格按照农业农村部的有关规定，组织全部查蝗员不留死角、细致踏查，认真总结，及时汇报，不断钻研测报技术，提高测报准确率，多年来测报准确率始终稳定在90%以上，为各级领导决策提供了可靠依据。同时狠抓测报技术的改进和提高，以北大港水库蝗区为例，由于面积比较大，不好提供准确位置，为此我们把北大港水库蝗区进行网格化，埋植了信号桩，为蝗情的准确测报及防治提供了极大的帮助。

（3）在防治东亚飞蝗的同时，对其他类蝗虫和农作物病虫害采取兼防兼治，在全面调查的基础上，按照科学防治原则进行防治。

（4）加强生态控制，积极探索新的生态治理模式。我们设想主要是针对不同生态类型的蝗区实施生态治蝗工程，重点建设蝗区改造示范区、蝗区生物防治示范区和生物防治试验站，改善蝗区生态环境，压缩蝗虫滋生区面积，减少对化学农药的依赖，最终促使生态治蝗和应急治蝗有机结合，逐步实现对蝗灾的标本兼治。其中，包括蝗虫滋生地生态改造示范场、蝗虫生物防治试验站、牧鸡牧鸭治蝗示范场等内容。

（5）注重生物防治，逐步减少化学农药使用。各区域植保站积极探索、引进、研究多种生物农药制剂，通过罩笼，野外实地示范、推广等多种方式，进行喷施不同用药量的试验，目的在于找出适合各蝗区实际的高效、低残留、可持续、绿色环保型生物农药。2017年大港植保植检站实现了全年使用生物农药、化学农药零用量的防治目标，并取得了经济和生态效益双丰收的良好效果。

（6）2017年所用药剂：生物制剂有印楝素、蝗虫微孢子虫、苦参碱。

蓟州区蝗区概况

一、蝗区概况

蓟州区隶属天津市,位于华北平原北部,燕山南麓,长城脚下,东临河北省遵化市、玉田县,西与西南隔沟河与三河市相望,北与承德市兴隆县相交,南隔蓟运河与天津市宝坻区相对东西长52.2km,南北宽55.05km,总面积1 593km²。下辖26个乡镇、一个城区街道、949个行政村、15个社区,总人口91.39万人。耕地面积5.689万hm²,人均生产总值40 611元。

二、蝗区分布及演变

现有蝗区0.46万hm²,划分为两个蝗区,分布在于桥水库周边、青甸洼和一些小的洼淀。蝗虫类型有东亚飞蝗、土蝗。

蓟州区属大陆性气候,四季分明,冬季多有西北寒流,降雪少,夏季炎热多雨,春季干旱少雨,气温回升慢,且多出现倒春寒,秋季昼夜温差大,降水少。全年最低气温出现在1月份,平均−4.1℃,7月份温度最高,平均26.5℃,年平均温度12.5℃,全年日照2 717.7h,全年无霜期195天,初霜日平均为10月15日,终霜日平均为4月1日。降水量以7月份最多,历年平均177.3mm,占全年降水量615.4mm的28.8%。

植被,以人工植被最多,主要有小麦、玉米、水稻、花生、豆类、高粱、甘薯及各种菜类,果树有苹果、桃、山楂、柿子、核桃、梨等,蝗区范围内的杂草主要有稗草、马唐、狗尾草、苋草、葎草、小蓟、芦苇、田旋花、旋复花、苍耳、马齿苋、灰菜、苋菜、蓼科杂草、藻类、莎草等,蓟州区植被覆盖率一般为50%~70%。

新中国成立初期,蓟县宜蝗面积3万hm²,发生区域以邦喜路以南的平原和洼区为主。发生重点多集中在青甸洼、太河洼、大岑后洼、白草洼和其他一些小的洼淀。10年中共发生蝗虫11.68万hm²,平

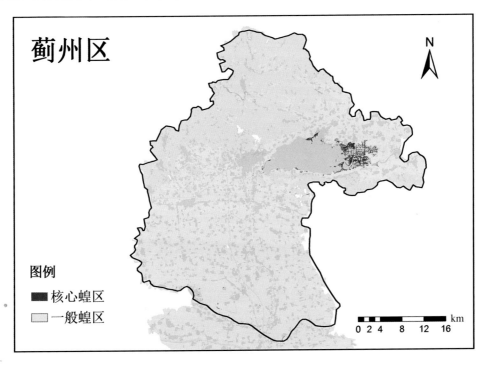

均每年发生1.17万hm²。发生最重的是1951年1.33万hm²，1952年2.51万hm²，1953年2.01万hm²，3年共发生5.91万hm²。

60年代全县宜蝗面积1.53万hm²，其中发生区域以太和洼、青甸洼和于桥水库为主，较50年代3万hm²减少了51%，密度也由新中国成立初期的上千头减少到25头左右。此阶段是全面防治，系统改造阶段，发生特点是隔年发生重，面积零散。在此期间，发生较重的年份主要是1961年、1963年、1965年，其中发生面积分别是0.89万hm²、0.82万hm²、0.79万hm²，共计2.84万hm²。

70年代，全县宜蝗面积1.33万hm²，其中青、太二洼0.6万hm²，于桥水库0.36万hm²，其他洼淀0.38万hm²。蝗虫发生较重的年代只有1年，即1973年青甸洼发生0.099万hm²，于桥水库0.4万hm²，全年共发生0.499万hm²。

80年代以后，国家推行多种形式的生产责任制，使蝗区发生面积和密度急速下降，全县宜蝗面积只有0.83万hm²，且有0.53万hm²为农田监视区，0.3万hm²常发区。主要蝗区由70年代以前以青、太两洼为主，转为以于桥水库为主。

1980年至1990年，蝗虫发生较重的年份只有两年，即是1981年和1990年。1981年，于桥水库发生秋蝗0.47万hm²，达到防治指标的仅有0.26万hm²。在防治中共出动25人，"18"型弥雾机12架，使用马拉硫磷700kg。1990年发生面积0.15万hm²，于桥水库0.12万hm²、青甸0.03万hm²。自1983年由于大兴水利及蝗区变粮田，又将千余亩宜蝗面积改造成了养鱼池，破坏了蝗虫的适生条件，蝗区宜蝗面积逐渐下降，密度降低。

1991年至2000年中，只有1998年在青甸洼蝗区局部发生大密度，发生面积0.02万hm²。

2000年至2010年，2000年由于干旱少雨，于桥水库没有蓄上水，水位很低，宜蝗面积增大，蝗虫发生0.8万hm²，其中夏蝗0.4万hm²，对点片高密度进行了挑治，防治面积0.13万hm²，重点发生在于桥水库蝗区。其他年份未发现东亚飞蝗和秋残蝗。

2010年至2017年，未发现东亚飞蝗和秋残蝗，土蝗虽有发生，但密度不大，未达到防治指标。

三、蝗虫发生情况

自2002年以后本区未发生蝗虫为害。核心蝗区宜蝗面积0.1万hm²；一般蝗区宜蝗面积0.36万hm²。

于桥水库宜蝗面积0.4万hm²，核心蝗区分布在于桥水库，1959年县委为拦截北部山区洪水，解决汛期洪水对青、太两洼的压力，在州河上游修建了于桥水库，占地1.3万hm²，但水库建成后，常出现季节性脱水，即夏涝，春季干旱，从条件上适宜了蝗虫的滋生。1983年引滦入津工程扩大蓄水面积，2000—2004年四次实施"引黄济津"，使于桥水库水资源得到充分保障，降低了水库蝗区的裸露面积，蝗虫的适生条件减少。

青甸洼宜蝗面积0.06万hm²，东接周河，南西与沟河相连，南北长22km，东西宽20km，占地440km²，内有黑豆河、漳河、秃尾巴河，地势西北高东南低，北面受盘山宣泄之洪峰，南部承受周河、沟河分洪错峰，因而洼内十年九涝，洼内常年积水。政府逐步对蝗区实行综合治理，改建并举，修建马路、堤埝、养鱼池及把荒地开垦成粮田，改造了蝗区的生态环境，不利于蝗虫的发生，宜蝗面积渐渐减少。

夏蝗出土始期在5月上中旬，出土盛期在5月中下旬至6月上旬，3龄盛期在6月中下旬。羽化盛期7月上中旬，产卵盛期7月中下旬。

四、治理对策

（1）贯彻"改治并举"方针，结合当地实际，一手抓防治，一手抓蝗区的环境改造，具体做法是：一是兴修水利，上蓄下排、分片治理，高山高排、排蓄结合，综合治理水、旱、涝、蝗。二是推广机耕，垦荒种田，改变种植形式，减轻蝗害。三是广建养鱼池，将地势低洼、高低不平、杂草丛生的特殊地块开挖养鱼。

（2）重视蝗情调查及预测预报。每年4月下旬开始组织查蝗人员对蝗区进行专项调查，记录蝗蝻出土始期、盛期、面积。及时对蝗情做出预测、上报。

（3）农作物病虫害兼防兼治。一是清除杂草，对田埂、堤坝、沟渠边缘的杂草进行清除。二是防治农作物病虫害，对田埂及沟渠边缘杂草上的害虫进行除治。

（4）加强生态控制。在尊重自然生态系统和合理环境承载力的前提下，建立基本农田保护区，自然保护区、一级水源保护区。对蝗区环境进行治理，创造不利蝗虫发生的自然环境。

（5）注重生物防治。保护利用天敌鸟类、蛙类、大寄生蝇等进行生物防治。

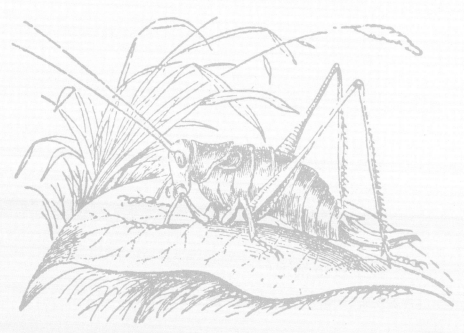

津南区蝗区概况

一、蝗区概况

津南区是天津市四个环城区之一。位于天津市东南部，海河下游南岸，辖8个镇和1个办事处。津南区东西长25km，南北宽26km。总面积420.72km²，其中耕地面积6 267hm²，人均生产总值90 234.5万元。津南区属于暖温带半湿润季风型大陆性气候，年降水量556.4mm，主要集中在夏季高温季节。

二、蝗区分布及演变

现有蝗区1 500hm²，划分为2个蝗区，主要分布在八里台镇和双桥河镇。以土蝗、稻蝗为主，与全国主要蝗区大港蝗区隔河相望，既是蝗虫区又是其他蝗区的扩散区。

大韩庄蝗区：位于鸭淀水库东部，地形以坑塘洼淀为主。有大沽排污河、洪泥河等河流通过，蝗区内遍布鱼塘、虾池，伴有成片芦苇荒地，池塘、荒地比例大约为3：1。蝗区水源主要由区内降水、地面蓄水、外来水源等三部分构成，由于气候干旱，外来水源逐年减少，除夏季集中降雨外，一年中其他月份蝗区内干旱缺水。蝗区内天敌种类有各种鸟类、蛙类、蜘蛛等，蝗区内土壤盐碱黏重，植被以芦苇、碱蓬、稗草等杂草为主。蝗区内农业生产以水产养殖为主，种植有小面积玉米。

茶棚蝗区：位于津南区双桥河镇东，蝗区内多为低洼荒地和少数鱼塘。蝗区水源主要来自区内降水、地面蓄水，外来水源少，夏季蝗区内有短时间的积水，其他月份多干旱。蝗区内天敌数量较少，以鸟类、蜘蛛为主。

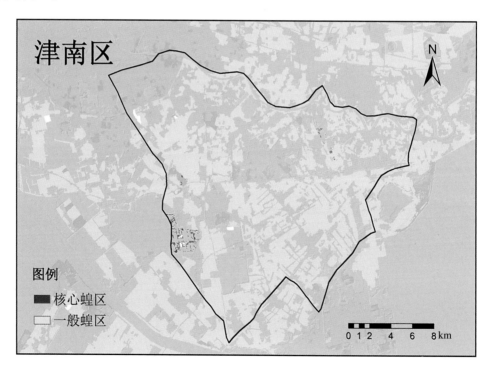

三、蝗虫发生情况

常年发生面3 000hm²，防治面积1 500hm²。夏蝗出土始期通常在5月下旬，出土盛期在6月中旬，

3龄盛期在7月上旬，羽化盛期在7月下旬至8月上旬，产卵盛期在8月中旬。

核心蝗区：区内土壤为盐渍化潮土，地势低洼，坑塘洼淀面积大，芦苇是区内优势植物种群，夏季易形成内涝。蝗区内多年未发生东亚飞蝗为害，以土蝗为主，发生程度与当年干旱程度有关。近十年来均以轻发生为主，个别年份中等偏轻程度发生。

一般蝗区：区内以水稻、玉米等大田作物区为主，水田和旱田比例大约为3：1，旱田通常只种植一季玉米。蝗区内土壤潮湿黏重，易反碱，耕作粗放，农田夹荒地、水旱穿插的现象比较普遍，土蝗发生普遍。

四、治理对策

依据"预防为主，综合防治"的植保方针，根据辖区内各蝗区的特点，积极采用综合防治的技术手段，控制蝗虫的发生与为害。

（1）贯彻"改治并举"方针，破坏蝗虫繁殖条件。结合地方政府农业政策，大力扶植水产养殖、苗木种植。通过增加养殖面积，种植各类树木等手段，破坏蝗虫繁殖条件，减少宜蝗面积，有效控制蝗虫发生程度。

（2）重视蝗情调查及预测预报工作。加强田间调查，能够及时准确摸清蝗情，有效制定防治策略。在市、区两级领导部门的支持下，津南区植保站组织专（兼）职防蝗员对辖区开展每周2次调查，及时掌握准确的蝗情发生发展动态，发布蝗情信息，为组织有效防治奠定了基础。

（3）结合农作物病虫防治，做好蝗虫兼防兼治工作。津南区植保站在做好核心蝗区蝗虫的防控工作的同时，密切关注一般蝗区蝗虫的防控工作。先后开展了田间杂草除治、秋耕冬灌等灭蝗工作，并结合农作物病虫害统防统治开展大面积蝗虫兼治工作。2017年在防治二化螟时兼治土蝗，采用植保无人机作业，实现了稻田、沟渠全覆盖除治，实施面积为3.7万亩次，占全区水稻种植面积的60%以上，综合防治效果达到90%以上，取得了很好的除治效果。

静海区蝗区概况

一、蝗区概况

静海区位于天津市西南部,海河流域下游,其东北、西北部与河北省霸县交界,西部和西南部分别与河北省文安、大城县相接,南部是河北省的青县和黄骅县。全县总面积1 414.9km²,南北长54km,东西宽40km。辖18个乡镇(其中16个建制镇)、384个行政村,总人口50万人。现有耕地面积64 533.3hm²,人均生产总值66 853.93万元。

二、蝗区分布及演变

现有蝗区10 666.7hm²,分为7个蝗区,主要分布在独流减河、团泊水库、团泊洼农场、大清河、马厂减河、黑龙港河、子牙新河。其中:团泊水库蝗区为常发蝗区6 200hm²;独流减河蝗区为常发蝗区2 000hm²;团泊洼农场蝗区为一般蝗区1 333.3hm²;大清河、马场减河、黑龙港河、子牙新河等国有河道蝗区为偶发蝗区1 133.3hm²。蝗虫类型有东亚飞蝗、土蝗,土蝗包括:中华稻蝗、短额负蝗、小车蝗等。

蝗区:地形低洼,主要是河流、湖泊,时常干涸,属于大陆性季风气候,年降水量500~600mm。天敌种类有蜘蛛、蚂蚁,植被杂草主要有芦苇、狗尾草、马唐、莎草、藜等;蝗区土壤一般是盐碱土,含盐量高,农作物主要是玉米、高粱。

静海区蝗区从90年代以来,总体蝗情呈由大发生至轻发生演变趋势。如1990年蝗虫大发生,发生333.3hm²,防治333.3hm²,最高1 000~2 000头/m²;1994年蝗虫大发生,发生6 666.7hm²,防治5 533.3hm²,最高500头/m²;1995年秋蝗大发生,发生33 333.3hm²,防治28 666.7hm²,最高密度4 000头/m²;1998年夏蝗中等发生,发生973.3hm²,防治973.3hm²,最高密度1 000头/m²,秋蝗大

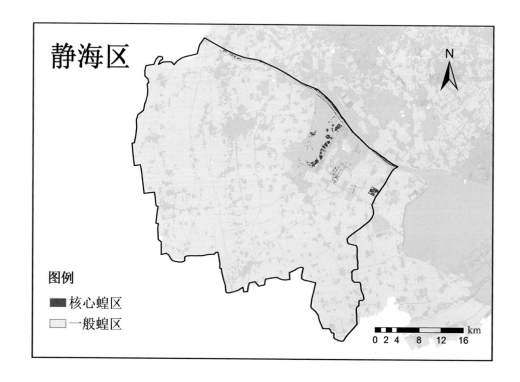

静海区

图例
■ 核心蝗区
□ 一般蝗区

km
0 2 4   8   12 16

发生，发生 200hm²，防治 200hm²，最高密度 10 000 头/m²；1999 年蝗虫大发生，发生 6 400hm²，防治 6 666.7hm²，最高密度 1 000～3 000 头/m²；2001 年蝗虫大发生，发生 1 333.3hm²，防治 1 333.3hm²，最高密度 3 000 头/m²；2002 年蝗虫大发生，发生 2 400hm²，防治 2 400hm²，最高密度 1 000～2 000 头/m²。

三、蝗虫发生情况

近几年来，东亚飞蝗发生程度偏轻，常年发生面积 2 666.7hm² 左右，防治面积 2 000hm² 左右，土蝗发生面积 4 666.7～6 666.7hm² 左右；核心蝗区主要在团泊水库蝗区及独流减河蝗区，如 2017 年夏蝗平均密度 0.1 头/m²，最高密度 0.5 头/m²，秋蝗平均密度 0.03 头/m²，最高密度 0.06 头/m²；一般蝗区主要在团泊水库蝗区、大清河、马厂减河、大清河、子牙新河蝗区，属偶发性蝗区，发生密度较低。

夏蝗出土始期在 5 月 8 日左右，出土盛期在 5 月 10—16 日，3 龄盛期若虫盛期 5 月 24—30 日，羽化盛期在 6 月 10—16 日，产卵盛期在 6 月 27 日至 7 月 3 日。

四、治理对策

（1）贯彻"改治并举"方针，结合本区实际开展东亚飞蝗统防统治工作。

（2）重视蝗情调查及预测预报。每周至少深入蝗区调查 1～2 次，及时掌握蝗虫发生密度、龄期，为防治工作提供可靠数据，同时做好蝗虫发生、防治情况汇报工作。

（3）通过农作物病虫害兼防兼治。在防治棉铃虫、玉米螟等害虫的同时，兼治东亚飞蝗、土蝗等害虫。

（4）加强生态控制。在团泊水库、独流减河推广生物多样性控制技术，采取种植园林植物、花草树木、蓄水养鱼等方式，改造蝗虫滋生地，压缩发生面积，抑制飞蝗发生；在土蝗常年重发区，通过垦荒种植、减少撂荒地面积，春秋深耕细耙（耕深 10～20cm）等措施破坏土蝗产卵适生环境，压低虫源基数，减轻发生程度。

（5）注重生物防治。近几年来，由于蝗虫发生较轻，本区主要通过喷施微生物农药——蝗虫微孢子虫及植物源农药——苦参碱进行防治。

（6）所用药剂有生物制剂蝗虫微孢子虫、1.5%苦参碱可溶液剂；化学药剂有 50%溴氰·辛硫磷乳油、4.5%高效氯氰菊酯乳油、2%甲维盐乳油。

宁河区蝗区概况

一、蝗区概况

宁河区位于天津市东北部,东经117°18′54″～118°01′53″,北纬39°09′06″～39°36′01″,东邻河北省丰润区、丰南区及河北省汉沽农场,南与汉沽区及北京清河农场相交,北与玉田、宝坻接壤。面积1 414km²,区辖14个镇283个村,39.8万人口,耕地面积3.86万hm²,人均生产总值14.12万元。

二、蝗区分布及演变

1. 蝗区分布　宁河区现有蝗区面积0.7万hm²,蝗区主要由连片水面和苇地组成。分为5个蝗区,其中东七里海面积0.17万hm²、西七里海0.35万hm²、潮白河河滩0.1万hm²、北京排污河0.03万hm²、田辛和赵温0.04hm²。按蝗区类型分为核心蝗区和一般蝗区,其中核心蝗区面积0.52万hm²,一般蝗区植被面积0.17万hm²。蝗虫种类主要有东亚飞蝗和土蝗。

宁河区地处津京唐三角地带,属海积、冲积平原区,地处九河下游、地势低平开阔、水系发达、河渠密布。区域内津汉、津芦、津榆三条公路贯穿全境;潮白河两条大堤贯穿南北。境内主要河流有潮白新河、北京排污河、永定新河三条一级河道和津唐运河二级河道。

近几年,受气候因素的影响,潮白新河、北京排污河等河道水位不稳,水位变化很频繁。水位的变化与气候条件和农业用水有很大的关系。2017年5—7月,本区干旱少雨加之周围乡镇农民农业用水较多,致使潮白新河、北京排污河水量很少,甚至见底。随着7月下旬降雨,水量充足,河道内大量蓄水,水位迅速升高,水位高度在1～2m。年降水量平均537.3mm。

据调查统计,蝗区杂草种类较多,有153种,主要以芦苇为主,其次是稗草、狗尾草、白茅、马唐、虎尾草、莎草类、盐地碱蓬、蒿类、小蓟、曼陀罗、蛇床、车前、酸浆、中华补血草、益母草、野大豆等。有水地方生长芦苇,大部分蝗区的植被覆盖度为20%～75%。

通过多年调查研究总结,蝗虫天敌种类较多,主要有鸟类、蜘蛛、蚂蚁、螳螂等。特别是鸟类繁多,七里海湿地发现的鸟类有182种,特别是苇巫鸟在蝗区捕食大量蝗卵,此鸟从10月份开始捕食蝗卵,一直捕食到翌年4月份。

蝗区土质类型属于沼泽土,植被覆盖率高的地方土质疏松,道路、堤埝土质坚硬,土壤含盐量在2‰左右。蝗区周围种植着玉米、棉花等作物。

2. 蝗区历史演变　宁河区蝗区自2000年以来,总体蝗情中等偏轻发生,局部偏重发生。2000年秋蝗发生面积933.3hm²,出现了高密度蝗片,最高密度50～100头/m²;2001年秋蝗发生面积1 733.3hm²,高密度地块10头/m²;2002年夏蝗发生面积4 333.3hm²,最高密度30～100头/m²;2003年夏蝗发生面积2 666.7hm²,最高密度50头/m²;2016年8月出现了高密度土蝗,最高密度100头/m²;2004—2017年蝗虫总体轻发生至中等发生,没有出现局部高密度地块。

2000—2017年蝗虫发生情况表

年份	夏蝗		秋蝗	
	发生面积 (hm²)	发生程度	发生面积 (hm²)	发生程度
2000			933.33	5
2001			1 733.3	4

（续）

年份	夏蝗		秋蝗	
	发生面积（hm²）	发生程度	发生面积（hm²）	发生程度
2002	4 333.33	5	0	
2003	2 666.67	4	0	
2004	4 800	2	2 933.3	2
2005	4 666.67	3	2 666.7	2
2006	5 000	2	1 666.7	1
2007	4 000	2	1 666.7	3
2008	4 666.67	2	2 066.7	2
2009	2 533.33	3	1 666.7	2
2010	3 466.67	3	1 666.7	2
2011	2 000	2	1 666.7	2
2012	2 333.33	1	1 666.7	2
2013	2 000	1	1 666.7	2
2014	2 000	1	2 000	1
2015	1 333.33	2	6 666.7	2
2016	5 333.33	1	5 333.3	1
2017	5 666.67	1	5 666.7	1

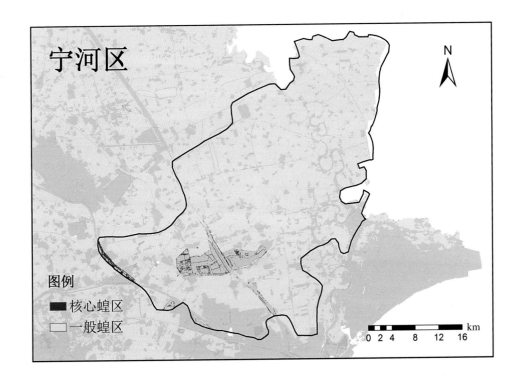

三、蝗虫发生情况

蝗区常年发生面积1hm²，防治面积0.43hm²，核心蝗区平均密度0.2头/m²，最高密度2～3头/m²；一般蝗区平均密度0.01头/m²，最高密度0.2头/m²。

夏蝗出土始期5月上旬，出土盛期为5月中下旬，3龄盛期为6月上中旬。羽化盛期为6月下旬，产卵盛期为7月上旬；秋蝗出土始期为7月中旬，出土盛期为7月下旬至8月初，3龄盛期为8月上中旬，羽化盛期为8月下旬至9月上旬，产卵盛期为9月下旬至10月上旬。

四、治理对策

（1）重视蝗情调查及预测预报。1—2月份做好蝗区生态环境的调查与监测；在蝗虫发生期深入蝗区做好蝗虫的监测与踏查，做好夏残蝗和秋残蝗的基数调查，发布蝗虫预测预报及时指导防治。

（2）农作物病虫害兼防兼治。蝗区周围种植玉米、水稻等农作物，在防治玉米、水稻蝗虫的同时，起到兼防兼治的作用，控制其扩散蔓延。

（3）加强生态控制。加强蝗区芦苇生态恢复，科学灌水促芦苇生长、退化苇田采取机耕复壮技术，提高蝗区植被覆盖率，恶化蝗虫的生存环境，抑制蝗虫发生。

（4）注重生物防治。自2010年在蝗区开展生物农药蝗虫微孢子虫和绿僵菌试验示范，2015—2017年蝗区利用农用飞机和直升机使用生物农药微孢子虫防治蝗虫，示范面积1.58万hm²次。

五、所用农药

针对蝗区环境复杂，1991—2009年，在防治上实施飞机防治为主，地面防治为辅的治蝗原则，使用"运五"飞机开展防治，使用农药为马拉硫磷原油；2010—2017年在防治上实施以飞机防治和生物防治为主，人工地面和化学防治为辅的治蝗措施，使用蝗虫微孢子虫、绿僵菌、苦参碱生物农药防治蝗虫。

武清区蝗区概况

一、蝗区概况

武清区位于天津西北部，南与河北省霸州市相连，西与河北省廊坊市安次区接壤，北与北京市通州区、河北省香河县比邻，面积1 574km²，北纬39.07°～39.42°，东经116.46°～117.19°之间，南北长62.5km，东西宽41.8km。下辖29个镇街，人口82万人，其中耕地面积137万亩，人均生产总值8.1万元。

二、蝗区分布及演变

武清区现有蝗区2 333hm²，主要分布在大黄堡镇、上马台镇、崔黄口镇三镇。蝗虫种类由东亚飞蝗、土蝗。大黄堡蝗区为大型芦苇沼泽湿地型蝗区。地域广阔，其中水面面积2 200hm²，养殖水面2 200hm²，苇塘2 333hm²。蝗区内有四条河渠贯穿全境，龙凤新河、柳河干渠、黄沙河排水干渠、东粮窝引河，适宜芦苇生长。

蝗区内物种丰富，有兽类16种，两栖爬行类12种，鱼类25种，昆虫119种，植被有芦苇、莎草、水蓼、大蓟、稗草、野慈姑、刺菜等238种，鸟类167种。其中有国家一、二级保护的鸟类33种，国家二级保护野生植物1种。国家一级保护的鸟类有黑鹳、丹顶鹤、白鹤、白头鹤、大鸨5种;国家二级保护鸟类有灰鹤、白枕鹤、白琵鹭、大天鹅、小天鹅等28种；植被有国家二级保护植物野生大豆。土壤质地为中、重质壤土及黏土，农作物有小麦、玉米、棉花。

武清蝗区自1990年以来，蝗虫发生程度一直处于中等偏轻发生至轻度发生。蝗虫发生密度1～10头/m²左右，一直未出现蝗虫大发生。仅在2002年夏蝗和2003年秋蝗，在大黄堡蝗区出现高密度蝗片，夏蝗最高密度达到78头/m²，发生面积8 000亩。秋蝗最高密度达到36头/m²，发生面积5 000亩。

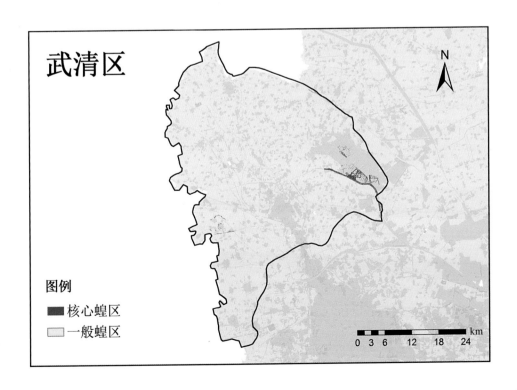

三、蝗虫发生情况

武清蝗区常年发生面积 2 000 hm²，防治面积 1 000 hm²。核心蝗区分布在大黄堡镇苇田，面积 2 200 hm²，一般蝗区分布在龙凤新河、柳河、东粮窝引河，面积 7.6 hm²。

武清蝗区夏蝗出土始期为 5 月上旬至中旬，蝗蝻出土盛期 5 月下旬至 6 月初，3 龄盛期在 6 月上旬，羽化盛期在 6 月中下旬，成虫产卵盛期在 7 月上中旬。

四、治理对策

贯彻"改治并举"方针，结合武清区建设美丽新武清工程，先后对苇田及部分河段进行了改造，通过堤坡绿植，河道固化，修建亲水平台，人工种植莲藕，使河道环境得到改善，消除了蝗虫滋生条件。通过苇田改造，挖渠蓄水，涵养水源，使蝗虫的发生条件受到抑制，从而降低了蝗虫发生的程度与频率。

（1）重视蝗情调查及时做出预测预报。武清区非常重视蝗虫的调查工作，在核心蝗区设立了防蝗站，配备了 6 名专职防蝗员，对蝗区实现网格化管理，有专人负责，定期调查蝗虫的发生情况，及时准确掌握蝗虫的发生动态，发现问题及时处理，将蝗虫控制在防治指标以下。

（2）在防治农作物病虫害同时兼防农作物中蝗虫。农田也是蝗虫适宜的繁殖与发生的主要场所，武清区一直把蝗区农作物发生的蝗虫作为防蝗工作的重点工作。武清区每年都对蝗区农作物的蝗虫进行组织防治，来控制蝗虫发生量，降低蝗虫的基数。

（3）加强蝗区生态控制。在蝗区发生基地大搞植树造林，使其密集成荫，创造有利于鸟类栖息生存环境，提高蝗虫天敌存量。种植莲藕、养鱼、绿化堤岸、硬化道路，改变蝗区小气候，减少蝗虫产卵的适生场所。

（4）及时化学防控。在蝗虫发生期，根据预测预报达到指标，立即组织防治，实施带药侦查，发现一片，防治一片，治早、治小。使用药剂 4.5% 高效氯氰菊酯、37% 高氯·马乳油、马拉硫磷。

西青区蝗区概况

一、蝗区概况

西青区位于天津市西南部，西与河北省霸州市为临，西南隔独流减河与静海县相望，南与大港区相连，北依子牙河与北辰区为界。南北长约50km，平均宽度11km，土地面积570.8km²。辖李七庄、西营门、赤龙南街三个街道办事处，杨柳青、张家窝、南河、大寺、辛口、中北、王稳庄7个镇，85万人，耕地面积13 672.2hm²，人均生产总值13.2万元。

二、蝗区分布及演变

现有蝗区3 600hm²，划分为3个蝗区，主要分布在：独流减河、鸭淀水库、东淀大洼。其中：独流减河蝗区为常发蝗区，从大港交界到本区辛口镇第六埠进洪闸，面积2 126.7hm²。蝗区集中在独流减河行洪道；鸭淀水库蝗区为一般蝗区，面积1 333.3hm²，大堤400hm²，包括北岛和南岛，其余为水面，现在水库管委会已将两个岛的土地承包给种植户种植农作物，以玉米、大豆为主。东淀大洼蝗区：面积200hm²，以中亭堤两侧荒地和鱼池为主。其中鱼池66.67hm²，以养殖鱼苗和成鱼为主；农田133.3hm²，以种植玉米为主，其余荒地已栽植杨树。蝗虫类型有东亚飞蝗、土蝗。

蝗区：地形低洼，主要是河流、湖泊，时常蓄水，也时常干涸，属于大陆性季风气候，年降水量500～600mm。天敌种类有青蛙、蜘蛛、蚂蚁，植被杂草主要有芦苇、狗尾草、马唐、莎草、藜等；蝗区土壤一般是盐碱土，含盐量高，农作物主要是玉米、大豆。

蝗区近几年来由于治理得当，总体蝗情呈偏轻发生，在2002年出现了高密度地块，最高密度1 000～2 000头/m²。

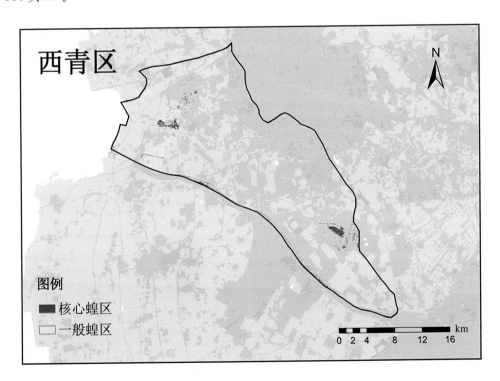

三、蝗虫发生情况

近几年来，东亚飞蝗发生程度偏轻，常年发生面积1 333.3hm²左右，防治面积133.3hm²左右，土蝗发生面积2 000hm²左右；核心蝗区主要在独流减河蝗区，2017年夏蝗平均密度0.1头/m²，最高密度0.5头/m²，秋蝗平均密度0.03头/m²，最高密度0.05头/m²；一般蝗区主要在鸭淀水库蝗区、东淀大洼蝗区，属偶发性蝗区，发生密度较低。

夏蝗出土始期在5月10日左右，出土盛期在5月12—16日，3龄盛期若虫盛期5月24—30日，羽化盛期在6月10—16日，产卵盛期在6月27日至7月3日。

四、治理对策

（1）贯彻"改治并举"方针，结合本区实际开展东亚飞蝗统防统治工作。

（2）重视蝗情调查及预测预报。本区专职查蝗员每周至少深入蝗区调查1～2次，及时掌握蝗虫发生密度、龄期，为防治工作提供可靠数据，同时做好蝗虫发生、防治情况汇报工作。

（3）通过农作物病虫害兼防兼治。在防治棉铃虫、玉米螟等害虫的同时，兼治东亚飞蝗、土蝗等害虫。

（4）加强生态控制。在鸭淀水库、东淀大洼、独流减河主要推广生物多样性控制技术，采取种植农作物、植树造林、蓄水养鱼等方式，改造蝗虫滋生地，压缩发生面积，抑制飞蝗发生；在土蝗常年重发区，通过垦荒种植、减少撂荒地面积，春秋深耕细耙（耕深10～20cm）等措施破坏土蝗产卵适生环境，压低虫源基数，减轻发生程度。

（5）注重生物防治。近几年来，由于蝗虫发生较轻，主要通过喷施微生物农药——蝗虫微孢子虫及植物源农药——苦参碱进行防治。

（6）所用药剂有生物制剂蝗虫微孢子虫、1.5%苦参碱可溶液剂；化学药剂50%溴氰·辛硫磷乳油、4.5%高效氯氰菊酯乳油、2%甲维盐乳油。

河北 ·HEBEI

蝗区概况

一、总体概况

1.本省地理、气候、耕作等总体情况 河北省地处华北，北依燕山，南望黄河，西靠太行，东坦沃野，内守京津，外环渤海，周边分别与内蒙古、辽宁、山西、河南、山东等自治区省毗邻，地处东经113°27′～119°50′，北纬36°05′～42°40′之间。海岸线长487km，总面积达18.77万km²。

全省地势西北高、东南低，由西北向东南倾斜。地貌复杂多样，高原、山地、丘陵、盆地、平原类型齐全，有坝上高原、燕山和太行山山地、河北平原三大地貌单元。坝上高原属蒙古高原一部分，地形南高北低，平均海拔1 200～1 500m，面积15 954km²，占全省总面积的8.5%。燕山和太行山山地，包括中山山地区、低山山地区、丘陵地区和山间盆地4种地貌类型，海拔多在2 000m以下，高于2 000m的孤峰类有10余座，其中小五台山高达2 882m，为全省最高峰。山地面积90 280km²，占全省总面积的48.1%。河北平原区是华北大平原的一部分，海拔多在50m以下，按其成因可分为山前冲洪积平原，中部中湖积平原区和滨海平原区3种地貌类型，全区面积81 459km²，占全省总面积的43.4%。

河北省地处欧亚大陆东岸，属北温带大陆季风性气候，四季比较分明。春季干旱，风沙多；夏季炎热，多雨。秋季晴朗，气温适中；冬季寒冷，干燥，多风。全省除坝上地区年平均气温低于4℃外，中南部地区年平均气温在12℃以上。全省1月最冷，大部地区平均气温在-3℃以下，坝上达-21～-14℃。7月最热，平均气温为18～27℃，最北部地区在18℃以下。日最高气温超过35℃的酷日南部平原18～25天，中部平原及南太行山区为10～18天，唐山、秦皇岛两市的沿海及北部山区只有1～4天，坝上则不见酷热天气。日最低气温低于-15℃的严寒期在坝上为80～120天（11月中旬至翌年3月下旬），北部山区20～80天（11月下旬、12月上旬至翌年2月下旬、3月上旬），沿海及中部平原8天左右（12月下旬至翌年2月上旬）。全省日平均气温稳定通过15℃的始终期，在坝上地区为6月中下旬至8月中下旬，年度中累积的温度总和（简称积温）在1 600℃以下；在北部山区为5月上旬至9月下旬，积温为2 600～3 000℃；在中部地区（指长城以南，滹沱河以北）为4月中下旬至10月上旬，积温为3 000～4 200℃；在南部地区为4月中旬至10月上旬，积温为4 200℃以上。

河北省年平均降水量为300～800mm，夏季多雨，在400～500mm以上，占全年总降水量的65%～75%，秋季次之，为80～120mm，占总降水量的15%左右，春季雨少，为40～80mm，占总降水量的10%以下，冬季仅为5～15mm，只占总降水量的2%。河北又是中国降水变率最大的地区之一，相对变率一般高于20%，多雨年和少雨年两者的降水量一般相差4～5倍，有些地区甚至相差15～20倍之多，故河北省容易发生旱涝灾害。

河北省是农业大省，拥有耕地面积9 017万亩，农作物总播种面积1.2亿亩，其中粮食播种面积9 642.9万亩，占用耕地6 200万亩；蔬菜播种面积1 200万亩；棉花播种面积280万亩；油料播种面积530万亩。

2.蝗区基本情况

（1）蝗区地形特征描述。耕地、非耕地，平原、丘陵、荒地等。

（2）蝗区气候特征。东亚飞蝗发生区为典型的大陆性季风气候，其气候特点是夏热多雨、冬寒少雪、春旱多风、秋旱少雨，年降水量一般为500～1 000mm，年平均气温为11～15℃，全年大于10℃的积温为4 000～4 800℃，全年大于15℃的积温为3 400～4 000℃。

温度和降水是影响东亚飞蝗分布最重要的气候因素。特别是在旱涝或干湿交替，是东亚飞蝗发生区的重要气候特征。东亚飞蝗的发育起点温度为15℃，蝗蝻的发育起点温度为18℃，整个生育期要求25℃以上的天数不少于30天，冬季5～10cm土温在-15℃以下时，蝗卵难以越冬。据观察，日均气温在-10℃以下超过20天或-15℃以下超过5天的地区东亚飞蝗蝗卵不能安全越冬。因此，根据上述低温的等日线可找到东亚飞蝗的分布北界。另外，7月份的24℃等温线也大致符合东亚飞蝗的分布北界。在东亚飞蝗分布区内，有效积温是决定飞蝗发生代数的关键因素。

降雨对东亚飞蝗发生和分布的不利影响主要表现在：抑制飞蝗的发育进度、对初孵蝗蝻的机械杀伤、淹没蝗虫滋生区以及促发流行性疾病等。但在某些条件下，适当的降雨可保持土壤适当的含水量，有利于飞蝗的产卵和孵化出土。

（3）蝗区土壤特征。土壤是东亚飞蝗产卵的场所，因此，东亚飞蝗对土壤的理化性、含水量、含盐量以及表土的松紧度都有较强的选择性。一般来看，东亚飞蝗分布区尤其是滋生地的土壤通常是略微板结的盐碱地。调查研究表明，东亚飞蝗常选择土壤含盐量在0.5%以下的土壤产卵，土壤含盐量大于0.5%时，产卵量明显下降，当含盐量超过1.2%的区域，则很少有东亚飞蝗的分布；东亚飞蝗对土壤的含水量也有较强的选择性，一般沙土含水量在8%～12%、壤土含水量在15%～18%、黏土含水量在19%～22%时适宜飞蝗产卵和生存。因此，土壤的含盐量和含水量也是东亚飞蝗分布的重要制约因素。白洋淀蝗区的土壤为9条河流入淀形成的冲积物，土壤含盐量0.3%以下占80%，因而适宜东亚飞蝗的生存繁殖。

（4）植被特征。东亚飞蝗发生区的植被类型一般是以中生和半湿生性的禾本科植物群落占主导地位。代表性的植物种类有芦苇、稗草、莎草、茅草、狗牙根、两栖蓼等。除了上述植被外，涉及农田的东亚飞蝗分布区，主要植被有小麦、玉米、高粱、谷子、水稻、大豆等作物。植被覆盖度对飞蝗的分布也有影响，据观察，蝗区的植被覆盖度一般在75%以下，而最适宜的植被覆盖度在15%～50%；覆盖度超过80%以上很少有蝗虫分布。

（5）水文特征。东亚飞蝗分布区多在沿河、沿湖周围，这些地方水文变化幅度大，也是东亚飞蝗分布区的又一重要特征。由于水位的涨落和河水的季节性或年度间变化幅度大等原因，给东亚飞蝗滋生创造了良好环境。如白洋淀、衡水湖、南大港水库、平山岗南水库等水位下降和干涸，均有利于东亚飞蝗的分布和暴发。

二、蝗区的演变

蝗区演变是指在一定条件下东亚飞蝗适生生态类型的转化及次级结构的分化而造成蝗区的新生、退化、消灭及分布上的变化。滨湖蝗区的河泛型先转化为内涝型，而后并入滨湖；河泛蝗区始于河滩型，继而转为内涝型。在特殊情况下，蝗区的转化也可反序或逆向，顺序的蝗区演变促使蝗区的退化、减少或消亡；反序的蝗区演变可导致新蝗区的增加或老蝗区的复活。蝗区演变的因素可归为自然因素和人为因素两大类。自然因素主要指异常气候和水文因子，这对蝗区的形成和演变起着主导和决定作用，如干旱、河道滚动、流量增减或断流、滨湖水位涨落以及土壤和植被的演变等；人为因素主要指人为的水利建设、植树造林和农业生产活动及农业生产结构调整等有关治理活动。总之，河北蝗区的演变是在无数次沧桑巨变中形成了各种不同类型的4大现有蝗区。

现代蝗区，是受异常气候和农业生态环境变化等因素的影响，东亚飞蝗的灾变规律和蝗区构成都发生了很大变化，从广义上讲，东亚飞蝗分布区是指适宜或可能适宜该亚种滋生和气息的最大地理生态区域。纵观河北省蝗区演变过程，除自然环境变迁因素外，也是人与自然斗争的过程。特别是新中国成立后，各级人民政府十分重视治蝗工作，经过长期的"改治并举"，消灭蝗虫适生地，从根本上消除蝗害，治蝗工作进入了一个新的历史时期，取得了极为显著的社会、经济和生态效益。河北的治蝗工作大体可分为3个阶段：第一阶段是20世纪50年代新中国成立初期集体经济时期；第二阶段是20世纪80年代，我国农村改革时期；第三阶段是21世纪初期，我国经济体制改革全面深化时期。每个阶段蝗区的大体分布范围基本相同，但蝗区面积、构成、分布和生态条件等都发生了明显变化。

一是宜蝗区面积大大压缩。经过"改治并举"使河北省的蝗区由原来的143.6万hm²，下降到现有的18.9万hm²，全省累计改造蝗区的面积占原有宜蝗区面积的80%以上，其中内涝、河泛两类蝗区改造90%以上，洼淀和沿海蝗区分别改造60%和70%以上。

二是发生东亚飞蝗范围减小。随着生态环境的根本性变化，全省发生飞蝗的县由原来的108个减少到目前的38个，相继有70个县、市摘掉了蝗区的"帽子"。

三是飞蝗发生与防治面积显著减少。特别是20世纪70年代后，随着改治水平的不断提高，东亚飞蝗的发生和防治面积逐年减少，虫口密度逐年降低。以防治面积为例，1973—1979年年平均防治面积减少了50%。

四是有效地控制了东亚飞蝗的起飞和危害。新中国成立初期，因人工捕打防治不及时，约有占总发生面积1/3的飞蝗对农作物有不同程度的危害，自1959年以后，随着技术手段的加强和防治水平的提高，飞蝗危害得到了有效控制。从新中国成立到1995年的46年中，在河北省区域内，没有发生过蝗群起飞、迁移的责任事故。

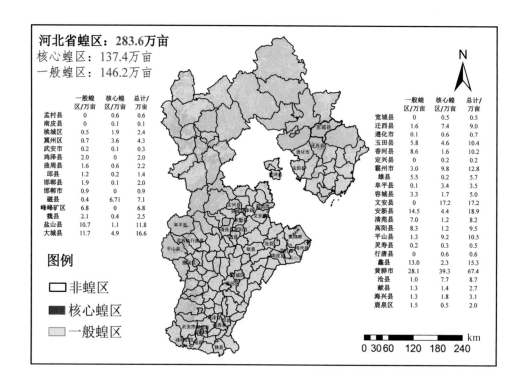

河北省蝗区：283.6万亩
核心蝗区：137.4万亩
一般蝗区：146.2万亩

	一般蝗区/万亩	核心蝗区/万亩	总计/万亩
孟村县	0	0.6	0.6
南皮县	0	0.1	0.1
桃城区	0.5	1.9	2.4
冀州区	0.7	3.6	4.3
武安市	0.2	0.1	0.3
鸡泽县	2.0	0	2.0
曲周县	1.6	0.6	2.2
邱县	1.2	0.2	1.4
邯郸县	1.9	0.1	2.0
邯郸市	0.9	0	0.9
磁县	0.4	6.71	7.1
峰峰矿区	6.8	0	6.8
魏县	2.1	0.4	2.5
盐山县	10.7	1.1	11.8
大城县	11.7	4.9	16.6

	一般蝗区/万亩	核心蝗区/万亩	总计/万亩
宽城县	0	0.5	0.5
迁西县	1.6	7.4	9.0
遵化市	0.1	0.6	0.7
玉田县	5.8	4.6	10.4
香河县	8.6	1.6	10.2
定兴县	3.0	9.8	12.8
雄县	5.5	0.2	5.7
阜平县	0.1	3.4	3.5
容城县	3.3	1.7	5.0
文安县	0	17.2	17.2
安新县	14.5	4.4	18.9
清苑县	7.0	1.2	8.2
高阳县	8.3	1.2	9.5
平山县	1.3	9.2	10.5
灵寿县	0.2	0.3	0.5
行唐县	0	0.6	0.6
蠡县	13.0	2.3	15.3
黄骅市	28.1	39.3	67.4
沧县	1.0	7.7	8.7
献县	1.3	1.4	2.7
海兴县	1.3	1.8	3.1
鹿泉区	1.5	0.5	2.0

图例
□ 非蝗区
■ 核心蝗区
▨ 一般蝗区

km
0 30 60 120 180 240

三、发生规律

20世纪90年代以来，由于受白洋淀水位频繁涨落和异常气候及农业生态环境变化，白洋淀脱水新蝗区不断增加，老蝗区不断恶化，为东亚飞蝗大发生创造了适生环境，使东亚飞蝗发生频率不断上升，1990—2001年12年中，1993、1995、1998、1999、2001年飞蝗大发生，发生频率平均2.5年发生1次。1998—2001年在全国东亚飞蝗暴发频率统计为第2位，属全国重点蝗区县之一。据调查，平山县岗南水库水位在172～200m之间，黄壁庄水库水位在108～120m之间，都是淹水和脱水经常交替出现的区域。由于先淹后旱，滩地生有禾本科杂草。表土又较坚实，温度适中，是东亚飞蝗的发生区。在高于上述的地方一般不蓄水，可以耕种，或有柳丛，低于上述水位的区域又多常年淹水，或部分脱水后为沼泽地，均不适宜飞蝗产卵。据磁县调查，岳城水库水位在120～150m之间，东武士水库水位在90～108m之间均属水库的中部区，一般年份高水位期淹没，低水位期形成脱水地，生有禾本科杂草，是东亚飞蝗发生的主要地带。该两库的上部区一般年份不蓄水，多为岗坡丘陵，土壤间杂沙砾和卵石，下部区一般年份处于淹没或沼泽状态，均不利于飞蝗产卵繁殖。水库由于受丰、歉水年的影响，其水位各年又有不同的变化，但总的趋势是在蓄水量少的年份，脱水面积大、时间长，更有利于杂草的生长和飞蝗的发生、发展。

1. 白洋淀滨湖蝗区 白洋淀蝗区的形成与冀中平原的生成，特别是白洋淀的形成及黄河改道、海河水系的生成变化有着极为密切的关系。华北地区原为一片汪洋大海，经过数亿年无数次沧桑巨变，华北地区形成了一片古陆。古白洋淀曾是古黄河发源以来第1次北决入海流经地，黄河所冲积夹带黄土高原的大量泥沙，淤出了白洋淀的低洼面貌。后又经过无数次沧桑巨变，使华北地区一片汪洋大海又经过无数次扩张、收缩、干涸、结体，形成了现今水域面积366.4km²的华北明珠白洋淀，其中85%的水面积为保定市安新县所辖，是京、津、石腹地、华北地区最大的淡水湖。公元前602年，黄河改道南移后，在漫长的岁月里，其他支脉河经过分支和更名，形成了现今的潴龙河、孝义河、唐河、府河、漕河、瀑河、萍河、清水河、白沟引河等9条河流。据资料记载1368—1949年白洋淀地区共发生洪涝灾害173次，旱灾42次；新中国成立后，发生洪涝灾害12次，其中1950、1954、1956、1959、1963年发生决溢，同时也出现了1966、1973、1982和1984—1988年的干淀现象。白洋淀地区水旱灾害的交替发生，淀区水位的不断变化，特别是由此带来的生态环境的变化，形成了适于东亚飞蝗滋生的条件，白洋淀成了历史老蝗区，现仍为全国重点蝗区。

20世纪80年代前，白洋淀蝗区东亚飞蝗主要发生在安新县大王淀、垒头洼、边吴洼、磁白洼等淀区周边内涝蝗区，主要由于这些蝗区沥涝频发，环境复杂，杂草丛生，形成了适于东亚飞蝗发生的生态环境。后随着白洋淀水位的下降，蝗区生态改造控制工作的开展，田间水利排灌工程的建设，上述区域的生态环境得到了明显改善，东亚飞蝗发生程度逐年减轻，未出现大的发生，目前属于一般发生区，即农田蝗区。

20世纪90年代，由于异常气候、生态环境及白洋淀水位变化的影响，致使淀区内藻苲淀、鸪丁鸟淀、南河、城北淀、马棚淀、小北淀、羊角淀、唐河等8处低洼苇田脱水面积逐年加大，大面积洼淀芦苇常年裸露，且疏于管理，芦苇长势下降，品质变劣，苇田杂草丛生，生态环境逐步恶化，形成了适宜东亚飞蝗发生的生态环境，东亚飞蝗发生程度日趋严重，接连出现了1998、1999、2001、2003年4次大发生。其中1998年夏、秋蝗及1999、2001年夏蝗发生危害最为严重，是新中国成立50多年来十分罕见的蝗灾。使大面积芦苇被吃成光秆，部分农田遭受严重危害。蝗蝻密度一般50～100头/m²，最高达10 000头/m²，其中1 000头/m²以上的高密度面积达0.5万hm²，大型蝗蝻团达5 000多个，最大的蝗蝻团面积达200m²。在严重的蝗灾面前，原农业部及省农业厅领导多次来安新指导防蝗工作。2004年以来，东亚飞蝗发生程度有所减轻，蝗蝻平均密度0.7～1.6头/m²，但每年部分蝗区仍有较高密度点片发生，是目前白洋淀蝗区的稳定发生区，即洼淀苇田蝗区。

2005—2007年经GPS定位勘测，白洋淀蝗区现有宜蝗面积2万hm²，其分布在藻苲淀、鸪丁鸟淀、南河、城北淀、马棚淀、小北淀、羊角淀、唐河滩、大王淀、垒头洼、边吴洼、磁白洼等12个滨湖、内涝蝗区。

2. 白洋淀内涝蝗区 白洋淀内涝蝗区主要分布在白洋淀周边保定市的安新、高阳、雄县、清苑、蠡县、容城、徐水及沧州市的任丘等8个县市。

白洋淀地处9河下梢，洪水连年，安新、高阳、任丘、雄县等县过去均有"九河泛滥""大水决堤"之类历史记载。白洋淀内涝蝗区形成的直接原因，一是由于处于白洋淀低洼地带，因雨积水不能排出，因此有"大雨大灾、小雨小灾、无雨无灾"的现象，及"2年1旱、3年1涝"的旱涝交替中形成旱、涝蝗灾相互发生的格局；二是从2 000多年蝗灾记述和发生频次中，可以看出蝗灾的发生与白洋淀地区的旱涝灾害有着密切的关系；三是由于白洋淀的决溢造成周边县市的洪涝灾害，形成东亚飞蝗的适生环境。追溯历史，白洋淀自公元前158—1949年的2107年间发生蝗灾486次，平均4.3年就发生1次蝗灾，而每次蝗灾均与洪涝灾害有密切关系。

从20世纪60年代起，通过农田基本建设、加固白洋淀大堤及在诸河上游修建水库，基本上解决了白洋淀决溢和雨季排涝问题。同时，白洋淀境内由于受上游9条河流入淀的影响，将白洋淀周边分割成6片封闭地区，即新安北堤洼地、障水埝洼地、唐河北四门堤洼地、唐河南四门堤洼地、淀南新堤洼地、千里堤境内洼地等。宜蝗面积由原来16.7万hm²，减少为6.3万hm²。过去的一些滨湖蝗区已变为内涝蝗区，如大王淀、营家淀、垒头洼、边吴洼、磁白洼、西淀泊等6个洼淀。近年来，内涝蝗区没出现东亚飞蝗群居型蝗蛹，仅有散居型飞蝗。

3. 白洋淀河泛蝗区　公元前，黄河改道南移，古白洋淀脱离了古黄河的冲积，但黄河的9条派生支脉河，仍沿黄河故道入淀进海。形成了现今的潴龙河、孝义河、唐河、清水河、府河、漕河、瀑河、萍河及白沟引河，上述诸河发源于山西省或河北省内，其流域的河北省的阜平、涞源、易县、涞水、曲阳、唐县、行唐、新乐、定州、望都、安国、安平、博野、蠡县、高碑店、满城、徐水、清苑、容城、雄县、高阳、安新等24个县市，现流域面积为2 215km²。上述9河均流入白洋淀，而后进入大清河系。在9河入口处均形成一定面积的河滩型河泛蝗区，其中面积最大、飞蝗发生频率最高的为唐河河泛蝗区，蝗区面积2 400hm²。2001年春季在省防蝗指挥部负责同志陪同下，原农业部治蝗专家朱恩林处长亲临唐河河泛蝗区挖卵调查，最高蝗卵密度达123块/m²，平均蝗卵1.26块/m²，是河北省新中国成立以来最高蝗卵样点，出现了新中国成立50年来东亚飞蝗大暴发现象，一般蝗蛹密度50～100头/m²，最高达10 000头/m²，大型蝗蛹团达3 000多个。当时农业部刘坚副部长及种植业管理司司长陈萌山亲临现场指导防蝗工作。同时，藻苲淀、鸹丁鸟淀、南河、城北淀、马棚淀、小北淀等滨湖蝗区东亚飞蝗也暴发。目前，唐河河泛蝗区已成白洋淀蝗区东亚飞蝗发生基地之一。

4. 衡水湖蝗区　衡水湖俗称千顷洼，为河北省第2大淡水湖，也是河北省重点蝗区之一。衡水湖蝗区总面积0.863万hm²，其中冀州市占81%，桃城区占19%。西大湖蝗区为内陆低洼地，近20年未曾大面积蓄水。2000年以前，每逢雨季，西大湖杂草丛生，飞蝗连年发生。为了减轻蝗虫基数，每隔3～4年进行1次化学防治。2000年，在原农业部及省站防蝗专家的建议下，冀州市组织对西大湖蝗区西部进行了土地平整、挖排水沟、修建鱼塘等人工改造，目前多数地方种植了棉花、向日葵等东亚飞蝗不取食的作物。通过改造，大大压缩了东亚飞蝗的适生环境，发生危害程度逐年减轻，目前属于一般蝗区。但在西大湖东部及湖区内排水渠、地势特别低洼的区域，仍然生长着芦苇及多种禾本科杂草，仍具有发生东亚飞蝗的隐患。

东大湖和东小湖由于湖区水位较浅，受自然降雨、大气蒸发和人为用水等因素的多重影响，湖区脱水面积变化较大，适宜飞蝗滋生活动的环境较少，且周边多邻近村庄或耕地，人畜活动较多，对飞蝗的发生较为不利，因而发生危害较轻。1992—1996年湖区脱水面积逐年加大，适宜飞蝗发生的天然场所越来越多。1993年发生了高密度群居型夏蝗，发生面积达0.32万hm²，蝗蛹最高密度达5 000头/m²以上。其他年份没有高密度、大面积蝗情发生，但田间虫源基数逐年积累。1997年湖水的补蓄靠引黄河水补济，由于湖水补蓄主要在11月份进行，因此对东亚飞蝗的发生繁殖几乎没有影响。1997年后，衡水市连年干旱，农业灌溉用水成为了湖区水位下降的主要原因，每年的3月底4月初，湖区脱水面积一般达到30%，5、6月份往往只有湖中的古河道有水，其他地方成为荒草地、烂碱滩、半沼泽地，生态环境非常有利于东亚飞蝗的发生，1997—2000年连续4年东亚飞蝗出现了6次大发生（1997年夏蝗、1998年夏秋蝗、1999年夏秋蝗、2000年夏蝗），4年发生面积超过了1.67万hm²。近年来该区域飞蝗发生情况表明，湖区水位变化是影响该区域飞蝗发生轻重的最主要因素，只要上年度和本年度年降水量小于400mm，7—8月份降水量小于150mm，上年度湖区9月份秋残蝗产卵期脱水面积达1/4以上，翌年东亚飞蝗大发生概率较高。1992年全年降水仅205.2mm，7—8月份降水量125.7mm，蝗区脱水面积达0.46万hm²，导致1993年夏蝗大发生。1997—1999年，年降水量分别为216.9mm、420.1mm、250.3mm，连年干旱造成湖区

水位持续下降，脱水面积加大，出现了1997—2000年东亚飞蝗连续4年较大发生。

四、可持续治理

早在20世纪50年代，河北省倡导"治早、治小、治了、连续治、彻底治"的治蝗思想，1960年又提出了"彻治夏蝗、狠治秋蝗、连续扫残、长期监视"的策略。这些治蝗思想的产生和运用，对当时控制飞蝗的危害起到了较好的作用，但忽视了生态平衡和环境问题，同时也忽视了减少投入的问题。1973年河北省在总结了多年经验的基础上，又提出了"依靠群众、勤俭治蝗、改治并举、根除蝗害"的治蝗方针，把改造蝗区的生态环境列入防治的内容，这在治蝗策略上是一种较大的进步。这一指导思想一直沿用到20世纪80年代。

进入20世纪90年代后，特别是农田蝗区生态环境发生了根本变化，天敌数量减少、持续干旱致使东亚飞蝗再度大发生。当时河北省提出了"狠治夏蝗、抑制秋蝗、综合治理、控制蝗害"的新思路，狠治夏蝗就是对常发区的夏蝗严密监视，采取"两优先、四统一"的治蝗策略，两优先即优先高密度、优先重蝗区；四统一即统一指挥、统一调度、统一物资供应、统一组织除治，确保夏蝗"不起飞、不扩散、不成灾"，同时最大限度地压低残蝗基数。抑制秋蝗就是在夏蝗防治的基础上，对秋蝗实施挑治，必要时统一普治。综合治理就是以维护生态为核心，有针对性地开展生态控制和生物防治，保护利用天敌，对高密度蝗群采取高效、长效农药防治。控制蝗害就是改过去"根除蝗害""治小、治了"的思想为可持续控制，将东亚飞蝗发生危害控制在经济阈值允许的范围内。

1998年以来，在治蝗工作的具体运用上，针对各种措施单一运用效果不够理想的问题，河北省又提出了"四个结合"的防治策略，即飞机施药与地面施药相结合；统一防治与分散防治相结合；生物防治、生态控制与化学防治相结合；生态控制与种植业结构调整相结合，为控制蝗害的连年大发生，维护蝗区生态环境安全和促进蝗区农民收入提高发挥了较好的作用。

1. 治理蝗灾应遵循的原则　控制蝗虫灾害应遵循3个原则：即保护环境原则、生态学治理原则和可持续治理原则。保护环境原则就是尽量降低目前大面积施用化学农药对当地生态系统的后续影响，保护当地生物的群落结构、种间关系和生物多样性；生态学原则就是在注重研究飞蝗本身的生物学规律的同时，研究天敌生物学的规律，保护、利用天敌在整个系统食物链中的重要作用，不能片面强调飞蝗的危害性而忽视其他维护整个生态平衡方面的作用；可持续原则就是在控制蝗害的同时，最大限度地保护利用天敌，综合运用多项措施，确保蝗灾的可持续控制。

在东亚飞蝗防治中，控制高密度蝗群是工作的重心，夏蝗防治是整个防治工作的关键。在战略选择上，要以飞蝗为重点，兼顾土蝗，尤以东亚飞蝗为重中之重；在防治策略上，要狠治夏蝗，抑制秋

蝗，全年控制，压低基数；在防治技术上采取综合防治措施，适当加大生物防治和生态控制的比例，注意充分保护和利用天敌资源，减少化学农药对生态环境的影响；在总体目标上确保"飞蝗不起飞、不成灾，土蝗不扩散、不危害"。

2.因地制宜，分区治理　由于飞蝗的发生具有暴发性、周期性、不稳定性等特性，在蝗虫大量发生时主要采用化学防治，但对于不同的发生情况，具体的防治工作不尽相同。为了在蝗虫防治工作中避免"一刀切"，使蝗虫防治工作更科学更具针对性，根据不同蝗区类型，结合全省各蝗区的具体情况及蝗虫防治的历史经验，依据分类指导的思路，对不同蝗区采取不同的监测机制和控制策略。

常发区（一类蝗区，即重点监测防治区），这些蝗区主要分布于沿海、湖泊的苇荒地，洼大村稀，荒地面积大且改造困难，东亚飞蝗大发生频率高，且发生密度较高，防治任务较大。对于这些蝗区采取常年不间断监测，控制方法采取高效化学农药防治优先的策略，以飞机防治和专业队防治相结合进行普治。防治的具体目标是防止起飞、尽量减少虫口数量、控制外迁为害。

多发区（二类蝗区，即一般监测防治区），主要是洼淀、水库蝗区的滩地及周边的夹荒、撂荒地。由于水位变化大，蝗区尚难以全部改造，随积退水情况的交替发生，蝗虫发生时轻时重，每年有一定的防治任务。控制方法采取化学防治同生物防治、生态控制相结合，生物防治和生态控制优先的策略。防治中主要依靠地面专业队防治，采取普治和挑治相结合的方法。防治的具体目标是减少虫口数量、控制为害、防止东亚飞蝗向农田扩散为害。

偶发区（三类蝗区，即一般监视区），此类蝗区系经过初步治理的蝗区，蝗情比较稳定，偶有蝗虫发生，但一般年份虫口密度较低，属于不达防治指标的原内涝、河泛和农田蝗区。控制方法采取生态

控制优先并结合生物防治，减少化学防治的策略。此类蝗区总体面积较大，但每个蝗区的单位面积小，地理位置分散，防治中主要依靠农民自治，采取挑治方法。防治目标为控制飞蝗种群数量，使之稳定在经济阈值允许的水平之下，减轻危害。

3. **基础设施建设**　加强蝗虫监测和防治的基础设施建设，是确保蝗区长治久安的战略决策。考察中国现有的治蝗基础设施，多数是20世纪50～60年代所建，由于设施老化、陈旧，已不能满足现代治蝗减灾工作的需要；在蝗虫的监测系统方面，尽管20世纪80年代以来全省在蝗区陆续建立了10余个监测站，但仍不能满足查蝗治蝗工作的需要。从面临的防蝗减灾任务来看，今后需要加强以下两个体系的基础设施建设。

(1) 建立监测预警体系。目前，河北省尚有蝗区38个县（市、区），其中1/3的县属于飞蝗暴发的活跃区域。因此，为了及时掌握蝗情，今后需要在这些重点地区强化监测设施和信息传递手段等基础设施建设，进一步稳定查蝗队伍。在重点蝗区，要求每500～1 000hm² 面积上有1名查蝗员，一般蝗区，每1 000～2 000hm² 面积上有1名查蝗员，对偶发蝗区或监视区，每3 000hm² 左右有1名查蝗员，确保蝗情的准确掌握和信息的快速传递。2000年以来，河北省公共植保体系逐步完善。国家累计下达河北省植保工程项目总投资计划26 069万元，其中中央投资21 320万元。先后建设了14个蝗虫地面应急防治站、1个防蝗专用机场、1个省级预警与控制分中心、46个县级预警与控制区域站，累计批复建设试验化验检测等业务用房13.3万米²，购置仪器设备、施药设施1.896万台套，建设标准病虫观测场760余亩。全省蝗情监测预警能力有了明显增强。

(2) 建立应急防治体系。东亚飞蝗发生区多处于人烟稀少、交通不便的国有荒地，当飞蝗暴发时，常常由于缺乏快速有效的防治手段而造成防治工作的被动。因此，今后在重点蝗区加强应急防治设施建设是十分必要的。从全省蝗灾治理的战略布局看，重点应抓好3项建设：一是完善飞机防治设施建设，即在渤海湾地区，通过维修和扩建1～2个治蝗简易机场，配套必要的相关设施，提高飞机治蝗能力；二是建立地面应急防治队伍，对不适宜开展飞机防治或常年需要地面化学防治的地区，通过组建高素质的应急防治队伍，并配备一些大中型机动施药机械，增强地面防治能力；三是改善查蝗治蝗的交通及通讯条件，配套建设一批区域性治蝗物资储备库，以增强治蝗的快速反应能力和减灾能力。

蠡县蝗区概况

一、蝗区概况

蠡县属保定市，位于河北省中部，京、津、石三角腹地面积650km²，辖13个乡镇，232个行政村。

二、蝗区分布及演变

现有蝗区10 200hm²，划分为五个蝗区，主要分布在桑园镇、辛兴镇、万安镇、留史镇、百尺镇、北埝乡、鲍墟乡、南庄镇、郭丹镇的部分自然村。蝗虫类型主要有东亚飞蝗、中华稻蝗、短星翅蝗、短额负蝗、黄胫小车蝗、大垫尖翅蝗、中华剑角蝗。

蠡县蝗区均是冲积物沉积而成的平原，总的地势是西南高、东北低，平均海拔高度15.6m，缓缓倾斜，无明显起伏变化。蠡县属东部季风区暖温带半干旱地区，大陆性季风气候特点显著，春多风干燥，夏多雨炎热，秋天高气爽，冬干燥寒冷，四季分明，光热资源丰富。境内有渚泷河、月明河、孝义河、小白河，常年干涸。蝗虫天敌种类主要有燕、蛙类、麻雀、刺猬、飞蝗黑卵蜂、蝗螨。植被杂草主要有狗尾草、马唐、蒲公英、藜、蒺藜、红蓼、画眉草、虎尾草、葎草、苍耳、白茅、稗草、黄花蒿、小蓟等。主要农作物有小麦、玉米、麻山药等。

蠡县属内涝蝗区，蝗虫发生可追溯到公元222年，已经历了1 700多年。

新中国成立后，各蝗区干部群众，除治水灾隐患、平整土地、改良土壤、开荒种田、精耕细作、作物布局的调整以及对重点蝗区挑治和普治，破坏了蝗虫的适宜生存环境。到20世纪80年代宜蝗面积15 333hm²左右，常年发生面积在10 000hm²左右。

20世纪90年代到21世纪初，本县宜蝗面积一度达到16 666.7hm²，常年发生面积14 466.7hm²左右。其演变原因是，由于这段时间民营企业曾一度兴起，蝗区部分土地闲置，耕作粗放，气候条件适宜。另外，棉铃虫发生较重，群众种植蝗虫不喜欢食用的棉花面积减少，为蝗虫发生创造了条件。

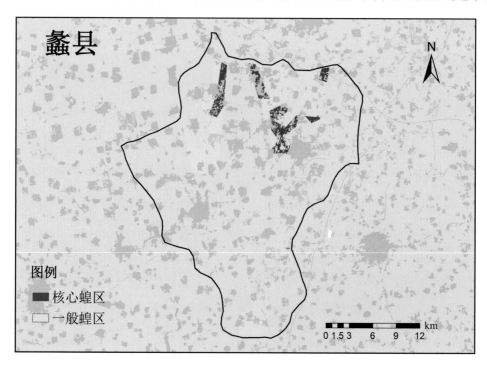

2004年后，常年发生面积为10 000hm²左右，演变原因为国家近几年对种粮生产非常重视，给种粮群众各种补贴，调动了群众种粮积极性，耕作制度和作物布局进行调整。另外，本县月明河和孝义河两岸进行植树，部分群众种植了相当面积的速生杨，从而改变了蝗虫发生的适宜生态条件。

2007年本县对蝗区进行了普查和GPS定位，将蠡县蝗区定为桑园、郭丹、李岗、洪善堡、荆玉五大蝗区。全县宜蝗面积为14 733hm²。

2017年河北省卫星遥感监测，蠡县蝗区面积为10 200hm²，其中核心蝗区1 533.3hm²，一般蝗区8 666.7hm²。核心蝗区分布在桑园、郭丹、荆玉三大蝗区，李岗、洪善堡蝗区为一般蝗区。

三、蝗虫发生情况

蠡县蝗虫常年发生面积10 200hm²，防治面积1 666hm²。其中核心蝗区分布在桑园蝗区、荆玉蝗区和郭丹蝗区，面积1 533.3hm²。核心蝗区有潴泷河、月明河、孝义河经过，常年干涸，荒地和河道滩涂面积较大，适宜蝗虫的发生，涉及乡镇有辛兴镇、万安镇、桑园镇，留史镇、百尺镇、郭丹镇48个自然村。李岗蝗区和洪善堡蝗区为一般蝗区，涉及北埝乡、鲍墟乡和南庄镇，共13个自然村，境内有小白河和潴泷河河道。

东亚飞蝗夏蝗的出土始期一般在5月5日左右，3龄盛期在6月15日左右，羽化盛期在6月25日左右，产卵盛期在7月初。

四、治理对策

（1）加强蝗虫的监测和预报，坚持"预防为主、综合防治"的植保方针，在防治适期统防统治，特别是提升应急防控能力，确保蝗虫不起飞，保护农业生产安全。

（2）加强生态治理，减少食物源，多种蝗虫不喜食的苜蓿、大豆、果树等。减少生存地，治理荒地，种植林木。

（3）保护和利用蝗虫的天敌，青蛙、蜥蜴、鸟类、寄生蝇类、寄生蜂类等。

（4）生物农药防治，主要是绿僵菌、印楝素、苦参碱等。

（5）化学药剂防治，选用高效低毒低残留农药的菊酯类农药防治。

安新县蝗区概况

一、蝗区概况

安新县隶属保定市，位于河北省中部，处京、津、石腹地。地处北纬38°43′～39°02′，东经115°38′～116°07′，东临雄县、任丘，南与高阳，西与清苑、徐水交界，北与容城相交。县域总面积738.6km²，华北地区最大的淡水湖泊白洋淀85%的面积在安新县境内，安新县呈现半水半旱的地理格局。全县辖12个乡镇，207个行政村，总人口47.0万人，耕地面积48.7万亩，人均生产总值1.285 6万元。

安新县属东部季风区暖温带半湿润地区，总体气候特点是四季分明，春季干燥多风，降水稀少；夏季炎热，降水集中；秋季晴朗，气候适中；冬季寒冷干燥，多风。年日平均气温12.2℃，极端最高气温40.7℃，极端最低气温−22.7℃。一年中7月份最热，平均气温26.4℃，1月份最冷，平均气温−4.5℃；年降水量531.6mm，降水主要集中于7、8月份；全年日照时数2 519h；年无霜期平均为195天，初霜日一般在每年的10月18日左右。

二、蝗区分布及演变

安新县地处九河下游白洋淀，受地理位置因素的影响，是历史老蝗区，也是全国重点蝗区。2005年经GPS定位勘测，安新县现有宜蝗区2.0万hm²，包括12块蝗区，其中滨湖类型蝗区8处，分别是藻苲淀、鸪丁鸟淀、南河、城北淀、马棚淀、小北淀、羊角淀、唐河；淀外内涝农田蝗区4处，分别是大王淀、垒头洼、边吴洼、磁白洼蝗区。安新县白洋淀蝗区蝗虫种类目前有15种，分别是东亚飞蝗、花胫绿纹蝗、大垫尖翅蝗、长翅素木蝗、短额负蝗、短星翅蝗、疣蝗、中华稻蝗、中华剑角蝗、黄胫小车蝗、二色嘎蝗、笨蝗、棉蝗、日本黄脊蝗、菱蝗等。

安新县白洋淀蝗区蝗虫天敌种类较为丰富，主要有昆虫类、蜘蛛类、蛙类、鸟类、爬行动物类、真菌类六大类。昆虫类天敌主要有蚂蚁、螳螂、中国虎甲、金星步甲、飞蝗黑卵蜂等，蜘蛛类天敌主

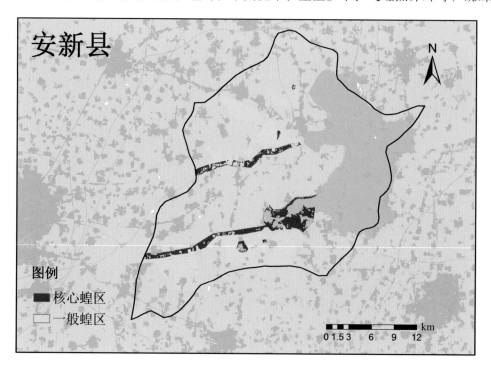

要有草间小黑蛛、沟渠豹蛛等，鸟类天敌主要有喜鹊、灰喜鹊、树麻雀、家燕、普通燕鸻、白翅浮鸥等，蛙类天敌主要有中华大蟾蜍、黑斑蛙、北方狭口蛙等，爬行动物类天敌主要有双斑锦蛇、白条锦蛇等，真菌类主要有小杀蝗菌等。

安新白洋淀滨湖蝗区植被主要以芦苇为主，杂草种类主要有狗牙根、马绊草、牛鞭草、稗草、马唐、狗尾草、牛筋草、葎草、打碗花、野绿豆、泽兰、刺菜、苦菜等。淀外内涝农田蝗区人工栽培作物主要有玉米、棉花、大豆、花生、西瓜等，杂草主要有马唐、狗尾草、牛筋草、稗草、白茅、反枝苋、马齿苋等杂草。

由于地处潴龙河、孝义河、唐河、府河、漕河、瀑河、清水河、萍河、白沟引河等9条河流下游，受上游河流入淀水量的影响，白洋淀淀区水位年度、季节间变化差异较大，淀水涨落频繁，当白洋淀保证水位10.5m时，淀泊面积为366.4km²，当保持水位7.5m时，淀泊面积为148.47km²；淀泊水位高，淀区裸露面积小，蝗区面积小；淀泊水位低，淀区裸露面积大，蝗区面积则大。同时由于地势低洼，白洋淀周边区域历史上沥涝常发。据资料记载1368—1949年白洋淀地区共发生洪涝灾害173次，旱灾42次；新中国成立后，发生洪涝灾害12次，其中1950、1954、1956、1959、1963年发生决溢，同时也出现了1966、1973、1982和1984—1988年的干淀现象。白洋淀地区水旱灾害的交替发生，淀区水位的不断变化，特别是由此带来的生态环境的变化，形成了适于东亚飞蝗孳生的条件，白洋淀也就成为了历史老蝗区，也是全国重点蝗区。

20世纪80年代以前，白洋淀蝗区东亚飞蝗主要发生在大王淀、垒头洼、边吴洼、磁白洼等淀周边洼地内涝蝗区，主要由于这些蝗区沥涝频发，环境复杂，杂草丛生，生态环境条件适于东亚飞蝗的发生。此后随着白洋淀水位的下降，生态改造控制工作的开展，田间水利排灌工程的建设，上述蝗区生态环境得到了明显改善，东亚飞蝗发生程度逐年减轻，1995年以后未出现大的发生，目前属于一般发生区。20世纪90年代至本世纪初，由于长期干旱，白洋淀上游河流入淀水量逐年减少，出现断流，致使白洋淀内藻苲淀、鸪丁鸟淀、南河、城北淀、马棚淀、小北淀、羊角淀、唐河等8处低洼苇场水旱交替，并且脱水面积逐年加大，大面积洼淀芦苇常年裸露，加之疏于管理，杂草丛生，芦苇长势下降，品质变劣，生态环境逐步恶化，形成了非常适于东亚飞蝗发生的生态环境，东亚飞蝗发生程度日渐加重，接连出现了1998、1999、2001、2003年4次大发生。其中1998年夏、秋蝗及1999、2001年夏蝗发生为害最为严重，是新中国成立以来十分罕见的蝗灾。蝗蝻密度一般50～100头/m²，最高密度达10 000头/m²，其中1 000头/m²以上的高密度面积达0.5万hm²，大型蝗蝻团达5 000多个，最大的蝗蝻团面积达200m²。2004年以来，白洋淀淀内苇田蝗区东亚飞蝗大发生势头得到有效遏制，呈偏轻发生态势。

三、蝗虫发生情况

进入20世纪90年代后，受长期干旱、上游河流断流、白洋淀脱水面积逐年加大、生态环境恶化等因素的影响，白洋淀蝗区东亚飞蝗出现了持续大暴发。1998年白洋淀蝗区夏秋蝗连续大发生，出现了50年来未有的大暴发，发生面积3.1万hm²，是80年代发生面积的1.9倍，夏蝗平均密度为10.2头/m²，其中100头/m²以上的发生面积达0.3万hm²，最高蝗蝻密度达5 000头/m²。秋发生面积和发生程度均大于夏蝗，最高蝗蝻密度达10 000头/m²以上。2001年夏蝗又出现大发生，发生面积达1.9万hm²，1 000头/m²以上的0.5万hm²。2004年后，白洋淀蝗区东亚飞蝗发生危害程度明显下降，持续偏轻发生，近年来，东亚飞蝗夏、秋蝗常年发生面积1.6万hm²左右，防治面积0.64万hm²左右。

安新白洋淀蝗区夏蝗出土始期在5月1日左右，出土高峰期5月14—20日左右，3龄盛期5月30日至6月4日左右，羽化盛期6月20—25日左右，产卵盛期7月10—15日左右。秋蝗出土始期7月20日左右，出土高峰期7月25—31日左右，3龄盛期8月8—14日左右，羽化盛期8月24—30日左右，产卵盛期9月15—20日左右。

四、治理对策

1. 认真贯彻"改治并举"的治蝗工作方针　在同蝗灾斗争的过程中，安新县始终坚持"改治并举，根除蝗害"的治蝗工作指导方针。一方面，针对东亚飞蝗发生状况，及时组织实施地面、飞机药剂防治，有效控制危害。1998—2001年，连续4年使用运五飞机对白洋淀重点蝗区实施了飞机防治。2003年在河北省首次采用直升飞机对白洋淀重点蝗区进行了飞防作业。另一方面，大力实施蝗区生态改造。在白洋淀蝗区生态治理中，第1次治理高潮为1959—1965年。这一时期，对白洋淀滨湖蝗区、河泛蝗区及内涝蝗区实施了生态治理：一是改造滨湖蝗区，在白洋淀周边利用浅水水域，实施养鸭、种藕、种稻；二是改造内涝蝗区，兴修水利，在白洋淀周边大堤修建扬水机站，排除雨季农田沥涝积水；三是加固加宽白洋淀大堤，提高防汛能力；四是改道扩宽唐河入淀口，将唐河入淀口从藻苲淀改为羊角淀，并将原河道30m扩宽为1 000m，使唐河水顺利入淀；五是在白洋淀上游河流两岸植树造林，改善堤岸适生环境。通过多年的生态治理，控制了过去白洋淀10年9涝、汛期决溢的局面，压缩了东亚飞蝗滋生区域，改变了"先涝后旱，蚂蚱成片"及"水来蝗退，水去蝗来"的状况，减轻了东亚飞蝗的发生程度；第2次蝗区生态治理高潮为1999—2004年。这一时期，针对东亚飞蝗在白洋淀淀内苇田蝗区持续大发生的状况，又一次掀起生态治理高潮。针对白洋淀脱水蝗区芦苇长势日益下降，经济效益下滑的状况，积极引导广大农民群众，对蝗区内宜改造区域进行改造，大力推广低洼蝗区种水稻、发展水产养殖，地势较高处种植棉花、西瓜等经济作物的蝗区改造种植模式。先后对唐河、藻苲淀、鸪丁鸟淀、马棚淀等蝗区实施了生态改造。通过实施蝗区生态改造，使安新县白洋淀蝗区生态环境得到了明显改善，压缩了东亚飞蝗滋生区域，有效控制了东亚飞蝗的发生危害，经济和社会、生态效益显著。

2.加强蝗虫调查及预测预报　虫情调查和预测预报是防治东亚飞蝗的基础性工作，没有准确及时的监测和预报，防治工作就无从谈起。作为全国重点蝗区县，对东亚飞蝗调查、预测预报工作始终高度重视，每年夏、秋蝗发生期间，都严格按照测报调查规范要求，采取系统调查与大面积拉网式普查相结合的方式，开展蝗情调查监测，准确掌握发生动态，及时发布虫情预报，为防治工作开展提供科学依据。2003年开始在蝗虫监测中引入GPS定位技术，使蝗虫监测技术水平有了明显提高。

3.注重生物防治　2004年以来，安新县开始在蝗虫中低密度发生区，特别是靠近水域的蝗区，利用生物农药绿僵菌防治东亚飞蝗。2006年开始在部分蝗区进行牧鸭控蝗。同时，加强对白洋淀区域蝗虫天敌的保护，积极协助野生动物保护部门开展爱鸟周宣传活动和野生动物保护专项检查活动，对滥捕鸟类、青蛙等违法行为，进行严厉打击，使白洋淀地区蝗虫天敌得到了较好的保护。

4.防治药剂　20世纪50～70年代，白洋淀蝗区防蝗药剂以六六六、滴滴涕等有机氯杀虫剂为主，20世纪70年代马拉硫磷、杀螟松等有机磷类杀虫剂开始用于防治东亚飞蝗，1998—2003年安新县白洋淀蝗区东亚飞蝗持续暴发阶段，防治药剂主要选用75%马拉硫磷油剂、0.4%锐劲特油剂等药剂进行飞机超低量喷雾，地面防治主要采用25%辛·氰菊酯乳油等药剂。2003年后，防治药剂主要选用4.5%高效氯氰菊酯、2.5%高效氯氟氰菊酯等菊酯类农药。2006年以来，为有效保护白洋淀区域生态环境，防治药剂主要选用1.0%苦参碱水剂、1%苦皮藤素乳油、5%氯虫苯甲酰胺等药剂。

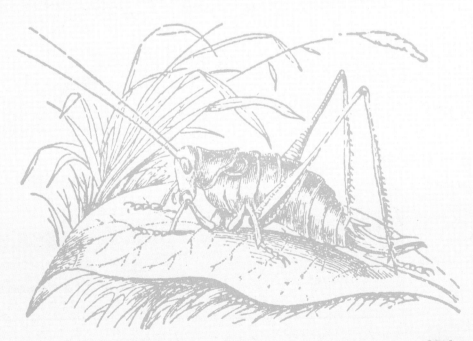

沧县蝗区概况

一、蝗区概况

沧县隶属沧州市，位于冀中平原东部，海河流域中下游，地处东经116°27′～117°09′，北纬38°05′～38°33′之间，东临黄骅市、孟村县，南与南皮县、泊头市，西与献县、河间市接壤，北与青县相交。东西长60.5km，南北长50km。地势低平，是冲积平原向滨海平原的过渡地段，整个地形由西南向东北缓缓倾斜，西南部海拔11m，东北部海拔4m，坡降1/8 500。2000年统计沧县土地面积1 527km²(154 448.17hm²)，其中耕地93 278.00hm²，占60.4％，辖4个镇、15个乡，517个行政村，总人口72万人。

二、蝗区分布及演变

沧县现有蝗区3 500hm²，主要划分为4个蝗区：大浪淀东淀宜蝗区、大浪淀西淀宜蝗区、后曹大洼宜蝗区和狼儿洼及军马站宜蝗区，都分布在沧县东部的低海拔地区，此区域地势低洼，洼大村稀，土壤比较瘠薄，耕作比较粗放。蝗虫类型有东亚飞蝗、大垫尖翅蝗、长翅素木蝗、中华稻蝗、短星翅蝗、黄胫小车蝗、亚洲小车蝗、二色夏蝗、中华剑角蝗、异翅负蝗、长额负蝗、短额负蝗、花胫绿纹蝗、大赤翅蝗等。

沧县蝗区地势低洼，主要有夹荒地、撂荒地、田间道路、排灌沟渠、河流等，属于内涝蝗区。

沧县属黑龙港流域，流经宜蝗区的主要河渠有南排河、捷地碱河、大浪淀排水渠、龙池口沟、黄浪渠、廖家洼排干、沧浪渠。其中南排河是沧州市最大的排沥河道，捷地碱河是南运河的一个分支。

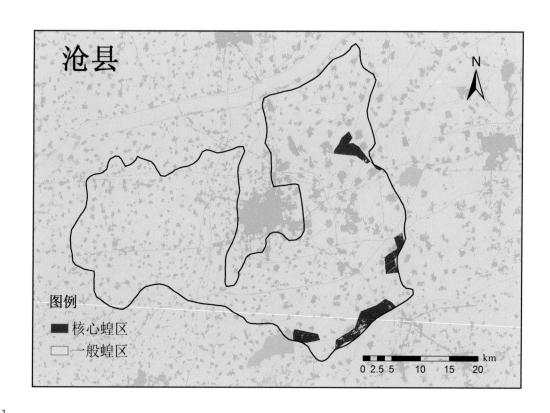

沧县属暖温带半湿润易干旱大陆性季风气候，四季分明，春季干旱多风，夏季炎热多雨，秋季光照充足，冬季寒冷干燥。平均年降水量630.6mm，降水量年际间变化显著，最大降水量为最小降水量的4倍，而且年内降水量分布不均，春季只占年降水量的10%，夏季则占年降水量的74.1%，秋季占年降水量的13.6%，冬季占年降水量的2.3%，年平均蒸发量约为年平均降水量的3倍。全县年平均气温12.5℃，最高月平均气温（7月）为26.5℃，最低月平均气温（1月）为－3.9℃。年平均气温稳定通过≥0℃的积温为4 804.7℃，稳定通过≥5℃的积温为4 679.3℃，稳定通过≥10℃的积温为4 349.2℃。年平均5cm地温稳定通过0℃、5℃、12℃的初日分别为2月24日、3月12日、3月17日。全年日照时数2 904h，无霜期195天，初霜期约出现在10月25日，终霜期约出现在4月11日。全县土壤冻期不长，冻深一般30cm。

蝗虫的天敌主要常见种类：蚂蚁、蜘蛛、螳螂、蛙类、鸟类。其次为寄生蜂、寄生蝇、寄生菌、豆芫菁等。蝗区的主要人工栽培植物有玉米、大豆、高粱、棉花、谷子等。主要天然野生植物有：芦苇、马唐、稗草、隐花草、白茅、狗尾草、虎尾草、黄背草、阔叶杂草等其他野生植物。

沧县蝗区地势低洼，河流较多。地下水位高，土壤易盐碱，夹荒地多，比较适宜蝗虫的滋生繁殖，沧县蝗区演变过程，是人与自然斗争的过程，是蝗区生态环境的改造过程。新中国成立以来，各级人民政府十分重视治蝗工作，根据不同时期的实际情况，采取了适合当时生产力发展的治理措施。20世纪60年代就提出了"改治并举"的治蝗方针，即在使用农药防治，控制蝗虫危害的同时，改造蝗区生态环境，明确了水、旱、蝗三者的相关性，结合水利和农田基本建设，以垦荒除涝为重点，综合治理，先易后难，先重点后一般，分期分批对蝗虫滋生地进行改造，经过多年的努力，使蝗虫发生规模显著减弱，发生面积大幅度减少。实践证明，生态环境的变化直接或间接低影响着蝗虫的发生与危害。进入20世纪90年代又开始了蝗区的生态改造，提出使用高效低毒的化学农药和绿僵菌等生物农药治蝗新技术，并积极推行种植结构调整，推广以改种苜蓿、棉花、大豆、枣树等蝗虫不喜食的经济作物的生态控制措施。进入21世纪以来，随着地下水位的不断下降，土壤的盐碱程度降低。大量的夹荒地、荒地，得以开垦种植，农业种植机械化程度不断提高，直至近年来的普及，夹荒地、荒地，得到了更好的开垦种植。连年的翻耕，破坏了蝗虫的适生环境，蝗虫的适生环境大大被压缩。夹荒地、荒地的减少，改变了宜蝗区的生态结构。宜蝗区面积不断减少，经过长期的蝗区改造、精准的监测和越来越高效的防治措施，蝗区面积已由90年代的10 000hm^{2}减少到3 500hm^2，现在的蝗虫的分布特点为点、线状分布。而且多年的蝗区治理，不只是面积的减少，发生程度也显著减轻，发生程度由2007年前的3～4级减轻至2007年至今的1～2级，1999—2017年监测数据显示：1999—2007年蝗虫发生最高密度可达20～30头/m^2。2008—2017年间蝗虫发生最高密度都在5头/m^{2}以下，一般为1～3头/m^2。这说明2008年以来，沧县的蝗虫发生面积和发生程度维持在较低水平，沧县的蝗虫得到了稳定的良好的控制。

三、蝗虫发生情况

沧县常年飞蝗发生面积3 000hm^2，防治面积1 000hm^2。夏蝗始出土5月4日左右，出土盛期5月中旬，3龄盛期5月下旬至6月上旬，羽化盛期6月中下旬，产卵盛期7月上中旬。

四、治理对策

（1）继续贯彻"改治并举"方针，加强水利设施建设及推广土地平整项目，鼓励土地流转，支持农业合作社、家庭农场和种田大户，进行土地整合，实现规模种植。进一步有效减少撂荒地面积，改善田间道路交通，疏通沟渠管网，增加灌溉和排涝能力，进一步逐年减少宜蝗面积。

（2）继续推广农药减量控害，在宜蝗区农作物病虫害防控期间，有目的地在防控农作物病虫草害的同时，与防治蝗虫结合起来。如在进行玉米苗前除草和苗后除草，加入杀虫剂可以达到防控蝗虫和二点委夜蛾等玉米苗期其他虫害，一喷多效的目的。同时对田埂、田边沟渠等进行喷洒，也可以有效防治蝗虫等多种害虫。

（3）注重生物防治。使用高效低毒农药和对天敌基本无害的生物农药。生物药剂如：绿僵菌、苦参碱、甲氨基阿维菌素苯甲酸盐等，化学药剂有高效氯氰菊酯、茚虫威等。

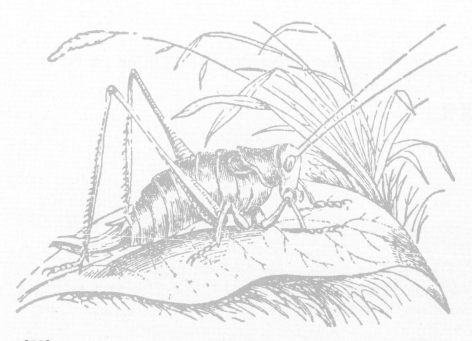

海兴县蝗区概况

一、蝗区概况

海兴县隶属沧州市，位于河北省东南，渤海之滨。1965年建县，由山东省无棣、河北省黄骅、盐山三县的边缘贫困乡村合并而成，取"靠海而兴"之意而命名。位于东经117°20′03″～117°58′09″，北纬37°56′10″～38°17′31″，东西长57km，南北长39km。海兴县总面积960km²，县辖4个镇、4个乡、2个农场和197个行政村。总人口22.5万人，农业人口18.2万人。其中耕地面积45万亩，盐碱地30万亩，滩涂50万亩，海岸线长18km。人均生产总值2.2万元。

二、蝗区分布及演变

海兴县属黑龙港流域滨海沉积平原，苇洼荒地较多，地广人稀，农田耕作粗放，长年杂草丛生，是东亚飞蝗的发生基地。现有宜蝗面积31.4万亩，其中区域大的典型蝗区有5个。主要分布在：香坊坨里大洼、杨埕水库、小山东西大洼、王文洼、孔庄子洼。分散型区域有4个，辛集镇宋王洼、漳卫新河河套、赵毛陶镇南赵洼、城关镇王龙、郑龙洼，其余为撂荒地、夹荒地蝗区。香坊坨里大洼、小山东西洼、王文洼、孔庄子洼、赵毛陶镇南赵洼，城关镇王龙、郑龙洼为典型的盐碱荒洼，其中东部的香坊坨里大洼、小山东西洼为重盐碱区域大洼，特点为区域分散但面积大，植被呈多样化，且覆盖率零散，杨埕水库由于常年蓄水，区域面积广，是植被以芦苇为主的典型库区宜蝗区，其余的为撂荒洼、夹荒洼、荒地。其中赵毛陶镇南洼、城关镇王龙、郑龙洼、辛集镇宋王洼均为撂荒地、夹荒地、荒地。蝗虫类型以东亚飞蝗危害为主，其次为土蝗，土蝗种类为：宽翅曲背蝗、稻蝗、黄胫小车蝗、中华蚱蜢、长翅素木蝗、尖翅蝗、短额负蝗、长翅黑胫蝗、花胫绿纹蝗、令箭明负蝗、笨蝗、白纹雏蝗等12种。发生量大且危害严重的土蝗优势种类为宽翅曲背蝗、短额负蝗、中华蚱蜢、长翅素木蝗、稻蝗、黄胫小车蝗。

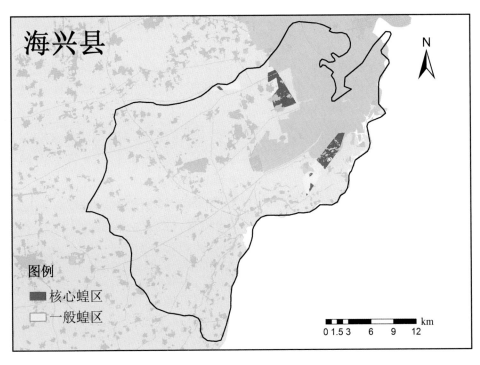

　　天敌种类为蜘蛛、蚂蚁、螳螂、蛙类、豆芫菁、斑毛、蟾蜍、麻雀、鹌鹑、蜥蜴、鸥鸟类、喜鹊、灰鹤、燕子、苇鹭等种类。其中蚂蚁的密度和出现频次最高，其他依次为螳螂、蜘蛛、蛙类。

天然植被种类为芦苇、马绊草、狗尾草、白茅草、黄须菜、马唐、稗草、芦蓬、刺儿菜、苍耳、田旋花等；人工栽培植物种类主要为：小麦、玉米、棉花、大豆、高粱、黍子、粟、苜蓿、紫穗槐、刺槐、枣树、榆树、苹果、梨树等。各宜蝗区植被覆盖率以夹荒地、撂荒地、荒地为最高达80%～90%以上，其次为盐碱荒洼，植被覆盖率为60%～80%。

纵观海兴县蝗区演变过程，是人与自然斗争的过程。新中国成立以来，各级人民政府十分重视治蝗工作，根据不同时期的实际情况，采取了适合当时生产力发展的治理措施。20世纪50年代在沿海蝗区有计划地推广管理苇田、建设盐厂、养蛙、养鱼等蝗区改造措施。60年代采取了建水库、台坑（条）田、办苇场、养苇田、开稻田等措施进行了改造。70年代末河北省农业部门提出了管理苇田，管理水库、扩建新建农场结合植苇养鱼为重点的蝗区改造措施。80年代河北省推广建盐厂、养鱼、养苇等蝗区改造措施。90年代以后则结合种植业结构调整，推广以改种苜蓿、棉花、冬枣、香花槐、紫穗槐等蝗虫不喜食的经济作物的生态控制措施，结合微孢子虫和绿僵菌等生物治蝗农药的推广措施。经过长期的"改治并举"，海兴县蝗区由原来的40.1万亩，下降到目前的31.4万亩。治蝗工作进入了一个新的历史时期，获得了极为显著的社会效益、经济效益和生态效益。

（1）水利设施对蝗区演变的影响　水利设施是通过改变蝗区的水条件，实现改造蝗区的基础工作。从1960—1968年在党中央"一定要根治海河"的号召下，通过修建水库，挖排水渠增加蓄水，稳定水位，使宜蝗区面积大大压缩。在香坊公社修建了3.6万亩的杨埕水库，但是由于水库水位不稳定和季节性排水，在水库周边形成湖水脱水的交替区域，形成了飞蝗新的发生区，而且成为近年来最难控制的区域。

（2）植被条件对蝗区演变的影响　蝗区的植被状况也是影响飞蝗发生的主要因素。飞蝗多选择植被覆盖度为50%以下的地方产卵，所以，在芦苇茂密长势良好时不利于飞蝗发生。通过种植蝗虫不喜食的作物如棉花、花生、绿豆、瓜和薯等也不利于飞蝗发生。实践证明，当蝗区的植被条件得到根本改变，则蝗虫发生受到抑制，蝗区面积会大大减少。

三、蝗虫发生情况

海兴县东亚飞蝗（夏秋蝗）常年发生面积45万亩，年平均防治面积为28万亩。主要发生区域为杨埕水库及其周边，以及蔡庄子大洼、坨里大洼、小山东西大洼、崔郭庄大洼。蝗虫发生范围广，水库、苇荒洼地、农田夹荒地、撂荒地等均常年有不同程度的发生。一般蝗区分布在小山王文洼、孔庄子洼、赵毛陶镇南赵洼、城关镇王龙、郑龙洼等区域，均为撂荒地、夹荒地、荒地。

20世纪90年代以来，东亚飞蝗连续偏重发生，部分经过改造的蝗区激活，宜蝗面积反弹。1995、

1998、1999、2000、2001、2002年大发生，经过连续多年的大面积除治，2003年沿海蝗区东亚飞蝗发生密度和面积开始下降，连续大发生的势头得到初步扼制。

蝗区面积增加的主要原因和特点是：20世纪90年代由于华北地区降水量减少，蝗区原有的水库苇洼脱水面积逐年增大，但与蝗区苇滩毗邻的夹荒地、撂荒地以及水库周边的农田夹荒地及向基本农田扩散的过渡区域面积显著增加，农田耕作粗放，田间地头、田埂等特殊环境增加，形成了有利于蝗虫发生的生态环境，部分已改造好的农田又退化为蝗区。持续干旱造成1998—2002年连续5年东亚飞蝗大发生，其中1998年夏蝗和2001年秋蝗曾经出现10 000头/m²的高密度蝗蝻群。

四、治理对策

（1）飞机防治和地面防治相结合　自1998—2013年连续16年使用飞机对杨埕水库、香坊坨里大洼、小山东西洼等高密度发生区进行飞防，2017年又使用植保无人机对重点发生区进行飞防。同时对低密度发生区或不适宜飞防的重点区域采用防蝗专业队进行地面防治。

（2）生物防治与化学防治相结合　针对本县蝗区类型多、地形、植被等环境因素复杂的特点，海兴县采取不同的防治措施。对危害程度

高、发生面积大的区域，采用高效低毒农药高效氯氰菊酯专业化统防统治。对发生面积较小、零散的农田、沟塄、撂荒地、夹荒地则使用对天敌基本无害的生物农药灭幼脲、绿僵菌。

（3）加大生态控制力度　近些年来，海兴县积极推进蝗区生态改造项目，在香坊乡坨里大洼开展了2.5万亩的蝗区改造项目，改善宜蝗区域生态结构，有效减少苇荒地、撂荒地面积，宜蝗面积逐年减少。

南大港蝗区概况

南大港管理区（原国营南大港农场）地处河北省沧州市东北部，渤海西岸，总面积294km²。地势低洼、土地盐碱，古代一直流传着"涝了收蛤蟆，旱了收蚂蚱，不旱不涝收碱嘎巴"的民谣。历史上曾多次记载蝗灾发生情况。1935年以前某次蝗灾，蝗虫起飞，遮天蔽日，蝗虫将房檐啃秃，窗户纸都被吃光，南大港孔庄村有一婴儿因脸耳被咬破而丧命，一个死里逃生的孩子长大后被人们叫作"蚂蚱剩"。由此可见，东亚飞蝗在本地的泛滥猖獗。

一、蝗区类型

南大港系黑龙港流域下游冲积平原区，海拔高度为1.5～4.5m，多港淀类的泻湖洼地及河床遗迹，形成浅槽形洼地，历史上属沼泽、泊淀、苇洼地，现有宜蝗面积35.6万亩，是河北省历史上的重点沿海蝗区，9.4万亩的大港水库蝗区芦苇丛生历来就是蝗虫的原始发源地。

二、蝗虫发生情况

1998—2003年连续6年东亚飞蝗大发生，每年都有1 000头/m²的高密度蝗蝻群，常年发生面积在16万亩以上，其中2001年秋蝗曾经出现10 000头/m²的高密度蝗蝻群2 000亩芦苇被吃成光秆，2万亩严重缺刻。自2004年秋季大港水库开始蓄水改造当年蓄水1 000万m³，2005—2009年，管理区多次投入重金向水库蓄水共5 000万m³，破坏了蝗虫的适生环境，对近年蝗虫未再大发生起到了决定性作用。

三、蝗虫防治工作的发展历程

　　自20世纪50年代初，原农业部开始领导大规模的蝗虫防治工作。在"依靠群众，勤俭治蝗，改治并举，根除蝗害"的方针指引下，南大港农场的蝗虫防治工作在经历了人工除治、飞机除治与人工除治相结合、机械化喷粉防治、低毒农药化学防治、生物农药防治等几个阶段的发展，取得了显著的成绩。

献县蝗区概况

一、蝗区概况

献县隶属河北省沧州市，位于黑龙港下游，冀中平原腹部，北邻河间、肃宁，南连泊头，东邻沧县，西与饶阳接壤。东西长59km，南北长34.5km，总面积1 174km²，其中耕地面积107万亩，占总面积的62%。辖18个乡镇，1个国有农场，500个行政村，总人口62万人。

二、蝗区分布及演变

献县现有蝗区1 800hm²，主要划分为2个蝗区，分布在梅庄洼和张定大洼。蝗虫类型有东亚飞蝗、土蝗（垫尖翅、中华稻蝗、笨蝗）等。

献县蝗区地势低洼，主要有夹荒地、撂荒地、道路、河流沟渠等，属于内涝蝗区，常年降水量560mm，年日照2 800h，无霜期189天，年日平均气温12.2℃。天敌种类主要为鸟类和蛙类。植被杂草有芦苇、稗草、刺儿菜、碱蓬、狗尾草、茅草等，土壤类型为潮土，农作物主要为玉米、小麦。

生态环境的变化直接或间接影响着蝗虫的发生与危害。献县蝗虫蝗区地势低洼，河流较多。近代由于黄河、海河、黑龙港河的河床淤塞，河流多次改道、决口、浸溢，使献县曾一度成为水乡。清代末年，为了防止河水的泛滥，修筑了滹沱河北堤，但因为子牙河道狭窄排泄量小，致使河水反淹。现在的张村、临河、小平王三乡，形成了四十八村河泛区。河泛区每年交替淹没和脱水，形成了适合蝗虫生存、繁衍、栖息场所，而由河泛蝗区变成了内涝蝗区。新中国成立后，党和人民政府加强了治蝗和蝗区治理，大大缩小了蝗区面积，降低了蝗区密度，控制了蝗害。60年代开始了蝗区改造，采取了改治并举的措施，通过根治海河，彻底控制了河水泛滥，改变了河泛蝗区种植制度河生态环境。特别是进入90年代，随着种植业结构调整及水利设施的不断改善，宜蝗区面积不断减少，已由80年代初的

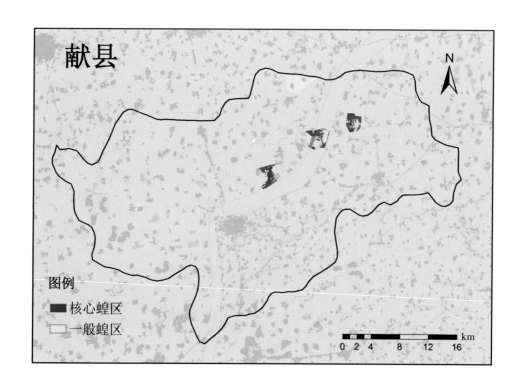

15 000hm² 减少到 5 500hm²，现在蝗虫的分布特点为点、线状分布。受气候和环境因素影响，1995 年梅庄洼及八章西洼发生点片高密度，最高密度 500 头 /m²。2001 年河街镇马庄河麦田发生点片高密度，最高密度 200 头 /m²。

三、蝗虫发生情况

献县常年飞蝗发生面积 5 500hm²，防治面积 1 300hm²。夏蝗始出土 5 月 4 日左右，出土盛期 5 月中旬，3 龄盛期 5 月下旬至 6 月上旬，羽化盛期 6 月中下旬，产卵盛期 7 月上中旬。

四、治理对策

（1）近年来，政府加强水利设施建设及推广土地平整项目，有效减少撂荒地面积，改善了田间道路交通，疏通沟渠管网，增加灌溉和排涝能力，宜蝗面积逐年减少。

（2）重视蝗情调查及预报。在整个蝗虫生活史，抽调专业技术人员对重点蝗情进行定点监控和拉网式调查相结合，及时预报，并指导防治。

（3）注重生物防治。因连年使用高毒农药，致使蝗虫天敌数量锐减，献县现使用高效低毒农药和对天敌基本无害的生物农药。生物农药为灭幼脲和绿僵菌，化学农药为高效氯氟氰菊酯。

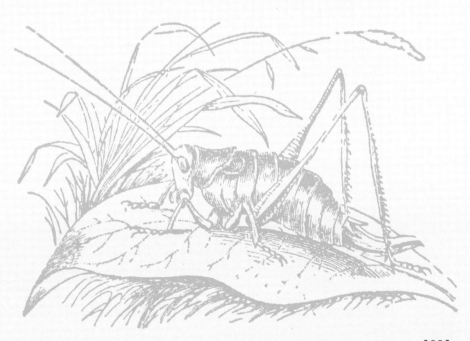

冀州区蝗区概况

一、蝗区概况

冀州区隶属河北省衡水市，地处河北省东南部，衡水市西南，东邻枣强县(衡水)，西偏南与宁晋县(邢台)毗邻，西北与辛集市(石家庄)、深州市接壤，南接南宫市，西南与新河县(邢台)为邻，北隔衡水湖与衡水市区相望。辖区东西最大距离39.589km，南北最大距离37.180km，总面积917.17km²，其中陆地858.8 433km，占93.6%，水域58.3 267km，占6.4%。冀州区辖6个镇、4个乡:冀州镇、官道李镇、南午村镇、周村镇、码头李镇、西王镇、门庄乡、徐家庄乡、北漳淮乡、小寨乡。总人口37万人，耕地面积73万hm²。

二、蝗区分布及演变

现有蝗区4.5亩，主要分布在衡水湖周围，蝗虫类型有东亚飞蝗、土蝗等。

东亚飞蝗喜欢栖息在地势低洼、易涝易旱或水位不稳定的海滩、湖滩及耕作粗放的夹荒地上，生长低矮芦苇、茅草、盐蒿、莎草等东亚飞蝗嗜食的植物。遇有干旱年份，这种荒地随天气干旱水面缩小而增大时，利于蝗虫生育，宜蝗面积增加，容易酿成蝗灾，因此每遇大旱年份，要注意防治蝗虫。天敌有寄生蜂、寄生蝇、鸟类、蛙类等。喜食玉米等禾本科作物及杂草，饥饿时也取食大豆等阔叶作物。地形低洼、沿海盐碱荒地、泛区、内涝区都易成为飞蝗的繁殖基地。

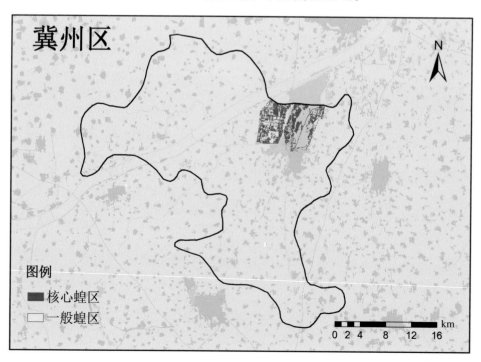

由于衡水湖水位的涨落，近10年来，宜蝗面积时增时减，但常年发生面积在2.5万亩左右，并且不时有高密度东亚飞蝗蝗蝻出现。在2016年出现了高密度蝗片，最高密度40头/m²，周围频临农田，蝗虫预警责任重大。

三、蝗虫发生情况

冀州区蝗虫常年发生面积在3万亩左右，防治面积2万亩左右，核心蝗区受衡水湖蓄水的影响发生面积时大时小，植被丰富多样，芦苇、白茅、狗尾草等多种多样，地形高低不平，非常复杂，适宜蝗虫滋生，而且不利于蝗虫防治。

夏蝗出土始期在5月1—10日，盛期在5月15—20日，羽化盛期在7月1日左右，产卵盛期在7月15日左右。

四、治理对策

（1）贯彻"改治并举"的政策，结合本区蝗虫实际发生情况，利用甲维盐和高效氯氰菊酯对蝗虫进行化学防治，同时加强生态控制。

（2）重视蝗虫调查及预测预报情况，指派专门工人定时定期查看蝗虫发生情况及时上报，对蝗虫发生进行预测预报。

衡水市桃城区蝗区概况

一、蝗区概况

桃城区位于河北省东南部，地处东经 115°25′17″ ~ 115°51′12″、北纬 37°36′10″ ~ 37°49′55″ 之间。北部、西部与深州市交界，南部与冀州区毗邻，东南部与枣强县相连，东部与武邑县接壤。全区东西宽 35km，南北长 25km，面积为 591km²。城区辖 4 乡 2 镇 3 个办事处 1 个开发区，354 个行政村，26 个居委会，桃城区常住人口 44.71 万人。全区生产总值 130 亿元。

二、蝗区分布及演变

全区现有蝗区 1 600hm²，主要分布在衡水湖湿地周边、盐河故道、河流、堤坝，蝗虫类型有：东亚飞蝗、土蝗、菜蝗等。

桃城区为河北冲积平原的一部分，是古黄河、古漳河、古滹沱河、滏阳河冲积洪积区，北、西部属滏阳河流域，东南部属黑龙洪流域。现滏阳河、滏阳新河、滏东排河、索泸河流经本区。属大陆季风气候区，为温暖半干旱型。气候特点是四季分明，冷暖干湿差异较大。夏季受太平洋副高边缘的偏南气流影响，潮湿闷热，降水集中，冬季受西北季风影响，气候干冷，雨雪稀少，春季干旱少雨多风增温快，秋季多秋高气爽天气，有时有连阴雨天气发生。衡水湖处于沿京九铁路西 5km，具有丰富的水资源，衡水湖总面积 75km²，蓄水量 1.88 亿 m³，具有充足的土地资源和劳动力资源。

桃城区年平均年日照时数为 2 642.8h。年蒸发量在 1 295.7 ~ 2 621.4mm。年平均降水量为 496.4mm。全年偏南风为主，平均风速为 3.0m/s。年平均气温为 12.7℃。年平均地温为 15.1℃，年际变动一般在 13.7 ~ 16.7℃之间。年平均降雪日数为 8.1 天。天敌有蛙类、鸟类属于国家一级重点保护的鸟类有 7 种，它们是黑鹳、东方白鹳、丹顶鹤、白鹤、金雕、白肩雕、大鸨；属于国家二级重点保护的鸟类有 46 种，农作物以小麦、玉米、棉花为主，油料以花生、油葵、芝麻为主，衡水湖国家级自然

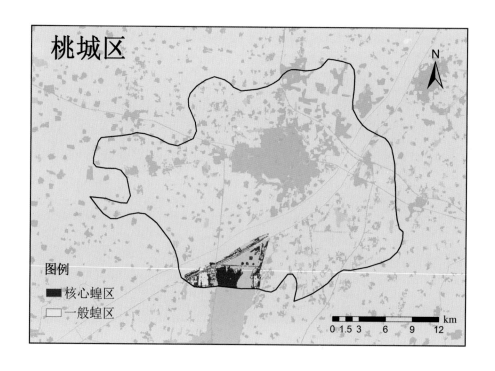

保护区地带性植被属于暖温带落叶阔叶林。群落结构一般比较简单，由乔木层、灌木层、草本层组成，很少见藤本植物和附生植物，林下灌木、草本植物，低洼地带芦苇、杂草组成。浅平洼地最深点低于一般地面3m左右（原千顷洼现在的衡水湖），有的仅低于地面1m左右。衡水湖、盐河故道芦苇、杂草混生，盐碱低洼，周边农作物以小麦、玉米为主，历史上是蝗虫高发区。

近30年来，1988年盐河故道、1991年衡水湖、1994年衡水湖发生暴发性东亚飞蝗，最高密度800头/m²。

三、蝗虫发生情况

常年发生面积1 600hm²，以土蝗为主，核心区域1 266.67hm²，分布在衡水湖、盐河故道芦苇、杂草混生，盐碱低洼；一般区域333.33hm²分布在滏阳河、滏阳新河、滏东排河河道、堤坝杂草、芦苇混生，是蝗虫的易发区。夏蝗出土始期在5月28日左右，出土盛期6月5日左右，3龄盛期6月12日左右，羽化盛期6月22日左右，产卵盛期9月30日左右。

四、治理对策

（1）贯彻"改治并举"方针，结合本区实际，加强领导，广泛宣传发动群众，做到飞蝗不起飞，土蝗不危害农田。

（2）重视蝗情调查及预测预报，在对蝗区普查的基础上，中心蝗区实行分片到人，及时做好调查及预测预报，发现蝗情及时防治。

（3）与农田病虫害兼防兼治，对蝗区农田及路边杂草及时除治，减少滋生环境。

（4）加强生态控制，对鸟类及湿地生物多样性进行保护。

（5）注重生物控制，加强对天敌保护，进行生物控制。

（6）防治常用药剂有高效氯氰菊酯、苦参碱。

宽城满族自治县蝗区概况

一、蝗区概况

宽城满族自治县属承德市。位于河北省东北部，东临辽宁省朝阳市，南与唐山市迁西县和秦皇岛市青龙县相邻，西与兴隆县接壤，北与承德县和平泉县相交，面积1 952km²，南北长53km，东西宽84km。县辖10镇8乡和1个街道办事处，共205个行政村，总人口26.199万人，其中农业人口18.8 963万人，耕地面积1.28万hm²，人均生产总值7.94万元。

二、蝗区分布与演变

现有蝗区333.3hm²，划分为1个蝗区，即潘家口水库蝗区，主要分布在潘家口水库周边的桲罗台镇、独石沟乡、孟子岭乡和塌山乡。蝗虫主要类型有东亚飞蝗、黄胫小车蝗、短额负蝗、中华稻蝗、云斑车蝗、短星翅蝗、棉蝗等。

本蝗区是由于潘家口水库脱水形成的蝗区。潘家口水库是蓄滦河及其支流瀑河等而成的水库，位于河北省东北部的唐山、承德两个市的交界处，跨越承德市的宽城满族自治县、兴隆县、唐山市的迁西县等三个县，1975年开工，1979年12月开始蓄水，是引滦入津的主体工程。水库最深处80m，最高水位224.7m（加上2m的风浪为226.7m），出现在1986年；最低水位175m左右，出现在2000—2002

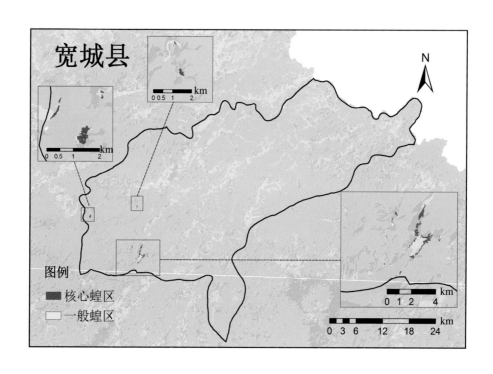

年，死水位为180m。水库总库容29.3亿m³，库区水面面积10.5万亩，其中承德市宽城满族自治县境内约占70%，承德市兴隆县和唐山市迁西县分别占10%和20%左右。

潘家口水库蝗区属暖温带、燕山山地半干旱、半湿润大陆性季风气候，年均降水量630mm左右，年平均气温9.8℃左右，无霜期160天左右，≥10℃有效积温3 650℃左右。蝗区主要天敌有蜘蛛（狼蛛科等）、蚂蚁、螳螂、虎甲（中华虎甲、多型虎甲红翅亚种等）、芫菁（豆芫菁和白条芫菁）、蚁蛉以及鸟类、青蛙、蟾蜍等，以蜘蛛类和蚂蚁类数量最多。蝗区土壤类型以褐土为主，土壤质地以沙壤土为主，内有人工植被和天然野生植被两种，植被总覆盖率75%左右。蝗区内主要人工植被是玉米，其次是大豆、谷子、高粱、花生、甘薯、马铃薯、向日葵等。主要天然野生植被包括稗草、牛毛毡、马唐、牛筋草、狗尾草、莎草、苘麻、苍耳、黄花蒿、毛茛、朝天委陵菜、风花菜、小藜、酸模叶蓼、两栖蓼、酸模、青蒿、大粒蒿、车前、平车前、马齿苋、鸭跖草等，其次是芦苇、白茅、虎尾草、水莎草、异型莎草、藜、反枝苋、铁苋菜、辣子草、益母草、细叶益母草、荠草、扁蓄、圆叶牵牛、问荆及部分禾本科、菊科、伞形科、蓼科杂草等。

潘家口水库蝗区是20世纪80年代水库蓄水以后开始出现的，自1985年以来，总体蝗情中等发生，在2001年出现了高密度蝗片，夏蝗最高密度3 000头/m²、秋蝗最高密度250头/m²。

三、蝗虫发生情况

潘家口蝗区面积受水库水位影响较大，常年发生面积333hm²左右，均属核心蝗区，最大发生面积达3 000hm²，涉及18个村。核心蝗区位于梓罗台镇的梓罗台村、永存村、白台子村、新甸子村、横城子村、椴木峪村，塌山乡的瀑河口村、清河口村，孟子岭乡的大桑园村等，主要是水库脱水形成的荒滩。

夏蝗出土始期在5月10日左右，出土盛期5月20—30日，3龄盛期6月15—25日，羽化盛期7月5—10日，产卵盛期7月15—20日；秋蝗出土始期在7月15日左右，出土盛期7月20—30日，3龄盛期8月15—25日，羽化盛期9月5—15日，产卵盛期9月25日至10月5日。

四、治理对策

（1）认真贯彻"改治并举、根除蝗害"的治蝗方针。针对当地实际，通过垦荒、种植飞蝗不喜食作物和精耕细作等方式，减少蝗虫滋生环境，降低其暴发频率。

（2）搞好蝗情监测预报。按照《东亚飞蝗测报技术规范》要求，认真做好蝗情调查及预测预报工作，通过卵密度调查、蝗蝻密度调查、蝗蝻发育进度调查、残蝗调查等，准确掌握蝗情，及时发布预报，为科学防治打下基础。

（3）多措并举，使用绿色防控技术。为做到减灾与环保、增效相结合，保护潘家口水库水质和水生生物，飞蝗防治坚持使用绿色防控措施，在中低密度发生区，优先采用生物防治和生态控制等绿色治蝗技术，减少了化学农药的用量；在高密度蝗区，坚持专业化统防统治，坚持使用阿维菌素、高效氯氰菊酯、高效氯氟氰菊酯等毒性小、残效期短的农药，推广使用苦参碱、印楝素、绿僵菌、微孢子虫等生物农药，重点推广GPS导航精准施药技术、科学施药技术、超低容量喷雾技术等。

霸州市蝗区概况

一、蝗区概况

霸州市属廊坊市，位于河北省中东部，冀中平原北部。东邻天津市西青区、武清区，南与文安县、天津市静海区隔河相望，西邻雄县，北与固安县、永清县、安次区接壤。全境东西长57.26km，南北宽26.44km，中部最窄处仅为8.75km，总面积为800.27km²。共辖14个乡镇，1个省级经济技术开发区，372个行政村街和18个社区居委会，总人口63.97万人，耕地面积4.5万hm²，人均生产总值5.67万元。

二、蝗区分布及演变

现有蝗区8 533.3hm²，划分为两个蝗区（核心蝗区和一般蝗区），主要分布在扬芬港、辛章、胜芳、王庄子、煎茶铺、东杨庄、霸州镇、岔河集等8个乡镇，以王庄子为界分为溢流洼和东淀两大部分。由于地理条件、种植结构的不断调整，核心蝗区面积为6 533.3hm²，一般蝗区面积为2 000hm²。蝗虫类型有东亚飞蝗、土蝗（长翅素木蝗、黄胫小车蝗、短额负蝗、大垫尖翅蝗、中华剑角蝗、短星翅蝗、长额负蝗、疣蝗、中华稻蝗、笨蝗）等。

霸州地处冀中、海河平原，地势自西北向东南绥斜，境内有中亭河、大清河、牤牛河、新河等四条时令河流，横贯全境东西的中亭河与大清河之间为溢洪区，西段由市界至王庄子连接渠为溢流洼，东至市界为东淀、溢洪区。霸州属暖温带大陆性季风气候，四季分明，年平均降水量543.6mm。天敌种类主要有蚂蚁、蜘蛛、中国豆芫菁、中华螳螂及蛙类(中华大蟾蜍与黑斑蛙)等；中华马蜂、鸟类(喜鹊)、蛇也有一定数量的发生。杂草主要有芦苇、马唐、狗尾草、苍耳、马齿苋、苘麻等。土壤为冲积母质，土层深厚，大部属潮土类型。农作物主要有玉米、棉花、高粱、大豆、花生、芝麻、向日葵等；果树主要有苹果、梨、枣、葡萄等；林木主要有杨树、柳树、槐树等。

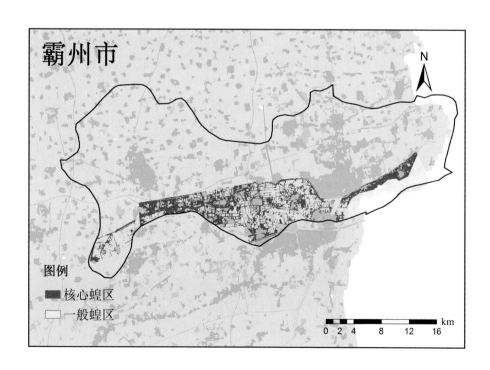

据霸州市志记载：自元世祖二十三年至1928年，先后记载大的蝗害有25次之多。如（元）至正十九年"蝗食禾稼、草木俱尽，所至蔽日碍人，马不能行，填坑堑背盈饥民捕蝗以为食，或暴干积之又罄则人相食"；嘉靖六年，"蝗群飞蔽天其声如雷"；1915年"蝗蝻出，遍地如水流"；1918年"七月间蝗蝻四出谷受伤"等等。

据资料统计：1953年蝗虫发生面积27.8万亩，1954年大水，全市受灾101万亩，仍发生6.4万亩；1955年46.38万亩；1956年28.06万亩；1957年93.28万亩；1958年41.67万亩；1959年14.99万亩。1960—1980年，霸州市又相继发生了两次大的蝗灾，1961年20余万亩，1963年28万亩。1985—1990年，蝗虫数量有所增多，但密度不高，发生面积为3万～5万亩，达到防治指标面积未超过1万亩。1990—1993年，虽然发生面积扩大到10余万亩，但密度也不高，一般0.1～1头/m²，且均为散居型飞蝗。1994年，霸州市蝗虫发生20万亩，特别是秋季扬芬港镇3.5万亩农田暴发群居型飞蝗，密度一般20～200头/m²，最高达1 500头/m²。1995年，蝗虫发生面积扩大到38.3万亩，涉及11个乡镇，特别是夏蝗特大发生，面积22万亩，有18.5万亩达到防治指标，其中5万余亩发生群居型飞蝗，密度一般30～500头/m²，最高达2 000头/m²，部分小麦、玉米、芦苇等被吃成光秆。

三、蝗虫发生情况

常年发生面积14 761.3hm²，防治面积7 455.9hm²。

夏蝗出土始期在5月12日左右，出土盛期5月25日，3龄盛期6月8日，羽化盛期6月24日，产卵盛期7月14日。

四、治理对策

（1）贯彻"改治并举"方针。20世纪60~80年代，蝗区人民一方面继续进行荒地的改造工作，另一方面为彻底改变蝗区面貌，大力开展兴修水利，广修渠道。在政府全力支持下，全市共建扬水站45座，流量每秒136.1m³，效益排水能力119.7万亩，效益灌溉能力35.6万亩，土方工程量530万m³。同时，积极开展植树造林，对蝗区的农田车道及土公路进行绿化，四旁植树共计930万株。随着水、电、农机的发展，化学肥料的增加和优良品种的推广，蝗区的种植制度也得到改革，由原来的一年一熟制逐步过渡到两年三熟，复种倍数大大提高，彻底改变了蝗虫的生存环境。1972年以后又推行了三熟制，土地利用率进一步得以提高，农业产值达1 715.812万元，平均每年节约防蝗费用12万元，经济效益达1 186.582万元。

（2）重视蝗情调查及预测预报。防蝗队伍要在不同时期，积极调查蝗虫出土始期、盛期、3龄若虫高峰期，并做好残蝗密度调查。结合气象资料，准确发出预报，提出发生范围、面积及防治方法，为及时有效控制蝗害奠定坚实的基础。

（3）农作物病虫害兼防兼治。农户在防治农作物其他害虫的同时，也兼治了蝗虫，一定程度上抑制了蝗虫的发生。

（4）加强生态控制。近年来，溢流洼、东淀蝗区广泛掀起了开荒、植棉、控蝗的高潮，棉花是蝗虫不喜食的作物，2003年示范推广面积6万亩，2004年扩展到10万亩。与此同时，随着"植树造林、绿化霸州"生态工程的开展，2002—2003年，利用津保高速公路横穿溢流洼的区位优势，完成了津保高速公路绿化里程45km，植树42万棵；岔河集、辛章等乡镇发展枣粮兼作6 000亩，两者都在一定程度上抑制了蝗虫的发生。

（5）注重生物防治。在使用高效、低毒、低残留化学农药防治蝗虫的同时，还特别注重生物防治。所用药剂有：生物制剂25%灭幼脲3号悬浮剂；化学药剂4.5%高效氯氰菊酯乳油、2.5%高效氯氟氰菊酯乳油等。

大城县蝗区概况

一、蝗区概况

大城县地处廊坊市最南端，东与天津市毗邻；西与任丘市接壤；北与文安县连洼；南隔子牙新河与河间、青县为邻。地理位置为北纬38°28′19.2″~38°52′1.66″，东经116°21′36.9″~116°46′15.4″，东西宽36.71km，南北全长44.65km，面积为903.7km²，折合135.6万亩。其中耕地82万亩，占总土地面积的60.05%；林占地21 031亩，占3.97%；居民占地10万亩，占总土地面积的7.37%；牧草地10万亩，占7.73%；路占地58 100亩，占4.28%；渠道河流及坑塘占地12 696亩，占9.36%；共辖10个乡镇，1个省级工业园区，394个村街，总人口45.6万，其中农业人口41.3万人。

大城地处冀中属黑龙港河流域，地势西南高东北低，地面高程海拔由大高庄一带的9.5m到祖寺以北的2.5m，全县平均比降为1/14 000，是河北平原的低洼部分，属子牙河的下游，是典型的冲积地段。黑龙港河流域下游、子牙河纵贯全境，黑龙港河环绕东、南，历史上黄河、子牙河九次改道，反复冲积与湖积海退双重因素形成冲积平原，地势复杂。子牙河在大城县境长46.7km，河套面积36.5km²。境内有大小洼地94个，其中由县境东北杨家口向西经郝庄、大童子村，至大阜村海拔5m的等高线，等高线以北海拔高度5m以下，属于文安洼的一部分，大城县称为北大洼。里坦、臧屯、大流漂有一由西向东北走向的带状洼地，南部为百家洼、北部为麻洼，两洼相连，面积63km²，较大的还有郝庄洼、关家务洼、祖寺洼、邓家务洼、完城洼、零巨洼等。此外中小洼更是星罗棋布分布在全县，排灌渠道、支渠连接各个洼地与河流。

县土壤为河流冲积母质，土层深厚，大部属潮土类型。多年客土平均入境量为3 824.6万m³，县内地下水分为浅层淡水区（每年统计开采量500万~1 000万m³）、浅中层咸水区、深层淡水区、超深层淡水区。

大城县属暖温带大陆性季风气候，四季分明，春季光照充足，升温较快，干燥少雨；夏季日照量大，气温较高，温润多雨；秋季气温下降天气晴朗，日差较大；冬季干燥寒冷，降水量小。年平均降水量597.9mm，主要集中在6—8月，占75.92%；年平均气温11.8℃，7月最热，平均气温26.2℃；1月份最冷，平均气温−5.2℃，全年无霜期188天，全年日照2 771.8h，平均日照为62.5%。大城县盛产小麦、玉米、大豆、棉花、西瓜和蔬菜等。在蝗区以棉花、西瓜、苜蓿为主。自然植被以禾本科、菊科、藜科旋花科、蓼科、车前科等杂草为主。

二、蝗区分布及演变

大城县自然灾害较多，影响农业生产的主要灾害有：洪涝、干旱、大风、暴雨、冰雹等。河流与沟渠以及洼地组成的北大洼本身就是蓄洪区，旱涝频繁，加上地广人稀，耕作粗放，所形成的自然环境适宜蝗虫的发生，所以在历史上是一个蝗虫的多发区，为典型的内涝蝗区。加上由于河流、沟渠大量脱水，人为活动较少，形成适宜蝗虫繁衍生息的环境。

20世纪90年代中期，由于天气内涝、干旱等原因，大量土地撂荒，致使蝗虫泛滥成灾，进一步影响了农民种地的积极性。1995年，大城县蝗虫大发生，发生面积21万亩，主要分布在北大洼、百家洼，最高密度达100头以上。之后每年发生面积在10万亩以上。近年来由于生态控制、生物防治以及专业化统防统治水平的提高，蝗虫发生面积减少至3万亩左右，发生程度也有所下降。

根据大城县蝗区属于内涝蝗区，全县分为三个大的蝗区：

一号蝗区：县境东北杨家口向西经郝庄、大童子村，至大阜村海拔5m的等高线，等高线以北海拔高度5m以下的北大洼。占地面积约21万亩，为稳定发生区。

二号蝗区：里坦、臧屯、大流漂有一由西向东北走向的带状洼地，南部为百家洼、北部为麻洼，两洼相连，占地面积9.5万亩，为稳定发生区。

三号蝗区：完城洼，面积1万亩为监视区。

另外还有一些零星蝗区面积较小。

大城县飞蝗与土蝗混合发生，飞蝗以散居型为主，偶发群居型飞蝗。土蝗种类主要有：长翅素木蝗占60.5%、黄胫小车蝗占19.7%、短额负蝗占6.2%、冬螡占4.2%、大垫尖翅蝗占3.5%、短星翅蝗占2.6%、中华蚱蜢1.3%；长额负蝗、疣蝗、中华稻蝗、笨蝗、菱蝗等也有一定数量分布。

长翅素木蝗：喜栖居于地势低洼和植被较密的禾本科高草地带，每年发生1代，以卵在地下越冬。越冬卵5月中下旬孵化，有时孵化盛期在6月中旬。7月中旬开始羽化，7月下旬交尾，8月上旬产卵。主要危害禾本科作物，如玉米、高粱、谷子等，也危害豆类、薯类和十字花科蔬菜。

黄胫小车蝗：每年发生2代，以卵越冬，5月下旬到6月上中旬孵化，6月下旬至7月下旬羽化，7月中旬成虫交尾产卵；第二代蝗蝻8月上中旬孵化，9月中下旬羽化，10月上旬产卵。为杂食性害虫，主要喜食禾本科作物。

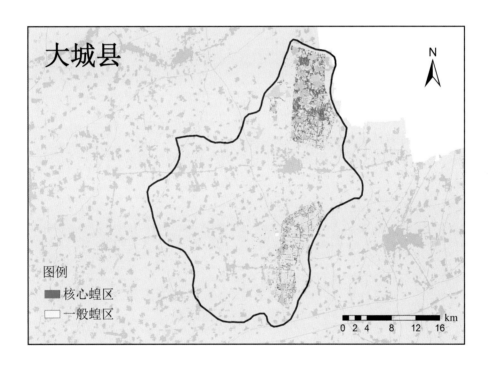

三、蝗虫发生情况

大城县东亚飞蝗每年发生面积17 333hm²（26万亩次）左右，达防治指标面积6 666hm²（10万亩次）左右。土蝗每年发生面积20 000hm²（30万亩次），达防治指标面积13 333hm²（20万亩次）。

核心蝗区情况，主要分布在北大洼、百家洼的核心地带，因地势低洼、特殊环境较多，每年都有不同程度发生；一般蝗区情况，主要在北大洼、百家洼的核心的周边扩散区和一些零散蝗区，为偶发区。

夏蝗出土始期在5月上中旬左右，出土盛期5月下旬至6月上旬左右，3龄盛期6月中下旬左右，羽化盛期6月下旬左右，产卵盛期7月上中旬左右。

四、治理对策

(1) 加强领导,健全组织,提高认识。东亚飞蝗是社会性害虫,具有迁飞性、暴发性、毁灭性的特点。东亚飞蝗一但暴发需要政府快速启动应急预案,协调人员、物资、交通、气象、水利等各方面力量投入应急防治。同事动员广大人民群众积极参与。积极向蝗区群众宣传蝗虫防治及蝗区改造的重大意义,提高他们对蝗区改造的认识以及应急防治的积极性。

(2) 积极加强测报工作。正确防蝗的根本在于搞好监测预报,只有准确掌握蝗虫出土始期、盛期、3龄若虫高峰期等发生时期才能做到准时防治;只有做好残蝗密度调查,才能准确掌握蝗虫发生的地点、面积、程度,做到提早准备人员和物资,做到有效防治。在充分调查的基础上,结合气象资料,准确发出预报,提出发生范围、面积及防治方法,为及时有效控制蝗害奠定坚实的基础。

(3) 搞好应急防治。在准确测报的基础上,积极搞好应急防治工作,确保不起飞、不成灾。在组织形式上,积极引导专业化防治队的组建,统一指挥,关键时刻优先保障重大病虫的防治工作。平时专防队用喷雾器开展一般病虫的防治。

(4) 加强生态控制。种植苜蓿草、棉花是蝗区生态控制的有效途径,通过政府合理引导,加大技术和资金支持力度,使因蝗虫危害造成的大批撂荒土地得以复耕,而且减少防蝗费用,同时产生巨大的社会和经济效益。在土蝗常年重发区,可通过垦荒种植、减少撂荒地面积,春秋深耕细耙(耕深10~20cm)等措施破坏土蝗产卵适生环境,压低虫源基数,减轻发生程度。

(5) 加强生物防治。选用农药上采用灭幼脲、阿维菌素等生物农药,既提高了防效,又保护了环境,促进了农药零增长,实现了减量控害。

(6) 防治药剂。生物制剂:1.1%甲氨基阿维菌素苯甲酸盐、灭幼脲等。化学药剂:主要在高密度发生区(飞蝗密度0.5头/m²以上,土蝗密度在5头/m²以上)采取化学应急防治。可选用马拉硫磷或高氯·马等农药。在集中连片区域,采用飞机或植保无人机、组织植保专业化防治组织使用大型施药器械开展防治。相对分散区域重点推广烟雾机防治,应选在清晨或傍晚进行。

文安县蝗区概况

一、概况

文安县属廊坊市，位于河北省中部，地处冀中平原，京津保三角腹地，属大清河流域下游，东靠天津静海县，西与任丘市接壤，南临大城县，北与雄县霸州隔大清相望。地理位置为东经116°12′～116°45′，北纬38°43′～39°3′。全县东西延伸44.25km，南北相距31.25km，面积1 037.95km²，折合155.7万亩，耕地面积58万hm²，占总面积的55.9%。辖13个乡镇，7个管区5个农场，383个村，总人口50万，其中农业人口41.2万，占总人口的91.5%，人均耕地1.9亩。

二、蝗区分布及演变

现有宜蝗面积15万亩，分3个蝗区。蝗虫类型主要有东亚飞蝗、土蝗等。

蝗区型及分布：1号蝗区位于滩里镇，在滩里镇东北方，占地1 180hm²，为稳定发生区。2号蝗区在刘么全区防洪圈内，占地1 306.7, hm²为稳定发生区。3号蝗区位于德归乡，东起廊大线西到黄埔乡，北起京津线南到马六郎，占地6 820hm²。境内河流4条：大清河、赵王新河、赵王新渠、赵王河。中部的小白河，还有南部的任文干渠。全县土质分为5种类型：沙土、沙壤、轻壤、中壤、黏土。地势较高地区多为沙壤土、轻壤土，东部低洼地区多为中壤、黏土、小块盐碱土地分布全县。

文安县属于暖温带大陆性季风气候，四季分明，年平均降水量556.3mm，年平均气温12.4℃，7月份最热，平均气温26.2℃；1月份最冷，平均气温－5.6℃，年日照时数2 765.3h，主要作物为小麦、玉米、瓜果、杂粮。

蝗虫种类：文安县飞蝗与土蝗混合发生，飞蝗为东亚飞蝗，以散居型为主。大发生年份为群居。土蝗种类15种主要有：二色夏蝗、长翅素木蝗、大垫尖翅蝗、黄胫小车蝗和短翅蝗，其次还有较纹痂蝗、大赤翅蝗、中华剑角蝗、短额负蝗、长额负蝗、花胫绿纹蝗、笨蝗和狭翅邹蝗。

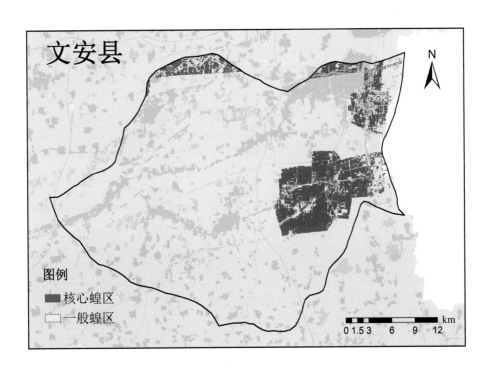

蝗虫发生相关因子分析：①植被因子：农作物主要有小麦、玉米、棉花、高粱；果树主要有苹果、梨、枣、葡萄等；林木主要有杨树、柳树等；野生植物主要有芦苇、马唐、狗尾草、苍耳、马齿苋、苘麻等。②天敌因子：蝗虫天敌种类主要有蚂蚁(*Monomorium glyciphilum* Smith)占(87.75%)、蜘蛛(迷宫漏斗蛛)[*Ageiena labyrinthica*(Cierck)]占(5.45%)、中国豆芫菁(*Epicauta chinensis* Lap)占(3.99%)、中华螳螂(*Paratenodera sinensis* Saussutre)占(1.63%)及蛙类(中华大蟾蜍*Bufo bufu gargarizans* Cantor与黑斑蛙*Rana nigromaculata* Hallowell)等；中华马蜂(*Polistes chinensis* Fabricius)、鸟类(喜鹊*Pica pica sericea* Gould)、蛇也有一定数量。

三、蝗虫发生情况

近几年常年发生6 666hm²防治3 400hm²左右。最高密度在3头/m²以下，出土始期5月12日，出土盛期5月下旬，3龄高峰6月上旬，羽化高峰6月中旬，产卵盛期6月下。

从近20年蝗虫的发生情况我们可以看出：大发生年份为

1998年最高密度每平方米均达100头以上，其他年份最高密度每平方米均在3头以下，发生程度较轻。

从发生面积看，2005年以前在6 666hm²以上，2005年以后蝗虫发生面积又有缩小的趋势。这与当地农民种植业有关，多数农民弃农经商、务工，撂荒地增多，2000、2001、2002年达到高峰，宜蝗区达16 000hm²。2002年以后随着抗虫棉的推广，棉价的提高，引导农民种植蝗虫不喜食的棉花，县政府也制定了一系列优惠政策，引导农民开垦荒地种植棉花，开展生态治蝗。

四、治理措施

（1）加强领导，提高认识。东亚飞蝗是一种社会性害虫，具有迁飞性、暴发性、毁灭性的特点。东亚飞蝗的防治需要各级领导的大力支持及人民群众的积极参与。因此，要加大宣传力度，提高他们对蝗区改造的认识以及治蝗防蝗的积极性。

（2）积极加强测报工作。防蝗队伍要在不同时期积极调查蝗虫出土始期、盛期、3龄若虫高峰期，并做好残蝗密度调查。结合气象资料，准确发出预报，提出发生范围、面积及防治方法，为及时有效控制蝗害奠定坚实的基础。

（3）继续改造蝗区生态环境。一方面加强水利设施建设，做到旱能浇、涝能排，田间不积水。另一方面广泛发动群众灭除沟旁杂草，破坏蝗虫滋生环境，积极提高人们的生态意识，充分保护和利用好天敌。

（4）开展生态治蝗，种植苜蓿和棉花，随着基因抗虫棉的推广，使棉花种植管理也方便了许多，加上棉价上涨，农民对棉花种植的积极性越来越高，引导农民开荒种植蝗虫不喜食的棉花和苜蓿。从而铲除了蝗虫的滋生环境，有效控制飞蝗的发生，几年来文安县改造苇荒地、夹荒地、撂荒地10万hm²。

（5）开展化学防治。所用药剂主要有高效低毒药剂：甲维盐、高效氯氰菊酯乳油、高效氯氟氰菊酯乳油等。生物制剂：灭幼脲等。

香河县蝗区概况

一、蝗区概况

香河县隶属河北省廊坊市，地理坐标为北纬39°37′～39°51′，东经116°51′～117°12′。共分为3个蝗区，分别为通唐线以北渠口镇温庄、东梨园蝗区（监视区）、潮白河北堤蝗区（监视区）和庆功台大洼蝗区（监视区）。这3个蝗区主要分布在渠口镇、安头屯镇和刘宋3个乡镇，总面积达10 666.6hm²。2003年在渠口镇麦田及沟渠曾发生高密度群集性东亚飞蝗，最高密度每平方米上百头，路旁麦田已有蝗虫为害，当时组织各乡镇及时防治，迅速控制了蝗虫的蔓延。近年各级政府高度重视，加强蝗区监测与防治，蝗虫偏轻发生，最高密度2头/m²，宜蝗面积7 333.3hm²，常年发生面积5 333.3hm²，防治面积533.3hm²。夏蝗出土始期在5月9日左右，出土高峰期在5月下旬，3龄蝗蝻高峰期在6月中旬，秋蝗出土始期在7月11日左右，3龄蝗蝻高峰期在8月上旬。

香河县属于大陆性季风气候，处于暖温带半湿润气候区，四季分明，雨热同季，温差较大，全年日照时总数2 651.5h，年平均气温为11.9℃，全年大于0℃积温平均为4 571.0℃，年平均降水量555.1mm，无霜期平均206天。2016年降水量为627.3mm，比常年偏多6.9%。属于降水正常年份。各月平均降水量与同期多年平均值比较，3月、5月、7月和10月降水明显偏多，1月、9月和12月接近常年，其他月份均比常年偏少，特别是4月、8月降水明显少于多年平均值。2016年平均气温为11.9℃，较常年（11.6℃）偏高0.3℃，从旬平均气温的变化可以看到，全年没有出现气温较常年明显偏低的时段，大部分时间气温均接近常年或偏高。年极端最高气温为37℃，出现在7月11日；年极端最低气温为－12℃，出现在1月21日。

二、蝗虫种类

香河县飞蝗以散居型为主，种类主要是东亚飞蝗；土蝗种类主要有稻蝗、短额负蝗、短星翅蝗、笨蝗等种群，其中稻蝗主要分布在潮白河堤、商汪甸洼；短额负蝗分布在蝗区农田；笨蝗、短星翅蝗主要分布在堤坡、田边地头。

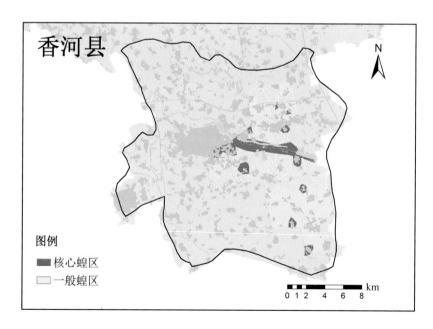

三、植被条件

农作物主要以小麦、玉米为主，果树主要有苹果、梨、葡萄等，林木主要有杨树、柳树、槐树等，蝗区内野生植物主要以马唐、千斤子、狗尾草、芦苇、毛茛草、三棱草、铁苋菜为主。

四、天敌

蝗虫的天敌主要有蛙和鸟两大类，尤其是蛙类，与蝗虫生活在同一类型的生态环境中——凡长有芦苇、杂草的低洼地、坑塘、沟渠等处，都是其良好的生存场所，蛙类是制约蝗虫生息繁衍的先头部队。吃蝗虫的鸟类在育雏阶段，更需要捕食大量的蝗虫。以普通燕子为例，一对亲鸟和一窝雏鸟每月吃蝗虫可达16 200多只。吃蝗虫的鸟类有喜鹊、啄木鸟、青蛙、燕鸻、白翅浮鸥、田鹨等，尤以燕鸻最为突出。

五、蝗区治理措施

（1）加强领导，提高认识。积极向领导及群众宣传蝗虫的危害及防治措施，提高人们对蝗虫的认识。

（2）加强测报工作。对蝗虫出土始期、盛期、3龄若虫高峰期，做好及时调查，发现问题及时上报，植保站根据具体情况做出准确预报及时防治。

（3）注重生态控制，改善环境条件。防治农作物病虫害使用高效低毒低残留农药或使用生物制剂，减少环境污染，保护了蝗虫天敌，控制蝗虫的发生。

（4）加强蝗区生态环境改造建设，减少蝗虫的适生条件，提高群众对蝗区改造的认识。

灵寿县蝗区概况

一、蝗区概况

灵寿县属石家庄市，位于河北省中西部，西依太行山，东临大平原。总面积1 069km²，共辖6镇9乡、279个行政村，人口大约33万，耕地面积3.07万hm²。地形轮廓呈条状，东西宽约15km，南北长约130km，地势自西北向东南倾斜，依次形成山区、丘陵、平原、湿地等梯级地貌特征。

二、蝗区分布及演变

灵寿县现有蝗区面积333.3hm²，包括3个蝗区，主要分布在黄壁庄水库周边西王角村西、横山岭水库周边七阻院村东、燕川水库周边。蝗虫类型有东亚飞蝗、中华蚱蜢、大垫尖翅蝗、短额负蝗、黄胫小车蝗等。

灵寿县属北温带大陆性季风气候，干湿交替明显，常年降水量600mm左右。春季干旱多风，夏季炎热多雨，秋季晴朗，冬季寒冷干燥多风。境内河流湖泊较多，河流主要有磁河和滹沱河，磁河斜穿灵寿境内83km，滹沱河在本县南端过境14km。境内有大型水库横山岭水库一座，中型水库燕川水库一座，小型水库28座，另黄壁庄水库北岸紧邻牛城乡。每年因旱涝交替，极易出现大面积撂荒地和耕作粗放的农田以及水库脱水草滩等，适宜蝗虫滋生。蝗虫天敌种类主要有青蛙、蚂蚁、鸟类等。蚂蚁以捕食刚出土的蝗蝻为主，鸟类有喜鹊、野鸡、野鸭以及多种水鸟。蝗区内的植被主要有芦苇、狗尾草、马唐、莎草、苍耳等，农作物主要以玉米、花生、豆类等。

据历史记载，灵寿县曾多次发生严重蝗灾，20世纪以来有记载的严重蝗灾共5次，分别发生在1914年、1924年、1945年、1949年和1950年，发生蝗灾的地方草木庄稼被一扫而光。新中国成立后，在中国共产党的正确领导下，兴修水利，开垦荒田，蝗灾逐年得到治理。由于近几年部分河滩、库区滩涂荒地被开垦耕种，加上气候不适宜及人们耕作习惯及制度的改变，蝗虫常年发生较轻。

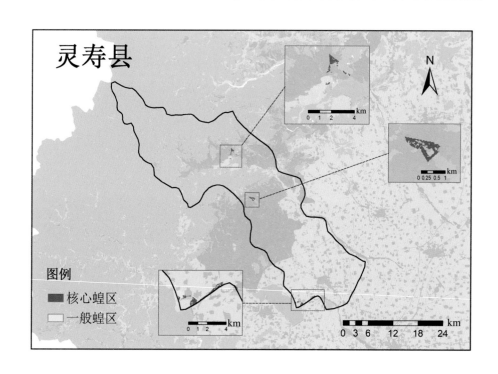

三、蝗虫发生情况

灵寿县东亚飞蝗常年发生面积400hm²左右，达标面积150hm²左右，达标面积防治率100%。一般蝗区发生密度一般在0.3头/m²以下，零星发生或不发生，核心蝗区发生密度一般0.3～1头/m²，局部1头以上，最高2头。

据近几年调查，夏蝗蝗蝻始见期4月底5月初，2015年背风向阳处4月13日即见，蝗蝻出土高峰期5月15日前后，3龄盛期6月5日前后，羽化始期6月13日前后，羽化盛期6月25日前后。

四、治理对策

（1）重视蝗虫调查及预测预报。近年灵寿县东亚飞蝗没有严重发生，提高对蝗虫防治工作的认识，克服麻痹松懈思想很重要。在严格按照《东亚飞蝗测报技术规范》《土蝗测报调查方法》进行系统调查的基础上，加强对基层技术人员、临时查蝗员和专业防蝗队员进行技术培训，确保监测准确到位。在蝗虫发生关键期做好实地踏查、大面积普查，准确掌握不同区域、不同生态环境蝗虫密度、发育进度等情况，尤其是高密度发生区域和需要防治区域的发生情况。及时科学预警，不误报，为大面积防治提供科学依据。踏查蝗蝻发生情况时，提倡带药侦查堵窝防治。

（2）农作物病虫害兼防兼治。由于近些年以干旱为主，宜蝗区大面积开垦种植，结合农作物常规病虫害防治，蝗虫得到兼防兼治，是蝗虫轻发生的一大主要原因。

（3）加强生态控制。推广生物多样性控制技术，改造蝗虫滋生地，压缩发生面积；结合水位调节，造塘养鱼、养鸭，改造植被条件，抑制蝗虫发生；搞好垦荒种植和精耕细作，减少蝗虫滋生环境，降低其暴发频率。在土蝗常年发区，通过垦荒种植、减少撂荒地面积，春秋深耕细耙（耕深10～20cm）等措施破坏土蝗产卵适生环境，压低虫源基数，减轻发生程度。

（4）注重生物防治。在中低密度发生区、湖库及水源区、自然保护区，采用生物农药有效防治蝗虫的同时保护蝗虫的天敌——青蛙、蚂蚁、鸟类等，保护并利用好蝗虫天敌，对于控制蝗虫有重要作用。生物农药有绿僵菌、蝗虫微孢子虫等微生物农药和苦参碱、苦皮藤素等植物源农药防治，在使用蝗虫微孢子虫防治时，可单独使用或与昆虫蜕皮抑制剂混合进行防治。

（5）化学防治技术。主要在高密度发生区采取化学防治。用高效氯氟氰菊酯等高效低毒农药。在集中连片的区域，组织植保专业化防治组织使用大型施药器械开展防治。

平山县蝗区概况

一、概况

平山县属石家庄市，位于河北省中西部，东与鹿泉区，南与井陉县、北与灵寿县、西与山西省接壤。总面积2 648km²，耕地30 152hm²，县辖23个乡（镇），717个行政村，人口45万，年人均纯收入4 549元。境内地势西北高东部低，可分为深山区、浅山区、丘陵平原区。县内滹沱河、冶河两大河流横贯全境，并建有岗南、黄壁庄两大水库，俗有八山一水一分田之称。

二、蝗区分布及演变

平山县在历史上就多次发生蝗灾，均为河泛蝗区。自1958年在滹沱河上修建了岗南水库和黄壁庄水库后，使昔日洪水泛滥的荒滩地变成了良田，大大压缩了蝗虫的适生面积，至此也形成了一种适宜蝗虫生存的新环境即—水库蝗区。

水库建成后开始蓄水，库内一些荒地农田被水淹没，由于受强降雨的作用，河水暴发，一些泥土随水流入库内沉积下来。降水量大的年份，水库蓄水多，水位就高，水面积就大；干旱年份，降水量少，水库水位下降，裸露面积就大。由于水库水位不稳定和季节性排水，在水库周边形成淹—脱水的交潜区域，这部分区域大多是一年一季的农田和草滩地。土壤湿润、植被丰富、耕作粗放，形成了飞蝗繁衍生息的适生环境。库区周边零星蝗虫向库滩地迁入，形成了飞蝗新的发生区。

平山县可分为三大蝗区，即岗南蝗区、黄壁庄蝗区、大吾蝗区。共有宜蝗面积9 000hm²。岗南蝗区宜蝗面积3 560hm²，是蝗虫常发生区。该蝗区地处浅山区，海拔高度在170～245m，土壤多为轻壤质石灰性褐土；黄壁庄蝗区宜蝗面积3 093hm²，为一般蝗虫发生区，地处平原地带，海拔高度在105～130m，土壤多为轻壤质褐土；大吾蝗区宜蝗面积2 347hm²，为偶发生区，地处岗南蝗区与黄壁庄蝗区之间，海拔高度在122～150m，土质多轻壤质褐土和沙壤土。目前蝗区内已确定蝗虫5个亚科，17个属，21种，其中东亚飞蝗、华北雏蝗、中华稻蝗、短额负蝗、中华剑角蝗、花胫绿纹蝗、黄胫小车蝗等为优势种。

平山县属北温带大陆季风性气候，四季比较分明。春季干旱少雨，夏季炎热多雨，秋季晴朗，气温适中，冬季寒冷，干燥多风。年平均气温在13℃以上，年平均降水量为551.2mm，降水主要集中在7—9月，占全年总降水量的65%～75%，易发生旱涝灾害。

现已查明全县植被种类有167种，其中蝗区内植被种类有80余种，主要有：人工栽培植物如小麦、玉米、花生、大豆、油葵、高粱、油菜、薯类等；天然野生植物如稗草、马唐、碎米莎草、酸模叶蓼、鬼针、苘麻、狗尾草、苍耳、小飞蓬、反枝苋、异型莎草、节节草、曼陀罗、蒿子、柳树等。人工栽培植物覆盖率占总宜蝗面积的60%左右，天然野生植物覆盖率占总宜蝗面积的30%左右。夏蝗发生时植被少、秸秆矮、覆盖率达45%左右；秋蝗发生时，植被种类多，密度大，秸秆高，覆盖率达95%以上。

蝗区内蝗虫的主要天敌有麻雀、鹌鹑、喜鹊、中华大蟾蜍、青蛙、蚂蚁、星豹蛛、中华螳螂等。麻雀、青蛙、蚂蚁、星豹蛛为主要优势种。

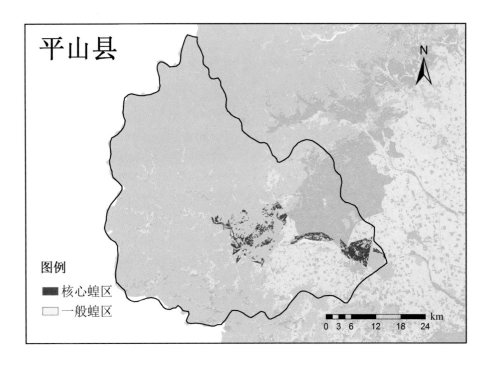

三、蝗虫发生情况

东亚飞蝗在平山县一年发生两代，即一代夏蝗，二代秋蝗。一般年份常发生面积3 467hm²左右，其中夏蝗2 134hm²左右，秋蝗1 333hm²左右。一般年份防治面积2 133hm²左右，其中夏蝗1 333hm²左右，秋蝗800hm²左右。

平山县蝗虫发生较重的年份有：1981年、1985年、1988年、1993年、1995年、1998年、2002年，当时蝗蝻密度达1 000头/m²以上，最高达5 000头（1988年）。自从2004年利用绿僵菌进行生物防治后，再加上近几年来岗南库区存水量大，水位较高，宜蝗面积相对减少，导致近年来蝗虫发生较轻。

夏蝗一般出土始期在4月底5月初，出土盛期在5月中下旬，出土末期在5月下旬或6月上旬；3龄始期在5月上中旬，盛期在5月下旬或6月上旬，羽化始期6月上中旬，羽化盛期6月中下旬，羽化末期在7月上旬；交尾始期6月中下旬，交尾盛期7月中旬；产卵始期6月下旬或7月上旬。秋蝗：出土始期7月上旬。出土盛期7月下旬；3龄始期在7月中下旬，盛期在8月上中旬；羽化始期在8月上中旬，羽化盛期8月下旬或9月上旬；交尾始期8月中下旬，交尾盛期9月中旬；产卵始期8月下旬或9月上旬，产卵盛期9月下旬或10月上旬，由于蝗卵受各种因素影响，蝗卵孵化出土早晚不同导致蝗蝻龄期不整。

四、治理对策

根据平山县蝗区的生态特征和发生特点，在治蝗工作上既把住重点，不使蝗虫起飞危害，又使生态环境不受污染。根据蝗区的具体情况，平山县蝗区分为三类治理。

（1）岗南蝗区为东亚飞蝗常发区，该蝗区三面环山，一面连水，历年蝗虫基数大，常年发生。因此在防治上一是采取生态治理，减少蝗虫数量和适生环境。在宜蝗区耕翻种植蝗虫不喜食农作物，破坏蝗虫适生环境。并在蝗区周边多植树，增加蝗虫天敌鸟类的歇息地，以达生态控制目的。二是水利调节，可在汛期蓄水，提高水库水位，减少宜蝗面积。三是对达防治指标面积的应遵照治夏抑秋的防治原则，采用生物农药或高效低毒低残留农药进行防治，所用药剂主要有：绿僵菌、微孢子虫、高效氯氰菊酯等。

（2）黄壁庄蝗区：该蝗区地处平原地带，周边多为耕地或村庄，蝗源相对较少，密度低，为一般发生区，在防治方法上同岗南蝗区。

（3）大吾蝗区：该蝗区为偶发生区，虫口密度低，蝗情比较稳定，所以该蝗区为监视区，在防治工作上主要以生态治理为主，搞好监测。

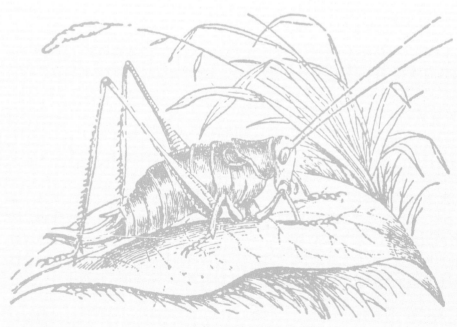

行唐县蝗区概况

一、蝗区概况

行唐县位于河北省西南部，太行山东麓浅山丘陵区与华北平原的交接地带。地处北纬38°20′34″~38°42′39″，东经114°09′56″~114°41′52″，呈西北东南向不规则的长方形状，长53km，宽26km，面积1 025km²，辖4个镇、11个乡。耕地面积3.585万hm²，2011年人均生产总值24 455元。

二、蝗区分布及演变

现有土蝗1.33万hm²，土蝗在各乡镇都有发生，主要种类有菱蝗、蚱蜢、笨蝗等。发生在平原乡镇的由于农田用药量相对较大，一般在防治棉铃虫、二点委夜蛾、黏虫等害虫时进行了兼治。飞蝗发生400hm²，主要分布红领巾和口头两个库区，品种主要为东亚飞蝗。行唐县属太行浅山区，境内地势由西北向东南逐渐倾斜，呈阶梯分布，由低山、丘陵、平原三种地貌组成。海拔75~960m，年平均气温12℃，年平均降水量480mm，属暖温带亚湿润气候区。行唐县地处暖温带半湿润大陆性季风气候区，春季干旱多风，夏季炎热多雨，秋季昼暖夜凉，冬季寒冷少雪，四季分明。库区植物种类多样，生境复杂。据元史和清行唐县新志记载，行唐曾多次发生蝗灾，县植保站资料显示1984年湖库蝗区1 312hm²，1998年行唐飞蝗发生严重，重发面积67hm²，密度10头/m²。一般密度3~5头/m²，共发生353hm²，市相关领导督导人力利用机动喷雾器进行除治，近20年未出现重发生。

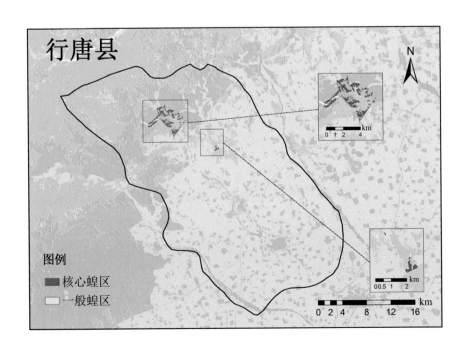

行唐县

图例
■ 核心蝗区
□ 一般蝗区

三、蝗区发生情况

常年行唐县东亚飞蝗宜蝗面积400hm²，常年发生面积333hm²，防治面积133hm²。夏蝗出土始期在4月中下旬，出土盛期在5月中旬，3龄盛期在5月下旬，羽化盛期在6月中下旬。

四、治理对策

以"绿色环保，科学高效"为治蝗理念，综合防控飞蝗的发生危害，实现对蝗虫的可持续治理。

（1）加大生态控制力度。对裸露滩地精耕细作，消灭荒地，破坏蝗虫繁衍生息的适生环境，通过改变蝗虫适生环境，消灭蝗虫滋生繁育基地。对宜蝗面积进行耕翻种植，使蝗卵分散于不同深度的土层中，降低蝗卵的孵化率。

（2）加大水库蓄水，减少宜蝗面积。

（3）采用高效低毒低残留农药进行防治，狠治夏蝗抑制秋蝗。

鹿泉区蝗区概况

一、蝗区概况

鹿泉区属石家庄市。位于河北省东南部，东临石家庄市，南与元氏县，西与井陉县接壤，北与灵寿县相交，面积603km²，南北长40km，东西宽15km，总面积603km²。县辖9镇3乡2个省级园区，44万人，耕地面积2.37万hm²，人均生产总值6.7万元。

二、蝗区分布及演变

现有蝗区2000hm²，划分为一个蝗区，主要分布在黄壁庄水库滩涂，蝗虫类型有东亚飞蝗、土蝗等。

黄壁庄水库蝗区：地势平坦，东南部略高。水库荒地草地面积大，特别是旱涝交替发生的情况下，易出现大面积的撂荒地及耕作粗放的农田以及脱水草滩等，均为蝗虫的适生环境。蝗区春季干旱少雨；夏季炎热多雨，雨量集中；秋季天高气爽，荒地草地面积大，属于暖温带半湿润季风型大陆性气候，天敌种类有鸟类、蛙类等，植被杂草芦苇、稗草、狗尾草、蒿等，农作物主要有大豆、花生、油葵等经济作物。

蝗区历史演变：自2008年以来，总体蝗情偏轻，最近在2010年出现了高密度蝗片，夏蝗最高密度15头/m²，秋蝗最高密度20头/m²。

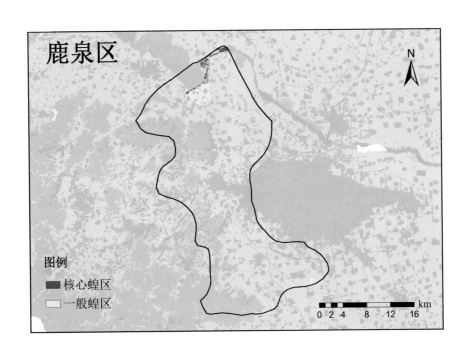

三、蝗虫发生情况

常年发生面积 1 333.33hm²，防治面积 80hm²。核心蝗区 333.33hm²，位于黄壁庄水库南部及东部，主要是水位下降造成的滩涂荒地，夏蝗发生密度平均在 0.3 头/m²，秋蝗发生密度平均在 0.1 头/m²。一般蝗区，1.5 万亩，位于核心蝗区以南，主要为管理粗放农田以及大面积撂荒地，夏蝗发生密度平均在 0.1 头/m²，秋蝗发生密度在 0.05 头/m²。夏蝗出土始期在 5 月 10 日左右，出土盛期 5 月 25 日左右，3 龄盛期 6 月 20 日左右，羽化盛期 7 月 5 日左右，产卵盛期 7 月 10 日左右。

四、治理对策

贯彻"改治并举"方针。结合鹿泉区实际，采取了生物防治和生态防治相结合的方法。为确保库区其他区域实施生态控制，在蝗区内 120 等高线以上区域，引导农户开垦种植花生、油葵、棉花、大豆等作物，通过耕种土地，压缩蝗虫适生面积，降低蝗卵密度，减少发生面积。每年共生态种植作物 0.4 万亩左右。

重视蝗情调查及预测预报。为做好蝗情调查，鹿泉区植保站针对宜蝗面积大的问题，设专职查蝗员 2 名，兼职查蝗员 2 名，同时雇佣查蝗员 1 人。从 3 月份开始，一直到 10 月，坚持每周深入蝗区进行调查，及时掌握蝗卵分布和蝗蝻发生发育动态，科学预测防治适期，为及时有效防治打好基础。

注重生物防治和统防统治。黄壁庄水库为石家庄水源保护地，为了保护库区水质，通过调研，从中国农业大学购进了高效低毒生物农药蝗虫微孢子虫进在飞蝗 3 龄盛期进行防治。为提高防治效果，委托腾达农业合作社运用高效植保机械进行喷雾防治。秋蝗进行带药监测防治，既控制了飞蝗发生又降低了防治面积和农药使用量，保护了水源安全。

所用药剂有：生物制剂 蝗虫微孢子虫。

山西 · SHANXI
蝗区概况

一、全省总体概况

（一）总体情况

山西省地处中国黄土高原东部，华北大平原之西，介于北纬34°35′～40°45′，东经110°15′～114°32′之间。东面和东南面倚太行山，与河北、河南两省相连；西面和南面为黄河所环绕，隔河与陕西、河南相望；北面与内蒙古自治区接壤。总面积15.67万km²，人口3 681.64万。辖11个地级市，119个县级行政单位。

山西省历史悠久，地貌复杂，以古老山地为骨架，整体强烈隆起的山地型高原，总的地势轮廓是"两山夹一川"，境内山峦叠嶂，丘陵起伏，沟壑纵横，山地、高原、台地、谷地、平原等各类地形均有分布。其中山地、丘陵各占全省总土地面积的40%，平原面积占全省总土地面积的20%。东部太行山、西部吕梁山纵贯南北，中部由北而南分布有大同、忻州、太原、临汾、长治和运城等盆地。恒山、五台山、系舟山、太岳山和中条山散列其间。受地势影响，全省1 000多条河流分属黄河和海河两大水系。汾河是山西第一大河，黄河沿省境西部与西南部边缘流过。

山西地处中纬度地区，属暖温带、温带大陆性季风气候。总的气候特征是：冬季寒冷干燥；夏季高温多雨；春秋短暂，冬春风沙，春旱频繁，十年九旱，雨热同期，昼夜温差大。全省日照充足，热量资源较丰富，年平均气温为−2～16℃，年日照时间为2 200～2 900h。全省年降水量，大部分地区为400～600mm，由东南向西北递减。总的趋势是：山地多于盆地，迎风坡多于背风坡。全省降水有两个特征：一是降水的季节分布很不均匀，全年降水多集中在7～9月份，占全年降水量的60%左右；二是降水的年际变化很大，降雨多的年份和降雨少的年份，两者相差可达2.5倍以上。

山西植被属温带草原(或森林草原)带和暖温带落叶阔叶林带。山西省现有耕地面积约占全省土地面积的32.1%，耕地主要分布在各个盆地、河谷地带和黄土丘陵区，70%以上是无灌溉条件的旱地，粮食作物的播种面积约占总耕地面积的80%。主要农作物有玉米、小麦、高粱、谷子、豆类和薯类、棉花、甜菜、胡麻等。大同、忻州、太原、临汾和运城等盆地是山西省的主要农作区。

山西省东亚飞蝗蝗区地处黄河中游与陕西、河南省相邻的黄河小北干流和三门峡库区。地理位置介于北纬34°35′～35°50′，东经110°15′～112°04′之间，黄河自晋陕峡谷出龙门环绕西南流经河津、万荣、临猗、永济、芮城、平陆6个县。从最北边的河津禹门口到最南端的三门峡大坝，海拔最低317m，最高382m，气候属暖温带大陆性季风气候，年平均日照时数1 861～2 454h。年平均气温14℃，1月份最冷，平均气温−1.3℃；7月份最热平均气温26.7℃，无霜期180～235天，年平均降水量450～770mm，集中在7—9月份。主要气象灾害有干热风、干旱、阴雨、霜冻、冰雹等。水资源丰富，区内有黄河、汾河、涑水河、姚暹渠四大河流。年平均径流量黄河370亿～520亿m³，汾河16.6亿m³，姚暹渠属人工河流，涑水河中下游属季节性河流。该区地势低，土层松厚。蝗区地貌为冲积平原。土壤类型主要有新积土、湖土，其次有少量风沙土、盐碱土。蝗区耕地面积2.32万hm²，主要农作物以小麦、玉米为主。

（二）蝗区特征

1. **蝗区分布及地形特征**　蝗区主要分布在运城市的6个县市，即永济市蝗区、万荣县蝗区、平陆县蝗区、临猗县蝗区、河津市蝗区、芮城县蝗区，根据2017年东亚飞蝗蝗区遥感监测科学报告，山西蝗区面积共计46.6万亩，其中核心蝗区9.2万亩，一般蝗区37.4万亩。蝗区以农田夹荒地、撂荒地等为主，主要栽培作物包括小麦、高粱、玉米、大豆等，主要野生植被包括芦苇、稗草、狗尾草等。

山西省东亚飞蝗蝗区面积

地区	一般蝗区（万亩）	核心蝗区（万亩）	总计（万亩）
河津市	0.6	0.1	0.7
万荣县	14.5	2	16.5
临猗县	1.3	1.9	3.2
永济市	14.3	3.4	17.7
芮城县	4.9	0.7	5.6
平陆县	1.8	1.1	2.9
总计	37.4	9.2	46.6

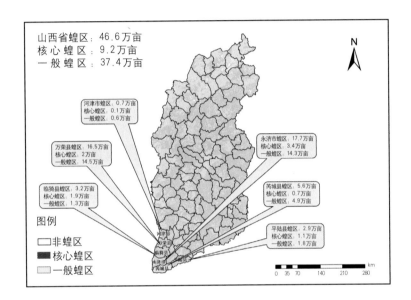

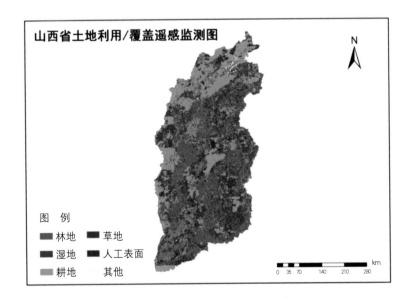

2. 蝗区气候特征　山西省东亚飞蝗蝗区属暖温带半湿润半干旱大陆性季风气候区域。日照时数为2 366 ～ 2 454h。7 ～ 9月平均每月日照时数为250h，光照时间长且强度大，年平均气温13℃，大于10℃的有效积温4 223 ～ 4 271℃以上。昼夜温差为14℃左右，无霜期190 ～ 240天。年降水量470 ～ 579mm。其分布特点是由东南向西北逐渐递减，受季风气候影响，年降水量分布不均，冬春少，夏秋多，其中7 ～ 9月约占全年降水量的52%左右。年平均蒸发量2 027mm，是年降水量的3.5 ～ 4.6倍，蒸发量以6月份最大，12月份小。

东亚飞蝗发育的适温范围，介于25 ～ 35℃之间，在此范围内生长发育的速度，随温度增高而发育加快，就山西蝗区而言，1月份最低日平均气温为−3.9℃，7月份最热，日平均气温为26.3℃，最高温度可达43℃。从5月初到9月底，历时150天，有效积温平均为1 156℃，可以满足1年内夏、秋蝗发生对积温的要求，蝗区5cm地温稳定通过15℃的时间为4月下旬。据近几年调查，4月中旬至5月上旬温度高低与蝗蝻出土关系密切，两者成正相关。

在山西蝗虫发生与6月份的降水量关系最为密切。凡发生年，6月份大都表现干旱，其降水量低于该月61.4mm的平均值。7 ～ 9月总降水量占全年水量的52%，此降水规律是该地夏蝗重、秋蝗轻的主要原因。如遇特殊年份，情况则截然不同。如1990年山西省蝗区遇到了10年来最大的伏旱，7 ～ 9月降水总量149.1mm，仅为常年3个月平均降水总量284.8mm的52.4%。其中，对秋蝗发生影响较大的7月份雨量为56.7mm，仅为常年平均雨量121.8mm的46.6%，导致当年秋蝗大发生。秋蝗发生面积达4万hm²，飞蝗密度为5 ～ 8头/m²，是80年代以来秋蝗发生最严重的年份。

3. 蝗区土壤特征　正常情况下，在不同植被组成的生态环境中，东亚飞蝗的种群密度分布存在着显著差异。土壤对蝗虫卵分布影响最显著，其中主要因素是土壤含水量与含盐量。据研究，适合飞蝗产卵的土壤湿度：壤土为15% ～ 18%，沙壤土为18% ～ 20%；土壤含盐量为0.1% ～ 0.25%，pH8.1 ～ 8.4。山西省蝗区主要是冲积土和河岸坍塌形成的新甸土，pH7.9 ～ 8.6，比较适合飞蝗产卵。土壤构成对飞蝗发生不利的主要因素是土壤因积水而使其含水量加大，限制了飞蝗的产卵地和新的淤积土对蝗区植被的破坏。

蝗区土壤以沙土、沙壤土、盐化草甸土、浅色草甸土为主，约占整个蝗区土壤的75%。蝗区海拔最高405m，最低307m，地下水位1 ～ 3m。土壤有机质含量从北向南由低变高，一般为0.4%左右。芮城、平陆一些蝗区土壤有机质含量可达0.6%左右。蝗区土壤的pH7.9 ～ 8.6。此外，蝗区土层虽厚，但因大面积草滩与少量农田交相分布，耕作粗放，故较适于飞蝗的产卵和滋生。

4. 蝗区植被特征　蝗区植被主要有乔木、灌木及草本植物。蝗区内杂草的种类及其比例、覆盖度与蝗虫的发生关系密切。据蝗区样点的调查，已鉴定出的杂草36科、115种，其中东亚飞蝗喜食的杂草有14种，且占比例也较大。

蝗区植被的组成，杂草生长的好坏及覆盖度，直接影响蝗虫的取食、产卵、蝗蝻的生长发育。没有杂草覆盖，蝗虫的生存会受到威胁，特别是蝗蝻在不良环境(狂风、暴雨、暴晒)下大量死亡。适宜的植被可为蝗虫提供充足优质的食料，使飞蝗正常发育，产卵量大。不适宜的植被种类，可引起蝗虫生长发育不良，减少其产卵量。据多年调查，适宜东亚飞蝗生殖的植被覆盖度为25% ～ 50%。杂草长势好，覆盖度适中的地方，蝗虫密度大，杂草稀疏的地方蝗虫密度小，无杂草分布的地方，蝗虫几乎绝迹。

5. 蝗区水文特征及重大水利设施状况　蝗区的河流包括黄河、汾河、涑水河、姚暹渠均属于黄河水系。黄河，由河津县寺塔两侧入境，由北向南，奔腾而下，流经河津、万荣、临猗、永济，到芮城的风陵渡转折东，经平陆、夏县，到垣曲县的碛盘沟出境。黄河每年有两个汛期，3 ～ 4月的桃花汛和7 ～ 8月的秋汛。桃花汛一般年份流量3 000 ～ 4 000m³/s，最高不超过5 000m³/s；秋汛一般年份流量7 000 ～ 8 000m³/s。有资料记载的最大流量是1967年的21 000m³/s。统计分析，黄河秋汛一般约5年出现1次10 000m³/s左右的流量；每隔20年出现1次20 000m³/s以上流量。这对蝗区的面积和蝗虫的发生影响较大。汾河发源于管涔山，纵贯山西省忻州、晋中、临汾盆地，从新绛县流入运城地区，经稷山县在万荣县的庙前汇入黄河。汾河水文对河津、万荣两县蝗区影响较大，近10多年来在春季汾河一般经常断流，年断流天数约69天。汛期流量：桃花汛100～250m³/s，秋汛300～500m³/s，最大流量是1954年为3 320m³/s，可将汾河沿岸的蝗区全部淹没。

涑水河和人工河流姚暹渠，在流入黄河前全都注入永济的伍姓湖。伍姓湖是运城地区唯一的内涝蝗区。它低洼下湿呈三角形。1954年以前湖滩面积很大，1954年以后，由于雨量充沛，湖水丰盛，湖内水面积年平均为6 667hm²，最大时水面积为19 000hm²。1959年以后连年干旱，湖水逐年减少，到1962年基本接近干涸。1963年山西省政府拨款组织人工开挖渠道，把伍姓湖积水排干，建立伍姓湖农场。1980年以来，湖水面积又日渐增多，1987年至今，湖水面积基本保持在333.3hm²左右。

平陆县蝗区处在三门峡库区。蝗区面积大小、蝗虫发生程度受水库水文影响很大。1960—1962年蓄水运用时期，滩区全部淹没，无蝗虫生存条件。1962—1973年改建及低水位防洪排沙运用时期，蝗区裸露面积大，适宜蝗虫发生。70年代中期以来，水库采用"蓄清排洪"方案，形成了秋蝗发生重于夏蝗的特点。

黄河随季节性变化的水位、流量和三门峡水库有规律的水位升降呈现的自然起伏，直接影响着蝗虫的发生面积、发生时期和发生量。其中以桃花汛(3—4月)和秋汛(7—9月)对蝗虫的发生影响最甚。桃花汛主要影响夏蝗的发生，秋汛主要影响秋蝗发生。相比之下，桃花汛对蝗虫发生的影响较秋汛要小。因为桃花汛到来时，蝗虫还处在卵期，加之流量较小，积水时间较短，秋汛的影响则较大。它不仅影响当年夏、秋蝗的发生程度，而且也影响次年夏蝗的发生程度。如果汛期来得早，可影响当年夏蝗的发生，汛期来得晚，不仅影响当年秋蝗发生，又可影响翌年夏蝗的发生。蝗虫发生面积的大小决定于河水流量造成的水位涨落和河道变化所引起的漫溢程度，蝗区面积随蝗区积水面积作相反方向的增减。积涝面积的大小及时间的长短，是制约飞蝗发生密度，以及成虫产卵适生场所广狭的关键因素。

据龙门水文站资料记载：桃花汛一般年份最大流量3 000m³/s，水位约381.43m，秋汛一般年份最大流量为5 000～7 000m³/s，水位达382.41～384.35m。黄河枯水流量73m³/s，多年平均流量为1 057m³/s，最大洪峰流量为21 000m³/s。受汛期综合因素影响，桃花汛期淹没面积6 800～7 500hm²，秋汛期淹没面积约17 000hm²左右。当秋汛洪峰流量达到12 000m³/s，水位在386.58m以上，护岸工程受毁，绝大部分蝗区被淹没。秋汛水流量大、水位高也是秋蝗发生面积小于夏蝗发生面积的主要原因。

三门峡水库水文情况对蝗区蝗虫的发生动态起着很大的作用。水位的变化决定着蝗区面积的大小。水位越高，淹水面积愈大，蝗区面积越小，甚至不发生蝗虫，反之则发生面积越大。如在1960—1962年三门峡水库高水位运行阶段，大部分蝗区处于淹没状态，这两年间平陆县基本没有发生蝗虫为害。1963—1973年，三门峡水库进入改建及低水位防洪排沙运行阶段，这期间每年4—8月大部分库区处于低水位，裸露的库区对蝗虫的发生十分有利。这10年间，受库区影响的平陆、芮城部分蝗区蝗虫大发生达5次，为山西蝗虫发生频率最高，为害最重的10年。

蝗虫发生受制于水库有规律的水位升降。1973年以后三门峡水库进入"蓄清排洪"正常运行阶段，库区退水的迟早，可制约夏蝗的发生程度。在退水晚的年份(6月中旬以后)秋蝗相对发生就重，夏蝗迟而发生轻微。秋汛来临时(7月份)，库区水位降低到全年的最低点。这时，秋蝗发生重。由此形成了库区型蝗区不同于其他蝗区的蝗虫发生特点。库区10月份上水早，可使秋蝗向高地迁移形成产卵集中，翌年夏蝗会出现高密度地段。总之，上水晚，退水早，淹水时间短，夏蝗发生早而重；而上水早，退水晚，夏蝗发生晚而轻。

伍姓湖内涝蝗区属沼泽化草地，生长有多种飞蝗喜食的植物，在出现连续干旱年份时，蝗虫密度就会迅速增加，又常是飞蝗选择的临时产卵场所。

二、蝗区的演变

山西省蝗区的形成演变史就是黄河的变迁史。黄河的水文因素和人为农事活动在漫长的蝗区演变过程中起了主导作用。进入20世纪80年代，由于气候条件和生态环境的变化，飞蝗在这一地区连年偏重发生，为害逐年加重。1986年由中国科学院动物研究所和原全国植保总站组成的专家组对该地进行了实地考察论证，确认该蝗区为东亚飞蝗蝗区，隶属黄河河泛蝗区。蝗区分布在运城地区黄河东、北岸的滩涂地和三门峡库区，以及涑水河沿岸低洼荒滩和伍姓湖湖泊区。北起河津市禹门口，南至平陆县东延村，全长247.1km。其西南以黄河为界，东北以治黄公路为界。涉及河津、万荣、临猗、永济、芮城、平陆6县(市)、43个乡(镇)、10个国有农、林、牧场，239个村，以及永济市伍姓湖经长期冲积形成的内涝滩涂，涉及1市、8个乡(镇)、23个村。

80年代初期，蝗虫的发生比较稳定。随着黄河流域治理程度的不断提高，黄河河道滚动幅度减小，同时汛期泛水漫滩程度有所降低，一些无法开垦难以正常利用的嫩滩地，逐步发展成为东亚飞蝗适生地，加之气候异常，旱涝不均，从80年代开始飞蝗又在全省范围内猖獗发生，经飞机大面积防治后控制了为害。面对飞蝗发生趋势明显回升的现实，山西省开始逐步完善"综合治理"的措施，提出了"全面监测，重点挑治，狠治夏蝗，抑制秋蝗"的治蝗策略。充实和加强了对治蝗工作的领导，成立了省、地、县、乡四级治蝗领导组，以蝗区县植保站(测报站)为中心，建立了县、乡、村三级蝗情监测网，按照"三查两定"的要求，设立蝗情监测点，聘用农民情报员，同时成立治蝗专业队。在防治上坚持"改治并举，综合治理"的方针，使蝗区开发逐步向集约化、规模化方向发展。在防治技术上掌握专业队防治与群众防治相结合，高密度点挑治与打封锁带相结合，并在治蝗中推广了新农药、跑车治蝗等新技术，有效地控制了蝗虫严重为害，并为今后的治蝗工作奠定了坚实的基础。

山西省蝗区从中华人民共和国成立后开始改造到1990年共完成重点工程25处，建成护岸堤坝75km，丁(垛)坝310余条，长14km，顺坝、砌坝64km，使蝗区基本趋于稳定。开发利用4.57万hm²，占蝗区总面积的47.58%。其中农田面积2.83万hm²(粮食作物1.83万hm²，棉花0.3万hm²，花生0.5万hm²，其他0.7万hm²)，占改治面积的60.9%；造林绿化面积1.09万hm²，占改治面积的23.9%；水产2 087hm²，占改治面积的4.6%；果园5 762hm²，占改治面积的1.3%；牧场3 486hm²，占改治面积的7.6%；其他面积279hm²，占改治面积的0.6%。

1990年山西省蝗区勘查结果表明，全省蝗区面积为9.6万hm²。已改治面积（包括造林、鱼塘、农田等）达4.57万hm²，有宜蝗面积5.03万hm²，其中常发蝗区面积为2.37万hm²，偶发蝗区面积2.66万hm²。按蝗区所属县、乡的行政区划分类，可划分为6大蝗区、24个小蝗区。宜蝗面积中，河泛蝗区的宜蝗面积为4.675万hm²，其中常发面积为2.235万hm²，偶发面积为积244万hm²，内涝蝗区的宜蝗面积为3 600hm²，其中常发面积为1 430hm²，偶发面积为2 170hm²。

按照蝗区滩地形成的早晚、地势高低以及稳定程度和水利设施的保护程度等自然状况，可将山西省河泛蝗区依次划分为新滩、嫩滩和老滩3种类型。新滩为近年新淤出的滩地，稳定性极差，每遇洪水即遭淹没，洪水过后，杂草丛生，成为东亚飞蝗的偶发区，其面积为8 333.3hm²。

嫩滩位于新、老滩之间，地势较低，受河水涨落影响大，上水频率高，每2～3年即遭漫滩，嫩滩的不稳定状态，使人们难以完全地开发利用黄河滩涂，也是山西省河泛蝗区难以彻底改造的根本原因。该滩杂草丛生，改治利用以畜牧业为主，兼有少量农田，形成粮草混生，并有大面积荒地存在，为东亚飞蝗的生存繁殖创造了良好的条件，面积约22 400hm²，其中有12 400hm²的坝外滩涂是山西省东亚飞蝗发生面积大、密度高的常年发生区，也是山西目前的重点防治区。有近1 000hm²的嫩滩地为偶发蝗区。

老滩一般地势较高，在护河防洪等水利工程的保护下，正常年份不易上水漫滩，可开垦利用程度高，山西省老滩面积为62 867hm²，其中被改治的45 701.7hm²蝗区无法适宜蝗虫的生存，现已不属蝗区的范畴。剩余的未被开垦的17 165.3hm²与嫩滩相接壤的老滩，有近1 000hm²的滩涂因排水不畅，耕作粗放，种植水平低，部分地区粮草混生，成为东亚飞蝗的常年发生区，常有形成为害的可能。其余7 165.3hm²为偶发蝗区。

需要指出的是，出现在黄河河道中间因泥沙冲积而成的淤滩有20多处。这些滩涂受洪水影响，遇洪峰来临时隐时现。但也有些滩涂受洪水影响较小，且由于交通不便，很少有人为干扰，生态相对比较稳定，成为蝗虫滋生的理想场所，即"鸡心滩"蝗区。较为固定的鸡心滩蝗区面积达2 442.87hm²，其中有1 383.05hm²的鸡心滩成为蝗虫常发区，有1 059.82hm²的鸡心滩成为蝗虫偶发区。

90年代至今，对黄河滩地多年不断的开发利用，宜蝗面积缩小到了3.3万hm²。开发利用黄河滩地达1.66万hm²，其中开发养鱼0.33万hm²，种植经济林0.46万hm²，开荒种田0.86万hm²，减少宜蝗面积30%。

三、发生规律

山西省1985—2017年东亚飞蝗发生防治情况

年份	发生程度	夏蝗		秋蝗	
		发生面积（万亩）	防治面积（万亩次）	发生面积（万亩）	防治面积（万亩次）
1985	5	65	38.6	30.5	10.60
1986	3	30.5	14.65	28.6	15.80
1987	3	32.8	15.8	38.6	20.0
1988	3	39.5	18.5	42.8	18.60
1989	4	55.0	15.0	35.0	10.0
1990	4	75	45	60	50
1991	5	63	43	58.2	53
1992	5	62.5	55.3	50	40
1993	3	65	21.2	44.2	19.3
1994	3	44.2	19.5	32.3	24.30
1995	4	45.25	21.85	40.8	25.1
1996	4	42.5	18.88	46.65	20.02
1997	4	50.5	17.76	46.7	31.97
1998	5	48.5	25.4	40	15.65
1999	4	45.8	28.8	57	18.8
2000	4	45.8	27.4	53.78	28.6
2001	3	46.3	25.2	49.5	20.3
2002	3	47.80	16.80	49.0	20.0
2003	3	42.5	22.8	42.8	25.2
2004	3	43	33.1	39.8	28.7
2005	3	38.5	27.5	36.5	24.6
2006	3	44.12	35	24.8	12.6
2007	2	37.8	26.8	22.8	15.8

（续）

年份	发生程度	夏蝗		秋蝗	
		发生面积（万亩）	防治面积（万亩次）	发生面积（万亩）	防治面积（万亩次）
2008	2	36.5	33	21.8	16.8
2009	3	33.8	34.9	25.8	23.8
2010	3	32.08	34.1	27	24
2011	5	40.6	39	28.8	24.8
2012	2	36.3	23.02	27.6	16.3
2013	2	23.3	15.4	17.3	8.6
2014	2	25.8	18.9	13.7	7.5
2015	2	21.4	12.5	14.3	5.1
2016	2	16.1	17.5	7.1	6.8
2017	2	12.7	11.5	11.5	6.5

东亚飞蝗在山西省1年发生两代，第一代为夏蝗，第二代为秋蝗。蝗卵5月中旬孵化，其迟早及孵化期长短和孵化整齐度，受气候条件、地势地形、植被覆盖度和土壤理化性状的影响而不同。蝗蝻经45天左右羽化，夏蝗羽化期在7月上旬，产卵期在7月中旬。7月底至8月中旬夏蝗卵孵化为蝗蝻，经35天左右于9月上中旬羽化为秋蝗。秋蝗产卵盛期在9月中下旬，发生不整齐，有时夏、秋蝗混合发生，出现世代重叠现象。据观察，1头雌蝗可产卵4～5块，每块含卵70粒左右，一生产卵总数平均300～400粒。

1985年以来，由于全球性气候的变化，加之20世纪70年代末期黄河导控工程完成后，河道相对稳定，人们难以正常开垦利用的滩涂逐步形成了适宜东亚飞蝗滋生的正常蝗区，蝗虫的发生由过去的间歇性点片发生转向常发性大面积发生。1985年夏蝗严重发生，发生面积达0.2万hm^2，蝗虫密度每平方米10头左右，严重的40～50头/m^2。从1985—2017年的32年间，山西省累计飞蝗发生面积为170.31万hm^2，防治面积为102.85万hm^2。其中夏蝗发生92.63万hm^2，防治56.91万hm^2，秋蝗发生77.68万hm^2，防治45.94万hm^2。这32年间大发生年5年（1985年、1991年、1992年、1998年、2011年），中等偏重发生年7年（1989年、1990年、1995年、1996年、1997年、1999年、2000年），中等发生13年（1986年、1987年、1988年、1993年、1994年、2001年、2002年、2003年、2004年、2005年、2006年、2009年、2010年）。发生程度的轻重表现在年度间发生面积变化不大，而发生密度年度、代别间差异显著，中等发生年密度为0.2～0.5头/m^2，最高密度3～5头/m^2，中等偏重发生年密度为0.5～1.1头/m^2，最高密度10头/m^{2}以上。大发生年虫口密度明显较高，严重发生区有群居型蝗虫出现。

据多年资料分析，1985—2000年，东亚飞蝗在山西省发生的动态，每隔7～8年大发生1次，经全面控制后，3～4年达到偏重发生年，偏重发生维持2～3年，形成1次大发生。从1985年山西省飞蝗大发生后，1991年、1992年连续两年飞蝗大发生。其中1991年9月秋蝗在芮城县城关滩发生高密度群居型飞蝗，在400hm^{2}严重区内调查，有蝗蝻少者300～400头/m^2，多

公 告

东亚飞蝗作为一种暴发性害虫，在我县沿河的孙吉、角杯、东张等乡镇的黄河滩地每年都发生为害，不仅啃食芦苇等杂草，发生严重时还会啃食玉米、高粱等农作物，造成农作物减产甚至绝收。

今年我县东亚飞蝗防治形势十分严峻，相邻的永济市张营已出现2000亩高密度蝗区，最高每平米达到1000头以上，且多为群居型蝗虫，虫龄已达到3-4龄，距离起飞的5龄仅有10天左右。而我县今年开春越冬基数达到了历年最高值，加之气象预报6月份我县降水偏少三到四成，气温偏高1—2度，气候条件极利于蝗虫发生为害。

为切实做好我县东亚飞蝗查控工作，县乡两级成立了东亚飞蝗查控指挥部，目前县植保站已组织人员对黄河滩进行了拉网式普查，为确保无死角、无漏查，请广大群众在日常生产中注意观察，发现高密度蝗虫时积极上报县查控办（24小时值班电话：18935085255）或本乡镇农科站。对上报情况一经落实将给予相应的奖励。

临猗县农业委员会

二〇一一年六月十三日

者达 1 000～2 000 头/m²，更有甚者，蝗蝻在地上积有10～15cm厚，大片芦苇、高粱被压覆于地，严重程度为山西 40 年所罕见。经上万人，动用机动喷粉器 140余台，用车 120 辆，用农药 10 余吨，历时 7 天才将其扑灭，避免了起飞的危险。1992 年由于持续干旱，夏蝗仍为大发生，全省发生面积 4.2 万 hm²，每平方米1～3 头，严重地密度为 10～20 头/m²，最高达百头以上。由于及时组织飞机防治，共飞行 23 架次，飞防面积达 168 万 hm²，人工防治 502.2hm²，及时控制了为害。1998 年永济市黄河滩飞蝗大发生，平均每平方米有虫上千头，当时出现了几十万头蝗蝻前赴后继过黄河堤坝，一脚就可踩死十几头蝗虫的现象，经过及时防控，没有进入农田危害。2001 年以后，除 2011 年 1 次大发生外，

均为中等发生或者中等偏轻发生，2000—2010 年，东亚飞蝗总体上中等偏轻发生。全省夏、秋蝗年发生总面积为 90 万亩左右，达到防治指标的有 30 万亩左右。2010 年山西省东亚飞蝗为中等发生，永济等地部分滩涂偏重发生，发生面积 63.1 万亩，达标面积 36.6 万亩，防治 52 万亩次，其中防治夏蝗 32 万亩次，防治秋蝗 20 万亩次。2011 年山西省飞蝗大发生，发生面积 69.4 万亩，达标面积 49.3 万亩。其中夏蝗偏重，局部大发生 40.6 万亩，达标面积 29.5 万亩，其中永济伍姓湖内涝蝗区有近 10 万亩麦田及草滩发生高密度蝗蝻，虫口密度一般每平方米 100 头，最高达到 500 头以上。秋蝗中等发生，发生面积28.8 万亩，达标面积 19.8 万亩，防治 77.6 万亩次，其中防治夏蝗 49 万亩次，防治秋蝗 28.6 万亩次。东亚飞蝗防治中，化学防控 53.6 万亩，生物防治 4 万亩，生态调控 20 万亩。面对多年罕见的蝗害，蝗区各级领导一线指挥、精心组织，农技植保人员现场指导、科学防控，经过 20 余天奋战，东亚飞蝗夏蝗得到有效控制，实现"不起飞，不危害"的防控目标。

2012—2017 年，山西东亚飞蝗均中等偏轻发生，但山西省是一个干旱少雨的省份，"十年九旱"引起的旱涝灾害，会导致蝗虫栖居的适生环境的存在、重现和再生。黄河滩涂变化的反复无常，将导致新滩、嫩滩的大量出现，并逐步演变为东亚飞蝗滋生地。因此不能排除蝗虫的回升和为害。东亚飞蝗具有的生长速度快、繁殖能力高、迁飞扩散能力强和食量大等生物学特点与生态学诸因素的综合作用，今后蝗虫对人类及农业生产的威胁依然存在。因此，对蝗虫进行综合治理仍是今后一项长期的任务。

四、可持续治理

（一）治蝗工作的宏观调控措施

山西省各级政府和领导都十分重视蝗区的综合治理工作，把控制蝗害作为一项政治任务来抓。在蝗区的开发利用中，各部门共同研究制定改治措施，精心规划，科学安排蝗区滩涂的开发和利用，对一些重大的治理措施和防治工作，政府在人力、物力上都给予大力支持。

鉴于有关领导工作变动，2016年初省政府办公厅及时将省治蝗指挥部成员进行了调整。在省政府的要求下，有关市、县也及时调整、健全了由分管农业主要领导任总指挥的治蝗指挥机构。东亚飞蝗发生的沿黄6县都成立了"东亚飞蝗"防控领导组，由县委常委和农委主任牵头，成员为沿河乡镇的乡（镇）长组成，下设办公室，切实将属地管理和行政首长负责制落到实处。

（二）建立监测与防治体系

为了做好治蝗工作，掌握飞蝗发生动态，做到有的放矢，山西省在总结治蝗经验和教训的基础上，开展对全省蝗区进行系统的监测工作。运用《山西省农作物有害生物监控信息系统》和《农作物重大病虫害数字化监测预警系统》，系统掌握蝗情，及时发布预测预报。

在飞蝗的监测预警中采取了以下措施：

一是查残挖卵，明确越冬情况。秋收结束后，及时开展查残挖卵调查，摸清全省东亚飞蝗秋残蝗面积、数量，明确来年重点防控区域，为来年夏飞蝗防控方案的制定提供科学依据。

二是强化监测，全民总动员。省市植保系统从强化蝗虫监测入手，在蝗区增加农民查蝗员的基础上，六县、市印制带有蝗蝻和成虫的公告张贴在村庄、人群居集区和通往蝗区的路口等地，并告知在蝗区生活和生产的群众以及放牧人员，以奖励的方式激发群众参与和报告。

三是带药侦察，开展堵窝防治。夏飞蝗出土期，采取"带药侦察，堵窝防治"的办法，对发现的高密度蝗蝻点片立即施药防治，有效控制蝗虫的大发生，减轻后期的防治压力。

四是全面普查，确定防控区域。在系统监测定点调查的基础上，密切注视蝗情发生发展动态，蝗蝻进入出土高峰期，派出技术人员驻县配合蝗区各县开展拉网式普查工作，进一步确定蝗虫发生区域、面积和密度，为下一步的防控工作提供了准确的信息。

五是联查联治，不留死角。在蝗虫防控过半后，蝗区及时安排查蝗员进行防效调查，特别加大对偶发区、不同生态蝗区的监测力度，对行政区域交界处实行联查联治，确保查蝗不留空白点，严防漏查和漏报事件的发生。确定专人负责利用电子邮件及时上报，建立24小时值班制度和重大虫情随时报告制度，力争做到早发现、早报告、早防控，提高信息传递的时效性。2011年，省植保站编发《治蝗快报》10期，保证了治蝗信息的及时传递。

2016年3月份和5月上旬各蝗区针对冬后蝗卵存活和蝗蝻出土情况开展了大面积普查。进入4月份山西省启动了蝗虫周报制度和24小时值班制度，保证蝗虫信息通畅、到位，责任到人。在会商分析的基础上，面向社会发布夏蝗发生趋势预报。为实现蝗虫早防早控，随着夏蝗的出土，蝗虫市、县植保部门采取"带药侦察"，发现达标田块及时防治。据统计，2016年全省通过山西省农作物有害生物监测信息系统，上报蝗虫报表1 125份。

（三）生态控制

蝗虫发生区是一个生物地理群落复合体，在这个群落复合体内，存在若干相互影响或制约的环境因素。在自然情况下，各种生态地理因素不停地发生变化，出现利于或不利于蝗虫发生的生境。在影响东亚飞蝗蝗区演变的因素中，水文条件不仅在蝗区的形成中具有主导作用，而且在当前的蝗区演变中也起着决定性的作用。山西省飞蝗发生地大多处在黄河水位涨落不定，不能耕作，荒无人烟的地方，生长着大片的芦苇和杂草，给飞蝗提供了生息繁衍的环境，形成大量的蝗群。因此改造飞蝗发生基地，使之失去繁殖的场所，首先应从治水抓起，其次是根据蝗区特点，采取改变植被、土壤、小气候等其他因素等措施，改造飞蝗的适生条件，达到消灭蝗区，根除蝗害的目的。

内涝蝗区结合水位调节，造塘养鱼、养鸭，改造植被条件，抑制蝗虫发生；河泛蝗区主要在嫩滩搞好垦荒种植和精耕细作，减少蝗虫滋生环境，降低其暴发频率；在土蝗常年重发区，可通过垦荒种植、减少撂荒地面积，春秋深耕细耙（耕深10～20cm）等措施破坏土蝗产卵适生环境，压低虫源基数，减轻发生程度。

1. 固定河滩，开垦荒地改造蝗区　原则上要先从兴修水利入手，修筑和加固防洪堤坝，固定河滩，稳定水位，增强抗洪能力，控制洪水泛滥，使滩涂面积逐渐缩小，在兴修水利的基础上，大面积垦荒种植，压缩减少飞蝗发生基地。

2. 精耕细作，改变蝗区植被　对防洪堤坝内的老滩地，要积极开垦种植充分利用，实行田园化，合理排灌，破坏蝗虫滋生地。种植棉花、花生、芝麻、豆类和瓜类等蝗虫不喜食植物，改变蝗区植被，恶化蝗虫食料。

3. 植树造林，改变蝗区小气候　利用飞蝗不适宜在林区、植被生长繁茂和高大草地滋生的特点，在滩涂可因地制宜地植树造林，实行园林化、林网化，发展果树及其他经济林，恶化飞蝗产卵环境，调节蝗区小气候，不利其生存繁殖。

4. 因地制宜，改良土壤　根据蝗区地形和地下水位高低，挖塘蓄水养鱼，种藕及发展其他水面立体养殖业。将雨季积水的内涝蝗区，改造成为稳定的水环境，使大片滩涂常年淹没水中，消灭虫窝。对内涝盐碱滩进行全面规划，搞好农田基本建设，开荒改盐，逐步消灭盐碱荒滩地。

（四）保护利用天敌

保护利用天敌控制蝗虫的发生为害，是综合防治的一项重要内容，其目的在于提高天敌对蝗虫种群的制约作用，将蝗虫种群控制在经济允许损失水平以下。山西省飞蝗天敌资源丰富，据初步调查有50种之多，其中具有利用价值的达20余种，对于蝗虫天敌的利用，要为其创造适宜的环境条件，使它们迅速自然繁殖并加以保护，以恢复和保护大自然的生态平衡，充分发挥天敌的控制作用。

（五）生物防治

主要在中低密度发生区（飞蝗密度在5头/m²以下和土蝗密度在20头/m²以下）、湖库及水源保护区、自然保护区，使用蝗虫微孢子虫、杀蝗绿僵菌、苦参碱、印楝素等微生物农药或植物源农药防治。使用杀蝗绿僵菌防治时，可进行飞机超低容量喷雾或大型植保器械喷雾。使用蝗虫微孢子虫防治时，可单独使用或与昆虫蜕皮抑制剂混合进行防治。

（六）化学药剂防治

主要在高密度发生区（飞蝗密度5头/m²以上和土蝗密度在20头/m²以上）采取化学应急防治。可选用马拉硫磷、高氯·马、阿维·三唑磷、吡虫啉等农药。在集中连片面积大于500hm²以上的区域，提倡进行飞机防治，推广GPS飞机导航精准施药技术和航空喷洒作业监管与计量系统，监控作业质量，确保防治效果。在集中连片面积低于500hm²的区域，可组织植保专业化防治组织使用大型施药器械开展防治。重点推广超低容量喷雾技术，在芦苇、玉米等高秆作物田以及发生环境复杂区，重点推广烟雾机防治，应选在清晨或傍晚进行。

狠治夏蝗、抑制秋蝗。中低密度发生区优先采用生物防治和生态控制等绿色治蝗技术；高密度发生区及时开展应急防治，科学选药，精准施药，减少化学农药使用量，保护（改善）蝗区生态环境，促进蝗虫灾害的可持续治理。

河津市蝗区概况

一、蝗区概况

河津市属运城市，位于山西省西南部，运城西北部，东迎汾水与稷山县为邻，西隔黄河与陕西省韩城市相望，南有台地与万荣县毗连，北依吕梁山与临汾市乡宁县接壤。辖区东西宽27.5km，南北长35km，总面积593km²。县辖2个街道、2个镇和5个乡，计9个社区，148个行政村，常住人口40.53万，耕地面积2 375.6hm²。

二、蝗区分布及演变

现有蝗区466.7hm²，划分为两个蝗区，主要分布在清涧滩和连伯滩，蝗虫类型主要有东亚飞蝗、土蝗、中华剑角蝗等。

清涧蝗区和连伯蝗区：地形为河谷盆地，主要有道路、河流等。蝗区属黄河水系，黄河在河津蜿蜒约30km，为河津最大客水资源。气候属于暖温带大陆性黄土高原气候，年平均降水量544.9mm。天敌种类有蛙类、鸟类、蜥蜴、蜘蛛、螳螂等，植被有杂草、芦苇等，土壤沙质土壤，农作物有小麦、玉米、山药、生地、芦笋等。

河津耕地面积少，随着机械化的发展以及黄河河道西移，近些年被开发的黄河滩地越来越多，人为开发破坏了蝗虫宜居地。自2008年以来，总体蝗情偏轻发生，在2009年和2017年出现了高密度蝗片，最高密度分别为7头/m²和15头/m²。

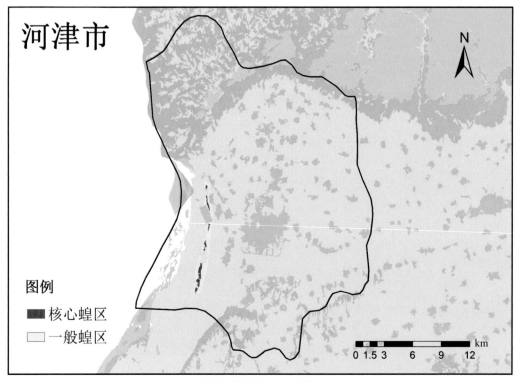

山西省河津市东亚飞蝗蝗区

三、蝗虫发生情况

常年发生面积466.7hm², 防治面积67hm², 核心蝗区位于黄河河坝内, 多雨年份经常被雨水淹没, 易旱易涝, 多有防护林, 林下杂草丛生, 与农区相距不远, 多适宜蝗虫发生。一般蝗区位于黄河河道, 小灌木丛生, 土壤沙质, 植被作物较少。

四、治理对策

1. 减少宜蝗区面积　鼓励农户种植蝗虫不喜食的中药、芦笋等作物。

2. 群查群治, 防治结合　对宜蝗区农户加强宣传教育, 鼓励他们一旦发现蝗虫为害立即上报, 平时注意防治结合。

3. 注重生物防治　2017年防治药剂主要用生物制剂苦参碱, 化学试剂用高效氯氰菊酯。

临猗县蝗区概况

一、蝗区概况

临猗县属运城市，位于山西西南部，运城盆地北沿，东南与运城市接壤，西南与永济市毗邻，西濒黄河与陕西省合阳县相望，北面孤峰拱秀与万荣县相连。辖区东西宽55km，南北长33km，总面积1 339.32km²。县辖9个镇5个乡，56万人，耕地面积100万hm²，人均生产总值2.4万元。

二、蝗区分布及演变

现有蝗区2 133.4hm²，划分为3个蝗区，主要分布在孙吉蝗区。蝗虫类型为飞蝗和土蝗，飞蝗有东亚飞蝗，土蝗有中华稻蝗等。

蝗区为河泛蝗区，最大流量21 000m³/s（1967年8月11日），漫滩时间在4～5h，退水时间一般24h内，最大裸滩面积8 000～10 000亩。属暖温带大陆季风气候区，四季分明，十年九旱，气候干燥，春暖、夏热、秋爽、冬寒，冬春多连旱。年平均气温13.7℃，最冷的1月份平均气温－1.1℃，最热的7月份平均气温27.1℃，历年极端最高气温42.8℃，极端最低气温－18.5℃。雨量较少，分布不均，年平均降水量484.2mm，历年日最大降水量105.5 mm，最长连续降水日数为11天，雨量是200.3 mm。天敌种类有蚂蚁、蛙类、蛇、鸟类、寄生菌等。植被杂草主要有小香蒲、芦苇、狗尾草、稗草等。土壤为沙壤土，农作物主要有小麦、高粱、玉米、棉花、莲藕、葡萄、杏树等。

中华人民共和国成立前，角杯蝗区吴王滩重发生。自1988年以来，总体蝗情趋轻，夏蝗重于秋蝗。在1988年出现了高密度蝗片，最高密度22头/m²。

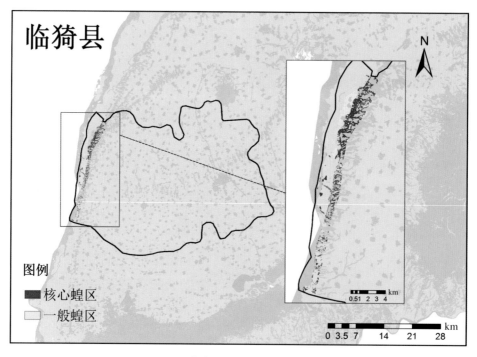

山西省临猗县东亚飞蝗蝗区

三、蝗虫发生情况

常年发生面积1 500hm²，防治面积1 000hm²。核心蝗区866.7hm²。一般蝗区1 266.7hm²。

夏蝗出土始期在4月28日左右，出土盛期5月上中旬，3龄盛期5月下旬，羽化盛期6月中旬，产卵盛期7月上旬。

四、治理对策

1.贯彻"改治并举"方针 一方面蝗区大力开展滩涂开发，实施垦荒种植，开展渠系配套，发展畜牧、水产养殖，极大地恶化了飞蝗的生态环境。另一方面准确预测预警，采取生物、化学等措施，优先采用先进药械，联防联控，统防统治，取得了较好的防控效果。

2.重视蝗情调查及预测预报 实施县、乡、村三级联动的监测机制，于卵期、蝻期、成虫期进行动态监测。县植保站固定专人，按照系统任务，根据调查规范，选取代表性样点，监测全县蝗情动态，乡镇由农科站负责人监测所辖蝗区蝗情，相关村固定专人监测该村所辖蝗区蝗情，高峰期县、乡、村三级联合实施拉网式普查。监测普查数据及时上报省、市站及国家系统，根据调查结果、生态、气象条件等指导飞蝗防治。

3.农作物病虫害兼防兼治 农作物区在进行其他病虫防治时对飞蝗进行兼治，作物区周围喷施一定区域封锁带。

4.加强生态控制 鼓励、引导农民进行滩涂开发，加大滩涂种植面积，特别是种植飞蝗不喜食的作物（如棉花、豆类）、蔬菜(如莲藕)、果树（如葡萄、杏)，有序发展养殖业（如牛、羊、鹅)，积极开展渠系配套，2017年在东张蝗区开始种植水稻，孙吉蝗区开发了集垂钓、养殖、旅游为一体的项目区。

5.注重药剂防治 从2003年开始，连续3年开展生物药剂蝗虫微孢子虫、绿僵菌试验示范，通过生物制剂的应用大力保护天敌。对发生密度高、虫龄大的蝗虫，采用高效氯氰菊酯、马拉硫磷等低毒化学农药进行应急控制。

五、取得的初步成效

一是宜蝗面积逐年减少。通过县乡两级持续多年的宣传引导、政策扶持，农民开垦滩涂的积极性持续提高，全县蝗区面积由20世纪90年代的5 800hm^{2}下降到目前的2 133.4hm^2，下降幅度达60%以上。

二是蝗虫发生信息准确。沿黄河交通设施的改善，滩涂田间路的修整，极大方便了虫情监测的便利性。一些历年不能到达的荒草滩，监测死角，目前基本实现实现监测全覆盖。参与滩涂开发种植的农民，无形中充当了蝗虫监测员的角色，极大提高了蝗虫发生动态信息的准确性。

三是应急防治能力提升。依托蝗虫地面应急防治站建设，临猗县蝗虫应急防治基础设施改善，防治器械先进，快速反应及应急能力全面提升。以前的背负式手动、机动喷雾器应用逐渐减少，弥雾机、三轮车载柱塞泵、加农炮、无人机在防治中发挥了主力军作用。防治用工减少，安全性提高，防效提高，日防治能力由原来的1 000亩提升到5 000亩左右。

四是蝗虫发生有效遏制。新型植保器械的应用，提高了蝗虫防治效率；新型生物农药、高效低毒化学农药的应用，提高了蝗虫杀灭效果；农民日常农事操作开展的病虫害防治，对蝗虫发生起到了兼治作用。

平陆县蝗区概况

一、蝗区概况

平陆县属于山西省运城市，位于山西省最南部，东临夏县，南于河南三门峡隔河相望，西于芮城县接壤，北于运城市盐湖区相交，东西狭长，南北长34.5km，东西宽120km，国土面积1 173.5km²，县辖11乡（镇、区），人口26.1万，耕地总面积44.5万亩。

二、蝗区分布及演变

现有蝗区1 933.3hm²，划分为5个蝗区，主要分布在平陆沿河一带，蝗虫类型有东亚飞蝗、土蝗、尖头蚱蜢等。

常乐老四滩：包括薛家滩、何家滩、中张滩、梁滩，南边紧临黄河，近年来已铺设水泥路面供田间劳作使用，分为老滩和嫩滩，老滩一年四季很难有河水淹没，由于平陆县紧邻三门峡大坝，嫩滩在每年6月份落水，9—10月又涨水，蝗虫天敌主要是一些水鸟。河滩区域植被全覆盖，大部分为当地群众开垦种植的农作物，部分仍为荒草滩，土壤为典型的沙壤土，农作物多为玉米、大豆或个别水果类。

蝗区为我国历史老蝗区，中华人民共和国成立后总体蝗情一直为拟制状况，在70年代曾出现高密度蝗灾，国家曾派飞机灭蝗，可惜历史资料已丢失。

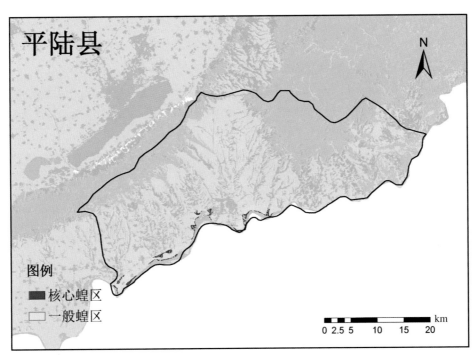

山西省平陆县东亚飞蝗蝗区

三、蝗虫发生情况

平陆蝗虫一般发生面积1 333.3～2 666.7hm²，防治333.3～666.7hm²，核心蝗区为733.3hm²，分布在常乐、张村、圣人涧等乡镇，以粮食作物和荒草滩并存状态，一般蝗区1 200hm²，多以粮食作物为主，近年来的生态控蝗起到了良好效果。

平陆夏蝗出土始期为4月下旬，出土盛期一般为4月底5月初的小雨过后，3龄盛期一般在5月中旬。

四、治理对策

1.高度重视，加强宣传　为有效控制平陆县蝗虫的发生和为害，防止蝗虫的迁飞和大规模暴发成灾，历年来，平陆县农委高度重视，每年都在蝗虫发生关键时期安排部署调查滩地蝗虫发生情况，为蝗虫防治达标区域提供农资信息，加强高效低毒农药推荐和生物农药使用，加强科学用药技术指导，不断提高服务水平和防治效果，印刷东亚飞蝗防治公告，在蝗虫发生区域广泛宣传蝗虫的危害性以及防蝗控蝗的重要性。

2.注重蝗区蝗情的调查　每年蝗虫出土前植保站技术人员分为两组，一组从芮城县和平陆县交界处向东普查，另一组从三门镇鳖盖村向西普查，然后汇总总结，在防治关键时期及时发出情报。近年防治情况：①测报人员认真、准确监测、及时指导防治，从3月下旬到9月底测报人员严格按照省、市植保站的要求坚持3~5天下河滩一次，对蝗虫进行了系统监测，全面掌握了河滩准确蝗情，并及时指导各蝗区防治，县植保站在9月份组织乡镇合作社对蝗区达标蝗虫进行了统防统治，减少下年蝗虫基数。②防治措施得力，在防治措施上，主要采用了生态控蝗和化学防治相结合的方法进行防治，组织合作社用无人飞机进行撒网式防治。在常乐镇沿河的范滩、梁滩等蝗区达标区域实行统防统治，为下年滩地的粮食作物安全生产起到了良好作用。认真贯彻省、市有关治蝗精神，切实做好蝗虫等重大病虫害防治工作，确保"飞蝗不起飞成灾、土蝗不扩散危害"，真正抓住防治关键时机，保障农业生产安全、农产品质量安全和社会稳定。

3.农作物病虫害兼防兼治　在蝗虫发生关键时期，同时对作物病虫害进行调查，能够同时防治的坚持兼防兼治。

4.加强生态控蝗　近年来，在蝗区不断教育群众种植蝗虫不喜食的豆类等双子叶作物。种植树木铲除荒草，特别是一些边角、孤岛等容易疏忽地带，起到了良好的生态控蝗的效果。

5.注重生物防治　在历年的蝗虫防治中，注重保护利用天敌，生物农药使用逐年加大。

6.使用药械及药剂　防治器械由开始的背负式手压喷雾器到三轮车高雾化三联泵，再到现在的植保无人机，防治效果越来越好，使用药量越来越少。使用药剂生物农药主要为绿僵菌、苦参碱等，化学农药一般为氰戊·辛硫磷、马拉硫磷、高效氯氰菊酯。

芮城县蝗区概况

一、蝗区概况

芮城县属山西省运城市，位于山西省西南端，运城市西南角，晋、秦、豫三省交界，黄、渭、洛三河交汇的黄河大拐弯处。东以涑水涧为界，与平陆县接壤；南与河南省灵宝市隔河相邻，西南与陕西省潼关县隔河毗邻，西与陕西省大荔县隔河相望，北与永济市以中条山为界，东北与盐湖区相连。县境南北最大距离25km，东西最大距离66km，总面积1 175.55km²。全县共7镇3乡1城镇社区管理委员会，下辖172个建制村，713个自然村，6个社区居委会，人口40.642万。耕地面积6万hm²，人均生产总值1.9万元。

二、蝗区分布及演变

现有蝗区3 733.3hm²，划分为4个蝗区，主要分布在风陵渡镇、永乐镇、古魏镇太安村及东垆乡黄河滩。蝗虫类型有东亚飞蝗、土蝗等。

宜蝗区：各蝗区地形平坦，主要有道路、河流。蝗区水文状况一般在3月下旬、4月上旬遇桃花汛，7—9月份遇大雨，水位上升，属于暖温带温带大陆性气候，降水量分布不均，造成局地性暴雨灾害和夏季干旱。天敌种类有蜘蛛、步甲、蚂蚁、蛙类及鸟类，植被杂草多，主要野生植被包括芦苇、稗草、狗尾草为主，土壤为沙壤土，栽培的主要农作物为小麦、玉米、高粱、大豆等。

蝗区历史演变：芮城县的蝗区是全国重点蝗区，自芮城县植保站建站以来，东亚飞蝗监测一直作为植保站病虫测报工作的一项重要工作，总体蝗情除1992年大发生、2011年偏重发生外，其余年份总体为偏轻发生和轻发生。尤其是1992年和2011年出现了高密度蝗片，最高密度分别是360头/m²和15头/m²。2011年因防治及时，没有起飞，没有造成大的灾害。除2011年属于夏蝗偏重发生外，其余年份均为秋蝗发生程度重于夏蝗。

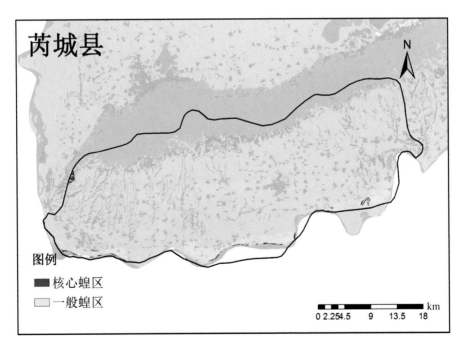

三、蝗虫发生情况

蝗虫常年发生面积1 333～2 000hm²，防治面积667～1 667hm²。芮城县核心蝗区面积467hm²，属于黄河河水流量减少后裸露的面积，与河岸边相夹少量支流，人类不宜进入，被芦苇、稗草等野生植被覆盖，适宜蝗虫的滋生。一般蝗区面积3 267hm²，由于每年的3月下旬、4月上旬遇桃花汛，夏季遇大雨，水位上升，漫淹河滩，退水后又造成大面积的裸露土地，后期又被野生植被如芦苇、稗草等覆盖，如遇合适的温湿度，使蝗虫基数增加，发生程度加重。

根据建站以来蝗虫监测的历史数据分析，夏蝗出土始期为5月中旬（5月11—15日），出土盛期为5月下旬（5月18—22日），3龄盛期为5月下旬至6月上旬，由于近几年春季干旱少雨，使蝗虫出土始期、出土盛期和3龄盛期推迟，2015年、2016年、2017年出土始期分别为5月20日和5月17日，3龄盛期均为6月15日。羽化盛期为6月下旬至7月上旬。

秋蝗出土始期为8月中旬，出土盛期为8月下旬至9月上旬，3龄盛期为9月中旬。

四、治理对策

1. "改治并举"，结合实际情况制定合理的防治方案　每年根据省、市植保站工作安排，结合本地实际情况，成立由县分管农业副县长担任组长、县农业委员会主任担任副组长、县农业委员会分管植保站副主任、县植保站站长和专职测报员任成员的领导小组，办公室设在植保站，并制定"重大病虫应急防控预案"和"东亚飞蝗防控技术方案"。本着"狠治夏蝗、抑制秋蝗"的原则，中低密度发生区优先采用生物防治和生态控制等绿色治蝗技术；突发高密度发生区及时开展应急防治，科学选药，精准施药，减少化学农药使用量，保护蝗区生态环境，促进蝗虫灾害的可持续治理，实现"飞蝗不起飞成灾、土蝗不扩散危害"的目标。

2. 重视蝗情调查及预测预报　自建站以来，一直将蝗虫监测作为病虫测报中的一项重点工作，并责成专人对蝗区进行监测，还聘用蝗区临近村庄的村民作为临时蝗区测报员。每年3—4月份，严格按

照《农作物病虫测报调查规范》要求，执行以5天为一次，对每个蝗区进行不少于25个点的挖卵调查。在蝗虫出土后，每5天进行一次蝗虫发育进度调查，每个蝗区不少于10个点的调查工作制度。根据调查结果，结合当地气象预报，并适时作出蝗虫发生的趋势预报，在出土高峰期，根据调查结果，如每平方米虫口密度大于等于0.5头时，及时发布防治情报，指导农民自防和统防统治，防止蝗虫发生蔓延、对农作物造成危害。

3. 农作物病虫害兼防兼治　由于种植结构调整，农民对黄河滩涂地进行开发，将以前的防护林毁掉作为耕地进行种植，种植作物有小麦、玉米、山药、芦笋、桃树、中药材等，打破了蝗虫的滋生环境，使蝗区由以前的15万亩，减少到现在的5.6万亩。受环境因素、气象因素等影响，农作物病虫发生程度由轻变重，而病虫发生种类由少变多，使农民重视了对农作物病虫的防治工作，同时兼治了蝗虫，减少了蝗虫的基数，使蝗虫发生程度近年来呈轻发生和偏轻发生。

4. 加强生态控制　在芮城县的四个蝗区，加强生态控制。内涝蝗区结合水位调节，修塘养鱼，改变植被条件，抑制蝗虫发生；河泛蝗区主要在嫩滩搞好垦荒种植和精耕细作，减少蝗虫滋生环境，降低其暴发频率；在土蝗常年重发区，可通过垦荒种植、减少撂荒地面积，春秋深耕细耙（耕深10 ~ 20cm）等措施破坏土蝗产卵适生环境，压低虫源基数，减轻发生程度。

5. 注重生物防治　主要在中低密度发生区（飞蝗密度在5头/m²以下和土蝗密度在20头/m²以下）、湖库及水源保护区、自然保护区，使用蝗虫微孢子虫、杀蝗绿僵菌、苦参碱、印楝素等微生物农药或植物源农药防治。

6.适量使用化学药剂　主要在高密度发生区（飞蝗密度5头/m²以上和土蝗密度在20头/m²以上）采取化学应急防治。可选用马拉硫磷、高氯·马、氰戊·辛硫磷、阿维盐等农药。在集中连片面积大于500hm²以上的区域，开展植保无人机飞防。在集中连片面积低于500hm²的区域，可组织植保专业化防治组织使用超低容量喷雾技术开展防治。防治时间段应选在清晨或傍晚进行。

万荣县蝗区概况

一、蝗区概况

万荣县隶属运城市。位于山西省西南部，运城市西北部，黄河东岸，地处黄河与汾河交汇处，西濒黄河与陕西省韩城市相望，南与孤峰山与临猗县、盐湖区相连，东峙稷王山与闻喜县相接，北有峨嵋台地与河津市相邻。地理坐标为东经110°25′52″～110°59′40″、北纬5°13′45″～35°31′40″。据2016年统计，全县国土总面积1 081.5km^2，耕地面积102万亩，辖区乡镇14个，行政村281个，人口45.4万。2016年万荣县地区生产总值为6 499.08万元，城镇居民人均可支配收入22 565元，农村居民人均可支配收入8 210元。

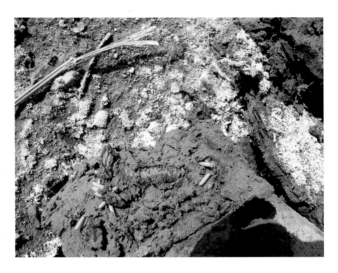

二、蝗区分布及演变

1. 万荣县蝗区概况　现有蝗区11 000hm^2，其中核心蝗区1 333.33hm^2，一般蝗区9 666.67hm^2。划分为3个蝗区：裴庄蝗区、光华蝗区和荣河蝗区。蝗区介于东经110°25′56″，北纬35°18′42″，北与河津县阳村连柏滩交界，南和临猗县南赵滩相连，西至黄河，东至河沿沟沿，南北长29km，东西平均3.8km，途经裴庄、光华、荣河3个乡镇、57个自然村庄（38个行政村），形成了裴庄、光华、荣河

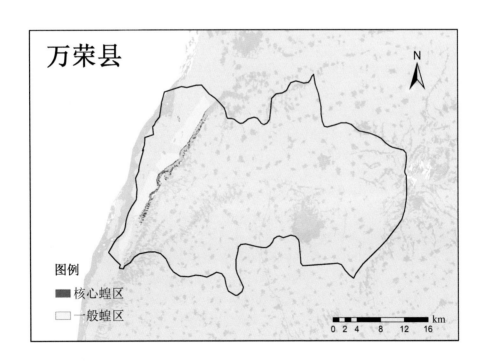

三大滩区。蝗虫类型主要有东亚飞蝗和土蝗两大类。土蝗主要包括稻蝗、笨蝗、黄胫小车蝗、大垫尖翅蝗、负蝗等。

2. **蝗区生态特点** 蝗区地形较为复杂，蝗区内黄河、汾河两条河。黄河沿县境内西边南下，河段全长29km，河床平均宽7.8km，最大宽面10.5km。平均流量1 024.3m³/s，最大流量为22 000m³/s，最小流量为34m³/s，桃花汛期流量3 000～4 000m³/s，秋汛期流量5 000～6 000 m³/s。汾河经裴庄乡徐家崖、西范、西孙石、寺后、南百祥、下王信与光华乡秦村、大兴、北甲店、罗池和荣河镇南甲店、北辛、南辛到北寨子汇入黄河。平均流量45.5m³/s，最大流量3 320m³/s，桃花汛期82.5m³/s，秋汛期流量250m³/s。蝗区目前道路四通八达，多为砂砾石路，交通较为便利。蝗区海拔高程为370m左右，属暖温带大陆性季风气候，昼夜温差大，四季分明。年平均气温11.9℃，年降水量550～600mm，霜冻期在10月下旬至次年4月中旬，无霜期190天左右。地下水位1.2～1.5米。蝗区植被主要以茅草、马绊、蒿为主，其他种类杂草较少。土类为草甸土，土种从裴庄滩-荣河滩分别为沙土、沙壤土。滩涂种植各类作物面积11.4万亩，其中粮食作物种植面积8.26万亩（复播面积），主要为小麦、玉米、豆类、高粱等；经济作物种植面积6.6万亩，主要为棉花、芦笋、油料、药材、桃果、辣椒、牧草等。已开发鱼塘面积2.2万余亩，其他1.2万亩，草滩面积1.7万亩左右。天敌种类主要有鸟类、蛙类、蚂蚁、蛇类等。

裴庄滩：滩涂面积5 660hm²，汾河在裴庄境内流经9.2km，涉及18个村地界，黄河在境内流经6.2km，涉及15个村地界。土壤多属沙壤性土，质地疏松，土壤层厚27cm左右，有机质含量0.64%，含氮量0.03%，有效磷含量1.2mg/kg。光热资源充足，年平均日照数为2 364.5小时，平均气温在11.8℃以上，无霜期195天。水资源充足，为微碱性水域，年降水量600mm以上，地下水深度2m，地下含水层一般40～70m，分布稳定。

裴庄乡近年来大力发展滩涂旅游和滩涂水产养殖项目，目前已开发利用约8 000亩沙丘建设西滩湿地公园，滩涂水产养殖项目主要是放水投鱼、虾、蟹等近2万亩，2万亩无公害芦笋基地，1万亩专供茅台、五粮液、汾酒集团的有机高粱种植基地。

光华滩：光华乡共有滩涂2 440hm²，路、电、井等基础设施较为完善，具有较好的生产条件。传统上群众以种植棉花为主要经济作物，但受到棉花市场价格的影响，群众种植棉花入不敷出。近年来光华乡围绕滩涂，明确了推广滩涂双料种植新模式和丰富滩涂农作物种类两条路径，补农业产业无特色的短板，发展农业产业。在原来西瓜种植的基础上，增加牧草、辣椒、茄子、南瓜、萝卜、山药等经济作物，以蔬菜、药材为特色发展方向，丰富滩涂农作物种类，光华滩涂种植结构得到优化。

荣河滩：32个沿河村庄，共有滩涂2 860hm²。荣河滩已初步形成了"万亩粮食种植区、万亩莲藕栽植区、千亩水产养殖区、黄汾湿地旅游区"四大片区。多年的滩涂生态开发，飞蝗的滋生环境受到一定的破坏。

3. **蝗区蝗情** 万荣蝗区自1981年以来，东亚飞蝗偏轻发生年份18个，中等发生、局部偏重年份13个，偏重发生年份5个，大发生年份1个为1992年。1981—1990年东亚飞蝗（夏、秋蝗）均为轻等发生，平均每平方米有蝗蛹0.2～0.3头，最高0.5～0.6头。从1991年东亚飞蝗发生程度开始有所加重，1991年中等发生，平均每平方米有蝗蛹0.56头，严重区域平均每平方米有蝗蛹1.6头。秋蝗平均每平方米0.72头，严重区域3头以上；1992年夏蝗大发生，发生面积10万亩，平均每平方米蝗蛹19～20头，最高40～50头，由于飞机防治和人工防治及时，未造成危害。秋蝗轻发生，平均每平方米0.17头；1993—2009年东亚飞蝗多为中等发生，个别年份偏重发生；2010—2017年多为偏轻发生年份，2011年夏蝗偏重发生，局部大发生。2011年一般每平方米有蝗蛹3～5头，部分高密蝗点每平方米10头以上，秋蝗中等发生，局部偏重发生，平均每平方米有蝗蛹1.7头。

三、蝗虫发生情况

根据近年来对东亚飞蝗的定点监测，万荣县蝗虫常年发生面积在10万亩次左右。核心蝗区一般发生密度在0.6～1头/m²，最高2～3头/m²；一般蝗区发生密度在0.3～0.6头/m²，最高1～2头/m²。夏蝗蝻出土始期一般在5月上旬（5月2—8日），出土盛期在5月中下旬（5月12—25日），3龄盛期在6月上中旬（6月6—18日），羽化盛期在6月下旬至7月初，成虫产卵盛期在7月上旬。夏蝗蝻防治适期在6月上中旬。秋蝗蝻出土始期一般在7月底至8月初（7月26日至8月5日），出土盛期在8月中旬（8月12—20日），3龄盛期在8月中下旬（8月16—28日），羽化盛期在9月上旬，产卵盛期在9月中下旬。秋蝗蝻防治适期在8月中下旬。

四、治理对策

在防治措施上，主要采用了生态控蝗、生物防治与化学防治相结合，群众防治与专业队防治相结合，重点挑治与普遍防治相结合的方法进行防治，确保了"飞蝗不起飞，土蝗不扩散"。

1.贯彻"改治并举、综合治理"的治蝗方针　结合万荣县实际情况，以消灭适合蝗虫发生繁殖的生态条件入手，修堤筑坝，对蝗区实施有计划地垦荒种植、植树造林，发展养殖业、旅游业等，改善蝗区生态环境，达到根除蝗害的目的。现蝗区农作物种植面积已达11.4万亩，开发鱼塘养殖鱼虾蟹等2.2万亩，其他1.2万亩，剩余不能开发利用的面积1.7万亩。

2.重视蝗情调查及预测预报　测报人员严格按照省、市、站《东亚飞蝗测报调查规范》的要求，从3月下旬开始到10月底，坚持5～10天下河滩一次，对蝗虫进行系统监测。并在荣河、裴庄、光华三乡（镇）沿河的38个村确定了41名蝗虫监测员，于每年4月底至5月初、7月底至8月初进行培训，及时向县植保站反映当地蝗虫发生情况，特别是发现高密蝗点要随时汇报，全面掌握河滩准确的蝗情，及时指导各蝗区防治，并坚持每5天向省、市、县各级及时汇报蝗情，特殊情况及时报告。每年于4月下旬发布"夏蝗发生趋势预报"，6月上旬发布"全力以赴做好蝗虫防控工作千方百计确保农业生产安全"的病虫情报，7月下旬发布"秋蝗发生趋势预报"，对夏蝗、秋蝗的发生做出了准确的预测和预报，并提出了具体的防治方案。全年共向上级部门报送蝗虫报表120余份，周报25期，旬报16期，情报2期，手机短信1 500条次。

3.农作物病虫害兼防兼治　随着滩涂种植多样化，小麦、玉米、豆类、高粱、薯类、瓜类等农作物病虫害分布广、危害重，在防治蝗虫的同时，对各类病虫害，如玉米螟、棉铃虫、夜蛾等害虫都具有兼治的作用。在防治的同时，还同时加配其他杀虫剂、杀菌剂防治蚜虫、红蜘蛛以及各种病害，一举多得。

4.加强生态控制　通过开发草滩，扩大种植、养殖面积，改善河滩生态环境，加强生态控制。

5.注重生物防治　在中、低密度蝗区利用杀蝗绿僵菌、苦参碱等生物农药开展防治，保护蝗区生态环境。

6.防治蝗虫药剂　在高密度蝗区和农田周边发生区，组织植保专业化防治队进行统防统治，选用马拉硫磷乳油或高效氯氰菊酯乳油等化学农药及时控制蝗虫的发生为害。专业化防治队采用先进植保机械——无人机、高杆喷雾机进行作业，雾化效果好，农药利用率高，可达到杜绝高剧毒农药使用，降低环境污染，提高农药使用率，减少农药使用量30%以上的目的，使病虫害可持续治理。

永济市蝗区概况

一、蝗区概况

永济市位于山西省西南部，运城市所辖。秦、晋、豫三省黄河金三角交汇处，它南依中条山，西靠黄河滩，北边是台垣沟壑区。古称蒲坂，传为舜都，总面积1 221.06km²，总人口45万。

二、蝗区分布及演变

永济市现有蝗区11 800hm²，划分为4个蝗区，主要分布在蒲州河泛、韩阳河泛、张营河泛、伍姓湖内涝湖。蝗虫类型有东亚飞蝗、土蝗、稻蝗等。

河泛蝗区：属于黄河滩涂，一年四季分明，降水基本稳定。蝗虫天敌有蚂蚁、蜘蛛、鸟类等，植被杂草主要以芦苇为主，沙土地，农作物种植以前主要以小麦、玉米为主，现在生态控蝗以后，主要以莲藕为主。

内涝湖蝗区：属于伍姓湖内涝湖，湖内水源基本以地下水和涑水河为主，常年地下水位不变，蝗虫天敌有蚂蚁、蜘蛛、鸟类等，土地主要以盐碱地为主，植被杂草主要以芦苇为主。

1998年、2011年、2012年发生高密度群居蝗片，最高密度1 000头/m²。

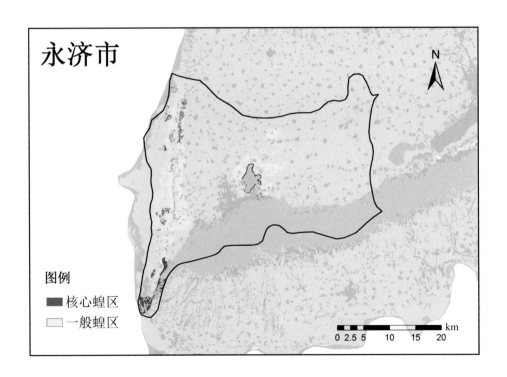

三、蝗虫发生情况

常年发生面积4 000hm²，防治面积1 333.3hm²。核心蝗区常年发生1万亩，一般蝗区常年发生5万亩。防治主要以核心蝗区为主。

夏蝗出土始期在5月8日左右，出土盛期为5月20日，3龄盛期为6月1日，羽化盛期为6月30日，产卵盛期为7月2日。

四、治理对策

贯彻"改治并举"方针，主要以生态控制为主，在张营河泛、蒲州河泛、韩阳河泛进行产业结构重大调整，改变以前蝗虫喜食的玉米、高粱为蝗虫不食的莲藕池，大大减少了东亚飞蝗在3个黄河河泛蝗区的生态环境。在生态防控的同时，重视蝗虫的调查及预测预报，在3龄高峰期间采用白僵菌药剂进行统防统治，效果显著。

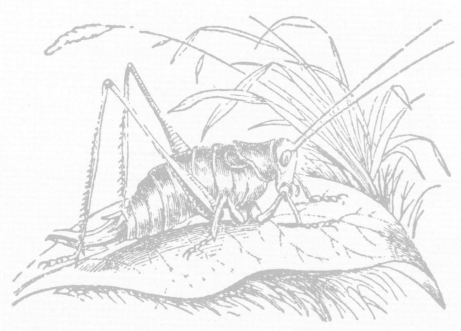

辽宁 · LIAONING

蝗区概况

一、蝗区概况

辽宁位于东北南部,东经118°53′至125°46′,北纬38°43′至43°26′,面积14.59万km²,海岸线2 100多km。辽宁省东北与吉林省接壤,西北与内蒙古自治区为邻,西南与河北省毗连,与山东省隔海相望。以鸭绿江为界河,与朝鲜隔江相望,南濒浩瀚的渤海和黄海。

地势大体为北高南低,从陆地向海洋倾斜;山地丘陵分列于东西两侧,向中部平原倾斜。地貌划分为三大区。①东部山地丘陵区。此为长白山脉向西南之延伸部分。这一地区以沈丹铁路为界划分为东北部低山地区和辽东半岛丘陵区,面积约6.7万km²,占全省面积的46%。东北部低山区,此为长白山支脉吉林哈达岭和龙岗山之延续部分,由南北两列平行的山地组成,海拔500~800m,最高山峰钢山位于抚顺市东部与吉林省交界处,海拔1 347m,为本省最高点。辽东半岛丘陵区,以千山山脉为骨干,北起本溪连山关,南至旅顺老铁山,长约340km,构成辽东半岛的脊梁,山峰大都在海拔500m以下。区内地形破碎,山丘直通海滨,海岸曲折,港湾很多,岛屿棋布,平原狭小,河流短促。②西部山地丘陵区。由东北向西南走向的努鲁儿虎山、松岭、黑山、医巫闾山组成。山间形成河谷地带,大、小凌河发源地并流经于此,山势从北向南由海拔1 000m向300m丘陵过渡,北部与内蒙古高原相接,南部形成海拔50m的狭长平原,与渤海相连,其间为辽西走廊。西部山地丘陵面积约为4.2万km²,占全省面积29%。③中部平原。由辽河及其30余条支流冲积而成,面积为3.7万km²,占全省面积25%。地势从东北向西南由海拔250m向辽东湾逐渐倾斜。辽北低丘区与内蒙古接壤处有沙丘分布,辽南平原至辽东湾沿岸地势平坦,土壤肥沃,另有大面积沼泽洼地、漫滩和许多牛轭湖。

辽宁省地处欧亚大陆东岸、中纬度地区,属于温带大陆性季风气候区。境内雨热同季,日照丰富,积温较高,冬长夏暖,春秋季短,四季分明。雨量不均,东湿西干。全省年日照时数2 100~2 600h,其中朝阳地区最多为2 861h,丹东地区最少为2 120h。春季大部地区日照不足;夏季前期不足,后期偏多;秋季大部地区偏多;冬季光照明显不足。全年平均气温在7~11℃,最高气温30℃,极端最高可达40℃以上,最低气温-30℃。受季风气候影响,各地差异较大,自西南向东北,自平原向山区递减,其中,最高为大连,最低为西丰。年平均无霜期130~200天,一般无霜期均在150天以上,由西北向东南逐渐增多。辽宁省是东北地区降水量最多的省份,年降水量在600~1 100mm。东部山地丘陵区年降水量在1 100mm以上;西部山地丘陵区与内蒙古高原相连,年降水量在400mm左右,是全省降水最少的地区;中部平原降水量比较适中,年平均在600mm左右。

二、蝗虫发生概况

辽宁省在历史上曾记载过亚洲飞蝗在辽南地区有发生。据史料记载,中华人民共和国成立前曾发生蝗灾13次,最近大暴发是在2001年和2002年。

2001年辽宁省东亚飞蝗发生69.8万亩,其中农田29.5万亩,荒山、荒坡40.3万亩。发生区域涉及葫芦岛市连山区、南票区、建昌县和锦州市的太和区、凌海市等2个市的5个县(市、区)、38个乡镇。东亚飞蝗发生密度一般每平方米5~20头,局部地区达到100~1 000头,这是近70年来的第一次发生。此次蝗虫发生的特点:一是发生早,来势猛,局部地区密度集中,最高密度达1 080头/m²;二是发生区域不连片,基本属于点状分布;三是蝗虫出土历期长,龄期不整齐,前后相差一个多月;四是蝗虫发生区环境比较复杂,主要分布于水库边、女儿河、大凌河两侧以及荒坡草地和傍山农田;五是飞蝗和土蝗混合发生,在东亚飞蝗发生区,均可见土蝗危害。

2002年全省发生56.1万亩,其中耕地发生18.6万亩,荒山、荒坡37.5万亩。除葫芦岛、锦州市继续发生外,还在盘锦市羊圈子苇场新发现东亚飞蝗发生,其中重发生面积4 000亩。发生范围涉及葫芦岛市的连山区、南票区、建昌县、绥中县,兴城市,锦州市的太和、凌海市,盘锦市的盘山县等

3市的8个县（市、区），39个乡（镇、场）190个村。2002年蝗虫发生特点：一是发生区域扩大。绥中和兴城市有7个乡（镇）、21个村首次发生东亚飞蝗，面积6.1万亩；其中，高密度虫口区3万多亩。二是发生期提前，发育不整齐。葫芦岛市夏蝗出土始期在5月5日前后，比2001年提早近半个月，6月4日即可见到少量成虫，而蝗卵还在不断孵化，发育进度极不整齐，加大了防治难度。三是虫口密度高。局部地区出现了高密度群居型蝗蝻，最高虫口密度达每平方米1 000头以上，需防面积占发生面积的60%以上。四是点片发生，分布不均匀。蝗虫高密度区大多分布在河滩、库区、荒沟地及苇场。而上年发生较重，防治次数较多的地段，下一年普遍发生轻。

2003年以后东亚飞蝗发生面积逐年减少，省内局部地区个别地块零星发生，没有再构成重大危害。

三、东亚飞蝗发生规律

（一）生活史

东亚飞蝗是我国历史上重大灾害性大害虫，一年发生两代，第一代为夏蝗，第二代为秋蝗。中华人民共和国成立前与干旱、涝灾交替发生，构成三大自然灾害。该虫特点：一是食性广。危害玉米、小麦、高粱、水稻、谷子、芦苇、茅草、盐蒿、莎草等，大发生缺乏食料时也取食大豆、棉花、蔬菜等。二是危害重。东亚飞蝗成虫和若虫均可危害，以成虫食量较大，晴天几乎可全天取食，高密度时短时间内可将大片作物吃成光秆。三是具有迁飞性。飞蝗密度小时为散居型，当密度增加后，群居型成蝗便远距离迁飞，不仅会对本地区造成危害，而且将大面积扩散，难以控制。

东亚飞蝗在辽宁省发生两代，一般年份，越冬卵孵化在5月上中旬，但随着气候的变暖，辽宁东亚飞蝗越冬卵孵化时间有所提前，最早可以在4月底孵化。夏蝻期40天左右，其中1龄约7天，2～4龄各8～9天，5龄10天，6月中旬至7月中旬羽化，成虫寿命55～60天。产卵前期为15～20天，7月上中旬为产卵盛期。卵期20天，7月中旬至8月上旬孵化为秋蝻，秋蝻期约30天，于8月上中旬至9月上旬羽化为秋蝗，盛期为8月中下旬，成虫寿命40天左右。9月份为产卵盛期，以该代卵越冬。

飞蝗取食与气候和龄期有关。干旱季节，食量大，危害重。因为它要从大量食物中索取较多的水分供其生命活动。夏季晴天，早晨日出后半小时开始取食，中午因气温过高停食，下午4时至日落前食量最大，日落后和阴雨天或大风天取食甚少。

成虫产卵时，多选择植被覆盖度25%～50%、土壤含水量10%～22%，含盐量0.2%～1.2%，且结构较坚硬的向阳地带。如向阳的河边、湖滩、堤坝、荒地和田埂、路边等特殊环境，以及曾经淹过水，退水不久的河、湖水泛区。

（二）影响蝗虫发生的主要因素

1.气候 从2001年及2002年辽西地区蝗虫发生情况可以看出，5—9月气温高于22℃，4月中旬至5月上半月无降水，这种干旱高温的天气适合夏蝗大发生。在辽西地区，年降水量在400mm左右，是全省降水最少的地区，常年干旱，河滩及湖泊水位低落，大面积荒地暴露，给飞蝗提供了滋生地，为飞蝗大暴发提供了条件。

2.人为因素 人类的活动是影响蝗虫消长极其重要的外界因素。通过兴修水利、垦荒等创造不利于蝗虫发生的环境，并采取直接防治的措施控制蝗害。

3.食料因素 东亚飞蝗为杂食性害虫，主要食料是禾本科和莎草科植物及杂草，且对食料有一定选择性。喜食芦苇、稗、红草等，其次是玉米、高粱、谷子、麦、稻等禾本科作物。一般不喜食双子叶植物，仅在饥饿时取食，但对其发育不利，使之不能完成生活史或不能产卵。

4.天敌 据报道，蝗虫的天敌有68种。捕食天敌有鸟类、蛙类、蜥蜴、蝇类和步甲等。一般年份蟾蜍、青蛙、鸟类等天敌对辽宁飞蝗消长有一定影响。

四、蝗虫综合治理

（一）治蝗工作的宏观调控措施

辽宁省各级政府和领导都十分重视蝗虫的综合治理工作，把控制蝗虫危害作为一项政治任务来抓。在蝗虫发生期，省市领导亲临蝗区发动和组织广大群众，调配药械，协调各有关部门的工作。组织召开防控工作会议，研究防治对策，落实防治资金。治蝗工作始终贯彻执行"改治并举、综合防治"的方针和"狠治夏蝗、抑制秋蝗"的防治策略，通过采用应急防治、综合治理、生态控制等措施，达到蝗虫"不起飞、不扩散、不成灾"的目标。具体有效措施：

（1）加强组织领导，强化对治蝗人力、物力和财力的指挥和协调作用，建立领导负责制，落实岗位责任，加大监督和检查力度，使各项治蝗措施落实到位。

（2）加强虫情监测和普查工作，按照调查规范普查虫情，各蝗区完善蝗虫监测网络，充实、稳定蝗虫监测和普查队伍。除了省、市、县、乡有专门技术人员外，还要求各村有查蝗员，查蝗任务分片到人，明确责任。要求查蝗人员认真搞好蝗虫系统调查和预测，做到发现一片，查清一片，控制一片。

（3）加强机防队建设，实行统防统治，提高应急防治能力。市、县、区根据当地具体虫情，组建相应规模的专业机防队伍，并进行技术培训，以提高队员的安全用药意识和防治技术水平。

（4）探索新的蝗灾防治管理机制，提高蝗灾治理特别是应急防治的工作效率，积极推进可持续治理进程。

（二）改造蝗区生态环境

导致飞蝗种群消长的主要因素是水文，其次是植被、土壤、盐碱、小气候和天敌。因此，蝗区改造应从治水这一主要矛盾入手，改善植被、土壤、盐碱、小气候和天敌等生态因素，使蝗区生态环境向着不利于蝗虫而利于植被、天敌等有益生物的方向发展，达到生态控制蝗害的目的。

（1）兴修水利，疏通河道，稳定水位，搞好排、灌配套设施系统，改善水利状况，达到涝能排、旱能浇灌，从根本上解决因旱、涝形成的蝗区灾害。

（2）垦荒种植，在蝗虫常发区可通过垦荒种植、减少撂荒地面积，减少蝗虫产卵适生环境，压低虫源基数，减轻发生程度。因地制宜改种水稻、大豆、花生、白菜、萝卜等植物，尤其是大量种植双子叶植物，造成蝗虫食物不适或缺乏，减少其发生。

（3）保护利用天敌，在积极提高生物多样性的同时，充分保护利用优势天敌，发挥自然控制蝗虫种群数量的能力。

（三）药剂防治

坚持正常的预测预报和蝗情侦察工作，狠治夏蝗，减少虫源基数。当点片发生时，用毒饵或弥雾机等地面喷雾灭蝗；当高密度大面积发生时，要采取应急手段迅速消灭高密度蝗群。

1. 喷雾或喷粉　可使用45%马拉硫磷乳油450～600g/hm^2、30%高氯·马乳油150～210g/hm^2、4.5%高效氯氰菊酯乳油20.25～27g/hm^{2}等农药，用于地面低量喷雾。生物农药可选用0.4亿孢子/mL蝗虫微孢子虫悬浮剂120～240mL制剂/hm^2、200亿孢子/g球孢白僵菌可分散油悬浮剂。

2. 飞机防治　飞机飞行速度快，防治效率高，喷药均匀，防治效果好。凡蝗虫发生面积大、密度均匀而又超过防治指标、环境复杂的地区均可用飞机进行防治。但飞机防治多受气候影响，需要选择良机抓紧进行。飞机治蝗的作业时间应在黎明开始，到上午10时以前结束，在天气晴朗、风速不大于3～4m/s时进行。常用45%马拉硫磷乳油，每亩用66.7～88.9mL，进行超低量喷雾。

3.毒饵诱杀 当药械不足和植被稀疏时，用毒饵防治效果较好。将麦麸（米糠、玉米糁、高粱糁等）100份、清水100份、90％敌百虫1.5份混合拌匀，每亩用2 000～3 000g。也可用蝗虫喜食的鲜草100份，切碎，加水30份，拌入以上药剂，每亩用7.5kg。根据蝗虫取食习性，在取食前均匀撒布。随配随用，不宜过夜。阴雨、大风和气温过高过低时不宜使用。

南票区蝗区概况

一、蝗区概况

南票区属葫芦岛市。南票区地处辽西走廊，位于葫芦岛市西北部，同锦州、朝阳两市接壤，远眺秦皇岛市，通过渤海经济圈诸港可扩大对外贸易。北枕松岭，南瞰渤海，利用东北中蒙、中俄边界经济带可加强边贸经济往来。

二、蝗区分布及演变

南票东亚飞蝗主要分布在11个乡镇。2001年以来，总体蝗情轻度发生，2001—2004年出现了高密度蝗片，最高密度100头/m²。

三、蝗虫发生情况

常年发生面积500亩左右，防治面积500亩左右。雄成虫体长33～48mm，雌成虫体长39～52mm，有群居型、散居型和中间型3种类型。

四、防治情况

根据夏蝗发生趋势，制定了东亚飞蝗防治预案。采取生物防治、化学应急防治、生态控制等措施，最大限度减少灾害损失。对飞蝗低密度发生区及水库周边荒地，应用蝗虫微孢子虫、绿宝等生物农药控制蝗害，以保护生态环境。对飞蝗重发区，合理使用高效、低毒、低残留的化学农药高效氯氰菊酯、马氰乳油、马拉硫磷等药剂进行应急防治，实现了"不成灾，不起飞"的目标，有效控制了危害。化学防治防效达95%，生物制剂防治防效达80%，防治后耕地残虫量平均每平方米0.02头，荒地残虫量平均每平方米0.1头。

五、治理对策

2007年以后，东亚飞蝗在本区无发生。治理对策以做好虫情监测与预报为主。

盘山县蝗区概况

一、蝗区概况

盘山县为辽宁省盘锦市辖县,位于盘锦市的北部,辽河下游,渤海之滨。东与台安县、海城市隔河相望,南与盘锦市区、大洼区毗邻,西连锦州市凌海市,北与锦州市北镇市接壤。截至2013年,盘山县面积1 735km²,辖10个镇,117个行政村,总人口22.58万。盘山县处于辽河下游冲积平原,地势平坦低洼,平均海拔4m左右。境内有大辽河、双台子河、绕阳河等大小河流13条。境内沟渠纵横,广布沼泽洼地,沿海多滩涂。盘山县属于北温带亚湿润区季风型大陆性气候,四季分明,春季多风,集中降水,无霜期长。年平均气温8.8℃。1月平均气温−10.8℃,最低气温−28.2℃;7月平均气温24.4℃,最高气温35.2℃。年平均降水量605mm,多集中在7—8月份,无霜期170天左右。

二、蝗区演变

历史上,盘山无东亚飞蝗发生记载。在2002年6月下旬,盘山县羊圈子苇场大面积暴发蝗灾,据调查,蝗灾区主要集中在地势相对较高的刘三分场刘北作业区,夏蝗发生面积4 000亩以上。苇田内最高密度虫口密度达每平方米1 000头以上,芦苇受到严重危害。这是新中国成立以来盘山县首次发生大面积东亚飞蝗。2003年6月又在东郭、羊圈子、石山苇场相继不同程度地发生东亚飞蝗,发生面积达17万亩,重发生5万亩。

三、发生情况

2002年6月下旬,盘山县羊圈子苇场大面积暴发蝗灾,2002年8月调查,苇田内大多数地块每行走百步可见到飞蝗10～20头,部分高密度地块达40～50头;地面蝗蝻密度平均在0.5头/m²以下,局部高达20～30头/m²,并有初孵蝗蝻陆续出土。2003年6月又在东郭、羊圈子、石山苇场相继不同程度地发生东亚飞蝗,发生面积达17万亩,重发生5万亩。

四、防治情况

2002年面对夏蝗发生面积大、数量多、苇田防治作业地形复杂的严峻形势,在省农业厅、省植保站及市政府的大力支持下,采取了人工地面与飞机防治相结合的果断措施,将夏蝗大发生造成的为害损失降到最低程度,达到了蝗群不扩散、不成灾、不起飞的预期效果。通过人工化学应急防治、飞机洒药等措施,经过一个月连续艰苦作战,夏蝗防治战役取得全面胜利。从6月11日至7月11日,全县防治夏蝗面积17万亩,防治效果95%以上。投入治蝗经费205万元,防治用药40t,出动机械喷雾器165台,手动喷雾器100台,使用农用飞机一架,组织应急防治专业队16个,建立蝗虫监测点3个,投入查蝗人员63人,取蝗虫卵块调查点1 305个,出动治蝗人员7 000人次,实现了夏蝗不起飞、不成灾、不扩散的防治目标。

2003年夏蝗防治从6月25日至7月5日,全县共防治夏蝗20万亩(以机械防治为主),总体防治效果达90%以上。投入治蝗经费20万元,防治用药7t(以马拉硫磷为主);出动药械180台;出动人工500人次,有效地控制了夏蝗的严重发生,降低了秋蝗的发生基数。

2003年以后每年进行蝗虫监测,东亚飞蝗发生逐年减少,仅个别地块零星发生。

另外，在药剂防治同时也进行了生态防治。根据东亚飞蝗的生活习性及发生特点，在开展应急化学防治的同时，积极开展生态防治。一是以水淹卵。盘山县共有苇田面积100万亩，由于干旱缺水，为保障生活及农业用水，每年春季都有近30万亩的苇田无水灌溉，这给蝗虫提供了广阔的生存空间。蝗虫发生后，为解决东亚飞蝗问题，春季灌溉基本达100%，只有个别高地没有灌水，这就使大部分的蝗卵难以孵化，降低了夏蝗的防治基数。二是改善生态环境，保持生态平衡，利用鸟类、蛙类及有益昆虫防治飞蝗。

五、治理对策

从2004年以后，由于治理措施得当，东亚飞蝗面积逐渐减少，2006年后，未见东亚飞蝗发生，田间挖卵调查，始终未见。

绥中县蝗区概况

一、蝗区概况

绥中县位于辽宁省的西南部，地处辽西走廊，是山海关内外的交通要道。东邻兴城，南临渤海，西与山海关接壤，北枕燕山，素有"辽宁西大门"之称。绥中是辽宁沿海经济开发战略重点支持区域，全县总面积2.765km²，下辖25个乡镇和2个大型国有果树农场，人口65万，耕地面积8.2万hm²，人均生产总值1.108万元。

二、蝗区分布及演变

现有蝗区1.2万hm²，划分为3个蝗区，主要分布在库区荒滩及周边荒山。蝗虫类型主要是东亚飞蝗，间杂发生土蝗。

大风口水库蝗区：三面环山，入水口两侧为农田，主要农作物是玉米；周边荒山以阔叶林为主；库区杂草多为禾本科杂草，土壤为冲击河淤泥。

龙屯水库蝗区：南北两面是丘陵山地，主要种植果树，东西两面是农田，主要作物是花生和玉米，土壤为河淤泥，库区杂草以禾本科杂草为主。

历尽水库蝗区：南北两面是荒山，以阔叶林为主，东西两侧为农田，主要种植水稻和玉米，土壤为河淤泥，杂草以禾本科杂草为主。

三、蝗虫发生情况

蝗区自2000年开始有发生记载，2003年中等偏重发生，夏蝗发生面积1.2万hm²，达到防治指标0.87万hm²，高密度发生区0.13万hm²，平均密度20~30头/m²，最高密度50~60头/m²。防治面积0.87万hm²；秋蝗发生面积1万hm²，达到防治指标0.33万hm²，防治面积0.33万hm²。2004年中等发生，夏蝗1.2万hm²，达标面积0.8万hm²，平均密度1.5头/m²，最高密度3头/m²。从2006年以后，常年有蝗面积0.2万hm²，均未达到防治指标。夏蝗出土时间是5月底至6月中下旬，出土盛期在6月20日左右，3龄期在7月上中旬。

四、治理对策

2003—2005年，在蝗情出现突发情况时，采用人工机防队进行喷雾防治，从2006年至今，主要是加强监测，监测结果表明，近年来，东亚飞蝗密度和发生面积均呈现缓和降低趋势。目前主要工作是加强宜蝗区蝗情监测，严密监控虫口密度。

江苏 ·JIANGSU

蝗区概况

一、总体概况

1. **地理简介**　江苏省位于北纬30°～35°2′，东经116°2′～121°9′。地处南北过渡带，是黄河与长江两大流域农耕文明的交汇之地，境内以平原为主，兼有低山丘陵；河网稠密，湖泊众多。江苏省是全国地势最为低平的一个省份，绝大部分地区海拔在50m以下，最低海拔不足2m。全省国土面积1 026万hm²，占全国土地总面积的1.07%。

（1）气候简介。江苏省农业气候为过渡型地带，全省地处暖温带和亚热带、湿润和半湿润季风气候区，四季分明，淮河至苏北灌溉总渠一线为我国暖温带和亚热带的分界。光热条件兼有南北之长，易受季风气候影响，降水较为丰富。全年日照时数平均为2 000～2 600h，以夏季最多，占全年29.0%～32.8%，冬季最少，占全年20.1%～21.3%。全省年平均气温13.2～16.0℃，由东北向西南逐渐递高。江苏降水充沛，但地区差异明显。全省年降水量800～1 200mm，由东至西、由南至北递减，以夏季（6—8月份）最为集中，占年总量的40%～60%。全省主要的灾害性气候有雨涝、干旱、热带风暴、霜冻、连阴雨及干热风、冰雹等，无霜期200～240天，南部长于北部。

（2）耕作简介。全省耕地面积近466.7万hm²，人均占有耕地0.06hm²，是全国重要的粮棉油生产基地，江苏地处南北过渡地带，适合多种农作物生长，既有江南稻作农业的特点，又是中原旱作农业的延伸。据2016年统计，全省农作物播种面积767.69万hm²，粮食播种面积达543.27万hm²，粮食总产量达3 466.01万t，棉花总产量7.38万t，油料总产131.93万t。一般将江苏省划分为6个农业区，即太湖农业区、宁镇扬丘陵农业区、沿江农业区、沿海农业区、里下河农业区和徐淮农业区。

2. **东亚飞蝗是江苏省历史上的重要害虫**　据《沛县志》记载：在后汉中元元年（公元56年）"楚沛多蝗"这是全省发生蝗患的最早记载。尔后，在《唐书·五行志》《十国春秋》等有关史书和地方志中，对江苏省蝗灾屡书不绝。唐贞元元年（785年）"夏蝗，东至海，西尽河陇，群飞蔽天，旬日不息，所至草木及畜毛靡有孑遗，饿殍枕道"。宋嘉定八年（1215年）"盱眙安丰县为甚，四月飞蝗越淮而南，江淮蝗食禾苗，山林草木皆尽"。元至正十九年（1359年）"淮安清河县飞蝗蔽天，自西而东，凡经七日，禾稼俱尽"。明万历四十四年（1616年）"飞蝗蔽日，声如雷，食尽稼，赤地如焚"。清康熙十八年（1679年）"旱，飞蝗食禾殆尽"。

民国时期，蝗灾频繁，据《高邮县志》记载：民国6年至37年（1917—1948年）的31年间，高宝湖蝗区，大的蝗灾有6次之多，又据《沛县大事记》记载，民国10年"六月，微山湖沿湖发生蝗害，蝗虫起飞遍天盖地，庄稼食尽，灾民衣食无着，弃家逃荒"。据江苏昆虫局统计，民国17年全省61个县有58个县发生蝗灾，长江两岸，芦苇叶几被食尽，仅余光秆，仅此一项，即损失银元110万。翌年，飞蝗又大量发生，有48个县发生蝗灾，沪宁线下蜀发现大群蝗蝻从长江边直趋内地，穿越铁路，盖没路轨，致火车无法通行，下蜀镇为蝗蝻袭击，商店闭门，农田作物被毁一空。据统计，从56年到1949年的1 800多年中，共发生蝗灾200余次，平均每9年发生一次。

江苏历史上主要有3大蝗区，地理及生态特点为：

（1）滨湖蝗区。主要包括微山湖、洪泽湖、骆马湖和高宝湖等湖滩及其周围的内涝蝗区，是历史上的重点蝗区。其特点是湖水涨落不定，干旱年份湖滩暴露，蝗虫发生面积扩大，大水年份湖滩淹没，蝗区缩小。共包括沛县、铜山、淮阴、泗洪、泗阳、洪泽、盱眙、金湖、新沂、宿豫等蝗区。

微山湖蝗区，位于江苏省西北部，是全国闻名的历史老蝗区。沿湖多属荒地及草滩地，植被以茅草和芦苇为主，此外还有蓼草、扒根草、蒲草、野苣荬等，植被覆盖度沛县境内90%以上，铜山县境内50%～70%。沿湖33m等高线以西属滨湖外围阶地，以农田为主，常年以豆、麦两熟制为主，耕作粗放，农田夹荒地较多，为农区东亚飞蝗的滋生繁殖提供了场所。微山湖在修建沿湖大堤后，湖水水位得到了控制，整修苏北堤河又解决了沿湖内涝问题。这两项水利设施的建成，为治理蝗区提供了有利条件。微山湖地区全年降水量700～900mm，7—8月份雨量占全年雨量的45%～50%，而在年度间、地区间雨量分布不均匀，变幅很大。常年平均气温14.2℃，最低气温出现在1月，月平均为0℃，最低平均气温－4.1℃，蝗卵能安全越冬，死亡率很低。最高气温出现在7月，月平均27℃，最高平均气温31.6℃。在飞蝗发生季节，4—10月的7个月中，平均气温为23℃。从全年气候来看，微山湖蝗区常年发生2代，偶尔出现不完全3代，数量较少。

洪泽湖蝗区，是中国五大淡水湖泊之一，沿湖迂回曲折，其湖滩及其周围内涝地区是江苏省面积最大的历史滨湖蝗区。由于地势和地形的差异，植被也不同。海拔12.5～13.5m范围，一般与耕地连接，距湖水最远，植被以茅草、红草为主；海拔11.5～12.5m，以小芦苇和蒿草为主；海拔11～11.5m，地势低洼，距水边较近，以菥草、莎草为主；海拔10.5～11m，为边缘地区，植被以高芦苇为主。植被覆盖度50%～70%。农田蝗区以稻麦两熟制或纯旱作为主。洪泽湖主要水源来自淮河，湖水面积随着水位起落变化很大。当水位在11m时，水面为1000km²；水位在12m时，水面为2000km²。沿湖四周除南部靠近老子山地势较高外，湖东及东南面均为缓坡滩地，海拔11～13m为湖水直接波及地带，湖西则为丘陵岗地，地势复杂，均为东亚飞蝗的适生地。洪泽湖地区年平均气温14.8℃，年降水量542.8～1415.2m，平均958.8mm，雨量主要集中在6—9月份，占全年雨量的60%左右。

高宝湖蝗区，是江苏省中部的重点蝗区。植被复杂，沿岸浅水区海拔5～5.5m，常年积水，以水生及半湿生植物为主，包括芦苇、稗草、蒿草等；海拔5.5～6.5m为湖滩泛水区，水位不稳定，主要植被有禾本科、莎草科、蓼科等；海拔6.5～7m，常年不受水淹，大部分已被开垦，种植水稻等作物；海拔7m以上为农田蝗区，作物布局以稻麦两熟制为主。1967—1974年淮河入江水系的完成，及江都水利枢纽工程等水利设施，稳定了高宝湖的水位。高宝湖地区年平均气温14.4℃，年降水量938.6m，气候条件适宜东亚飞蝗的发生，一般年份发生两代，少数高温干旱年份可发生或完成第3代。20世纪80年代以来，经过改造，面积快速减少。2000年代后，蝗区基本改造完成，蝗虫基本已根治。

（2）内涝蝗区。分布范围较广，分散在河床、湖荡及低洼、内涝地区，其特点是蝗区面积受旱涝的影响，波动最大。共包括兴化、盐都、阜宁、邳州、睢宁、东海、沭阳、淮安、盐城市郊等县市。

植被以芦苇、茅草为主，植被覆盖度在60%左右。附近农区以稻麦两熟制为主。江都水利枢纽工程、京杭运河整治工程等一批重大水利设施的修建以及各地河道整治、堤坝修筑等措施，解决了内涝蝗区的内涝问题。

（3）沿海蝗区。分布在省东北近海地区，是中国历史上有名的"海州蚂蚱"发生基地。其特点是地广人稀，荒草洼地，马绊草与芦苇丛生，时涝时旱。共包括赣榆、连云港、灌云、大丰等县市。受土壤种类、地下水和盐碱的影响，不同地段有不同的植物群落。盐滩上为光板地，经人工栽植，可生长大米草；pH8以上、含盐量0.5%以上的盐碱地主要是盐蒿；pH8左右、含盐量0.2%～0.4%的盐碱地，主要植被有盐蒿、矮芦苇、莎草及茅草等；pH8以下、含盐量0.2%以下的滩地，主要生长芦苇和茅草。沿海北部蝗区植被覆盖度80%～90%，沿海中部蝗区50%左右。蝗区附近农田历史上主要种植棉花等耐盐碱作物，2017年前后开始，发展耐盐水稻。在沿海地区各主要河流入海口兴建了众多的挡潮节制闸以及大量的排灌渠道等水利配套设施，基本上改变了沿海蝗区易旱易涝的状况。沿海蝗区海洋性气候特征明显，春季气温回升较慢，秋季降温亦慢；年降水量1000mm左右，50%以上的雨水集中在7—9月份。

二、蝗区的演变

中华人民共和国成立初期，全省共有蝗区面积36.2万hm²，蝗虫密度10头/m²左右，最高的如1952年夏蝗曾达1.6万头/m²。20世纪70年代，通过兴修水利、植树造林、围垦种植等措施改变蝗虫适生环境，东亚飞蝗适宜发生面积快速缩小。共包括沛县、铜山、淮阴、泗洪、泗阳、洪泽、盱眙、金湖、新沂、宿迁等29个县（市、区），共有蝗区面积约10万hm²，其中滨湖蝗区70年代占全省蝗区面积的55%左右，内涝蝗区占30%左右，沿海蝗区占15%左右。

80～90年代蝗区稳定，发生区域主要在微山湖、洪泽湖、高宝湖和骆马湖等周围的滨湖蝗区、沿海蝗区，这两个蝗区占全省蝗区面积比例上升，分别占70%和30%左右，内涝蝗区发生范围很小，仅包括兴化、盐都、阜宁3个县区的部分乡镇，面积占整个蝗区面积的2%左右。整个80～90年代，除1989—1990年由于干旱影响，微山湖水位下降，局部湖滩地偏重发生外，其他年份全省东亚飞蝗均为中等偏轻发生，年发生面积4万～8万hm²。共包括沛县、铜山、泗洪、泗阳、赣榆等22个县（市、区），共有蝗区面积4～8hm²。

进入21世纪以后，东亚飞蝗发生面积及发生程度总体呈下降趋势，发生区域主要在微山湖、洪泽湖、骆马湖等湖滩，近海蝗区与内涝蝗区已基本得到根治，2000—2006年内涝蝗区仅剩里下河的兴化地区，2007年来经过改造，基本消失。2007年以来全省年蝗区发生面积约4.5万～7.3万hm²。全省蝗区为盐城、淮安、宿迁、连云港和徐州5个地级市9个县（市、区），据2017年勘测，一般蝗区面积3.25万hm²，核心蝗区面积1.45万hm²，共4.7万hm²。

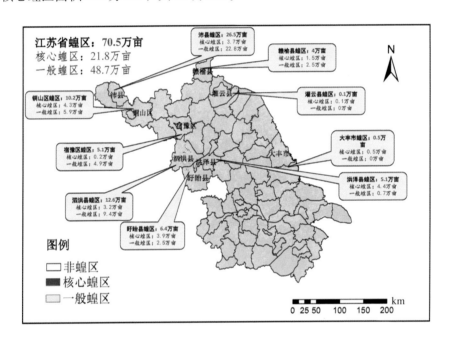

江苏省蝗区分布变化情况

蝗 区		20世纪70年代	20世纪80～90年代蝗区	2001—2006年	2007—2017年
滨湖蝗区	微山湖	沛县、铜山	沛县、铜山	沛县、铜山	沛县、铜山
	洪泽湖	泗洪、泗阳、淮阴、洪泽、盱眙	泗洪、泗阳、淮阴、洪泽、盱眙	泗洪、泗阳、淮阴、洪泽、盱眙	泗洪、洪泽、盱眙
	高宝湖、骆马湖	金湖、宝应、高邮、宿豫、新沂	金湖、宝应、高邮、宿豫	宝应、高邮、宿豫	宿豫
内涝蝗区		兴化、盐都、阜宁、邳州、睢宁、沭阳、淮安、建湖、姜堰	兴化、盐都、阜宁	兴化	/
沿海蝗区		赣榆、云台、灌云、响水、滨海、射阳、大丰、东台	赣榆、云台、灌云、响水、滨海、射阳、大丰、东台	赣榆、灌云、响水、滨海、大丰、东台	赣榆、灌云、大丰

（续）

蝗　区	20世纪70年代	20世纪80～90年代蝗区	2001—2006年	2007—2017年
全省蝗区县（市、区）数	29	22	17	9

三、发生规律

20世纪70年代，东亚飞蝗适宜发生面积较之前快速缩小，发生面积在10hm²左右。

80～90年代蝗区稳定，除1989—1990年由于干旱影响，微山湖水位下降，局部湖滩地偏重发生外，其他年份全省东亚飞蝗均为中等偏轻发生。其中1985年、1986年和1992年为中等偏轻年份，一般密度0.01～0.33头/m²，最高密度1.11～2.22头/m²，平均0.56头/m²，以上的达标面积约0.13万hm²。1987年、1988年、1991年、1993年和1994年为中等发生年份，其中1991年夏蝗发生较重，而秋蝗偏轻发生；一般密度0.02～0.56头/m²，最高2.22～4.44头/m²，平均0.56头/m²以上的达标面积0.20万～0.33万hm²。1989年和1990年一般蝗区密度为0.02～1.11头/m²，最高密度8.89～11.11头/m²，其中1990年秋蝗最高密度达308.33头/m²（微山湖的龙固蝗区），高密度蝗区主要集中在微山湖蝗区和连云港市沿海蝗区。

进入21世纪以后，东亚飞蝗发生面积及发生程度总体呈下降趋势，全省蝗区以中等偏轻发生为主，仅在微山湖及沿海蝗区出现高密度地段，发生区域主要在微山湖、洪泽湖、骆马湖等湖滩，近海蝗区与内涝蝗区发生缩小。2001年受春夏连旱影响，偏重发生，全省夏蝗发生面积6.3万hm²，高密度蝗区面积达0.007万hm²，其中夏蝗蝗蝻最高密度9头/m²，出现在微山湖湖屯，连云港沿海大浦等蝗区也出现6.3头/m²，秋蝗在微山湖出现30头/m²以上的高密度蝗区，经过防治挽回损失1802t，实际损失295t。

2006年后，东亚飞蝗发生面积及发生程度下降且稳定，全省蝗区偏轻发生，仅在微山湖蝗区出现高密度地段，内涝蝗区基本得到根治。

近30年来江苏省东亚飞蝗发生及防治面积统计

年份	发生面积（万hm²）	防治面积（万hm²）	发生程度
1987	7.30	0.52	3
1988	7.91	0.5	3
1989	6.67	0.95	4
1990	5.75	1.27	4
1991	5.70	0.83	3
1992	5.06	0.82	2-3
1993	6.80	1.3	3
1994	8.06	1.18	3
1995	5.63	2.31	2-3
1996	5.43	1.96	2-3
1997	7.30	3.92	2-3
1998	7.82	2.92	2-3
1999	6.81	3.125	2-3

（续）

年份	发生面积（万hm²）	防治面积（万hm²）	发生程度
2000	8.89	5.013	3
2001	11.97	8.18	4
2002	11.37	8.7	3
2003	11.57	9.42	3
2004	9.15	8.99	2-3
2005	8.59	8.20	2-3
2006	7.42	6.65	2
2007	6.25	5.37	2
2008	5.72	4.97	2
2009	5.43	5.21	2
2010	5.45	5.36	2
2011	6.40	6.31	2
2012	6.07	6.05	2
2013	6.60	6.31	2
2014	5.67	5.57	2
2015	5.49	5.32	2
2016	5.65	5.58	
2017	5.92	6.11	

四、可持续治理

1. 不同阶段治蝗方针及策略　中华人民共和国成立以来，江苏省从省、市到县，均层层建立治蝗指挥机构，形成了上下一条线的组织领导系统，省、市、县三级治蝗指挥部逐层签订治蝗责任状。同时，国家及省财政上给予大力支持，国家财政从50年代初开始，每年都要拨出100万元左右专款。江苏省一直以来，认真贯彻执行中央关于"依靠群众，勤俭治蝗，改治并举，根除蝗害"的治蝗方针，发动群众，采取各种有效措施，基本控制了千年蝗患。

1953年以前，自省至乡设立治蝗指挥部，专司其职，采取"人工捕打为主"和"治早、治小、治了"的决策，及时开展灭蝗运动。1953年起，改以"大治小改"，即药剂防治为主，在滨湖和沿海蝗区用飞机防治。

60年代，根据"改治并举"的治蝗方针，把治标与治本结合起来，一方面充分利用动力机械与飞机治蝗，另一方面因地制宜改造蝗区自然面貌，铲除飞蝗滋生地，压缩蝗区范围，降低飞蝗发生密度、数量，经过改治，原来飞蝗发生密度每平方成千上万头的蝗区已成为零星发生区，有10多个蝗区县连续多年不需防治。

70年代起，治蝗工作主要对一些尚不稳定、有可能发生的蝗区，采取监视和全面控制，即"控制监视"政策，加强飞蝗的侦察与测报工作，一有发生，及时防治。80年代以来，江苏省东亚飞蝗大多数年份属中等至中等偏轻发生，但各级蝗区市、县政府和农业部门并未松懈东亚飞蝗的监测与防治工作，至2000年，每年防治面积在0.2万~2万hm²，1978年防治面积最大，为12.14hm²。

2000年以来，采取"监视为主，重点挑治"的防治策略，做到"专治与兼治相结合、化学防治与生态控制相结合"，在及时抓好化学防治的基础上，开展生物防蝗、生态治蝗，年完成夏秋蝗防治面积5万～10万hm²，以兼治为主，蝗虫密度控制在0.20头/mm²以下，有效地控制东亚飞蝗危害，连续30年实现农业农村部提出的"不起飞、不扩散、不成灾"的目标。

2. 不同蝗区可持续治理　近年来，在不同蝗区的防治上，微山湖蝗区是江苏省的重点蝗区，发生密度全省最高，湖水水位受山东及当地降雨影响较大，年度间水位不稳定，蝗区根治尚有困难。因此在治理措施上采取专治与兼治相结合，药剂防治与生物防治相结合的办法。微山湖下级湖常年水位较低，湖滩裸露面积较大，当地群众虽然开垦种植了一定面积，但大多粗耕粗作。

洪泽湖、骆马湖、白马湖等蝗区和沿海蝗区面积大，水位相对较稳定，但飞蝗发生密度较低。这类蝗区在加强监视的基础上，逐步对宜蝗面积进行改造，压缩发生面积，对局部高密度点片进行重点挑治。滨湖区蝗区提高复种指数，压缩减少蝗区适生面积，沿海蝗区结合滩涂开发，开荒种植，同时发展养殖业，挖虾池，挖鱼塘，减少东亚飞蝗的滋生地。

在内涝蝗区和其他蝗区，治理工作以监视为主，加强改造，发展养殖业和种植业，开展生物防治，同时植树造林，开展生态改造，蝗区面积小，发生密度也较低。

3. 可持续治理措施

（1）建立生态控制区。从1986年夏季开始在铜山和沛县各划出133hm²作为生态控制区，1995年扩大到333hm²，作为生态控制区，生态区挖塘养鱼养虾，种植苜蓿、水稻、大豆、柳条等粮经作物，建设盐场。至2017年已连续多年未大面积开展化学防治，东亚飞蝗密度一直控制在0.56头/m²以下。究其原因主要是蝗区生态环境比较稳定，连续多年不使用化学农药对天敌起到保护作用，天敌数量快速回升。据铜山1989年调查，生态控制区青蛙密度为0.2只/m²，蜘蛛密度为1.3头/m²，步行虫密度为0.36头/m²，卵寄生率5.6%，而化学放置区青蛙密度为0.03只/m²，蜘蛛密度为0.22头/m²，步行虫密度为0.08头/m²，卵寄生率1.24%；沛县1988年调查，生态控制区狼蛛密度为1.08头/m²，蛙类密度为0.1只/m²，每亩有鸟类0.20～0.27只，而防治区仅有狼蛛0.24头/m²，蛙类0.02只/m²，鸟类很少。设立生态控制区以来，微山湖蝗区每年减少化学防治面积达0.3万hm²，取得了良好的经济效益、社会效益和生态效益。

（2）开展生物防治。洪泽湖、高宝湖等滨湖蝗区、里下河内涝蝗区和盐城、连云港沿海蝗区相继开展生物防治。生物防治主要包括放鸭食蝗和放鹅啄食草根、翻土破坏蝗卵两种形式。实践证明这是一项行之有效的防治措施，已为蝗区群众所接受。80年代中期生物防治面积每年50～60hm²，随着传统的水禽养殖业的发展，至90年代生物防治面积不断扩大，如1993年达6 100hm²。2000年后，随着蝗虫发生的减轻，生物防治面积减少，每年生物防治1 700hm²左右。通过生物防治，不仅节约了防治费用，同时也增加了家禽养殖业的经济收入。

（3）放宽防治指标。20世纪70年代以来，江苏省蝗区面积大幅度减少，蝗虫密度不断下降，蝗区内蝗虫以散居型为主，暴发的可能性减少，原来0.22头/m²的防治指标已不适合当时的实际情况。经过试验示范，从1985年开始采用0.56头/m²的防治指标。据徐州市不完全统计，1985—1994年，微山湖蝗区0.22头/m²以上的发生面积达6.03万hm²，采用新指标后实际防治面积2.30万hm²，减少防治面积3.73万hm²，节约防治经费120万元。

（4）改进施药技术。1987年以来，药剂防治采用超低容量喷雾新技术，同时改用低毒低残留的马拉硫磷、甲维·毒、毒死蜱、辛氰乳油等化学药剂，同时推广使用苦参碱、蝗虫微孢子虫、绿僵菌等生物药剂。采用新技术后，可提高工效2～8倍，提高防效15%～20%，并减少了农药对环境的污染。

洪泽区蝗区概况

一、蝗区概况

淮安市洪泽区，位于江苏省中部，洪泽湖东畔，北纬33°02′~34°24′、东经118°28′~119°10′，横跨"两湖"（洪泽湖、白马湖），纵贯"三水"（淮河入海水道、淮河入江水道、苏北灌溉总渠）。东依白马湖，与淮安市淮安区、金湖县及扬州市宝应县水陆相依；南至淮河入江水道（三河），与盱眙县毗邻；西偎洪泽湖，与宿迁市泗洪、泗阳两县隔湖相望；北达苏北灌溉总渠，与淮安市清江浦区以苏北灌溉总渠、淮河入海水道为界。呈西高东低之势。全境东西跨度63km，南北跨度38.5km；全县最高点在老子山镇的丹山顶，高程51.5m；最低点在白马湖区，高程仅为5.1m。洪泽湖犹如囤在平原上的一座大鱼仓，所以又称之为"悬湖"。1956年建洪泽县，因湖设置，借湖得名。2016年10月8日，淮安市洪泽区正式挂牌成立，经国务院批准，撤销洪泽县，设立洪泽区，以原洪泽县的行政区域为洪泽区的行政区域，其四面环水，素有"淮上明珠""鱼米之乡"的美称，是一座充满魅力的湖滨新兴生态旅游城市。全区辖3个街道、6个镇，总面积1 394km²，人口38.8万，2016年洪泽全年实现地区生产总值256亿元。

二、蝗区分布及演变

淮安市洪泽区现有蝗区面积3 400hm²，根据蝗虫发生地的地理结构，可划分为滨湖型蝗区和内涝型蝗区。滨湖型蝗区分布在沿湖周围，是直接受湖水水位升降影响，暴露出来的滩地所形成，为我区蝗虫发生的核心区，主要分布在丁滩、新滩、家菱滩等滩涂上面。内涝型蝗区是指海拔12.5m以上，受河、湖水水位顶托，或因高岗地来水聚积大洼内，排泄不畅，易涝易旱之地，不能常年耕作而形成的蝗区，为我区蝗虫发生的一般发生地。蝗虫类型有东亚飞蝗、土蝗、中华稻蝗等。

洪泽区除西南面的老子山镇为不连片的低丘陵地，中部是洪泽湖湖区外，东部皆为黄淮冲积平原，

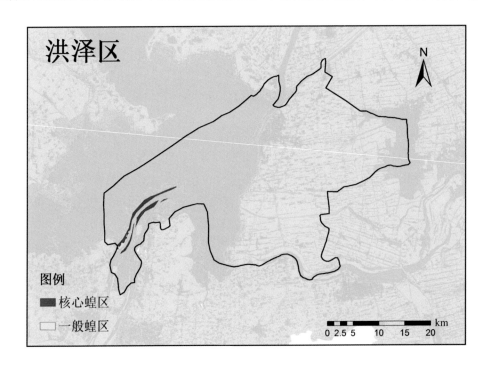

地势平坦。洪泽湖大堤高程18.5m，与东部平原落差达10m以上；湖底浅平，高程一般为10～11m，最低处约8.5m，最高处为12m，高出洪泽湖大堤以东地区3～5m。宁连高速和宁连一级公路穿境而过，京沪、宁徐、徐淮盐高速公路环绕周边。纵横洪泽区境内的主要河流有：淮河、苏北灌溉总渠、淮河入江水道、老三河、草泽河、张福河、洪金排涝河等过境河流，以及浔河、砚临河、贴堆河、往良河、花河等境内河流。河流纵横交错，水资源非常丰富，很适合蝗虫天敌——蛙类的生息繁衍。洪泽处中国南北气候主要分界线——"秦岭-淮河"南侧，属北亚热带和暖温带过渡性地带，具有季风性和兼受洪泽湖水体调节的气候特点。四季分明，冬季寒冷干燥，春季冷暖多变，夏季湿热多雨，秋季温和晴朗。气候温和，年平均气温14.9℃，1月份最冷，平均气温1.5℃。7月份最热，平均气温27.2℃。无霜期长，年平均242天。雨量充沛，年均降水量913.3mm。日照充足，年均日照2 300h，日照率52%。 全区绝大部分地表为河流冲积物掩盖，耕作土壤以其为母质形成、演变而来。现有植被以人工栽培作物为主，自然植被主要是水生与湿生的草本植物。

三、蝗虫发生情况

经过20世纪50～60年代"大治大改"的全面治蝗，蝗区面貌得到彻底改变，已不适于蝗虫生息和产卵。昔日荒草湖泊、杂草丛生、蝗虫遍地的景象已不再发生。如今通过90年代以来洪泽湖大堤加固以及入海水道的开挖等水利工程建设，洪泽湖水位常年保持在12.5m左右，除了发挥其灌溉、航运、防洪、养殖等作用外，对洪泽湖滩涂面积的控制也发挥了重要作用。近30年来我区蝗虫发生面积67hm²左右，其中核心蝗区面积57.8hm²，一般蝗区面积9.2hm²，由于多年呈轻至极轻发生，大部分通过生物、生态调控即可，无需用药防治。

夏蝗出土始期在5月1日左右，5月中旬进入出土盛期，5月下旬至6月初进入3龄盛期，6月中旬羽化盛期，产卵盛期一般在6月底至7月上旬。

四、治理对策

（1）贯彻"改治并举"的方针，结合本区实际多年来一直大力推进绿化造林和水产养殖事业，使得裸露滩涂面积不断减少。

（2）重视蝗情调查与预测预报工作，每年在3月下旬至4月上旬、6月下旬至7月上旬两个时段单独或联合兄弟县（区）植保站一起开展夏蝗与秋蝗蝗卵的调查工作，明确蝗卵的分布与密度、（越冬）死亡率、卵发育进度，分析预测本地夏、秋蝗出土期及发生程度。

（3）农作物病虫害兼防兼治，近几年蝗虫在我区一直呈轻至极轻发生，在6—7月份通过水稻病虫的统防统治也对蝗虫起到一定的兼治效果。

（4）注重生物防治，多年来，林下塘边养鸡养鸭的方式已成为一种养殖习惯，良好的水资源使得蛙类的生息繁衍旺盛，蝗虫天敌比较丰富。

（5）做好长期监测工作，加强生态控制。洪泽湖蝗区近二三十年能长期保持稳定状态，得益于这些年湖水水位的长期稳定，我区境内的三河闸、二河闸、入海水道等大型水利工程功不可没。一旦湖水水位下降严重脱水，蝗情就有回升可能，所以要保持常抓不懈，做好蝗虫监测工作。

盱眙县蝗区概况

一、盱眙县概况

盱眙县是江苏省淮安市下辖县，介于北纬32°43′～33°13′、东经118°11′～118°54′之间。地处长江三角洲地区，位于淮安西南部，淮河下游，洪泽湖南岸，江淮平原中东部；东与金湖县、滁州天长市相邻，南、西分别与南京市六合区、滁州市来安县和明光县交界，北至东北与泗洪县、洪泽区接壤。地处北亚热带与暖温带过渡区域，属季风性湿润气候。地势西南高，多丘陵；东北低、多平原；呈阶梯状倾斜，高差悬殊约220m。淮河流经境内，东、北部濒临洪泽湖，有低山、丘岗、平原、河

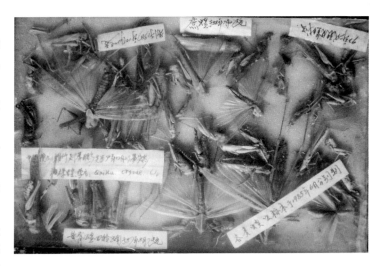

湖圩区等多种地貌。盱眙县总面积2 497km²，下辖3个街道、14个镇和3个乡，总人口80.05万。

二、蝗区分布与蝗区治理

内河湖泊有诸多蝗区：

洪泽湖蝗区：从下草湾沿洪泽湖到仁集伏湖，面积为6 622.26hm²，蝗区类型为退水荒地为主，多年来在地方政府领导下，经过多年改造。开发为养殖基地与农田并进，现有核心蝗区2.5万亩。

淮河蝗区：面积为2 370.32hm²。从龙窝到黄岗沿淮河走向生态环境为夹荒地，面积为6 438.6hm²。经过多年改造，核心蝗区只有3.1万亩，改造后以农田为主。

陡湖蝗区：为退水荒滩，面积为6 458.8hm²，经过低产田改造，现全部为养殖基地。

团结河蝗区：从仁集经鸡圩（明祖陵）到溜子河，现已改造农田，其中明祖陵开发为旅游胜地。

圣山圩蝗区：经低产田改造为农田，金大圩、武小圩蝗区共有蝗区面积1 181.65hm²，现通过合理化利用，核心蝗区面积0.8万亩。

盱眙县蝗区地势低洼，蝗区面积之大，环境较适宜蝗虫发生与繁殖，中华人民共和国成立初期，全县各蝗区经常患水害，是蝗虫多发地。20世纪50年代由于人口稀疏，居住零散，灭蝗方式多用人工拍打、控沟深理等措施。60～70年代采用人工拍打、药剂防治、飞机灭蝗等措施。80年代采用药剂防治为主。90年代至今随着各级领导重视，对蝗区进行开发，改造后面积锐减。

盱眙县经多年治蝗资料统计，发生最为严重的60～70年代，总计灭蝗面积为60万亩，那时蝗虫密度无法计数，各级政府重视派专业人员侦查蝗蝻，发现高密群蝻，及时组织人员采取拍灭，彻底歼灭蝗蝻，没有一次造成起飞现象。

80～90年代盱眙县蝗虫密度开始下降，主动防治工作开展较好，加之生态环境逐步改善，蝗区面积逐年下降，对各蝗区实地测量为39.5万亩。

盱眙县各个蝗区都在农业农村部门指导下设立专门治蝗机构，各蝗区有专人负责，配套药械，发现蝗蝻及时采取措施，彻底歼灭蝗虫，取得了一定成效。

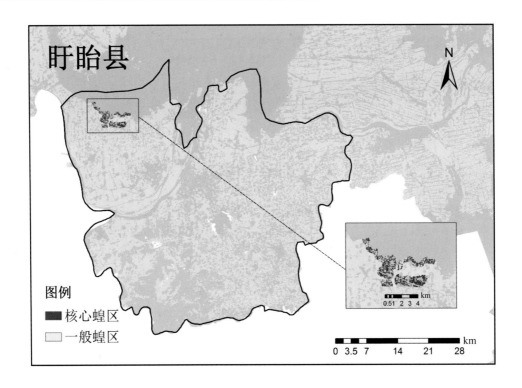

三、东亚飞蝗发生期与发生量及防治措施

盱眙县蝗虫发生期与发生量，根据各蝗区不同生态环境，分别有下列情况：

淮河蝗区，由于淮河大堤外滩面是退水荒，内有芦苇、夹荒严重，蝗虫发生较为有利。但是县植保站针对该蝗区特点派四名蝗虫侦查员，进行常规观察，每年3月底、4月初对该蝗区进行越冬卵挖查，目的是了解田间卵块拥有量、卵粒数、卵粒死亡数、寄生、预测越冬卵发育进度。根据发育进度预测，确定越冬卵初孵期与田间实地侦查相结合，越冬卵初孵期、3龄期，然后采取相应措施进行防治，6月15日左右，组织人员拍打残蝗，压底残蝗量彻底消灭蝗虫。

东亚飞蝗在盱眙县每年发生两代，针对蝗虫发生特点，盱眙县每年对夏蝗、蝗蝻及时防治，控制残蝗残留量，彻底控制了秋蝗的发生。

洪泽湖蝗区，位于洪泽湖南岸，由于洪泽湖常年水位保持在13.5m左右，春季水位较稳定，夏季随着两水增多，水位不稳定，都在13.5m以上。该蝗区为退水荒地，蝗蝻发生也随之不稳，1979年秋蝗蝗蝻暴发，该蝗区采取飞机防治6架次，组织灭蝗人员有8 000人次，由于防治及时，该蝗区蝗虫没有造成危害。

金大圩、武小圩蝗区属于官滩镇，沿洪泽湖围湖造田，生态环境为退水荒地，有利于蝗虫栖息、繁殖。通过兴修水利、耕翻选田，环境寄主植被被破坏，在防治上常采用化学防治和生物防治（放养家禽等），防效达到预期目标。

其他蝗区还有内河、湖泊，经过1991年大水之后，各级政府对蝗区进行开发利用，蝗区变成农田。

东亚飞蝗在盱眙县每年发生两代，根据蝗虫年生活史，在测报上采取以下措施。县植保站每年3月下旬至4月上旬组织技术人员，对各蝗区进行越冬卵挖查工作，每个重点蝗区挖查不少于100个样点，卵块不少于20块，取回卵块带回进行室内剥查，观察越冬卵、平均卵粒数、死亡粒数、寄生等情况，另外还对卵粒进行胚胎发育进度观察。

2007年东亚飞蝗越冬卵发育进度记录表

排查日期（月/日）	取卵块地点	排查卵块数	卵块总粒数	平均卵粒数	死亡率（%）	原头期		胚转期		显节期		胚育期		备注
						发育卵粒数	%	发育卵粒数	%	发育卵粒数	%	发育卵粒数	%	
4/19	淮河蝗区	4	152	38	12			15	10.7	125	89.3			
4/20	洪泽湖	2	81	40.5	9			8	11.1	64	88.9			
4/21	武小圩	3	117	39	10			11	10.3	96	89.7			
合计		9	350	39.2	31			34	10.7	285	89.3			

根据越冬卵发育进度多年观察东亚飞蝗越冬卵，原头期在2月下旬至3月中旬，3月下旬进入胚转期，4月上旬显节期，4月底发育完成，5月初出土。

东亚飞蝗卵发育进程分4个时期，据观察表现为：原头期（卵粒内呈混浊）、胚转期（腹眼可见，呈"八"字形）、显节期（腹眼清晰，头、腹、节分明）、胚熟期（头、胸、腹、足清晰可见）。

经多年盱眙县治蝗资料统计分析，夏蝗蝗蝻出土时间为5月2—5日，盛孵期在5月4日，3龄盛期在5月15—16日左右，越冬卵死亡率在2%～9%，无寄生现象。

盱眙县每年春季都组织治蝗人员对全县各蝗区进行田间调查，每个蝗区取样不少100样点，根据各蝗区密度，设定防治对象田，对不同龄期确定防治适期。一般年份于6月15日左右组织普查，根据田间残蝗量，为秋蝗发生与防治提供依据。

我县蝗虫发生面积为39.5万亩，90年代夏、秋残蝗平均密度在4.3头/m²，2010年以来平均0.3头/m²，其中6头/m²以下为39.39万亩，6头/m²以上为0.11万亩左右。

四、治蝗成果展示

根据盱眙县治蝗工作经验，回顾治蝗经历，治蝗工作主要表现有以下方面：

在治蝗过程中，于1988—1989年，参与"中华稻蝗生活史研究课题"分别获得江苏省科技进步二等奖和淮安市人民政府一等奖，并在《当代农业》刊登发表。

从1978年起在政府和农业主管部门领导下，有治蝗人员16人，负责全县各蝗区侦查与测报工作，在蝗蝻3龄期进行药剂防治1次，6月15日左右组织人员集中拍打残蝗，成效显著，没有造成重大经济损失。

盱眙县蝗虫发生面积较大，主要分布在洪泽湖、淮河内河湖泊，根据各蝗区不同特点，开展综合治理，首先对内河湖泊开发养殖业改善生态环境。洪泽湖蝗区被地方政府开发利用，大部分开发为养殖与观光农业。

淮河蝗区开发滩涂，荒滩芦苇开发为高产田。

在防治上，以防治农作物病虫草害兼治，加强生态控制、生物防治，做好预测预报工作，彻底歼灭蝗虫，为农业增产增收而努力奋斗。

在治蝗工作中，治蝗员刘福洋发现新物种，该蝗虫形态，长3.2cm，直翅、融角呈鞭状、头呈三角形，背翅两侧有褐色条纹各一条，正视与中华稻蝗相似，侧面看像负蝗。经中国科学院动物所刘举鹏先生于1991年12月29日鉴定为：稻稞蝗，学名：Qailen OVy2 ae Uv。

灌云县蝗区概况

一、蝗区概况

灌云县属连云港市，位于江苏省东北部，东临黄海，其团港一隅与盐城市响水县相连，南部隔新沂河与本市灌南县相连，西部与宿迁市沭阳县吴集、西圩、高墟等乡镇及本市东海县张湾乡为邻，北部与本市海州、连云两区接壤。于1912年建县，因南有大川灌河、北有名山云台而得名，介于东经119°2′50″～119°52′9″，北纬34°11′45″～34°38′50″之间，东西最大直线距离73km，南北最大直线距离44km，总面积1 538km²。灌云县下辖1街道、10镇、2乡，以及省属五图河农场、市属灌西盐场，土地总面积为15.39万hm²，其中耕地面积9.17万hm²，户籍总人口为105万，人均生产总值4.1万元。

二、蝗区分布及演变

现有蝗区66.7hm²，划分为3个蝗区，主要分布在灌云县东部的灌云县五图河、燕尾港（灌西）和西陬山三个地方。蝗虫类型为东亚飞蝗。

灌云蝗区地形主要为海陆交互沉积的滨海平原，主要有道路、河流，还有电线杆、高压输电铁塔以及树木等，灌云县气候属暖温带海洋季风性气候，四季分明，雨水充沛，光照充足。冬季受西伯利亚变性冷气团控制，以寒冷干燥天气为主；夏季受海洋性季风控制，炎热多雨，高温期同多雨期一致，春秋两季处于南北季风交替时期，干、湿、冷、暖天气多变。日照充足，无霜期较长。年均日照总时数2 456.2h，年平均日照百分率为55%，在作物生长季内为62%，年平均气温在13～15℃，年降水量800～900mm。天敌种类主要有鸟类、蜘蛛、蚂蚁、蛙类等，植被杂草主要有盐蒿、芦苇等，土壤含有以氮化物为主的盐分，一般属轻盐至中盐土，农作物主要是玉米、水稻、小麦等。

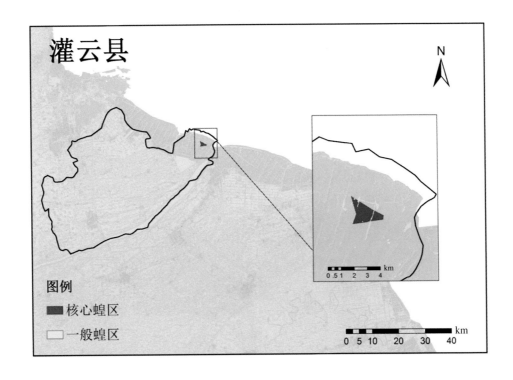

灌云蝗区采用适时防治、荒地开垦、滩涂开发利用等措施，自2000年以来蝗虫总体发生量和发生面积均呈下降趋势，为轻发生，最高密度出现在2002年，夏蝗密度为0.28头/m²。具体发生情况见下图。

三、蝗虫发生情况

常年发生面积2 346.7hm²，防治面积1 173.3hm²。核心蝗区主要是滩涂、河岸等荒地，地形地势较为复杂，不利于防治；一般蝗区主要是滩涂、河岸等荒地经过开垦后，种植玉米、小麦等作物，蝗虫发生密度很低。

夏蝗出土始期在4月20日左右，出土盛期在5月15—27日，3龄盛期在6月10—15日，羽化盛期在6月24—30日，产卵盛期在7月7—15日。

四、治理对策

1. 贯彻"改治并举"方针　通过东部沿海开发，加大了道路建设、植树造林、滩涂综合利用的力度，增加植物的数量，减少蝗虫发生基地，消灭飞蝗产卵繁殖场所。

2. 重视蝗情调查及预测预报工作　以蝗情田间调查为基础，按照定人、定时、定点、定内容进行了蝗区蝗情系统调查和普查，准确掌握蝗虫发生及发育情况，再根据天气趋势，结合蝗虫发生的历史资料，及时准确地预测蝗虫发生趋势和发展动态等方面的信息，掌握蝗虫防治的最佳时机，从而为经济有效地控制蝗虫灾害提供科技支持。

3. 加强生态控制　结合当地实际兴修水利，稳定地下水位，改良土质，大面积垦荒种植农作物，扩大大豆等不利于蝗虫发生和为害的作物面积，提高复种指数，避免和减少撂荒现象，减少蝗虫发生基地。

4. 注重生物防治　以保护利用蜘蛛类、蚂蚁类、蛙类、鸟类等天敌为重点，综合利用其他天敌，控制蝗虫发生数量。

5. 药剂防治　在蝗虫较高密度地区，选用马拉硫磷、敌敌畏、甲维·丙溴磷等药剂，使用背负式机动喷雾器或自走式喷雾机，组织植保专业化防治队进行统防统治，及时有效控制蝗虫发生为害，确保实现"不起飞、不扩散、不成灾"的目标。

赣榆区蝗区概况

一、蝗区概况

连云港市赣榆区在江苏省东北部，地处江苏沿海经济带和东陇海产业带的东部交汇处。赣榆东临黄海，与日本、朝鲜半岛隔海相望；西与山东省临沭县接壤；南至西南与东海县、连云区毗邻；北与山东省日照市莒南县和岚山区相连，区域面积1 427km²。全区温和湿润，四季分明，属暖温带海洋性季风气候，年均气温13.2℃，年降水量976.4mm。中心地理坐标东经119°18′，北纬34°50′，面积1 427km²，耕地6.87万hm²；下辖15个镇、424个行政村，人口115.6万，人均生产总值5.018 7万元。境内有山、有海、有平原，面积各占三分之一。

二、蝗区分布及演变

赣榆区现有蝗区面积2 666.66hm²，分为3个蝗区，主要分布在赣榆区东南部的墩尚镇新沭河北大堤两侧、宋庄镇沿海大堤两侧和青口镇东南沿海大堤东侧三个地方，蝗虫类型为东亚飞蝗。

蝗区内主要地形为大面积滨海湿地、海洋滩涂，水道纵横，道路多为泥泞土路。赣榆属于暖温带湿润季风气候区，特征是寒暑变化显著、四季分明，冬季盛行偏北风，气候寒冷干燥，夏季盛行偏南风，气候炎热多雨。赣榆地区全年平均气温13.5℃，年均降水量900mm左右，年日照时数2 500h，无霜期200天，年平均风速2.8m/s。

天敌主要有鸟类的白鹭、灰鹭、喜鹊、灰喜鹊、白头翁、杜鹃、乌鸦等；有昆虫类的步甲、虎甲、蚂蚁、蝗黑卵蜂等；有两栖类黑斑蛙、中华大蟾蜍等，植被杂草主要有盐蒿、芦苇等，土壤含有以氮化物为主的盐分，一般属轻盐至中盐土；蝗区内主要为水产养殖，农作物有玉米、水稻、小麦等。

赣榆位于黄海之滨的海州湾内，过去易旱易涝，适于东亚飞蝗的发生，是历史上有名的沿海蝗

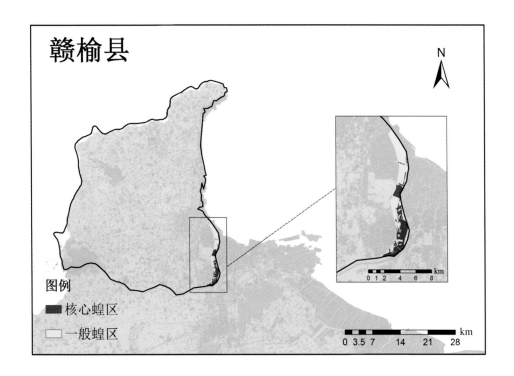

区。据县志记载，蝗灾之年，往往"飞蝗蔽天""人死几半""死者沟壑尽平"，防治蝗虫主要靠人工捕打。1953年，农业部提出药剂防治为主的方针，赣榆开始了用药剂防治蝗虫的历史。当年，赣榆罗阳"现墩尚"蝗区首次开始使用手摇喷粉器防治蝗虫的工作，取得了前所未有的成绩，喷粉器和治蝗用药都是国家支援的，蝗虫对六六六、DDT等有机氯农药的抗性很差，防治效果很好，但手摇喷粉器射程距离短，装药量少，容易把药粉喷到自己身上，且劳动强度大，单机作业量有限。据县志记载，1959年，赣榆有了第一台汽油动力的三用喷药机。1961年5月，沿海夏蝗大发生，每台三用喷药机日作业量800～1 100亩，相当于40～50台手摇喷粉器的工作量。1964年扩大稻麦种植面积，蝗虫发生面积进一步得到压缩，到20世纪70年代末，弥雾机的问世逐渐取代老式笨重的三用喷药机。20世纪80年代，通过兴修水利，围垦种植，水产养殖，植树造林等措施改变蝗虫适生环境，东亚飞蝗适宜发生面积快速缩小，90年代赣榆蝗区面积基本稳定在4 666.6hm²左右，进入21世纪后，东亚飞蝗发生面积及发生程度总体呈下降趋势，常年发生面积基本稳定在2 000～3 333.3hm²左右，总体蝗情为1～2级发生。2010年水产业行情不景气，弃养面积大，养殖区无人管理，致使弃养区域蝗虫最高密度达2.76m²/头。

三、蝗虫发生情况

常年发生面积2 666.6hm²，一般蝗区1 666.6hm²，核心蝗区1 000hm²。核心蝗区主要是滩涂、河岸等荒地，地形地貌较为复杂，不利于防治；一般蝗区主要河岸等荒地经过开垦后，种植玉米、小麦等作物，蝗虫发生密度很低。

夏蝗出土始期在5月10—16日左右，出土盛期在5月17—25日，3龄盛期在6月4—11日，羽化盛期在6月底至7月初，产卵盛期在7月5—15日。

四、治理对策

（1）贯彻"改治并举"方针，通过东部沿海开发，加大道路建设、植树造林、滩涂综合利用的力度，增加植物的数量，减少蝗虫发生基地，消灭飞蝗产卵繁殖场所。

（2）以蝗情田间调查为基础，专人负责蝗区蝗情系统调查和普查，准确掌握蝗虫发生及发育情况，及时准确地预测蝗虫发生趋势和发展动态，掌握蝗虫防治的最佳时机，有效地控制蝗虫灾害。

（3）结合当地实际兴修水利，大面积垦荒种植农作物，扩大不利于蝗虫发生和为害的作物面积，提高复种指数，避免和减少撂荒现象，减少蝗虫发生基地。

（4）大力提倡生物农药防治，以保护利用鸟类、两栖类、捕食类昆虫等天敌为重点，综合利用其他天敌，控制蝗虫发生数量。

（5）在蝗虫较高密度地区，选用短稳杆菌、苏云金芽孢杆菌或茚虫威、甲维·丙溴磷等药剂，组织植保专业化防治队进行统防统治，有效控制蝗虫发生为害，确保实现"不起飞、不扩散、不成灾"的目标。

宿豫区蝗区概况

一、蝗区概况

宿豫区隶属江苏省宿迁市，位于江苏省北部，东接沭阳、泗阳，南靠洋河新区，西邻宿城区，北隔沂河与新沂接壤，面积686km²，南北长63.2km，东西宽55.5km。区辖8镇2乡2街道1个产业园，人口48.38万（2013年），耕地面积78.85万亩，人均生产总值7 000美元（2016年）。

二、蝗区分布及演变

宿豫区蝗区分为两个蝗区，主要分布在骆马湖蝗区和沂河荡蝗区。宿豫区蝗区演变分3个阶段：第一阶段是2004年前，宿豫区蝗区面积为6 700hm²；第二阶段是2005—2010年，宿豫蝗区面积3 400hm²，其中核心蝗区面积133hm²，一般蝗区面积3 267hm²；第三阶段是2011后蝗区面积200hm²。蝗虫类型有东亚飞蝗、土蝗等。

1. 骆马湖蝗区　骆马湖位于江苏省北部，为一平原淡水湖，跨越新沂、宿迁两县，南北长20km，东西宽16km，周长70km。骆马湖蝗区主要包括原来晓店镇、黄墩镇、皂河镇，2004年前骆马湖露水滩面4 700hm²；2005年后骆马湖蝗区面积有所下降，为2 400hm²；2011年后蝗区已不复存在。骆马湖蝗区属平原地带。根据洋河滩站历年水位资料统计，骆马湖多年日平均水位22.44m（洋河滩站水位，下同），历史最低水位17.85m（1978年7月1日），最高洪水位25.47m（1974年8月16日）。骆马湖死水位20.5m，汛限水位22.5m，正常蓄水位23.0m，设计洪水位25.0m，校核洪水位26.0m。湖区属亚热带向暖温带过渡地区，兼有南北气候特征，温带季风气候尤为显著，气候条件比较优越。雨水充沛，四季分明，光照充足，有霜期短。年平均气温14.1℃，一年之中，1月份为全年最冷，月平均气温0℃，年极端最低温度为－23.4℃；7月份最热，月平均气温为26.8℃，年极端最高气温40℃。该区多年平

均降水量890.2mm，年度间与年内季际间水量分布不均，由于受季风影响降水季节变化显著，冬季雨水稀少，夏季雨水集中（约占全年的65%），春秋两季雨水量基本相当，仅占全年降水量的20%。地下水位一般在地面以下1m左右，最大年为1 098mm（1964年），最小年为562mm（1966年）。蝗区天敌种类有蛙类和鸟类。2004年前沿湖滩涂地生长芦苇、杂草（茅草），部分土地被耕种，种植花生、玉米、大豆、甘薯等，夏天水位上涨淹没大部分庄稼，远看水茫茫一片，据老年人说，骆马湖湖底比宿迁城区还高。原来的蝗区主要有荒地、芦苇、茅草，一片荒凉景象。现在主要有道路、大学城、商住房、公园等。2005后骆马湖湖边被开发利用，逐渐开采沙矿、渔民网箱养鱼，蝗区面积有所下降。2011年后随着区划调整，骆马湖蝗区相继被开发成湖滨公园、湖滨浴场、环湖公路以及住宅小区等。现在蝗区已不复存在。

2. 沂河荡蝗区　包括现在侍岭镇，水文状况、气候条件与骆马湖相同。2004年以前沂河荡区露水滩面2 000hm²；2005年后由于开采沙矿，荒地被开垦复种，蝗区面积逐年下降，面积降为1 000hm²；2011年后改变了蝗虫适生环境，目前仅有200hm²。种植小麦与花生、玉米、大豆、甘薯等。

宿豫蝗区自1994年以来，总体蝗情轻至中等偏轻发生，2001—2003年发生面积增大，发生程度加重，其中2001年中等发生，局部中等偏重发生；甚至出现了高密度蝗片，最高密度4.3头/m²。

三、蝗虫发生情况

2010年前常年发生面积8 750hm²次，防治面积1.1万hm²次。核心蝗区面积100hm²，发生密度0.1～2.1头/m²，平均0.73头/m²，重发滩面4.3头/m²。一般蝗区发生相对较轻，发生密度0.1～0.8头/m²，平均0.22头/m²。2011年后随着蝗虫适生环境改变，蝗虫发生面积大幅度减少，年发生面积仅为400hm²次，防治面积为481hm²次。

夏蝗出土始期在5月上旬开始，出土盛期6月1—8日，3龄盛期6月4—12日，羽化盛期在6月18—28日，产卵盛期7月3—13日。7月15—25日孵化为秋蝻，7月25日至8月5日为3龄盛期，8月16—26日羽化为成虫，9月上中旬产卵。

四、治理对策

（1）贯彻"改治并举、根除蝗害"的治蝗策略，结合当地实际，建设湖滨公园、三台山林木公园、植树造林、栽花种树，实行园林化、林网化；发展果树，创造不利于飞蝗发生的环境，改变蝗区面貌，达到消灭蝗害的目的。

（2）重视蝗情的调查及预测预报。每年自4月中旬开始，每10～15天挖查卵孵化，密切监测及时掌握蝗蝻的出土时间。

（3）农作物病虫害的兼防兼治。在防治花生、豆类和玉米害虫时兼防兼治。

（4）加强生态控制。蝗虫的天敌很多，包括青蛙、鸟、捕食性的甲虫、蚂蚁等，在轻发生的年份，利用蝗虫天敌蛙类、鸟类、步行虫等天敌可以消灭很大一部分蝗虫，控制蝗虫的发生；同时养殖鸡、鸭等禽类能捕食蝗虫，可起到一举两得的效果。

（5）注重生物控制。利用生物农药防治，主要有甲氨基阿维菌素苯甲酸盐、阿维菌素、绿僵菌和印楝素等，对蝗虫有较好的防治效果。

（6）药剂防治。化学制剂：一般在蝗蝻孵化出土盛期至3龄前防治，具体采用药剂有：有机磷类农药的马拉硫磷、辛硫磷，菊酯类农药溴氰菊酯、氯氰菊酯等。也可适当撒毒饵进行防治。严格按照农药使用操作规程，确保安全。

泗洪县蝗区概况

一、蝗区情况

泗洪县隶属宿迁市，位于江苏省西北部，东临洪泽湖，西与安徽省泗县接壤，北与宿迁市宿城区、泗阳县为邻，南隔淮河与安徽省明光市相望。县境南北最大纵距67.1km，东西最大横距78.5km，面积2 731km²，拥有耕地1 373km²。县辖14个镇9个乡，总人口106万人，全年地区生产总值363亿元。

二、蝗区分布

泗洪县内蝗区形成多与洪泽湖水位涨落有关。洪泽湖岸与湖底部分呈漫坡滩型地带，漫水为湖，退水为滩，湖水涨落不定，无法耕种，形成大面积荒滩草地。足够的温度、丰盈的食料资源，成为蝗虫孕育繁衍的场所。

泗洪现有蝗区8 400hm²，主要类型有东亚飞蝗和中华稻蝗、负蝗、棉蝗等十余种土蝗。境内蝗区主要分为两种类型，一是滨湖型蝗区，二是内涝型蝗区。滨湖型蝗区占整个蝗区面积的45.3%，主要分布在沿湖地区，海拔在10.50～12.50m，主要包括临淮、半城、龙集、洪泽湖农场等地；内涝型蝗区占蝗区总面积的54.7%，主要分布在滨湖型蝗区的外围，海拔12.50～13.50m，多为陈老洼、泰山洼、三甲洼、大鱼沟、马浪湖、溧河侧以及苍湖、营湖等大片洼地，这些洼地常因洪水而发生内涝，无法正常耕种，形成半荒废的草地，成为飞蝗较理想的栖息繁殖场所。

三、蝗区演变

泗洪县在中华人民共和国成立以后，境内蝗虫发生相当严重，面积广且密度高，其中以20世纪50年代最为严重。各个年代的蝗虫主要危害情况如下。

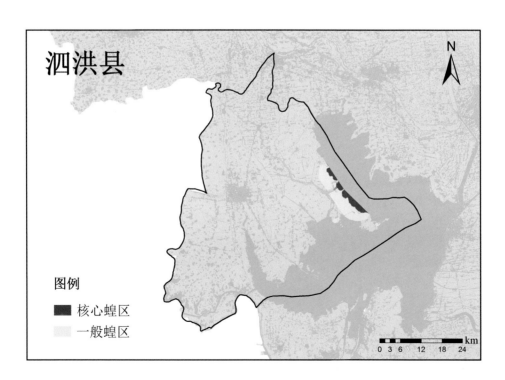

20世纪50年代：在1950—1959年的十年中，除因1950年雨水较多、蝗虫稀少外，连续9年发生蝗灾，其中大发生的3年（1953年、1955年、1956年），特大发生的两年（1952年、1954年），尤以1952年为重，当年全县夏蝗发生面积49 467hm²，占县境陆地面积的21.3%，蝗虫密度每平方米270～450头，密度最高处为雪枫区新集乡附近的湖滩荒草地，平均每平方米有蝗蝻16 200头，为近百年来所罕见。是年全县组织11万民工，投工177.7万个劳动日，灭蝗49 333hm²，除药剂消灭外，人工捕杀蝗蝻150.42万kg。

20世纪60年代：在1960—1969年的十年间，蝗灾大发生5年，小发生2年，零星发生3年。与50年代相比，蝗虫发生频率下降了40%，发生量减少了70%～90%，其主要原因一是大力防除，二是改造蝗区。1968年以后，县内蝗灾已很少发生。

20世纪70年代：1970—1977年没有发生蝗灾，1978年、1979年两年因连续春、夏大旱的影响，蝗虫大发生，但密度较低。与60年代相比，发生频率下降了60%，严重程度也下降了1 000～5 000倍，基本上控制了蝗害的发生。

20世纪90年代以后：没有发生蝗灾，长期稳定在监测的水平上，达到了基本根除蝗害的目的，也是发挥效益的30年。

四、蝗虫发生情况

目前，泗洪县夏蝗发生面积为8 400hm²，一般蝗区6 267hm²，核心蝗区2 133hm²，防治30 667hm²。

泗洪县夏蝗出土日期为5月10日左右，3龄盛期一般在5月25日前后，羽化盛期为6月15日，产卵盛期在6月30日至7月5日。

五、治理对策

1. **蝗情监测** 利用好蝗情监测站点，在蝗虫易爆发的时间段，及时调查蝗虫发生情况，不断完善蝗虫监测技术，将GPS和航拍技术应用到监测预报中，使信息能够快速、准确地传递。

2. **生态治理** 减少蝗虫的生存地。减少撂荒，全县垦荒造田48 333hm²，占改造蝗区面积的85.3%；因地制宜，地块改造，在蝗虫重灾区种莲藕、养鱼、种苇种草，全县挖塘养殖和蓄水养殖13 533hm²，种苇种草1 600hm²。总计改造蝗区面积67 133hm²。

加大植树造林。全县平均每年植树200万株以上，新造成片林面积9 693hm²，城市绿化覆盖率达41.9%，森林覆盖率预计达21.7%，不仅绿化环境，而且增加了鸟类栖息场所，提高蝗虫天敌数量，减轻蝗虫的危害。

兴修水利。改造跨境河流7条，境内河流12条，小型河流14条，大沟级工程293条，新筑防洪大堤151km。

3. **生物防治** 保护天敌。蝗虫的天敌很多，包括青蛙、鸟、甲虫、寄生蝇类等，泗洪县在洪泽湖湿地建设滨岸生态林200hm²，恢复候鸟生境100hm²，鸟类种群和数量明显增加，对于控制蝗虫有重要作用。

生物农药。目前用绿僵菌、苦参碱等、印楝素等生物农药防治。

4. **化学防治** 在蝗蝻孵化出土盛期至3龄前，用马拉硫磷等有机磷类农药，氯氰菊酯、溴氰菊酯等菊酯类农药喷雾或喷粉；当药械不足或植被稀疏时，用毒饵诱杀防治效果好。

沛县蝗区概况

一、蝗区概况

沛县属于徐州市，位于江苏省西北部，东靠微山湖，西邻丰县，南接铜山区，北接山东省鱼台，总面积1 806km²，全境南北长约60km，东西宽约30km，县辖4个街道、13个镇、1个省级经济开发区、1个农场，总人口130万，耕地面积81 000hm²，人均生产总值5.924 3万元。

二、蝗区分布及演变

1. 蝗区分布　沛县蝗区主要分布在微山湖西岸，北起沛县与山东省鱼台县交界的姚鲁河，经沛县沿湖各乡，南至铜山区，总面积17 666.7hm²，其中一般蝗区15 200hm²，核心蝗区2 467hm²，以微山湖西岸大堤为界，沛县蝗区分为湖滩蝗区和内涝蝗区两大部分。

湖滩蝗区位于微山湖大堤以东，涉及湖西、胡屯、胡寨、高楼、魏庙、五段6个乡镇（场），属于微山湖下级湖，常年水位在30.65～32.67m。蝗区内主要有道路、河流、鱼塘、藕田、树林、杂草、良田等。蝗区环境比较复杂，主要有芦苇地、荒草地和有生态控制作用的条子地、苜蓿地、鱼塘树林、大型生态养殖园等，农作物盛产水稻、小麦、大豆、玉米、芦笋及其他蔬菜等，天敌主要有鸡、鸭、鹅、麻雀、喜鹊、中华大蟾蜍等。

内涝蝗区位于微山湖大堤以西，面积略大于湖滩蝗区，涉及龙固、杨屯、湖西、胡屯4个乡镇，其中龙固、杨屯属于微山湖上级湖，常年水位在32.19～34.62m。蝗区地层表面为沙土，土质肥沃，物产丰富。杨屯、龙固两乡镇的蝗区内有岛屿、鱼塘、藕塘、高台地、围田、生态养殖园等。天敌主要有麻鸭、白鹅、水貂、肉鸡、鸟类及飞蝗黑卵蜂等。农作物主要为优质稻谷、小麦、大豆等。

沛县胡滩蝗区地貌

2. 蝗区演变　沛县蝗区属湖库蝗区，原是微山湖西岸浅滩，西高东低，高差3m，淤积后，地势逐步平坦，地层表面为沙土。宜蝗面积随湖水位涨落不定，干旱年份湖滩暴露，宜蝗面积扩大，雨水偏多年份湖水位升高，宜蝗面积缩小，但蝗虫会向高处及围湖大堤外内涝蝗区扩散，因此，无论干旱还是雨水偏多年份均有蝗虫发生。1988—1990年，由于上级湖干涸，造成龙固、杨屯两蝗区大发生，一般密度为10～30头/m²，最高密度超过1 500头/m²。2004—2013年，随着南水北调东线一期工程的建设，微山湖水位得到控制，内涝蝗区基本得到改造，大面积实行旱改水种植，复种指数和精耕细作程度提高，宜蝗面积进一步减少，发生程度明显减轻。

三、蝗虫发生情况

沛县蝗虫发生面积随湖水的涨落而不固定，常年发生面积在6 667～16 667hm²，防治面积800～14 000hm²。近20年，沛县蝗区每年都有不同程度的飞蝗发生，蝗情总体发生程度中等，其中7年为轻发生年份，9年为中等偏轻发生年份，4年为中等偏重发生年份（2001年、2002年、2003年、2004年），2003年发生最重，夏蝗发生12 667hm²，秋蝗发生6 800hm²，集中发生在上级湖的荒草地和下级湖的抛荒芦苇地。

正常情况下东亚飞蝗在沛县每年两代，个别年份出现三代蝗蝻，但第三代蝗蝻对沛县飞蝗种群数量增减无显著影响。夏蝗出土期一般出现在5月5—12日，出土盛期一般在5月20日左右；秋蝗出土始期一般出现在7月上旬，出土盛期一般出现在7月18日左右，3龄盛期夏蝗一般在5月29日至6月3日，秋蝗3龄盛期一般出现在7月29日至8月3日。夏蝗羽化盛期一般在6月23日左右，秋蝗羽化盛期一般在8月20日左右。夏蝗产卵期一般在7月1—7日。秋蝗产卵盛期一般在9月13—18日。

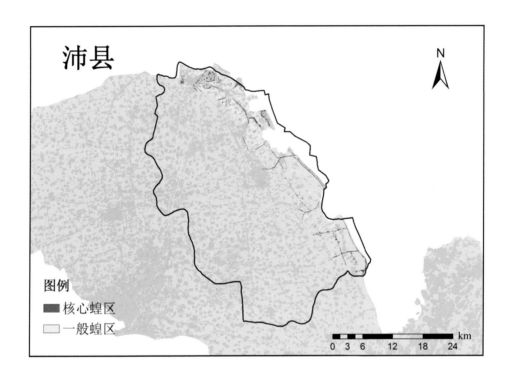

四、治理对策

（1）贯彻"改治并举"的方针，在蝗区因地制宜地采取了兴修水利，大搞农田基本建设，开挖渔塘、栽树造林、种粮、治涝种稻，开发利用荒地等综合措施，取得了显著成效，蝗区地貌有所改变，逐渐缩小了蝗区面积。

（2）重视蝗情调查及预测预报。稳定治蝗队伍，巩固治蝗机构。蝗区内各乡镇至少配备一名有多年查蝗经验的蝗情侦查员，在蝗虫发生期，治蝗站每周召开一次蝗情侦察员会议，商谈汇报蝗情，做好蝗虫的预测预报，县治蝗站负责研究蝗虫的发生规律生物学特性、测报蝗虫的发生动态，定期到蝗区普查蝗虫的发生密度、面积掌握消长规律。做到常抓不懈，有备无患。

（3）兼治和专业防治相结合。结合农时，宣传鼓励湖田农民防治其他农作物病虫害时，兼治蝗虫，兼治面积达防治面积的70%，对荒草地、沟渠路边及发生重的区域进行专业防治。

（4）加强生态控制。植树造林、保护天敌，增加植被覆盖度，减少蝗虫的适生地；种植蝗虫不喜食的植物，如簸箕柳、白蜡条、苜蓿等，断绝蝗虫的食物来源；积极发展养鸡、鸭、鹅事业，在蝗区建立畜禽养殖生态园。

（5）注重生物防治。为了更有效地控制蝗害，充分发挥控制蝗虫的作用，蝗区人民在业务部门的正确引导下充分利用生物资源，同时利用生物农药进行防治。

（6）防治药剂。生物制剂有杀蝗绿僵菌，化学药剂有毒死蜱、氰戊·辛硫磷等。

（7）蝗区现状。微山湖蝗区经过多年各方面的治理改造后已焕然一新，内涝蝗区已得到改造，湖滩蝗区也发生了深刻变化，过去是秋季水汪汪，庄家齐死光，如今是沟渠纵横，绿树成荫；过去的泥泞小巷，如今是宽阔水泥路；过去的蝗虫发生地，如今已成了米粮仓。据近期地貌类型面积统计，蝗区内芦苇面积1 397hm²、条子地201hm²、树林4 380hm²、草地2 351hm²、鱼塘4 333hm²、生态养殖园11个。但是由于微山湖水位还不太稳定，湖滩面积、生态状况还受着水位的制约，蝗患仍存。

铜山区蝗区概况

一、蝗区概况

铜山区属徐州市，位于江苏省西北部，北部与山东省微山县、枣庄市为邻，南部与西南部接安徽宿州市、灵璧县、萧县，东部与邳州市、睢宁县交界，西北部与丰县、沛县毗邻。区境东西长64.5km，南北长61.5km，总面积1 871.19km²。区辖17个镇（场），11个街道办事处，一个国家级高新技术产业开发区，总人口104.97万，耕地面积10.680 9万hm²，人均生产总值9.302 5万元。

二、蝗区分布及演变

铜山蝗区总面积6 800hm²，主要是微山湖蝗区，分布于铜山境内的沿湖农场、柳泉、马坡、柳新、利国五镇（场）。微山湖蝗区实际包括微山、昭阳、独山、南阳四湖，介于山东、江苏两省之间，位于黄河冲积扇形平原与鲁南丘陵地带的褶皱处，蝗虫类型主要是东亚飞蝗。

蝗患是铜山区历史上一大自然灾害，史书都屡有记载。根据徐州府志记载，从后汉中元元年（公元56年）至宣统元年（1909年）的1853年中，蝗虫发生特别严重。造成起飞重大危害并有明确记载的达56次之多。中华人民共和国成立后微山湖蝗区东亚飞蝗发生主要分为以下几个阶段：一是20世纪50年代大发生阶段。常年发生面积1.0万～1.33万hm²。发生密度以1952年为最高，一般每亩都在6.0万头以上，密集地段每平方米有33.5万头。由于年年大力防治，在50年代中后期，密度有所下降，一般每亩0.6万～1.3万头，个别年份与地段还有6.0万头以上高密度。二是60年代中等至大发生阶段。60年代以后，常年发生面积0.8万～1.2万hm²，蝗虫密度每亩0.06万～0.13万头，部分为0.3万～0.6万头。

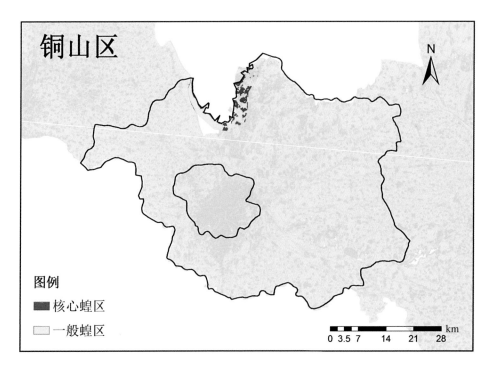

以后密度下降至0.06头以下，很少再出现高密度地段。三是70～80年代间歇性大发生阶段。常年发生面积0.7万～1.0万hm²，1977年秋旱，1978年湖内蝗区蝗虫回升。自1983年以后，湖水上涨至32m等高线时，蝗情又趋下降。在干旱年份，湖水下退时，蝗情又有回升。四是90年代至今控制回升阶段。近年来，由于持续干旱，湖水位降低，湖滩裸露，新蝗区增加，微山湖蝗区蝗虫发生又有所回升。近几年，进入21世纪以后，东亚飞蝗发生面积及发生程度总体呈下降趋势。

三、蝗虫发生情况

微山湖地区生态条件复杂，植被丰富，易受渍涝，主要是水旱轮作区，以水稻小麦轮作为主，并结合种植大豆及水生经济植物。旱作区以小麦、玉米为主，结合种植大豆、蔬菜、瓜果、小杂粮等。蝗区常年发生面积6 800hm²，防治面积10 000hm²。其中核心蝗区面积2 566.7hm²，一般蝗区面积3 933.3hm²。蝗区常年水量在700～900mm，7～8月份雨量占全年的45%～50%。常年平均气温14.2℃，最低气温出现在1月，月平均0℃，最低平均气温－4.1℃，绝对最低温度－22.6℃，蝗卵能安全过冬，一般年份死亡率很低。蝗区飞蝗常年发生为两代，个别年份出现三代，但不能完成一个世代，而且数量很少。

夏蝗出土始期在5月3日左右，出土盛期5月15日左右，3龄盛期在5月25日左右，羽化盛期在6月18日左右，产卵期一般在6月28日左右。秋蝗出土始期一般出现在7月5日左右，出土盛期一般出现在7月13日左右，3龄盛期一般出现在7月25日左右，羽化盛期一般在8月15日左右，产卵盛期一般在9月7日左右。

四、治理对策

主要采取"监视为主，重点挑治"的防治策略，做到"专治与兼治相结合、化学防治与生态控制相结合"，在及时抓好化学防治的基础上，开展生物防蝗、生态治蝗。

1. 重视蝗情调查及预测预报　我区现有蝗情测报点4个，聘请了有经验的技术人员调查蝗虫发生情况并定期上报。每月召开1～2次技术人员会议，商谈汇报蝗情，做好蝗虫的预测预报，并对测报点技术人员进行培训。

2. 开荒种植，种养结合，恶化蝗虫生态环境　一是湖滩泛水区种养结合模式。将湖区湖滩阶地、堤外洼地没有开垦的荒地和撂荒地复垦，种植大豆、绿豆、蔬菜等农作物，在湖滩泛水区开挖坑池，抬高地面，种植小麦、大豆、棉花、果树，池里放养鱼、虾、蟹或养藕等上粮下鱼、上果下鱼、上菜下鱼等种养模式。二是沿湖浅水区养殖模式在湖滩阶地试验养鸭食蝗技术。三是荒滩育草模式。在湖滩泛水地和堤外洼地蝗区利用沿湖蝗区低洼地芦苇资源设封滩育草示范区，封育芦苇，增加植被覆盖度。改善蝗区的生态环境，保护利用天敌昆虫的控蝗作用，蝗虫密度一直控制在防治标准以下。

3.生物治蝗 一是利用天敌治蝗。微山湖蝗区的天敌资源十分丰富，主要有蛙类、鸟类、蜘蛛类、步行虫等，它们对蝗虫的发生发展具有显著的控制作用，在蝗虫防治中，尽量使用低毒农药防治蝗虫，尽可能保护和利用天敌，充分发挥天敌作用。二是发展水禽，放牧治蝗。根据微山湖的优势资源及政府的正确引导，近年水禽饲养业发展迅速，规模养鸭、养鹅大户随处可见，蝗虫是鸭、鹅的上等食料，蝗虫发生季节，放牧灭蝗则为一举多得。三是推广生物农药，以菌治蝗。为减轻化学农药对环境的污染和对天敌的危害，推广蝗虫微孢子虫、杀蝗绿疆菌等生物农药，这两种药剂对蝗虫有较好的防效，同时对天敌具有较高的安全性，不污染环境，具有较好的应用前景。

4.兼防防治蝗虫 积极开展农作物病虫害统防统治工作，通过此项工作的开展，对夏秋蝗进行了兼治，并取得较好的效果。

5.防治药剂 生物制剂有蝗虫微孢子虫、杀蝗绿疆菌等，化学药剂有高效氯氰菊酯乳油、吡虫啉、辛硫磷·氰戊菊酯乳油等。

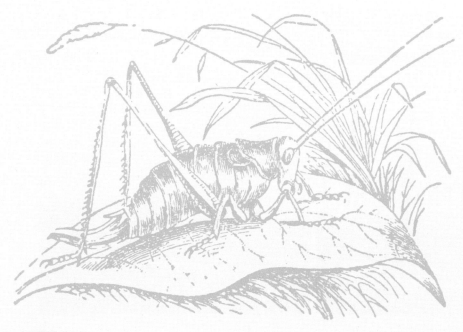

大丰区蝗区概况

一、大丰蝗区概况

大丰区属江苏省盐城市下辖区，位于北纬32°56′～33°36′，东经120°13′～120°56′之间，地处江苏省东部、黄海之滨，东临黄海，西连兴化，南与东台接壤，北与盐城市亭湖区交界，拥有112km长的海岸线，总面积3 059km²。辖12个镇、2个省级开发区，境内有省属农场和沪属农场各3个，总人口72.54万，耕地面积9.21万hm²（138万亩），地区生产总值486.7亿元。

二、主要发生区域与类型

大丰区地处苏北沿海地区，全区沿海滩涂经过数十年的筑海堤围垦开发，新增堤内土地数十万亩，除了已开垦种植棉花、水稻及围塘养殖外，还有相当数量零散或集中的茅草、芦苇地。这些茅草、芦苇地成了大丰区土蝗主要的适生地，但经过近十多年的沿海农业开发，土蝗适生草地面积逐年萎缩。特别是新海堤内侧复河两侧圩坡及内坎约100m宽的花碱地，以前是土蝗的重要适生草地，经十多年连续种植棉花、玉米、大豆等作物改良，大大压缩了土蝗适生草地。现在仅剩川东港闸下新海堤外侧潮间带、潮汐带5 000亩外滩草地，生长的植物种类主要有茅草、芦苇、盐蒿等，基本上没有被开垦，2004年开始作为麋鹿新的野生放养地，是我区蝗虫主要适生草地。

三、土蝗发生特点

1. 土蝗种类多　根据多年来的土蝗监测调查数据统计，沿海滩涂草地的土蝗种类较多，大约有12种，6种确定种名，分别是中华蚱蜢、短额负蝗、中华稻蝗、长翅黑背蝗、斑角庶蝗和菱蝗；6种不确定种名，调查时用形态特征表示，分别为小黑背、深绿大肚、大黑圆头、淡绿和小灰体。12种土蝗中，中华蚱蜢和小黑背在整个发生期都能查到，数量最多，为优势种。除中华蚱蜢和小黑背两个优势种外，长翅黑背蝗和中华稻蝗也是常见种，仅次于中华蚱蜢和小黑背。

2. 发生期正常　经过多年的系统监测，基本摸清了本地土蝗的发生期。蝗蝻出土始盛期在5月中

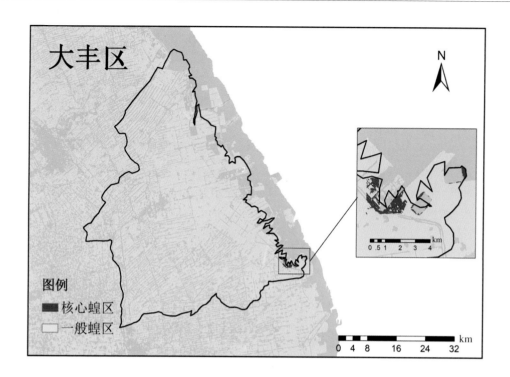

旬中期，出土高峰期在5月底，2龄蝗蝻高峰期在6月上旬末，3龄蝗蝻高峰期在6月下旬中期，4、5龄蝗蝻盛期在7月，羽化盛期在7月底至8月初。

3. **不同寄主、发育阶段密度差异大**　在不同的寄主区域通过网捕法取得的土蝗密度是不同的，总的趋势是纯茅草地＞茅草与芦苇混生地＞盐蒿地。网捕法大部分是在茅草地进行的，小部分在茅草和芦苇混生地进行的，因为在茅草和芦苇混生地进行捕虫，不但土蝗密度低，而且芦苇很硬，下部土蝗捕不到，数据不准，且极易损坏捕虫网。在土蝗不同发育阶段的密度也是有较大差异的。总体趋势是3、4龄蝗蝻期＞低龄期和成虫期。从5月上旬开始有少量蝗蝻出土时为0.17头/m²，到6月下旬至7月上中旬蝗蝻3、4龄时的5.09、7.58头/m²，到7月末8月初成虫高峰期时，由于成虫向外扩散和活动性变强，用网捕法获得的数据又下降至1.95和1.19头/m²。

4. **草受害较轻**　大丰沿海滩涂所有宜蝗区的草受害均轻，仅有茅草叶片见到缺刻状，芦苇叶很少见到为害，偶见高密度群集地段的茅草出现断叶片塘。进入成虫羽化高峰后，邻近蝗区种植的棉花、玉米、大豆等农作物未见加重受害，表明土蝗迁飞能力弱，不扩散为害周围农作物。草受害轻的原因初步分析：一是土蝗优势种为中华蚱蜢、小黑背，个体小、食草量少，对草影响小；二是食草量大的中华稻蝗、斑角蔗蝗发生密度低。

四、防治概况

我区土蝗防治坚持"监测为主、重点挑制"的策略，主要采取开垦种植、生物防治、利用天敌控制等综合措施，实现了"蝗虫不起飞、不扩散、不危害"的治蝗目标。

1. **开垦种植、水产养殖恶化土蝗生存环境**　我区沿海滩涂新海堤复河两侧的圩坡及内坎，围垦后十几年经洗碱已生长茅草的地段，近几年开荒种植棉花、玉米、大豆等农作物和围垦养殖，使以前的宜蝗区大幅缩减。残存较小块的茅草地使土蝗达不到重发的基数，再加上开垦种植的棉花、玉米地多次喷施杀虫剂，使土蝗赖以生存的环境进一步恶化。

2. **充分利用自然天敌，控制蝗虫发生**　大丰沿海滩涂宜蝗草地内自然天敌生物资源较多。据近年来在3龄蝗蝻期、残蝗期调查表明，主要有蜘蛛、蚂蚁、螳螂、鸟类等天敌。蜘蛛是土蝗的主要优势天敌，大致分为跳蛛、狼蛛、喜蛛科3种。6月份蝗蝻低龄期是捕食活动最活跃的时期，少的地方每平方米有蜘蛛5、6头，多的地方多达20多头，据观测，蜘蛛对蝗蝻的控制效果在30%以上。其次是蚂蚁，主要在较高的地方筑巢。在没有蚁巢的地方，每平方米有4、5头，多的10头以上，在有蚁巢的地方都成群集聚，特别对活动性不强的初孵蝗蝻有很好的控制作用。在麋鹿保护区野生放养地由于草地大片大片存在，生态系统保护较好，有大批的海鸟聚集在此，如海鸥和白鹭，对各阶段的土蝗都会有较好的抑制作用。其次麋鹿野生放养草地，因有几十头麋鹿的大量食草，蝗蝻低龄期被吞食，压低蝗蝻密度。

3. 推广生物防治，保护麋鹿安全和生态环境　麋鹿保护区野生放养栖息草地是我区最大的蝗区，使用化学防治，对麋鹿不安全，又杀死大量天敌。在2004年引进高效杀蝗绿僵菌试验，药后7天杀蝗效果达90%以上，比常规化学农药高12个百分点，对麋鹿安全，对草地内优势种蜘蛛、蚂蚁等天敌无伤害，既不污染环境，又维护了草地内生态平衡，实现了蝗虫的可持续治理。

安徽 · ANHUI
蝗区概况

一、总体概况

安徽省东接江苏，西邻河南、湖北，南接浙江、江西，北接山东。全省地形自北而南为平原、丘陵、山地，地势西南高，东北低。安徽省属暖温带和亚热带的重要过渡带，淮北为暖温带半湿润季风气候，淮南为亚热带湿润季风气候。由于受季风气候不稳定及降水分布不均匀的影响，旱涝灾害频发，加之全省的荒山、荒地、荒滩及荒水面积较大，均成为东亚飞蝗滋生的最佳环境。

安徽省东亚飞蝗蝗区面积

县（市、区）	一般蝗区（万亩）	核心蝗区（万亩）	总计（万亩）
阜南县	19.7	1.3	21.0
霍邱县	31.9	4.1	36.0
颍上县	7.0	2.8	9.8
寿　县	8.5	1.3	9.8
凤阳县	1.3	1.3	2.6
灵璧县	1.5	0.1	1.6
明光县	3.3	0.1	3.4
天长市	2.2	2.0	4.2
凤台县	1.3	0.1	1.4
怀远县	4.0	0.1	4.1
烈山区	0.1	0.5	0.6
砀山县	1.7	0.1	1.8
固镇县	1.2	0.3	1.5
五河县	2.0	0	2.0
总　计	85.7	14.1	99.8

二、蝗区的演变

2003年，安徽省蝗区面积94 268hm²，主要分布在淮河流域、沿淮、沿湖滩地及淮北内涝洼地，涉及沿淮地区的阜南、颍上、霍邱、寿县、凤台、淮南市郊、怀远、固镇、凤阳、五河、明光11个县（市、区），淮北地区的灵璧、泗县、埇桥、濉溪4个县（市、区）以及天长市共16个县（市、区）197个乡镇。

2017年测绘，安徽省现有蝗区面积66 533hm²，蝗区主要分布在阜阳、淮南、六安、蚌埠、宿州、滁州、淮北7市14县（市、区），蝗区面积共计66 533hm²万亩，其中核心蝗区9 400hm²，一般蝗区57 133hm²。蝗区以河滩地、农田夹荒地等为主，主要栽培作物包括小麦、大豆、水稻、花生等，主要野生植被包括芦苇、毛草、稗草等。

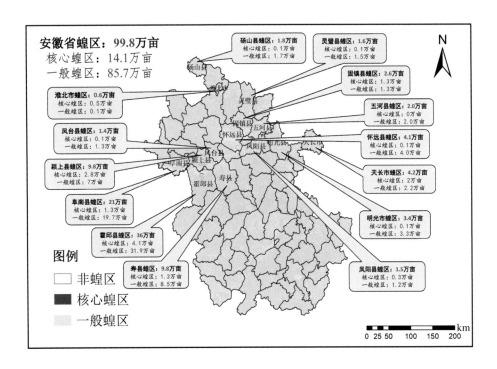

三、发生规律

1986—2002年，安徽省飞蝗年均发生面积12.33万hm²，其中夏蝗6.39万hm²，平均虫口密度夏蝗2.12头/m²，秋蝗1.98头/m²，17年间，飞蝗暴发年份频率为0.29，常发年份频率为0.47，轻发年份为0.24。

2003—2017年，安徽省飞蝗年均发生面积8.99万hm²，虫口密度夏蝗0.3～1.0头/m²，秋蝗0.2～0.8头/m²，飞蝗仅2014年在淮北市烈山区化家湖蝗区暴发高密度蝗群，发生面积400hm²，平均密度50～60头/m²。其他年份全省均为轻发年份。

1988年、1989年淮南市洛河湾蝗区东亚飞蝗大发生，蝗蝻一般密度每平方米60～70头，多的达1 000头以上，聚焦成球状。

1995年6月，濉溪县化家湖地区因疏于蝗情监测发生高密度群居性飞蝗蝻，每平方米蝗蝻密度达2 000～4 000头。

2014年6月，淮北市烈山区化家湖蝗区暴发高密度蝗群，发生面积400hm²，其中高密度发生面积20hm²。平均发生密度每平方米50～60头。因蝗区为废弃水库，加上防治及时，蝗虫未迁入农田危害，基本没有造成经济损失。

1986—2017年安徽省东亚飞蝗发生情况统计表

年份	发生面积（hm²）			发生程度（级）
	合计	夏蝗	秋蝗	
1986	50 166	29 160	21 006	1 (4)
1987	59 342	34 212	21 530	1 (5)
1988	102 824	47 755	37 069	5 (2)
1989	94 663	50 468	44 195	5 (2)
1990	118 726	51 786	39 958	3 (4)

（续）

年份	发生面积（hm²）			发生程度（级）
	合计	夏蝗	秋蝗	
1991	41 499	32 233	9 266	1（3）
1992	95 930	41 968	53 962	3（4）
1993	101 199	56 180	45 952	2～3
1994	178 416	74 628	103 788	4～5
1995	183 638	90 865	92 733	5（4）
1996	149 370	86 997	50 733	3
1997	157 963	81 171	73 627	3（4）
1998	128 136	77 403	53 733	2～3
1999	159 350	85 903	73 627	2～3
2000	155 900	85 900	70 000	2～3
2001	178 620	82 070	96 550	3～4
2002	123 190	77 627	45 563	3～4
2003	109 333			2
2004	147 533			2
2005	112 333			2
2006	119 467			2
2007	118 000			2
2008	93 807			2
2010	86 753			2
2011	71 007	39 913	31 093	2
2012	68 980	39 167	29 813	2
2013	71 053	71 053	37 880	2
2014	77 367	77 367	42 087	2（5）
2015	66 220	66 220	37 380	2
2016	61 107	61 107	31 173	2
2017	55 460	55 460	30 460	2

四、可持续治理

（一）治蝗策略

回顾安徽省中华人民共和国成立以来治蝗策略的发展过程，大体可分为6个阶段：人工捕打为主阶段（1952年以前），以药剂防治为主，大治小改阶段（1953—1958年），改治并举阶段（1959—1969年），监视控制阶段（1970—1983年），监测与化学防治为主阶段（1984—1994年），可持续治理技术的研究与应用阶段（1995年以后）。

实施分级治理对策：对重点蝗区加强侦察，全面监测，切实掌握蝗情、水情，根据蝗情、水情的变化，及时采取防治措施。重点部署，狠治夏蝗，控制秋蝗。对一般蝗区加强侦察监测，对蝗区点、片、线进行挑治，重点防治堤坡、沟边、路边等特殊地段，农田的蝗虫可结合农作物病虫害防治予以兼治。对偶发蝗区要注意监测，定期检查蝗情，掌握散蝗聚焦情况，必要时开展防治或结合农作物病虫害防治兼治。

（二）治理措施

认真贯彻"预防为主、综合防治"的植保方针和"改治并举，根除蝗害"的治蝗方针，在蝗虫治理策略上针对不同类型的蝗区实施区域治理，采取综合防治措施，逐步实现可持续治理。在一般性蝗区加大了生态控制和生物防治的力度，充分保护利用蝗区植被和自然天敌的控害作用，对高密度蝗区采用应急防治措施，狠治夏蝗，控制秋蝗，压低发生基数，降低暴发频率，做到不起飞成灾，确保农业生产安全，逐步实现蝗灾的可持续治理。

1. 生态控制

（1）整治淮河，稳定河湖水位。结合治理淮河、通过开挖茨淮新河、新汴河、新汴河、怀洪新河，加固淮河防洪大堤，以及在淮河干流设闸防洪，调控水位等治淮工程措施，采取综合农业措施，改造飞蝗的适生条件，使其不利于蝗虫的繁殖和栖息，从而达到根除蝗患的目的。

（2）蝗区改造技术。通过规划开垦、消灭夹荒地、撂荒地，宜农则农，宜林则林，宜牧则牧，并对煤矿塌陷区复垦利用，改善生态环境，创造不利于蝗虫发生的环境。在作物布局上注意因地制宜，在低洼蝗区有条件的可种植水稻或水生植物，适于种植旱作物的，选择种植效益高的作物。

（3）发展养殖。沿淮蝗区因地制宜开挖精养鱼塘，发展养殖业。将蝗虫滋生地改造成鱼塘，减少了宜蝗面积。

2. 生物防治

（1）保护利用天敌。通过连续推广使用BT、阿维菌素、绿僵菌、微孢子虫、脱皮素卡死克、印楝素等生物农药、植物源农药和对天敌杀伤力小的农药，减少蝗区化学农药使用次数和使用量，蝗区蛙类、蜘蛛、鸟类、寄生性天敌等数量逐年增多，充分发挥自然天敌对蝗虫的控害作用。

（2）牧禽控蝗。近年蝗区结合发展养禽，大面积组织牧鸭食蝗。

3. 化学防治

安徽省药剂治蝗由人力、机械喷粉、毒饵防治发展到飞机和动力机械喷药和应用超低量喷雾治蝗，飞蝗蝗蝻防治指标由 0.2 头/m^2 放宽调整为 0.5 头/m^2。有蝗样点占总样数20%以下，蝗虫密度平均在 0.5 头/m^2 以下的作为监视区，不作为应防治面积计算，遇到有小片集中再行防治；有蝗样点占总样数 $20\% \sim 50\%$，蝗虫密度平均在 0.5 头/m^2 以上的，应进行挑治；有蝗样点占总样数50%以上的应开展全面防治。

安徽省全面推广武装侦察办法。侦察员自带药械，边查边治，将蝗蝻消灭在点片阶段，有效地防止蝗蝻扩散蔓延，对漏查漏治地块进行补查补治和扫残，大大提高了防治效果和防治效益。对大面积蝗区内不同行政区的交界处，为了避免漏治，加强与外省协作，开展治蝗联防；在省内组织联查联防，防止漏查漏治而引起的迁飞扩散现象。

在战术上采取"四个结合"，即防治飞蝗与防治土蝗等相结合，重点挑治与普遍防治相结合，群众防治与专业队防治相结合，应急化学防治与生态控制、生物防治相结合。

凤阳县蝗区概况

一、蝗区概况

凤阳县属滁州市，位于安徽省东北部，淮河中游南岸，东与明光市、南与定远县毗连，西部、西北部与淮南市、怀远县、蚌埠市接壤，北濒淮河与五河县相望。东西长74.64km，南北宽49.6km，县域面积1 949.5km²。县辖15个乡镇、2个省级工业园，土地总面积194 950hm²，常住人口7.63万，地区生产总值167.9亿元。

二、蝗区分布及演变

现有蝗区面积7 737hm²，分滨湖蝗区和内涝蝗区两种。滨湖蝗区，面积4 933hm²，占蝗区面积的63.8%，主要分布在花园湖周围的旱巷、黄湾、大溪河等乡、镇。内涝蝗区面积2 804hm²，占蝗区面积的36.2%，主要分布在淮河行洪区方邱湖、柳沟湖及内涝洼淀区月明湖和淮河支流濠河以及高塘湖等地区。蝗虫类型有东亚飞蝗及30多种土蝗，土蝗优势种为中华稻蝗、大垫尖翅蝗、黄胫小车蝗、负蝗、黄脊蝗、笨蝗等。

凤阳县地处北纬32°37′～33°03′，东经117°19′～117°57′之间。自然环境复杂，地势北低南高，起伏不平，靠淮河沿岸地势低洼易涝，地貌基本以低山丘陵和冲积平原为主。县内花园湖等天然湖泊面积为60km²，有凤阳山、燃灯、官沟、鹿塘四座中型水库；有流经县境的淮河长达52.3km，另外还有天河、窑河、濠河、板桥河、小溪河、高塘湖等数条淮河支流，总流域面积1 304km²。属暖温带过渡的湿润季风气候，气候温和、四季分明，夏热多雨，秋旱少雨，冷暖和旱涝的转变往往很突然，旱涝灾害发生频繁，常年旱灾多于涝灾。年平均气温14.9℃，无霜期212天，年平均日照时数2 248.7h，年平均降水量876mm，最大降水量1 573.8mm，最小降水量556.3mm，主要分布在6—9月份。蝗区土壤类型主要为黄潮土（又名夜潮土），植被稀疏，杂草种类达60多种，以芦苇、狗牙根、

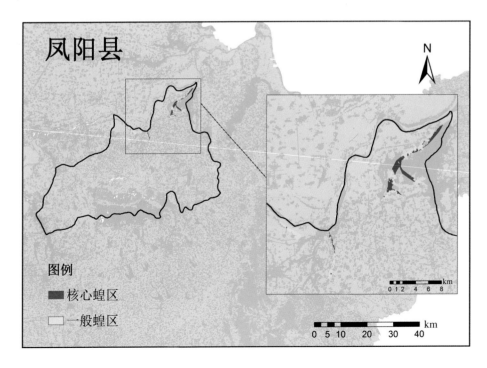

狗尾草、蟋蟀草、稗草、莎草、蒿、茅草、荻草等为优势种;蝗虫天敌有蛤蛙、蜘蛛类、甲虫类、螳螂、麻蝇、虻类、豆芫菁、蚂蚁、鸟类等,其中优势种为蟾蜍和草间小黑蛛;农作物主要有小麦、水稻、大豆、玉米、花生等。

1986年以来共发生飞蝗218 670hm²,其中夏蝗发生111 644hm²,秋蝗发生107 026hm²。1986—1991年蝗虫发生较轻,发生面积小,密度稀,年平均发生面积2 000～4 500hm²,虫口密度一般为0.18～1.3头/m²。1992年大面积暴发,发生面积达10 133hm²,其中夏蝗发生3 000hm²,秋蝗发生7 133hm²,危及农田2 000多hm²,涉及全县六个乡、镇及省直方邱湖农场,虫口密度国有荒滩一般5～6头/m²,高者达34头/m²以上,农田蝗区一般3～4头/m²,高者达11头/m²。1993—1995年又连续大面积发生,发生面积扩展到13 605hm²,虫口密度一般2～5头/m²,高者8～21头/m²。1997年以后,蝗情相对稳定,中等到中等偏轻发生。

三、蝗虫发生情况

常年蝗虫发生面积6 000～7 500hm²,防治面积5 250～6 750hm²。夏蝗出土始期在5月11日左右,出土盛期在5月20日左右,3龄盛期在6月4日左右,羽化盛期在6月24日左右,产卵盛期在7月9日左右;秋蝗出土始期在7月15日左右,出土盛期在7月24日左右,3龄盛期在8月6日左右,羽化盛期在8月28日左右,产卵盛期在9月18日左右。

四、治理对策

1.指导思想 贯彻"依靠群众,勤俭治蝗,改治并举,根治蝗害"的治蝗方针和"狠治夏蝗,抑制秋蝗"的防治策略。坚持行政首长负责制,明确部门职责,狠抓组织领导、虫情测报、技术指导、技术创新、基础设施建设5个方面工作,不断改善防蝗工作、设施条件;大力推广生态控蝗、生物治蝗技术,实施综合防治,提高综合效益。

2.强化监测预警 县植保站确定专人负责蝗虫的调查与监测工作,在蝗区安排蝗虫侦察员9人,并制定了蝗虫侦察员工作职责,按《安徽省东亚飞蝗预测预报办法》,坚持"三查三定绘三图"调查监测蝗情。

3.强化应急防控体系建设 一是成立县及涉蝗乡镇治蝗指挥部。二是建立安徽省凤阳县蝗虫地面应急防治站,组建防蝗专业队8个,配备防蝗药械300台套、防蝗车2辆。三是实施武装侦察、堵窝挑治、群防群治、查残扫残防控技术措施。四是选用马拉硫磷、快杀灵、敌杀死、高效氯氰菊酯等一批高效、低毒、低残留农药防治蝗虫。

4.强化生态控制技术 修建淮河堤坝52.3km、水利工程223处、电力排灌站35座、进泄洪节制闸三座,花园水位正常控制在13.5m;垦荒种植蝗虫不喜食作物5 000hm²;在蝗区农田、河埂、堤坝、路旁、荒滩等栽植杨柳、杞柳、白蜡条和其他经济林木40多万棵,折合绿化面积167hm²。

5.注重生物防治 一是应用蝗虫微孢子虫、杀蝗绿僵菌治蝗,应用面积2 000hm²。二是利用蝗区荒滩养殖牛、羊、鸡、鸭等控制蝗虫。三是创造天敌的适生环境,优先运用生物药剂,避开蝗虫天敌发生高峰期使用化学农药保护天敌,增强天敌的控制能力。

固镇县蝗区概况

一、蝗区概况

固镇县隶属于安徽省蚌埠市，位于安徽省东北部，淮河中游北岸，地处东经117°02′～117°04′和北纬33°01′～33°03′之间。全县地势平坦，海拔16.0～22.5m，面积1 363km²，人口64万，耕地7.02万hm²，现辖11个乡镇，227个村（居）。县城规划面积38.5km²，建成区面积19.7km²，城区人口20万。2015年实现地区生产总值170亿元。

二、蝗区分布及演变

固镇县属亚热带和热带过渡带，气候兼有南北之长，四季分明，光照充足，年平均气温14.9℃，降水量871mm，日照2 170h，南北方大部分动植物能在此繁衍生长。全县地势平坦，海拔16.0～22.5m。以平原为主，沱河、浍河、澥河穿境而过。地理地貌和小气候情况较为明显。目前蝗区主要分布在车狼湖、澥河低洼区、浍河沿岸林区等4个乡镇，占固镇县全部乡镇的37%。

三、蝗虫发生情况

常年发生0.54万hm²，防治面积0.54万hm²，核心区车狼湖、澥河低洼区荒滩、荒草多，一般区浍河沿岸林区。

（一）2017年夏蝗发生情况

1. 发生期　2017年夏蝗初出土日期是4月30日，出土盛期在5月8日，出土高峰期在5月15日，3龄蝗蝻高峰期在5月30日。

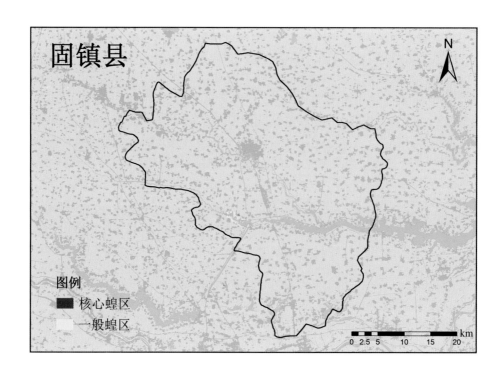

2. 发生量　据 5 月 8 日调查 30 个样点中, 有卵样点率平均为 3.33%, 蝗卵密度平均为 0.2 粒/m², 卵粒越冬死亡率平均 10%。5 月 25—28 日夏蝗蝗蝻发生情况普查, 蝗蝻密度 0 ~ 2 头/m², 平均 0.18 头/m²。

3. 夏蝗发生面积　2017 年夏蝗发生程度中等偏轻, 全县蝗区宜蝗面积 0.54 万 hm², 发生面积 0.27 万 hm², 其中 0.2 ~ 0.4 头/亩发生面积 0.26 万 hm², 0.5 ~ 1 头/亩发生面积 0.01 万 hm²。

（二）2017 年秋蝗发生情况

1. 夏残蝗情况　2017 年 6 月 29 日在车狼湖、澥河低洼区、浍河沿岸林区, 夏残蝗密度 6 头/亩以下占调查面积的 90.8%, 6 ~ 10 头/亩占 9.2%。

2. 秋蝗发生期　2017 年 7 月 18—20 日挖查, 挖查样点 100 个, 有卵样点 15 个, 有卵块数 22 块。卵孵化期在 7 月 22 日, 二三龄期在 8 月 9 日, 羽化期 8 月 20 日。

3. 发生面积　2008 年秋残蝗发生面积 0.2 万 hm² 左右, 达标面积 0.02 万 hm², 发生程度中等偏轻。残蝗面积 6 头/亩以下 0.14 万 hm², 6 ~ 10 头/亩 0.07 万 hm²。

四、蝗区治理情况

蝗区主要采取集中力量进行人工与饲养家禽来压低蝗蝻密度, 同时结合化学防治, 特别是夹荒地, 在防治其他作物虫害时, 一同兼治。其他蝗区, 如车狼湖河堤则采用兼治的方法来控制蝗蝻密度。根据调查蝗虫专治面积很小, 主要还是在防治小麦蚜虫、红蜘蛛、玉米螟时兼治。使用的药剂以吡虫啉、菊酯类为主。

蝗区全年累计防治面积达 8 万亩次, 其中化学兼治面积 7 万亩次, 生物防治及生态控制 1 万亩次。

目前固镇县剩余劳力较多通过养殖野鸡、家鸭、野鸭等, 自然形成很多放养大户, 一般放养都在千只以上。另外现在推广绿化, 植栽杨树, 鸟类数量也逐渐增多, 这些都有力地抑制了蝗虫的种群发展。但由于化肥、农药的大量使用和人为捕杀, 青蛙和蛇类作为蝗虫天敌的数量则逐年减少。

五、存在的困难

（1）固镇县蝗区 0.54 万 hm², 发生面积大, 调查难度也大, 交通工具缺乏。

（2）药械不足。

（3）人员少、资金不足。

六、治理对策

在"改治并举, 根除蝗害"的治蝗方针指导下, 综合采用生态治蝗、生物防治、化学防治等蝗灾治理措施, 固镇县的蝗虫测报、防治取得了显著的成绩。

1. 生态治理　生态治理针对东亚飞蝗的沿澥河蝗区（滨湖蝗区、沿海蝗区、河泛蝗区、内涝蝗区、草原蝗区）结构和功能的特点, 提出相应的生态学控制技术, 如农业结构调整、水位调控、天敌保护利用、合理放牧、植被恢复、生物多样性保护、自然资源的合理利用等, 是长期控制蝗灾的有效途径。

（1）农业结构调整。提高复种指数, 避免和减少撂荒现象。因地制宜, 合理规划农、林、渔等产业。在滩地种植水稻、青菜、杂粮等经济作物, 在孙浅村重灾区种莲藕、养鱼等。充分利用蝗区自然条件, 大面积种植大豆、西瓜、油菜等飞蝗厌食作物, 并对农作物实行轮作、间作、套作, 减少蝗虫食料, 抑制蝗虫的发生。

（2）水位调控。低洼内涝类型蝗区的改造, 首先应从兴修水利入手, 旱、涝、蝗综合治理。在水利工程设计方面, 要注意排灌两方面的问题, 要求大雨不成涝灾, 无雨不怕旱。在治理主要河流的同时, 要抓紧时机, 兴建或恢复农田排灌设施, 做好山、水、田、农、林、路的综合治理。

（3）植树造林。在蝗虫发生基地大搞植树造林，使其密集成荫，绿化堤岸、道路，改变蝗区的小气候，减少飞蝗产卵繁殖的适宜场所。这样既绿化了环境，又减少了蝗虫发生数量；同时，植树造林还有利于鸟类的栖息，提高蝗虫天敌存量和控制蝗虫种群。

（4）提高蝗区植物多样性和覆盖度。蝗区植物的多样性会延长蝗虫寻找食物的时间，植物的高覆盖度可减少蝗虫产卵的场所，这些措施都会有效地减少蝗虫的发生。同时，提高植被覆盖度和植物多样性还能提高一些蝗虫天敌的数量。

2. 生物防治　生物防治是一种可持续控制蝗灾的新途径，包括微生物农药（如绿僵菌、微孢子虫、痘病毒）、植物源农药（如天然除虫菊酯）。

（1）蝗虫致病微生物及其利用。蝗虫致病真菌常用的蝗虫病原真菌包括丝孢类的白僵菌、黄绿绿僵菌、小团孢属以及结合菌类的蝗噬虫霉等，在这些致病真菌中，使用半知菌类孢子作为真菌杀虫剂具有快捷、有效的前景。

（2）蝗虫天敌动物及其利用。①鸟类。喜鹊、灰喜鹊、百灵鸟、乌鸦、池鹭、小白鹭等都是捕食蝗虫的能手。用鸟类灭蝗虽然不如化学治蝗效率高，但具有较好的经济效益、生态效益，且有益于蝗灾的可持续治理。②禽类。蝗虫富含蛋白质，是鸡、鸭等家禽及其他一些动物的好饲料。近年来，一些地方采用牧鸡灭蝗，取得了较好的经济效益和生态效益。③寄生螨。红蝗螨、拟蛛赤螨等均可寄生在蝗蛹和成虫体表。④其他天敌动物。除以上外，蛙、蛇、蜥蜴、蚂蚁、蜘蛛等都是可以很好保护利用的蝗虫天敌。

3. 化学防治　化学防治是蝗虫综合治理的重要措施之一，也是在蝗虫大暴发时采取的主要应急方法，其灭蝗率高达90%以上。化学农药治蝗具有经济、简便、快速、高效、效果较稳定等特点，特别是应用飞机喷洒农药，速度快、效率高，对于大面积、高密度猖獗发生的蝗虫是必不可少的手段。

化学防治要注意轮换用药，多用对害虫毒性强、效率高，而对人畜无害的新型环保型农药，是治蝗技术上的一个主要发展方向。

4. 农业防治　在蝗虫产卵后对土地进行深耕翻土，既可将蝗卵深埋于地下，使其无法孵化出土，也可进行浅耕翻土，将产于地表的蝗卵翻出，因暴露而不能孵化或被其他天敌捕食。

5. 人工防治　人工捕杀：虫口密度不大时，可组织人工撒网捕杀，变害为宝，饲喂禽类。色、声驱蝗：色彩驱蝗，即借用衣物、旗帜的鲜艳色彩（甚至动感）来驱蝗；声响驱蝗，主要利用铜器、火器发出的强烈声波来恐吓飞蝗。

怀远县蝗区概况

一、蝗区概况

怀远县属蚌埠市，位于黄淮海平原南端、淮河中下游，处于北纬32°43′~33°19′，东经116°45′~117°09′，海拔18.6m。东邻固镇、蚌埠、凤阳，南接淮南，西毗凤台、蒙城，北依濉溪、宿州。县域总面积2 212km²，全县南北长66km，东西宽57km，全县下辖18个乡镇，361个村（居），总人口131万，是安徽省农业大县。2016年地区生产总值263亿元，财政收入26.9亿元。

二、蝗区分布

（一）蝗区分布

怀远县现有蝗区面积3 913hm²，主要分布在荆山湖和汤渔湖两个蝗区，涉及白莲坡镇、常坟镇2个乡镇，分布面积分别为荆山湖蝗区3 500hm²，汤渔湖蝗区413hm²。蝗虫常年发生面积5 330hm²。

怀远县蝗区分布情况统计表

蝗区名称	面积（hm²）	蝗区类型	生态类型	涉及范围
荆山湖	3 500	二类	河泛蝗区	白莲坡镇、常坟镇
汤渔湖	413	二类	河泛蝗区	常坟镇
合计	4 913			2个乡镇

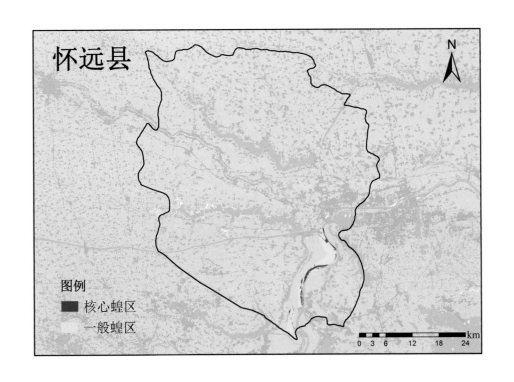

（二）蝗区情况

怀远县蝗区主要是河泛蝗区。多分布于淮河两岸，受淮河水位涨落影响，筑堤防洪，堤内地势低洼、杂草丛生，芦苇面积较大。堤外为河滩地行洪区，主要种植小麦、水稻、大豆、玉米、西瓜、甘薯、莲藕等作物。

据调查蝗区除东亚飞蝗为绝对优势种外，还有土蝗15种，以中华稻蝗、小车蝗、尖头负蝗、中华蚱蜢、棉蝗等居多，多种种群混合发生，对农作物构成一定的危害。

（三）蝗区生态特点

1. 地理地形　怀远县蝗区主要分布在淮河西侧，地势多为河滩地、行洪区所形成的淤土，地势较低洼、平坦。

2. 水文　蝗区主要有淮河及多个湖泊。淮河流入该县是从窑河入口处，流域面积18.9万km²，在该县境内设防水位为18m，一般年份最大流量为7 860m³/s，水位18m。

3. 气候　蝗区地处北亚热带和暖温带过渡地带，具有我国南北兼备的气候特点。年日照时数为4 429.2h，7—9月份平均每月日照时数为405.7h，光照时间长且强度大。年平均气温15.6℃，大于等于0℃的年平均有效积温为5 629.8℃以上，历年5月至9月中旬≥10℃的活动积温为3 419.3℃。无霜期历年平均218天，最多258天。雨量适中，光热充沛，年降水量900～1 000mm。

4. 土壤　蝗区土壤以淤土、潮土为主，占整个蝗区土壤的95%以上。土壤含水量一般年份为15%～20%，干旱年份只有7%～9%；pH为7.6～7.9，比较适合飞蝗产卵和滋生。

5. 植被　受淮河河流影响，河泛蝗区有其特殊的地形地貌，从而形成了十分丰富的植被。通过调查，蝗区野生杂草种类有45科126种，其中以禾本科、莎草科、菊科、蓼科、藜科、十字花科和茄科为主。其中芦苇、稗草、白茅、狗牙根、狗尾草为优势种，其覆盖度之和在25%～35%，占蝗区杂草群落总覆盖度的60%左右，其他杂草种类还有雀麦、野燕麦、牛鞭草、画眉草、香附子、异型莎草、小飞蓬、苍耳、刺儿菜、马唐、田旋花、泥湖菜、龙葵等。各种杂草为东亚飞蝗的生存繁殖提供了丰富的食料来源。

三、蝗区发生情况及演变

（一）20世纪80年代后期以来的飞蝗发生动态

1986—2017年怀远县共发生26.25万hm²，其中夏蝗发生13.73万hm²，防治1.73万hm²，秋蝗发生6.86万hm²，防治2.46万hm²。这32年中，中等偏重发生的年份有4年，中等发生的年份有5年，中等偏轻发生的年份有6年，轻发生的年份有2年。发生程度的轻重表现在年度间发生面积、发生密度、代别之间差异显著。中等发生年度密度为0.5～0.7头/m²，最高密度3～6头/m²，中等偏重发生密度为1.1～2.5头/m²，最高密度8头/m²以上，大发生年重口密度明显较高，高达15～65头/m²。

就多年资料分析东亚飞蝗在该县从1987年至今未出现大发生，偏重发生年经全面控制后3～4年达到中等发生，中等发生维持2～3年。

（二）发生情况演变

蝗虫在该地区每年均有不同程度的发生。1986年中等偏重发生，夏、秋蝗发生面积分别为6 333.3hm²和6 433.3hm²，达标面积为3 000hm²和2 413.4hm²，平均密度夏蝗为每平方米2.45头，秋蝗密度为每平方米2.5头，1986年防治面积为1 480hm²，大大降低了蝗虫密度，控制其发生为害，使1987年蝗虫发生程度降为中等偏轻发生年份，夏秋蝗发生面积只有5 333.3hm²，达标面积900hm²，当年没有进行药剂防治。

由于1987年未采取防治行动，秋季有较高的残蝗密度，加之冬、春两季气候适宜于蝗虫的发生繁殖，又因1988年夏蝗也未开展防治，导致秋蝗在该县严重发生，有蝗面积为3 000hm²，达标面积1 000hm²，平均密度高达每平方米15.18头，最高点每平方米65头。由于当时的人力、物力、财力较困难，使残蝗密度较高，致使1989年夏蝗在部分蝗区大发生，虽然有蝗面积只有2 334hm²，但达标面积上升到1 400hm²，平均密度为每平方米30头，最高点每平方米102头，是80年代最重的一年。

1990—1992年蝗虫发生程度均为中等偏轻至中等发生。但由于各类因素的影响，有蝗面积有所增大，有蝗面积分别为6 000hm²、7 000hm²和10 000hm²，需防面积933.3hm²、1 466.7hm²和900hm²，平均密度每平方米都在1头以下。

1993—1995年有蝗面积逐年扩大，夏秋蝗发生面积分别达到17 677hm²、5 875hm²和7 500hm²；达标面积分别为7 000hm²、5 875hm²和7 500hm²。1995年发生较重，平均密度夏蝗每平方米0.511头，秋蝗每平方米0.8头，并调查发现原属非蝗区的双沟沱河湾蝗虫密度超过大河湾蝗区，蝗区分布发生了变化。

1996—1999年，由于退耕还林、退耕还湖及天气高温干旱的原因，使全县蝗虫发生面积扩大，常年发生1.1万hm²左右，发生程度在中等偏轻至中等发生，一般密度为0.2～0.7头/m²，最高密度为8头/m²。

2000—2009年，由于蝗区农作物上的其他害虫如小麦穗蚜、大豆害虫斜纹夜蛾、甜菜夜蛾的大发生，农民在防治这些害虫时，同时兼治了飞蝗，因此，这几年该县蝗虫发生面积及发生程度都有所下降。每年的发生面积都在6 000hm²左右，一般密度为0.2～0.47头/m²，最高密度为3头/m²。

2010—2017年，由于在蝗区对农作物害虫的防治，使飞蝗的发生量下降。同时由于生物农药的使用，以及农药使用量的减少，对当地的生态起到一定的保护作用，有益生物增加，天敌生物对蝗虫起到一定的防治作用。

（三）蝗区演变分析

中华人民共和国成立初期全县有2.4万hm²飞蝗区，80年代由于种植业结构调整与改革，生产水平的提高，荒地的开垦及低洼地的改造等生态治理，农药防治措施得当，重点蝗区面积已减少到1万hm²，基本上控制了其发生为害。进入90年代以来，由于受市场经济浪潮的影响，乡镇企业发展迅速，大量农民外出打工，退耕还林还湖政策的影响，气候异常，高温干旱经常发生，加之境内河湖面积大，滩涂增多，使蝗区面积扩大，90年代常年发生1.1万hm²左右。进入21世纪后，由于农药的使用，生物防治比例的逐步增加，防治农作物虫害的同时对飞蝗起到兼治作用，随着生态环境的改善，飞蝗天敌有所增加，进一步控制飞蝗的繁殖蔓延。

（四）年度内生活史情况

东亚飞蝗在该县1年发生2代，特殊年份发生3代，第一代发生在夏季，简称夏蝗。第二代发生在秋季简称秋蝗。飞蝗以卵在土中越冬，5月初越冬卵陆续孵化，5月中旬为孵化盛期。5月底6月初为蝗蝻3龄盛期，6月中下旬为羽化盛期，7月上中旬为产卵盛期，二代蝗蝻3龄盛期为7月下旬至8月初，9月上中旬为羽化盛期，9月下旬至10月初为产卵盛期。但逢高温干旱年份，二代蝗卵又孵化出第三代蝗蝻，但多数不能产卵过冬。

（五）影响发生因素

东亚飞蝗的发生消长主要受水文、气候、土壤、植被以及天敌等多方面因素的影响。

1.水文　淮河水位、河流量、升降的自然起伏，直接影响蝗虫的发生面积、发生时期和发生量。其中以3—4月份和夏秋汛（7—9月）对蝗虫发生影响最甚。3—4月份一般年份淮河最大流量6 500m²/s，水位约18m，7—9月份一般年份水位19.28m，最大洪峰流量（1991年）7 860m²/s，淹没面积1.2万hm²，水位在20.4m以上，护岸工程受毁，绝大部分蝗区被淹没。当淮河水位在20.4m以上时，荆山湖、汤渔湖蝗区全部被淹没，蝗区面积大大缩小，第二年蝗虫发生就轻（如1991年淮河行洪）；当淮河水位低于16.32m时，河滩裸露，杂草丛生，蝗区面积增大，蝗虫就有可能偏重发生（如1996年和2001年）。

2.气候　东亚飞蝗发育的适温范围，介于25～35℃之间，在此范围内生长发育的速度，随着温度增高而发育加快，就全县而言，1月份最低日平均气温为1.8℃，7月份最热，日平均气温为28.1℃，最高温度可达41℃。从5月份到9月中旬，≥10℃有效积温平均为3 419.3℃，可以满足1年内夏、秋蝗发生对积温的要求。据调查，4月中旬至5月上旬温度高低与蝗蝻出土关系密切，两者成正相关。

东亚飞蝗的发生与降水的关系也是很密切的。蝗虫发生与5月份的降水量关系最为密切，凡发生年，6月份大都表现干旱，其降水量低于该月148.4mm的平均值。6—8月平均总降水量占全年降水量的49.4%，此降雨规律是该县夏蝗重、秋蝗轻的主要原因。如遇特殊年份，情况截然不同，如1996年蝗区遇到了10年来最大的伏旱，6—8月降水总量89.6mm，仅为常年3个月平均降水总量445.3mm的20.12%，导致当年秋蝗大发生。秋蝗发生面积达6 667hm²，飞蝗密度为2～3头/m²，是20世纪90年代以来秋蝗发生最重的年份。

3.植被　蝗区植被的组成，杂草生长的好坏及覆盖度直接影响蝗虫的取食、产卵、蝗蝻的生长发育。没有杂草覆盖，蝗虫生存会受到威胁，特别是蝗蝻在不良环境下大量死亡。适宜的植被可为蝗虫提供充足优质的食料，使飞蝗正常发育，产卵量大。不适宜的植被种类，可引起蝗虫生长发育不良，减少产卵量。据多年调查，适宜东亚飞蝗生殖的植被覆盖度为25%～50%，杂草长势好，覆盖度适中的地方，蝗虫密度大，杂草覆盖度在70%以上的蝗虫密度就小。

4.天敌　在一定范围和适宜的条件下，寄生性及捕食性昆虫、蛙类、鸟类等天敌对飞蝗发生具有一定程度的控制作用。东亚飞蝗各虫态均有不同的天敌，据县植保站初步调查，该县蝗区共有蝗虫天敌32种，其中卵期天敌有寄生蜂、卵霉菌等；蝗蝻期和成虫期的天敌有蛙类、蟾蜍、鸟类、步甲类、蜘蛛类等，作用较为明显。

四、综合治理

（一）指导思想

贯彻"依靠群众，勤俭治蝗，改治并举，根除蝗害"的治蝗方针和"狠治夏蝗，控制秋蝗"的防治策略，全面加强蝗情侦查，采取化学防治，生物防治与生态控制相结合方针，常年抓改，季节抓治，长期持续控制蝗害。

（二）技术策略

强化专业治蝗体系，加强应急防治建设；加大生态治理和生物防治力度；狠治夏蝗，控制秋蝗。采用生态控制，生物防治和化学防治相结合的综合防治技术策略。

（三）体系建设

目前，该县治蝗工作已建成一整套监控体系，配备有治蝗骨干3人，蝗虫侦查员8人，有专人从事系统调查，及时发布预报，适时指导防治。2002年11月被国家批准实施"怀远县蝗灾地面应急防治站"建设项目，该项目建成后，全县有一支高素质的应急防治队伍，并且配备一些大中型机动药械，改善查蝗治蝗的交通通讯条件，配套建设一批区域型治蝗物资储备库，可极大地增强对本县和周边地区蝗虫及其他重大病虫害发生和为害规律及预测关键因子的分析能力，通过组建蝗虫等发生数据库及预测预报模型，提高蝗虫及其他重大病虫害的监控应急防治能力，迅速有效地控制蝗灾和其他重大病虫害的发生。

（四）虫情监测

加强蝗情监测，主要是进行"三查""三定""四报"制度，即查残、查卵和查蝗蝻；定防治面积、定防治时期和定防治次数；报发育进度、报出土时间、报防治进度、报残蝗面积。

1.**查卵**　主要是查产卵情况和越冬卵死亡情况。秋季查卵是为了掌握秋残蝗的产卵区域和产卵量。根据秋残蝗的不同分布密度及生态环境，调查秋残蝗的产卵情况。越冬卵死亡率调查，在冬前挖卵调查的基础上，于4月上旬选择不同类型的蝗区进行挖卵调查。每类蝗区挖卵5块，对卵粒进行逐粒观察，记录蝗卵块数，计算出平均粒数、死亡粒数和蝗卵越冬死亡率，病调查死亡、寄生、干瘪的原因。4月中下旬调查蝗卵发育并推算卵孵化期。

2.**查蝗蝻**　目的是了解蝗情，确定防治面积和时期。自蝗蝻出土5天后开始定点系统调查，每类型蝗区随机取10点，每点10m^2，5天调查一次，至羽化盛期为止。捕捉样点内全部蝗虫，每类蝗区样点蝗虫总量不少于100头，详细记录蝗区环境、蝗蝻出土始期、蝗蝻量，各龄蝗蝻和成虫量及其所占比例。

3.**查残**　调查防治后的残留量，以便了解防治效果和确定下代防治任务。夏蝗查2次，一次在防治后，另一次在产卵盛期；秋蝗因产卵期长，查3次分别在防治后、产卵盛期和产卵末期进行，特殊干旱年份查4次。调查方法与蝗蝻相同。

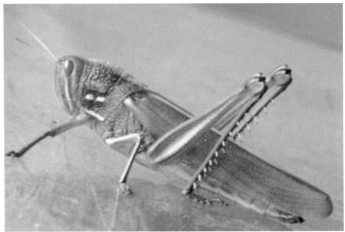

（五）治理措施与技术

1. 生态控制　贯彻改治并举，综合治理的治蝗方针，按照可持续农业发展和高效生态农业目标，坚持资源开发和环境保护并重，注重经济效益、社会效益和生态效益，以改变蝗区的生态环境为基础，培育与发挥蝗区的自然因素对蝗虫的控制作用，努力创造不利于蝗虫发生、繁衍的环境条件，逐步达到少用或不用化学农药防治，稳定地持续控制蝗害的目的。采取的措施有：

（1）整治淮河，稳定河湖水位。主要措施是：一是设置涵闸、清理河障、加大河床流速及流量，使洪涝得以畅泄；二是加固淮河两岸防洪大堤，控制泛滥；三是调节水位，设闸拦洪，调节流量，稳定水位，控制洪峰（如2000年蚌埠闸的改建工程）。对内涝治理，主要是疏通调控淮河各支流水系，提高排洪能力，同时排灌结合，全面布局，建立机电排灌系统，逢涝能排，遇旱能灌，既保证农业丰收，又为治理蝗区创造有利条件。1999年，该县在荆山湖常坟区赖歪嘴投资860万元建一座排灌站，排灌面积20hm²，排涝面积1 600hm²。

（2）垦殖。多年来该县在抓好东亚飞蝗药剂防治的同时，加大了对蝗虫滋生地的改造，1989年以来对汤渔湖、荆山湖等蝗区进一步加大综合开发和产业结构调整力度，大力发展西瓜—大豆套种、麦豆连作，扩种甘薯、花生、莲藕等蝗虫不喜食植物，实行精耕细作，提高综合效益，改造蝗虫的滋生环境，几年来共实行间作、套种2 467hm²，生产粮食1.4万t，并且使项目区天敌数量明显增加，蝗虫平均密度被控制在0.2头/m²以下。

2. 化学防治　化学防治是快速有效降低蝗虫种群密度，防治迁飞，确保农业安全生产的有效措施。东亚飞蝗的化学防治指标为0.5头/m²。有虫样点占总样数的20%以下，虫口密度平均在0.5头/m²以下的作为监控区，不计入防治面积；有虫样点占20%～50%，虫口密度平均在0.5头/m²以上的，应实行挑治；有虫样占50%以上的应全面防治。该县化学防治蝗虫主要采取以下措施：

（1）武装侦查（带药调查）。在调查蝗蝻时，自带药械对密度较高的地段进行点片挑治。

（2）堵窝防治。针对常发蝗区狙击较早的蝗蝻群，采取多人多机"封锁式施药"，围歼高密度蝗群，减少蝗虫从发生地向农田扩散量。

（3）规模防治（专业队防治）。对发生面积大，平均密度在0.5头/m²以上的蝗区，在2～3龄盛发期大范围组织机防队进行统一防治。

3. 生物防治　该县蝗区东亚飞蝗的天敌种类较多，有步行虫、虎甲类、蟾蜍、蚂蚁、寄生蜂、鸟类等，这些天敌对蝗虫滋生繁衍起着一定的抑制作用。学习引进外地的先进经验，对蝗虫天敌加以保护利用。另外，2000年以来怀远县对东亚飞蝗开展了防治研究，如试验用1%力虫晶乳油防治东亚飞蝗及土蝗，通过试验，每亩使用15mL，3天就能有效防治东亚飞蝗和其他蝗虫，且防效在85%以上，对天敌安全，可以在防治东亚飞蝗时推广使用。

明光市蝗区概况

一、蝗区概况

明光市地处皖东，居江淮分水岭北侧，介于东经117°49′～118°25′、北纬32°26′～33°13′之间。南枕江淮分水岭，东与江苏盱眙、泗洪相邻，南与滁州市区接壤，北接五河，西邻定远、凤阳；辖13个乡镇、4个街道，139个村、10个社区；人口65万。明光地域辽阔，北起泊岗乡新淮村，南至张八岭镇岭南村，东从自来桥镇梅花村，西抵花园湖。南北最大长度87.6km，东西最大宽度68.1km。面积2 335km²，境内山水纵横，景观秀美，资源丰富。其中耕地面积160万亩，山场60万亩，水面50万亩，草场50万亩，是全省6个县级市之一。人均地区生产总值24 087元。

二、蝗区分布及演变

明光市现有蝗区面积4 927hm²，分滨湖蝗区和内涝蝗区两种。女山湖蝗区紧靠淮河，沿河湖底地势平坦，属于典型的滨湖蝗区，面积4 333hm²，占蝗区面积的87.9%，主要分布在女山湖周围的潘村、古沛、女山湖等乡、镇。内涝蝗区面积594hm²，占蝗区面积的12.1%，主要分布在桥头、明西街道办事处两个乡镇，紧靠明光城区西部沿池河边。蝗区面积大小与淮河水位涨落，河滩面积暴露大小而定。蝗虫类型有东亚飞蝗及20多种土蝗，土蝗优势种为中华稻蝗、笨蝗、黄胫小车蝗、负蝗、大垫尖翅蝗、黄脊蝗等。

明光市地处江淮之间，地形较为复杂，以丘陵为主，山区、平原、河流、湖泊占相当面积，主要女山湖蝗区地处沿淮一带，蝗区面积大小与淮河水位、降水量大小、温湿度高低关系密切。1967、1978、2001、2005年淮河水位在12m以下，当年飞蝗发生程度就重，发生面积分别为7 000hm²、14 000hm²、8 500hm²、8 200hm²。相反1956、1980、1984、1989、1991、1998、2007年淮河水位在14m以上，飞蝗发生面积均在5 000hm²以下。明光市飞蝗一年发生3代的年份有1953、1958、1979、

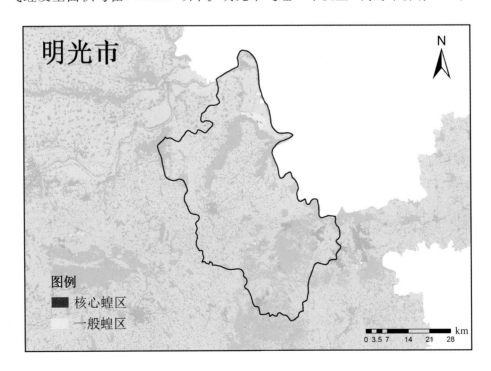

1984、2001年。目前蝗区作物结构主要以一麦一豆、麦—玉米、一麦一稻为主。

蝗区土壤属于两合土。蝗区作物以小麦、大豆、玉米、水稻、花生等为主。1995年以后又开垦苇地、荒滩栽插水稻1 500hm²。杂草主要有芦苇、稗草、茅草、狗尾草、荻草等。蝗区天敌以蟾蜍、蜘蛛为主。2010—2015年调查，蟾蜍每平方米密度1～6只，最高每平方米15只；蜘蛛每平方米一般0.5～1.5只，最高每平方米6只。

三、蝗虫发生情况

明光蝗区自20世纪80年代以来发生以平稳态势出现，发生程度轻，面积小，密度低。进入90年代后，由于长期干旱，蝗区水位下降，荒滩裸露面积大，发生期提前，飞蝗又呈上升发生趋势，主要蝗区女山湖水位除1991年15.01m外，到2016年，蝗区水位均在13m左右，与大发生的1978年相比水位接近。由于长期干旱，蝗区荒滩面积暴露在7 000hm²左右，为飞蝗产卵提供有利场所，使虫口基数不断积累。目前蝗区蝗虫发生密度稀，零星分散，只有局部地段密度较高。

明光市飞蝗一年发生两代。特殊年份、特殊环境与气候条件，可发生三代。第一代称夏蝗，以卵在土壤中越冬，每年5月10日前后陆续孵化出土，5月中旬为孵化盛期，6月上旬为3龄蝗蝻盛期，6月中旬夏蝗开始羽化，6月下旬进入羽化盛期，7月上旬开始产卵，7月中旬二代秋蝗开始出土，秋蝗蝗蝻3龄盛期在7月底至8月上旬，8月中旬秋蝗开始羽化，羽化盛期在8月下旬，9月中下旬进入产卵盛期。在一般情况下每头雌蝗可产卵2～3块，每块卵40～60粒。飞蝗要完成一个世代一般要70～80天，最少也要60天左右，在低温阴雨年份需要90～100天。

四、治理对策

1. 指导思想　贯彻"依靠群众，勤俭治蝗，改治并举，根治蝗害"的治蝗方针和"狠治夏蝗，抑制秋蝗"的防治策略。坚持行政负责制，明确部门职责，狠抓组织领导、虫情测报、技术指导、技术创新、基础设施建设5个方面工作，不断改善防蝗工作、设施条件；大力推广生态控蝗、生物治蝗技术，实施综合防治，提高综合效益。

2. 强化监测预警　市植保站确定专人负责蝗虫的调查与监测工作，在蝗区安排蝗虫侦察员6人，并制定了蝗虫侦察员工作职责，按《安徽省东亚飞蝗预测预报办法》，坚持"三查三定绘三图"调查监测蝗情。

3. 强化应急防控体系建设　一是成立市里和涉蝗乡镇治蝗指挥部；二是建立安徽省明光市蝗虫地面应急防治站，组建防蝗专业队6个，配备防蝗药械260台套、防蝗车2辆；三是实施武装侦察、群防群治、查残扫残防控技术措施；四是选用高效氯氰菊酯、快杀灵、敌杀死等一批高效、低毒、低残留农药防治蝗虫。

4. 强化生态控制技术　开垦荒地种植蝗虫不喜食作物3 500hm²；在蝗区农田、河埂、堤坝、路旁、荒滩等栽植杨柳、杞柳和其他经济林木30多万棵，折合绿化面积121hm²。

5. 注重生物防治　一是应用蝗虫微孢子虫、杀蝗绿僵菌治蝗，应用面积1 500hm²；二是利用蝗区荒滩饲养牛、羊、鸡、鸭等控制蝗虫；三是创造天敌的适生环境，优先运用生物药剂、避开蝗虫天敌发生高峰期使用化学农药保护天敌，增强天敌的控制能力。

天长市蝗区概况

一、蝗区概况

天长市属滁州市，位于安徽省东部，江淮之间，东至高邮湖，西接来安县，全市呈拳头状伸入江苏境内，与江苏高邮市、南京六合区、仪征市、金湖县、盱眙县接壤。国土面积1770.04km²，天长市辖1个街道、14个镇。总人口约63万，耕地面积102002.01km²，2016年地区生产总值315亿元，城镇、农村常住居民人均可支配收入分别达27060元和15400元。人均生产总值5万元。

二、蝗区分布及演变

天长市蝗区主要集中在高邮湖西岸，现有宜蝗区面积14290hm²，划分为常发蝗区和偶发蝗区。常发蝗区有高邮湖、百家荡、洋湖和沂湖四大蝗区；偶发蝗区有釜山水库、时湾水库、川桥水库三大蝗区。蝗虫发生种类以东亚飞蝗和土蝗混合发生。

天长市蝗区是典型的滨湖蝗区，主要为湖、库淹没区，地形为滩涂、沼泽。境内交通发达，主要道路有宁连公路；天扬公路、天汉公路、宿扬高速、宁淮高速公路、马滁扬高速公路等。境内河流纵横交错，湖泊、水库星罗棋布，主要河流有白塔河、铜龙河、杨村河、秦栏河、王桥河、川桥河等。

天长市蝗区属淮河流域水系，由洪泽湖的三河闸经白马湖入高邮湖，下游经万福闸汇入长江。水位受控于上游三河闸和下游万福闸，蝗区滩涂暴露面积不定。

天长市蝗区属北亚热带湿润季风气候，阳光充足，气候温和，四季分明，梅雨季明显。全年平均降水量1041mm。

天长市蝗区天敌主要有蛙类、蟾蜍、步甲等，寄生性天敌有蜂类，另外还有鹭鸟、野鸭等，蝗区植被稀疏，杂草种类多，常见植被有芦苇、茭白、稗草、阔叶蓼、茅草、米蒿、狗尾草等。蝗区土壤为黄棕壤土类，土质以黏重的黏土为主，微盐碱。蝗区经综合治理，部分蝗区改造成宜耕农田，主要种植稻、麦、豆类。

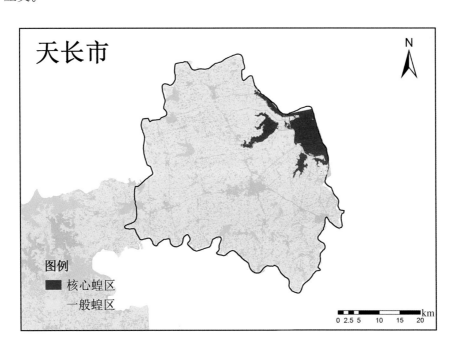

蝗区历史演变：20 世纪 50 年代，天长市有内涝和滨湖两类蝗区，60 年代大搞基本农田建设和筑坝造田，兴修水利，疏通河流，铺路架桥，狠抓蝗区改造，使原有蝗区变为单一滨湖蝗区，到 70 年代末蝗区改造面积为 5 000hm²，1960 年由于天气干旱，致使 1965—1967 年三年飞蝗严重发生，最高密度达 450 头/m²，其中两年动用农 –2 型飞机防治，1978—1980 年三年大旱，飞蝗再次大发生，平均密度 28 头/m²，1978、1979 年两年再次动用飞机防治，80 年代后，加强了蝗区改造农田的基本建设，蝗区面貌逐年改善。

三、蝗虫发生情况

天长市蝗区宜蝗面积约 14 290hm²，常年发生面积在 4 000～6 000hm²，防治面积在 3 000～4 000hm²，核心蝗区主要集中在马草滩、禅林寺、百家荡、肖家尖一带，平均密度为 0～4 头/m²，局部最高密度 10 头/m²。一般蝗区主要在沂湖、洋湖、釜山水库、时湾水库、川桥水库，仅在连续干旱年份有一定面积的发生。

天长市蝗区一般一年两代，夏蝗出土始期常年在 5 月上旬，出土盛期在 5 月中下旬，3 龄盛期在 6 月上旬。羽化盛期在 6 月下旬，产卵盛期在 7 月上中旬。

四、治理对策

1. 贯彻"改治并举"方针 天长市蝗灾坚持"改治并举、综合治理"的策略，以改造蝗区生态环境为基础，组建"兴林灭蝗、多层推进、核心控制"及"长期控制、及时杀灭"相结合的综防体系。采取垦荒、造林、水产、畜牧养殖等技术，恶化蝗虫适生条件，压缩蝗区适生面积。同时对不宜改造的蝗区进行生物防治，利用微孢子虫、绿僵菌等寄生性病原菌以菌治虫。对高密度种群，利用快杀灵、毒死蜱等化学药剂进行应急控制。

2. 重视蝗情调查和监测 为确保"飞蝗不起飞成灾、土蝗不扩散为害"的目标，天长市成立蝗灾控制领导组，培训查蝗技术人员和机防手，手持 GPS 进入蝗区，采取蝗区普查与重点区域调查相结合，进行春季挖卵、查蝻、查残等技术工作。通过 GPS 数据绘制蝗区密度分布图，结合水位、气温、降水、植被、天敌等因素，预测蝗虫发生期、发生程度、发生面积。根据分布图采取普治与武装侦察相结合的原则，将高密度种群控制在允许范围内。防治结束后，由查蝗员再次进入蝗区，对蝗虫的密度和面积进行监测。

3. 农作物病虫害兼防兼治 天长市蝗区在进行普治或武装侦察时，结合蝗区改造区内种植的小麦、水稻、大豆等农作物病虫害进行兼防兼治，加入氯虫苯甲酰胺、毒死蜱等化学药剂对东亚飞蝗或土蝗快速压低虫口基数。对农作物种植区及河沟进行化学除草等方式，也可控制蝗虫发生。

4. 加强生态控制 天长市蝗区主要通过疏通河道、修建节制闸等措施，改水治水，兴修水利，进行垦荒、种植农作物、植树造林、围塘养殖、发展畜牧养殖等方式，清除杂草，改善蝗区生态，恶化蝗虫生存环境，起到生态控制作用。

5. 注重生物防治 天长市蝗区每年投入防治力量进行武装侦，防治药剂以生物农药为主，杜绝高毒、菊酯类农药，最大程度保护天敌。同时在蝗区牧鸭、建立白鹭保护区等措施提升了有益生物长期控制能力。

6. 所用药剂 生物农药主要是绿僵菌、白僵菌、Bt 制剂，化学农药主要有快杀灵、毒死蜱等，主要对高密度区域进行快速压制基数。

凤台县蝗区概况

一、蝗区概况

1. 凤台县基本情况　凤台县属淮南市，位于安徽省西北部，淮河中游，淮北平原南缘，北纬32°33′～33°0′，东经116°30′～116°47′，北临蒙城县、东界淮南市、南隔淮河与寿县相望，西南、西北和颍上、利辛两县毗连，全县总面积1 100hm²，耕地面积5.736 2万hm²，辖7个镇13个乡，人口76万。

2. 蝗区分布及演变　凤台县现有蝗区面积2 806hm²。主要分布于县中南部沿淮低洼地滩涂、湖沼、行蓄洪区9个乡镇边远地带。其中有滨湖蝗区的焦岗湖、河泛蝗区的东风湖蝗区、李冲沿淮蝗区及灯草窝蝗区；内涝蝗区的西淝河蝗区、花家湖蝗区。

3. 凤台县飞蝗发生历史　新石器时代，我们的祖先就在这块土地上生息繁衍。春秋时先后为州来、下蔡国故邑，历史上有"州来，下蔡"之称；清雍正十年即1732年建县，因"县有凤凰台，相传曾有凤凰至，得名凤台县"。飞蝗在这个县也猖獗有加。东亚飞蝗这个历史性大害虫，其发生频率高、成灾面积大，给凤台农业生产和人民生活带来无数次深重的灾难；水、旱、蝗自古以来就是凤台三大自然灾害。从公元前206年至1949年的2155年里，淮河发生大水灾1 092次，平均每两年发生1次，重大蝗灾800多次，差不多每3年发生1次，清代同治年间陈崇砥所著《治蝗书》曰："蝗为旱虫，故飞蝗之患多在旱年，殊不知其萌蘗则多由于水、水继以旱、蝗患成矣。"蝗灾《凤台县志》多有记载。民国时期损失重大的蝗灾每每蝗灾过后，草木殆尽，颗粒无收，人饥相食，哀鸿遍野，民不聊生。民国十八（1929年）、民国二十二年（1933年）发生蝗灾面积分别有10万、12万hm²。民国三十五年，董峰湖（东风湖）、戴家湖、焦岗湖发生蝗灾面积533hm²，为防飞迁民国县政府成立治蝗委员会，组织群众近千人围扑；中华人民共和国成立初期连年发生蝗灾，1955年8月沿湖低洼地秋蝗发生面积9 253hm²，密度30～50头/m²，最高达千头，县成立治蝗领导小组，县长亲自指挥，抽调县直机关干部91人，组织24.5万人捕杀，省农业厅调拨六六六粉10万kg，喷粉器200部，麦麸5万kg，喷药防治2 667hm²，施用毒饵1 000hm²，杀虫效果90%，秋后组织蝗虫灾区群众查卵控卵面积达6 767hm²；1959年8月发生蝗虫133hm²，由省民航局派3架飞机喷药防治飞行30架次，计喷药10万kg，防治及时未成灾。

作为安徽省蝗区县之一的凤台县，海拔20m，地势由东南向西北倾斜，常年气温15.3℃，年均降水量914.0mm，蝗区经过防治，由20世纪50年代10 533hm²压缩到80年代的1 399hm²。自1991年大水以来，气候异常，持续高温干旱，加之淮河清障，退耕还湖，沿淮湖滩涂面积增加，蝗区面积扩大，1995年全县蝗虫发生6 600hm²次，从1990—2017年共发生5次较大的蝗灾，2001年以后没有发生较大的蝗灾，发生程度较轻。

4. 蝗区生态特点

（1）地理、地形。淮河流经凤台境界40km。淮河水位升降与沿淮、支流水系的滩涂宜蝗面积增减直接相关。凤台境内有淮河支流6条：西淝河、港河、架河、泥河、永幸河、茨淮新河，五大湖：焦岗湖、花家湖、东风湖、城北湖、许大湖。汛期河水暴满，内河水排向淮河排不出去，河水向周围泛滥，退水后，带留大面积过水地，飞蝗成虫有逐水产卵的习性，这里成了蝗虫最适宜的滋生地，"先涝后旱，蚂蚱成片"。"三年淹，三年干，三年蝗虫飞满天。"每当当年大水之后，翌年干旱必定蝗灾严重，是内涝蝗区蝗灾最根本规律之所在。

（2）水文、气候。汛期淮河水位升高，滩涂面积减少或被淹没。淮河在干旱季节水位降低、滩涂面积增大,这是河泛蝗区蝗灾典型成因。凤台峡石段淮河正常水位19m,最低15.2m。达22m警戒水位时,东风湖蝗区要有1亿m³水行蓄洪,淮河水位高。

气候因素:凤台县年均气温15.3℃,年均降水量914.3mm,尤其降水量大小,会直接影响淮河(湖)水位的高低。在凤台县主蝗区焦岗湖蝗区或东风湖蝗区,淮河及湖内水位决定东亚飞蝗的发生面积及发生程度。在干旱年份,淮河(湖)水位下降,滩涂随水面降低面积扩大,宜蝗面积扩大蝗情加重。焦岗湖、东风湖蝗区1988、1989年由于连年干旱,大量散蝗集中产卵,因而导致东亚飞蝗较大发生。因此,每逢大旱年份易发蝗灾。在多雨年份,尤其是产卵期多雨,水位升高,如1991年大水,秋蝗卵孵化和秋蝗蛹受到影响,造成部分低龄蝗蛹死亡,秋蝗当年发生轻,秋水退水迟,秋蝗无法产卵,翌年夏蝗发生也轻。

(3)土壤、质地。淮河沿岸蝗区土壤以黏性冲积土为主。土壤是东亚飞蝗产卵和生存的场所。这里土壤含水量一般在12%~22%。东亚飞蝗滋生地最喜选择这样退水后的水板地产卵;土壤过于盐碱化或土壤含水量大于或小于这样的范围,是制约东亚飞蝗分布的重要因素。东风湖蝗区紧靠淮河,土壤pH7.2,土壤含盐量0.2%,东亚飞蝗最适合这样的土壤产卵。这就造成东风湖蝗区常常有高密度蝗群在点、片、线集中出现。内涝蝗区有白土,含较多的有机质,适宜耕种,不太适宜蝗虫的发生。内涝蝗区周边多系20世纪50年代的老蝗区,经过历年改治,广种水稻,经过产业结构调整,大都摘掉了"蝗区"的帽子。可是,蝗虫在这里并没绝迹,这些沿淝河湖港湾洼地蝗区有道路、沟渠、坟地、湿地等特殊环境,一旦外地蝗源入迁,加之本地滋生的蝗虫遇到适宜的环境条件,极易暴发成灾,像钱庙许大湖、桂集金刚湖就属于这种潜在蝗区的情况。

(4)植被。焦岗湖蝗区植被以小芦苇、茅草、马唐、红蓼、苍耳为主,其他还有荩草、莎草、三棱草等多达13种,其优势种还有金狗尾、蓟、大画眉草。覆盖度45%~65%。东风湖等河泛蝗区植被则以芦苇、稗草、狗牙根、狗尾草、青葙、白茅、蓼等杂草,作物以小麦、玉米、大豆等为主,覆盖度70%~80%。内涝蝗区的花家湖、许大湖、姬家洼植被以芦苇、马唐、稗草、莎草、牛鞭草、蟋蟀草等为主,作物以小麦、玉米为主,植被覆盖度50%,内涝蝗区50年代多以旱杂粮为主,70年代以后全部改种水稻。

(5)天敌。50年代使用化学农药很少,凤台县东亚飞蝗天敌有60多种,常见的有38种,80年代后期以来只有24种了,包括鸟类、蛙类、蚂蚁、蜘蛛类及寄生蜂、寄生蝇等,对东亚飞蝗种群密度有一定控制作用,但远不如气候、耕作等因素的作用明显,且各种天敌有明显的区域性,如焦岗湖蝗区以鸟类、野禽类为主;而河洼蝗区则以蟾蜍、蛙类、家禽为主,内涝蝗区以寄生蜂、寄生蝇为主。据调查,东亚飞蝗天敌最高致死率可达70%~80%,一般致死率20%左右。

(6)耕作、林业。耕翻土壤对破坏蝗卵,抑制飞蝗发生具有明显的作用。试验表明:凡耕翻深度超过26cm时,蝗卵孵化率低,即使孵化,也多死在土中;凡耕翻深度不到20cm的,蝗卵死亡率低,且蝗蛹出土不整齐,凡在耕翻中,暴露在土壤表面的蝗卵,多被天敌取食或丧失水分,而干瘪死亡。

林业:近年来,我们在历史上蝗灾较为严重的牛田洼蝗区100hm²沙土上植树造林1.2万株,改善了蝗区生态环境,引来更多的灰喜鹊、大山雀、蝗虫卵黑卵蜂等飞蝗天敌,对压低蝗蛹密度、改造蝗区、控制蝗害取得了显著的效果。另外,在塌陷区因地制宜种植飞蝗厌食植物,植树造林,扩种紫穗槐,发展经果林,恶化飞蝗食源,对压低蝗虫种群密度,改善蝗区生态环境起着积极作用。

5.蝗虫种类组成 凤台县的蝗区除东亚飞蝗为绝对优势种外,还有土蝗18种,其中中华稻蝗、大垫尖翅蝗、笨蝗、短额负蝗、短星翅蝗、云斑车蝗、花胫绿纹蝗、疣蝗、中华剑角蝗、长翅素木蝗、日本黄脊蝗、斑角蔗蝗为土蝗优势种。这些土蝗优势种常与东亚飞蝗混合发生,所占比例因蝗区而异,其危害损失率不超过整个蝗害损失的5%。其他还有鹤立雏蝗、黑膝胸斑蝗、绿腿复露蝗、黄胫小车

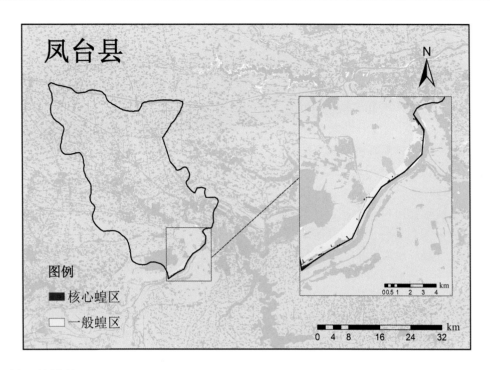

蝗、亚洲飞蝗、棉蝗等。

二、东亚飞蝗发生情况

东亚飞蝗在凤台县正常年份发生3 000hm²左右，防治面积1 500hm²左右。一年发生两代。第一代发生在农历立夏前后的叫夏蝗；第二代在立秋前后（7月中下旬）孵化的叫秋蝗。遇特殊干旱时间长，9—10月份高温年份，可发生第三代（即第二代秋蝗）。一般夏蝗在4月底至5月初孵化出土，3龄盛期在5月下旬至6月上旬，成虫于6月中下旬出现，羽化后的成虫经12～15天开始产卵，卵经15天左右孵化出土，成为秋蝗。秋蝗出土在7月上中旬，盛期在7月中下旬，3龄盛期在8月上中旬，蛹期20天左右，8月中下旬为成虫羽化盛期，产卵盛期在9月上中旬。

三、治理对策

1. 指导思想　贯彻"依靠群众，勤俭治蝗，改治并举，根除蝗害"的方针，结合凤台蝗区实际，掌握有利时机，将蝗虫消灭在3龄及蝗卵大部分出土孵化阶段。在二代蝗区狠治夏蝗抑制秋蝗点片挑治，达不到防治指标，采取间歇防治。在农忙劳力紧张时，因地制宜小麦收前挑治，麦收后普治。对突发蝗灾迅速出击显效可实现"飞蝗不起飞成灾，土蝗不扩散危害，总体危害损失控制在3%以下"。为实现这一目标，必须强化专业治蝗体系，加强应急防治建设，加大生态治理、生防力度，采用生态调控，生物防治和化学防治相结合的综合防治技术。

2. 重视蝗情调查及预测预报　实行全面监控重点挑治，生态措施为主，药剂防治为辅的技术策略。同时根据飞蝗发生动态，扎实地做好飞蝗监测工作，认真执行《飞蝗预测预报办法》《东亚飞蝗测报规范》进行查残、查孵、查蛹的三查工作，系统掌握蝗情，及时发布防治预报。为了提高测报人员的业务素质，坚持每年进行培训和预报会商制度，并建立严格的岗位责任制。

一是建立健全预测预报工作机构及其监测制度，并有一套蝗情调查办法即预测预报技术，还有对路农药和施药器械充足供应的保证。

二是在认真做好调查准确做出蝗情预测预报基础上，进行信息发布，为治蝗领导决策者提供准确可靠的依据。

三是蝗情侦查，对东亚飞蝗要做好查卵、查蛹、查残的"三查"工作。

3. 加强生态控制

（1）兴修水利，改造蝗区生态环境。地处淮河中游的凤台县，地势东高向西北倾斜，素有"锅底子""水口袋"之称，这是因为上游不远的正阳关淮河段，面临上游诸多河流汇聚在一块的重大压力。"七十二道归正阳"，凤台正是接收这巨大水流的地方。每年洪水汛期，凤台不仅承受上游来水巨大压力，内涝水难以排除，尤其作为淮河堵水之处"长淮要津"的硖山口水流不畅，作为千古水患症结所在，堵水聚水也是东风湖蝗区、焦岗湖蝗区形成的主要原因。1950年淮河发大水后，党和国家组织群众在淮河沿岸筑堤，建造淮北大堤坝，1954年大水后加高加宽淮北大堤，由10年一遇变为50年一遇大水的防患，1956年、1979年二度修复西淝闸水利枢纽，1970年开挖茨淮新河、永幸河，连结全县六条河道，疏浚接通全县14条大沟，169条中沟，总长2400km，实现四网一方园田化，彻底改造了蝗区的面貌。1991年大水之后，政府在硖山口进行了拓宽工程，将原有河道劈山加宽22m，一改硖山口千古以来堵水的局面，稳定淮河水环境，减轻或免除水患的民心工程，逐一得以实现。飞蝗从60年代到80年代发生频率下降到历史最低点，淮北大堤两侧这里易涝、易旱、易蝗的低洼地经过改造成为长期蓄水的精养鱼塘或开辟成渔芦区，固定水位变动幅度，引水改建成水稻田，以及经常冬耕冬灌，不利飞蝗产卵或土下蝗卵不利生存，有了稳定的水环境，蝗虫再也没有生存肆虐空间。

（2）蝗区改造主要措施和方法。增加植被覆盖度，营造不利飞蝗发生的小生境。飞蝗多选择在植被覆盖度50%以下的环境条件产卵。覆盖度50%以上地方极少产卵，密植的农田内极少有飞蝗产卵，密林内则无飞蝗产卵。即使飞蝗在植被覆盖度高的环境产卵，终因土温低、湿度高，加之霉菌、线虫、蛙类等天敌活动影响，蝗卵则发育迟缓，死亡率高，孵化的幼蛹也难以成活。在河泛蝗区实行园田林网化，发展经果林或栽种紫穗槐，增加植被覆盖度，造成不利飞蝗产卵繁殖的小气候生态环境，逐步压缩和消减蝗区。

4. 注重生物防治

现在蝗灾之所以较为频繁发生，除了受全球气候变暖、干旱少雨等自然因素影响外，另一个重要原因是一些人对自然生态环境的破坏和对蝗灾治理问题重视不够有相当的关系。现在治蝗不同50～60年代。不能一提治蝗就想到只有化学防治一个方式。现在治蝗要从生态环境保护基本国策出发，以生物防治为核心，采取综合防治措施，要增加高科技含量，走出过分依赖化学药品治蝗的误区，避免单靠化学防治的同时，对本地或周边生态环境造成不应有的破坏。

凤台县蝗区群众历来放牧鸡、鸭、鹅捕食蝗虫的做法。全县农户现在每年至少要有500万只家禽投放到蝗区，80年代中后期，每年放牧面积10hm²。近10年随着面积扩大，1995年扩大达到200hm²次。2000年以来，连年使用Bt、阿维菌素等生物农药防治面积达300hm²，通过生物农药的使用，飞蝗天敌得到保护。该县天敌主要种类蛙类有6种，鸟类13种，农田蜘蛛8种，天敌昆虫11种，其密度因蝗区不同环境、不同年份有所差异，扑食作用其效果最高80%，最低15%～18%，因生物防治蝗虫的条件已经成熟，蝗区由过去的化学防治为主到生物治蝗过渡的大势所趋，新一代生物治蝗真菌杀虫剂绿僵菌、微孢子虫、脱皮素卡死克的应用，生物治蝗愈加显现光明前景，这既可迅速控制高密度蝗群，又可实现长期传播控制蝗蛹在经济受灾水平之下达到治蝗与环保的双重目的。

5. 化学防治

（1）使用的药剂品种、剂量。药剂治蝗是快速有效降低蝗虫种群密度，防止迁飞确保农业生产安全的有效措施。20世纪80年代以来，在推广机动-18弥雾机的同时，试用马拉松、马拉硫磷取代六六六，用超低量喷雾治蝗每亩喷施25%马拉松乳油100mL，50%马拉松乳剂100mL，取得显著成效，防效分别为976%和98.5%。一机4人5h能治50hm²，此项技术在蝗区广为推广；此外，取代六六六的新农药还有速灭杀丁、高效氯氰菊酯、辛硫磷、敌马乳油、快杀灵、灭杀毙等，不仅提高了防治效果，也减少环境污染，使药剂治蝗进入一个新的阶段。

（2）实施组织形式。

①建立健全治蝗组织。中华人民共和国成立初期，鉴于蝗虫肆虐沿淮，党和政府高度重视治蝗工作。建立健全各级治蝗组织，开展多种治蝗斗争，发动群众在东风湖蝗区开挖13条蚂蚱沟，作围追堵截蝗虫用，50年代该县就成立了治蝗指挥部，重点抓好飞蝗防治应急队伍的建设，重点蝗区完善治蝗临时机构，建立沿蝗专业队伍，县、乡成立机防队，强化监测组织。并在东风湖蝗区和焦岗湖蝗区各自固定1名蝗虫侦查员，将蝗虫发生动态定期及时向县、乡汇报。

②建立治蝗承包责任制。随着市场经济的发展，传统的治蝗组织方式已不适应现代植保减灾的需要。因此建立承包责任制将是落实治蝗任务，提高防治效率的有效途径。以县、乡、村为单位，合理组织，适当分工，订立双包合同，做到治蝗与生产两不误，既提高群众治蝗减灾积极性，又有利稳定治蝗队伍，并建立开展奖惩制度，奖勤罚懒，表扬先进，推动治蝗工作，提高防治质量。

③实行治蝗费用分级负担，兼顾国家、集体、个人三者利益。采用"谁受益，谁负担"治蝗费用负担政策，即国有四荒蝗区蝗虫防治经费由县财政拨款进行；农场蝗区由农场负担；农田蝗虫由群众自己防治。国有荒地蝗虫不足部分负担由国家拨款补助。80年代后期以来，蝗虫回升，就实行了这样的三级负担制，卓有成效地控制了飞蝗不起飞不为害，为确保农业生产安全起到了重要作用。

（3）防治标准、适期。

①防治标准。即药剂防治指标。1984年起按照全国治蝗会议精神，东亚飞蝗虫口密度按每平方米0.5头作为防治指标推广应用。本着达到对作物产生危害的虫口密度就组织防治的原则，在土蝗防治指标尚未出台前，这个指标同样对土蝗也适用。

②防治适期。掌握治蝗有利时机，消灭蝗蝻于3龄以前，这就是东亚飞蝗的防治适期。也是针对蝗卵面积大、密度高、蝗虫大面积发生，防治手段由人工捕打转入药械防治的情况提出来的。如果治得早，随生随打，会出现边打边生的现象；如果治得晚，龄期此时已大，蝗虫扩散迁移，就会造成人、财、物力的浪费。作为3龄之前治蝗适期，不论东亚飞蝗大发生、中发生，还是小发生，都是适用的。因为飞蝗集中产卵，初孵化的蝗蝻集中在点、片、扩散随龄期增长而扩大的，同时，3龄之前的蝗蝻危害性不大，抗药性也弱，非常容易被消灭。

（4）武装侦查防治方法与技术。侦查员自带药械，边查边治，将蝗蝻消灭在点片阶段。有效防止蝗蝻扩大蔓延，对漏查治田快进行有效侦查和扫残，大大提高了防效和效益，对大面积夹荒蝗区内不同行政区的交界处，为避免漏查漏治，应开展联查联防。

阜南县蝗区概况

一、蝗区概况

阜南县位于黄淮海平原南缘，淮河中游北岸，安徽省西北隅，阜阳市南部。北依颍州区，东邻颍上县，西接临泉县，南临淮河、洪河，由东南至西南依次与安徽省霍邱县、河南省固始县、淮滨县以河为界，地处北纬32°24′19″~32°54′44″，东经115°16′30″~115°57′18″之间。全县国土面积1 801km²，耕地10.8万hm²，人口169.7万，人均生产总值7 478元（2015年）。辖28个乡镇，1个省级经济开发区，328个村（居）委会。境内河流属淮河水系，主要有淮河、洪河、谷河、润河、界南河、小润河、陶子河、小草河、小清河等河流、淮河、红河分洪道等，自然形成众多低湖洼地。属暖温带半湿润季风气候区南缘，具有明显的过渡带气候特征：季风明显、四季分明，气候温和，光照充足。常年平均气温为15.4℃，日照时数平均2 207.8h，平均降水量985.2mm，雨量充沛且多集中于夏季，无霜期220天。

二、蝗区分布及演变

（一）现有蝗区分布及类型

阜南县现有宜蝗面积1.02万hm²，主要分布于淮河、洪河分洪道，洪蒙洼地及谷河、陶子河、润河等水系部分河滩和堤内洼地。蝗区总体东西走势，并因水系变化而分支延伸，东西长约50km，涉及方集、王堰、地城、洪河桥、王家坝、老观、苗集、王化、于集、曹集、中岗、黄岗、张寨、郜台等14个乡镇。其中洪河上游的方集、王堰、地城等乡镇范围的蝗区及谷河、陶子河、润河等部分河道滩涂和堤内洼地，多为零星分布，总面积约0.2万hm²，这部分蝗区多为已治理的区域内，且仍不能垦殖的特殊地段的小片夹荒地或种不保收的易涝地，常年发生程度较轻，为害范围较小。

阜南县蝗虫种类主要有东亚飞蝗、土蝗。土蝗主要有中华稻蝗、尖头蚱蜢、二色嘎蝗等13种类。

阜南县蝗区大部分为河泛蝗区，但随着建坝筑堤、围湖造田、水系改治、河道疏浚等一系列以治水为主的农田水利基本建设的深入和完善，在蝗区面貌得到改观的同时，蝗区水文、小气候等也发生了变化，并呈现两大类型的蝗区。

1. 河泛蝗区　该蝗区形成历史久远，主要分布于淮河分洪道和洪河分洪道。这里年年行洪，旱涝交替频繁，植被覆盖率低，多为国有荒地，飞蝗发生比较集中连片，是阜南县飞蝗发生、繁衍的主要适生地，总面积1万hm²左右，占全县蝗区面积的62.5%。

2. 内涝蝗区　该蝗区主要分布于蒙洪洼地。这一蝗区地势低洼，易受涝受渍，是国家设置的蓄洪库。经过多年改治，大部分地块已改造成良田、渔塘或林地，正常年份已改造地块复种指数达200%以上。但仍有相当一部分特殊地段，目前尚无力彻底治理，呈现典型的常发性内涝蝗区，总面积约0.3万hm²。其次，陶子河、谷河、润河等河道两岸部分堤内洼地虽已开垦成农田，但种不保收，复种指数低，耕作粗放，并存在小片夹荒地，也成为点片发生的内涝型蝗区，其面积约0.05万hm²。

具体分布如下：

一类：淮河分洪道的中岗、黄岗、张寨、郜台四乡镇，宜蝗面积3 000hm²。

二类：①淮河分洪道的曹集、老观、王家坝、于集四乡镇；②洪河分洪道的王堰、方集、地城、洪河桥四乡镇；③谷河分洪道的王化、苗集二乡镇。宜蝗面积3 500hm²。

三类：①淮河退建临淮岗工程的郜台、黄岗、张寨、老观四乡镇；②临淮岗工程洪河尾堤退建的洪河桥镇；③陶子河洼地的黄岗镇北部；④蒙、洪洼地的郜台、曹集、老观、王家坝、地城、洪河桥、方集等乡镇夹荒地。宜蝗面积3 700hm²。

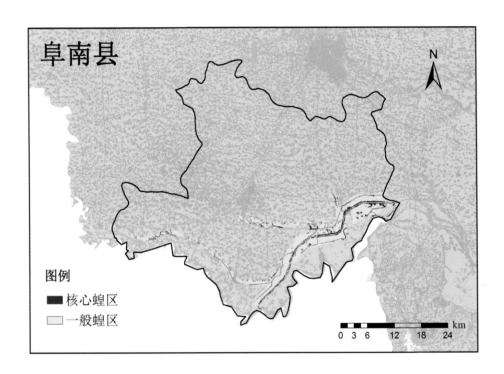

（二）现有蝗区生态特点

1. 河泛型蝗区　阜南县河泛型蝗区呈东西狭长地带，地势由西北向东南缓倾递减，坡降为万分之一，海拔高度在19.5～34m。淮河、洪河两大水系分别从该蝗区南缘由西向东绕行，谷河、洪河、陶子河、界南河等交错蜿蜒，或流经该蝗区，或汇聚合一，最后注入淮河。由于该蝗区主要位于分洪道，常年多次行洪，水位、水面覆盖度及覆盖持续时间直接影响蝗虫的发生面积和发生程度。一般当王家坝拦洪闸水位达23.5m时，下游开始受淹，当王家坝水位达27m时，该蝗区受淹面积达50%以上，因此行洪次数、持续时间与该地区飞蝗发生呈负相关。

该蝗区大部分为国有荒地，杂草肆意滋生，但受行洪影响，杂草植被极不稳定，一般覆盖度30%～50%，最高80%左右，主要杂草种类为禾本科、莎草科、蓼科的蟋蟀草、马塘、三棱草及豆科杂草。土壤类型主要有两大类，从上游方集到王家坝、老观一带为潮沙土，王化、曹集以下为棕壤土。4月中下旬，该区10cm土壤含水量一般为18%～20%，最低13%左右。由于常年抛荒，大部分地段土壤板结，质地紧密，较适宜蝗虫产卵栖息。天敌有鸟类、蛙类、蜘蛛、步行虫等，其中蛙类平均密度为0.007～0.02只/m²，但分布极不均匀，近低洼坑塘等有水源的地方密度可达0.15～0.3只/m²；鸟类密度一般为0.001～0.003只/m²，肉食性蜘蛛、步行虫密度为300～1 000只/hm²。目前，该区域内虽有部分地段群众开垦荒地种植，但种不保收，耕种粗放，常为一季小麦，垦荒面积约0.15万hm²，不足该蝗区总面积的15%。

2. 内涝蝗区　该蝗区主要分布于蒙洪洼地及谷河、润河、陶子河等堤内部分洼地，总面积0.6万hm²左右，其中洪蒙洼地是国家设置的蓄洪库，自1953年以来，蒙洼13次蓄洪，洪洼5次破堤行洪。除蓄洪外，影响该蝗区水位的主要因素是降水量。近十年来，围绕水利兴修，进行了大面积治理，先后开挖了6条排涝大沟，总长1 000多km，新建成排灌站6座。截至目前，蓄洪区计建成排涝站13座，总装机65台，总容量近1.2万kW，每小时排涝能力可达约110m³。整体排涝能力大大提高。但由于阜南县降水量常年集中在6—8月份，约占全年降水量的48.8%，此期也是该蝗区易受涝受淹时期，尤其若连续24h降水量超过200mm，受淹面积即可达到80%以上，降水持续时间和受涝时间与蝗虫发生面积关系密切。在植被上，该蝗区经过多年综合治理，已开垦良田1.2万hm²左右，占蓄洪区总面积80%以上，作物种类以小麦、油菜、玉米、水稻、大豆、花生等为主，基本实现了一年两熟。尤其近年来，随着种植业结构的调整和扶贫开发力度加大，大力发展适应性农业，经济作物、蔬菜作物和牧草大面积增加，保护地栽培发展强劲，复种指数大幅度提高。同时实施了林业富民工程，现有林地2 000hm²，占该区总面积15%；实施了渔业富民工程，低洼地改造渔塘1 500hm²，低洼地改造、发展适应性农业，种植水生蔬菜莲藕1 400hm²、芡实350hm²，并因地制宜发展畜禽养殖。通过综合治理，蝗虫生活环境受到破坏，目前小部分尚无力治理的特殊地段呈现内涝型蝗区，但其发生由原来的大面积、高密度、群居型转变为现在点片、零星、稀疏的散居型。由于在洪蒙洼地治理工作中依据生态学原理综合开发，能种则种，能渔则渔，能牧则牧，能林则林，协调发展，治蝗的经济效益、生态效益、社会效益呈现良好态势。

（三）蝗区演变

阜南县蝗区主要分布在东南部沿淮蒙洪洼地，形成历史久远，早在公元670年（唐咸亨元年）即有历史记载。历史上，多次飞蝗的大发生，曾给农业生产和人民生活带来极其惨重的灾难。中华人民共和国成立后，在党和政府的领导下，实行"改治并举"的治蝗方针，改造蝗区2.5万hm²，发生面积由50年代初的4.1万hm²压缩到2009年的1.6万hm²；到目前现有宜蝗面积1.02万hm²，蝗群密度也大幅度下降，取得了巨大成就。

东亚飞蝗在阜南县是历史性害虫。早在公元670年（唐咸亨元年），有关史志曾记载："春旱，秋复大旱。七月大蝗飞，稼禾尽。"从清康熙年到1945年的200多年内，飞蝗在阜南县就有30多次大发生，中华人民共和国成立前的30年中曾发生3次大蝗灾，有关史志对蝗灾的描述为"……飞蝗蔽天，……蝗所过，野草无遗……"。更有甚者，在阜南县张集一带因屡遭蝗灾，民间奉蝗虫为"神虫"，并修一庙宇，名为"蚂蚱庙"，每当蝗虫发生时，群众纷纷到庙前焚香叩头，乞求"神虫"勿降灾于此。民谣"颍州西南荒草坡（即阜南蝗区），洪涝干旱蝗虫窝，十年九灾一年乐，啥时能过好生活"被载入县志。

中华人民共和国成立后，党和政府高度重视治蝗工作，提出了"改治并举，综合治理"的治蝗方针。经过多年不懈地努力，阜南县蝗区面貌有了极大改善，蝗灾得到有效控制。蝗区面积由20世纪50年代初的4.2万hm²压缩到目前的1.02万hm²，改造蝗区面积3.18万hm²。飞蝗种群数量大幅度下降，发生程度显著减轻，危害性大大降低，每平方米虫口密度由50年代初的一般90~450头，最高近3 000头，下降到目前的每平方米一般0.05~0.5头，重发年份每平方米最高10~15头，实现了"飞蝗不起飞扩散"的战略目标。其中1950—1953年为蝗区改治的初期，由于植被处于原始状态，覆盖率低，因此蝗虫分布范围广，发生面积大，虫口密度高，而且由于当时药械不足，防治上基本采取发动群众，人工捕打，集中歼灭蝗群，重发年份可捕杀10万kg左右。1954年以后，通过水利建设、垦荒造田、药械防治、飞机防治等一系列综合防治措施，蝗害逐年减轻。到60年代末、70年代初，蝗区面貌已发生重大改变，人工植被覆盖率达到80%左右，其中荻柴、杞柳、苗草等高秆、耐水耐渍类经济作物占50%左右。但是随着这些高秆半高秆、耐水耐涝作物在行洪道内的大面积种植，与防洪行洪发生矛盾，按照中央防总要求，1972年进行了第一次清障，1987年、1988年又连续两年彻底清障，洪河、淮河分洪道内原有的高秆或半高秆作物被彻底清除，蝗区再一次大面积裸露，蝗虫发生出现反弹。90年代以来，虽因地制宜大力推行生态治蝗，能种则种，能渔则渔，能牧则牧，蝗虫的反弹得到进一步扼制，取得了较好的社会效益、经济效益、生态效益和治蝗效益。由于气候异常和淮河清障、退建等引起的环境变化，致使东亚飞蝗发生程度出现反弹。1990—2002年调查资料表明，20世纪90年代夏秋蝗发生面积，较80年代平均值增加0.2万hm²，增幅20%，并出现了1994、1995和2001年3个偏重发生年份，夏蝗密度平均达2.5～5头/m²，最高18头/m²，且延续增加了第三个世代。因阜南县特殊的自然条件、地理条件等，蝗虫的危害始终难以根除，现有蝗区依然存在着蝗害风险。

三、蝗虫发生情况

东亚飞蝗在阜南县一般每年发生2代。近5年来，常年发生面积5 300hm²，其中夏蝗3 000hm²、秋蝗2 300hm²，防治面积650hm²。

夏蝗孵化出土始期一般在5月上旬，最早出土时间为4月29日，最迟为5月13日；孵化出土盛期一般在5月10—15日，末期一般在5月15—20日；3龄盛期一般在5月25—30日，蛹期平均37.5天，最短28天，最长46天；羽化始期一般在6月5—10日，最早为5月26日，最迟为6月13日，盛期在5月10—15日，末期在6月20日前后，产卵最早在6月13日，最迟8月15日，产卵盛期一般在6月底至7月中下旬；夏蝗成虫期平均59.2天，最短51天，最长68天。

秋蝗孵化出土始期一般在7月10日前后，最早为7月4日，最晚为8月23日；孵化盛期一般7月10—25日，孵化末期一般在7月中下旬；3龄盛期一般在7月下旬至8月初，蛹期平均21.6天，最短18天，最长26天。羽化始期一般在8月上中旬，最早为8月2日，最迟为9月20日；盛期一般在8月中下旬，末期在8月下旬至9月上旬，最迟10月10日；产卵始期在8月10—20日，最早8月1日，盛期在8月下旬至9月中旬，末期在9月下旬至10月上旬，最迟为11月20日；秋蝗成虫期平均66.4天，最短47天，最长89天。

由于近年来气温出现异常，尤其晚秋和冬季平均气温偏高，1990—2002年的13年中，先后于1992年、1994年、1995年及2001年出现秋蝗二代。出现秋蝗二代年份的频率为30%左右。

1.面积复返　20世纪70年代至80年代初，阜南县蝗区基本得到控制，大部分宜蝗地被垦殖，尤其分洪道人工栽植的荻柴、茵草、杞柳等高秆半高秆作物覆盖度达80%左右，但同时对分洪行洪也产生了不利影响。为此，1987、1988年连续两年，按照国家防总要求，对分洪道进行了彻底清障，蝗区再次暴露，宜蝗面积增加。90年代夏秋蝗发生面积较80年代年平均值增加了0.2万hm²，增幅达20%左右。同时自2000年以来，阜南县先后实施了淮堤退建工程和临淮岗工程，这两项工程完成以后，蓄洪区内治理过的4 000hm²原蝗区将再次成为河泛型蝗区。

2.总体发生趋重　70年代中期以后，阜南县飞蝗得到有效控制，一般年份均为轻发生，但90年代以来，由于占全县60%以上的分洪道蝗区长期暴露，加之气候变化，尤其雨量年际间、季节间和地区间的分布，出现有利于蝗虫发生发展的异常情况，先后于1994年、1995年和2001年出现了3次较重发生年份，且出现70%～80%的秋蝗二代完成世代发育。

四、治理对策

（一）指导思想

坚持"改治并举，综合防治"的指导思想，以加强蝗区改造为根本，以监测预报为依据，以药物防治为保障，充分利用生态、生物和化学防治等综合手段，强化应急防治能力，狠治夏蝗，控制秋蝗，确保飞蝗不起飞扩散，土蝗不为害成灾，逐步减轻或避免蝗虫发生危害，寻求治蝗效益与生态效益、社会效益和经济效益的最佳结合。

（二）技术策略

对重点蝗区在综合治理的同时，强化预测、预报手段，规范蝗情侦查制度，及时、准确地掌握蝗情发生、发展动态，并根据蝗情，建立应急防治预案，增强应急防治能力，快速、有效地控制蝗情的发生发展。对一般蝗区在预测、预报的基础上，加强蝗情侦查，提高综合防治效果，实现最佳治蝗效益。对分洪道蝗区，鼓励和引导群众调整作物种类和耕作制度，扩大垦荒面积，破坏蝗虫滋生环境，如在秋冬枯水期播种马铃薯或冬春季蔬菜等，同时在夏秋季蝗虫发生期，及时播种绿豆、荞麦等作物，做到水退人进，既减少了蝗虫食源，又破坏了蝗虫滋生的适宜环境。对蓄洪区蝗区，以治水为前提，进一步加大改治力度，继续按照宜农则农、宜渔则渔、宜林则林、宜牧则牧的原则，逐步消灭夹荒地和裸露滩涂，从而消除蝗虫滋生场所。

（三）体系建设

由于阜南县蝗虫的发生历史悠久，在中华人民共和国成立初期即成立了阜南县灭蝗指挥部，1956年阜南县蝗虫测报站正式成立，1985年经安徽省植保总站批准，阜南县蝗虫测报站被确定为沿淮蝗虫中心监测站，负责五县一市（即阜南、颍上、凤台、霍邱、寿县及淮南市）蝗虫预测预报和防治指导工作。中心监测站在业务上受安徽省植保总站领导，行政上与阜南县植保站为一个单位两块牌子。多年来，为搞好蝗虫预测预报及防治工作，我们十分注重治蝗专业技术队伍建设，培养人才，稳定和发展队伍。目前拥有专业治蝗骨干8名，专业蝗虫应急防治人员15名，聘请蝗虫侦察员7名，临时应急防治队员34名。在职责上，专业治蝗骨干主要负责蝗虫发生情况的调查、收集、整理、预测预报，并深入各蝗区指导防治工作；应急防治队员主要针对发生较重蝗情时，及时迅速地组织药械，奔赴蝗区开展统一、集中的防治工作；蝗虫侦察员负责协助有关专业人员搞好蝗情的调查和防治指导，及时上报有关蝗虫发生发展的信息。站长对整个工作全面负责。

（四）重视蝗情监测

1.建立蝗虫监测制度　针对蝗虫发生的特殊性，严格的监测制度，按照东亚飞蝗测报调查规范，对不同代别、不同发育时期的蝗情进行全面、细致、科学、严谨的调查、统计和分析；对所有的原始资料、统计资料汇总和分析结果分别由有关经办人签字后存档，严禁虚报、瞒报等弄虚作假和不负责任的行为，确保数据的真实性和资料的可靠性。

2.健全蝗虫监测体系　首先测报站按照东亚飞蝗测报调查规范，根据蝗虫发育时期，全面系统地搞好"三查"，即查卵、查蝻、查成虫（查残）。其次，依托蝗虫侦察员，在各主要蝗区建立了7个蝗情监测点，及时准确地报告蝗情发生发展动态。再次，进行人工饲养观察，对蝗虫发生规律进行系统观察和研究。

3.明确蝗情侦查的技术方法　首先，我们按照东亚飞蝗的测报调查规范，明确"三查"内容，即查卵要查蝗卵越冬死亡率、发育进度及天敌寄生率；查蝻要查蝗蝻出土期、发育进度、发生面积及密度；查成虫要查雌雄比、雌虫产卵率、残蝗面积、残蝗密度等。其次，掌握调查方法。查卵注意选择不同蝗区、不同类型、具有代表性的调查点；查蝻要按照规则取样，将调查点蝗虫全部捕获，并按照调查规范，每5天及时调查一次；查成虫（残蝗）做到夏秋蝗全面普查，同时要注意天敌的调查统计及水文、气象等相关因素的调查和记录。

在长期的工作实践中，我们根据历年经验，针对残蝗调查，总结了每亩一个样方的拉大网取样和连环步测的实用调查方法，不仅提高了查残效率，而且易于操作，确保调查数据准确无误。

4.及时发出预测预报，指导防治　我们把蝗虫调查的有关数据资料详尽地收集整理后，结合气象、水文等资料，进行相关分析，作出比较科学、准确的短期和中长期蝗情预报，提出针对性防治指导意见，并及时发布预报和进行信息交流。

5.建立数理预测模式　近年来，根据统计分析原理，对历年蝗虫发生情况与气象、水文等资料进行统计、分析，基本确定了蝗虫发生时期、发生轻重、发生面积与温度、降雨、水文等影响因素的相关程度，初步建立了一套系统的数理预测模式，进一步提高了中、长期预测的准确性，掌握了蝗虫防治的主动权。

（五）治理措施与技术

贯彻"改治并举"的治蝗方针，结合阜南县实际，实施生态控蝗、生物治蝗和应急防治三大主体措施。

1.加强生态控制

（1）加大水利兴修力度，改善蝗区农业条件，控制水患。20世纪90年代以来，县委、县政府动员全县人民，先后对谷河、洪河、界南河、淘子河等河道进行了大规模清淤疏浚，配套路、桥、涵，提高行洪、防洪能力，稳定河床水位，分洪道蝗区生态条件得到了一定改善。蓄洪库蝗区开挖疏浚排涝大沟6条100km，增建6座日排灌能力2 200m³的排涝站，受涝状况大大改善，大部分田块变成了良田。

（2）因地制宜拓宽治理模式。针对阜南县蝗区地理特点、气候规律，结合农业结构调整，阜南县在蝗区治理工作中，因地制宜进行多模式改造，即在对改造较好、旱涝保收的农田蝗区，大力推广种植粮经、粮饲高效作物；对长期积水的低洼地段，挖低抬高，开发渔塘、藕塘，大力推广水生蔬菜种植；对岗坡、夹荒地推广植树造林，种植紫花苜蓿、菊苣等多年生蝗虫不喜食的牧草；在分洪道蝗区发展畜牧养殖业，通过畜禽放养，一方面扰乱蝗虫栖息环境，另一方面放养鸭、鸡等捕食蝗虫，有效减少了蝗虫种群的发生。

（3）结合种植业结构调整，改变蝗区植被结构，提高植被覆盖度，增加蝗虫不喜食作物种植面积。尤其对分洪道重点蝗区，通过技术支持，资金帮扶，鼓励和引导周边农民垦荒种田，并改革传统耕作方式，充分利用冬春少雨、不行洪、不受涝的有利时节，推广种植早春高效作物，如早春种植地膜马铃薯、地膜毛豆、地膜西瓜等。夏季行洪后，跟水播种绿豆、赤豆、荞麦等晚秋作物。通过农事耕作，既破坏了蝗虫的产卵滋生场所，又实现了避灾生产，增加农民收入，提高农民垦荒积极性，最终实现"农业生产→控蝗→农民增效增收"的良性循环。

2.适时开展化学防治　为有效控制蝗虫的发生发展及危害，阜南县在着力生态控蝗的同时，针对重发年份和重点蝗区，适时开展化学防治，并制定了一系列化学防治措施和方案。一是组建5个固定

的蝗虫应急防治小分队和10个临时应急防治小分队，一旦发现较重蝗情，快速、准确地奔赴蝗情发生地展开防治。二是对较重蝗情及时发出警报，指导有关乡镇开展统防统治。三是明确防治指标和防治适期。即夏、秋蝗达到0.5头/m²时进行化学防治，掌握在蝗蝻3龄盛期开展防治。四是严格药剂品种和使用剂量，推广使用生物制剂、高效环保等农药；推广使用机动喷雾器、无人机等先进植保机械，以提高防治效率和效果。

3.注重生物防治　在分洪道蝗区组织牧鸭控蝗。同时，加强宣传，保护利用蛙类、鸟类等天敌，发挥天敌控害作用。

颍上县蝗区概况

一、蝗区概况

颍上县地处皖西北，南临淮河，与霍邱、寿县隔河相望，东、西、北三面分别与凤台、阜南、颍东、利辛接壤，地处东经115°56′~116°38′，北纬32°17′~32°54′之间。全县总面积1 859km²，耕地10.3万hm²，人口172万，辖30个乡镇、348个村（社区）。境内淮、颍、泔、济、润及八里河等大小河流纵横交割，自然形成众多低湖洼地。属北温带与亚热带之间的过渡性气候，四季分明，气候温和，光照充足。常年平均气温15℃，光照时数2 213h，降水量935.0mm，雨量充沛且多集中于夏季，无霜221天。

二、蝗区演变及分布

中华人民共和国成立初期境内宜蝗面积3.67万hm²，占全县总面积18.5%。53年来，在历届政府的不懈努力下始终坚持"改治并举，根治蝗灾"的治蝗方针，开展了一系列大规模的综合治理工程。通过治水改土、围垦、开荒、开挖精养鱼塘、植树造林等措施，已有2.65万hm²改变了老蝗区的面貌，临淮岗工程前仍有1.05万hm²宜蝗面积，后受临淮岗工程蓄水影响蝗区面积进一步缩小，现有宜蝗面积9 200hm²。划分为6个蝗区，唐垛湖蝗区、邱家湖蝗区、孔王李三湾蝗区、润河湾蝗区、濛洼蝗区为河泛蝗区，焦岗湖蝗区为滨湖蝗区，主要分布在南部沿淮。蝗虫类型主要主东亚飞蝗、土蝗等。天敌种类主要有鸟类、蛙类、蜘蛛，植被杂草主要有牛筋草、稗草、狗尾草、铁苋等，属沙壤土，农作物以麦—稻、麦—豆连作为主。

唐垛湖蝗区：位于县城东南的王岗、垂岗、赛涧三乡镇境内，属沿淮河滩低洼地，距县城约15km，系淮、颍两河交汇处上段，南、东面临淮河，北靠颍河，西至垂岗集，东到陶嘴孜。海拔高度

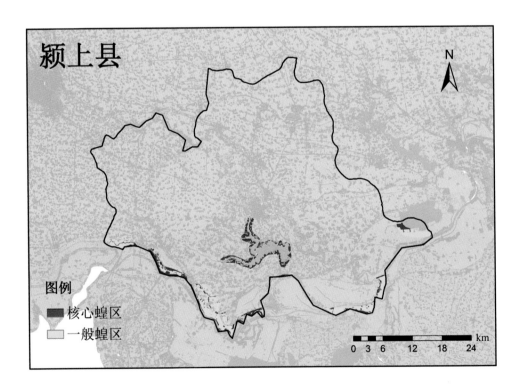

图例
■ 核心蝗区
□ 一般蝗区

0 3 6 12 18 24 km

一般是 19.5m，最低处 18m，面积约 2 923hm²。

邱家湖蝗区：位于城南半岗、关屯两镇境内，距城 15km，西起赵集，东至庙台集，南临淮河，北靠沿岗堤。海拔高度一般 20～21m，最低 19m，面积约 609.6hm²。

孔王李三湾蝗区：位于关屯、润河两镇南，南临淮河，东靠半岗，西至南镇，北接关屯、润河岗地，海拔高度一般 20m，面积约 2 704.8hm²。

润河湾蝗区：位于城西南，跨润河、南照两镇，西南面临淮河，东靠润河，北接南照镇岗地，海拔高度 21～22.5m，面积约 1 030.4hm²。

濛洼蝗区：位于南照镇以西，南临淮河，北至运河，西与阜南接壤海拔高度 21.4～23.2m，面积约 1 065.05hm²。

焦岗湖蝗区：位于县东部，颍、淮两河左岸，湖东岸与凤台接壤，总面积 897hm²，其中常年积水 400hm²，湖底海拔 17m，面积约 897hm²。

三、蝗虫发生情况

常年发生面积 5 500hm²，其中夏蝗 2 440hm²，秋蝗 3 060hm²，防治面积 2 700hm²。

夏蝗出土始期一般在 5 月上旬，出土盛期在 5 月中旬，3 龄盛期在 6 月上旬，羽化盛期在 6 月中旬，产卵盛期在 6 月中旬末。

四、治理对策

1. 贯彻"改治并举"的治蝗方针　根据颍上县东亚飞蝗的发生特点，今后治蝗中应实施分类管理对策，因时因地因蝗情制宜，运用多种治蝗措施。

一类蝗区（核心蝗区）：是蝗虫主要发生区，占达标面积上 80% 以上，多次出现高密度蝗群，此类蝗区应采取"挑治高密度为主，生态及其他措施为辅，狠治夏蝗，控制秋蝗"。

二类蝗区（一般蝗区）：常年达标面积不足 20%，高密度蝗群较少出现。应采取"农田兼治与生态防治并重"的策略，实施精耕细作，提倡生态防蝗和生物治蝗。

2. 蝗虫的监测及预报　颍上县 1956 年建起蝗虫防治站，目前县病虫测报站有 2 名专业蝗情测报人员担负着农业部东亚飞蝗的系统监测任务。县政府成立有治蝗工作领导小组，并在 6 个蝗区常年聘用 6 名蝗虫侦察员，成立有 100 人的治蝗应急队伍，实行定职、定岗、定责，县站每年发布蝗虫信息 2 期，分别做出夏秋蝗发生期与发生量预报。

3. 加强生态控蝗　对国有河滩荒地，因受淮河水影响大，难以彻底改造，实行秋耕，种植一季小麦或大麦、豌豆，可以抢在雨季来临之前收获，在不发水年份夏秋继续种植大豆、绿豆等作物。近年来河滩地种植面积达 60% 左右，另一部分河滩地由农民承包放养羊、鸡、鸭、鹅等。

对农田蝗区，进一步加大治理力度，使沟、路、渠、涵相配套并建起了排涝站可以在一般多雨的年份及时排出积水。在唐垛湖、润河湾建立生态控蝗区，种植蝗虫不喜食的牧草、大豆、棉花、杞柳、芝麻等。东亚飞蝗的密度一直控制在 0.5 头/m² 以下，天敌数量明显增加。

4. 注重生物治蝗　主要是放养鸡、鸭捕食蝗虫，同时利用蝗区天敌来控制蝗虫。颍上县自 1996 年以来在蝗区不断扩大养殖规模，目前仅唐垛湖沿堤住户，户均放牧鸡、鸭、鹅 100～200 只，养牛、羊 3～5 头。此外，近年来不断加大对天敌保护的宣传力度，禁止捕杀青蛙和鸟类，禁用高毒、高残留的农药，减少用药次数，提倡使用生物农药用于农田防治，从而对保护利用天敌控蝗起到了很好的效果。

5. 化学防治　全面推广武装侦查办法。侦查员自带药械，边查边治，将蝗蝻消灭在点片阶段，有效地防止蝗蝻扩散蔓延，对漏查漏治地块进行有效侦查与扫残。

近年来按照"谁受益，谁负担"的原则，对高密度蝗区开展了化学防治，对国有荒滩、堤坝统一防治，农田蝗区由农民自行防治。防治标准为 0.5 头/m²，有虫样方数 20% 以下，虫口密度 0.5 头以下作为监视区，一般不进行防治，有虫样方占50%以上的全面防治。防治适期一般在夏蝗、秋蝗的3龄盛期进行。

目前治蝗主要以小型无人机飞防和机动弥雾机为主，以电动药械为辅，示范手持电动超低量喷雾器，使用农药有阿维菌素、毒死蜱等农药。

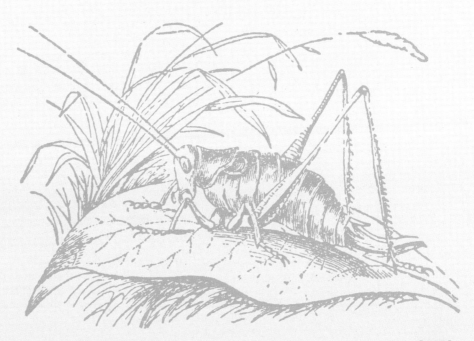

烈山区蝗区概况

一、蝗区概况

烈山区属淮北市，位于安徽省东北部，西、南与濉溪县相接壤、北与萧县、杜集区、相山区相连接，东与宿州市埇桥区相毗邻。面积384.88km²，南北长25km，东西宽15km，总面积384.88km²。烈山区辖4个街道3个乡镇，38万人，耕地面积1.83万hm²，农村居民纯收入11 519元。

二、蝗区分布及演变

现有蝗区666.66hm²，划分为1个蝗区，主要分布在烈山镇。蝗虫类型主要是东亚飞蝗。

烈山镇蝗区：华家湖水库位于安徽省淮北市烈山区烈山镇境内，来水面积31.82km²，是一座具有防洪、灌溉等综合利用效益的多年调节中型水库。设计灌溉面积0.13万hm²，有效灌溉面积0.1万hm²，水库下游保护范围20km²，行政村庄8个，人口2.5万，耕地0.2万hm²，道路33km，初级中学1所，合徐高速公路穿越引洪沟上。华家湖库区地势低洼，长期撂荒，近年无蓄水，形成大面积的非农耕地，为蝗虫的繁殖滋生提供了场所，加上气候条件有利于蝗虫卵的孵化和幼虫的成活，形成了这片蝗区。

2014年烈山区华家湖库区内暴发大面积3龄蝗虫，涉及面积0.13万hm²，其中情况严重面积400多hm²，为切实做好蝗虫灾害防治工作，烈山区农林水利局迅速行动，成立防治蝗虫工作领导小组，研究部署蝗虫防治工作，制定防治预案，并立即将"蝗情"上报区委、区政府，同时向国家、省、市农业部门汇报蝗虫情况，争取技术物资设备上支持，确保"飞蝗不起飞成灾，土蝗不扩散危害"，把蝗虫消灭在3龄以前这一关键时期。全区共出动蝗虫防治人员200多人次，喷药作业车辆25辆次，启动喷药飞机17架次，动用喷雾器械40多台，投入毒死蜱、高氯合计2t，完成防治面积0.13万hm²，喷洒覆盖率100%。

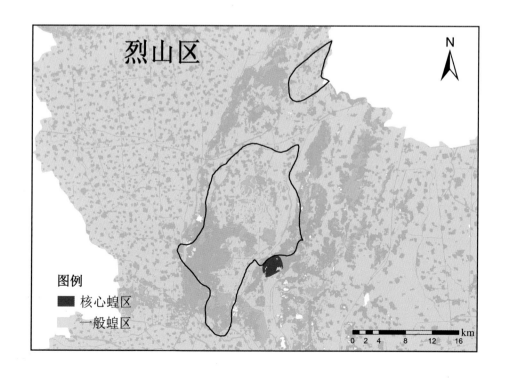

三、蝗虫发生情况

常年发生面积200hm²，防治面积1030hm²。核心蝗区包括水干时的湖内面积及湖边地在内共66.77hm²，平均密度0.01头/m²，最高密度1头/m²。一般蝗区都是距离湖边较远的地块，约133hm²，经多年治理，已基本不见蝗虫。

化家湖蝗区内夏蝗出土始期一般在5月6日前后，出土盛期在5月中下旬，3龄盛期在5月底6月初，羽化盛期在6月中下旬，产卵盛期在6月下旬至7月初。

四、治理对策

1. 贯彻"改治并举"方针，结合当地实际　为有效控制蝗虫危害，达到蝗虫"不起飞、不扩散、不成灾"的目标，针对蝗虫发生情况，采取分类指导，科学防治的策略，做到群众防治和专业机防队防治相结合、生物防治与化学防治相结合、普遍防治与重点防治相结合。

2. 重视蝗情调查及预测预报　完善蝗情监测预警网络，切实做好蝗情监测和预报，并根据具体调查情况，制定相应的措施进行防治，确保蝗虫不蔓延危害。

3. 农作物病虫害兼防兼治　以重大病虫害为防治重点，于关键时期广泛发动，组织广大农民全力开展防治，打好重大病虫害应急防治硬仗。同时要推行农业生态调控、物理防控技术、生物农药应用技术，努力减少化学农药使用次数与使用量，大力提升病虫害绿色防控技术水平。

4. 加强生态控制　华家湖库区的蝗虫天敌种类较多。其中鸟类有家燕、喜鹊、麻雀、猫头鹰等，蛙类有大蟾蜍等，各类天敌在堤外洼地、湖滩阶地的总存量大量存在，对蝗虫有一定的控制作用。同时在蝗区种植苜蓿、棉花、冬枣、西瓜等蝗虫非喜食植物，维持植被多样性，恶化蝗虫取食环境，形成不利于蝗虫产卵的环境。

5. 注重生物防治　利用蝗虫微孢子虫、绿僵菌等生物药剂进行防治，蝗虫取食后，感病至死，并可在蝗虫群中传播流行，成为长期控制因素。

6. 药剂防治　蝗虫高发区，采用弥雾机超低量喷雾毒死蜱、高效氯氰菊酯等药物，同时也可选用37%蝗绝、20%蝗灭和70%马拉硫磷乳油1125～1350mL/hm²。在防治中采取堵窝、挑治、打封锁隔离带等方法，控制蝗虫密度，防治扩散蔓延。

霍邱县蝗区概况

一、蝗区概况

霍邱县属六安市，位于安徽省西部，西与河南省固始县接壤，北与颍上县、阜南县隔淮河相望，东与六安裕安区、淮南寿县毗邻，南与叶集区、金寨县相连。总面积3 493km²。全县辖21个镇、9个乡，总人口163.13万，耕地面积120 407hm²。

二、蝗区分布及演变

霍邱县是历史性老蝗区，以沿淮及湖湾洼地为主，主要分布于县北部。现有蝗区

1万hm²，划分为4个蝗区，主要分布在周集镇、临水镇、临淮岗乡、城西湖乡、潘集镇。蝗虫类型主要有东亚飞蝗、土蝗。

中华人民共和国成立初期，全县蝗区面积10.95万hm²，至1986年，已改造蝗区9.7万hm²，1986—2003年，由于城西湖退耕还湖、淮河治理等原因，全县蝗区面积增至1.34万hm²。2003年至今，蝗区面积在1万hm²。

城西湖蝗区：位于县西部，西至临水，南至沣河头，东至军垦圩，北至圩坝。沿岗湖边及军垦农场东部以淤泥土、间层淤泥土为主，黑底黄白土、黑底淤泥土次之；原军垦区西及北部主要是间层沙泥土，其次为沙泥土、间层沙泥土。植被以水蓼、秋画眉、稗草为主，狗尾草、蒿草、马塘、水花生次之。湖周以种植水稻、小麦为主。

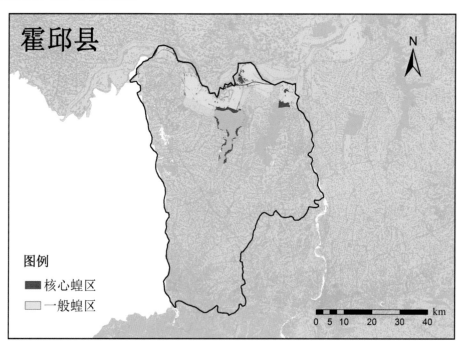

城东湖蝗区：位于城东部，该蝗区主要集中在城东湖上稍，蝗区面积因水位而变化。土壤以黄白土、淤泥土为主，沙泥土、马肝土次之。植被以狗牙根、稗草、蒿草、杂草为主。湖边土地由于经常被淹，大量抛荒，部分土地种植水稻、小麦。

姜家湖蝗区：位于城北，四周被新老淮河包围。土壤以间层沙泥土、沙泥土为主，少量黑底淤泥土及浅色草甸土。植被以莎草、稗草、马唐、杞柳、水蓼为主。湖区以水稻、小麦为主。

外河滩蝗区：位于城北，沿淮河河滩。土壤以沙泥土为主。植被以莎草、狗牙根、马唐、稗草、杂草为主。

霍邱县地处亚热带与温带之间的过渡带，冬寒夏热，春秋温和。最冷的1月均温2.2℃，常年均温15.4℃，无霜期221.9天。受季风影响，降雨时空分布不均，常年降水量951.3mm。降水南多北少，相差200～250mm，春夏多，秋冬少。蝗区干旱年份，水位低落，尤其是在淮河断流，城西湖、城东湖水位下降，滩涂荒地大量暴露，生态条件有利蝗虫繁殖，易大面积发生，反之，发生面积就小。蝗虫生育各期均受天敌的取食，天敌主要有蛙类、蜘蛛、步行虫、鸟类、寄生昆虫、线虫、寄生菌等。

1986年以来，由于退耕还湖、淮河治理等因素，蝗区较原来有了新的变化。原先有城西湖蝗区、城西湖蓄水蝗区、城东湖蝗区、姜家湖蝗区和孟家湖、小北湖蝗区五大蝗区，随着飞蝗综合治理和淮河改道等因素，蝗区现有城东湖蝗区、城西湖蝗区、姜家湖蝗区和外河滩蝗区。自1986年以来，蝗情总体呈中等偏轻发生，在1994年出现高密度蝗片，最高密度24头/m^2。

三、蝗虫发生情况

蝗虫常年发生面积0.3hm^2，防治面积0.2hm^2。核心蝗区主要有姜家湖、外河滩蝗区，偶发蝗区有城西湖蝗区、城东湖蝗区。

夏蝗出土始期在5月5日左右，出土盛期在5月15日左右，3龄盛期在5月25日左右，羽化盛期在6月15日左右，产卵盛期在6月22日左右。

四、治理对策

1. 加强测报，虫情信息准确　按照省站蝗虫监测的具体要求，在涉蝗乡镇设置了蝗情监测点，有专人定期调查蝗情，每周调查一次，特殊情况随时调查，确保虫情信息准确到位。长期固定蝗虫侦察员2人，中长期侦察员8人，由专人对蝗虫发生及防治情况定期向上级业务部门汇报，开通值班电话，专人值班，确保虫情信息及时准确。

2. 制定蝗灾防治预案，明确防治目标　参照省蝗灾控制预案，制定本县预案下发涉蝗乡镇，推行以生态控制为主，生态控制、生物防治、和化学药剂应急防治相结合的防治技术策略，专业防治与群防群治相结合的原则，各乡镇明确防治目标，落实好具体的防治措施，明确防治目标。按照蝗虫防治方案对特殊蝗区进行生态治蝗，利用华安达公司、庆发湖公司杞柳加工基地种植杞柳对部分蝗区治理，生态防治面积扩大到0.8万亩，重点蝗区开展应急防治，继续坚持"狠治飞蝗，控制土蝗，狠治夏蝗，控制秋蝗，全面监测，重点防控"的防治策略，确保"飞蝗不起飞成灾，土蝗不扩散危害，入境蝗虫不二次起飞"的防控目标。飞蝗虫口密度控制在1头/m^{2}以内，土蝗虫口密度控制在5头/m^{2}以内。

3. 成立领导组，加强领导　为认真抓好以蝗虫为主的重大病虫害的防治工作，县政府成立了蝗虫防治指挥部，县农委下设治蝗办公室，并成立了技术指导组。涉蝗乡镇也相应地成立了组织，强化组织领导，明确防治职责，确保领导指挥到位。

4.广泛宣传，提高技术到位率　通过蝗虫情报、广播、电视、专题会议等多种渠道开展广泛的宣传工作，每年印发蝗虫情报2期，技术资料3 000余份，培训蝗区治蝗人员1 000多人次，积极组织开展防治工作，提高防治技术到位率。

5.成立应急防治专业队，狠抓应急防治　充分发挥蝗灾地面应急站功能，组建涉蝗乡镇临淮、王截流、新店、临水等13个应急防治专业队，机动喷雾器2 800多台套，治蝗人员近3 000多人。

6.及时准备，安排防治资金　按照"分级负担"和"谁受益谁防治"的原则，各级政府积极筹备资金，确保治蝗经费、物资足额到位，保证治蝗工作的顺利开展。

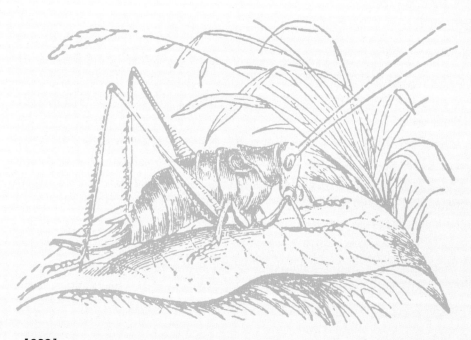

寿县蝗区概况

一、蝗区概况

寿县隶属安徽省淮南市,位于安徽省中部,淮河中游南岸,在东经116°27′~117°04′、北纬31°54′~32°40′之间。东邻长丰县,北与淮南市区、凤台县毗邻,西靠霍邱县,南与六安市、肥西县相连。全县国土面积为2 948km²,辖25个乡镇278个村居,耕地面积为184.2万亩,总人口139.1万人,其中农业人口122.2万人。

寿县是国家历史文化名城,是楚文化的故乡,中国豆腐的发祥地,淝水之战的古战场,1986年被国务院列为国家历史文化名城,素有"地下博物馆"之称。境内有"天下第一塘"安丰塘、古寿春城遗址、北宋时期的古城墙、汉淮南王刘安墓等景点,被评为全国文化先进县、全国粮食生产先进县。

二、蝗区分布及演变

现有蝗区面积6 621hm²,划分为孟家湖蝗区、丰庄外河滩蝗区、涧沟外河滩蝗区、八公夹河蝗区、白洋甸蝗区共5个蝗区,主要分布在沿淮河堤周边。蝗虫类型有东亚飞蝗、土蝗等。

寿县地面高程海拔16.5~87m,地势自东南向西北倾斜,地形依次为丘陵、平原、沿淮湾地。属亚热带北缘季风性湿润气候类型,有冬夏长、春秋短、四季分明的特点。年平均气温为14.8~14.9℃。1月最冷,平均气温为0.7℃;7月最热,平均气温27.9℃。年降水量906.7mm,无霜期213天。土壤以潮土和黄褐土为主。蝗区植被杂草有芦苇、茅草、马唐、狗尾草等。农作物种类为小麦、大豆、山芋、花生。蝗虫天敌种类有寄生蜂、寄生蝇、鸟类、蛙类等。

自2000年以来,总体蝗情轻发生,一般平均密度在0.3~0.5头/m²,最高密度为6~7头/m²。

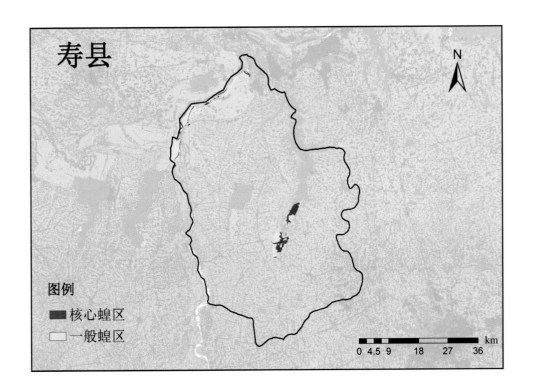

三、蝗虫发生情况

常年发生面积6 000hm^2，防治面积4 000hm^2。核心蝗区发生在沿淮堤坝及外河滩，一般蝗区在内湖低洼半荒地。

夏蝗出土始期一般在5月10日左右，出土盛期在5月20日左右，3龄盛期在6月5日左右。秋蝗出土始见期为7月10日左右，出土盛期为7月20日左右，3龄盛期为8月5日左右。

四、治理对策

（1）针对本县蝗区特点，对低洼蝗区，引导农民有序开挖渔塘，发展渔业生产。境内4湖（梁家湖、肖严湖、王八湖、瓦埠湖）已发展渔业生产面积达30万亩，平均亩收入3 000元，高者达4 000元以上。

（2）沿淮蝗区以调整种植业结构和改善水利设施为主，常年以麦豆轮作或麦经套作为主，面积约34.5万亩，小麦亩产380kg，大豆亩产180～200kg，经作套种亩均效益可达2 000元以上。

（3）沿淮堤、八公夹河蝗区，宜林则林、宜果则果和发展养殖业，共栽植意杨1 500亩，八公山乡以郝圩村为中心现已发展万亩果林带，郝圩酥梨闻名全国。沿淮和八公山蝗区多数发展养殖业，一般每户养牛6～8头，养羊10～20头，养鸡、鸭、鹅户均在100只以上。

（4）开展化学防治，对达标区域开展化学防治，所用药剂以生物制剂苦参碱为主，辅以化学药剂马拉硫磷。

灵璧县蝗区概况

一、蝗区概况

灵璧县隶属于安徽省宿州市,别称霸王城、石都。位于安徽省东北部,东临泗县,西连宿州市埇桥区,南接蚌埠市固镇、五河两县,北与江苏省徐州市铜山、宿迁市睢宁接壤。县境地处北纬33°18′~34°02′,东经117°17′~117°44′。南北长82.5km,东西宽36.5km,总面积2 054km²。县辖16镇4乡1个工业园区,130余万人,耕地面积12.22万hm²,人均生产总值17 115元。

属暖温带半湿润季风气候区。境内有低山丘陵和剥蚀残山和碟形洼地,河流分属4条水系,干支流15条,总长度达388.9km,流域面积达2 052km²。

二、蝗区分布及演变

现有蝗区2 500hm²,划分为5个蝗区,主要分布在北部。蝗虫类型有东亚飞蝗、土蝗等。

1. 蝗区生态类型特征

蝗区名称	蝗区面积 (hm²)	生态类型 特征	分布范围	备注
老汪湖蝗区	667	二类内涝	尹集、朱集、游集	
京渠湖蝗区	667	二类内涝	朝阳、渔沟	
新汴河蝗区	500	三类河泛	灵城、虞姬、向阳	
青龙湖蝗区	333	三类内涝	娄庄	
北沱河蝗区	233	三类河泛	娄庄、黄湾、向阳、韦集	
濉河、唐河蝗区	100	三类河泛	禅堂、虞姬、冯庙、大路、浍沟、尹集	零散
合计	2 500			

2. 蝗区历史演变

东亚飞蝗是灵璧县历史性的灾害,与旱灾、水灾并称为农业生产上三大灾害。由于历史原因及黄河多次改道泛滥,涉及灵璧县,使之境内低洼地积水成灾,为蝗虫发生繁衍提供有利的条件。据县志记载:宋绍兴三十二年六月(1162年7月)淮河南北各郡县有蝗灾;明朝正德四年夏(1509年夏)大旱,飞蝗蔽日,庄稼被食光,大饥,人相食。民国二年(1913年)和民国二十二年(1933年)也均发生蝗灾。据统计从春秋战国时期到新中国成立2 600年间共发生蝗灾800余次,平均每3~4年就发生一次严重蝗灾;由于当时历史条件的限制,治蝗只能治标和被动治蝗,不能从根本上消除蝗灾。

新中国成立后,党委和政府非常重视治蝗工作,从根本上解决治蝗问题。回顾治蝗历史大致可分为三个阶段:

(1)大发生阶段(1950—1959年)。共发生19.87万hm²,其中1952年达4.4万hm²,平均每年发生面积为2.21万hm²,发生特点面积大,密度高,连片发生,最高密度达1 000余头/hm²,发生范围达12个区126个乡703个行政村(按当时区划,包括蚌埠市固镇县北部)。防治措施主要采取"人工防治为主,药剂防治为辅"的方法。

(2)中等发生阶段(1960—1979年)。总发生面积为12.01万hm²,平均每年发生面积为1.21万hm²,

最低密度为0.1头/m²，最高密度为1 350头/m²，其中1963年和1967年发生最重，面积分别为4.014万hm²和2.0万hm²，发生特点是面积忽大忽小，密度忽高忽低，蝗情极不稳定；主要发生范围是低洼地、荒地、沟河旁等，采取"以药剂防治为主，人工捕打为辅的方法，狠治夏蝗，补治秋蝗"的策略，做到陆空结合。

（3）轻发生阶段（1980年至今）。发生面积为1 267～5 000hm²，其特点是面积小，密度稀，零星分布，蝗情相对稳定。主要分布在老汪湖、京渠湖、青龙湖等碟形洼地及荒山残丘上，主要采取"以改为主，改治并举"的治蝗方针，开垦荒地，挖沟筑渠，植树造林，疏浚河道，做到沟路渠桥闸配套，改革耕作制度，提高复种指数及种植蝗虫不喜食的作物等措施。防治以武装侦查和重点防治相结合的办法。

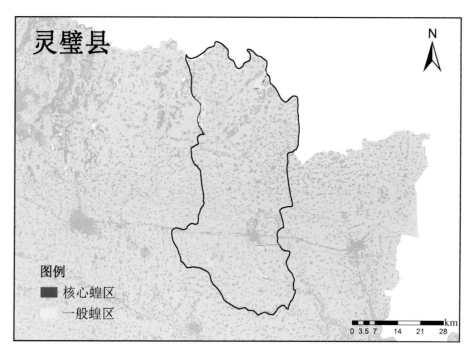

三、蝗虫发生情况

1. 常年发生面积2 500hm²，防治面积1 500hm²

（1）老汪湖蝗区。属内涝蝗区，面积为667hm²，与宿州市埇桥区共有，北面有灵山、红山等残丘荒山，东面有拖尾河及防洪大坝，土质为砂姜黑土，树木较少，有95%以上被开垦成农田，路沟20余条，常年种植麦—玉米（豆），杂草有茅草、芦苇、雀稗、狗牙根、牛筋草等，植被覆盖度为10%～99%。

（2）京渠湖蝗区。属内涝蝗区，面积667hm²，三面环山，有三渠沟穿其而过，有道路30余条，沟渠40余条，土质为砂质淤土，路旁沟边防护林已经形成，常年种植作物有小麦、大豆、玉米、山芋、花生和果树等。杂草有芦苇、茅草、马唐、牛筋草等。

（3）青龙湖蝗区。属内涝蝗区，面积333hm²，南有南沱河，与固镇县车狼湖蝗区隔河而望，东面有娄宋沟，青龙沟穿湖而过，土质为砂姜黑土，地势较低洼，表层土质坚硬，易涝易干，常年种植作物有小麦、玉米、大豆、花生、山芋等，杂草有茅草、雀稗、狗牙根、画眉草、蟋蟀草、牛筋草、马唐、莎草等，植被覆盖度25%～100%，林网已基本形成。

（4）新汴河蝗区。河泛蝗区，面积500hm²，主要分布在灵西闸以东防洪堤坝及以内河床浅滩，有利于蝗虫发生。

（5）濉河、唐河及此沱河等零散蝗区。面积333hm²，较分散，由于近年来水利河道疏浚，已基本完成改造，大部分被承包种植作物和林木。

2. **蝗虫天敌种类** 捕食性天敌：主要有鸟类（如麻雀、白头翁、灰喜鹊等，100～300头/hm²）、蛙类（如蟾蜍等蛙类，0.1～3头/亩）、蜘蛛（1～50头/m²）等；寄生性天敌有白僵菌、绿僵菌、线虫、寄生蜂等。

3. **蝗虫种类** 发生的蝗虫种类除东亚飞蝗外，还有多种土蝗，农田以中华稻蝗、负蝗、中华剑角蝗、花胫绿纹蝗等为主；荒地草丛以中华稻蝗、花胫绿纹蝗、尖头蚱蜢、菱蝗、大垫尖翅蝗为主；山坡草地以负蝗、黄胫小车蝗、云斑车蝗为主。

夏蝗出土始期在5月8日左右，出土盛期5月13—21日，3龄盛期5月25日至6月5日，羽化盛期6月14—18日，产卵盛期6月底至7月9日。

秋蝗出土始期在7月10日左右，出土盛期7月15—22日，3龄盛期7月底至8月初，羽化盛期8月16—23日，产卵盛期9月中旬。

四、治理对策

综合治理蝗区的指导思想是：贯彻"预防为主，综合防治"的植保方针，执行"依靠群众，勤俭治蝗，改治并举，根除蝗灾"的治蝗方针和"狠治夏蝗，控制秋蝗"的防治策略，加强领导和蝗情侦查，采取生态控制和化学防治相结合，常年抓改，季节抓治，使蝗虫种群数量长期被控制在不致造成危害的水平以下，确保飞蝗不起飞扩散，土蝗不为害成灾。

采取全面监测，重点挑治，生态控制等措施为主，药剂防治为辅的技术策略，积极开展兴修水利，开荒种植，精耕细作，植树造林，消灭蝗虫滋生地，同时加强蝗情监测力度，密切注视蝗情发生发展动态，采取武装侦查和重点防治相结合，控制蝗害。

对于重点蝗区如老汪湖、京渠湖、青龙湖、新汴河蝗区在改造的基础上，对于密度高、面积小的特殊环境采取武装侦查办法进行防治，把蝗虫消灭在1～2龄阶段；对于密度相对高、面积大的地方采取重点防治和普遍防治，把蝗虫消灭在3龄之前。对于零散的蝗区，主要采取蝗区改造，消灭蝗虫滋生地，并开展武装侦查防治。

1. **兴修水利** 通过兴修水利，修筑涵闸，疏通河道，开挖排水沟、渠，修建道路，做到排灌结合，从根本上改善水利状况，减少旱涝灾害。近年来，蝗区共疏通大小沟渠80余条200km，修建道路50km，疏通沟渠150km，修建涵闸5个，从而改变了原有蝗区的低洼积水、排水不畅的现象，恶化了蝗虫发生环境。

2. **开垦荒地，精耕细作** 调查表明，已被耕翻过的土地极少有蝗虫产卵，已产卵的土地通过耕耙可破坏其卵囊，并使之暴露于地表，干燥失水或被天敌取食，被翻入15cm以下土层的蝗卵也很难孵化出土。据查机械耕耙可增加蝗卵的死亡率达30%～50%，减轻发生程度。

3. **改变蝗区植被、恶化食源** 种植蝗虫不喜食的农作物，改变植被，恶化食料，从而抑制了蝗虫发生蔓延。目前蝗区95%以上土地被开垦，作物面积达2 000余hm²。

4. **植树造林，改变蝗区气候** 利用蝗虫不适宜农林区、植被生长繁茂和草地的特点，在路边沟旁和荒山上因地制宜植树造林，实行园林化、林网化，以恶化飞蝗产卵环境，调节蝗区小气候，不利其生存及繁衍。目前蝗区已发展果树200hm²，植树造林500hm²，对蝗虫控制效果明显。

5. **搞好侦查测报，为防治服务**

（1）建立稳定的侦查队伍。县植保站专人长期负责蝗虫侦查工作，并在蝗区聘用蝗虫侦查员5名，负对蝗虫情况监测调查和武装侦查。

（2）搞好"三查"工作。按照《飞蝗预测办法》开展蝗虫侦查和测报。认真开展查卵、查蝻、查成虫的"三查"工作，系统掌握蝗情，及时发布预报，为防治工作提供有力的保障。

6.化学防治

（1）防治策略。"狠治夏蝗，控制秋蝗"，对夏蝗进行全面防治，压低基数，对秋蝗主治农田，兼治荒地，控制点片，严防扩散。

（2）防治对策。武装侦察和专业防治相结合。对面积小、密度高的特殊环境在孵化盛期采取武装侦察；对发生面积较大的组织专业队在3龄前开展重点统一防治；对于密度较低的农田，采取"谁受益谁防治"原则。

（3）防治药剂及用量。可选用农药品种：马拉硫磷乳剂（15～2.2kg/hm²）、辛硫磷乳油（750mL/hm²）、拟除虫菊酯类（300～400mL/hm²）、敌杀死乳剂（450～750mL/hm²）。

山东 ·SHANDONG

蝗区概况

一、自然概况

山东省位于我国东部沿海，地处黄河下游，界于北纬34°22′53″～38°16′10″（岛屿达38°23′41″），东经114°47′30″～122°41′18″之间。东临黄海、渤海，南连江苏、安徽，西南与河南接壤，西北与河北毗连。土地总面积156 716.9km²。

境内地势，以泰山、鲁山、沂山为中心向四周渐低，三山共同组成鲁中山地主体，成为中部的东西向分水岭。其北侧低山丘陵，海拔200～500m，逐渐过渡到黄泛平原；其南侧山地丘陵，海拔从1 000m逐渐下降到160m，到沂沭平原海拔为60m，其西侧，从鲁西湖带过渡到黄河冲积扇，海拔约50m；其东侧为山东半岛丘陵，海拔100～500m。

山东省地貌基本以低山丘陵和冲积平原为主。分为三个类型：

①鲁西北平原。位于运河和湖带以西，黄河和小清河以东与胶莱平原相接，呈弧形环布于鲁南山地丘陵西、北两面，面积为49 177.6km²。海拔多在50m以下，西南部东明一带最高，海拔70m左右，向东北倾斜至渤海之滨，海拔仅2～3m。平原上除金乡、嘉祥、梁山、无棣等局部有孤立的残丘外，其余均为黄泛平原。区间河道高地和河间洼地纵横交错，黄河、大运河穿流其间。自利津向东南到小清河口，向西北至徒骇河口，为黄河三角洲。每年黄河水带来大量泥沙沉降，河口向渤海延伸，形成新淤地。在山麓冲积平原和黄河冲积平原之间的低洼地带形成湖群，以济宁为中心分成南四湖（微山湖、昭阳湖、独山湖、南阳湖)和北五湖(马场湖、蜀山湖、南旺湖、马踏湖、东平湖)。南四湖各湖连为一体，由于泥沙和生物沉积物而渐使湖身变浅；北五湖中，除东平湖外，其余各湖都淤成洼地，基本不见湖形。

②鲁中南山地。位于山东省的中部，南为省境，靠徐州丘陵，西沿京杭运河，东过潍河接五莲山区丘陵，总面积64 956.02km²，占全省总面积42.3%。泰、鲁、蒙、沂山等断块山地耸峙于中北部，海拔千米以上，向外逐渐下降到500m以下的石灰岩低山，边沿地带为海拔300m以下的山麓冲积、拱积平原，各山之间有多个小型山间盆地及河谷平原。以鲁山为中心，北流有弥河、潍河、淄河、孝妇河；南流有沂河、沭河；西流有汶河、泗河、白马河等。山脉河流走向对气候产生影响，有利于东南暖温气流的流入，并阻挡北方冷空气南下。山间平原、盆地土质肥沃，土层深厚，地下水源丰富，有利于农业发展。

③鲁东丘陵。位于山东的东部，北、东、南三面临黄海与渤海，西部与鲁南山地接壤，总面积39 167.95km²，占全省总面积25.7%，北部为胶北隆起山地丘陵带，中部为胶莱凹陷盆地平原带，南部为胶南隆起山地丘陵带。区内地势较低，崂山海拔1 133m，大部山丘500m左右，中部海拔100m左右。500m以下的丘陵约占该区域总面积一半以上，地表起伏和缓，谷宽坡缓，沿海有数公里至十余公里不等的滨海平原，有利于农业生产。

山东属暖温带季风气候。一般年份夏季多雨，冬季少雪，春旱风多，秋旱少雨。东部沿海地区受海洋气候影响，春寒后延，夏季温度较低。鲁东南沿海为全省湿润地区，鲁中地区为半湿润地区，西北部属半干燥地区。年平均气温11～14℃，由东北沿海向西南内陆递增。胶东半岛、黄河三角洲年均气温12℃以下，鲁西南年均气温14℃以上。极端低温－22～－11℃，极端高温36～43℃，全省大于0℃平均积温为4 200～5 700℃，其积温自鲁西南向东北部递减。鲁西南平原、鲁南的西部地区及济南、长清、平阴、阳谷一线积温在5 000℃以上；胶东半岛（除烟台外）大于0℃的积温不足4 500℃；成山头在4 200℃以下；鲁中山区的西南部及北部边缘积温在4 600～4 800℃。

本省年平均降水量一般在550～950mm，由东南向西北递减。鲁南、鲁东一般在800～900mm以上，鲁西北和黄河三角洲则在600mm。高唐、夏津一带最少，仅在550mm左右。时间分布上，春季（3—5月）降水量多在50～120mm，占年降水总量的10%～13%，降水少且变率大，其变率高达45%～65%，因此，春旱几乎年年发生；夏季（6—8月），降水量300～600mm，占年降水总量的

60%～70%，易造成涝灾；秋季（9—11月），降水100～250mm，占年降水总量的10%～20%，沿海多于内陆，降水相对变率大(50%～70%)，常造成秋旱；冬季(12月至翌年2月)，降水稀少，多在15～50mm，仅占年降水总量的3%～5%。旱灾以鲁西北地区最重，强度较大的暴雨区在鲁西南和鲁西北的一部分地区，强度较小的暴雨区有聊城地区、泰安市南部、济宁市东北部、蒙山南麓及半岛西北部。鲁西南、鲁西北地区、鲁南平原、胶莱河两岸，洼地、鲁中山区河谷洼地，由于地势平坦，排水不畅，易涝成灾。

山东水系比较发达，自然河流平均密度每平方公里在0.7km以上，干流长10km以上河流有1 500多条，其中在山东入海的有300多条。这些河流分属于淮河流域、黄河流域、海河流域、小清河流域和胶东水系。黄河自东明县入境，斜贯鲁西北平原，在垦利县注入渤海，境内全长达617km；徒骇河和马颊河均属海河流域。两河平行，均自莘县入境，分别于沾化、无棣县注入渤海。新中国成立后，又开了德惠新河、漳卫新河等人工河道，使鲁北地区形成了各河互济、大小相通的水利系统。沂河为省内的第二大河，发源于鲁山南麓，流经沂源、沂水、沂南、临沂市区、兰陵、郯城，流入江苏境内，山东境内河道长达287.5km。沭河，向南流入江苏，山东境内全长263km。两河处暴雨中心地带，且支流众多，洪水量大，常发生洪涝灾害。京杭大运河纵贯山东西部平原，境内长630km，在排洪上起了一定作用。

山东主要土壤类型有潮土类、棕壤类、褐土类，其次有砂姜黑土、盐土等。潮土类，集中分布于鲁西北黄泛平原，在山丘地区河谷、滨湖洼地零星分布；棕壤，主要分布于胶东半岛和沭河以东的丘陵地带；褐土，主要分布于鲁中南低山丘陵、山麓平原、山间盆地和河谷平原；砂姜黑土，主要分布于胶莱平原、滨湖和鲁南低洼地带；盐土，主要分布在鲁西北平原低洼地带和滨海平原。

山东省自然环境复杂，山丘纵横错落，河流众多，湖群毗连，且气候温和，夏季多雨，春、秋干旱，受大气环流和季风气候不稳定的影响，旱、涝灾害比较频繁，湖库河流水位不稳，常易形成露滩，鲁北沿海荒洼面积广，杂草丛生，均形成蝗虫的适生环境，有利于多种蝗虫的发生，特别有利于东亚飞蝗的发生，构成全国面积最大的东亚飞蝗蝗区。

二、蝗区的演变

（一）新中国成立初期

山东省蝗区面积2 484万亩，分布于10个地市，64个县市，多分布于沿海、滨湖、河泛及内涝地域内，形成四种类型的蝗区，即沿海蝗区、滨湖蝗区、河泛蝗区、内涝蝗区。

1. 沿海蝗区　新中国成立初期894万亩，主要分布于惠民地区的沾化、无棣、垦利、利津、广饶，昌潍地区的寿光、昌邑、胶县，临沂地区日照县，青岛市的崂山县，共4地市11个县。这类蝗区，包括了莱州湾和黄河冲积扇两个部分。内有黄河、胶莱河、潍河、小清河、徒骇河和马颊河等众河流入渤海，支流交错，土地广阔，杂草丛生，极适于飞蝗发生。随着水利建设的发展，河流的改造，荒地的开垦利用，日照、崂山、胶县等鲁东滨海蝗区于20世纪60年代彻底改造，鲁北滨海蝗区面积也在缩小。但由于地域广阔，黄河入海口连年有大面积泥沙淤积等原因，1990年蝗区面积仍达560万亩。分布于惠民地区的沾化、无棣，东营市的垦利、河口、广饶、东营，潍坊市的寿光、昌邑、寒亭（即潍县）等3个市地10个县区。

2. 滨湖蝗区　新中国成立初期蝗区面积191.8万亩，主要分布于南四湖（南阳、昭阳、独山、微山湖）和北五湖（东平、南旺、蜀山、马踏，马场湖），其范围涉及济宁地区的微山、嘉祥、汶上、济宁县，菏泽地区的梁山，泰安地区东平县。共3个市地7个县的湖滩及滨湖洼地，湖区地势低洼，杂草丛生，湖水位不稳，耕作粗放，形成山东的重点蝗区。这类蝗区面积波动较大，20世纪60年代初期，由于严重水灾影响，面积急剧上升，蝗区面积328万亩。此后，随湖区水利设施的建设和大面积蝗区改造，面积逐年下降。"五五"时期（1976—1980年）蝗区面积仅48万亩，比新中国成立初期下降74.8%。80年代以来，天气连续干旱，湖水位下降，湖滩裸露面积大，蝗区面积又有上升，至"七五"时期（1986—1990年），蝗区面积达150.69万亩，其范围涉及济宁市的微山、鱼台、济宁郊区、梁山等县，泰安市东平县，共2市5个县的湖滩地及少量农田，仍为防治的重点蝗区。

3. 河泛蝗区　新中国成立初期该蝗区面积128万亩，分布于菏泽地区的菏泽、东明、鄄城、郓城、梁山等县。该蝗区为黄泛区，受黄河水位影响，形成大片荒地，河水漫滩，泥沙淤积，成为河泛蝗区中的重点。通过蝗区改造，面积缓慢下降，"五五"期间有一次较大幅度下降，蝗区面积减少到57.8万亩，较新中国成立初期下降55%。由于黄河水位不稳，自80年代以来，蝗区面积又呈上升趋势。1990年蝗区面积74.15万亩，分布于菏泽地区的东明、鄄城、郓城、菏泽市，济宁市的梁山，济南市的长清、平阴，共3个市地7个县。

4. 内涝蝗区　新中国成立初期蝗区面积达1 270万亩，分布于聊城地区的阳谷、茌平、东阿、冠县、莘县、临清、聊城县，德州地区的齐河、乐陵、平原、济阳、商河、庆云、临邑、武城、夏津、禹城、宁津，济宁地区的汶上、邹县、嘉祥、兖州、滕县、金乡，惠民地区的阳信、惠民、博兴、昌潍地区的胶南，菏泽地区的曹县、巨野、成武、定陶、单县，临沂地区的临沂、郯城、苍山、费县、枣庄市等9个地区的40个县市。这类蝗区的分布与洼地基本一致。大水大涝、小水小涝，秋涝冬涸，无雨则旱，村少人稀，土质黏碱，耕作粗放，杂草较多。秋涝之后，洼地退水慢，土地不能耕翻，形成飞蝗滋生的适宜环境。60年代初期，涝灾严重，内涝面积大，加之耕作粗放，内涝蝗区面积达1 296万亩。1965年面积仍达1 072万亩。随着农田基本建设的开展和农业生产的发展，1966年这类蝗区面积开始下降。"七五"期间面积仅65.9万亩，较新中国成立初下降95%。分布于济宁市的邹县、汶上、金乡、嘉祥，菏泽地区的曹县、单县、巨野、成武等县的低洼地，共2个地区的8个县。

（二）1988年蝗区勘测情况

1988年，对山东省蝗区进行了全面勘察，进一步查清了蝗区范围、面积、分布及基本生态。

蝗区共851万亩，分布于7个市地29个县（市、区）的177个乡镇，划分为208个小蝗区。其中，菏泽地区9个县，有蝗乡镇58个，小蝗区40个，蝗区面积108.36万亩。惠民地区2个县，有蝗乡镇13个，27个小蝗区，面积9 439万亩。济宁市7个县，有蝗乡镇56个，蝗区45个，面积139.37万亩。济南市2个县，6个乡镇，8个蝗区，面积9.1万亩。泰安1县，7个乡镇，面积33.94万亩。潍坊市3个县，15个乡镇，99个蝗区，面积59.91万亩。东营市5个县区，20个乡镇，59个蝗区，面积413.95万亩。

东营市的河口、东营、垦利，惠民地区的沾化，菏泽地区东明、鄄城，济宁市的微山、梁山，泰安市的东平，潍坊市的寿光均为现阶段的重点有蝗县。

（三）2017年遥感测定蝗区情况

根据遥感测定蝗虫适生区，分布于9市35个县区，共计377.6万亩，其中核心蝗区169.0万亩，一般蝗区208.6万亩。此次界定蝗区面积与实际掌握的蝗区面积出入较大，主要原因是遥感监测以植被覆盖度为主要参与因子，而把适合蝗虫生存的大环境中和周边一些植被条件不符合特定参数的区域排除在外，但实际上这些区域都是蝗虫扩散区或波及区，均属蝗区范围。根据实地调查掌握情况，山东省现有蝗区范围大致650万亩。因此，把遥感测定的蝗虫适生区作为判断当年发生面积的参考依据更为准确。

沿海蝗区属于暖温带半湿润气候特征，春旱夏湿、秋冬干燥，蝗区的植被类型主要以小芦苇、马绊、茅草等杂草为优势种，耐盐植物以黄蓿、柽柳、双色补血草为优势种。滨湖蝗区气候属于半湿润类型，滨湖蝗区根据地形、水文和植被外貌，粗略地分为3个带状区——沿岸浅水区、湖滩泛水地、湖滩阶地，其中沿岸浅水区植被以水生或半浸生植物为主，如芦苇、枯江草、红蓼等；湖滩泛水地植被主要是草地植物群落，如小芦苇、马绊、狗牙根、稗草、三棱草等；湖滩阶地的植被主要是大田作物及中生或半浸生草类。黄河滩蝗区包括黄河故道和黄河滩地，蝗区夏热多雨、冬寒晴燥、春多风沙，黄河滩区上滩主要植被是农作物，其次是杂草类；二滩区主要种植小麦、玉米、大豆、高粱等，夹荒地主要是茅草、矮小芦苇、稗草等其他杂草。内涝蝗区主要分布于鲁西南地区，其主要植被为农作物，伴有少部分杂草，如小芦苇、茅草、稗草等。

山东省蝗区县分布表

时　　期	蝗区县（市/区）
20世纪60年代有蝗县（共64县）	垦利、利津、沾化、广饶、无棣、阳信、惠民、博兴、滨县、寿光、昌邑、潍县、胶南、胶县、济宁、金乡、微山、汶上、嘉祥、邹县、滕县、鱼台、兖州、曲阜、梁山、曹县、巨野、菏泽、鄄城、定陶、成武、郓城、单县、东明、茌平、高唐、临清、莘县、聊城、阳谷、冠县、东阿、齐河、武城、乐陵、陵县、平原、济阳、商河、庆云、临邑、夏津、东平、平阴、肥城、长清、章丘、临沂、郯城、日照、费县、苍山、枣庄、崂山
1988年勘测有蝗县（共29县）	东明、梁山、鄄城、郓城、曹县、菏泽、单县、成武、巨野、无棣、沾化、微山、郊区、鱼台、金乡、嘉祥、汶上、邹县、长清、平阴、东平、寿光、昌邑、寒亭、东营、河口、垦利、利津、广饶
2017年勘测有蝗县（共35县）	东营区、河口区、垦利县、利津县、广饶县、任城区、微山县、鱼台县、金乡县、嘉祥县、汶上县、梁山县、邹城市、无棣县、沾化区、牡丹区、郓城县、鄄城县、东明县、曹县、单县、成武县、巨野县、东平县、寒亭区、寿光市、昌邑市、长清区、平阴县、薛城区、峄城区、山亭区、滕州市、庆云县、乐陵市

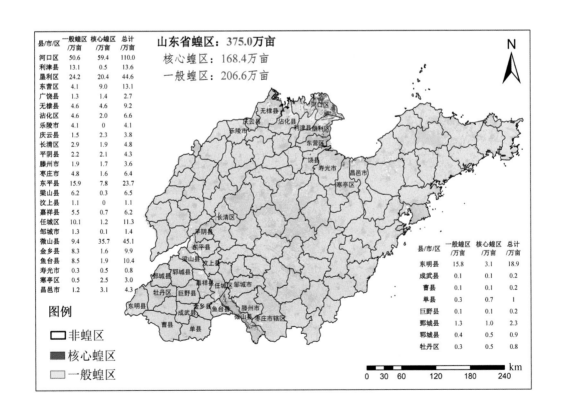

三、发生规律

新中国成立以来，山东东亚飞蝗发生经历了严重、稳定、新一轮暴发、稳定等几个时期，1952年、1962年、1979年以及1998年以来均为大发生或暴发年份。

1. 新中国成立至1967年为严重发生时期　这一期间蝗虫发生面积大，密度高。1952年是特重发生年，发生面积达717万亩，一般每平方米密度高达50头，最高密度2 000头/m²。60年代初，因受旱涝灾害影响，造成蝗虫暴发，蝗虫发生面积急增。1962年发生面积达2 662.8万亩。其中，夏蝗1 267.35万亩，秋蝗13 953.45万亩，一般密度2～3头/m²，最高密度1 000头/m²，为特大发生年。

2. 1968—1988年为蝗情稳定时期　发生面积157.8万～483.45万亩，多数年份250万亩左右，蝗虫密度较低，一般0.1头/m²，偶尔出现千头高密度蝗片。

3. 1989—2004年为新一轮暴发期　20世纪80年代中期以来，由于异常气候等因素的影响，蝗虫呈现加重趋势。特别是1998年以来，全省持续干旱，气温偏高，造成东亚飞蝗连年大发生，每年发生面积750万亩左右，一般每平方米密度1.5～5头，最高的达3 000头。

4. 2005—2017年为蝗情稳定时期　发生面积514.1万～714.19万亩，多数年份650万亩左右，总体呈现稳中有降的趋势。蝗虫密度较低，一般0.5头/m²，偶尔出现高密度蝗片，2017年潍坊峡山出现近百头的高密度蝗片。

四、可持续治理

山东省按照农业部和省政府治蝗工作部署，贯彻"依靠群众，勤俭治蝗，改治并举，根治蝗害"的治蝗方针和"狠治夏蝗，抑制秋蝗"的防治策略，扩大生物防治面积，逐步加大蝗区生态改造力度，大力推广东亚飞蝗可持续治理技术，提高蝗灾治理科技水平。

（一）蝗区生态改造

90年代，山东省在蝗虫综合治理技术方面探索出一套控制蝗害的先进技术。特别是沿海蝗区的生态改造和生物控制技术，已处于全国乃至世界先进水平。"改治并举"，改是根本。实施蝗区改造，改善生态环境，恶化蝗虫生境，压缩蝗虫适生面积，是持续控制蝗害的根本措施。改造蝗区与经济发展结合起来，因地制宜的地采取措施。

沿海蝗区

一是沿海滩涂渔业、盐业开发。山东省渤海沿岸有近百万亩的滩涂蝗区，距海岸较近，植被稀少，在改造上以鱼、虾、蟹等海水养殖业和盐资源开发利用为主，鼓励大户承包，联户开发和客商开发。大力发展海水养殖业，修建海水晒盐场，同时搞活鲜活水产流通，引进、培育海产品加工龙头，带动产业升级和健康持续发展。

二是饲草产业和苇草业开发。在适宜种植牧草、饲料作物和苇草的蝗区，改善水利条件，种植苜蓿、甜高粱等饲草饲料作物，因地制宜发展蓖麻、油葵等油料作物，推广牧草与冬枣草林间作生态农业模式。制定优惠政策吸引客商投资开发生产基地饲养建设业和加工龙头建设。在适宜苇草开发的蝗区依托个体私营苇板、苇帘加工业的兴起，积极引进大的芦苇纸浆企业，改良品种，提高肥水管理，封育苇场，推动苇业健康持续发展。

三是生态农业开发。在土地肥沃、适宜农作物发展的蝗区，抓住黄河三角洲生态经济区建设的有利时机，依托国家农业开发项目，以经济效益为中心，大力开发农田，实行稻、麦、藕、鱼、蟹规模种养，发展名、特、优品种，开发基地的同时加强农业产品加工龙头企业的引进和培育。

四是人工造林和封育草场。借助国家生态防护林项目建设，坚持养、灌、草结合进行统一规划，封育柽柳，人工造林，改善生态，形成绿色屏障。封育草场，在开发方面上重点封育改良天然草场，逐步建成畜牧养护区，推行以草改土，以草营林，以草促富的生态农业模式。

滨湖蝗区

一是兴修水利。对滨湖涝洼地区进行大规模改造，高水高排，内水和客水分开，洪、涝、旱、蝗综合治理，农、林、水、田、路综合治理，积极发展机电排灌，做到"旱能浇，涝能排"，从根本上改变蝗虫的滋生环境。

二是搞立体开发。湖滩区造塘养鱼，抬田种粮，大力发展淡水养殖业及鸡、鸭等畜禽养殖业，因地制宜种植粮食作物。

三是植树造林。结合农田基本建设，沿湖发展植树造林，形成林网，绿化环境，改造蝗区面貌。针对蝗虫喜在沟渠边、路旁、河堤等特殊环境产卵的习性，沿湖培植紫穗槐、簸箕条、白蜡条、刺槐、果树等，恶化蝗虫生境。同时造林引鸟，注意保护鸟类，发挥其控害作用。

黄泛蝗区

黄泛蝗区受黄河水位和河床滚动影响很大，治理较难，因地制宜地逐步探索。

一是加强基础建设。重点开发利用老滩和二滩，实行沟渠林网化，吸引鸟类栖息，增加益鸟种群和数量，发挥天敌控害作用。同时开挖机井，力争旱能浇、涝能排，改善蝗区生态条件。

二是嫩滩灭草。黄河嫩滩杂草丛生，适宜蝗虫发生，可采用化学除草剂灭草，再进行机械耕翻的办法，消灭蝗虫适生地。

三是大力发展种养业。鼓励黄泛蝗区开发，大力发展粮油作物及田菁、莲藕、西瓜、水产等种养业，通过改种方式，有目的地种植蝗种厌食的作物，恶化其食料环境。滩区开发饲养奶牛、羊等畜牧养殖业，大量收购饲草，间接起到减少草荒、恶化蝗虫生态环境的目的。同时要发展、培育农产品和畜牧产品加工业，带动产业持续稳定发展。

（二）生物防治技术

在蝗虫中等密度以下发生区，建立蝗虫天敌诱集带，人为增殖和培育中华雏蜂虻、黑卵蜂、蜘蛛等天敌密度，增强自然天敌的控害作用；同时使用蝗虫微孢子虫、绿僵菌等微生物农药，替代部分化学农药。飞机防治蝗虫时喷洒对东亚飞蝗专性寄生生物药剂绿僵菌、微孢子和植物农药苦参碱等，有效地降低了虫源基数，遏制了东亚飞蝗大发生势头。

（三）预警、化学调控与精准施药技术

在蝗虫高密度区采取化学调控措施，根据发生程度适时采用间隔条带施药或地毯式超低量施药方法，配套飞机和地面施药机械，并引入全球卫星定位（GPS）技术和地理信息管理（GIS）技术，优化应急防治技术，提高预警能力，蝗灾使防治效果达到95%以上。

滨州市无棣县蝗区概况

一、蝗区概况

本区位于山东省东北部，渤海西南岸，东连滨州市沾化区，南靠阳信县，西接德州市的庆云县，北以漳卫新河为界与河北省的海兴县、黄骅市为邻。南北最长70km，东西最宽60km，版图总面积1 601km²。县辖9镇2街道，43万人，耕地面积11.083 2万hm²，是京津塘和山东半岛两大经济区的交汇点，素有"冀鲁枢纽"和"齐燕要塞"之称。

二、蝗区分布与生态

新中国成立初期共有宜蝗面积13.4万hm²，波及全县的9个区，34个乡，共有132个小蝗区。目前，有蝗区3.069万hm²，主要分布在东部及东北部的沿海乡镇，波及埕口、马山子（现属北海新区）、柳堡、西小王、佘家巷5个镇，形成了沿渤海西岸，南北长41km，东西宽15～30km的蝗区带。

蝗区土壤质地多为黏土约1.64万hm²，占52.45%；其次为壤土1.04万hm²，占33.15%；沙土最少0.45万hm²，占14.4%。土壤类型为滨海潮盐土，含盐量0.2%以下的2 160hm²，0.2%～0.49%的7 179hm²，0.5%～0.79%的8 107hm²，0.8%～1.2%的4 150hm²，1.2%以上的8 204hm²。有18 131hm²适宜蝗虫繁殖、活动、取食。

蝗区主要植被种类有獐茅、小芦苇、白茅、虎尾、狗尾草及耕作粗放农田中的莎草、稗草、三棱草等飞蝗喜食植物。其覆盖度一般40%～80%，占蝗区面积的61.53%。其次为蒿类、碱蓬、盐地碱蓬、柽柳等耐盐植物，覆盖度为30%～60%，占蝗区面积的17.16%，是蝗虫扩散、活动的地带。在蝗区中有较多废弃的沟渠、堤坝、埝埂、道路和农田夹荒等特殊环境，约占蝗区面积的3%，是蝗虫繁殖基地。

除东亚飞蝗外，主要发生的蝗虫种类有：大垫尖翅蝗、短星翅蝗、长翅素木蝗、中华剑角蝗、短额负蝗、二色戛蝗、中华稻蝗、花胫绿纹蝗等。

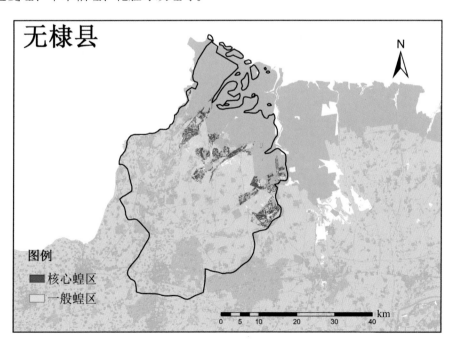

蝗区有多种蝗虫天敌，主要的蝗虫天敌有蜘蛛$1.8 \sim 2$头/m^2，蚂蚁$0.5 \sim 0.8$头/m^2，蛙类$0.1 \sim 0.3$头/m^2，鸟类$3 \sim 6$只/hm^2，中国雏蜂虻成虫期$60 \sim 90$头/hm^2。

综合分析影响蝗虫发生消长的诸多因子，使飞蝗暴发的主导因素是水文条件。该县由于受季风影响，秋末、冬季、春季干旱，降水多集中在6—8月份，降水量占全年总降水量的80%以上，使蝗区大面积积水，加之9月上中旬正值秋蝗产卵盛期，此期若天气干旱、气温偏高、蝗区退水快，可能导致第二年飞蝗大发生。

三、蝗虫发生情况

综合1995—2017年飞蝗发生和防治情况，90年代后期和21世纪初期，蝗虫发生较重，2004年后，飞蝗发生趋于稳定。其中，1998—2003年连续多年大发生，1998年发生最重，为30年发生最重年份，夏蝗发生面积1.667万hm^2，平均密度平10头/m^2以上，其中特大发生面积9万亩，一般密度$500 \sim 1\,000$头/m^2，高者达10\,000头/m^2以上，1999—2003年每年飞蝗的最高密度均在50头/m^2以上。

今后飞蝗的发生趋势，可能仍然保持稳定发生态势，蝗区改造不断加大力度，发生面积有减少的趋势，但也不排除局部地区发生严重，其中王山水库、下泊头水库、转台洼等小蝗区，地势低洼，常大面积积水，植被多为小芦苇，若气候及环境条件适宜，将有大发生的可能。

四、治理对策

①在准确掌握蝗情基础上，实行生态控制；②大面积垦荒种植，种植棉花、苜蓿等东亚飞蝗非喜食作物；③蓄水养殖，开发盐场；④大面积保护利用天敌，控制蝗害；⑤大发生年实行地面防治为主，辅以飞机防治。

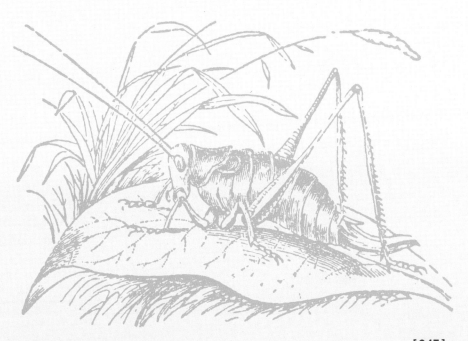

滨州市沾化区蝗区概况

一、蝗区概况

山东省滨州市辖区，位于山东省北部，渤海湾南岸，黄河三角洲腹地，东部与东营市河口区、利津县为邻，南连滨城区，西南部与阳信县接壤，西部与无棣县毗连。沾化区总面积2 218km²，辖7镇2乡、2个街道、1个海防办事处，438个行政村，总人口39.06万。地理坐标为东经117°45′～118°21′，北纬37°34′～38°11′。区境东西宽53.75km，南北长68.99km。

二、蝗区分布及生态

现有蝗区3.262万hm²，划分为11个小蝗区，主要分布在北部沿海的冯家、富源、滨海、海防等四个乡镇(办事处)，海岸线长达60余km，向内陆深入的幅度达15～40km，海拔高度在2.5～5m，隶属于沿海蝗区。气候条件极适于东亚飞蝗的繁衍。

蝗区中土壤多为壤土，占72.1%，其次为黏土，占20.5%，沙土较少，占7.4%。其土壤含盐量较重，含盐量0.2%以下的面积600hm²，0.2%～0.49%的面积9 053hm²，0.5%～0.79%的面积9 833hm²，0.8%～1.2%的面积为2 713hm²，1.2%以上的面积为4 140hm²。其中19 487hm²(占蝗区面积的59.52%)适合飞蝗繁殖场所，是蝗虫的发生基地，还有6 853hm²，适合蝗虫扩散、活动、取食。除东亚飞蝗外，主要发生的蝗虫种类有大垫尖翅蝗、中华稻蝗、长翅素木蝗、中华剑角蝗、短额负蝗、二色戛蝗、短星翅蝗等。

蝗区中植被优势种为芦苇、马绊、狗尾草、茅草等禾本科，约为18 667hm²，占蝗区面积的40%，覆盖度40%～60%，为蝗虫喜食植物；其次为黄蓿等耐盐植物。蝗区中地形较复杂，特殊环境较多，主要有道路、沟渠、堤坝及部分农田夹荒667hm²，占蝗区面积的2%以上，是蝗虫产卵繁殖的基地。蝗区中水文状况，极适宜飞蝗发生。一是由于蝗区的海拔高度多在2.5～5m之间，地下水位较高。二是由于地处黄河下游，主要水源依靠黄河供水。三是降雨，根据历史资料，降水60%～80%集中在

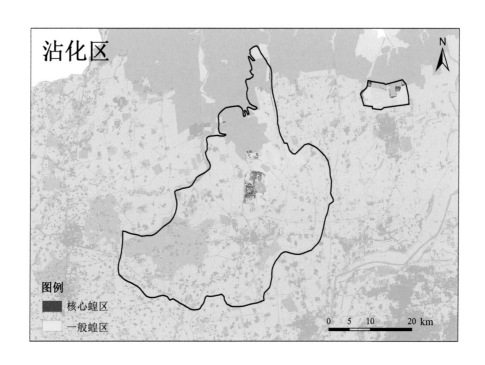

7—8月两个月，由于蝗区多处地势低洼，雨季来临，蝗区较长时间积水。蝗区主要的蝗虫天敌种类多，存量大。据调查，蝗蝻期天敌有蜘蛛、红蚂蚁、螳螂，成虫期天敌主要是鸟类、寄生蝇、寄生蜂，卵期的天敌主要有中国雏蜂虻、线虫、芫菁幼虫等。天敌对飞蝗低密度的发生有较强的控制能力。

影响蝗虫暴发的关键因子，是残蝗基数和水文条件。该县气候突出的特点是春旱、夏涝、秋又旱，全年有60%～80%的降水量集中在7、8月份，这一降水特点，使大部分蝗区积水，造成夏蝗扩散产卵，秋蝗发生面积大，密度高。若秋季偏旱，温度偏高，蝗虫发育好，繁殖力强，给翌年夏蝗暴发提供了充足的虫源，冬春气候无异常变化，翌年夏蝗则大发生。

三、蝗虫发生情况

综合1995—2017年飞蝗发生和防治情况，20年间夏蝗发生面积24.7万hm²，秋蝗发生面积14.52万hm²。90年代后期和21世纪初期，蝗虫发生较重，2004年后，蝗虫发生趋于稳定。其中，1998—2003年连续多年大发生，2002年发生最重，夏蝗发生面积平均密度平20头/m²以上，高者达6 000头/m²以上，1999—2003年每年飞蝗的最高密度均在50头/m²以上。

四、治理对策

①实行生态控制，充分发挥自然因素的控制作用；②垦荒种地，改种棉花、小麦、玉米、树木等，精耕细作；③准确掌握蝗情，辅以化学防治；④进行蝗区改造，蓄水养殖，开发盐场，修建水库。

乐陵市蝗区概况

一、蝗区概况

乐陵市属德州市，位于山东省西北部，东临德州市庆云县、滨州市阳信县，南与济南市商河县，西与德州市宁津县接壤，北与河北省盐山县相交，南北长48.1km，东西宽39.3km，总面积1172km²。乐陵市辖4街道9镇3乡，人口68万，耕地面积7.3万hm²，人均生产总值3.54万元。

二、蝗区分布及演变

现有蝗区2800hm²，主要分布在乐陵市铁营镇、花园镇、郑店镇。蝗虫类型有东亚飞蝗、土蝗、负蝗等。

乐陵市蝗区为平原地势低洼。主要247省道、马颊河、德惠新河等。蝗区属暖温带半湿润大陆性季风气候，四季分明。春季（3—5月）气温回升，冷暖气团交替出现，时冷时暖，天气多变。盛行西南风，气候干燥，降水少，较干旱。夏季（6—8月）高温干燥继续发展。进入7月初，暖湿的东南风开始侵入，气温升高，湿度加大。雨季开始，常伴有大风、暴雨。秋季（9—11月）秋高气爽，阳光充足，天气渐凉。冬季（12月至翌年2月）盛行偏北风，气压高，气温下降。蝗区常年境内日照充足，年均2509.4h，日照率为57%，最多年为3055h，最少年为2048.7h。境内年平均气温为12.4℃，最高13.6℃，最低11.2℃，年变率为3.2%。平均年降水量527.1mm。蝗区内主要农作物为小麦、玉米、棉花、蔬菜。杂草主要有芦苇、马唐、稗草、碱茅、茅草、香附子、扁蓄、刺儿菜、小飞蓬、艾蒿、藜、碱蓬、凹头苋、反枝苋、蒺藜、曼陀罗、龙葵等。土壤为潮土，蝗区地势低洼，土壤盐渍化，农作物主要为玉米、小麦、棉花。

乐陵市记载蝗虫为害成灾共有11次，1915年蝗灾最为严重，记载蝗虫飞行时，遮天蔽日，落地后，三五天即将粮食作物叶子吃光，造成绝产。1973年、1942年、1943年的蝗虫灾害与1915年的虫灾相仿。

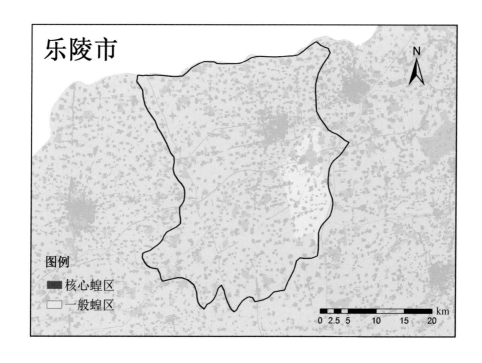

1962—1964年，蝗虫灾害较重，县府、县人委发动群众大力灭虫，并先后用飞机灭蝗300架次，共使用农药500多t，治虫效果良好。自60年代中期，已经控制了蝗虫危害。农村实施家庭联产承包责任制以来，随着大量荒碱涝洼土地被开发成粮、棉、盐田，改变了蝗虫适生环境，蝗区面积逐年减少，目前，乐陵市蝗区分布地势较洼的铁营镇、花园镇东部及郑店镇沿德惠新河沿岸。

三、蝗虫发生情况

常年发生面积2 800hm^2，防治面积2 800hm^2。夏蝗出土始期4月下旬，出土盛期5月上中旬，3龄盛期5月中下旬，羽化盛期6月上中旬，产卵盛期7月上中旬。

四、治理对策

1.多措并举，控制蝗灾　在各级党政部门的领导下，在上级业务部门的重视领导下，广大干部、群众、技术人员共同努力，认真贯彻执行"依靠群众、勤俭治蝗、改治并举、根治蝗害"的治蝗方针，采取了各种有效的措施，治理了东亚飞蝗发生地，蝗区面积逐年减少。特别是近年来，大型植保机械的使用，大大提高了防治效率，做到了"飞蝗不起飞、土蝗不扩散"的效果。坚持狠治夏蝗、控制秋蝗的防控策略。

2.重视蝗情调查及预测预报　蝗情调查及预测预报是防治蝗虫的关键，秋查残、春挖卵、夏季查蝗蝻。秋天查残留下来的蝗虫，选好点后查3次，3次中每次都有残蝗的地方作为春天挖卵的点。每年春季3月份开始，在沟、渠、坝、路边等适于蝗虫产卵的地方挖卵，干旱年份选低洼的地方挖卵。夏天查蝗蝻，目测观察选片定点。在植被生长茂盛的地方每300亩选择一个点，代表300亩的蝗虫分布、密度。根据蝗情调查的情况，采取相应的防治措施。

3.加强生态控制　在蝗区大力开展农田水利基本建设，改善蝗区的生态条件，自20世纪90年代开始，乐陵市在蝗区实施了抬田工程，建设上粮下鱼的生产模式，有效控制了低洼地的旱涝灾害，良田面积不断扩大，荒洼地面积日益缩减，减少了蝗虫的适生区域，使蝗虫的为害逐年减少。

4.注重生物防治　一是防治药剂档次提升，由过去的高残留高毒化学药剂逐步替换成生物无毒药剂；二是加大防治投入，蝗虫防治每亩投入增加一倍。

5.所用药剂　生物制剂有苦参碱、印楝素、阿维菌素等，化学药剂有高效氯氟氰菊酯、高氯马等。

庆云县蝗区概况

一、蝗区概况

庆云县地处山东、河北两省交界，德州、滨州、沧州三市中心，北靠京津，南接济南，东临渤海。全县总面积502km²，辖5镇3乡1个经济开发区，总人口33.66万人。其中农业人口23.40万，全县耕地面积45.61万亩，年平均气温12.4℃，全年≥0℃积温4 659℃，无霜期196天。历年平均降水量587.3mm，主要集中在夏秋季。全年光照2 659h，年太阳辐射总量528.25kJ/cm²，雨热同季，适于小麦、玉米、棉花、蔬菜等农作物生长。2016年全县31万亩小麦，平均单产462kg，总产14.32万t。玉米总面积30.6万亩，平均单产为564.36kg，总产17.27万t，2016年，全县粮食总产31.57万t。蔬菜面积为2.67万亩，总产蔬菜10.06万t，是一个典型的农业县。

二、蝗区分布及演变

庆云县蝗区起初主要分布在东部及东南部几个乡镇，涉及崔口镇、东辛店镇、尚堂镇、中丁乡、徐园子乡、严务乡，蝗虫类型主要有东亚飞蝗、土蝗等。

蝗区多为平原地势低洼荒碱地。土壤质地多为黏土、壤土。土壤类型为滨海潮盐土，适宜蝗虫繁殖、活动、取食。

蝗区内主要农作物为小麦、玉米、棉花、蔬菜。杂草主要有芦苇、马唐、稗草、碱茅、茅草、香附子、扁蓄、刺儿菜、小飞蓬、艾蒿、藜、碱蓬、凹头苋、反枝苋、蒺藜、曼陀罗、龙葵等，是蝗虫扩散、活动的地带。在蝗区中有较多废弃的沟渠、堤坝、埝埂、道路和农田夹荒等特殊环境，是蝗虫繁殖基地。

蝗区有多种蝗虫天敌，主要的蝗虫天敌有蜘蛛、蚂蚁、蛙类、鸟类等。

综合分析影响蝗虫发生消长的诸多因子，使飞蝗暴发的主导因素是水文条件。该县由于受季风影

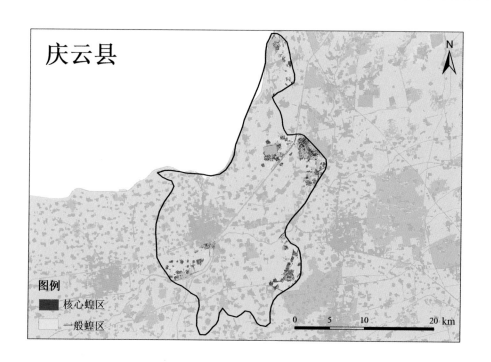

响，秋末、冬季、春季干旱，降雨多集中在6～8月份，降水量占全年总降水量的80%以上，使蝗区大面积积水，加之9月上中旬正值秋蝗产卵盛期，此期若天气干旱、气温偏高、蝗区退水快，可能导致第二年蝗虫大发生。

近年来，随着大量荒碱涝洼土地被开发、引黄灌溉、耕种改良、培肥地力、科学防治等，改变了蝗虫适生环境，蝗区面积逐年减少，目前，庆云县蝗区已全部得到有效治理，成为农作物良田。

三、蝗虫发生情况

综合2004—2014年该县蝗虫发生和防治情况，蝗虫多属中等致偏轻发生年份，由于近几年来农民对土地的利用率逐年提高，随着大量荒碱涝洼地被开发、引黄灌溉、耕种改良，一些低洼地块已改造成基本农田；农田病虫害防治力度的加大，改变了蝗虫适生环境，蝗虫的发生得到进一步控制。蝗区面积逐年减少，目前，庆云县蝗区已全部得到有效治理。

四、治理对策

1. 多效并举，控制蝗灾　在蝗区治理工作中贯彻"预防为主，综合防治"的植保方针，采取专治与兼治相结合，化防和生控相结合的方式，因地制宜做好蝗虫综防工作。对于面积大、密度高、环境一致的地块，由专业队集中防治；路边、沟渠、夹荒地采取边查边治，减少蝗虫扩散；邻近麦田、棉田地带，引导群众在防治病虫害的同时兼治蝗虫，降低防治成本。同时推广生态治蝗，保护利用天敌，提高土地利用率和覆盖度，减少蝗虫适生环境，实现对蝗虫的可持续治理，逐步达到从根本上控制蝗虫的目的。

2. 加强生态控制　在蝗区大力开展农田水利基本建设，改善蝗区的生态条件，有效控制了低洼地的旱涝灾害，良田面积不断扩大，荒洼地面积日益缩减，减少了蝗虫的适生区域，使蝗虫的为害逐年减少。

3. 科学选配药剂　由过去的高残留高毒化学药剂逐步替换高效低毒化学药剂或生物药剂，生物制剂主要有苦参碱、阿维菌素等，化学药剂高效氯氟氰菊酯、高氯马等。

东营区蝗区概况

一、蝗区概况

东营区是隶属山东省东营市的一个市辖区，位于山东省东北部，是东营市的中心区，黄河三角洲腹地。东营区是在油田矿区基础上发展起来的组团式新兴城区。地跨东经118°12′42″～118°59′52″，北纬37°14′13″～37°31′57″。东濒渤海，西依黄河，南与广饶县、博兴县接壤，北与垦利区毗邻。主要由东城、西城两大部分组成，东城建成区面积44km²，西城建成区面积66km²，两地相距15km。东营区辖6个街道，4个镇，面积1 155.62km²，总人口61.56万，其中农业人口25万，耕地面积2.53万hm²。

二、蝗区分布与生态

现有宜蝗面积2.41万hm²，划分为4个小蝗区，主要分布在胜利办和六户镇，蝗区海拔高度在2.5～11.5m，隶属于沿海蝗区。该区属暖温气候带，大陆季风气候，气候条件极适于东亚飞蝗的繁衍生息。蝗区土壤以壤土为主，其次为黏土，适合蝗虫扩散、活动、取食。蝗区中植被优势种为黄蓿、马绊、小芦苇，覆盖度50%～70%，为飞蝗喜食植物，其次为蒿类、柽柳等耐盐植物，适于飞蝗扩散、取食。

蝗区中地形较复杂、特殊环境较多，主要有道路、河流、水库、沟渠、堤坝及部分农田夹荒等。蝗区中水文状况极适宜飞蝗发生，一是地下水位较高，因为蝗区的海拔高度多在2.5～6m；二是降水，全区降水集中在7—8月份，由于蝗区内地势低洼，雨季来临蝗区中较长时间积水；三是地处黄河下游，且其他河流较多。蝗区中蝗虫天敌种类多、存量大，据调查，蝗蝻期有蜘蛛、红蚂蚁、螳螂，成虫期主要有蛙类、鸟类、寄生蝇、寄生蜂，卵期天敌主要有中国雏蜂虻、线虫、芫菁幼虫等，这些天敌在飞蝗发生时具有较强的控制能力。

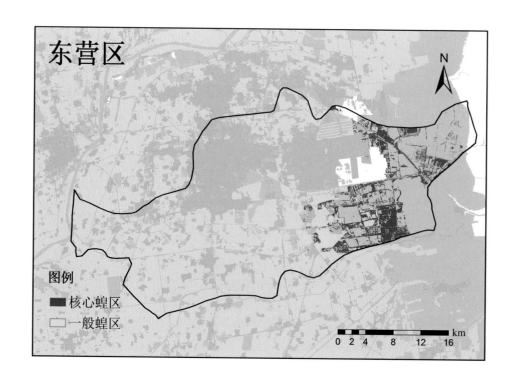

东营区地处黄河三角洲，是黄河冲淤而成的新陆地，属冲积平原地形，海拔低，这里在海河陆相互作用下，形成了完整的生态系统，大片土地仍保持着原生的自然状态，农业自然资源丰富，构成了独特的黄河入海口沿海蝗区。

新中国成立以来，兴修水利工程，开展农田基本建设，特别是改革开放东营市建市以来，市政府修建大型水库，农田水利建设全面铺开，筑造防潮坝工程，盐碱地改造面积逐年扩大，海水养殖和盐业生产也迅速发展，一定程度上改变了飞蝗的适生环境，使东营区蝗区面积逐年减小并趋向稳定。

20世纪50～60年代，东营区东亚飞蝗严重发生，60～70年代，东亚飞蝗大发生，1970年以来，防治力度加大，开始能基本控制蝗虫发生。1980—1990年，蝗虫发生趋于稳定，常年发生面积0.87万 hm²。1990年以来，防治措施能有效防控蝗虫发生，蝗情稳定，偶有突发年份，但也能有效控制，确保了东亚飞蝗不起飞，不成灾，不危害。2002年，我区东亚飞蝗大发生，最高密度每平方米1 200头，发生面积133.33hm²，但防治及时，措施到位，没有成灾危害。

三、蝗虫发生情况

东营区常年飞蝗发生面积在0.87万 hm²，常年防治面积0.33万 hm²，全部采取地面防治。

蝗区总面积2.41万 hm²。其中监视蝗区0.79万 hm²，属海滩型蝗区，主要植被有芦苇、盐地碱蓬、柽柳、黄须菜、白茅、马绊草等。由于该蝗区海拔低，紧靠海，土地盐碱化程度重，植被受影响，呈现断续覆盖，覆盖率50%以上，一定程度上影响飞蝗发生。一般蝗区0.95万 hm²，植被种类与覆盖率稍高于监视蝗区，但其中有0.19万 hm²植被覆盖率70%以上，且土壤含水量适宜，常年发生。重点蝗区0.68万 hm²。该蝗区内建有大型水库，大面积盐碱地改良成为农田，种植棉花、小麦、玉米等作物，另外该蝗区内土壤质地提升，含盐量下降，适合植物生长。所以该蝗区内植被丰富，植被覆盖率95%以上。该蝗区白茅生长区、芦苇生长区、农田交叉分布，水分充足、温度适宜，是东亚飞蝗的理想发生区。

夏蝗出土始期在5月1日左右，出土盛期5月中旬，3龄盛期6月上旬，羽化盛期6月中下旬，产卵盛期7月上中旬。

四、治理对策

新中国成立以来，随着治蝗工作发展和科学技术的进步，我区的治蝗策略不断完善，体现了"预防为主，综合防治"的植保方针，我区的东亚飞蝗查治累积了大量经验，逐步形成了"改治并举"的治蝗工作方针。近几年，针对我区属沿海蝗区的现状和蝗情，根据不同的生态类型，提出了不同的改治策略，我区的监视蝗区属高盐量蝗区，对这类蝗区，采取从治入手，改治结合，在准确掌握蝗情的基础上，放宽防治指标，注意利用生态控制技术，逐步根除蝗害。对含盐量较低的一般蝗区，这类蝗区属不稳定蝗区，采取以治为主，改治结合，严格掌握防治指标，实行地面防治，控制蝗害。对重点蝗区，这类蝗区属沿海内涝蝗区，采取以改为主，结合农田水利基本建设，改善生态环境条件，提高植被覆盖率，消灭飞蝗滋生地，彻底改造蝗区。以防治特殊环境为重点，搞好武装侦查，认真贯彻这一治蝗策略，对沿海的不稳定蝗区，把防治指标严格控制在0.2头/m²，实行地面防治，在蝗情严重的情况下，及时控制危害。对沿海稳定蝗区，防治指标放宽到0.5头/m²。对高密度蝗片，实行重点挑治，减少防治面积，既有效消灭飞蝗，又节约了治蝗经费。

五、调查与预测预报

加强蝗情监测，准确掌握蝗虫发生情况。东亚飞蝗事关农业生产安全和国际声誉，省市主管部门、区政府历来高度重视夏蝗防治工作，省市上级主管部门、区政府每年都拨出专款用于飞蝗查治，保障了历年来查蝗、治蝗队伍人员齐整，以及查蝗治蝗工作的有效开展。

历年来按照调查规范组织查蝗队伍，深入蝗区，认真开展蝗虫监测。通过挖卵等大田调查，结合温度、历年发生情况等，及时发布蝗蝻出土始期、盛期预报，预报准确及时，遇到重大蝗情不过夜，发现一片，查清一片，控制一片。及早购置治蝗农药，及早组织治蝗队伍，及早准备治蝗药械。在全面掌握蝗情的基础上，及时向区政府和上级主管部门进行汇报。密切监视蝗群动态，争取治蝗工作的主动权，全面做好防治准备工作。

六、治理对策

（1）通过改善生态环境，逐步根除蝗虫滋生地，减轻蝗虫危害的发生。我区的飞蝗防治积极贯彻"预防为主，综合防治"的植保方针。近几年来，我区的蝗区改造取得了很大成绩，一是通过兴修水利工程，开展农田基本建设，特别是改革开放东营市建市以来，市区政府修建大型水库，农田水利建设全面铺开，筑造防潮坝工程，盐碱地改造面积逐年扩大，海水养殖和盐业生产也迅速发展，生态环境得到有效改善，蝗虫天敌种群增多，飞蝗的适生环境恶化，使我区蝗区面积逐年减小并趋向稳定，对控制飞蝗危害起了重大作用。

（2）本着"狠治夏蝗，抑制秋蝗"的治蝗策略，对我区达到防治指标的蝗区进行全面防治，我区蝗虫常年发生面积0.87万 hm^2，防治面积0.33万 hm^2 以上，防治以化学防治为主，防治时选择高效低毒农药，采取封锁带式施药，对高密度蝗区集中动力机械实施围歼式喷药，将其集中消灭在特殊环境内，防止蝗蝻向农田扩散。

广饶县蝗区概况

一、蝗区概况

广饶县属东营市，位于山东省中部偏北，东临寿光市，南与临淄区相接，西与博兴县接壤，县境东西长60.1km，南北宽46.2km，总面积1 138km²。县辖9个镇（街道），人口50万，耕地面积6.13万hm²，2016年全县人均生产总值15.82万元。

二、蝗区分布及演变

该县现有蝗区面积1 966.7hm²，分为3个小蝗区，蝗区主要分布在广饶东北部，海拔高度在2.5～5m。主要分布和蝗虫类型主要有东亚飞蝗、土蝗、中华稻蝗等。

1号蝗区属沿海海滩型蝗区，在东营市农业高新技术示范区东部2号、3号蝗区属内涝型蝗区，在广饶县陈官镇高店村南北一带。该县地处暖温气候带，属大陆季风气候，气候条件极适宜飞蝗繁衍、生长、发育。植被的优势种为芦苇、马绊草、黄花苜蓿，其次蒿子、狗尾草和柽柳，并间有不少小片的光板地。芦苇、马绊草、茅草、狗尾草等禾本科杂草占47.65%，是蝗虫的喜食植物，其他蒿类、黄蓿耐盐碱植物占31.8%，是蝗虫的扩散和取食场所。蝗区中土壤多为黏土，占54.24%，其次为壤土占45.76%，其土壤含盐量较重。含盐量在0.8%以下的有1 253.3hm²，占63.14%，极适宜蝗虫的繁殖和发育，是蝗虫的取食和发生基地，含盐量在0.8%以上的面积713.3hm²，占蝗区面积的36.86%，适合蝗虫的扩散、取食。蝗区农作物有小麦、玉米、棉花、大豆等。

该县历史多蝗灾，蝗虫发生于夏秋季节，能迅速吃尽农作物，所到之处"寸草皆光"。县志记载明清发生蝗灾9次之多，明朝万历四十五年（1617年）"蝗灾严重，官府令捕蝗300石者得充儒生员"，光绪二十五年（1899年），"六月，飞蝗遍野"，民国时期多次发生蝗灾。1924年"秋，第八区孙路乡及第三区之安二、安六、安七各保发生严重蝗灾，致使秋粮绝产"。新中国成立初，该县蝗区主要分布

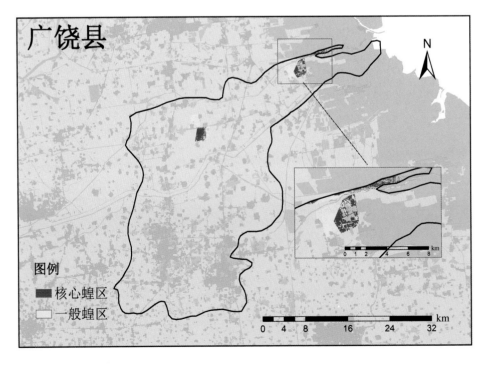

于小清河以北沿海滩涂、内涝荒地和东部盐碱荒地，面积达50万亩左右，以后随荒碱地开发、盐田开发，面积逐渐缩小，至1989年蝗区面积为29 500亩。

1950年以来东亚飞蝗发生概况：县志记载，1952年发生蝗灾1万亩，1953年发生蝗灾1.2万亩。1959年蝗灾严重，县志记载"8月，全县有13个公社发生蝗灾，面积达83万余亩。其中飞蝗51万亩，土蝗32万亩。密度最高的地方每平方米54头。农业部派飞机协助群众灭蝗"。

三、发生情况

常年蝗虫发生面积1 000hm^{2}左右，防治1 000hm^{2}左右，近25年无大发生年份。核心蝗区主要位于东营市农业高新技术示范区东部荒地，面积200hm^2，芦苇多，水量丰富年份有大发生可能，其他为一般蝗区，多为水库、农田沟渠等。

夏蝗出土始期在5月10日左右，出土盛期为5月21—25日，3龄盛期为6月15—20日。羽化盛期在8月5—11日，产卵盛期在8月23—28日。

四、治理对策

（1）贯彻"改治并举"方针，结合当地实际，在加强生态治理的同时，注重飞机灭蝗和地面应急灭蝗。

（2）重视蝗情调查机预测预报，准确掌握蝗情，做好防治工作。特别注意闲置水库的调查，预防蝗虫暴发成灾。

（3）农作物病虫害兼防兼治，在蝗区农田施药时注意压低蝗虫基数。

（4）加强生态控制。可利用生态控制蝗害，充分发挥自然因素的控制作用，保护利用天敌，挑治个别高密度蝗片。结合植棉、兴修水利等开发项目，大力开垦荒地，从而达到改变生态，控制蝗虫的作用。同时发展淡水养殖，开发盐田、苇场，既促进当地经济发展，又达到治蝗的作用。

（5）注重生物防治，提倡使用苦参碱、阿维菌素、氟虫氰等，少量使用马拉硫磷，达不到防治指标不用药。

河口区蝗区情况

一、蝗区概况

河口区境域东西宽、南北窄，呈扁长形横陈在黄河三角洲前缘。北东两面濒临渤海，海岸线为254.37km。东南隔黄河与垦利相望，南与利津毗邻，西与滨洲市的沾化县接壤。地理坐标为东经118°10′~119°05′，北纬37°45~38°10′。全区南北长43km，东西宽70km（按最长点计算），面积26万hm²，通过本次蝗区勘察测量统计，蝗区面积140 433hm²，蝗区面积占全区总面积的54%。

河口区是东营市建置的县级市辖区，所辖区域四镇两个办事处，即义和镇、孤岛镇、仙河镇、新户镇，六合街道、河口办事处。蝗区遍布各乡镇和办事处。辖区内是胜利油田开发腹地，有孤岛、孤东、桩西、河口、浅海5个采油厂和渤海钻井一、二分公司；济南军区生产基地，所辖14个农业分场和6个大型企业坐落在孤岛和仙河两镇。

河口区是历史性的老蝗区，所辖区域是有名的沾化洼、利津洼、垦利洼，据利津县志记载表明，1524—1948年的424年间，蝗虫成灾导致妻离子散、卖儿卖女逃荒要饭年份达15年之多。万历癸巳年（1593）蝗飞蔽天，自西北来，由三岔散去；民国37年（1948年）宁家、徐王、左王、东堤899km²蝗灾严重，全县减产四成。此地时常水淹失收，蝗虫成灾，造成民不聊生。当地老百姓形容这个地方：天上野鸭叫，走的是茅草道，蝗虫堆成堆，蛤蟆呱呱叫，旱了没粮吃，涝了抱着个要饭瓢；也称"利津洼里三大害——兔子、蚂蚱、岳光岱，是指兔子、蚂蚱（蝗虫）吃庄稼，岳光岱是个大土匪，不管人民死活搜刮民财。那些岁月，蝗群迁飞"声如风雨""遮天蔽日"，所到之处吃得"寸草不留"，每到之处造成"赤地千里""饿殍载道"的惨景。据史志记载，1927年，仅山东省蝗虫成灾，使得700万灾民流离失所。旧社会劳动人民尽管饱受蝗虫的饥苦，但也积累了和蝗虫作斗争的丰富经验，曾采取鸡鸭扑食、开沟扑打、火烧土埋等方法开展防治。

新中国成立以来，党中央、国务院非常重视东亚飞蝗的查治工作，认真贯彻了"依靠群众、勤俭治蝗、改治并举、根除蝗害"的十六字治蝗工作方针，投入大量人力、物力和财力，发挥了化学防治的优势，广大劳动人民本着勤俭治蝗、改治并举的原则，奋发努力，压缩和改造了部分蝗区，使新中国成立55年来蝗虫未出现起飞和成灾现象，保护农作物的正常生长，确保农业增产增收，蝗区农民安居乐业，身心安康。

近几年来，随着滩涂的改造利用，沿海滩涂海水养殖和盐业生产的开发，使部分蝗区得到了改造。胜利油田保油上产开发滩涂，会战滩涂，筑造防潮坝工程不断延伸，使海滩型蝗区也趋向稳定，盐碱地改造面积逐年扩大，上农下渔台田工程正在大力开发，芦苇高产技术开发和芦苇可持续开发利用技术大力推广，农田水利建设全面铺开，海水养殖和盐业生产也迅速发展，导致蝗区内特殊环境面积逐年扩大，虽经多年来开发利用，本区仍处于地广人稀、疆域辽阔荒地草场多等自然不良因素所制约的现状，由此推断，近期我区的蝗区改造成效不会太显著。

本次蝗区勘察界定，河口区蝗区面积140 433hm²，常年夏蝗发生面积39 766.2hm²，防治24 948hm²；常秋蝗发生面积29 848.9hm²，防治9 777.8hm²。

二、蝗区面貌

（一）蝗区土壤

蝗区的土壤类型属沉积性黏土、冲积性壤土和细沙土。这些土类不仅与一定的蝗区类型直接联系，而且与蝗区次级结构的形成原因有关。因此，在同一类型的蝗区内常有上述的多类土壤，每类蝗区内又都有它占主要部分的土类，如河泛型蝗区以冲积壤土或细沙土为主，各类土壤的生态适度决定于一定的含水量，如沙土含水量幅度为8%～12%，壤土15%～18%，黏土是19%～22%，所以各类土壤虽属于同一类型蝗区，但在同一时期的生态适度不同而不同，蝗区内的同类土壤在同一气候条件下则常具有相近似的生态适度。因受黄河冲积沉降的作用，其层次作用也不一样，本次勘察主要针对表土层质地、土壤含盐量情况做了调查，其中特别是土壤含盐量影响植被群体生长，进而影响蝗虫的分布密度。据今次勘察统计，蝗区内黏土面积28 806.7hm²，占蝗区总面积的20.5%，主要分布在我区西北部，多在新户、河口办事处境内，一般距黄河故道较远的地带；壤土面积85 527.7hm²，占蝗区总面积的60.9%，主要分布于1964—1976年黄河淤积的微斜平地土层和黄河支流的缓岗和洼地之间，是主要的地貌类型，大部蝗区分布面广，坡度多在1/5 000～1/3 000，土质较为轻壤，矿化度相对而言较低，地下水埋深2～3m，是蝗虫的适生区；沙土面积26 098.6hm²，占蝗区总面积的18.6%。这种地貌的成因，系黄河决口泛滥，流水较急处淤积，多处在黄河多支流河道和黄河故道两侧，地下水埋深一般在2m以下，矿化度较低，蝗区内一般呈条带分布。

我区蝗区由于受海水的影响，土壤含盐量较高，另外低洼地雨季积水，积累了一些可溶性盐类，也增加了土壤盐分。据本次勘察资料统计，蝗区内表土层含盐量在0.2%以下的土壤有27 542.9hm²，占蝗区总面积的19.6%；0.2%～0.49%的土壤有42 281.7hm²，占蝗区总面积的30.1%；0.5%～0.79%的土壤有16 592.9hm²，占蝗区总面积11.8%；0.8%～1.19%的土壤有43 978.5hm²，占蝗区总面积31.3%；1.2%以上的土壤面积10 057hm²，占蝗区面积7.2%。

（二）蝗区植被

植被覆盖度的大小和植被种类对蝗虫的分布有很大的影响，今次蝗区勘察植被分布面积132 910.9hm²，其中：大苇场和小芦苇面积36 019.5hm²，占蝗区总面积的25.7%；马绊草面积6 513.5hm²，占蝗区总面积4.6%；茅草面积5 780.2hm²，占蝗区总面积的4.1%；黄须面积19 677hm²，占蝗区总面积14.0%；柽柳面积15 529hm²，占蝗区总面积11.1%；蒿子面积10 129.9hm²，占蝗区总面积7.2%；狗尾草面积6 110.1hm²，占蝗区总面积4.4%；林地面积3 576hm²，占蝗区总面积2.6%；农田面积7 223.9hm²，占蝗区总面积5.1%；其他面积18 372.3hm²，占蝗区总面积13.1%；另外还有3 979.5hm²光板地，占蝗区总面积2.8%，平均覆盖度46.2%。

植被的分布因蝗区类型和土壤质地不同而异，蝗区的植被情况以及面积大小分布的多少，依次顺序为小芦苇、黄须菜、其他、柽柳、蒿子、农田、马绊草、狗尾草、茅草、光板、树林。

以上述情况看，我区蝗区的植被多系禾本科植物为主的中生及半湿生种类组成，一般都是蝗虫食料植物，大部分浅坡地着生芦苇、茅草、杂草类，地势较洼处近几年开发大苇田，植被覆盖度在70%左右，在苇场边缘或苇场中高岗区生长小芦苇和马绊草、黄须菜等小杂草，在边外侧为蒿类杂草。这类蝗区降水正常年份，蝗虫均有不同程度的发生；干旱年份蝗虫集中在芦场内小芦苇、马绊草中和苇场周边活动产卵；雨涝年份蝗虫多在马绊草、狗尾草及蒿类和狗尾草中活动，附近的农田、堤坝、堰埝等特殊环境则成为蝗虫的临时活动与繁殖场所。

（三）蝗区特殊环境

特殊环境是蝗虫的滋生繁殖基地。它星罗棋布地分布在各类蝗区中。掌握其特殊环境，对掌握蝗情发生动态尤为重要。据本次勘察统计，蝗区中有道路538条段，面积为8 859.6hm²；沟渠514条段，面积8 673.4hm²；堤坝13条段，面积2 029.9hm²；堰埝4条，面积59.3hm²；农田夹荒557块，面积1 665hm²；特殊环境面积21 287.2hm²；占蝗区总面积15.2%。这些地方均是蝗虫的产卵滋生场所。

（四）蝗区水域

本区地处黄河下游，渤海沿岸，淡水资源相对匮乏，地下水矿化度较高，不能用于人畜饮用和农业灌溉。胜利油田会战开发一刻也离不开水，为保障水源供应，在河口蝗区境内筑建水库较多。较大水库有7座，总面积2 814.1hm²，其中：孤北水库面积达1 238.7hm²；孤东水库322.51hm²；净化站水库1.43hm²；孤河水库749.62hm²；孤岛2号水库202.02hm²；王集水库155.81hm²。有了水，周边地区生态变化较大，淡水养殖业、芦苇产业发展较快，植被覆盖度不断提高，蝗虫天敌存量也逐渐增加，对蝗虫生态控制有利。

（五）蝗区障碍物

蝗区是胜利油田会战开发的主战场，蝗区内采油架、电线杆林立，当地群众称河口一怪"电线杆子比树多"；塔式高压电线架、双杆高压电线杆纵横交错，高达60多m；联通、移动电话接收信号塔也较多，这些对飞防作业带来诸多不便，给查治增添很大困难。

（六）蝗区土蝗及蝗虫天敌种类

1. 蝗区内主要土蝗　土蝗（按发生量大小多少顺序排列）：中华稻蝗、长胫负蝗、短额负蝗、小垫尖翅蝗、大垫尖翅蝗、花胫绿纹蝗、短星翅蝗、黄胫小车蝗、黑背蝗、日本稻蝗、无齿稻蝗、中华剑角蝗、棉蝗、云斑小车蝗、赤翅蝗。

本区境内到处有土蝗，蝗区内发生更重，一般每平方米2～5头，较重的每平方米20头以上，部分蝗区和地块的杂草和禾本科作物叶子吃成光秆。目前土蝗未有具体的发生与防治指标，据观察土蝗混合种群在5头/m²以上对农作物及杂草形成危害，按发生与防治指标每平方米5头计，我区常年土蝗发生面积在4.5万hm²左右，常年防治2.2万hm²（其中：防治飞蝗时兼治2万hm²左右，秋种期间防治0.2万hm²）左右。

2. 蝗区内蝗虫天敌　蝗区内蝗虫重要天敌主要为寄生蝗卵或扑食低龄蝗虫，按发生量大小顺序排列依次为蚂蚁、蜘蛛、鸟类、蛙类、螳螂、步行甲、豆芫菁、中华雏蜂虻。据调查，一般年份夏蝗防治前（6月10日前）蝗区内蚂蚁3～10头/m²，平均4.6头/m²；蜘蛛0.4～1.6头/m²，平均0.9头/m²；步行甲0.1～0.8头/m²，平均0.38头/m²；蛙类0.02～0.06头/m²，平均0.029头/m²；鸟类目测3～15头/hm²，平均6.8头/hm²。蝗区内大量天敌存在，对蝗虫种群的数量制约非常显著。

（七）蝗区改造利用

15年来，蝗区的改造利用变化较大，通过本次勘察统计，彻底改造蝗区面积3 443.1hm²，其中大型水库7个，面积2 814.1hm²，彻底改造面积占蝗区面积2.5%。现蝗区利用面积62 753.4hm²，其中：农田面积7 223.5hm²，林地面积3 835hm²，兴修水利面积（含上农下渔水利建设部分）10 224.9hm²，芦苇面积32 500hm²，种草面积100hm²，水稻面积23hm²，卤虫池面积2 023hm²，虾池面积1 027hm²，鱼塘面积5 797hm²（含七大水库面积）。

以上数字看出，河口区蝗区改造利用首先突出芦苇田高产技术开发，芦苇面积大增，覆盖度明显提高。二是水利设施，沟、渠、路、桥、涵、闸配套工程建设，如苇场开发、盐碱地改造和上农下渔工程开发，导致兴修水利面积扩大，同时特殊环境增加。总之，两项开发加快蝗区改造利用进度、压缩蝗虫滋生面积。

三、蝗区的演变

我区蝗区海拔高度在2～5m。在当地气候条件影响下，干湿季节交替明显，常有旱涝相间的现象。夏秋季因地下水位高，地势低洼处排水不畅，或因地平坡度小，附近排水河道受海水顶托不能畅泻，故大部分积水，造成水涝。若春夏天气干旱，原来积水地区枯干，此时地面暴露，并发生轻重不等的反盐现象。但进入雨季后表土盐分又受雨水淋溶而下降。在积水和反盐交替发生的情况下，影响农垦的进展，造成大面积荒地，在植被方面表现有分明的分布带。飞蝗分布在土壤盐分较小和生长有其嗜食植物的地区，如矮芦苇带、茅草带、矮芦苇与马绊草群落带。据文献资料记载，全年降水量700mm左右，75%集中在5—9月，尤以7—8月最大，约占全年的50%左右，因而干湿季节旱涝交替、旱涝相间的现象十分明显。夏蝗在7月间产卵时常因洼地积水而被迫迁往高地或农田中活动产卵，造成秋蝗的发生地。秋蝗产卵时（9月间），荒地积水下退，又受到割草等农事活动的影响，蝗虫便又陆续回到低洼地方，并常发生集中现象。

蝗区主要由土质滩地及坡度大小不等的干湿草洼所组成，滩地系多年来入海各河流泛滥沉积而成，土质随沉积次数、时期及当前小地形差异而不同。沿海植被则受土类、地下水位及盐分影响，有比较明显的植物带。飞蝗基本上伴随食料植物而分布，但产卵场所则决定于土壤内水分盐分。中常雨量年，飞蝗发生地分布在小芦苇杂草带或马绊草与芦苇丛边缘，植被覆盖度30%～50%。遇干旱年份，芦苇丛地面积水干涸，植被稀疏，马绊草及小芦苇杂草地或因盐分上升或由于地面过硬不适于飞蝗产卵，飞蝗转向地势低洼的芦苇湿洼地以及沿海草泊、水库、洼淀等湿地产卵。多雨年，芦苇地积水加深，小芦苇杂草亦因土壤湿度增大或覆盖度加高均不适宜产卵，飞蝗及转向茅草、狗尾草或排水比较良好的马绊草地转移，在此种情况下，附近农田以及堤岸、堰埂均成为飞蝗的临时生殖场所。在大海潮年或大水年，沿海飞蝗发生地即显著缩小。反之秋季大水后干旱，即可扩大沿海蝗区发生地的范围。随着海潮延伸，以及引水洗碱及荒地开发利用，河口蝗区有逐渐向西向南移的迹象。

本地域主要受黄河水携沙、填海淤积造陆所致，成为典型的河泛型蝗区。1976年，为保油田上产，决定于罗家屋子截流后，迫使黄河由开挖的河道东折垦利经清水沟入海至今。近30年来，因受地质、水文、潮汐、生物等自然条件及人为活动的共同作用，蝗区内的次生结构逐步转化，使我区的蝗区类型变化较大，大多数蝗区由河泛型、内涝型过渡演变发展为目前的沿海型蝗区。

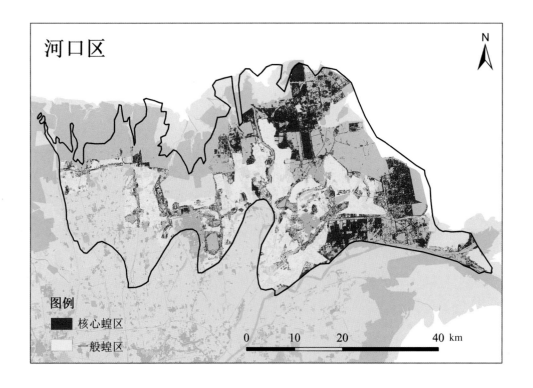

四、蝗虫发生情况

河口区东亚飞蝗的发生，主要分布于距海岸 15～40km 的草滩地带，草滩和农田接壤的荚荒地中发生较重。蝗区主要是由缓岗和河滩高地，微斜平地，海滩地和坡度大小的平湿草洼地组成。受土类、地下水位和土壤盐分的影响，蝗区内有明显的指示植物带，而东亚飞蝗的活动范围明显的随食料植物分布。根据 1990—2004 年蝗虫发生资料，参照气象资料分析，降水多少与蝗虫发生、活动、产卵场所及发生程度密切相关。本区自 1997—2003 年大旱，夏蝗发生面积 36.25hm²；1990—1996 年夏蝗发生面积 19.469 1 万 hm²，后 7 年夏蝗发生面积为前 7 年的 1.9 倍。2002 年本区夏蝗发生面积 6.07 万 hm²，曾发生 1 500hm²，高密度蝗片最高密度 3 000 头 /m² 以上。据观察一般降雨年份，飞蝗分布在芦苇杂草地带或马绊草或芦苇丛生的边缘；干旱年份飞蝗则转向地势低洼的芦苇，喜在潮湿地带产卵，如 2000 年秋季干旱，积残蝗都集中低洼地带产卵，导致 2001 年夏蝗大发年、高密度蝗片 5 000 头 /m² 以上；多雨年份飞蝗又向排水条件较好的马绊草和茅草地活动。在这些条件下，附近的农田、堤坝均成为飞蝗的临时繁殖场所，在大海潮或降水过多的年份，飞蝗发生的面积显著减少，反之，秋季前期雨量大，后期干旱，则发生面积明显增加。

据观察，蝗区自然植被因水与盐分变化的关系，有一定的分布规律和明显的季节演替，飞蝗繁殖场所亦随土壤水分与盐分的变化而移动，一般中常雨量年飞蝗繁殖场所分布在小芦苇杂草地带，植被覆盖度在 30%～50%；在无小芦苇杂草带的地段，则分布于马绊草与芦苇丛的边缘。干旱年芦苇丛地积水干涸，植被变稀疏，马绊草及小芦苇杂草地或盐分上升或由于地面过干，飞蝗产卵场所转向地势低洼的芦苇地或草泊水港、洼淀等地的湿坡上。大水年大部分低洼地积水，加之水退后植被覆盖度增加，飞蝗即转向高地活动，在堤岸岗坡处产卵，飞蝗发生面积零星分散，不如干旱年发生面广量大。在大海潮后，洼地盐分普遍升高，飞蝗发生面积亦显著缩小。

五、治理经验

针对蝗区面积大、查治任务重、东亚飞蝗有加重发生的趋势，结合区情，实施蝗灾改治并举可持续治理对策，收到了较好防治效果。

1. **蝗虫查治技术** 搞好蝗虫发育进度系统调查，掌握东亚飞蝗各虫态蝗情监测的同时，准确发布预报，指导查治。

（1）蝗区分类调查。将全区蝗区分为三类，即 I 类蝗区、II 类蝗区、III 类蝗区，面积依次为 84 184.7hm²、31 048.3hm²、25 200hm²。采取 I 类蝗区拉网普查、II 类蝗区重点环境普查、III 类蝗区特殊环境调查的办法，减轻劳动强度，节约调查经费。

（2）科学防治。本着狠治夏蝗、抑制秋蝗的原则，夏蝗 I 类蝗区和 II 类蝗区重发区，如果地面覆盖物少采取飞机防治；I 类蝗区、蝗虫发生重区、地面附着物多、飞机防治困难的和 II 类蝗区重发片，采取人工地面普遍防治与重点挑治相结合，III 类蝗区以自然生态控制为主。

①化学防治。主要针对东亚飞蝗高密度发生区、实施应急化学防治技术，主要采取泰山-18 型弥雾机超低量喷雾，选配农药以 37% 蝗绝、20% 蝗灭和 70% 马拉硫磷乳油 1 125～1 350mL/hm²，飞机作业防治常用 90% 马拉硫磷油剂和 0.4% 锐劲特油剂超低量喷雾。地面应急防治避开中午高温和大风天气。

②生物防治。我区自 2001 年开始试验用微孢子虫治蝗，2002 年已示范微孢子虫治蝗面积 2 066.7hm²，绿僵菌面积 153.37hm²。通过大田示范，大田笼罩试验观察，蝗虫通过取食微孢子虫孢子或绿僵菌喷洒在蝗虫身上后，都能感染，感染直至死亡。施药期应在 2 龄盛期为宜。

2. **蝗区改造技术** 针对本区的地形地貌，对不同生态类型蝗区进行分类，实施区域治理。根据植被及土壤含盐量，河口区蝗区可分为近海滩涂生态区、草滩荒地生态区和农田夹荒生态区 3 种类型，面积依次为 25 200hm²、31 048.3hm²和 84 184.7hm²。

（1）近海滩涂生态区改造以开发盐业、海水养殖业为主。近几年来本区招商引资政策优惠，吸引众多个体和社会团体投资河口，开发盐业和海水养殖业。本次勘察统计盐业开发面积629hm²，海水养殖（含养虾、蟹、贝、卤虫等）面积3 050hm²，年收益2.2亿元。通过该项目改造措施，恶化了野生禾本科植物的适应环境，弱化了蝗虫的食物资源，压缩了蝗虫的扩散区范围，彻底改造了蝗区。

（2）草滩荒地生态区改造以封育柽柳林、开发芦苇、种植牧草为主。一是靠近滩涂生态区地带，植被主要以柽柳、马绊和小芦苇为主，面积约31 048.3hm²，现已列为自然生态保护区，严格禁止放牧和滥砍滥伐人工封育，降雨适中年份植被覆盖度已达50%左右。二是通过"芦苇高产技术开发""芦苇可持续开发利用研究"项目带动，近三年开发芦苇面积30 000hm²，其中，1 000hm²苇田水利设施建设配套，产量在9 000kg/hm²以上，植被覆盖度70%以上。三是享甸草业有限责任公司投资开发牧草基地100hm²，种植苜蓿和苏丹草，这两种草为蝗虫不喜食植物。通过柽柳林的封育、"芦苇高产技术开发"及"芦苇可持续高效开发利用研究"项目带动和外商投资牧草基地建设，搞好苇田和牧草田水利基本建设，开发水利（污水灌溉苇田）资源，改善了灌溉条件，提高了植被覆盖度，扩大了有益生物繁衍场所，缩减了蝗虫发生面积。

（3）农田夹荒生态蝗区。主要是对夹荒地复垦、消灭夹荒。2001年农业部投资河口区复垦项目，建立蝗虫生态控制示范区，改造蝗区面积266.7hm²，其中，种植冬枣40hm²，中草药133.3hm²，优质抗虫棉93.3hm²。由于示范区的建设带动了六合乡争取复垦项目，投资改造蝗区666.7hm²，建成沟、渠、路、桥、涵、闸配套水利设施，旱能浇，涝能排，种植冬枣间作苜蓿形成上枣下草立体种植结构；2003年、2004年开发上农下渔台田工程2 000hm²，台田种植棉花、池塘养鱼、断绝蝗虫食料植物，消灭了蝗虫发生基地，抑制蝗虫发生程度，改变生态控制蝗害。

垦利区蝗区概况

一、蝗区概况

垦利县位于山东省东北部，黄河三角洲地区的黄河最下游入海口处。其位置为北纬37°24′~38°10′，东经118°15′~119°19′。县域呈西南、东北走向，南北纵距55.5km，东西横距96.2km。东濒渤海，西北与利津县隔黄河相望，南接东营市东营区，东北部与河口区毗邻。辖胜坨、郝家、永安、黄河口、董集5个镇和垦利、兴隆2个街道办事处，垦东、红光2个办事处，1个社区管理委员会，1个省级经济开发区，总人口24万。县属总面积2 331km²。海岸线长142.8km，黄河穿越县境120km，耕地面积69.5万亩。

二、蝗区分布及演变

垦利县蝗区主要分布在黄河入海口两侧，呈扇形展开向沿海方向延伸。由于受黄河尾闾摆动和潮汐影响，蝗区生态仍不稳定，黄河年均淤积造陆1 000hm²的新生蝗区。蝗区属河泛型和海滩性蝗区，通过2014年蝗区勘察，蝗区面积14.83万hm²，共划分为11个小蝗区，其中，适生面积8万hm²，夏蝗常年发生4.67万hm²，秋蝗常年发生3.33万hm²。

蝗区地形、地貌复杂，道路、堰埂、沟渠、农田夹荒较多，洼大村稀，土地广袤，野生植被辽阔

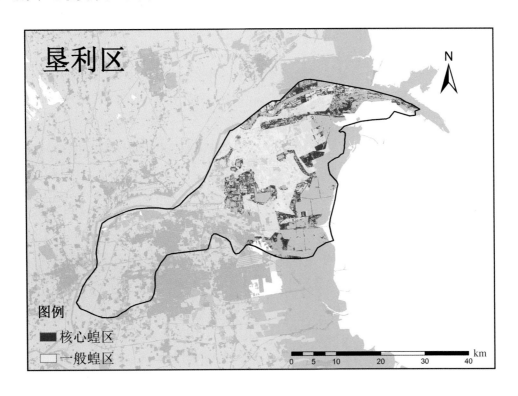

垦利区

图例
■ 核心蝗区
□ 一般蝗区

N

km
0 5 10   20   30   40

茂盛，潮湿和特殊的气候条件形成最适宜东亚飞蝗的滋生，蝗区内油井架、电线杆林立，特别是沿黄两侧和入海口蝗区支流交错，沟、渠、路、坝纵横交错，沼泽地、烂泥塘星罗棋布，交通不便，人迹罕至，适宜蝗虫产卵、滋生、繁殖，蝗情很难掌握，查治十分困难。

蝗区内的植被共72种，主要植被有小芦苇、马绊草、茅草、黄蓿、柽柳、狗尾草、蒿子、野麦莛、树木、农作物及其他杂草，其总覆盖度40%～90%。其中，小芦苇3.172万hm²，占29.4%中，马绊占5.8%，茅草占10.7%，黄蓿占15.4%，柽柳占4.8%，狗尾草占2.1%。蝗区中的多数植被比较适合飞蝗的发生。蝗区土壤质地主要有：黏土2.981万hm²，占27%；沙土4.925万hm²，占45.7%；壤土2.874万hm²，占26.7%；土壤含盐量0.2%以下的占25%，0.2%～0.49%的占40%，0.5%～0.79%的占8%，0.8%～1.19%的占20%，1.2%以上的占7%。

蝗虫类型有东亚飞蝗、土蝗。土蝗种类主要有中华稻蝗、大垫尖翅蝗、小垫尖翅蝗、中华剑角蝗、短额负蝗、黄胫小车蝗、长胫负蝗、花胫绿纹蝗、日本稻蝗、无齿稻蝗、云斑小车蝗、赤翅蝗等。

蝗虫的天敌主要有鸟类、蛙类、蜘蛛、蚂蚁、步甲、寄生蜂等，这些天敌对蝗虫发生有一定的控制作用。

三、蝗虫发生情况

垦利蝗区主要在黄河入海口和黄河故道两岸，呈扇形展开向沿海方向延伸，1983—1994年发生面积在200万亩以下。受气候、生态环境以及自身生物学特性等因素影响，自1998年以来，东亚飞蝗连年大发生，发生面积呈逐年扩大趋势。2000年东亚飞蝗发生面积达67.5万亩。2002年东亚飞蝗夏、秋蝗发生面积110.2万亩，其中，夏蝗发生面积64.7万亩，其中0.2～0.4头/m²，面积29.5万亩；0.5～1头/m²，面积14.5万亩；1.1～3头/m²，面积11万亩；3.1～6头/m²，面积10.5万亩；6头以上/m²，面积2万亩。最高密度蝗片达到了每平方米千头以上。2007年在6号蝗区垦东水库发生近4 000亩高密度，最高密度达到了每平方米近2 000头以上。近几年，由于蝗区生态治理，精耕细作，蝗虫发生有所降低。

东亚飞蝗夏蝗出土始期在5月10日左右，出土盛期5月20日左右，3龄盛期6月15日左右，羽化盛期6月底7月初，产卵盛期7月上旬。秋蝗出土始期在7月18日左右，出土盛期7月下旬，3龄盛期在8月上中旬。

四、治理对策

（1）贯彻"改治并举"方针，结合当地实际情况因地因时制宜，采取简便、经济有效的方法，改变作物的布局，提高耕作和栽培技术，在蝗虫发生地尽量多种植大豆、苜蓿、果树和其他林木，开挖鱼塘，种植莲藕等，达到抑制蝗卵控制蝗虫滋生区，减少蝗害的发生。

（2）重视蝗情调查及预测预报，蝗情的调查及预测预报是蝗虫发生的有效依据，测报工作的准确及时，也是开展蝗虫防治的有效保障。每年从挖卵调查开始，组织专职查蝗员和临时查蝗员30人，车辆2部，对重点蝗区进行拉网式普查，并明确专人负责蝗情上报，在治蝗关键期实行24h值班，及时上报蝗情和防治情况。

（3）农作物病虫害兼防兼治，在对农作物进行防虫治病同时也对东亚飞蝗进行兼防兼治。近几年，结合中央农作物重大病虫害（农区蝗虫）统防统治补助项目，对蝗虫的防治起到了明显效果。

（4）加强生态控制。在生态控制上采用稻田开发、种植莲藕、蓄水养苇、开挖鱼塘、植树造林等，减少蝗虫发生滋生区；在防治上使用生物农药，改善生态环境，创造有利蝗虫天敌生存繁衍的条件，利用天敌抑制蝗虫发生。

（5）药剂防治。蝗虫防治所用的生物制剂有杀蝗绿僵菌、1%苦参碱、阿维菌素，化学药剂有马拉硫磷、高氯马、氟虫氰等。

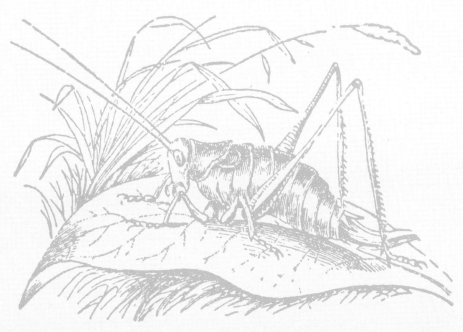

利津县蝗区概况

一、蝗区概况

利津县属东营市。位于山东省东北部，东依黄河，东北濒临渤海，东与垦利县、东营区为邻，南与博兴县隔河相望，西与滨州市滨城区、沾化区接壤，北与河口区相交，南北长102.5km，东西宽8.525km，总面积1 665.6km²。县辖2个街道4个镇2个乡和1个省级经济开发区，人口29.88万，耕地面积80多万亩，人均生产总值8.988 5万元。

二、蝗区分布及演变

利津县现有蝗区16.2万亩，划分为2个小蝗区，蝗虫适生面积11.5万亩左右，主要分布在县北部在陈庄镇、汀罗镇、渤海农场境内。蝗虫类型有东亚飞蝗、土蝗、黄胫小车蝗等。

主要道路为罗孤路，河流为挑河、黄河故道等。蝗区内主要依靠自然降水和引黄灌溉，属于暖温带半湿润季风气候，四季降水不均，最多年份（1964年）为1 003.8mm，最少年份（1968年）为322.7mm。春季平均为56mm，占全年降水量的10.28%，夏季平均降水量为380mm，占全年降水量的69.8%，全年降雪量偏少。

天敌种类有蝗区蝗虫天敌种类多、存量大。据调查，蝗蝻期主要天敌有蜘蛛、红蚂蚁、螳螂、鸟类、蛙类；成虫期天敌主要有蛙类、鸟类、寄生蝇和寄生蜂等；卵期天敌主要有中国雏蜂虻、线虫、芫菁幼虫等。

蝗区植被优势种为芦苇、马绊草、狗尾草、茅草、莎草等禾本科、莎草科杂草；其次为蒿类、黄蓿等耐盐碱植物。利津蝗区属沿海蝗区。蝗区中的土壤有沉积性黏土、冲击性壤土和细微沙土。主要农作物为棉花、玉米为主。

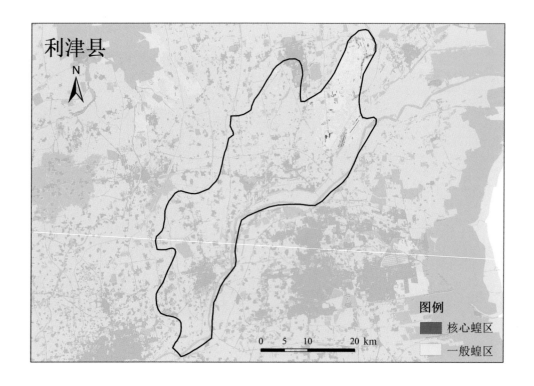

蝗区历史演变是指一定条件下由于飞蝗适生地生态类型转化或次级结构的分化而造成了蝗区的新生、退化、消亡和分布上的变化。利津县蝗区的变化，从蝗区面积上看。1989年以来蝗区面积14.2万亩。而2004年勘测，利津县与河口区在东营市植保站协调下，本着便于勘测和查治的原则，重新调整蝗区版图，调整后用GPS实测的蝗区面积为16.2万亩。2010年和2011年勘查，蝗区面积基本无变化，沿用2004年蝗区勘查小蝗区划分方法，分为利津1、2号蝗区。这两个小蝗区由于其自身的顺序演变，有具备了内涝型的次级结构。1号蝗区面积6.85万亩，主要为黄河故道滩地，土壤植被皆适于蝗虫发生，历史上均有不同程度的蝗虫发生。由于土质较好，开垦速度快，蝗虫适生面积已降至4.5万亩左右，但仍有部分夹荒及撂荒地，在蝗区类别上属于Ⅱ类蝗区。2号蝗区面积9.35万亩。该蝗区是利津县重点蝗区，也是历史性老蝗区，发生面积大，密度高，大发生次数频繁，蝗虫适生面积已有减少，但仍为查治的重点。在蝗区类别上属于Ⅰ类蝗区。

自2004年至今，并没有大面积的实际勘测，据2017年全国农技中心发来的蝗区遥感图，利津县遥感蝗区面积15.7万亩，核心区2.6万亩，一般蝗区13.1万亩。

探究利津县蝗区演变原因，一是由于农业综合开发，兴修水利、植树造林等措施恶化了东亚飞蝗的滋生条件，创造了不利于其繁殖和栖息的环境；二是由于近年植棉效益较高，农民大面积垦荒植棉，大大消减了蝗虫适生面积；三是降水影响，东亚飞蝗活动范围明显地随着食料分布不同而不同；四是土壤次生盐碱化影响，在某些土壤次生盐碱化严重地块，已垦荒的地块被撂荒，又重新成为飞蝗的滋

生区域。自2000年以来，总体蝗情较稳定，近年来有发生逐步减轻的趋势，在2006年出现了高密度蝗片，点片发生面积2亩左右，最高密度达到85头/m²。

2000—2016年飞蝗发生情况表

年份	发生面积（万亩）	发生程度	防治面积（万亩）	夏残蝗面积（万亩）	发生面积(万亩)	发生程度	防治面积（万亩）	秋残蝗面积（万亩）
2000	6	中等偏重	2.5	4	0.9	中等偏轻	0.2	0.4
2001	3	中等	1.9	1.37	0.75	中等偏轻	0.35	0.5
2002	5.5	中等偏重	4	1.4	0.4	小发生	0.1	0.41
2003	6.5	中等偏重	6	1	2	中等	0.5	0.2
2004	6	中等偏重	5	4.3	4.2	中等偏重	2.8	2.9
2005	6.5	中等偏重	6.5	5.2	5.8	中等偏重	3.4	3.1
2006	8	中等偏重	8	6.9	5.5	中等偏重	2.9	2.8
2007	6.2	中等偏重	6.2	7.2	7.2	中等偏重	3.5	7
2008	6	中等偏重	6	7.5	7.5	中等偏重	4	7
2009	7.5	中等偏重	7.5	4.5	4	中等偏轻	7.5	4
2010	7.5	中等偏重	7.5	4.5	4.5	中等偏轻	7.5	4.5
2011	7	中等偏重	7	3.5	3.5	中等偏轻	7	3.5
2012	6.5	中等偏重	6.5	4	4	中等偏轻	6.5	4
2013	7.5	中等偏重	7.5	4.5	4.5	中等偏轻	7.5	4.5
2014	7.0	中等偏重	7.0	4.5	4.5	中等偏轻	7.0	4.5
2015	7.2	中等偏重	7.2	4.2	4.2	中等偏轻	7.2	4.0
2016	7.0	中等偏重	7.0	3.2	3.2	中等偏轻	7.0	3.0

三、蝗虫发生情况

利津县蝗虫常年发生面积10 800hm²，防治面积10 800hm²。核心蝗区为2号蝗区，蝗区面积9.35万亩左右，具体经纬度为北纬37°41′49.1″~37°47′31.7″，东经118°33′4.3″~118°42′22.1″。该蝗区为重点蝗区，属典型沿海内涝型蝗区，蝗虫发生面积大、密度高、大发生次数频繁。

1号蝗区：北纬37°46′54.7″~37°49′40.1″，东经118°32′16.9″~118°40′42.5″。该蝗区为黄河故道滩地，是由河泛型向沿海内涝型转化的典型蝗区，面积为6.85万亩。

夏蝗出土始期在5月10日左右，出土盛期在5月20日左右，3龄盛期在6月10日左右，羽化盛期为6月29日左右，产卵盛期为7月9日左右。

四、治理对策

（1）贯彻"改治并举"方针，改造蝗区与兴修水利、农田基础设施建设和发展农、林、牧、渔等生产相结合，因地制宜地改造蝗区，大大的压缩了蝗区面积，减轻了蝗虫的发生程度，取得了很大成效。

利津县在现有蝗区培育林场，兴修水利工程、引黄河水灌溉放淤，并在宜林地及河、渠堤岸植树造林，种植紫穗槐、柽柳等灌木改造特殊环境，达到了减轻蝗害的目的。

（2）重视蝗情调查及预测预报，做到蝗情信息准确及时，明确专人负责蝗情上报，治蝗关键期实行24h值班，及时上报蝗情和防治情况。

（3）农作物病虫害兼防兼治，在对农作物、树木进行防治虫时同时也对东亚飞蝗进行兼治。

（4）加强生态控制。蓄水养苇、保护利用天敌、垦荒植棉、稻田开发等措施。

（5）注重生物防治。常用药剂：生物制剂有绿僵菌、1%苦参碱，化学制剂有马拉硫磷、氟虫氰等。

成武县蝗区概况

一、蝗区概况

成武县属菏泽市。位于山东省西南部，东临济宁金乡、单县，南与曹县，西与定陶接壤，北与巨野相交，面积998km²，南北长38km，东西宽41km，总面积998km²。县辖14镇（区、办），人口67万，耕地面积6.6万hm²，人均生产总值1.5万元。

二、蝗区分布及演变

现有蝗区560hm²，划分为1个蝗区，主要分布在九女镇智楼。蝗虫类型有东亚飞蝗、土蝗（瘤蝗、棉蝗、短额负蝗、笨蝗、黄胫小车蝗、中华剑角蝗）等。

九女镇智楼蝗区：地形低洼，黄淮海冲积平原。主要有道路、河流等。蝗区3级，属于暖温带季风气候，年降水600mm。天敌种类有虎甲、草间小黑蛛、豆芫菁、大蟾蜍、蚂蚁、青蛙，植被杂草有马唐、牛筋草、狗尾草、马齿苋等，土壤黏土，农作物有小麦、玉米等。

蝗区历史演变，采取开荒种田、植树造林、兴修水利等措施，至1988年底彻底改造2 356.4hm²，1989—2004年又改造1 083.6hm²。目前现有蝗区560hm²，坐落在九女镇智楼集南，东至南章集，西至郭庙（3.6km），南至韩胡庄，北至宋庄（4.2km）。在1988年出现了高密度蝗片，最高密度0.15头/m²。

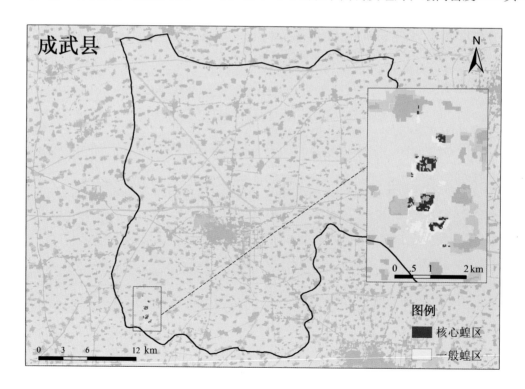

三、蝗虫发生情况

常年发生面积300hm²，防治面积260hm²。夏蝗出土始期在4月26日左右，出土盛期5月3—14日，3龄盛期5月23日至6月上旬，羽化盛期6月中旬，产卵盛期6月下旬至7月初。

四、治理对策

(1) 贯彻"改治并举"方针。

(2) 重视蝗情调查及预测预报。

(3) 农作物病虫害兼防兼治。

(4) 加强生态控制。

(5) 注重生物防治。

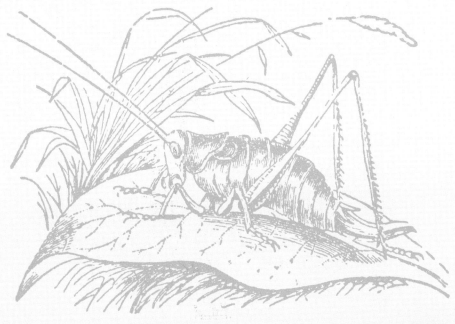

单县蝗区概况

一、基本情况

单县位于山东省西南部，地处苏、鲁、豫、皖四省八县交界处，东与江苏、东南与安徽、南与河南三省接壤。地理坐标为东经115°47′33″～116°24′12″，北纬34°33′14″～34°56′29″。南北长43.8km，东西宽56.6km，全境总面积1 702km²，耕地面积168.78万亩。全县辖22个乡镇（办事处），502个行政村，农业总户数27万户，总人口131.6万，其中农业人口103万，农业劳动力55.19万人。粮食种植面积常年稳定在200万亩左右，2016年小麦种植面积89万亩，玉米播种面积90万亩，蔬菜种植面积70万亩，是一个典型的农业大县。1996年，单县被中国特产之乡命名暨宣传活动组织委员会评定为"中国番茄之乡"；无公害产品、绿色食品认证达到14个，建成全国番茄标准化生产基地、芦笋标准化生产基地、山药标准化生产基地；建成农业科技示范区8个。自2008年以来，单县连续承担了山东省小麦、玉米、棉花高产创建项目。2009年被评为山东省粮食生产先进县，2010年被评为全国粮食生产先进县。2016年底，完成农业总产值42.4亿元，畜牧业总产值18.9亿元，渔业总产值1.119 4亿元，粮食产量达88.5万t，农民人均纯收入达12 390元，同比增长11.4%。

单县县、乡、村三级农技推广体系健全。县农业局农业技术推广机构主要有农业技术推广中心、农技站、植保站、土肥站、环保站、能源办、农广校、经济作物站、蔬菜办、果树站、经管站等。在职在编人员93人，其中高级职称人员22人，中级职称人员42人，初级职称人员29人。多年以来，先后承担并完成多项国家及省市大中型农业项目，特别是2005年以来持续实施了国家良种推广补贴项目、农业科技入户项目、2006年承担的小麦良种繁育基地项目、2008年以来承担的测土配方施肥项目、2008年承担的标准粮田项目、承担农业有害生物预警与控制区域站项目、现代农业项目、2010年承担的千亿斤粮食工程项目和农产品质量安全监测站项目及粮棉油高产创建项目。通过项目实施，沟、路、

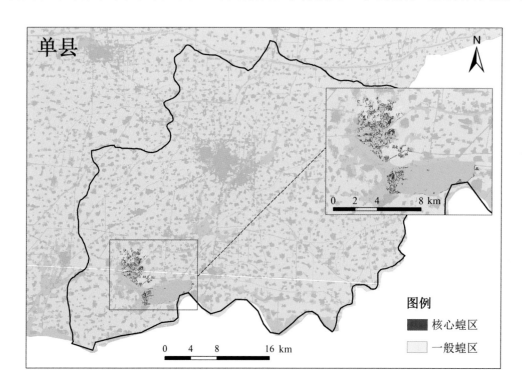

渠、机、电、井等农田基础设施配套完善，形成了纵横交错的农田道路网络和旱能浇涝能排的农田排灌网络，带动了粮食综合能力的提高，项目建设增加了农民收入，促进了地方经济的和谐健康发展，具有显著的经济效益、社会效益和生态效益。

二、蝗区分布及演变

现有蝗区876.2hm²，划分为1个蝗区，主要分布在单县浮岗镇，蝗虫类型主要以有土蝗为主。

土蝗区：地形主主要分布在黄河故道两岸。主要有道路、河流等。蝗区水文状况为河流分布，属于湿润气候，降水量为737.1mm。

涝对蝗虫的影响：涝灾后，库、洼积水，减少了蝗虫栖息和产卵场所，影响了蝗卵的孵化。水退后，杂草丛生，地面板结，适宜蝗虫取食、产卵，蝗虫随之迁入，涝后耕作粗放，对蝗卵破坏小，因此下年蝗虫一般发生较重。

旱对蝗虫发生的影响：干旱一般情况下蝗虫发生严重。由于干旱水位下降，洼地无积水，因而扩大了蝗虫取食产卵的场所。干旱气温高，能促使蝗蝻生长发育，蝗蝻生活率高，成虫繁殖能力强。

耕作对蝗虫发生的影响：土地经过耕翻能破坏蝗卵存活，抑制蝗虫的发生。耕翻深度达到27～30cm，蝗卵便能被深埋地下，幼蝻因而无法出土而死亡；被翻在土壤上层，表层的蝗卵，一部分能孵化出土，另一部分被天敌所食或干瘪而死。同时，耕翻使土壤疏松、不利于蝗虫产卵，抑制了蝗虫繁殖发生。

植被覆盖度对蝗虫发生的影响：植被对土蝗发生的影响与东亚飞蝗有所不同，植被覆盖度的大小对土蝗活动分布和产卵的影响不太大，在覆盖度80%以上仍可以查到蝗虫的卵和蝻。

土蝗的卵、蝻、成虫都有天敌。初步调查该县蝗虫天敌有青蛙、蟾蜍、蜘蛛、步甲、虎甲、胡卵蜂、鸟类、蚂蚁、线虫等。

三、蝗虫发生情况

由于历史上黄河多次改道，形成了适宜蝗虫滋生的自然环境，蝗虫成为了该县的大害虫。新中国成立后，治蝗工作取得了巨大成就，但由于蝗虫滋生的自然环境还没有得到彻底改造，加之气候条件适宜，近几年蝗虫发生呈加重趋势，常年发生面积90hm²，防治面积为30hm²。

夏蝗主要是以卵在土中越冬，正常年份越冬卵最早孵化在翌年4月下旬，孵化盛期在5月上中旬，羽化盛期在6月中下旬，产卵盛期在7月上中旬。

四、治理对策

针对该县土蝗常年发生较重的实际情况，贯彻"改治并举"的治蝗方针和狠治夏蝗抑制秋蝗的防治策略，组织治蝗专业机防队，重点挑治、点片消灭。大发生年份要及时调整，做好应急防治，控制蝗害。

蝗虫防治主要是依靠广大群众在防治农作物主要害虫时进行兼治，同时要精耕细作，加强田间管理和开展化学除草，来改变蝗虫的适生环境，恶化其食源，以控制蝗虫的发生与为害。

东明县蝗区概况

一、蝗区概况

东明县属菏泽市，位于山东省西南部，是黄河入鲁第一县，黄河境内流长67km，东临菏泽市牡丹区、曹县，南与河南兰考接壤，西、北与河南长垣、濮阳隔河相望。面积1 357.25km²，南北最长55km，东西最宽35km，土地总面积1 370km²。县辖10个镇、2个乡、2个街道办事处、1个经济技术开发区，406个行政村，耕地面积8.813万hm²，总人口81万，其中，农业人口68万。2016年粮食总产6.2亿kg，农业总产值51.36亿元，全县农村居民可支配收入9 560元。

二、蝗区分布与演变

本县原有蝗区面积43 407hm²，其中内涝蝗区13 367hm²，河泛蝗区30 040hm²。通过多年治理和改造，内涝蝗区已全部改造。现有蝗区7个，均是黄河冲积平原河泛蝗区，分布在黄河大堤以西的黄河滩区。1989年蝗区勘测面积27 134.7hm²，2004年勘测总面积30 770.6hm²。2004年以来，蝗区面积没有大的变动，分布在菜园集镇、沙窝镇、长兴集乡、焦元乡4个乡镇，菜园集、高村、张寨、沙窝、长兴、王店、焦元7个蝗区，其中张寨、长兴、王店3个为重点蝗区，其余4个为一般蝗区，面积分别为2 979hm²、2 894hm²、2 684.5hm²、1 677.1hm²、7 570.9hm²、1 990hm²、10 975.1hm²。蝗虫类型有东亚飞蝗、土蝗等，土蝗种类主要有中华稻蝗、斑角蔗蝗、负蝗、黄胫小车蝗、花尖翅蝗、大尖垫翅蝗、尖头蚱蜢、花胫绿纹蝗、日本黄脊蝗等。

蝗区的植被主要有小芦苇、茅草、狗尾草、蒿子、农作物，其面积分别为1 967hm²、2 847hm²、667hm²、833hm²、8 533hm²，分别占蝗区面积的8.4%、12.2%、2.9%、3.6%、36.69%，总的覆盖度为63.7%。

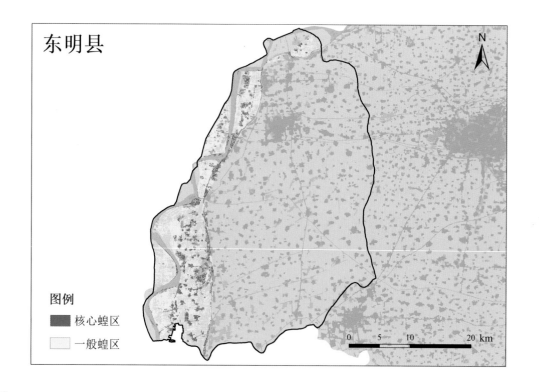

蝗区中的特殊环境面积4 860hm²，占蝗区面积的20.8%，其中道路215条、沟渠28条、堤坝186条、堰埂18条、农田夹荒52块，分别占蝗区面积的1.5%、3.8%、2.7%、0.4%和12.4%。蝗区土壤主要为黏土、壤土和沙土，其面积分别为11 733hm²、7 713hm²、4 020hm²，分别占蝗区面积的49.719%、33.06%和17.23%。蝗区内主要种植小麦、玉米、大豆、花生、西瓜，在特殊环境，以杂草、田菁为主。蝗区内小麦面积占作物种植面积的95%以上。

蝗虫的天敌有十几种，卵期有黑卵蜂、芜菁幼虫、长吻虻幼虫、红蚂蚁等；蝗蝻、成虫期捕食性天敌有蛙类、蜘蛛类、拟麻蝇、步甲、红蚂蚁、鸟类等，寄生性天敌有线虫等。特别是在多雨季节，蛙类和寄生性菌类对蝗虫有一定的控制作用。年降水量624.1mm，年平均气温为13.6℃，年平均地温15.7℃，年平均日照时数2 421.1h。据调查，蝗区蝗虫发生轻重，主要取决于黄河水的流量、漫滩幅度及退水时间早晚。黄河水流量大，漫滩幅度大，持续时间短，第二年夏蝗一般发生较重。黄河水量大，漫滩面积大，退水时间晚，水退后已错过了蝗虫迁入取食及产卵的时间，第二年夏蝗发生就轻。黄河水量小，又遇夏秋干旱则当年秋蝗发生重。如水量小的1979年、1983年、1984年、1985年、1986年，秋蝗都严重发生。

气候条件以干旱、水涝为主导因素，据资料分析，凡是当年或前年旱灾严重，飞蝗大发生概率就大；前一、二年水涝灾害严重，后一年或隔年蝗虫发生就严重，特别是旱、涝交替年份，即前一、二年为涝灾严重，后年接着出现旱灾，蝗虫发生就严重。

1998—2004年，总体蝗情发生重，7年均出现高密度蝗片，最高密度200头/m²，其中2003年由于河南省兰考县交界处生产堤决口致使河水漫滩，但是河水很快退去，以至于蝗区面积也没造成大的改变。2005年以前，经黄河小浪底对黄河进行4年的调水调沙，河床床位拉低。2005年至今，黄河基本平稳没有再出现河水漫滩，蝗区面积基本没大变动。

三、蝗虫发生情况

全县蝗区内常年发生蝗虫面积12 793hm²，常年防治面积5 780hm²。1980—1995年全县蝗虫发生面积19.658万hm²，其中夏蝗发生面积为9.5万hm²，秋蝗发生面积10.158万hm²，防治蝗虫面积9.20万hm²，其中夏蝗防治面积5.11万hm²，秋蝗防治面积4.09万hm²。2005年以来蝗区面积基本保持在3.08万hm²，夏蝗发生面积1.67万hm²左右，防治面积1.27万hm²左右，最高密度18.5头/m²。

夏蝗出土始期在4月28日左右，出土盛期在5月5—25日，3龄盛期5月26日至6月5日，羽化盛期6月18—24日，产卵盛期7月4—12日。

四、治理对策

（1）保护农田，稳定生产，精耕细作，扩大机耕面积。

（2）改善作物种植布局，扩大大豆、花生、田菁、甘薯、西瓜等作物的种植面积。

（3）对蝗区进行引黄淤灌，改变土质结构。

（4）大搞农田水利基本建设。

（5）植树造林，种植紫穗槐、绵柳等植物，提高植被覆盖度。

（6）保护利用自然天敌，实施生物防治。

（7）加强联防，团结治蝗。

（8）蝗虫发生重时进行化学防治：①注意防治药剂的选择；②施药器械和技术的改进。

巨野县蝗区概况

一、蝗区概况

巨野县，是山东省菏泽市下辖县。地处鲁西南大平原腹地，位于菏泽东部，因古有大野泽而得名。全县辖15个镇、2个街道办事处、1个省级经济开发区，人口101万，总面积1 308km²，耕地面积114.9万亩。

二、蝗区分布及演变

现有蝗区787.9hm²，划分为1个蝗区，主要分布在龙堌镇。蝗虫类型有东亚飞蝗、土蝗、中华稻蝗、日本蚱、长背蚱、黄胫小车蝗等。

龙堌蝗区：地形为煤炭塌陷区。蝗区内的植被主要以小麦—玉米为主，面积大约550hm²。杂草多生长在台田沟内和河沟两岸旁，多以芦苇为主，面积比较分散，其他杂草多为农田杂草，如猪泱泱、播娘蒿、车前草、狗尾草等。目测到的天敌有鸟类、蛙类和寄生蝇类。其他蝗虫多为土蝗，种类有中华稻蝗、日本蚱、长背蚱、黄胫小车蝗等。

巨野县现存的龙固蝗区，在新中国成立前，由于地势低洼，河流遇暴雨易漫堤，易涝易旱，农民耕种比较困难，因而荒地多且长满各类杂草，利于蝗虫的滋生和繁衍，遇到大旱之年，蝗虫往往大发生，易起飞成灾。而现在，经过几十年的治理，兴修水利，疏通河道，排灌配套，开垦荒地，耕地增多，生态环境不利于蝗虫的滋生，再加上蝗区群众对蝗害的认识充分，防治及时，蝗区面积逐年缩小，由以前的787hm²减小到现在的550hm²且危害逐年减轻。今后，蝗区改造仍要以改造荒地为主，变荒地为耕地或林地，防治要以专治和兼治相结合，保护和利用天敌，保护生态环境。

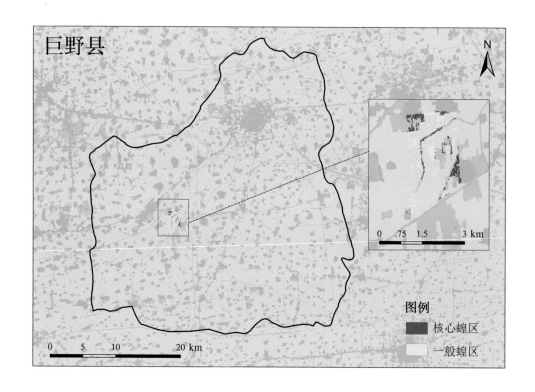

三、蝗虫发生情况

　　巨野县的蝗区地处北纬35°，蝗虫年生2代，越冬卵于4月底至5月上中旬孵化为蝗蝻，6月中旬羽化为成虫，7月上中旬进入产卵盛期。

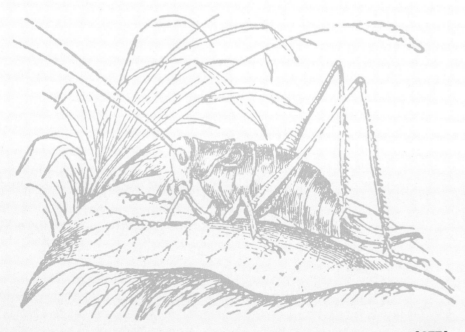

鄄城县蝗区概况

一、蝗区概况

鄄城县隶属菏泽市。位于山东省西南部，南邻中国牡丹城，东接孔孟之乡，西、北两面跨黄河与中原油田和河南省濮阳市毗邻，南北长37km，东西宽32km，总面积1 032km²，县辖2个街道13镇2乡，人口80.5万，耕地面积98万亩。人均生产总值2.3万元（2016年）。

二、蝗区分布演变

现有蝗区13 320hm²，划分为8个蝗区，主要分布在黄河沿线5个乡镇滩区和雷泽湖水库库区。蝗虫类型有东亚飞蝗、土蝗（中华稻蝗、负蝗）等。

蝗区类型主要有以下两类。

1.河滩高地　主要分布在黄河滩区，集中在临濮、董口、旧城、李进士堂、左营等5乡镇沿黄地区，由黄河涨水时携带泥沙漫滩沉积而成，土壤质地差异甚大，沙、壤、黏均有，呈微碱性分布规律，面积10 927.87hm²，约占全县蝗区面积的82%。部分地段由于河床滚动，几乎每年都有新出嫩滩形成，翌年便长出芦苇等杂草，这种地貌如果长期得不到有效治理，很容易形成新发重点蝗区。

2.河槽洼地　主要是黄河决口时遗留下来的旧河道，较大的是临濮沙河和箕山河河道，受盐碱化威胁较大，有大小不同程度的盐斑，河槽多为荒地和芦苇地，面积2 392.13hm²，约占全县蝗区面积的18%。近年来由于加强河道治理，兴修水利，蝗虫适生环境不断恶化，适生面积有逐年减小的趋势。

三、蝗区植被信息

全县蝗区面积13 320hm²，嫩滩植被主要有芦苇、虎尾草、莎草、狗尾草、蒲草、茅根和蓼等杂

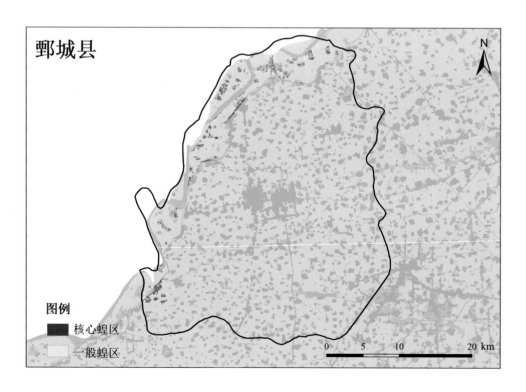

草；嫩滩植被复杂，人迹罕至，调查困难，易引起蝗虫爆发，需加强监控。生产堤两侧及沟渠路沿主要分布有茅根和狗牙根等杂草；是蝗虫栖息繁殖适宜区域，应集中治理。老滩主要被农作物（小麦、大豆、花生及莲藕等）、树林覆盖；老滩农作物防治及时，蝗虫密度较小，一般年份不会形成危害。

四、蝗虫发生情况

全县东亚飞蝗常年发生面积13 333hm²，防治面积11 333hm²。其中夏蝗发生面积8 000hm²，防治面积6 000hm²，一般年份夏蝗发生程度3级，秋蝗2级。董口、李进士堂等核心蝗区发生稍重，夏蝗密度0.5～1头/m²，每年都有高密度蝗片出现，最高密度15头/m²以上。一般蝗区夏蝗密度0.2～0.4头/m²。秋蝗常年发生面积5 333hm²，平均密度0.35头/m²，最高密度达到10头/m²左右。

夏蝗出土始期为4月29日至5月1日，出土盛期为5月8—18日，3龄盛期为5月30日至6月10日，羽化盛期6月15—21日，产卵盛期7月上旬末。

秋蝗出土始期7月5日左右，出土盛期为7月14—21日。

五、治理对策

为了更好地监控蝗虫动态，控制蝗虫危害，采取前期定点挖卵调查和发生期大面积普查相结合的办法，并发动查蝗员及滩区群众监视上报蝗情，为科学制定防控策略打下基础。

1. 生态控制　近几年，由于一些滩区生态措施的实施，使得鄄城县蝗区高密度地块面积逐年缩小。如加大水利建设，开垦滩区荒地，引黄灌溉，淤被盐碱，种植速生林，并发展林下养殖，改造滩涂洼地，种植莲藕等，滩区耕地有意识种植油菜、大豆、花生、西瓜、棉花等蝗虫不喜食作物，这些措施大大改善了滩区环境生态，抑制了飞蝗的发生。

2. 生物防治　黄河大堤、生产堤两侧大都绿树成荫，植被良好，同时滩区坑塘较多，环境气候条件特别适合鸟类、蛙类及各种昆虫天敌生存繁衍，为蝗虫的生物控制打下了良好基础。近几年生物农药的广泛应用，对保护环境和有益生物起到了良好的作用。

3. 化学防治　部分滩区因地势低洼，土地没能及时耕种的少数荒地长满杂草，适宜飞蝗集中发生，这种环境虽然面积较小，但各蝗区均普遍存在。每年在夏蝗和秋蝗防治适期，动用专业化防治组织使用大型机械、植保无人机等在黄河滩区对高密度蝗片进行集中防治，有效控制了这些区域蝗虫的发生。今年夏蝗防治，则利用大型有人驾驶飞机对蝗区内发生较重的区域进行喷药（苦藤素）统一防治，防治面积2.5万亩，通过防治达到了蝗虫"不起飞，不成灾"的目的。

牡丹区蝗区概况

一、蝗区概况

牡丹区属菏泽市，位于山东省西南部，东临巨野，南邻定陶，西与东明县接壤，北邻河南省濮阳市和山东鄄城县，南北长50km，东西宽35km，总面积1 450km²。区辖7个街道12个镇，总人口107.66万人，耕地面积7.448万hm²，年生产总值338亿元，城、乡居民可支配收入分别为24 098元、10 899元。

二、蝗区分布及演变

现有1个蝗区，面积2 955.92hm²，分布在李村黄河滩区。蝗虫类型有东亚飞蝗、花胫绿纹蝗、长额负蝗、短额负蝗、菱蝗、黄胫小车蝗、中华剑角蝗、红胫小车蝗、大垫尖翅蝗等。

蝗区地形属于平原。属于温带季风型大陆性气候，降水主要分布在6—9月，占全年降水量的70%，年降水量650mm。现有蝗区的土质为黏土146hm²，沙土588hm²，壤土733hm²，各占蝗区面积的10%、40%和50%。蝗区中的特殊环境面积448hm²，占蝗区面积的30.5%。蝗区植被芦苇占14%，茅草占15%，柽柳占13%，蒿子占15%，农作物占10%，其总体植被覆盖度为67%。蝗区主要种植小麦、大豆、花生、西瓜等作物，春季小麦种植面积占作物种植面积的98%以上；秋季主要种植大豆、西瓜、花生，其中大豆种植面积占作物播种面积的75%以上。蝗虫天敌主要有十几种，其作用明显的有：卵期有黑卵蜂、芫菁幼虫、长吻虻幼虫、红蚂蚁等；蛹、成虫期的主要捕食性天敌有蛙类、蜘蛛类、拟麻蝇、步甲、红蚂蚁、鸟类等。影响蝗虫暴发的因子主要是黄河水流量。黄河水流量大，漫滩幅度大，持续时间短，则第二年夏蝗重。其主要原因为，河水漫滩后，持续时间短，退水后荒滩面积扩大，蝗虫大量从高滩和滩外地迁入取食产卵，而且由于漫滩土地的耕地面积大量减少，使得蝗

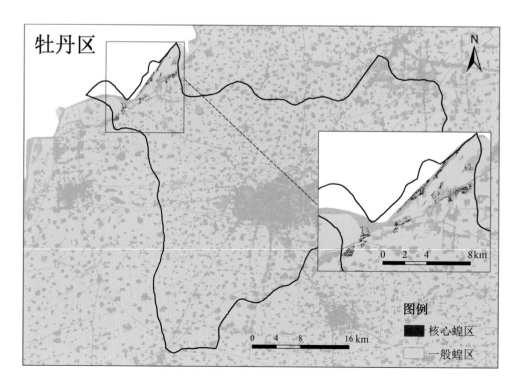

卵的破坏率降低，第二年就发生重。黄河水量大，漫滩幅度大，且退水时间晚，第二年蝗虫发生轻。其原因为，由于退水时间晚，蝗虫不能或很少迁入取食产卵，并且退水后土壤含水量过高，不利于蝗卵的发育，因此，第二年的蝗虫发生就相对减轻。黄河水量小，夏、秋季连续干旱，则当年蝗虫发生重。其原因是黄河水量小，出现大面积的嫩滩，耕作条件跟不上，又夏秋季连续干旱，有利于蝗虫的发育，则当年蝗虫发生重。

自1990年以来，总体蝗情较轻，在2002年出现了高密度蝗片，最高密度0.91头/m^2。

三、蝗虫发生情况

东亚飞蝗在牡丹区每年发生2代，一般年份夏蝗高于秋蝗，常年发生面积1 467hm²，防治面积1 236hm²。常年发生不均匀，有高密度蝗片。

夏蝗出土始期在4月下旬至5月上旬，出土盛期5月中下旬，3龄盛期5月下旬至6月上旬，羽化盛期6月中下旬，产卵盛期7月上中旬。

四、治理对策

1. 重视蝗情调查及预测预报　全面掌握蝗虫发生动态，了解蝗虫发生趋势，是制定蝗虫防治措施的基础。蝗虫的发生为害随着外界环境和气象条件而变化，所以，每年的蝗虫发生程度都不一样，这就要求农业技术人员深入蝗区，进行系统调查，把调查的数据和有关情况加以归纳整理，进行科学分析，预测未来蝗虫发生程度及防治适期，及时制定防治措施。

2. 农作物病虫害兼防兼治　在农作物防治过程中，使用的高效氯氰菊酯、辛硫磷、马拉硫磷、联苯菊酯等药剂，可以兼治蝗虫。

3. 加强生态控制　因蝗虫喜欢把卵产于向阳高岗地，可以提高植树造林密度，减少蝗虫的产卵地；把低洼地改造成鱼塘，恶化蝗虫生存环境，减少蝗虫生存地；多种植大豆、花生、棉花、甘薯等蝗虫不喜欢取食双子叶植物，减少蝗虫的植物源。疏浚河道，开挖排水沟渠，做到排灌结合，从根本上改善水利状况，减少旱涝灾害，减轻蝗虫发生程度。

4. 注重生物防治　生物防治是防治蝗虫的一项重要措施，可有效减轻化学农药防治的污染。目前采用的主要有三种：①保护和利用当地蝗虫的天敌控制蝗虫。包括青蛙、蜥蜴、鸟类、蚂蚁、步甲等，保护和利用好这些的蝗虫天敌，对于控制蝗虫有重要作用。②采用生物农药防治蝗虫。目前用于防治蝗虫的生物农药有蝗虫微孢子虫、绿僵菌和印楝素。蝗虫微孢子虫是蝗虫专性的、只有单个细胞的原生动物。蝗虫取食了有微孢子虫的食物后，就可以引起蝗虫得微孢子虫病。绿僵菌是蝗虫的病原真菌。蝗虫接触了该真菌后，真菌就可穿透蝗虫的皮肤（体壁），进入到蝗虫的体内繁殖，或是产生的毒素，或是菌丝长满蝗虫体内使蝗虫死亡。印楝素是从一种叫做印楝的树中提取的一种物质，属于植物源杀虫剂。③牧鸡和牧鸭防治蝗虫。牧鸡、牧鸭治蝗就是养鸡、养鸭来吃蝗虫，达到消灭蝗虫的目的。

5. 药剂防治　所用药剂：生物制剂有蝗虫微孢子虫、绿僵菌和印楝素，化学药剂有马拉硫磷、高效氯氰菊酯。

郓城县蝗区概况

一、蝗区概况

郓城县位于山东省西南部，北靠黄河，西邻鄄城县，南靠巨野、菏泽市，东邻梁山县，为黄河冲积平原。全境南北最长约44.39km，东西最宽约35.71km，总面积1 643km²。县辖22个乡镇街道，1个省级开发区，人口127万，有耕地面积10.653万hm²，2016年全县人均可支配收入城镇居民22 703元，农民11 025元。

二、蝗区分布及演变

原有蝗区面积1.96万hm²，经过近几十年的治理和改造，现有蝗区面积0.34万hm²。其中大苏蝗区984hm²，李集西滩蝗区144.4hm²，李集北滩蝗区972hm²，分布在张鲁集、李集、黄集3个乡镇36个自然村。蝗虫类型有东亚飞蝗和中华稻蝗、中华剑角蝗、短额负蝗、黄胫小车蝗、笨蝗等土蝗。

蝗区生态特点：现有河泛蝗区的土质主要有黏土、壤土和沙土。其中黏土383hm²，壤土1 599hm²，沙土1 444hm²，分别占现有蝗区面积的10.5%、47%、42.5%。蝗区中现有特殊环境1 561hm²，占蝗区面积的46%，其中道路31条，沟渠11条，堤坝5条，堰埂3条，农田夹荒40块。

现有蝗区植被情况：小芦苇占蝗区面积的18.6%，茅草占17.1%，水稗草占15.2%，狗尾草占4.3%，农田占11.5%，其总体植被覆盖度为66.7%。蝗区内主要种植小麦、玉米、大豆、花生、棉花、西瓜、田菁等作物。春季，小麦种植面积占作物面积的93%以上。而秋季作物，以玉米、大豆、花生为主，占作物种植面积的90%以上，其次为西瓜、山药等经济作物。

80年代以来，为了搞好农业生产，在蝗区内大搞农田水利基本建设，减轻了蝗虫的发生和危害。但90年代末出现一个发生高峰期，1998—2002年连续5年东亚飞蝗发生明显偏重，平均密度1.2～2.4

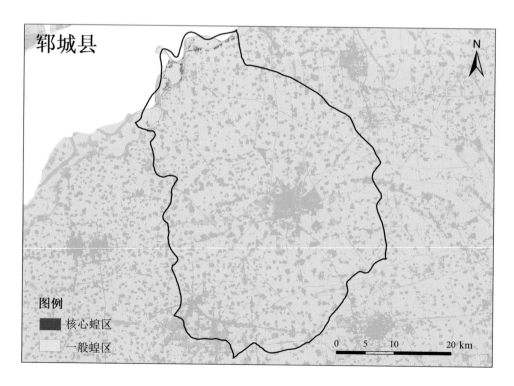

头/m²，最高密度128头/m²以上。

蝗虫天敌：卵期有黑卵蜂、芫菁幼虫、长吻虻幼虫、红蚂蚁等；蛹、成虫期主要有蛙类、捕食性蜘蛛、拟麻蝇、步甲、红蚂蚁、线虫、鸟类等。

影响蝗虫暴发的关键因子：①黄河水的流量。黄河水的流量大小，造成的漫滩幅度，退水时间的早晚，以及退水后的耕作情况，是黄河滩蝗区飞蝗发生轻重的主导因素。一般地，秋季黄河水量大，漫滩幅度大，退水时间早，水退后贴茬小麦多或荒地面积大，且秋残蝗密度稍高，则第二年夏蝗发生重；反之，则轻。当黄河水小，且夏秋连续干旱，则当年秋蝗重于夏蝗。②旱、涝情况。旱、涝对飞蝗的发生影响较大，特别是内涝蝗区，如旱、涝相间出现，飞蝗多发生重。③耕作制度。冬春耕翻能防止或控制飞蝗的发生。

三、蝗虫发生情况

1980—2016年全县东亚飞蝗发生面积215 377hm²，其中夏蝗发生138 140hm²，秋蝗发生77 237hm²，防治面积121 790hm²，其中防治夏蝗78 727hm²，防治秋蝗43 063hm²。

根据多年观察，夏蝗最早从4月底开始孵化出土，一般在5月上旬，出土盛期为5月中旬，羽化盛期是6月中旬，产卵盛期在6月下旬末。秋蝗出土往往不整齐，一般于7月上旬孵化出土，孵化盛期在7月中旬末。羽化盛期在8月中旬，产卵盛期多在9月中下旬，以卵越冬。

由于黄河不能得到彻底治理，河床频繁滚动，黄河水不断漫滩，常出现部分嫩滩和荒地，造成黄河滩区蝗虫的经常发生。

四、治理对策

①继续贯彻执行"依靠群众，勤俭治蝗，改治并举，根除蝗害"的治蝗方针；②重视蝗情监测，固定蝗情监测员定时深入主要蝗区，加强监测工作；③搞好蝗虫的生态控制，加强农田基本建设，搞好水利设施的建设，扩大机耕面积，改善种植结构，扩大大豆、花生、棉花、西瓜、田菁的种植面积；④加强生物防治，有目的地在滩区多种植开花植物，利于中华雏蜂虻、芫青等天敌取食花蜜或花，补充食物，提高天敌的数量，控制蝗虫，大力推广蝗虫微孢子虫等生物农药防治蝗虫，保护天敌和环境。

长清区蝗区概况

一、蝗区概况

长清区位于山东省西部，省会济南西南，黄河下游东岸，泰山西北麓。地处北纬36°14′37″～36°41′50″，东经116°30′38″～117°4′14″。北邻济南市槐荫区，东北接济南市市中区，东临济南市历城区，东南与泰安市岱岳区相连，南与肥城市为邻，西南与平阴县接壤，西与西北濒黄河，隔河与聊城市东阿县和德州市齐河县相望。长清区境自北向南横向逐渐加宽，呈三角形。东西最宽28km，南北最长50.3km，总面积1 178.08km²。2017年，全区辖7个街道、3个镇，34个居民委员会，5 900个村民委员会，16.35万户，57.06万人，人口密度484.42人/km²。除汉族外，有少数民族33个，人口6 021人，占总人口的1.06%。全区耕地面积4.59万hm²。

二、蝗区分布及演变

1.蝗区分布　长清区现有蝗区3 200hm²，划分为5个蝗区，主要分布在孝里、归德、文昌办、崮云湖办、平安办5个街镇。蝗虫种类主要有东亚飞蝗、中华剑角蝗、笨蝗、大垫尖翅蝗、负蝗等。

长清区地形主要有丘陵山地、山前平原和黄河洼区。主要有104省道，104、220国道。河流有黄河、南大沙河、北大沙河、玉符河和清水沟。气候属暖温带半湿润大陆性季风气候，四季分明。降水量季节变化和年际变化较大。夏季降水量最多，约占全年降水量的66%以上，冬季降水量最少，只占全年降水量的3%左右，春秋二季为冬夏过渡期，降水明显减少，分别为年降水量的15%和16%左右。天敌有麻雀、蛙类、燕子、蜘蛛等。杂草种类有茅草、小芦苇、狗尾草、马唐、牛筋草、蒿子。土壤质地主要为黏土、壤土和沙壤土，土壤含盐量在0.2%以下。主要种植小麦、玉米、谷子、甘薯等作物。

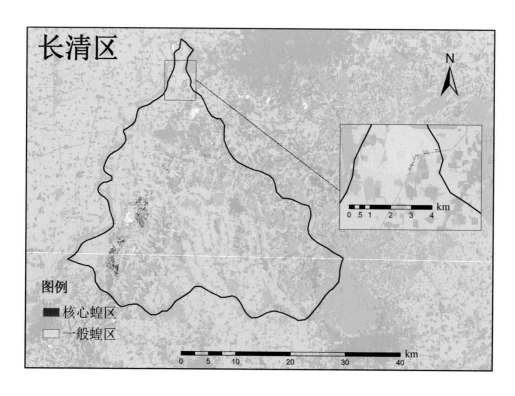

2.蝗区的演变　历史上我区沿黄的平安、文昌、归德、孝里均为蝗区，新中国成立初期总面积1.5万hm²左右，常年夏秋蝗发生面积1万多hm²，新中国成立以来采取了"改治并举"的综合防治措施，改造面积10万多亩，文昌、归德两街镇基本不存在飞蝗适生场所。1989年全区蝗区面积为3 133hm²，常发面积2 456.7hm²，监视区面积681.3hm²，分别分布在孝里镇和平安街道办。

1998年长清区夏蝗大发生，主要分布在孝里、归德、文昌办、崮云湖、平安5个乡镇，自1998年以来每年都有不同程度的发生，其中发生重的主要是孝里镇和崮云湖街道办蝗区，根据这几年长清区东亚飞蝗发生的实际情况，经过勘察，现在全区蝗区面积为3 200hm²，其中孝里镇蝗区面积746.67hm²，归德镇蝗区746.67hm²，文昌街道办蝗区面积426.67hm²，崮山湖街道办蝗区213.33hm²，平安街道办蝗区面积1 066.67hm²，除孝里镇和平安街道办蝗区为老蝗区外，其余均为新蝗区。新蝗区的共同特点是均为山区丘陵旱薄地，农田耕作粗放，大部分无水浇条件，荒坡地面积大、杂草多，蝗虫食料充足，加上天敌数量少，很适合蝗虫产卵及发生为害，这是蝗虫向山区丘陵地发展的主要原因。分别在1987年、1998年出现了高密度蝗片，1987年植保站在孝里镇东障村、孝里洼调查平均5头/米²，最高30头/米²，1998年，孝里镇东障村、孝里洼、崮山镇炒米店村、范庄村调查，最高30头/米²。

三、蝗虫发生情况

1990—1997年，我区蝗虫主要发生在孝里镇蝗区，夏蝗常年发生面积0.213万hm²，防治面积0.213万hm²，秋蝗发生面积0.162万hm²，防治面积0.162万hm²。核心蝗区面积1 266.67hm²，常年发生，主要分布在平安街道的娘娘店村以及济西湿地，归德的永平、东赵村，孝里的岚峪、马岭村。一般蝗区面积1 933.33hm²，主要分布在文昌街道的潘庄、荆庄、南李、水泉村，崮云湖的炒米店、范庄村，平安街道的前王、后王、红庙、小庞庄等村，归德的前胡、南赵、村，孝里的凤凰、石岗等村。自1998年我区夏蝗大发生以来，在孝里、归德、文昌、崮云湖及平安五街镇，蝗虫每年都有不同程度的发生。常年发生面积3 200hm²左右，防治面积3 200hm²。

夏蝗出土始期在5月10日左右，出土盛期5月20日左右，3龄盛期5月30日左右，羽化盛期6月20日左右，产卵盛期7月10日左右。

四、治理对策

（1）坚持"改治并举，控制蝗害"原则，根据我区蝗虫密度高低和蝗区生态环境状况，综合运用生态控制、生物防治和化学防治技术对蝗虫进行防治，优先采用生态控制、生物防治等绿色治蝗技术，必要时采用化学防治，保护蝗区环境和非靶标生物的安全，达到可持续控制蝗害的目的。

（2）重视蝗情调查及预测预报，要结合我区蝗虫实际情况，重点做好蝗虫监测，分析蝗虫情发生趋势，密切注意发生发展动态，及时做好各项防治准备工作，积极采取有效措施，防止蝗虫扩散蔓延，最大限度减轻蝗虫危害损失。

（3）生态控制技术。我区蝗区类型主要有两类，采取分类生态控制技术。

①丘陵山地蝗区。采取精耕细作方式，减少农田夹荒地，加强农业综合开发，改造后蝗区可种植果树、玉米、小麦、大豆、蔬菜等作物，压缩蝗虫滋生地，抑制蝗虫种群的发展。

②河泛蝗区。根据生态特点，采取精耕细作，提高复种指数，植树种草、改造适生环境。在不影响行洪排涝的前提下，通过营造防护林，种植紫穗槐、冬枣、白蜡条、牧草等，增加植被覆盖度，形成不利于蝗虫产卵的生存环境。对地势低洼蝗区，通过稳定水域开发利用方式，开挖排水沟渠、养鱼、种莲、养苇等，使生态环境逐步实现良性循环，减轻蝗虫发生程度。

（4）生物防治技术。在中低密度发生区、湖库水源区和自然保护区，可使用绿僵菌、微孢子虫、苦参碱、印楝素等微生物制剂或植物源农药防治蝗虫。

平阴县蝗区概况

一、蝗区概况

平阴县属济南市，位于山东省西南部，东临肥城，南与东平，西与东阿县隔黄河相望，北与长青相交，南北长50km，东西宽37km，总面积827km²。县辖2街道6镇，37万人，耕地面积3.34万hm²，人均生产总值6.07万元。

二、蝗区分布及演变

1. 平阴蝗区总体情况　现有蝗区5 808.2hm²，划分为6个蝗区，主要分布在东阿、玫瑰、锦水、榆山、安城5街镇的河泛区和内涝区。蝗虫类型有东亚飞蝗、土蝗、大垫尖翅蝗、黄胫小车蝗等。

2. 平阴蝗区自然环境　平阴蝗区地处泰山山脉西延余脉与鲁西平原的过渡地带，地势南高北低，中部隆起，属浅切割构造剥蚀低山丘陵区。区内山峦岗埠绵延起伏，纵横交错，遍布平阴县大部分地区。平阴县山地丘陵面积515.16km²，占总面积的62.3%。境内除沿黄地区与东部汇河流域为冲洪积平原和局部洼地外，其余皆为低山丘陵区。海拔高程一般在100～250m，最高点大寨山海拔494.8m，最低点城西洼海拔35.5m，形成了本县以丘陵台地为主，平原、洼地为辅的地形分布特征。国道105、220线和济（南）荷（泽）高速公路纵贯南北，平阴黄河大桥和境内的5座浮桥横跨黄河两岸，交通便利，四通八达。过境河有黄河、汇河，境内河流主要有浪溪河、玉带河、龙柳河、锦水河、安滦河等。以县城东南分水岭为界，形成黄河、汇河两大水系，县境西部、北部的水流入黄河，东南部的水流入汇河。黄河从东阿镇的姜沟村入县境，流经东阿、玫瑰、锦水、榆山、安城5个乡镇，在安城乡的王营村出境。境内长40.5km，流域面积589km²；汇河古名坎河，《水经注》称之"泜水"，是大汶河干流上最大支流。主流发源于肥城市湖屯镇北部的陶山，在孔村镇陈屯村东入境，流经孔村、孝直两个乡

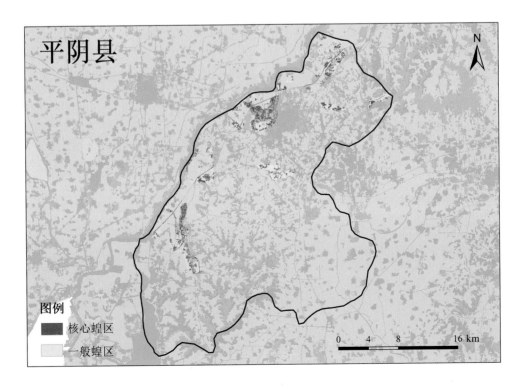

平阴县

图例
核心蝗区
一般蝗区

0　　4　　8　　16 km

镇,在孝直镇展小庄村南进入东平县,在东平县的戴村坝入大汶河,境内长11.3km;浪溪河发源于洪范池镇的南部山区,上游由三条较大的自然冲沟(溪、泉)形成,其中一条发源于南天观西侧的刘庄村一带,一条发源于南天观东侧,两条冲沟纳扈泉之水在张海村东汇流而下,又纳东流(书院)泉及龙池(洪范池)泉之水,向北至纸坊村,又与发源于大寨山东侧的另一条自然冲沟之水汇流,形成浪溪河,故有三泉汇为浪溪之说。从纸坊村向北,经东阿镇,在东阿镇大河口村入黄河;玉带河发源于孔村镇西南部山区,蜿蜒向北,流经玫瑰镇,在外山村入黄河,全长27.5km。蝗区水文状况:平阴县属暖温带大陆性半湿润季风气候,四季分明,光照充足,降水集中,多春旱,春季升温快,夏季来得早,夏初常有干热风。四季总的气候特征是:春季干燥多风,夏季高温多雨,秋季天高气爽,冬季寒冷少雪。一年当中秋季气候最宜人。自然灾害主要有旱、涝、冰雹、龙卷风等,造成损失最大的是旱灾。新中国成立50多年来,全县发生大干旱10次,严重干旱26次,一般性区域干旱年年发生。"旱灾一大片,涝灾两条线(沿黄、沿汇)"是平阴旱涝灾害的显著特点。日照时数累年平均为2 371.2h,日照率为53%。年平均气温13.6℃,无霜期204天,年平均降水量640mm。天敌种类有蛙和鸟两大类,尤其是蛙类,与蝗虫生活在同一类型的生态环境中,是蝗虫最主要的天敌,除此之外蜥蜴、蜘蛛、螳螂等动物也捕杀蝗虫。平阴县属暖温带落叶阔叶林区,由于人为活动影响,现有自然植被具有明显的次生性质。全县自然植物资源有126科、185属、368种,其中木本植物资源为52科、74属、132种及变种。防护林多分布于丘陵山地,多为侧柏纯林,少部分为刺槐、侧柏混交林;用材林和道路植树多为速生杨;经济林以苹果、葡萄、玫瑰花和干杂果为主;其他如泡桐、香椿、臭椿多为四旁植树。野生草本植物有黄草、荩草、白草、茅草、马唐草、狗尾草、香附草、红蓼、稗草、车前、苦荬菜、地柏等。水生植物主要有芦苇、蒲草、莲藕、菱角、芜萍、轮叶黑藻等。土壤主要分为3个土类、7个亚类。褐土类:有褐土性土、褐土、潮褐土3个亚类,面积60 920hm²,占平阴县土地总面积的73.66%。潮土类:有褐土化潮土、潮土和盐化潮土3个亚类,面积7 980hm²,占平阴县土地总面积的9.65%,主要分布在沿黄冲击平原地带。砂浆黑土:即砂浆黑土1个亚类,面积866.7hm²,占平阴县土地总面

积的1.05%，主要分布在孝直镇的东部和店子乡西部的沿汇河两岸的扇间洼地上。农作物：果树有苹果、梨、杏、桃、樱桃、枣、李、葡萄、柿和山楂等；种植的谷物有水稻、小麦、玉米、高粱、甘薯、大豆、绿豆、谷子和花生等。蔬菜有马铃薯、白菜、萝卜、菠菜、韭菜、茄子、辣椒、番茄等30多个品种。

3. 蝗区历史演变　平阴蝗区1996年前可分为旧县、东阿、平阴、栾湾4个蝗区，总面积2 909hm²。1996年旧县经山东省人民政府批准划归东平后，平阴蝗区可分东阿、平阴、栾湾3个蝗区，总面积1 968hm²。因内涝、干旱、沟渠溃堤等原因，自1997年开始发生变重，在1998年出现了高密度蝗片，最高密度9.8头/m²。2011年根据上级安排对蝗区进行重新勘察和划分，平阴县蝗区分为平阴、东阿、刁山坡、栾湾、玫瑰、安城分别编为1、2、3、4、5、6号蝗区，总面积5 808.2hm²，为两种类型，河泛蝗区（平阴、东阿、刁山坡、栾湾）和内涝蝗区（玫瑰、安城），发生级别为两种，一般蝗区（平阴、东阿、刁山坡、栾湾）和监视蝗区（玫瑰、安城）。自2014年来蝗虫发生转轻，所有蝗区都变成监视蝗区。

三、蝗虫发生情况

常年发生面积6 000hm²，防治面积6 000hm²。近年发生面积3 400hm²，防治面积3 400hm²。夏蝗出土始期在5月8日左右，出土盛期5月20日，3龄盛期6月10日，羽化盛期6月27日，产卵盛期7月10日。

四、治理对策

1. 继续贯彻"改治并举"的治蝗方针是治蝗的根本　就目前平阴蝗区而言，分为河泛和内涝两种类型，内涝蝗区和河泛蝗区主要是做好水的文章，通过近几年的治理效果看，防治蝗虫"改"是要因地制宜地改造蝗区面貌，以最大限度消灭蝗虫繁殖的环境条件；"治"是蝗虫发生期利用各种措施及时扑灭，以防止危害。现在老蝗区的部分治理面积已基本达到根治蝗虫的目的，应该说"改"是治蝗根本，"治"仅是维持或减轻危害程度的手段，治蝗的重点应放在蝗区综合改造上。

自1995年以来，平阴蝗区治理重点是沿黄4个河泛蝗区，有3次较大的治理活动。第一次主要集中在1995—1997年，主要是结合黄淮海平原综合开发。平阴县栾湾、平阴、东阿、刁山坡部分蝗区被列入开发范围内，由国家投入资金改造，主要措施是打井修排灌设施（低压管道），改良土壤，建立林网防护带，种植果园等。改造区内林成网，地成方，路硬化。蝗区改造成本较高，一般在每公顷5 000元以上，但生态控制效果好，改造区蝗虫密度一般低于0.09头/m²，经济效益明显。第二次主要是自2002年以来，结合南水北调工程，对济平干渠、浪溪河流进行了综合治理。平阴县部分蝗区在两个流域治理范围内，主要措施是清淤、拓宽河道、河（渠）两岸建立标准的基本农田，修路建林，由国家直接投资，县政府组织实施，投资大（7 000元/hm²），标准高，目前整个治理取得良好效果。第三次自2011年到2016年，实施的国家千亿斤粮食项目，东阿、玫瑰、榆山、锦水、安城大部分蝗区被列入项目范围内，由国家投入资金改造，主要措施是打井修排灌设施（低压管道），建立林网防护带，修建道路等。改造区内林成网，地成方，路硬化。共改造5 060余hm²，总投资5 100余万元，生态控制效果好，改造区蝗虫没有再发生，经济效益明显。

2. 重视蝗情调查及预测预报　平阴县蝗区分散，地形复杂，改造虽然为根本措施，但不能立即奏效，所以必须贯彻"预防为主"的植保方针，继续坚持"三查一定"的方式治蝗，将蝗虫消灭在幼龄阶段，才能受到事半功倍的效果，平阴县长期以来治蝗工作抓了这一点，取得了好的效果。

3. 同农作物病虫害共同防治，兼防兼治　目前，平阴蝗区蝗虫发生程度不是很高，农作物病虫害常年较重，单独防治蝗虫很容易同农作物病虫害防治相重叠，蝗虫又不得不防，同农作物病虫害共同防治，兼防兼治可以很好解决这一矛盾，降低防治使用农药对环境的污染。

4. 蝗区改治应做好行政推动及重点农业开发项目结合的文章　一是在目前土地承包的体制下，农民生产生活方式各有不同，农村劳动力分散，而治蝗又是一种集体行为，离开了行政推动，改、治都不能顺利进行，应继续坚持行政领导和业务技术相结合的双重领导班子，使蝗区治理和蝗虫防治顺利开展。二是在目前各种经费相对紧张，治蝗经费严重不足的情况下，蝗区治理要做好与各种农业开发项目相结合的文章，把蝗区治理的农业开发有机结合起来，最大限度地把蝗区治理列入开发项目范围内，平阴县11年来通过国家千亿斤粮食项目进行的治理覆盖了全县蝗区面积的85%以上。

济宁市蝗区概况

一、蝗区概况

济宁素以"孔孟之乡、运河之都、文化济宁"著称，是中华文明的重要发祥地和儒家文化发源地，地处鲁西南、苏鲁豫皖四省结合部，辖兖州、曲阜、邹城、微山、梁山等11个县市区和济宁国家高新区、太白湖生态新区、济宁经济技术开发区，总人口850万，总面积1.1万km²，其中农业人口579万，耕地917万亩。济宁是国家重要的商品粮基地，常年种植粮食作物1100万亩左右，总产500万t，分别占全省粮食播种面积和总产的1/10以上。瓜菜面积300万亩，总产760万t，其中设施瓜菜面积达到65万亩。2013年全市完成农林牧渔业增加值419亿元，农民人均纯收入11 348元，成为济宁经济社会持续稳定发展的突出亮点。

境内有南四湖(南阳湖、独山湖、昭阳湖、微山湖)、北四湖(马踏湖、南旺湖、蜀山湖、马场湖)及内涝洼地，黄河在我市的梁山县境内通过，形成了滨湖、内涝、河泛区等多种复杂类型的蝗区。

二、蝗区分布及生态

济宁市蝗区为三种类型，即滨湖、内涝、河泛区。现有东亚飞蝗面积87 287hm²，主要分布在南四湖、北四湖及黄河滩区。

湖区土壤分布由近而远为湖积土、黏土、沙壤土，以黏土为主，占89.25%；梁山县黄河滩区以沙壤土为主，占90%以上。蝗区主要分布在黏土区及黏土边缘的二合土地带，大部分二合土已被耕种多年，积水时间较长的黑淤土地在干旱年份适合飞蝗产卵，土壤含盐量均在0.2%以下，适合蝗虫的产卵和取食。蝗区植被是影响蝗虫发生的重要因素，也是蝗虫发生的重要生态条件。通过调查调查表明，蝗区内植被类群除栽培的小麦、玉米、大豆、绿豆、蔬菜、果树等植物外，野生植被有52科、209种。东亚飞蝗寄主植物有2科、43种。在蝗区植被群落中，以芦苇、马绊草、茅草、狗尾草、红蓼、枯江草的分布较广。其中芦苇面积占14.58%，马绊草占5.61%，茅草占4.94%，狗尾草占3.66%，红蓼占2.45%，枯江草占1.98%，农作物面积占44.64%，其他占22.15%；覆盖度一般年份在90%以上。

三、蝗虫发生情况

自20世纪90年代以来，由于农业机械化水平的提高，农田精耕细作面积不断扩大，使得蝗区得到了综合治理，蝗虫发生程度逐年降低，但很多自然因素不能人为控制情况下，东亚飞蝗暴发的隐患依然存在。

嘉祥县蝗区概况

一、蝗区概况

嘉祥县位于山东省西南部，京杭运河之西，济宁市辖县。地理坐标东经116°06′～116°29′，北纬35°11′～35°37′。东邻任城区，西与巨野县、郓城县接壤，南抵金乡县，北与梁山县、汶上县隔河相望。南北长47.5km，东西宽22km，总面积971.6km²，其中耕地920 249亩。辖嘉祥街道、梁宝寺镇、纸坊镇、卧龙山街道、马村镇、大张楼镇、金屯镇、孟姑集镇、黄垓乡、老僧堂镇、万张镇、仲山镇、满硐乡，共13个乡镇和街道，701个行政村。

嘉祥县地处鲁西南黄泛冲积平原，属暖温带季风区大陆性气候，春暖秋爽，夏热冬冷，降水集中，雨热同季，四季分明。年均气温13.9℃，年降水量701.8mm。≥0℃的积温为5 136℃，≥10℃的积温为4 644℃；全县日照较充足，年平均日照时数为2 405.2h，无霜期210.7天。

二、蝗区分布与生态演变

嘉祥县八十年代初有蝗区14 200hm²，分布在王固堆、纸坊梁宝寺、桐庄、红运、张楼6个乡镇。划分为3个蝗区，分布在金屯、大张楼、梁宝寺3个乡镇。分布在嘉祥县北部的有1号梁宝寺蝗区（原梁宝寺和桐庄），2号大张楼蝗区（原张楼和红运）；分布在县南部3号金屯蝗区（原王固堆）。90年代以来，嘉祥县蝗区面积逐渐减少，全面控制了蝗灾。特别是近几年，蝗区进行了大面积植树造林，生态环境得以改善，蝗虫滋生地大大减少。已改造蝗区5 400hm²，现有蝗区8 800hm²，基本上解除了蝗灾隐患。

蝗区的植物类群表现为典型的滨湖生态类型，自然植被主要为耐湿性类群、盐碱性类群和旱作农田类群。其中耐湿性类群为莎草、酸模、小芦苇、水蓼、红蓼、稗草、硬草等；盐碱性类群主要有碱

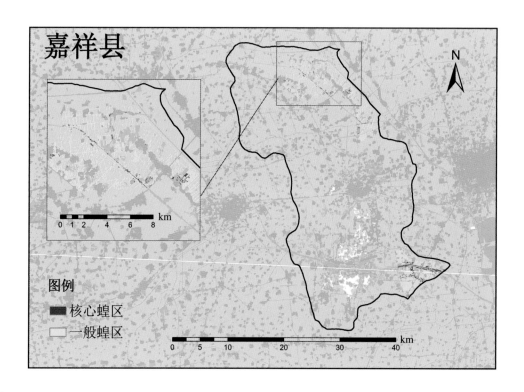

蓬、苦荬菜、茅草、藜等；旱作农田类群狗尾草、狗牙根、马唐、田旋花、刺儿菜、荠菜、苋菜等；其中农田占65%，水田占30%，其他占5%。

蝗区主要种植小麦、玉米、大豆和水稻等。蝗区全部为黏质土，由于地形复杂，动植物类群繁多，蝗虫天敌种类也很多，已知的东亚飞蝗天敌有10多种，捕食性鸟类有18种，如草鹭、游隼、灰喜鹊、乌鸦等以及鸡、鸭等家禽，蛙类有泽蛙、黑斑蛙、蟾蜍等。其他还有捕食性蜘蛛、步行虫、红蚂蚁等。寄生性天敌有线虫、寄生蝇、抱草瘟病菌等。这些天敌对蝗虫都有不同程度的控制作用。

三、蝗虫发生情况

1980—1995年16年间，全区发生夏秋蝗152 820hm²，其中夏蝗发生61 287hm²，秋蝗发生91 533hm²，防治夏秋蝗114 627hm²（含兼治面积），其中夏蝗防治32 693hm²，秋蝗防治43 733hm²。1986—1989年发生较重，1986、1989年秋蝗最高密度达35头/m²以上，因高密度蝗片分布在湖滩荒地，在扩散前即进行了防治，未造成危害。

随着农业经济的发展，农业机械化水平的提高，荒地被开垦，精耕细作面积不断扩大，蝗虫适生面积将逐步减少，发生程度也会逐渐减轻。

四、治理对策

①加强农田基本建设，精耕细作，改善生态环境；②绿化造林、挖鱼池、筑台田减少蝗虫滋生地；③实行生态控制，发挥自然因素控制作用。

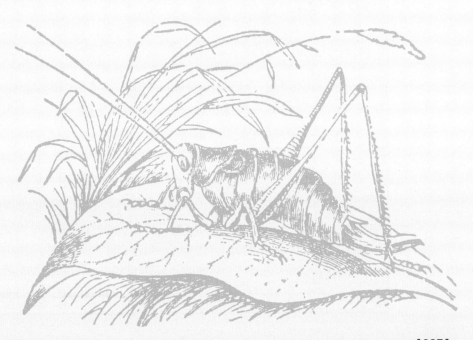

金乡县蝗区概况

一、蝗区概况

金乡县位于山东省西南部，南四湖以西，新旧黄河之间，属黄泛平原。处微山湖畔，南与苏、豫、皖接壤，西与菏泽相邻。上游河水常年经过金乡注入南四湖，境内河流众多，有大、中、小河道24条，河流总长度为307.6km。现辖11个镇，2个街道，一个省级经济开发区、两个市级经济开发区。总面积886km²，其中耕地面积87万亩。1 226个自然村，总人口64万。粮经比例达到2：8，年均种植大蒜50余万亩，圆葱10万亩，辣椒40万亩，是我国主要的大蒜、圆葱、辣椒、蔬菜、棉花生产基地。

二、蝗区分布与生态

现有蝗区6 733hm²。蝗区分布于6个镇，划分为6个蝗区。1号湘子庙蝗区，位于新老万福河两岸，面积1 624hm²；2号胡集蝗区，在蔡河流域，面积545hm²；3号北大溜蝗区，在北大溜两岸，面积959hm²；4号卜集蝗区，在北大溜新万福河两流域间，面积1 840hm²；5号高河蝗区，在新万福河西沟河间，面积935hm²；6号化雨蝗区，在东沟河苏河间，面积863hm²。蝗区土质为壤土，属内涝型蝗区。

蝗区中自然植被主要有小芦苇、茅草、狗尾草、蒿子、红蓼等。农田作物主要是小麦、玉米、棉花、大蒜、圆葱、辣椒以及小面积的水稻等作物，多为一年两熟制栽培。植被覆盖度90.68%。

蝗区内天敌种类很多，捕食性鸟类有麻雀、燕子、草鹭、池鹭、游隼、灰喜鹊、野鸡、田鹨等18种，蛙类有泽蛙、黑斑蛙、蟾蜍等，还有捕食性蜘蛛、红蚂蚁等。寄生性天敌有线虫、寄生蝇、寄生蜂、抱草瘟病菌等。

影响蝗虫发生的主导因子是降水量和降水强度。遇大的降水年份，因蝗区地势低洼，不能及时排水，易形成内涝。尤其是当南四湖水位高时，湖水顶托河水，溢入洼地，会更加重受涝的程度，这样

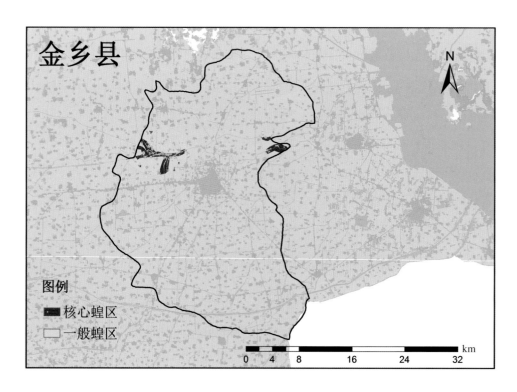

造成农田撂荒，大面积退水后的洼地适宜蝗虫产卵栖息，招致四周蝗虫集中，当年秋蝗一般发生较重。

三、蝗虫发生情况

1996—2014年，19年中全县发生夏秋蝗20.8万hm²，其中夏蝗发生10.92万hm²，秋蝗发生9.88万hm²，防治夏秋蝗20.8万hm²(含兼治)，其中夏蝗10.92万hm²，秋蝗9.88万hm²，蝗虫发生情况一直比较稳定。

四、治理对策

①实行生态控制，发挥自然因素控制作用；②精耕细作，加强农田基本建设；③发挥防治农作物病虫害的兼治作用。

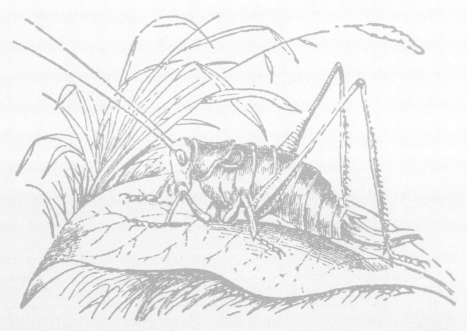

梁山县蝗区概况

一、蝗区概况

梁山县地处山东省西南部，西临黄河，与河南省台前县隔河相望。东、北与东平县接壤，南与加祥县、汶上县相邻。土地总面积9.6万hm²，其中耕地5.51万hm²，总人口73万，其中农业人口60.18万。辖15处乡镇，626个自然村。2013年粮食总产833 410t，人均年收入5 120元。

二、蝗区分布及生态

现有蝗区13 680hm²，划分为8个蝗区分布在8个乡镇。1～4号蝗区连片，分布在县东北部小安山、馆驿2个乡镇，蝗区面积8 680万hm²，是东平湖外围滩地，属滨湖蝗区类型。6～7号蝗区连片，分布在县西北部紧临黄河的赵涧堆、黑虎庙2个乡，蝗区面积4 727hm²，属河泛蝗区类型。5号蝗区分布在县西北部的小路口镇，蝗区面积1 580hm²。8号蝗区分布在县东南部的韩岗、韩垓2个乡，蝗区面积3 307hm²。5号、8号蝗区属内涝蝗区。

三、蝗区生态特点

7号蝗区是壤土为主，有少量沙土，其他蝗区均是黏土为主，分布少量壤土。蝗区中自然植被有小芦苇813hm²、茅草1 193hm²、狗尾草222hm²、农作物17 600hm²、其他1 233hm²，分别占蝗区面积的3.8%、5.7%、1.1%、83.6%、5.8%。植被覆盖度68.65%。蝗区农作物以小麦、玉米、棉花、大豆为主，多为一年两熟制栽培。

蝗区内天敌种类很多，蛙类有泽蛙、黑斑蛙、蟾蜍等，寄生性天敌有线虫、寄生蜂、寄生蝇、抱草瘟病害等。还有捕食性蜘蛛、步行虫、红蚂蚁等。这些天敌对蝗虫都有不同程度的控制作用。

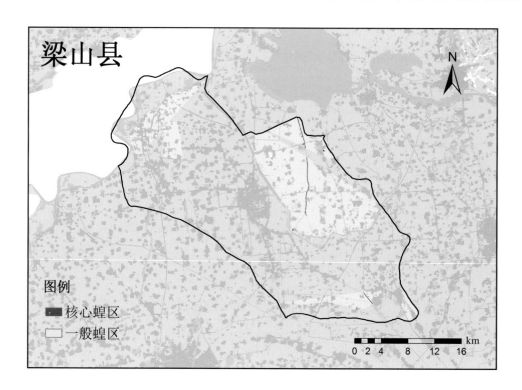

四、蝗虫发生情况

从1996年至今，全县发生夏秋蝗20多万hm²。目前滩区仍有较大面积的夹河滩和荒滩，随着大批青壮年劳力外出务工，加之部分村庄离滩区较远，滩区农田耕作有粗放趋势，整个滩区生态环境对飞蝗的发生比较有利。

五、治理对策

①调整作物布局，扩大水稻面积，增加棉花、红麻、大豆等蝗虫厌食作物的种植；②对荒地堤坝凡未绿化的要植树造林，宜开垦的要开垦利用，如挖塘养鱼种藕等，减少蝗虫滋生地；③大面积蝗区依靠农田兼治和生态控制，对高密度蝗区点片挑治，减少化学防治面积，保护利用天敌，充分发挥生态控制的作用，遇大发生年份用飞机防治，确保蝗虫不起飞，不造成严重危害。

任城区蝗区概况

一、蝗区概况

任城区位于山东省西南，地处济宁市中部，东靠邹城、兖州两市，南接微山、鱼台两县，西与嘉祥县接壤，北与汶上县相邻。总面积43.4万hm²，现有耕地2.67万hm²，总人口89.2万，其中农业人口40.26万，现辖2个镇、11个街道。2017年粮食总产400 756t。

二、蝗区分布与生态

新中国成立初有蝗区2.26万hm²，12个乡镇都有分布。2013年老任城区和市中区合并成立新的任城区，现有蝗区0.68万hm²，划分为5个蝗区，分布在6个乡镇。蝗区的植物类群表现为典型的滨湖生态类型，自然植被主要为耐湿性类群，其中小芦苇487hm²，占6.1%；马绊草380hm²，占4.8%；茅草113hm²，占1.4%；狗尾草247hm²，占3.1%；红蓼153hm²，占1.9%；枯江草127hm²，占1.6%，农田6 263hm²，占78.3%；其他230hm²，占2.8%。植被覆盖度51.9%～65%。蝗区主要种植小麦、玉米、大豆和水稻，还有小面积蔬菜、苇田等。蝗区全部为黏质土，由于地形复杂，动植物类群繁多，蝗虫天敌种类也很多，已知的东亚飞蝗天敌有100多种，捕食性鸟类有30种，如草鹭、池鹭、游隼、灰喜鹊、乌鸦、田鹨等以及鸡、鸭等家禽，蛙类有泽蛙、黑斑蛙、蟾蜍等。其他还有捕食性蜘蛛、步行虫、红蚂蚁等。寄生性天敌有线虫、寄生蝇、抱草瘟病菌等。这些天敌对蝗虫都有不同程度的控制作用。

三、蝗虫发生防治情况

随着农业经济的发展，农业机械化水平的提高，荒地被开垦，精耕细作面积不断扩大，蝗虫适生面积将逐步减少，发生程度也会逐渐减轻。

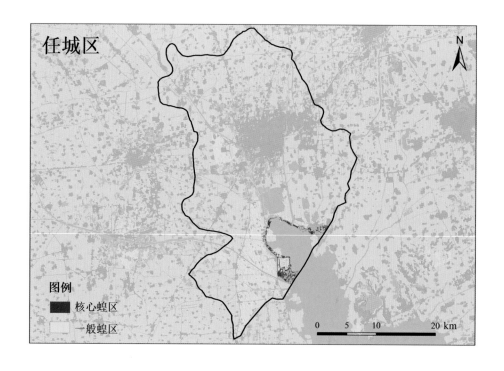

四、治理对策

①加强农田基本建设，精耕细作，改善生态环境；②绿化造林、挖鱼池、筑台田、种藕、种苇，减少蝗虫滋生地；③实行生态控制，发挥自然因素控制作用；④加强统防统治组织和植保专业技术合作社建设，提高东亚飞蝗防控应急反应能力。

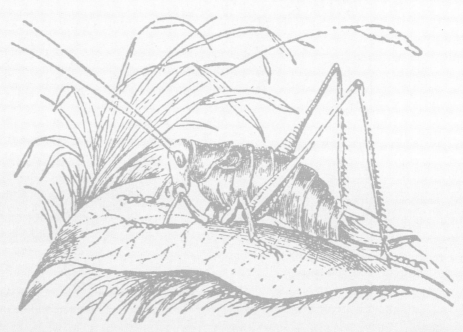

微山县蝗区概况

一、蝗区概况

微山县地处鲁苏两省三市（济宁、枣庄、徐州）9个县市区结合部，是山东省的南大门，辖15处乡镇街道、1个省级经济开发区，572个行政村居，人口72万，其中农业人口54.59万，总面积178 000hm²，其中微山湖面积126 600hm²，是我国北方最大的淡水湖。全县农业耕地面积有29 157.87hm²，常年农作物种植面积在53 336hm²左右，粮食作物主要是小麦、玉米、水稻，种植面积分别为25 334.6hm²、20 001hm²和4 666.9hm²，2013年全县粮食总产达到378 000t，粮食生产95%以上实现了种收机械化；经济作物以大蒜、瓜菜为主，种植面积分别在2 666.8hm²、8 000.4hm²，年产量在40万t左右。

二、蝗区分布与生态

现有蝗区24 873hm²。其中常发面积10 333hm²。蝗区分布于16个乡镇，划分为14个蝗区。均属于滨湖蝗区类型。蝗区表现为典型的滨湖生态类型。自然植被主要为耐湿性植物类群，有小芦苇、马绊草、茅草、狗尾草、蒿子、红蓼、枯江草，农田作物主要是小麦、玉米、水稻、大豆。蝗区内植被覆盖度20%～95%，平均59%。覆盖度在50%以下，适合蝗虫发生的面积16 168hm²，占65%。其土壤类型均属黏质土。蝗虫天敌种类分布也很多，捕食性鸟类有18种，如草鹭、池鹭、灰喜鹊、乌鸦、田鹨等，蛙类有泽蛙、黑蛙、蟾蜍等，其他还有捕食性蜘蛛、步行虫、红蚂蚁，鸡、鸭等家禽；寄生性天敌有线虫、寄生蝇、抱草瘟病菌等，这些天敌对蝗虫都有不同程度的控制作用。

蝗虫发生主要受湖水水位的影响，水位涨落不定，旱涝交替，是导致蝗虫发生的决定因素。自2006年南水北调工程实施以来，南四湖蓄水处于兴利水位，湖水水位高，湖滩裸露面积小，蝗虫发生轻；1996年建立全国病虫区域测报网蝗虫测报站，2003年建立蝗虫地面应急防治站，蝗旱防治在物质、

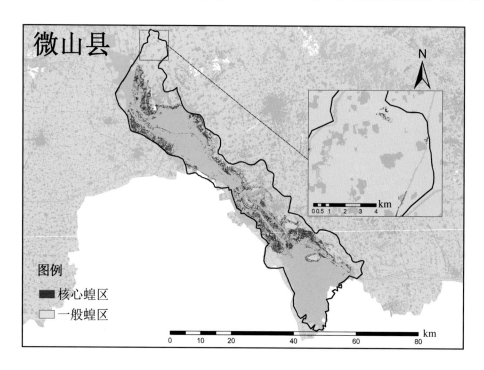

技术、装备、能力上有了大幅提升；同时蝗区内鱼塘蟹池的大量开挖、高效农药的普遍应用在一定程度上控制了蝗害的发生。

三、蝗虫发生情况

1996—2017年，21年全县发生夏、秋蝗32.134万hm²，其中夏蝗发生14.46万hm²，秋蝗发生17.674万hm²，年均发生夏、秋蝗1.78万hm²。18年间，微山湖区旱灾面积1万hm²以上的年份有1997、1999、2002、2003、2008、2010、2012年，其中2002年旱情最重，秋蝗大发生，发生面积4.2万hm²，防治3.2万hm²（其中兼治1万hm²）。

四、治理对策

①南水北调水利工程稳步实施，南四湖容量增加，水位相对稳定；②结合湖区开发，调整经济结构，增大蔬菜种植面积，扩大鱼塘蟹池的开挖，改造蝗虫生态环境；③结合"微山湖国家湿地公园"的开发，绿化造林，提高林木覆盖度，招引鸟类，增加天敌数量；④大面积蝗区依靠农田兼治和生态控制，对高密度蝗片挑治，减少化防面积，保护天敌，保证做到不起飞不造成严重危害。

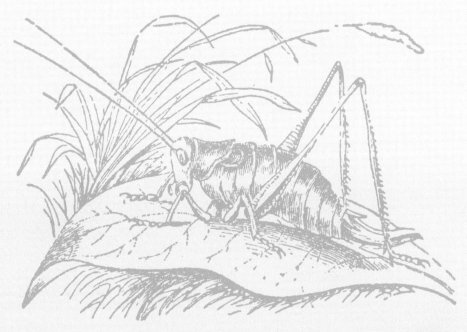

汶上县蝗区概况

一、蝗区概况

汶上县地处山东省西南，北靠宁阳、东平两县，东与兖州市相邻，南接任城区，西连嘉祥、梁山。总面积877km²，其中耕地面积6.31万hm²。总人口78万，其中农业人口68万。行政区划为14个乡镇，493个行政村。

二、蝗区分布与生态

现有蝗区3 733hm²，其中常发生面积720hm²，划分为3个蝗区，分布于刘楼乡的马踏湖蝗区，南旺镇的南旺湖蝗区，南旺镇和康驿乡的蜀山湖蝗区。3个蝗区地处本县东南部，与任城区的安居蝗区，嘉祥县的桐庄蝗区、红运蝗区相连，现在3个蝗区均属于内涝蝗区。

蝗区内土质以黏土为主，也分布小面积壤土和沙壤土。自然植被中片林78hm²，占2.1%；茅草59hm²，占1.6%；狗尾草44hm²，占1.2%；蒿子44hm²，占1.2%；农作物3 434hm²，占92%；其他71hm²，占1.9%。植被覆盖度达98%。蝗区内农田种植小麦、玉米、大豆，多为一年两熟制栽培。蝗区内天敌种类很多，蝗虫的卵、蛹、成虫期都可受到不同种类天敌的寄生或捕食。捕食性鸟类主要有麻雀、燕子、喜鹊、野鸡等。还有蛙类、蛇类、捕食性蜘蛛、步行虫等。寄生性天敌有线虫、寄生蜂、寄生菌等。这些天敌对蝗虫都有不同程度的控制作用。

影响蝗虫发生的主导因子是降水量和雨季降水强度。一般年份，蝗区内农田各种农作物正常生长，发生蝗虫的农田被施药兼治或被天敌控制，遇大的降水年份，湖区因地势低洼，不能及时排水形成内涝，退水后出现适宜蝗虫产卵的区域，当年秋蝗一般发生较为严重。

三、蝗虫发生情况

1996—2017年，蝗虫发生程度逐年降低，22年中全县发生夏秋蝗27 377hm²，其中夏蝗发生

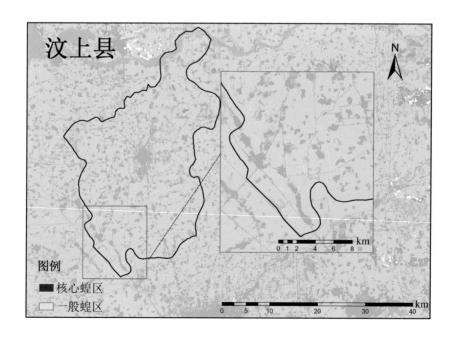

15 325hm^2，秋蝗发生12 052hm^2。防治25 326hm^2(含兼治)，其中夏蝗11 932hm^2，秋蝗13 394hm^2。蝗虫发生情况一直比较稳定。

随着农业经济的发展，农业机械化水平的提高，农田精耕细作面积不断扩大，宜蝗面积越来越小，蝗虫发生程度逐年减轻。但是，降水量和雨季降水强度是影响蝗虫暴发的关键因子，是目前人力不能控制的因素，蝗虫暴发的隐患依然存在。

四、治理对策

①精耕细作，大搞农田基本建设；②发挥防治农作物病虫害的兼治作用。

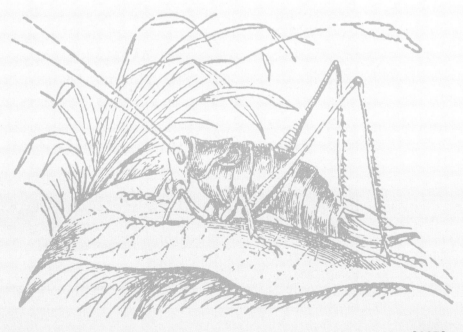

鱼台县蝗区概况

一、蝗区概况

鱼台县位于山东省西南部，南与江苏省沛县、丰县接壤，东邻微山县，西接金乡县，北靠任城区。总面积654.2km²，其中耕地55万亩。总人口47万，其中农业人口42万。2013年粮食总产3.7万kg，人均纯收入1.3万元。现辖9个乡镇、2个街道、1个省级经济开发区和1个市级工业园区，939个自然村，素有"鱼米之乡""孝贤故里""滨湖水城"之美誉。

二、蝗区分布与生态

由于采取多项治理蝗害措施，现有面积2万hm²，其中常发面积0.61万hm²。以现有乡镇为基本单位划分为7个蝗区，分别为老砦、唐马、谷亭、王鲁、张黄、清河、王庙。鱼台县属平原地区，地势低洼，西南稍高，东北偏低，平均海拔35m。属淮河水系，境内有17条河流纵横交错。主要有京杭运河、东鱼河、老万福河、复兴河、西支河、白马河、苏鲁边河等。县境处暖温带季风型大陆性气候区，气候温和，雨量集中，光照充足，四季分明。年平均气温13.6℃，无霜期平均213天。年平均日照2 350.9h。常年平均气温15.7℃。常年多刮东南风和西北风。全年平均降水量为727.1mm。

全县蝗区动植物类群表现为典型的滨湖生态类型。自然植被主要为耐湿性类群，蝗区农田主要是小麦和水稻，一年两熟制。植被覆盖度平均70%以上。蝗区内天敌种类很多，捕食性鸟类主要有草鹭、池鹭、游隼、灰喜鹊、乌鸦、田鹨等；蛙类有泽蛙、黑斑蛙、蟾蜍等；其他还有捕食性蜘蛛、步行虫、红蚂蚁等。寄生性天敌有线虫、寄生蝇、抱草瘟病菌等。

影响蝗虫发生的主导因子是降水量和湖水位的稳定状况。南四湖周围有山东、江苏两省五个地市的大小50多条河流直接或间接汇入南四湖，湖水位受年降水量和降雨强度的影响制约。一般年份湖水位稳定，蝗区种植水稻1.5万～2万hm²，稻田浸水时间长，植物覆盖度高，青蛙、蟾蜍等天敌种类增加，蝗虫失去赖以生存的生态条件，只在河滩、堤坝等特殊环境有小面积发生，蝗情趋于稳定。连年

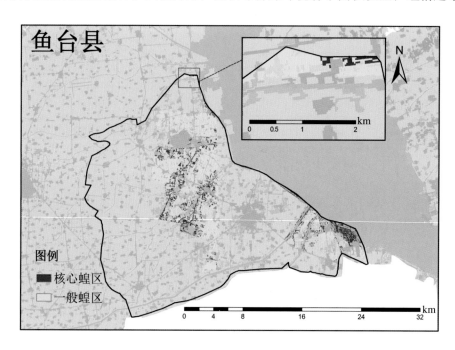

大旱，湖河干涸，稻田撂荒，经过一定时间的虫源积累，蝗虫就有可能大发生。

三、蝗虫发生情况

1996—2017年，21年全年发生夏秋蝗10.78万hm^2，其中夏蝗发生7.54万hm^2，秋蝗发生3.24万hm^2，年平均发生夏秋蝗0.6万hm^2。

随着农业机械化水平的提高，农田精耕细作面积将不断扩大，荒地被开垦，蝗虫适生面积会逐步减小。但湖水位涨落不定，旱涝交替是蝗虫发生的决定因素。连年干旱、湖河干涸、稻田撂荒形成了适宜蝗虫发生，对天敌有抑制作用的生态环境，蝗虫就会回升。

四、治理对策

（1）继续改造特殊环境。向着发展经济，有利于生态平衡，不利于蝗虫滋生的方向发展。

（2）开展生物防治保护天敌。在病虫害防治中采用生物制剂，使农田及特殊环境中的生物群落维持在一个较为合理的水准上。

（3）实行生态控制，保持境内主要河堤的生态林，充分发挥自然因素的控制作用。

邹城市蝗区概况

一、蝗区概况

邹城市（原邹县）地处山东省中南低山丘陵的南缘，京沪铁路纵贯南北，新石铁路横穿东西，104国道、京台高速等10余条公路干线遍布全境；境内白马河与京杭大运河相连，水上运输可直达苏、沪、浙一带，北靠兖州、曲阜两市，东与泗水、平邑两县接壤，南接滕州市，西与任城区、微山县相邻。总面积16.16万hm²，其中耕地6.29万hm²。总人口116万，其中农业人口56.94万。行政区划为16个镇街、2个省级经济开发区、895个行政村（社区）。

二、蝗区分布与生态

新中国成立初期有蝗区9 133hm²，经过不断治理，已改造蝗区6 467hm²，现有蝗区2 667hm²，主要位于白马河流域，划为1个蝗区，土质为黏土，属内涝型蝗区。蝗区中自然植被小芦苇123.6hm²，茅草83hm²，狗尾草23hm²，蒿子2.1hm²，红蓼11hm²，农作物1 247hm²，其他53hm²，分别占蝗区面积的4.63%、3.11%、0.86%、0.08%、0.41%、58.01%、1.99%，植被覆盖度69.09%。蝗区内主要种植小麦、玉米、大豆、棉花，多为一年两熟制栽培。蝗区内天敌种类很多，捕食性鸟类有草鹭、池鹭、游隼、麻雀、燕子、灰喜鹊、田鹨等。蛙类有泽蛙、黑斑蛙、蟾蜍，寄生性天敌有线虫、寄生蝇、寄生蜂、抱草瘟病菌等。其他还有捕食性蜘蛛、步行虫、红蚂蚁等。这些天敌对蝗虫都有不同程度的控制作用。

影响蝗虫发生的主导因子是降水量和降水强度。一般年份，蝗虫发生面积和密度均维持在较低水平，蝗区内农田的各种作物都能正常生长，所发生的蝗虫被农田施药兼治或被天敌控制，不致造成危害。遇大的降水年份，因蝗区地势低洼，不能及时排水，易形成内涝，大面积退水后的洼地适宜蝗虫产卵栖息，招致四周蝗虫集中，当年秋蝗一般发生较重。

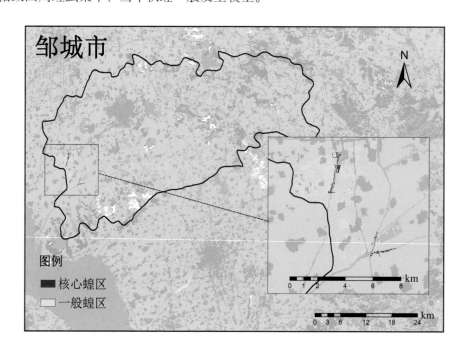

三、蝗虫发生情况

1980—1995年，16年中发生夏秋蝗2.085万hm^2，其中夏蝗发生9 328hm^2，秋蝗发生1.152万hm^2。防治夏秋蝗4 137hm^2，其中防治夏蝗2 067hm^2，秋蝗2 070hm^2。1996—2013年，18年中发生夏秋蝗1.92万hm^2，其中夏蝗发生1.021万hm^2，秋蝗发生8 990hm^2。防治夏秋蝗4 783hm^2，其中防治夏蝗2 665hm^2，秋蝗2 118hm^2。

蝗虫发生情况一直比较稳定。随着农业机械化水平的提高，农田精耕细作面积不断扩大，荒地不断被开垦，宜蝗面积越来越少；随着农作物病虫害绿色防控技术的推广实施，农业生态环境得到改善，天敌种群数量逐年增长，蝗虫发生程度逐年减轻。但是，降水量和降水强度是人力不能控制的因素，蝗虫暴发的隐患依然存在。

四、治理对策

①实行生态控制，充分发挥天敌等自然因素的控制作用。②植树造林，精耕细作，大搞农田基本建设，减少蝗虫滋生地。③化学防治，对高密度蝗区点片重点防治，遇大发生年份用飞机防治，确保蝗虫不起飞，不造成严重危害。

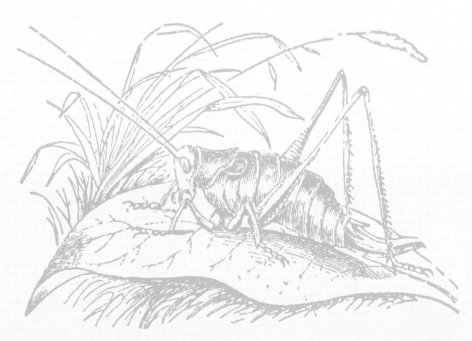

东平县蝗区概况

一、蝗区概况

东平县属泰安市，位于山东省西南部，东与肥城市毗邻，南与汶上县、梁山县接壤，西部隔黄河与东阿县、阳谷县，河南省台前县相望，北与平阴县搭界，面积1 343km²，南北长44km，东西宽54km，总面积1 343km²。县辖3街道9镇2乡，总人口80万，耕地面积104万hm²，人均生产总值45 600元。

二、蝗区分布及演变

现有蝗区15 800hm²，划分为8个蝗区，主要分布在东平湖周围和黄河滩区。蝗虫类型有东亚飞蝗、中华剑角蝗、笨蝗、花胫绿纹蝗、短额负蝗和中华稻蝗等。

东平蝗区：主要地形为洼地。主要河流东平湖、大清河、黄河，主要道路105国道和220国道。蝗区水文状况常年水位在39～42m，属于温带季风型大陆性气候气，年均降水量626.35mm。天敌种类有蜘蛛类、步甲类、蛙类、鸟类和蛇类，植被杂草有芦苇、马绊草、茅草、红蓼草、狗尾草等，土壤以黏土和壤土为主，局部有沙土，农作物以小麦和玉米为主，少量水稻。

蝗区历史演变：新中国成立初期，东平县共有蝗区面积71万亩，常发生面积为30万亩，分布在接山乡、东平镇、州城镇、新湖乡、大安山乡、商老庄乡、戴庙乡、银山镇、斑鸠店镇、老湖镇、旧县乡11个乡镇。由于认真贯彻了"改治并举"的治蝗方针，治蝗工作取得很大成就，20世纪70年代蝗区面积大大减小，发生面积和发生程度都轻，1971年发生面积仅为1万多亩，平均密度为0.09头/m²。80年代以来，由于连续干旱，东平湖水位大幅度下降，湖滩裸露面积增加，黄河水位不稳定，蝗区难以改造，蝗区面积又大大增加，1989年勘察时蝗区面积为36.9万亩，1993年发生面积为27.9万亩，其中夏蝗发生面积15万亩，平均密度130.2头/m²，最高1 634头/m²。

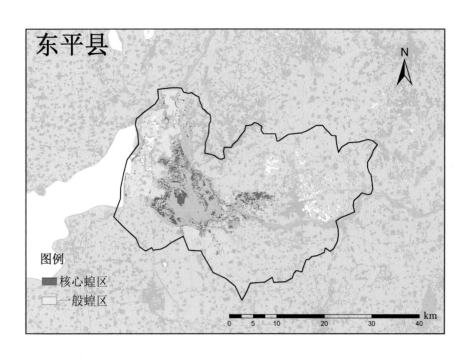

1996年东平湖开发项目开始实施，通过采取控制湖水位、围湖造田、上粮下鱼、挖渠排涝等措施，使湖区涝洼地得到改造的同时，蝗区的生态环境也得到了较大改善，蝗虫发生程度有所降低，但同时由于人为及其他因素的原因，一些已改造好的蝗区如戴庙和银山中间靠近220国道的地方，由于地势较为低洼，易积水，演变成为新的蝗区。至2004年蝗区重新勘察，蝗区面积为36.8万亩，分布在东平镇、州城镇、新湖乡、商老庄乡、戴庙乡、银山镇、斑鸠店镇、旧县乡和老湖镇9个乡镇。

三、蝗虫发生情况

常年发生面积15 800hm^2，防治面积15 333.33hm^2。核心蝗区在东平湖周围及黄河滩地，现在宜蝗面积7.8万亩，占全县蝗区面积的32.9%，历来是飞蝗发生防治的重点。一般蝗区主要，宜蝗面积15.9万亩，蝗虫密度大为减轻，每年只需抓住时机，对重点点片进行防治，即可控制危害。

夏蝗出土始期在5月3日左右，出土盛期5月上中旬，3龄盛期6月中旬，羽化盛期6月下旬至7月上旬，产卵盛期7月上中旬。

四、治理对策

（1）贯彻"改治并举"方针，结合当地实际针对湖周边地势低洼、地下水位高、湖水渗透能力强、汛期易积水成灾的自然特点，湖区涝洼地改造主要采取了扩、围、截、抬的措施：一是扩大排水能力，以排为主，排灌两用；二是筑堤围田，控制水位涨落；三是深挖排水沟，截住湖水外渗；四是多挖、深挖鱼塘，实现洼地台面化。

（2）重视蝗情调查及预测预报。充分发挥查蝗员的作用，县植保站及时深入蝗区，从3月份起，临时查蝗员和长期查蝗员在县植保站的统一领导下，开始了东亚飞蝗的侦察工作，在4月份以前，坚持每5天调查一次，进入卵发育盛期以后，每2天调查一次，准确掌握东亚飞蝗的发育进度和密度变化，及时汇总、汇报，让领导心中有数，能够进行有效的指挥，正确作出决策；及时发布蝗虫预报；

搞好信息传递，坚持每周一及时向各级领导汇报蝗情，为防治做好充分准备。

（3）农作物病虫害兼防兼治，及时对农户统一进行在对农作物进行药剂防治时兼防蝗虫的指导。为提高蝗虫防治效率，及时制订了东平县东亚飞蝗防治预案和应急防治演习计划，下发到各有蝗乡镇，并根据蝗区及蝗虫发生情况，将防治任务分配到各乡镇，重点发生区域，高密度片由县农业局机防治队统一防治，各乡镇也成立专业化机械防治队伍，共成9支机防队，每个机防队有人员20～30人，机动喷雾器10～15台，实施重大病虫项目工作，对专业化防治组织进行防治物质补贴，保证防治工作顺利进行。

（4）加强生态控制主要采取了以下几种治理模式：

渔—草—蚕—渔模式：以渔为主，渔桑结合。

渔—草—牧—渔模式：以渔为主，渔牧结合。

渔—粮—牧—渔模式：以渔为主，渔农牧结合。

采用稻田养河蟹、稻田放鸭等多种形式，利用生物链，充分发挥互补、优化组合的作用，利用生态及天敌等多种因素控制蝗虫的繁育。

（5）注重生物防治。以保护利用农田蜘蛛、蚂蚁和蛙类天敌为主，对密度较高的蝗片，使用绿僵菌等对天敌无杀伤作用的生物农药进行挑治。

（6）所用药剂有：生物制剂蝗虫微孢子虫、杀蝗绿僵菌，化学药剂马拉硫磷、高效氯氰菊酯。

昌邑市蝗区概况

一、蝗区概况

昌邑市历史文化悠久。昌邑秦时设县，宋朝定名，有2 200多年的建县历史，史称鄌邑，北海，都昌。1994年7月撤县设市，是国务院确定的沿海开放城市，是著名的"丝绸之乡""华侨之乡""中国印染名城""中国北方绿化苗木基地""中国超纤产业基地"。2008年又被国家林业局评定为"山东昌邑国家级苗木交易市场"。地理位置优越，昌邑位于胶东半岛西北部，渤海之滨，莱州湾畔，东与烟台、青岛毗邻，西与潍坊相接，属"青岛一小时经济圈""潍坊半小时经济圈"。市域总面积1 578.7km^2，辖6处乡镇、2个街道，691个行政村（居委会），总人口68.318 2万。耕地面积81.309 5万亩。气象特点属暖温带半温润季风区大陆性气候，四季分明，雨热同期，干湿季明显，年降水量630mm，平均气温12.4℃，无霜期180天。

二、蝗区分布与生态

昌邑市北部广阔的渤海滩，是历史上飞蝗的滋生基地，属沿海蝗区，经大力改造，现有蝗区20.38万亩，蝗区主要分布在北部沿海一带3个乡镇17个村庄的低洼盐碱地或农田夹荒地，其中1号蝗区归龙池镇，2号、3号蝗区归柳疃镇，4号蝗区归卜庄镇。蝗虫类型主要有东亚飞蝗、笨蝗、短额负蝗、中华稻蝗、短星翅蝗、长翅素木蝗、大垫尖翅蝗、黄胫小车蝗、二色戛蝗、中华剑角蝗、棉蝗等。

蝗区植被：马绊草占23.4%，小芦苇占15.3%，茅草占12.2%，狗尾草占9.2%，粗放农田占6%，其他杂草如黄蓿、蒿子、柽柳、红蓼也有较大分布。覆盖度65%～95%。土壤类型：以黏土为主，占75.95%，壤土占7.6%，沙土占16.4%。土壤含盐量在0.2%～1.2%范围内。特殊环境面积3.063万亩，占蝗区面积的14.1%，其中道路18条，沟渠1 205条，堤坝17条，堰埂12 860条，农田夹荒等。

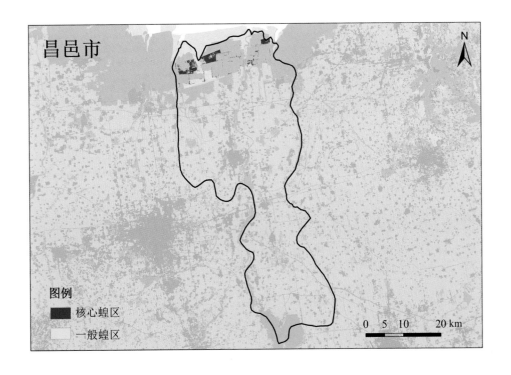

三、蝗虫发生情况

从1985—2004年，年发生面积一般在1万～4万亩，以1995年发生最重，发生面积3.99万亩，控制了蝗害。

四、治理对策

（1）继续贯彻"改治并举"的治蝗方针，结合黄河三角洲开发，发展养殖，建立盐场，对特殊环境，重点挑治。

（2）大搞农田基本建设，精耕细作创造不利于飞蝗发生的环境。

（3）实行生态控制，发挥自然因素控制作用。

寒亭区蝗区概况

一、自然概况

寒亭区属潍坊市。寒亭区前身为潍县，1983年10月撤销潍县建制，设立寒亭区。该区位于潍坊市境北部，渤海莱州湾南岸，地处山东半岛中部、渤海莱州湾南岸，位于东经180′57″～119′25″，北纬36′42″～37′10″，是沿海开放城市、世界风筝都——潍坊市四个行政区之一。潍坊市寒亭区是世界风筝之都，现辖省级潍坊经济开发区、杨家埠旅游开发区和5个街道。全区总面积628km²，人口39.3万。原央子镇，现央子镇街道由潍坊滨海经济开发区管理。处暖温带东部季风区，气候温和，四季分明，雨量集中，雨热同期。全年平均气温12.1℃，寒暑变化显著，平均最高气温30.7℃，平均最低气温8.8℃。年平均降水量600mm，日照总时数2 800h，无霜期191天。

二、蝗区分布与生态

寒亭区北部沿海滩涂是历代蝗虫发生基地，新中国成立初期蝗区面积25.999 5万亩，现有蝗区面积7.49万亩，分为4个小蝗区，常年发生面积1万～1.5万亩，主要分布在固堤街办、央子街办（现归潍坊滨海经济开发区）2个乡镇。蝗虫类型主要有东亚飞蝗、笨蝗、短额负蝗、中华稻蝗、短星翅蝗、长翅素木蝗、大垫尖翅蝗、黄胫小车蝗、二色戛蝗、中华剑角蝗、棉蝗等。

蝗区植被：主要有小芦苇、马绊、茅草、黄蓿、狗尾草和蒿子。其中小芦苇占蝗区面积的5%，马绊草占8%，茅草占24%，黄蓿占19%，狗尾草占23%，蒿子占12%，农田占9%，蝗区覆盖度为35%～80%。蝗区土壤类型：黏土占蝗区面积的6.6%，壤土占蝗区面积的22.8%，沙土占蝗区面积的70.1%。蝗区含盐量：0.2%以下的占9.2%，0.29%～0.49%占53%，0.5%～0.79%的占9.3%，0.8%～1.19%的占11%，1.2%以上的占17.5%。蝗区天敌种类：对蝗虫有影响的主要天敌有鸟类、蛙类、步甲、蜘蛛类、螳螂、蜻类等，这些天敌影响着飞蝗发生的程度。

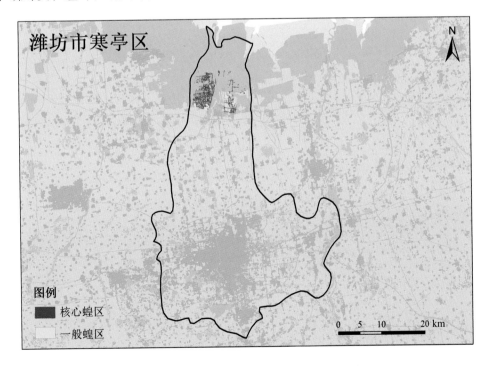

三、蝗虫发生情况

影响蝗虫发生的关键因素是旱涝及降水。据潍县县志记载:历代皆把"旱"和"蝗"并提。历代记载蝗灾10次,9次都是旱、蝗同年发生,其中春旱蝗灾发生3次,夏旱蝗灾发生3次,春夏大旱发生蝗灾1次,大旱蝗灾发生1次,连年旱蝗灾发生1次。说明干旱与蝗虫发生关系密切。

从历年的资料看出,4月至5月中旬降水量少的年份,夏蝗发生重,反之则轻,7月中旬至8月中旬降水量少的年份秋蝗发生重,反之则轻。蝗虫的发生还与降雨强度有关,蛹出土时有暴雨,则不利于蝗蛹出土及幼蝻成活,同时多雨阴湿能促使寄生菌的繁殖,不利于蝗虫发生。总的看来,蝗虫的发生与旱、涝,降水多少、降水强度有很大的关系。

四、治理对策

(1)实行生态控制,发挥自然因素控制作用。

(2)结合黄河三角洲开发,发展养殖,建立盐场。

(3)准确掌握蝗情,对特殊环境进行挑治。

寿光市蝗区概况

一、自然概况

寿光市属潍坊市，位于山东省半岛中部，渤海莱州湾南畔，跨东经118°32′～119°10′，北纬36°41′～37°19′。东邻潍坊市寒亭区，西依石油城东营，南接青州市和昌乐县，北濒渤海，纵长60km，横宽48km，海岸线长56km，总面积2 180km²，耕地141万亩，辖9个镇，5个街道办事处，1个生态园区，975个行政村（居委会），是著名的中国"蔬菜之乡"。气象特点属暖温带季风区大陆性气候。受暖冷气流的交替影响，形成了"春季干旱少雨，夏季炎热多雨，秋季爽凉有旱，冬季干冷少雪"的气候特点。年降水量593.8mm，平均气温12.7℃，无霜期199天。

二、蝗区分布与生态

寿光市蝗区分布在咸淡水分界线以北的乡镇，属沿海滩涂蝗区。新中国成立初期全市宜蝗面积150万亩，面积大，分布广，发生乡镇包括候镇、岔河、杨庄、卧铺、牛头、南河、道口、大家洼、羊口乡镇和岔河盐场、羊口盐场及清水泊农场、机械林场等。经过历年改治，至2004年蝗区勘察时面积减少到10.71万亩，主要发生在台头镇、卧铺乡、羊口镇，其中1号蝗区为牛头镇苇洼，隶属台头镇为重点蝗区，面积2.33万亩，植被以小芦苇为主；2号蝗区为双王城水库，隶属卧铺乡为重点蝗区，面积0.86万亩，植被以小芦苇为主；3号蝗区是污水处理厂，隶属卧铺乡为一般蝗区，面积0.80万亩；4号蝗区是八面河蝗区，隶属卧铺乡为重点蝗区，面积6.22万亩，植被以小芦苇、棉花为主；5号蝗区是羊角沟蝗区，隶属羊口镇为一般蝗区，面积0.5万亩，植被以小芦苇为主。根据行政区划，现卧铺乡归羊口镇，新设立双王城生态经济园区，1号牛头镇苇洼蝗区归其中；2号双王城水库蝗区改建为南水北调水库，蝗区被彻底改造；3、4、5号蝗区均归羊口镇。除2号蝗区，目前寿光市现有蝗区4个，面积9.85万亩。蝗虫类型主要有东亚飞蝗、笨蝗、短额负蝗、中华稻蝗、短星翅蝗、长翅素木蝗、大垫尖翅蝗、黄胫小车蝗、二色戛蝗、中华剑角蝗、棉蝗等。

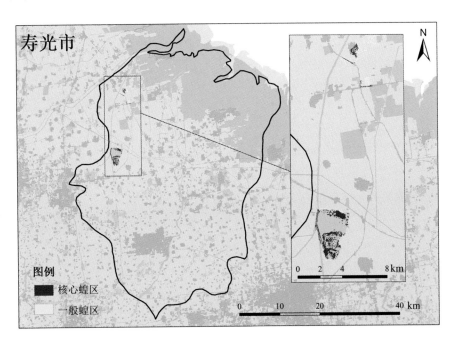

蝗区内地广人稀，土地盐化，含盐量多在适宜蝗虫发生的0.29%～0.59%，其中含盐量0.2%以下占31.3%，0.2%～0.49%占47.9%，0.5%～0.7%占3.6%，0.8%～1.19%占7.7%，1.2%以上占9.5%。土质以黏土为主，占90%，壤土占10%，适宜蝗虫产卵。各蝗区的生态环境和植被不尽相同，大体分三类。一是芦苇洼型，以芦苇为主，有1号牛头洼。蝗区低洼积水，洼的外围散生小芦苇、马绊、莎草、红蓼、蒿子等，植被覆盖度春夏20%～30%，秋季50.9%～70.9%，食料充足，是适宜飞蝗发生的特殊环境，为常发蝗区。二是盐荒型，碱荒连片，草荒多于作物，散生小芦苇，间有马绊草、茅草、稗草、狗尾草、蒿子、黄蓿菜，多分布散居型飞蝗兼生土蝗，为飞蝗、土蝗混生区，常年发生，但密度低。三是农田夹荒型，多分布于盐荒地的南部，或与盐荒地穿插分布，大部垦为农田，主要种植棉花、大豆、高粱，耕种粗放，草荒较多。蝗虫的天敌有青蛙、蟾蜍、鸟类、农田蜘蛛等，未发现寄生性天敌。各类天敌对蝗虫均有一定控制作用。

三、蝗虫发生情况

20世纪50年代初期全县夏秋蝗发生60万～90万亩，一般密度5～10头/m²，由于坚持治蝗方针，通过改治并举，现有蝗区面积9.85亩，常年夏秋发生面积在10万亩左右。由于连年干旱，荒洼不积水而造成1965年、1984年、1995年、2001年东亚飞蝗在寿光蝗区内大发生。如1995年夏蝗大发生，发生0.5万亩，重点发生在双旺城水库，采用飞机防治，控制了蝗害。

四、治理对策

（1）坚持"改治并举，勤俭治蝗"的方针，搞好侦察，准确掌握蝗情，狠治夏蝗，抑制秋蝗，及时歼灭重点高密度点片。

（2）实行生态控制。

（3）因地制宜，改造蝗区，兴修水利，建设条台田，建盐田，发展滩涂养殖。

潍坊市蝗区概况

一、蝗区概况

潍坊市位于山东半岛中部，地跨北纬35°41′~37°26′，东经118°10′~120°01′，东邻青岛、烟台市，西接淄博、东营市，南连临沂、日照市，北濒渤海莱州湾。辖奎文、潍城、坊子、寒亭4区，青州、诸城、寿光、安丘、昌乐、昌邑、高密6市（县级），昌乐、临朐2县，总面积15 859km²，总人口908.62万，耕地面积1 042.5万亩。南北长188km，东西宽164km，市域地势南高北低，南部是山区丘陵，中部为平原，北部是沿海滩涂，山区、平原、滩涂面积分别占总面积的28.7%、57.7%和13.6%，海岸线113km。市域处北温带季风区，背陆面海，气候属暖温带季风型半湿润大陆型。其特点为：冬冷夏热，四季分明；春季风多雨少；夏季炎热多雨，温高湿大；秋季天高气爽，晚秋多干旱；冬季干冷，寒风频吹。年平均气温12.6℃，年平均降水量在615.3mm。

二、蝗区分布及类型

新中国成立以后，按现行行政区划，东亚飞蝗主要发生在寿光市、昌邑市、寒亭区三市区北部沿海滩涂区域，区内气候、生态环境极适宜东亚飞蝗的发生，是历史上东亚飞蝗的滋生地。该区域位于海拔高度3~5m之间，北临渤海，东以胶莱河与烟台的莱州市、青岛的平度市毗邻，西与东营的广饶县接壤，南至淡水分界线，属沿海蝗区。

三、东亚飞蝗发生概况

通过对1950年以来蝗虫发生防治情况分析：新中国成立后，潍坊市东亚飞蝗的发生大体经历了严重、稳定、新一轮暴发、稳定等几个时期。其中1950—1953年、1956年、1983年、1984年、1995—2001年为大发生或暴发年份。

1.1950—1963年为严重发生期　蝗虫年发生面积100万~300万亩。其中以1950—1953年发生较重，发生面积在218万~302万亩，那时蝗虫发生面积大、密度高、蝗群连片，一般密度10~60头/m²，最高密度达800头/m²；其他年份发生面积在100万~200万亩，一般密度0.3~1.4头/m²，最高密度达10头/m²。据《昌邑农业志》记载：1952年8月龙池一带大面积蝗虫发生，农作物受害。

2.1964—1994年为蝗情稳定时期　发生面积9万~76万亩，此期蝗虫年发生面积基本呈下降趋势，发生程度除1965年、1983年大发生、1984年中等偏重发生外，其他年份呈偏轻至中等发生。

3.1995—2001年为新一轮暴发期　发生面积9万~21万亩。20世纪90年代以来，由于受异常气候等因素的影响，蝗虫发生程度呈现加重趋势。特别是1995年以来，持续干旱少雨，气温偏高，气候条件十分有利于蝗虫产卵、蝗卵越冬及生长发育，致使东亚飞蝗在芦苇洼、库区内连年大发生。

4.2002年后蝗情又趋于稳定　发生面积稳定在15万亩以下，发生密度一般0.2~0.3头/m²。原因是前几年连年飞机防治，防治效果好，残蝗密度低，加之寿光1号、2号重点蝗区内，年年实行大面积灌水，压低了蝗卵密度。

四、蝗区分布现状

2004年蝗区勘察后，由于乡镇撤并，现寿光市的卧铺乡合并到羊口镇，新设立双王城生态经济区；昌邑市的夏店镇合并到柳疃镇；寒亭区的泊子乡合并到固堤街办。蝗区分布归属也随之发生了变化。另外，原寿光市重点蝗区——双王城水库蝗区，现已改建为南水北调水库。由此，潍坊市现有蝗区12个，分布于寿光、昌邑、寒亭三市区的7个乡镇（街办）及生态经济园区，蝗区面积37.72万亩。

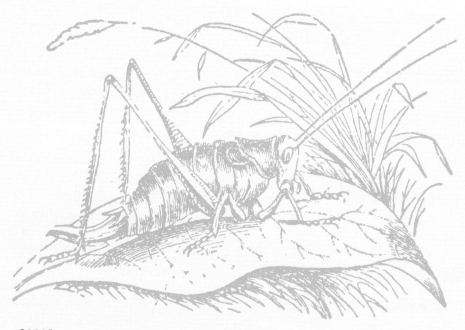

山亭区蝗区概况

一、蝗区概况

山亭区属山东省枣庄市，位于枣庄的北面，西与滕州市为邻，东面、北面与临沂、邹城接壤。总面积1 019km^2。目前辖10个镇、街。总人口52万，其中农业人口近30万。可耕地面积近40万亩，境内有中小型水库3个。年人均纯收入在9 800元左右。

二、蝗区分布及演变

现有蝗区总面积2 000hm^2，分布3个镇。具体有2个蝗区。蝗虫类型主要有东亚飞蝗、稻蝗、车蝗、笨蝗、负蝗和尖头蚱蜢。一个蝗区是岩马水库周边冯卯、店子镇境内。常年夏蝗发生面积1 000hm^2；发生密度平均每平方米有虫2.48头；秋蝗发生面积100hm^2。水域情况具体是水库面积45hm^2，河道面积20hm^2。植被情况主要有芦苇、枯江草、茅草、红蓼、稗草、狗牙根、三棱草和狗尾草8种，总覆盖度为56.1%。其天敌种类主要是蜘蛛、步甲、蚂蚁、虎甲、寄生蜂和鸟类、蛙类。土质以黏土为主，占到80%以上；壤土约占10%左右。属典型的水库蝗区。另一个蝗区是在我区东南部山间北庄镇境内。常年夏蝗发生面积300hm^2，秋蝗发生面积200hm^2。水域情况主要是水库面积100hm^2。植被情况主要有狗尾草、茅草、马唐草、牛筋草、狗牙根、小旋花、芦苇、虎尾草，总覆盖度为52.3%。其天敌种类主要是蜘蛛、步甲、蚂蚁、虎甲、寄生蜂和鸟类、蛙类。土质黏土占到30%，壤土占50%，沙土占20%。库区因排涝工程堵塞，积水无法排出，形成内涝地，耕作粗放而形成大量夹荒；并存有大量的荒山，杂草丛生，滋生了大量杂草，为蝗虫的生长繁殖提供了良好的滋生环境。

三、蝗虫发生情况

多年来由于党和政府的高度重视，积极带领广大群众，采取有力的防治措施，基本控制了该虫在我区境内的发生与危害。年均发生夏、秋蝗200～500hm^2。但进入90年代后，因气候、环境的变化，发生面积逐年扩大，密度逐年增高。1992年每平方米2头以上的不足1 300hm^2；1998年增到2 100hm^2；1998年为3 600hm^2；其中夏蝗占86.67%。2004年6月上旬调查一般平方米有虫50～80头，高的点达100～200头。其中1998年在周村水库曾经蝗虫大规模暴发，由于领导重视，技术措施到位，没有造成危害。进入2010年以来，随着农业经济的发展，农业机械化水平的提高，荒地被开垦，精耕细作面积不断扩大，蝗虫适生面积将逐步减少，致使东亚飞蝗发生呈下降趋势，发生程度一般为中等偏轻发生，发生面积降到1 000hm^{2}以下。2014年5月下旬蝗蝻密度调查，在0.2～0.4头/m^{2}的面积为260hm^2，密度在0.5～1.0头/m^{2}为530hm^2，密度在1.1～3.1头/m^{2}面积为330hm^2，密度在3.1～6头/m^{2}以上的面积为60hm^2。夏蝗出土始期在5月10日左右，出土盛期在5月下旬，3龄盛期5月30日前后。产卵盛期为9月10日至10月20日。总之由于防治技术、预报预测到位，领导高度重视，蝗虫大面积发生并造成危害的情况很难发生。

四、治理对策

（1）搞好蝗虫监测工作，及时准确地发布各类预测、预报信息。

（2）贯彻"改治并举"方针，改善发生地生态环境。切实搞好农田水利基本建设，做到旱能浇、涝能排。实行精耕细作、消灭小片夹荒。同时大力开展植树造林、消除山间荒坡、边角荒地，以改变植被，恶化食源。对矿区塌陷地要挖坑塘养鱼、养藕。

（3）要科学使用化学农药。在蝗虫出土期，带药侦察，打好"堵窝战"，集中力量消灭在3龄之前。

（4）要充分利用有益天敌进行控治。

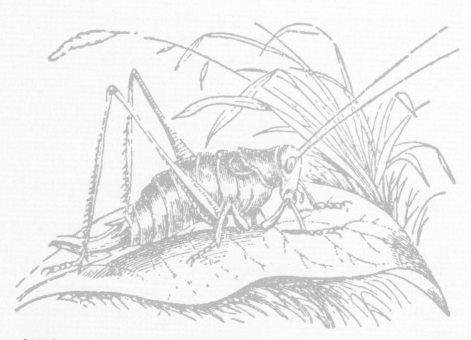

滕州市蝗区概况

一、蝗区概况

滕州市属枣庄市，位于山东省南部，地处北纬34°49′32″～35°18′21″，东经116°48′27″～117°24′26″之间，东临枣庄市山亭区，南与枣庄市薛城区，西与济宁市微山县接壤，北与济宁市邹城市相交，总面积1 495km²，市境南北长46km，东西宽45km，海拔30.4～597m。滕州市辖4个街道17个乡镇，总人口171万，耕地面积8.66万hm²，人均生产总值6.4万元。滕州市地势由东北向西南倾斜，依次为低山丘陵、平原、滨湖。其中低山丘陵453.8km²，占全市面积的30.5%；平原面积914km²，占全市面积的61.6%；滨湖区面积117km²，占全市面积的7.9%。境内有大小山头453个，大小河流近100条，且气候温和，夏季多雨，春、秋干旱，受大气环流和季风气候的影响，易形成蝗虫的适生条件，特别有利于东亚飞蝗的生存，成为历史上东亚飞蝗的重发区。

二、蝗区分布及演变

从晋元帝大兴元年（公元318年）至1944年，仅县志记载的大蝗灾就有18次之多。新中国成立后，20世纪50年代蝗虫仍是滕州农业上的一大灾害，其中1959年夏蝗、秋蝗暴发，发生面积高达33万亩。60年代初，由于筑建沿湖大堤，兴修水利，种植水稻，植树造林，使沿湖低洼区自然环境得到了良好改造，蝗区面积不断缩小，并于1963年摘掉了滕州蝗区的帽子。但80年代以来，由于连年的干旱，微山湖水位下降，滩涂裸露，加之水稻种植面积大幅度减少，致使东亚飞蝗大幅度回升，已改造好的蝗区又得以恢复。1989年秋蝗时隔30年又一次大暴发，湖苇遭受严重危害面积2万多亩，农作物受害面积1万亩。进入90年代，虽然蝗虫发生相对稳定，但每年均能查到较高密度的蝗片，其中1993年秋蝗、1995年夏蝗达防治指标面积均在5 000亩以上。90年代中期笨蝗、短额负蝗、中华稻蝗等土蝗也在局部地区构成严重危害。21世纪初，由于连年干旱，蝗虫适生区面积逐年加大。湖区由于连年重点控制，东亚飞蝗蝗区常发面积基本稳定，而内涝区、库区、干枯塘坝、河道、山间平原等适生区

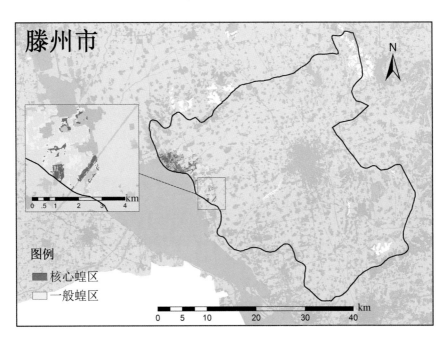

图例
■ 核心蝗区
□ 一般蝗区

东亚飞蝗发生面积大幅度扩大，东亚飞蝗常发面积由10万亩上升至近20万亩，增加1倍。根据2004年勘察结果，结合滕州市自然生态环境和蝗虫分布特征，可把滕州蝗区划分为3个生态类型：一是滨湖地区发生区，面积15万亩。该区地势低洼、杂草丛生、湖水水位不稳、耕作粗放，形成常发蝗区。主要分布在滨湖镇、级索镇、济微公路以西、京杭运河主干道以西地区。该区以东亚飞蝗发生为主，中华稻蝗、短额负蝗也占有一定比例，是滕州市的重点蝗区。植被以玉米、小麦、大豆、花生、芦苇、狗牙根、蓼等为主。土壤类型为潮褐土。二是沿河内涝蝗虫发生区，面积8万亩。该区地势低洼，降水量集中，积水易涝，耕作粗放。主要分布在柴胡店镇、张汪镇十字河流域和西岗镇的荆河、郭河交汇处，近年来东亚飞蝗有加重趋势，大垫尖翅蝗、短额负蝗、黄胫小车蝗也是常见种类。植被主要以玉米、小麦、大豆、甘薯、花生、狗牙根、马唐等为主。土壤类型为褐土。三是山地丘陵蝗虫分布区，面积10万亩。分布在东部木石、东郭、羊庄等镇，该区是蝗虫种类分布最多的地区，优势种群是笨蝗、小车蝗、花胫绿纹蝗、短星翅蝗，山间平原和干枯塘坝局部东亚飞蝗发生严重。蝗区植被以小麦、玉米、大豆、甘薯、水蓼、毛根等为主。土壤类型为褐土。

最近几年，经过各级的综合防治和加强管理，滕州市蝗区面积稳定，发生危害逐年降低，目前的东亚飞蝗区主要集中在滨湖镇和级索镇，平均密度较低，蝗情稳定。现有蝗区主要分布在滨湖镇和级索镇，蝗虫类型有东亚飞蝗、负蝗、笨蝗等。滕州市蝗区滨临微山湖，地形复杂多变，河道坑塘、沟渠、滩涂、沼泽地混布其中，杂草、芦苇丛生，部分开荒农田夹杂其中。从目前发生情况结合历史资料、气象和水文资料分析，今后相当长一段时间内，滕州市沿微山湖局部区域仍是东亚飞蝗的适生区，并随微山湖水位的变动而变化，蝗情变动性大，易成灾。

三、蝗虫发生情况

滕州市蝗虫常年发生面积2 400hm^2，防治面积1 500hm^2。近年我市夏蝗整体发生面积和危害程度保持平稳，高密度点相对集中。2017年，春季挖卵调查共取点400个，有卵点仅2个，有卵样点率为0.5%，蝗卵平均密度为0.4粒/m^2。卵粒越冬死亡率为9.15%，较去年高出0.11%。夏蝗出土始期是5月1日，出土高峰期在5月17日，羽化盛期6月5日左右，产卵盛期6月20日左右。夏蝗平均密度0.3头/m^2，最高密度3.28头/m^2，发生程度为2级。发生面积3.91万亩，比2016年发生面积降低0.51%。其中达到防治指标的面积为2.32万亩，比2016年降低8.3%。东亚飞蝗秋蝗始发期为7月22日，发生面积3.71万亩，发生程度2级。飞蝗发生区域主要为滨湖、级索等沿湖湿地、草滩等地带。笨蝗、负蝗等土蝗发生程度与去年相当，主要集中在夹荒地或荒地。

四、治理对策

1. **贯彻"改治并举"方针，结合兴修水利、农田基本建设，大搞蝗区改造** 新中国成立初期，治蝗的手段落后，主要是发动蝗区的群众，采取分围、合网、埋坑、火攻、开沟陷杀等人工灭蝗方法消灭蝗害。随后进入药剂防治阶段。滕州市逐年扩大药剂治蝗面积并随着"改治并举"治蝗方针的深入贯彻实施，结合兴修水利、农田基本建设，大搞蝗区改造，基本控制了滕州市的蝗灾。1996年滕州市重新被定为蝗区后，认真贯彻"预防为主、综合防治""狠治夏蝗、抑制秋蝗"的防治策略，结合滕州市蝗区的特点，以改为主，消灭蝗虫滋生地。

2. **重视蝗情调查及预测预报** 高度重视蝗情调查和预测预报工作，对重点蝗区进行严密监控，挖卵调查，发布夏蝗发生预报。实行蝗区汇报制度，蝗区查蝗员每周两次（周一、周四）向市植保站汇报调查情况，关键时期一天一汇报。充分运用GPS定位技术，网络技术等先进技术手段，认真开展蝗情普查和重点调查，及时发布汇报蝗虫发生动态，为防治工作提供科学依据。

2002年，国家投资300万元建设的滕州市蝗虫地面应急防治站开始动工。2005年10月，山东省农业厅组织领导、专家进行了验收。通过应急站建设基本实现了蝗区勘察、蝗虫测报、指挥调度等现代化。2004年，根据山东省农业厅《关于开展东亚飞蝗蝗区勘察工作的通知》要求，由滕州市农业局统一领导，市植保站和各有关镇农技站负责具体实施，对全市蝗区进行了重新勘察。滕州市蝗虫防控逐步形成体系，夏蝗、秋蝗周报表及时上报，并根据蝗虫发生面积和防治指标，提前准备物资，配备专业防治人员，将蝗虫密度控制到防治指标以下，防治效果达80%以上。2013年，根据农业部批准的山东省东亚飞蝗滋生区远程监控示范项目要求，市植保植检站经过多天实地考察，结合历年飞蝗发生情况、生态环境因子、水电交通等多种因素，综合考虑基点运转安全管理等问题，在滕州市滨湖镇后辛安村建设野外虫情固定基点。2017年，根据山东省农业厅、山东省财政厅《关于组织实施2017年山东省农作物病虫害智能化预警监测能力建设的通知》要求，结合滕州市实际，拟在滨湖镇后辛安村建设蝗虫智能化预警监测点一处，拟采购病虫监测智能网关、野外自动气象监测仪、病虫发生实时高清图像采集设备、东亚飞蝗自动监测仪等仪器设备，该项目点建成后将更有效地监测滕州市蝗虫滋生区的情况，确保蝗情信息的准确性。

3.**充分发挥农作物病虫害兼防兼治的作用**　以防治特殊环境为重点，并充分发挥防治农作物害虫的兼治作用，逐步控制蝗害，滕州市治蝗工作取得了显著效果。按照"依靠群众，勤俭治蝗，改治并举，根除蝗害"和"狠治夏蝗，抑制秋蝗"的治蝗策略，针对蝗虫发生期虫龄不一致，新蝗区群众防治意识较差，难度加大等新特点，采取堵窝防治与普通防治相结合，专业防治与群众防治相结合的办法，分类指导，科学防治。对面积较大、发生集中的重点蝗片，组织专业队伍进行堵窝防治。对发生面积大、发生程度不均匀的蝗区采取群防和专业队结合的方式进行挑治。对山地土蝗要以群防为主，专业队打封锁隔离带，防止扩散蔓延。充分发挥蝗虫地面应急防治站和各镇机防队的优势。把蝗虫防治与作物病虫害防治结合起来，对出土较早、面积较小的夹荒地、河道等零星蝗区，结合麦田病虫防治进行喷药控制。通过专业队和群防结合，将蝗虫消灭在低龄阶段。全面推广应用吡虫啉、阿维菌素等安全药剂，进行超低容量喷雾，在确保治蝗效果的前提下，尽量减轻对环境的污染。

4.**大力推广生态治蝗措施，注重生物防治**　滕州市2001年被确定为第二批生态农业示范县（市），市政府把微山湖湿地保护利用及涝洼地综合治理工程作为生态农业建设八大工程之一。2002年，滨湖镇采取挖鱼池、修台田、实行上粮下渔、上牧下渔的模式进行蝗区治理，治理面积达5 000亩。2003年改造1.5万亩，2004年改造2.6万亩。在治理涝洼地的同时，注重微山湖湿地的保护利用，建成了10万亩野生红荷微山湖芦荡湿地旅游区和生态观光农业区，有效地控制了蝗虫的发生。

在采取化学防治的基础上，大力推广生态治蝗措施，通过保护利用天敌，改善水利设施，推广植树造林、改变发生地植被，种植飞蝗不喜食的甘薯、瓜类、花生、豆类等措施，提高土地利用率和覆盖度，减少蝗虫的滋生地，逐步实现对蝗虫的可持续治理。研究微山湖麻鸭对蝗虫的控制效果，并加以应用。大力推广微孢子虫防治蝗虫技术。探索蝗虫生防措施，减轻污染，改治并举，综合治理。

2017年植保站采购了苦参碱生物制剂用来防治东亚飞蝗，更有效地降低了农药对环境造成的危害。经过连年有效防治，滕州市东亚飞蝗得到有效控制，基本保持在监测范围，短期内达不到起飞成灾的程度。

5.**药剂防治**　所用药剂有：生物制剂如苦参碱，化学药剂如吡虫啉、阿维菌素等安全药剂。

薛城区蝗区概况

一、蝗区概况

薛城区属枣庄市，位于山东省的南面，北与滕州市为邻，自东北向东南依次与本市山亭区、市中区、峄城区接壤，西与微山县毗连，版图如菱形。总面积423.02km²。2012年区辖7个镇、街，共有197个行政村、24个居委会。总人口43.9万，其中农业人口26.89万。土地总面积40 381.71hm²，其中，耕地面积21 876.20hm²，现有水面2 209.49hm²。年人均纯收入在2 000元左右。

二、蝗区分布及演变

现有蝗区总面积1 200hm²，分布6个镇、街。具体有2个蝗区。蝗虫类型主要有东亚飞蝗、稻蝗、车蝗、笨蝗、负蝗和尖头蚱蜢。1号蝗区是南靠微山湖的沙沟、常庄和周营3个镇境内。常年夏蝗发生面积450hm²，发生密度平均每平方米有虫2.48头；秋蝗发生面积100hm²。水域情况具体是水库面积45hm²，河道面积20hm²。植被情况主要有芦苇、枯江草、茅草、红蓼、稗草、狗牙根、三棱草和狗尾草8种，总覆盖度为56.1%。其天敌种类主要是蜘蛛、步甲、蚂蚁、虎甲、寄生蜂和鸟类、蛙类。土质以黏土为主，占到80%以上；壤土约占10%左右。属典型的滨湖蝗区。2号蝗区是在我区东部北部山间丘陵一带。主要分布在陶庄、邹坞、巨山等镇、街境内。常年夏蝗发生面积550hm²，秋蝗发生面积100hm²。水域情况主要是水库面积31hm²。植被情况主要有狗尾草、茅草、马唐草、牛筋草、狗牙根、小旋花、芦苇、虎尾草，总覆盖度为52.3%。其天敌种类主要是蜘蛛、步甲、蚂蚁、虎甲、寄生蜂和鸟类、蛙类。土质黏土占到30%，壤土占50%，沙土占20%。地处东部山间枣陶盆地因排涝工程堵塞，积水无法排出，形成内涝地，耕作粗放而形成大量夹荒。并存有大量的荒山和矿区塌陷地，杂草丛生，滋生了大量杂草，为蝗虫的生长繁殖提供了良好的滋生环境，属典型的内涝类蝗区。

三、蝗虫发生情况

20世纪50年代以来由于党和政府高度重视，积极带领广大群众，采取有力的防治措施，基本控制了该虫发生与为害。年均发生夏、秋蝗150～200hm²。但进入90年代后，因气候、环境的变化，发生面积逐年扩大，密度逐年增高。1992年每平方米2头以上的不足1 300hm²；1996年增到2 100hm²；1998年为3 600hm²；1999年4 300hm²；2004年高达到5 000hm²，其中夏蝗占86.67%。2004年6月上旬调查一般平方米有虫50～80头，高的点达100～200头，造成了我区近330hm²夏播作物毁苗、重播。进入2010年以来，随着农业经济的发展，农业机械化水平的提高，荒地被开垦，精耕细作面积不断扩大，蝗虫适生面积逐步减少，致使东亚飞蝗发生呈下降趋势，发生程度一般为中等偏轻发生。发生面积降到1 000hm²以下。2013年5月下旬蝗蝻密度调查，在0.2～0.4头/m²的面积为260hm²，密度在0.5～1.0头/m²的面积为530hm²，密度在1.1～3.1头/m²面积为330hm²，密度在3.1～6头/m²以上的面积为60hm²。夏蝗出土始期在5月10日左右，出土盛期在5月下旬，3龄盛期5月30日前后，产卵盛期9月10日至10月20日。

四、治理对策

（1）搞好蝗虫监测工作，及时准确地发布各类预测、预报信息。

（2）贯彻"改治并举"的方针，改善发生地生态环境。切实搞好农田水利基本建设，做到旱能浇、涝能排。实行精耕细作，消灭小片夹荒地。同时大力开展植树造林、消除山间荒坡、边角荒地，以改变植被，恶化食源。对矿区塌陷地要挖坑塘养鱼、养藕。

（3）科学使用化学农药。在蝗虫出土期，带药侦察，打好"堵窝战"，集中力量消灭在3龄之前。

（4）充分利用有益天敌进行控治。

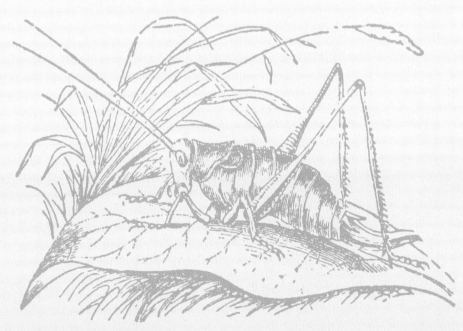

峄城区蝗区概况

一、蝗区概况

峄城区属枣庄市。位于山东省南部,东与临沂地区的兰陵县毗邻,西南与微山县接壤,北、西、南分别与本市的市中区、薛城区和台儿庄区相连。南北宽24.5km,东西长40km,总面积636.8km²。峄城区辖5个镇2个街道,总人口42.3万,耕地面积3.7万hm²,人均生产总值4.2万元。

二、蝗区分布

现有蝗区9 300hm²,划分为东亚飞蝗区、土蝗区、山区笨蝗区3个蝗区类型,主要分布在旧河道、沟渠、京杭大运河两岸,农田夹荒,荒滩,荒坡,山坡丘陵等地。

东亚飞蝗区:地形半平原半丘陵。主要有道路、旧河道、农田夹荒、荒滩、荒坡、山坡丘陵等。属于暖温带半湿润季风气候,年平均降水量872.9mm。

蝗虫天敌:卵期有寄生蜂、芫菁幼虫、蚂蚁等;蝻、成虫期主要有蛙类、捕食性蜘蛛、步甲、蚂蚁、鸟类等。

蝗区植被:杂草有茳草、狗芽根、马唐、稗草、虎尾草、狗尾草、蟋蟀草、画眉草、芦苇、白茅、早熟禾、莎草、小飞蓬、飞廉等占丘陵植被的87.5%。农作物有小麦、玉米、花生、西瓜、大豆等占作物植被的95.2%。

土壤类型:褐土。

三、峄城区蝗虫种群的演变

据《峄城区志》记载:1950年峄县人民政府组织力量对蝗虫开展调查,确定曹庄、阴平、坊上、古邵、峨山、城关等地为蝗虫发生区。进入20世纪60年代后蝗灾基本杜绝。

1989—1990年,连续两年对全区蝗虫进行普查,每年出动经过培训的普查员160人次,普查面积39万亩次。全区有蝗面积18.5万亩,优势种群分布为:山坡地平均4.8头/m²,以斑蝴蝗为主占53.0%;平原地以花尖翅蝗为优势种占50%;涝洼地2.2头/m²,优势种是短额负蝗占86.9%;而运河滩稻蝗占97.8%,平均密度37.2头/m²。

1998年以后,种群优势发生了巨大变化,原来的优势种群逐渐失去种群优势,而呈现出短角斑腿蝗、小车蝗、短额负蝗、尖翅蝗、大青蝗、尖头蚱蜢等种群混发的态势。同时东亚飞蝗也在库区、沟渠、夹荒地等特殊环境滋生蔓延,并成为该环境区域的优势种群。

2005年由于春季气温低,雨水少,出土偏晚,4月底的一次降雨过程,使大量蝗蝻于5月上旬开始破土而出。5中旬末调查:全区蝗蝻密度平均5~7头/m²,高点达14头/m²;有蝗面积10万亩,达到防治指标的面积8万亩;峨山镇太平庄村、侯辛庄村(低山丘陵)东亚飞蝗发生区,依然出现了高密度蝗片,一般每平方米有蝗蝻4~5头,高者达9~11头/m²,平均4.5头/m²,有蝗面积4万~5万亩,达防治指标面积2万~3万亩。

2007年以后,我区蝗虫经连年治理,加上农业产业结构调整、农田开荒等生态条件的改变,使之得到有效控制。尽管2005年山东省将东亚飞蝗防治指标提高到1头/m²,土蝗防治指标提高5头/m²,但我区每年仍有近10万亩的坡地、夹荒地、农田受到蝗害的潜在威胁。2008—2017年,东亚飞蝗有蝗面积6万~8万亩,达防治指标面积3万~5万亩,平均每平方米有蝗虫0.35头。

四、蝗虫发生情况

常年发生面积4 300hm²，防治面积4 300hm²。核心蝗区为平原低洼旧河道、农田夹荒、荒滩、荒坡；一般蝗区有平原有丘陵。

夏蝗出土始期在5月15日左右，出土盛期在5月20日左右，3龄盛期在6月5日左右，羽化盛期在6月20日左右，产卵盛期在7月5日左右。

五、治理对策

（1）实行化学防治与生态控制相结合，群众防治与专业防治相结合，重点挑治与普遍防治相结合，切实提高防治效果。贯彻实施了"依靠群众、改治并举，持续治蝗"的治蝗工作方针和"狠治夏蝗、控制秋蝗"的防治策略，在确保飞蝗不起飞不成灾目标实现的前提下，加大生物防治和生态控制力度，实现了蝗虫可持续治理。

（2）重视蝗情调查及预测预报。根据不同生态环境，制定具体调查方案，定点调查与普查相结合。及时发布夏秋蝗孵化期、3龄盛期、羽化盛期、产卵盛期预报确保防治及时到位。

（3）农作物病虫害兼防兼治。在飞蝗发生区积极采取"一防多治、防治并举"的策略，在搞好农作物害虫防治的同时兼顾蝗虫治理，取得了良好效果。

（4）加强生态控制。按照因地制宜，分类指导的原则，通过种植业结构调整及沿运、库区、河流两岸、农田夹荒、山坡荒地开垦和改造，改变了农业生态环境，破坏了蝗虫适生环境和滋生地，抑制了蝗虫的发生。

（5）注重生物防治。在蝗区积极推行生态养殖，家鸡放养、散养以及保护鸟类天敌等措施对蝗虫治理起到了事半功倍的效果。

（6）药剂防治。飞机防治与地面机械防治相结合，重点挑治与全面扫残相结合，各涉蝗镇村组建蝗虫应急防治专业队、机防队，开展专业统防统治。常用的化学药剂主要有马拉硫磷、高效氯氰菊酯等。

河南 ·HENAN
蝗区概况

河南省是我国历史上蝗灾发生最重的省份之一，据史料记载统计，从公元前624年至1949年的2 573年中，蝗灾发生达557年，平均发生频率为每4.62年发生1次。在全国，是除山东、河北两省之后的第三大蝗灾发生省份。

历史上遗留下来的蝗患，新中国成立以后继有发生，河南省历届政府对治蝗工作非常重视，成立了专门的治蝗机构，投入大量的人力、物力和财力，认真贯彻原农业部提出的"依靠群众，勤俭治蝗，改治并举，根除蝗害"的治蝗工作方针，对蝗区开展了大规模改造和综合治理。从1955年起，河南省开始使用飞机灭蝗，各蝗害地区结合农田水利建设逐步铲除飞蝗滋生基地，使大灾变小灾，小灾变无灾，治蝗减灾工作取得了举世瞩目的成就。到1984年，全省56个县1 225.68万亩的内涝、沙碱蝗区彻底改造，全部变成了粮棉油和其他作物生产基地，摘掉了蝗区帽子；412万亩河泛蝗区到1994年有176.26万亩得到初步治理，飞蝗适生地被压缩在沿黄20个县、区的仅260余万亩黄河滩区，20世纪90年代以来，特别是进入21世纪以来，在继续抓好应急防控的同时，加大生态改造和生物防治力度，蝗情得到有效缓解，目前已不足以起飞和大面积成灾，基本实现了蝗灾的可持续治理。

一、河南省蝗区划分

新中国成立初期，根据河南省蝗虫发生的不同环境条件，将蝗区概括为三个类型，即内涝蝗区、河泛蝗区、沙碱蝗区。分布在13个地、市的68个县、区，宜蝗面积1 533.3万亩。

1.**内涝蝗区** 此类蝗区，低洼易涝，耕作粗放，杂草丛生，是蝗虫滋生的基地，分布范围广，涉及12个地、市的56个县、区，宜蝗面积1 154.1万亩。其中卫河流域内涝蝗区，包括新乡、安阳、濮阳等5个地区的汤阴、浚县、滑县、内黄、博爱、淇县、延津等16个县，宜蝗面积433.9万亩；沙河、淮河流域内涝蝗区，包括许昌、周口、驻马店、信阳等4个地区的商水、项城、郸城、西华、鄢城、舞阳、许昌、西平、遂平、汝南、息县、淮滨等24个县，宜蝗面积419.1万亩；黄河沿岸低洼内涝蝗区包括郑州、开封、洛阳等4个地、市的孟津、原阳、新郑、中牟、尉氏、通许、杞县等16个县区，宜蝗面积296.12万亩。内涝蝗区的宜蝗面积最大，占全省宜蝗面积的75.3%。此类蝗区到1984年绝大部分得到改造和治理，仅存中牟县万滩等乡镇零星区域，面积不足5万亩。

2.**河泛蝗区** 也称黄河滩蝗区。此类蝗区，由于河床不固定，滩区时大时小，加之耕作极为粗放，给蝗虫大量繁殖危害提供了良好的环境条件。该蝗区西从灵宝县，东至台前县，涉及黄河所经的21个县、区（台前、范县、长垣、濮阳、兰考、中牟、开封、封丘、原阳、武陟、孟县、温县、荥阳、巩县、孟津、陕县、三门峡、灵宝、郑州市郊区、开封市郊区和洛阳市吉利区），距离长达770km，宜蝗面积317.5万亩，占全省宜蝗面积的20.7%。此类蝗区到1984年有近50万亩得到改造和治理，面积压缩到260万亩左右。

3.**沙碱蝗区** 此类蝗区，由于排灌不配套，造成地下水位升高，加之耕作粗放，杂草丛生，形成了蝗虫的适生基地，主要分布在豫东沙碱地的民权、兰考、宁陵、商丘等4个县境内，宜蝗面积61.7万亩，占全省宜蝗面积的4.0%。此类蝗区于1984年全部得到改造和治理，摘掉了蝗区帽子。

二、不同阶段蝗虫发生特点及防控对策

新中国成立以来河南省的蝗虫发生防治，大致可分为五个阶段：

1.**初期阶段（1949—1956年）** 新中国刚刚成立，国民经济处于恢复时期，农民种田积极性很高，但是由于生产水平较低，国民经济落后，科技水平不高，对旧社会遗留下来的蝗患，除治能力差，蝗虫在河南省各地发生危害仍十分严重，1950—1952年，蝗虫发生面积一般为500万亩左右，每平方米虫口密度在5头上下，最多的达100头以上。这一时期的主要治蝗措施是发动群众开展人工捕打，挖沟围歼、深埋。1956年开始使用666粉治蝗，主要方法是：用纱布袋和人工撒药，杀虫效果好，防治进度快，为河南省大面积推广应用药物治蝗，开辟了一条新路子。

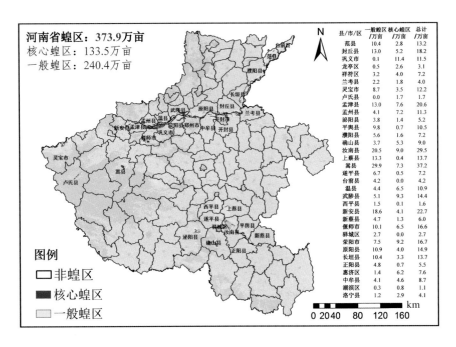

县/市/区	一般蝗区/万亩	核心蝗区/万亩	总计/万亩
范县	10.4	2.8	13.2
封丘县	13.0	5.2	18.2
巩义市	0.1	11.4	11.5
龙亭区	0.5	2.6	3.1
祥符区	3.2	4.0	7.2
兰考县	2.2	1.8	4.0
灵宝市	8.7	3.5	12.2
卢氏县	0.0	1.7	1.7
孟津县	13.0	7.6	20.6
孟州县	4.1	7.2	11.3
泌阳县	3.8	1.4	5.2
平舆县	9.8	0.7	10.5
濮阳县	5.6	1.6	7.2
确山县	3.7	5.3	9.0
汝南县	20.5	9.0	29.5
上蔡县	13.3	0.4	13.7
嵩县	29.9	7.3	37.2
遂平县	6.7	0.5	7.2
台前县	4.2	0.0	4.2
温县	4.4	6.5	10.9
武陟县	5.1	9.3	14.4
西平县	1.5	0.1	1.6
新安县	18.6	4.1	22.7
新蔡县	4.7	1.3	6.0
偃师市	10.1	6.5	16.6
驿城区	2.7	0.0	2.7
荥阳市	7.5	9.2	16.7
原阳县	10.9	4.0	14.9
长垣县	10.4	3.3	13.7
正阳县	4.8	0.7	5.5
惠济区	1.4	6.2	7.6
中牟县	4.1	4.6	8.7
湖滨区	0.3	0.8	1.1
洛宁县	1.2	2.9	4.1

河南省蝗区：373.9万亩
核心蝗区：133.5万亩
一般蝗区：240.4万亩

图例
□ 非蝗区
■ 核心蝗区
▨ 一般蝗区

　　2. 蝗虫大发生阶段（1957—1966年）　这一阶段由于受极"左"路线和3年经济困难的影响，造成了农田耕作粗放，部分荒废，加之挖一些不适当的蓄水工程，排、蓄极不合理，使大面积农田常年积水，给蝗虫大量繁殖提供了适宜的环境条件，导致蝗害发生程度明显加重，蝗虫发生达到顶峰，发生面积最大，密度最高。1959年全省夏秋两季发生蝗虫达1 204.2万亩，在治蝗技术上，这一阶段主要是全面开展药剂防治，并大面积推广飞机灭蝗，迅速压低了蝗虫密度，控制了危害。与此同时，开展蝗区改造的试点工作，取得了良好效果。

　　3. 全面贯彻治蝗方针，彻底根治内涝、沙碱蝗区（1967—1984年）阶段　此一时期，河南省继续全面贯彻"依靠群众，勤俭治蝗，改治并举，根除蝗害"的方针，在压低虫口密度的基础上，突出抓了内涝、沙碱蝗区的综合治理工作，通过全面发动群众，采取挖沟排涝、打井灌溉、引黄淤灌压沙盖碱、机耕垦荒、粗耕细作、种植牧草、造林防风、兴建果园等一系列措施，从根本上改变了内涝、沙碱蝗区的面貌，到1984年将690万亩内涝和沙碱蝗区全部得到改造，42个县摘掉了蝗区的帽子。飞蝗滋生地被压缩在沿黄河7市21个县（区）难以彻底改造的黄河滩地，宜蝗面积260万亩，每年虽然会出现一些高密度点片，经积极有效防治，已不足成灾。

　　4. 蝗情回弹重发，应急防治为主阶段（1985—2001年）　从80年代中期特别是进入90年代以来，由于受异常气候和其他综合因素的影响，东亚飞蝗在河南省的发生出现了一些新变化、新特点。主要表现：一是发生范围明显扩大。到2001年，河南省蝗区范围已由80年代初的21个县(区)、90年代初的29个县(区)扩大到9个市36个县(区)，宜蝗面积达450万亩(其中黄河滩蝗区350万亩，内涝蝗区100万亩)，比80年代扩大了200万亩。1992年以来原内涝蝗区之一的驻马店地区8个县(市)蝗灾死灰复燃、1995年以来又出现了偃师、嵩县、洛宁、卢氏、渑池等新的蝗虫发生区，1998年黄河小浪底工程开始蓄水后，上游济源、新安等县的部分黄河滩区也逐步演变为飞蝗滋生基地；二是发生面积急剧增加。2000年，河南省发生夏、秋蝗面积482.7万亩，较80年代均值增加2.5倍，是90年代初期的2.1倍；三是暴发频率提高。80年代的10年间，河南省蝗虫重发年仅有2年(1986年、1989年)，但进入90年代后，暴发频率明显增加，1992年灵宝县秋蝗暴发，1993年驻马店地区8县(市)秋蝗成灾，1995年中牟县秋蝗出现每平方米8 000头的高密蝗群，1997—2000年夏蝗在全省范围内连年重发，特别是1999—2000年蝗虫重发情况通过新闻媒体公布后，引起全社会的广泛关注，治蝗减灾工作形势变得十分严竣。

造成这一阶段河南省东亚飞蝗发生加重的原因主要有以下几方面：

一是气候条件有利。80年代，特别是90年代以来，受厄尔尼诺和拉尼娜天气现象的影响，全球气候变温，干旱加剧，旱涝交替，导致黄河频繁断流，河南省宿鸭湖水库、陆浑水库、故县水库等不少库湖、河流干涸，滩地荒地大片裸露，使宜蝗面积急剧扩大。从省黄河河务局提供的90年代以来黄河流量资料和我们统计的宜蝗面积对比情况（见表1），可明显看出这一点。表中数字显示：1989—1995年、2000年，小浪底监测站黄河年径流量从392.8亿 m^3，减少到317.8亿 m^3、151.24亿 m^3，相应的黄河滩宜蝗面积由260万亩，增加到297万亩、350万亩，当年蝗虫发生面积由231.45万亩，增加到293.6万亩、482.6万亩。

黄河流量与蝗虫发生关系对比表

年度	资料来源	年径流量（亿m³）	宜蝗面积（万亩）	当年蝗虫发生面积（万亩次）
1989	小浪底水文监测站	392.8	260	231.45
	花园口水文监测站	425.3		
1995	小浪底水文监测站	317.8	297	293.6
	花园口水文监测站	342.61		
1999	小浪底水文监测站	179.64	315	434.58
	花园口水文监测站	207.09		
2000	小浪底水文监测站	151.24	350	482.66
	花园口水文监测站	167.06		

二是黄河的不稳定性增加了治蝗难度。河南省处于黄河河道的"豆腐腰"地段，黄河流量年度间的极度不稳定性，使得黄河滩区飞蝗适生基地难以彻底改造。

三是小浪底水利工程及新建黄河控导工程的影响。受黄河小浪底工程蓄水和中牟、开封、封丘、长垣近年新建黄河控导工程的影响，导致黄河嫩滩、夹河滩不断出现，这些滩区基本不耕或耕作粗放，逐步演变为东亚飞蝗的滋生基地，这也是造成近年来宜蝗面积不断扩大的重要原因。

四是东亚飞蝗自身的生物学特性决定其很难得到根除。东亚飞蝗有很强的适应能力，其食性很杂，可以取食100多种常见植物，对自然界有很强的适应性；其繁殖率非常高，据我们多年调查，夏蝗一头雌虫可产卵400多粒，最高达600多粒，秋蝗一头雌虫能产卵200～300粒，其繁殖量呈几何速率增长；飞蝗的抗逆能力很强，能在不同海拔高度和恶劣生态环境下生存，冬季连续10天以上－15℃的地温才可能对越冬蝗卵产生影响，而这种天气在河南省几乎没有，此阶段，每年蝗卵的越冬存活率均在90%以上。东亚飞蝗上述生物学特性决定其很难根除。

五是人为因素为飞蝗发生提供了比较宽松的生存空间。部分领导对治蝗工作思想上麻痹松懈，存在侥幸心理，一般号召多具体落实少，致使查蝗、治蝗出现死角，留下了潜在的蝗灾隐患，加之受粮价偏低的影响，滩区农民种田积极性降低，耕作粗放，加之防治其他病虫用药量减少，对蝗虫的兼治作用减弱，也间接加重了蝗虫的发生。

根据这一阶段东亚飞蝗发生特点，在防治上，河南省采取了以药物防治为主，生态改造为辅的综合治理措施。在具体方法上，认真贯彻了"狠治夏蝗、抑制秋蝗"的战略战术，对夏蝗，集中力量打好麦前堵窝、麦后普治，查残扫残三个阶段性战役，尽最大努力压低残蝗基数，对秋蝗则实行"全面监测，集中围歼，重点控制"，同时，在比较稳定的滩区发动群众，有计划地进行生态改造。通过以上措施的协调运用，每年均能及时有效控制蝗害，没有造成蝗虫起飞或大面积成灾。1998—2001年，年均防治东亚飞蝗的面积在260万亩左右，占达标面积的89%，其中每年的飞机治蝗面积一直稳定在60万～70万亩，飞蝗作业区主要集中在常年夏蝗发生面积大、虫口密度高的12个县(区)。据各蝗区调查，飞机防治的效果一般在90%左右，人工防治效果为80%～85%。

5. **蝗情缓解，可持续治理阶段（2002年后）** 黄河小浪底水库2000年开始建成蓄水，自2002年开始，已连续实施了13次汛前调水调沙。经过10余年的"冲澡、净身"，黄河累计入海总沙量达7.62亿t，河道下游主槽河底高程平均被冲刷降低约2.03m，主槽最小过流能力由2002年汛前的每秒1 800m³提高到2011年的每秒4 100m³。通过调水调沙，将库区淤沙和河床淤沙冲入下游，输送入海，既保证了堤防不决口、洪水不泛滥，又减少了主槽河床的淤积，使黄河主河道趋于固定，滩区稳定，从而给蝗区生态改造提供了契机，滩区改造力度明显加大，生态控制技术逐步推广应用，蝗区生态条件明显改善，蝗虫滋生基地被大大压缩，由20世纪90年代的250万亩减少到不足70万亩。加之经过连续多年的大面积应急防治，压低了蝗虫发生基数，进入21世纪后，河南省蝗情开始有所缓解，基本上保持在中等发生程度以下，高密度蝗群数量和每平方米高于10头的高密区面积大大减少。

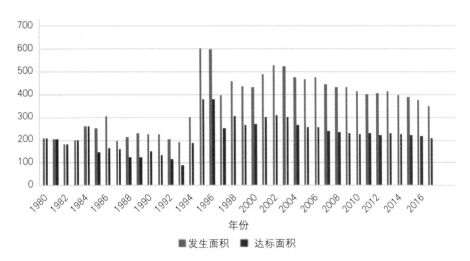

河南省历年蝗虫发生面积

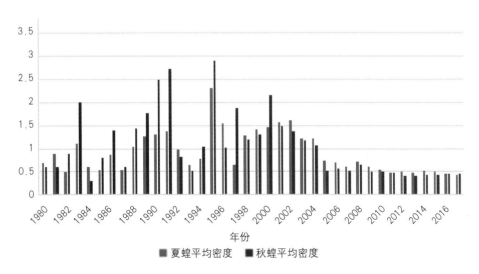

河南省历年蝗虫发生密度

针对蝗情有所缓解的实际情况，及时调整防治策略，变"狠治夏蝗，抑制秋蝗"为"狠治夏蝗，控制秋蝗"，在继续搞好应急防治的同时，扩大蝗区改造面积，压缩飞蝗滋生区域；标志着治蝗工作进入应急防治、生物治蝗和生态控制协调发展的可持续治理阶段。此阶段，采取的主要治蝗对策：一是积极提倡在已经稳定的二滩区垦荒种植苜蓿、花生、芦笋等蝗虫非喜食植物，精耕细作，破坏其滋生场所，恶化其食物条件，扩大生态控制面积；二是利用微孢子虫、绿僵菌、苦皮藤素、苦参碱、印楝素等生物农药治蝗，化学农药使用量减少50%以上；三是进行卫星导航精准施药，提高工效，降低了生产成本。每年虽然还进行一定规模的飞机治蝗，但使用的全部是微孢子虫、绿僵菌等生物农药，且作业面积大大减少。

据统计，2006—2016年，年均治蝗面积285万亩，其中化学防治150万亩，较90年代末期减少35%，其中飞机防治26.8万亩，减少50%～60%。与此同时，生物防治面积35万亩，生态控制面积28.9万亩，分别增加了80%和30%。通过三大措施的协调应用，2005年以来蝗情一直稳定保持在偏轻发生状态，治蝗工作走上了可持续发展的良性循环。

三、未来蝗虫发生趋势与防控对策

根据飞蝗自身发生规律、现阶段蝗区生态环境、长期天气变化及目前防控水平，可以预测，在未来几年内。东亚飞蝗总体仍将保持在中度或偏轻发生水平，总体趋于平稳，局部隐患犹存。滋生地面积进一步缩减，暴发频率进一步下降，发生规模由片状向局部、分散、点状演变。每年虽然还会有高密点片出现，不至于对农业生产构成严重威胁。

四、防治对策

（1）加强蝗情监测。重点是近几年新形成的嫩滩区、夹河滩、鸡心滩及蝗区结合部。

（2）进一步推行蝗区生态改造。对比较嫩滩区和夹河滩，继续因地制宜进行生态改造，最大力度压缩飞蝗滋生基地。

（3）优先采用生物防治技术。在蝗虫中低密度发生区，要优先采用微孢子虫、绿僵菌等生物防治技术，尽量不用或少用化学农药。

（4）及时开展应急防控。当蝗虫发生密度高于10头/m³时，采取飞机防治与地面防治相结合，及时开展应急防治，确保达标区域防治处置率达100%。

长垣县蝗区概况

一、蝗区概况

长垣县隶属新乡市，2014年被列为河南省直管县。东临黄河，与山东省东明县隔河相望，西邻滑县，南与封丘县毗连，北与滑县、濮阳接壤。全县国土面积1 051km²，南北长51km，东西宽28km。辖12个镇、2个乡、4个办事处，总人口88万人，耕地面积5.74万hm²。2016年生产总值达212亿元，城镇人均收入16 354.8元，农民人均收入10 071元。

二、蝗区分布及演变

现有蝗区17 890hm²，划分为5个蝗区，主要分布在黄河以西、天然文岩渠贯孟堤以东。从南向北依次为恼里镇蝗区、魏庄镇蝗区、芦岗乡蝗区、苗寨镇蝗区、武邱乡蝗区。蝗虫类型有东亚飞蝗、土蝗等。

长垣县蝗区：地形沿黄河走势呈南北走向，地势南高北低，海拔落差为2m左右，平原地带，地势平坦，主要道路有南北串滩柏油路，总长50km，蝗区西部边沿天然文岩渠横贯南北。蝗区水文状况较差，属于暖温带大陆性气候，年平均降水量670mm，最大降水量1 160mm（1963年），最小降水量340.8mm（1997年），夏秋降水较多，占全年降水量的72.1%。蝗虫天敌种类主要有蛙类、大山雀、燕鸟、啄木鸟等鸟类。植被杂草树木主要有柳树、杨树，杂草主要有马唐、牛筋草、打碗花、泽七、芦苇草等。土壤属两合土质地，恼里镇蝗区有部分沙壤土质地。农作物主要夏季以小麦、秋季以大豆、玉米、花生为主。蝗区历史演变，由于长垣县地处黄河豆腐腰地段，2000年以前黄河滚动变化较大，2000年以后，特别是黄河小浪底标段建成以后，没有发生过洪涝灾害，黄河河道处于稳定状态，蝗区地形、面积也趋于无大变化。2000年以前蝗虫发生比较严重，常年飞机防治面积10万亩以上，人工防

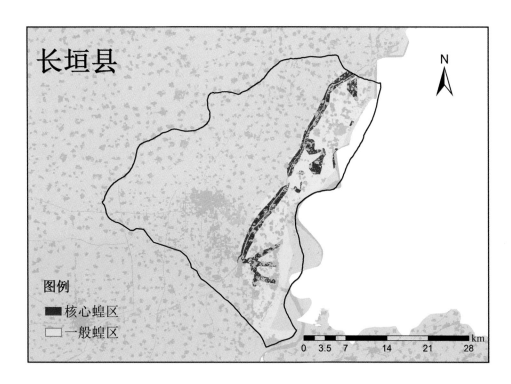

治面积在6万亩以上；2000年后，特别是2010年后经过大力防治，目前蝗情整体呈中度发生年份，个别区域重发生，最重年份为1986年出现的高密度蝗片，最高密度达212头/m²。

三、蝗虫发生情况

长垣县蝗区常年发生面积16 000hm²，防治面积12 000hm²，其中常年飞机防治面积3 000hm²，人工防治9 000hm²。核心蝗区主要分布在恼里镇、魏庄镇、芦岗乡三个蝗区，面积为12 000hm²，三个蝗区相连、面积大、地势平坦，农民耕作粗放，常年发生重，为飞机防治重点区域。一般蝗区为苗寨镇蝗区、武邱乡蝗区二个蝗区，面积为4 000hm²，面积小，地势略有起伏，为人工防治区。

长垣县夏蝗出土始期在4月25日左右，出土盛期在5月10日左右，3龄盛期在5月25日左右，羽化盛期在6月5日左右，产卵盛期在7月5日左右。

四、治理对策

贯彻"改治并举"方针，结合本县实际制定了"狠治夏蝗、抑制秋蝗"的防治策略。在准确掌握蝗情的前提下，对夏蝗采取"四个结合"的防治策略，即"堵窝防治与普治相结合""人工防治与飞机防治相结合""专业队防治与群众防治相结合""应急防治与生态控制相结合"。对特殊环境和麦田高密点，采取人工堵窝防治的办法，集中围歼，把蝗虫控制在3龄扩散之前，减轻大面积普治的压力。麦收后，及时组织大面积普治和扫残，对普遍严重区域考虑飞机防治，一般发生区域，以人工防治为主，尽最大努力压低残蝗基数，抑制秋蝗发生。在治蝗关键时期，植保、农技人员要深入防治现场，进行技术指导，确保防治质量，杜绝漏查、漏治现象的发生。

准确掌握蝗情是搞好防治的前提和基础。县植保植检站要严格按照省蝗虫测报办法，从3月起，治蝗专干和查蝗员必须坚守岗位，按有关要求，认真搞好蝗情系统调查、预报工作，真正做到准确、快速、超前，发现一片、查清一片、控制一片。特殊环境更要加强监测，注意查治。植保植检站要在准确掌握蝗情的基础上，及时向上级主管部门进行汇报，提出治蝗重点，制定防治预案，认真组织实施，当好领导参谋，争取治蝗工作的主动权，在蝗虫防治关键时期，要严格执行治蝗值班制度，确保信息传递畅通和防治及时。

农作物病虫害兼防兼治。蝗区夏季主要种植小麦，农民在4月中下旬防治蚜虫的时期对蝗虫也起到了兼治作用。秋季主要种植大豆、玉米，在防治秋作物苗期害虫的时候也对蝗虫起到了很好的兼治作用。常年夏秋两季蝗虫兼治面积可达30 000hm²。

加强生态控制。近几年在蝗虫生态控制方面积极鼓励农民在种植农作物时精耕细作，积极开荒种地，不让土地荒芜，对新出现的夹河滩、鸡心滩、嫩滩提倡群众种牧草等措施以生态控制蝗虫发生危害，2017年生态控制面积达1 600hm²。

注重生物防治。从保护环境、保护生态、农产品质量安全方面出发，近几年大力推广了生物防治，在防治时减少化学农药使用，推广使用生物农药，2017年生物防治面积达2 667hm²。

所用的防治药剂主要为生物制剂和化学药剂。其中生物农药主要有绿僵菌、微孢子虫，化学农药主要有功夫、辛硫磷等。

巩义市蝗区概况

一、蝗区概况

巩义市属河南省直管县，原属郑州市，位于河南省中部，西距洛阳市76km，东距郑州市82km，东与荥阳为邻，西和偃师、孟津接壤，南与登封、新密以嵩山为界，北和孟州、温县隔黄河相望，面积1 043km²，巩义市辖4个街道办15个镇，80万人，耕地面积3.33万hm²，人均生产总值7.5万元。

二、蝗区分布及演变

现有蝗区6 700hm²，划分为3个蝗区，主要分布在康店镇和河洛镇。蝗虫类型有东亚飞蝗、土蝗等。

巩义市现有3个蝗区地形相似，比较复杂，均为种植作物及道路以及部分荒滩，种植的作物种类多样，包括小麦、玉米、花生、蔬菜、果树、花卉、药材、牧草等。荒滩杂草种类较多，主要有禾本科、十字花科、莎草科等。蝗区属于季风气候，降水偏少，土壤为沙土。

蝗区近10年来总体蝗情稳定，未出现过高密度蝗片。

三、蝗虫发生情况

巩义市东亚飞蝗常年发生面积5 333hm²，夏蝗发生3 333hm²，秋蝗发生2 000hm²，防治面积在3 333hm²，夏蝗防治2 000hm²，秋蝗防治1 333hm²。核心蝗区以东亚飞蝗为主，荒滩发生密度较大，农作物种植区发生密度较小。一般蝗区以土蝗为主，群众防治病虫及时，蝗虫发生密度小。

巩义市夏蝗出土始期在5月1日左右，出土盛期在5月中旬，3龄盛期在5月底6月初，羽化盛期在6月中下旬，产卵盛期在6月底。

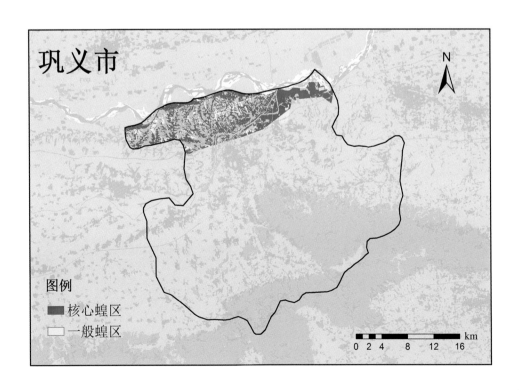

四、治理对策

（1）加强组织领导。巩义市蝗虫防控工作实行分级负责，属地管理，确保防蝗工作顺利进行。市级成立有副市长任组长的蝗虫防治指挥部，要求各蝗区镇成立相应的机构，切实加强领导，明确责任，落实措施，确保蝗虫防控工作顺利圆满完成。

（2）加强监测调查。巩义植保站切实加强对全市蝗虫发生动态的系统调查和监测，坚持一线蝗情发生调查，准确掌握蝗虫发生动态，了解发生特点，分析发生原因，为科学防治提供可靠依据。对辖区内的蝗区要划片分区，明确专人进行调查监测，做到"不漏查、不漏报、不误报、不留死角"。

（3）加强防控准备。各蝗区镇及市财政、农业等部门及早落实治蝗经费，建立防控队伍，搞好防治药剂、药械等物资储备。对于已成立蝗虫专业化防治队的镇，充分发挥专业化防治队的作用，在必要时实行统防统治，联防联治。对于没有成立专业化防治队伍的重点片区，以镇或重点村为单位，选用责任心强、踏实肯干的人员，组建蝗虫防治专业队伍，以便随时投入治蝗一线。

（4）加强宣传培训。加强蝗虫监测防控技术的宣传培训，特别对蝗区镇农业服务中心工作人员、蝗虫专业化防治队员以及蝗区治蝗骨干进行必要的技能培训，使他们能熟练掌握必要的防治技术和药械维修技术。

（5）加强生态控制。在蝗虫滋生地积极推广生物多样性生态控制技术，开展植树造林或种植棉花、花生、大豆、苜蓿等蝗虫非喜食作物，实行精耕细作，改造蝗区生态条件，破坏蝗虫适生环境，降低暴发频率。

（6）注重生物防治。在东亚飞蝗密度中等或偏低的地区，使用金龟子、绿僵菌、蝗虫微孢子虫、阿维菌素等微生物农药和苦参碱等植物源农药防治，保护蝗区生态环境。

（7）及时开展应急防治。在高密度蝗区及时组织应急防治专业队，进行统一防治。可选用化学药剂如高氯·马、高效氯氰菊酯、溴氰菊酯等。

济源市蝗区概况

一、蝗区概况

济源市位于河南省西北部，东接焦作市的沁阳、孟州两市，南临黄河，同洛阳市的孟津、新安两县隔河相望，西踞王屋山，与山西省运城市的垣曲县接壤，北依太行，与山西省晋城市、阳城县毗邻，自古有"豫西北门户"之称。东西长66km，南北宽36.5km，总面积1 931km²，其中山区丘陵面积占80.8%，耕地面积3.4万hm²。辖5个街道办事处，2个产业集聚区，11个镇，常住人口73.3万，人均生产总值7.3万元。

二、蝗区分布及演变

现有蝗区6 600hm²，主要分布于坡头、大峪、下冶、邵原四镇的黄河沿岸，蝗虫类型有东亚飞蝗、土蝗等。蝗区为黄土丘陵地区，沟壑纵横，属于暖温带季风气候，年平均降水量567.9mm，农作物主要为小麦、玉米、花生和部分小杂粮。境内10km以上的河流有30余条，多为过境河，走向多由北向南或由西北向东南，黄河自新安、垣曲迤逦而来，在济源境内汇纳逢石河、砚瓦河等15条支流。小浪底水库的建设，致使库区居民迁移，有了更多的撂荒地、夹心滩和新滩，使蝗区地貌更加复杂，不利于改造和耕种。

三、蝗虫发生情况

常年发生面积2 700hm²，防治面积1 700hm²，夏蝗出土始期为4月30日左右，出土盛期为5月中旬，3龄盛期为6月中旬，羽化盛期为6月下旬，产卵盛期为7月上旬。

四、治理对策

(1) 落实防蝗领导责任制。成立了以副市长任指挥长、市农牧局局长任副指挥长的蝗虫防治指挥部，下设蝗虫防治办公室，市农牧局副局长任主任，植保站站长任副主任。各蝗区镇政府也专门成立了防蝗领导小组，确保了防蝗工作顺利开展。

(2) 加强蝗情监测工作。各蝗区治蝗专干系统进行了蝗卵越冬、发育、出土及分布情况调查，准确掌握蝗情动态，为蝗虫防治打下了坚实的基础。

(3) 认真抓好生态治蝗及预防工作。为实现可持续治理蝗虫目标，济源市加大生态治蝗力度，积极对蝗区进行生态改造。鼓励群众结合防治农作物病虫害兼防兼治蝗虫。

(4) 打好堵窝防治战，控制高密度蝗群扩散。普查时，积极按照省治蝗办"带药侦察"要求，开展以控制高密度蝗群为重点的堵窝防治。

(5) 科学开展防治工作，按照"狠治夏蝗，抑制秋蝗"的防治策略，根据夏蝗发生特点，认真组织好麦收后大面积统一防治工作。

(6) 搞好查残扫残工作。大面积防治工作结束后，及时扫残、查残，压低残蝗基数，实现蝗虫"不起飞，不成灾"的目标。

孟州市蝗区概况

一、蝗区概况

孟州市属于焦作市，位于河南省西北部，东接温县，南临黄河，西与洛阳和济源市接壤，北靠沁阳市。面积541.64km²，东西长33km，南北宽25.75km，市辖1个乡、6个镇、4个办事处，41万人，耕地面积28 000hm²，人均生产总值7.04万元。

二、蝗区分布及演变

现有蝗区8 000hm²，划分为二滩区和嫩滩区两种类型，主要分布于黄河大坝以南全部和以北少部分。蝗虫类型有东亚飞蝗，土蝗有菱蝗、小车蝗、中华稻蝗、花胫绿纹蝗、大垫尖翅蝗、黑背蝗、疣蝗、短额负蝗、中华蚱蜢等。

孟州市蝗区属河泛蝗区。地形为黄河故道，是历年在国家对黄河进行大力治理河水后退后，撇下的故道区域。通过滩区政府连年治理，形成有道路和井、电配套的农作物种植、鱼、莲种养等类型的高效农业产区。蝗区水文状况为暖温带大陆性季风气候，年平均气温14.2℃，年平均降水量614.2mm，年平均5cm地温16℃，年均蒸发量1 693.7mm，年相对湿度66%。

天敌种类有：卵期的霉菌、蚂蚁、线虫，蝗蝻期和成虫期的蛙类、鸟类、蜘蛛类、步行虫、螳螂、寄生蜂、寄生菌等。植被杂草种类有茅草科的芦苇、狗尾草、狗牙根、马唐、光头稗，蓼科的两栖蓼，菊科的茵陈蒿、小飞蓬，香蒲科的小香，藜科的猪毛蒿、藜。土壤主要有沙土、两合土、淤土、盐化潮土4个土层14个土种，以沙土层中的细沙土、沙壤土和两合土中的小两合土漏沙型小两合土为主。农作物种植主要以花生、药材、瓜菜、豆类、玉米为主。

蝗区历史演变：自进入21世纪以来，孟州市黄河滩区东亚飞蝗发生，主要分布在嫩滩区和部分

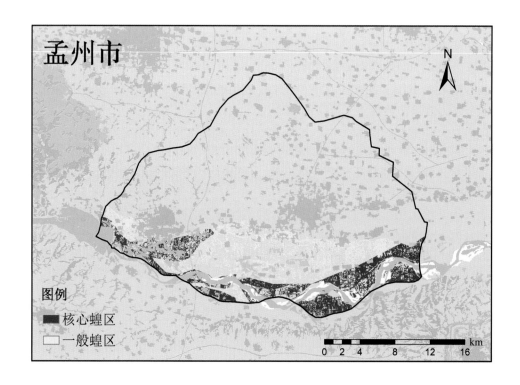

二滩区，由于河水南撤嫩滩区面积较20世纪90年代的6万余亩，增大到现在的7.3万亩，宜蝗区面积由90年代的10.3万亩，相应增加到11.6万亩左右。但是，随着滩区综合治理和农业高产开发的深入进行，二滩区90%以上面积已成为可稳产的粮经主作区或种养产业区，以及防风固沙林区，蝗虫已经不可能大发生。

黄河大坝以南的7.3万亩嫩滩区，在黄河小浪底工程发挥作用，以及黄河控导工程连年修复加固的作用下，面貌发生了较大变化。65%以上面积在没有大的旱情和汛情下，可实现种植作物的相对稳产稳收。有15%不平整大沙区域，是望天收的区域，遇干旱或水淹时难以有收成。余下20%面积约1.5万亩，则是近10来年内形成的不稳定沙滩和草荒，旱时草荒涝时水淹的区域。成为每年蝗虫发生防治的重点区域和监测对象。

总体来说，2000年以来，在黄河小浪底工程的作用下，再加上孟州市逐年加大滩区综合改制和治理力度，孟州市蝗区东亚飞蝗发生面积稳定在5 300hm²左右，发生密度逐年呈下降趋势。在2000年前后，在嫩滩蝗区发生有每20头/m²左右的高密区域，以后逐年降低至每0.5头/m²以下，呈中度偏轻发生，防治面积在2 300hm²左右。

三、蝗虫发生情况

孟州市蝗虫常年发生面积5 300hm²，防治面积2 300hm²。核心区位于大坝以南的嫩滩荒地，该区域由于近河部分秋季常常上水而荒芜，杂草密度大，成为残蝗取食产卵的主要场所，成为第二年夏蝗的主要发区。一般发生区位于沿河荒地以北的大片区域，主要是庄稼地和部分土壤条件差无法耕种的荒地，该区发生密度相对较低，根据周边作物及环境不同而密度不同。

夏蝗出土始期在5月上旬，出土盛期在5月中旬左右，3龄盛期在5月下旬至6月上旬，羽化盛期在6月中旬，产卵盛期在6月中下旬。

四、治理对策

根据国家和省市蝗害可持续治理意见，结合本区蝗虫发生特点，针对不同类型蝗区提出以下防控对策。

（1）对于部分二滩区与嫩滩区结合部，要采取常年监测与防控相结合的原则，搞好蝗虫防控。与有关乡、镇、村相结合，积极消灭常年撂荒不能耕种区域，引导农民自发对点、片小荒滩进行改造治理。

（2）对于已经处于稳定状态，并能常年种植的嫩滩区域，在常年搞好蝗虫监测预报的基础上，积极引导并培训农民，搞好经济作物和种养结合的农业高产开发，积极推广生物防控，如近年使用的苦参碱防治技术，适时有针对性地提供相关病虫害防控技术，按照谁受益谁负担的原则，搞好蝗虫兼治防控。

（3）对于种不保收常年撂荒的近2万亩嫩滩沿河区域，在重点搞好监测的基础上，结合每年调水调沙工作，积极搞好组织、协调不失时机做到统防统治，确保不起飞、不危害。

（4）对于新出现的嫩滩、夹河滩、鸡心滩区域，要严密监测密切关注其动态变化，及时了解位置、面积和蝗虫发生动态情况，搞好常年信息上报和记载，并制定出长期蝗虫防控规划，走出一条"改治并举，控制蝗害"的防控之路，确保蝗虫防控工作的可持续发展。

温县蝗区概况

一、蝗区概况

温县属焦作市，位于豫北平原西部，东临武陟县，南与巩义市，西与孟州市、沁阳市接壤，北与博爱县相交，面积481.3km²，东西长33.1km，南北宽28.4km。县辖4街道5镇2乡，42.3万人，耕地面积3.02万hm²，人均生产总值5.8万元。

二、蝗区分布及演变

现有蝗区7 106.7hm²，划分为二滩区和嫩滩区两种类型，主要分布于黄河大坝以南全部和以北少部分。蝗虫类型有东亚飞蝗，土蝗有菱蝗、小车蝗、中华稻蝗、花胫绿纹蝗、大垫尖翅蝗、黑背蝗、疣蝗、短额负蝗、中华蚱蜢等。

温县蝗区属河泛蝗区。地形为平原，是历年在国家对黄河进行大力治理河水被控后退后，撇下的故道区域。蝗区水文状况为暖温带大陆性季风气候，年平均气温14.3℃，年降水量550～700mm，年平均5cm地温16.1℃，年均蒸发量1 693.5mm，年相对湿度66.3%。

蝗区历史演变：自进入21世纪以来，温县黄河滩区东亚飞蝗发生主要分布在嫩滩区和部分二滩区，由于河水北侵滩区面积较20世纪90年代的6.78万亩，减少到现在的4.76万亩，宜蝗区面积由90年代的12.68万亩，减少到10.66万亩。发生密度近几年呈下降趋势，由2014年的0.51头/m²下降至2017年的0.4头/m²，呈中度偏轻发生。

三、蝗虫发生情况

温县蝗虫常年发生面积5 000hm²，防治面积2 667hm²。核心区位于大坝以南的嫩滩荒地，该区域

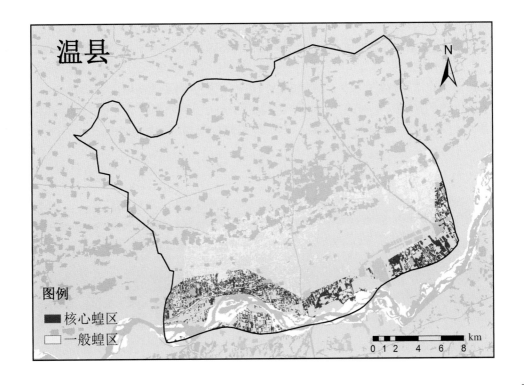

由于近河部分秋季常常上水而荒芜，杂草密度大，成为残蝗取食产卵的主要场所，成为第二年夏蝗的主要发区。一般发生区位于沿河荒地以北的大片区域，主要是庄稼地和部分土壤条件差无法耕种的荒地，该区发生密度相对较低，根据周边作物及环境不同而密度不同。

夏蝗出土始期在5月上旬，出土盛期在5月中旬左右，3龄盛期在5月下旬至6月上旬，羽化盛期在6月中旬，产卵盛期在6月中下旬。

四、治理对策

根据国家和省市蝗害可持续治理意见，结合温县蝗虫发生特点，针对不同类型蝗区提出以下防控对策。

（1）对于部分二滩区与嫩滩区结合部区域，采取常年监测与防控相结合的原则，与有关乡、镇、村相结合，引导农民自发对点、片小荒滩进行改造治理。

（2）对于能常年种植的嫩滩区域，积极引导农民搞好经济作物和种养结合的农业高产开发，积极推广生物防控，有针对地提供相关病虫害防控技术，按照谁受益谁负担的原则，搞好蝗虫兼治防控。

（3）对于种不保收常年摺荒的0.8万亩嫩滩沿河区域，积极搞好统防统治，确保不起飞、不危害。

（4）对于新出现的嫩滩、夹河滩、鸡心滩区域，密切关注其动态变化，及时了解位置、面积和蝗虫发生动态情况，搞好常年信息上报和记载，制定蝗虫防控规划，确保蝗虫防控工作可持续发展。

武陟县蝗区概况

一、蝗区市概况

武陟县属于焦作市，位于河南省西北部，东接原阳县，南临黄河，西与孟州市接壤，面积805km²，辖4镇7乡4个街道办事处，347个行政村，总人口74万。

二、蝗区分布及演变

现有蝗区7.08万亩，划分为二滩区和嫩滩区两种主要类型，主要分布于沿黄河乡镇。蝗虫类型有东亚飞蝗，土蝗有菱蝗、小车蝗、中华稻蝗、花胫绿纹蝗、大垫尖翅蝗、黑背蝗、疣蝗、短额负蝗、中华蚱蜢等。

武涉县蝗区属河泛黄区。地形为黄河故道，年平均气温14.2℃，年平均降水量614.2mm，年平均5cm地温16℃，年均蒸发量1 693.7mm，年相对湿度66%。农作物种植主要以花生、药材、瓜菜、豆类、玉米为主。

蝗区历史演变：自进入20世纪以来，武涉县黄河滩区东亚飞蝗发生，主要分布在嫩滩区和部分二滩区，由于河水南撤嫩滩区面积较20世纪90年代的7万余亩，增大到现在的8.3万亩，宜蝗区面积由90年代的18.5万亩，相应增加达19.8万亩左右。但是，随着土地综合治理项目在滩区的实施，二滩区80%以上面积已成为稳定的粮经主作区或种养区，蝗虫已经不可能大发生。

随着黄河小浪底工程以及本县在北郭乡方陵-解封、大封镇驾部村黄河控导工程的建成使用后，嫩滩区面貌发生了变化，在8.3万亩的嫩滩区有60%以上面积在没有大的旱情和汛情下，可实现种植作物的相对稳产稳收，有17%不平整刚过水的区域是望天收的区域，遇干旱或水淹时难以有收成，余下23%面积约1.909万亩，则是近10年内形成的不稳定区域，成为每年蝗虫发生防治的重点区域和监测对象。

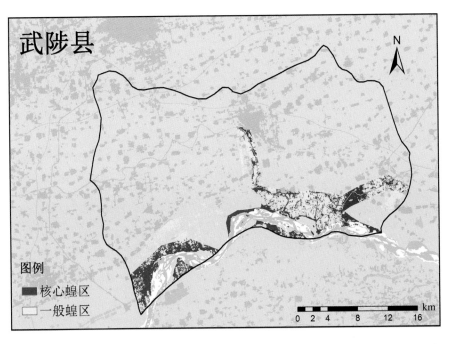

三、蝗虫发生情况

武陟县蝗虫常年发生面积7.08万亩，防治面积2.95万亩。核心区位于詹店镇、嘉应观乡、北郭乡、大虹桥乡、大封镇等5个蝗区的嫩滩荒地，该区域由于近河部分秋季常常上水而荒芜，杂草密度大，成为残蝗取食产卵的主要场所，成为第二年夏蝗的主要发区。一般发生区位于沿河荒地以北的大片区域，主要是庄稼地和部分土壤条件差无法耕种的荒地，该区发生密度相对较低，根据周边作物及环境不同而密度不同。

夏蝗出土始期在5月上旬，出土盛期在5月中旬左右，3龄盛期在5月下旬至6月上旬，羽化盛期在6月中旬，产卵盛期在6月中下旬。

四、治理对策

根据国家和省市蝗害可持续治理意见，结合本县蝗虫发生特点，针对不同类型蝗区提出以下防控对策。具体策略同孟州市治理对策。

开封市城区蝗区概况

一、蝗区概况

开封市城区蝗区位于河南省东部，分布在龙亭区、城乡一体化示范区沿黄地带，东邻祥符区（原开封县），南接开封市区，西与中牟县接壤，北邻黄河，与封丘县隔河相望，面积391.51km²，总人口44.6万，辖6个乡镇（场），8个街道办事处，耕地面积156km²。

二、蝗区分布及演变

现有蝗区20.67km²，划分为3个蝗区，主要分布在开封市沿黄河南岸滩区的马庄、杨桥、和尚庄、朱厂、辛庄等村庄，蝗虫类型有东亚飞蝗、土蝗等。

蝗区基本在黄河大堤内，为黄河多次改道、沉积形成的河床滩区，主要有农田、荒地、嫩滩、夹河滩、道路等。蝗区属黄泛蝗区，地形平坦，黄河流速变缓，泥沙堆积，人为筑高堤坝，河道抬升形成地上河。气候类型属于暖温带大陆季风性气候区，年均气温14℃，降水670mm。天敌种类有蜘蛛类、蚂蚁类、鸟类，荒地植被以荆条、芦苇、碱茅等为主，作物田以马塘、牛筋草、狗尾草、荠菜、婆婆纳等为主。土壤以沙土壤为主，主要农作物有小麦、玉米、花生、蔬菜等。

蝗区历史演变：开封市为我国历史上蝗灾的频发、重发区，由于黄河河床滚动频繁，蝗区内新滩、夹河滩不断出现，滩区耕作粗放，环境变化异常，导致东亚飞蝗连年偏重发生。20世纪80年代中期特别是进入90年代以来，由于受异常气候、物种特性、生态环境等因素的影响，蝗灾暴发频率上升，危害程度加重，对农业生产构成严重威胁。经过连续多年的大面积防治，加之受蝗区生态变化及蝗虫自身生物学特性的影响，进入21世纪后，本市蝗情逐渐缓解，基本保持在中等发生程度以下，高密度蝗群数量和每平方米高于10头的高密区面积大大减少。尤其是自2001年底小浪底水利枢纽工程竣工以来，蝗区滩区逐渐固定，地势地貌相对稳定，农户垦荒种植积极性增强，蝗区生态环境得到改善，宜蝗面积减少，蝗虫得到有效控制。

三、蝗虫发生情况

开封市城区蝗区夏、秋蝗合计常年发生面积18km²左右，防治面积15km²左右。

夏蝗出土始期在5月1日左右，出土盛期5月上旬，3龄盛期6月上旬，羽化盛期6月下旬，产卵盛期7月上中旬。

四、治理对策

（1）结合本地实际，贯彻"改治并举"。开封市城区蝗区均为沿黄河泛蝗区，为有效控制蝗虫，努力达到"不起飞、不成灾"的目标前提下，本市贯彻"改治并举"的治蝗策略，改造蝗区的宜蝗环境，积极推进了蝗区的生态治蝗，大力推广荒地开垦、植树造林、畜牧养殖等措施进行生态控制。

（2）重视蝗情调查及预测预报。为搞好蝗情监测，每年设立6～8个蝗情监测点，固定监测人员，进行系统监测和汇报。从每年5月份开始，全市各级治蝗指挥部办公室已固定专人值班，确保值班电话24小时畅通，以便能及时向各级治蝗指挥部汇报，当好参谋，指导防治工作顺利开展。市治蝗指挥部办公室根据全市蝗虫发生情况，及时向各级政府部门发布蝗情预测，通报蝗虫发生动态，促进各项工作的开展。按照"治蝗经费分级负担"的原则，市、区财政已把治蝗经费列入预算，根据工作需要保证治蝗资金及时到位。

（3）农作物病虫害兼防兼治。沿黄滩区种植以小麦、玉米、花生、大豆等为主，市植保部门引导蝗区农户防治作物病虫害时使用菊酯类药剂，可以对蝗虫起到兼治作用。

（4）加强生态控制。开封市大力推进蝗虫发生区域内的生态控蝗。结合农业结构调整，在沿黄滩区垦荒种植，引导提倡农户种植花生、大豆、西瓜等蝗虫厌食作物，精耕细作，破坏其滋生环境，恶化其食物条件，扩大生态控制面积。同时大力发展畜禽养殖业，充分发挥自然天敌的控害作用及鸡（鸭）食蝗，恶化蝗虫适生环境，压低虫源基数，减轻发生程度，充分发挥生态调控作用来控制蝗虫。

同时，在不宜耕种的蝗区地块，因地制宜，植树造林，改变蝗虫生态环境，控制蝗害。

（5）注重生物防治。进入21世纪以来，针对蝗情有所缓解的实际情况，开封市加大生物治蝗和生态控制力度，努力实现蝗灾的可持续治理。利用微孢子虫、苦皮藤素、绿僵菌、苦参碱等生物农药治蝗，化学农药使用量大大减少，减轻了对生态环境的影响与破坏。

祥符区蝗区概况

一、蝗区概况

祥符区是河南省开封市辖区，古称祥符县，自秦置县以来，已有2 000多年的历史。位于河南省东部，东与兰考县、杞县接壤，南与尉氏县、通许县接壤，西临开封市禹王台区，北临黄河，总面积1 291km²。祥符区辖15个乡镇，1个省级产业集聚区，335个行政村，总人口为76万人，耕地面积125万亩，人均生产总值1.8万元。

二、蝗区分布及演变

祥符区现有蝗区面积11 000hm²，本区将其划分为两个蝗区，分别为袁坊蝗区和刘店蝗区。蝗虫类型有东亚飞蝗、土蝗等。

祥符区蝗区地形：主要道路有大广高速和106国道，主要河流为黄河，属暖温带季风性气候，气候适宜，光照充足，全年无霜期年均214天，年均平均气温14℃，年平均降水量627.5mm，年均日照时数2 267.6小时，日照率51%，活动积温4 611℃，有利于农作物生长、发育和作物病虫草害的繁殖。天敌种类有鸟类、蛙类两种；植被有农作物小麦、玉米、大豆、甘薯、花生，近年有大面积种植的苜蓿。杂草有芦苇、牛筋草、狗尾草、莠草、马唐等多种杂草。土壤肥力属中上等水平，平均有机质含量0.92%，碱解氮65mg/kg，有效磷20.7mg/kg，速效钾97.4mg/kg，pH 7.5～8，适宜粮食经济作物生产。

蝗虫历史演变：据史料记载，祥符区从公元53年（汉朝建武二十九年）至1909年，这1 846年间本区发生蝗灾35次，公元992年（宋朝淳化三年）"六月甲申京师飞蝗蔽天"。1787年（清朝乾隆五十二年）"六月遍地生蝗积三寸许，秋禾初伤"。1944年"飞蝗蔽野，落处五谷食尽，过村食窗纸"。由于蝗虫的暴发给广大劳动人民的生活带来了严重灾难。新中国成立后，在党的领导下，各级政府对蝗虫的防治十分重视，采取得力措施开展防治，使蝗灾得到有效控制，发生面积在40万亩以下。

50年代末至60年代初，大量土地荒芜，杂草丛生，造成蝗虫再度猖獗，发生面积增至50万亩，虫口密度5～10头/m²，局部达100头/m²。发生区域除河泛蝗区外，还涉及朱仙镇、西姜寨、范村、曲兴、杜良、杏花营、万隆、半坡店、陈留等乡镇的内涝蝗区。

1963年以后，在"改治并举，根除蝗害"的治蝗方针指导下，各级政府高度重视，在内涝蝗区采取兴修水利、引黄灌淤、精耕细作、种植水稻、植树造林等综合措施，改变生态环境，破坏飞蝗的滋生场所，在很大程度上抑制了蝗虫的发生。于1976年摘除了内涝蝗区的帽子。随着行政区划的变更，祥符区剩下袁坊、刘店两个乡河泛蝗区，滩区面积292hm²（东西长29.5km，南北宽9.9km），宜蝗面积146.7hm²。

20世纪70年代以后，蝗虫在祥符区大发生的频率大致十年一次。1971—1972年，蝗虫大发生，田间虫量60～70头/m²，最多一株芦苇上达100多头。1982年大发生，虫口密度30～50头/m²。1989—1991年，蝗虫连续3年严重发生，田间虫量一般30～40头/m²，最多100头以上/m²，发生面积134hm²左右。2000年蝗虫大发生，面积107.3hm²，虫口密度20～30头/m²，特别是秋蝗，田间虫量200～300头，最高达800头/m²，蝗虫过处，玉米、高粱等禾本科作物几乎吃成光秆，给滩区农业生产造成严重影响。

三、蝗虫发生情况

常年发生8 000hm²面积，防治面积7 200hm²。

夏蝗出土始盛期为4月30日左右，出土盛期在5月中旬，3龄盛期在6月上旬，羽化盛期在6月下旬，产卵盛期在7月上旬。

四、治理对策

（1）贯彻"改治并举"方针，结合当地实际情况每年对夏蝗进行堵窝防治、飞机防治以及生物防治。

（2）重视蝗虫调查及预测预报，建立、健全蝗虫监测技术网络，稳定蝗虫测报队伍，层层落实责任，搞好蝗情监测，为适时开展防治提供科学依据，指导防治。

（3）农作物病虫害兼防兼治。在蝗虫发生盛期，指导蝗区群众积极开展小麦"一喷三防"，兼治蝗虫，每年麦后对进行飞机防治。秋作物时加强虫害防治，兼治秋蝗。

（4）加强生态控制。小浪底工程实施后，河床及滩区相对稳定，鼓励蝗区群众种植花生、大豆、瓜菜、甘薯、杂果，减少蝗虫的食料来源，同时开垦滩区，精耕细作，改造沟渠、堤坡等特殊环境，压缩害虫滋生地，破坏蝗虫的滋生场所，控制蝗虫的发生。

（5）注重生物防治，提倡使用绿僵菌、白僵菌、微孢子虫等生物农药，少量使用马拉硫磷，达不到防治指标不用药。

兰考县蝗区概况

一、蝗区概况

兰考县属省直管县，位于河南省东北部，东临山东东明县，南与杞县，西与封丘县接壤，北与长垣相交，总面积 1 116km²。县辖坝头镇，2.36 万人，耕地面积 0.277 万 hm²，人均生产总值 0.853 6 万元；县辖谷营镇，2.57 万人，耕地面积 0.291 万 hm²，人均生产总值 8 451 元。

二、蝗区分布及演变

现有蝗区 7 200hm²，划分为 2 个蝗区，主要分布在坝头乡、谷营乡，蝗虫类型有东亚飞蝗，土蝗、蚱蜢、短额负蝗等。

坝头、谷营蝗区：主要有道路、河流、作物、小面积的撂荒地、夹心滩和新滩等。蝗区属于暖温带季风气候，降水 678mm。天敌种类主要有蜘蛛类、蚂蚁类、蛙类、步甲、芫菁等。植被杂草主要是芦苇、牛筋草、茅草等，农作物主要是小麦、玉米、花生。

蝗区自 1988 年以来，总体蝗情中度发生，在 1998 年出现了高密度蝗片，最高密度 200 头 /m²。

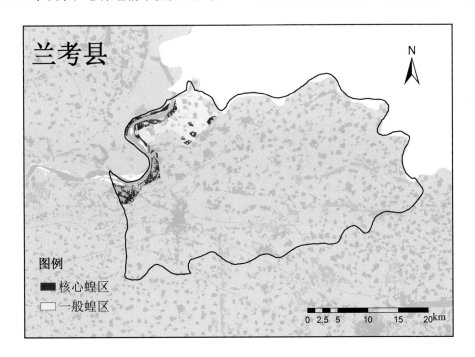

三、蝗虫发生情况

常年发生面积 5 333hm²，防治面积 4 530hm²。

夏蝗出土始期在 5 月 1 日左右，出土盛期 5 月 17—25 日，3 龄盛期在 6 月 6—11 日，羽化盛期在 6 月 14—22 日，产卵盛期 6 月 28 日至 7 月 4 日。

四、治理对策

（1）重视蝗情调查及预测预报，坚持每周一、周五调查 2 次，根据测报结果及时向上级部门汇报，及时发布蝗情信息。

（2）农作物病虫害兼防兼治，在防治小麦、玉米、花生病虫害的同时也兼治蝗虫。

（3）注重生物防治，通过养鸡养鸭吃蝗虫。

（4）所用药剂。生物制剂有蝗虫微孢子虫、绿僵菌；化学药剂有菊酯类农药如溴氰菊酯、氯氰菊酯等。

洛宁县蝗区简介

一、洛宁县蝗区概况

洛宁县属洛阳市，位于河南省西部，东与宜阳县接壤，南与嵩县、栾川县为邻，西与卢氏县、灵宝市相连，北与三门峡市陕州区、渑池县比肩。东西长64km，南北宽59km，总面积2 306km²。辖10镇、8乡48万人，耕地面积4.83万hm²，2016年人均生产总值3.29万元。

二、蝗区分布及演变

现有蝗区0.67万hm²，位于洛宁县南部故县水库库区周边的故县镇、下峪镇，为滨湖蝗区。蝗虫类型有东亚飞蝗、中华蚱蜢、红胫小车蝗、亚洲小车蝗、花胫绿纹蝗、棉蝗、大垫尖翅蝗等多种类型的土蝗。

蝗区地形：为丘陵。主要由荒坡、荒滩、林地、耕地组成。

蝗区水文：故县水库位于洛河上游洛宁县境内，控制流域面积为5 370km²，是一座以防洪为主，兼顾灌溉、供水、发电的综合利用水库。大坝坝顶高程553m，正常蓄水位534.8m，总库容12亿m³。每年水库水位变化较大：7月汛期之前水位处在低水位，汛期（一般在在7月中旬至8月上旬和9月中旬至10月上旬）在高水位。年内水位的升降，使水库周边形成大面积低洼杂草丛生地带，为东亚飞蝗提供了有利滋生环境。气候属季风气候，年降水量600～800mm。天敌种类有鸟类、蛙类、昆虫类、蜘蛛类、菌类等；植被类型有针叶林、阔叶林、竹林、灌丛、草丛5个类型，禾本科杂草主要有狗芽根、碱茅、马唐、牛筋草等，菊科有小飞蓬、黄蒿、苍耳、野菊花等，莎草科有香附子等。土壤质地为褐土，栽培的农作物主要有小麦、玉米、烟叶、大豆、芝麻、甘薯等。

蝗区演变：故县水库1958年首次开工，于1978年再次复工，1980年截流，1994年水库投入运行。水库的几次反复修建和停顿，为东亚飞蝗发生提供了适生环境。水库建成后，蝗区由河泛蝗区变成滨

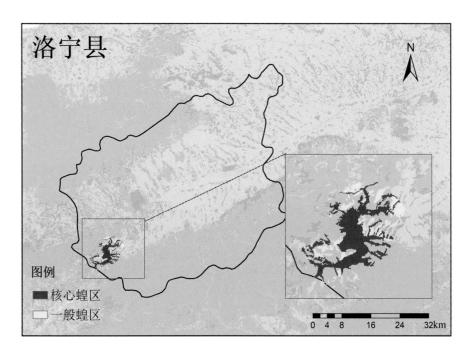

湖蝗区，面积增大。

三、蝗虫发生情况

洛宁县历史上东亚飞蝗多次严重发生，据《洛宁县志》记载，"民国32年（1943年）七月，飞蝗东来，遮天蔽日，秋禾吃光"。1996年夏蝗最高密度52头/m²。近30多年来通过治蝗前辈的努力，没有出现蝗虫大发生的情况，目前蝗情稳定。

洛宁县东亚飞蝗常年发生面积0.2万hm²，防治面积0.13万hm²。核心蝗区0.2万hm²，分布在故县镇窑瓦村、高原村及下峪镇的对九峪村、故东村、桑峪村一带。夏蝗出土始期在5月13日前后，出土盛期5月18日前后，3龄盛期6月4日前后，羽化盛期6月22日前后，产卵盛期7月上中旬。

四、治理对策

近年来，洛宁县针对故县水库周边随不同季节间水位变化出现的大面积草地嫩滩，进一步加大开垦荒地和综合开发力度，库区周边种植杨树、苹果树、梨树、核桃树等树木及小麦、玉米、高粱等农作物，恶化东亚飞蝗生态环境，压缩飞蝗滋生地进行生态调控；加强领导，科学测报，分类指导，对发现的消灭高密点片及时开展化学农药挑治和统一防治；在开展农作物病虫害防治时兼防兼治东亚飞蝗；注重生物防治，使用的生物制剂主要有苦参碱，化学药剂主要有菊酯类农药。

孟津区蝗区简介

一、孟津区蝗区概况

孟津区属洛阳市，位于河南省西部偏北，居黄河中下游交界处，豫西黄土丘陵和华北平原在这里衔接。东连偃师市、巩义市、孟州市，南与洛阳市、西与新安县接壤，黄河穿越而过，北与济源市接壤。全县地域狭窄，南北长26.9km，东西宽55.5km，总面积838.7km²。地形西高东低，境内中西部为邙山覆盖，丘陵起伏，东部南北两侧为洛河黄河阶地，较为平坦。辖10个镇4个街道55万人，耕地面积4.14万hm²。

二、蝗区分布及演变

现有蝗区1.13万hm²。自1997年小浪底水库大坝建成后，大坝将孟津区蝗区划分为西部坝上小浪底水库蝗区和中东部坝下黄河滩蝗区，分布在孟津区北部黄河沿线。蝗区属于暖温带大陆性季风气候（半湿润），温差明显，四季分明；年平均气温13.7℃，1月最冷，平均为−0.5℃，7月最热，平均为26.2℃；年平均降水量650mm，最多年份1 035mm，降水多集中在7—9月，平均347mm，降水时空分布不匀，有十年九旱的特点，对蝗虫发生十分有利。

1.孟津小浪底水库蝗区　位于孟津区西北部小浪底水库东南部。蝗区地形为丘陵山地，由水库周边的草地、林地、撂荒地、耕地及每年水库水位下降后出现的大面积荒滩组成。蝗虫类型有东亚飞蝗、

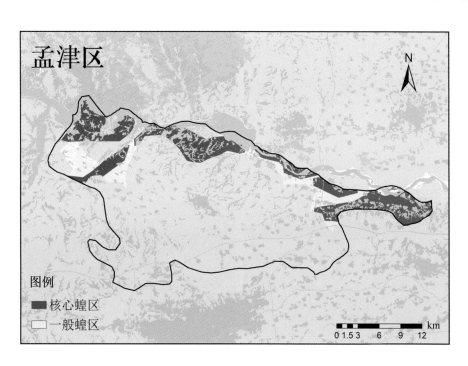

黄胫小车蝗、黑条小车蝗、短额负蝗、日本黄脊蝗、中华剑角蝗、笨蝗、土蝗等。

蝗区水文：小浪底水库坝顶高程281m，正常高水位275m，死水位230m，汛期防洪限制水位254m。自2002年起水库每年6—7月调水调沙，冬季水库水位在最高点265m上下，3月初水位开始下降，7、8月份水位在最低点230m上下，9月初水位开始缓慢上涨，11月达高水位，落差达30～40m，脱水期水库周边裸露大面积荒滩草地。天敌种类有鸟类及中华蟾蜍、蜘蛛、豆芫青幼虫、菌类等。植物有18科71属104种。主要有禾本科的芦苇、茅草、狗尾草、莎草、稗草、牛筋草、狗牙根、马唐、早熟禾等，阔叶杂草的蒿类、小飞蓬、苣荬菜、苋菜、苍耳、田旋花、小蓟、草木樨等。土质为壤土，栽培的农作物主要有小麦、玉米、蔬菜等。

2.孟津黄河滩蝗区　位于孟津区东北部黄河沿岸平原。蝗区由老滩、二滩、嫩滩及鱼塘、荷塘、耕地组成。蝗虫类型有东亚飞蝗及红胫小车蝗、中华稻蝗、中华蚱蜢、长翅黑背蝗、短星翅蝗、短额负蝗、云斑车蝗等土蝗。

自1997年小浪底大坝建成和2002年西霞院大坝建成实施调控后，坝下黄河来水来沙出现了一些新的特点，表现在：①来水量主要在非汛期，汛期来水量的比重进一步降低；②来沙量大幅度减少，不到1986—1999年的9%，非汛期来水基本为清水；③洪水次数少，流量小，汛期以1 000m³/s以下流量为主，2 500～3 000m³/s流量出现较少。下泄的清水可全线冲刷下游河道。一般来说，6—7月在调水调沙运行开始时，水库急剧加大泄量至2 500～3 000m³/s，以后下泄流量维持不变，形成"平头洪峰"，直至水库水位降至汛限水位，停止调水调沙运行。

此水文变化，使孟津区西霞院大坝以下黄河河道表现出在每年6—7月水流湍急、水位上涨，其余大部分时间河水变缓，水位平稳的特征。经过15年的调水调沙，黄河孟津区段河床变宽、河道加深、出现一些新的嫩滩和湿地，这里植物繁茂，有众多两栖动物和鸟类。天敌种类有野鸡、喜鹊、啄木鸟、戴胜、猫头鹰、鹰、杜鹃、燕、斑鸠等鸟类以及青蛙、螳螂、蜘蛛、虎甲、寄蝇、豆芫菁幼虫、线虫和蝗霉等菌类；植物有34科110属137种，新滩植被杂草以芦苇、茅草、荻、蒿、碱蓬藜、小飞蓬、蒲草、叶蓼、狗牙根、稗草、星星草为主，柳树、杨树、柽柳也较多，土壤类型为沙土，栽培的农作物有小麦、玉米、豆类、花生、棉花、西瓜、莲藕、桃树、韭菜、山药等。

3.蝗区历史演变　孟津区1979年之前宜蝗区主要在黄河河道边10个夹河滩、鸡心滩及煤窑滩等处，虽有飞蝗活动，但发生频率很低，属于一般发生地。1976年洛阳黄河公路大桥建成后，为保护大桥，在桥南修建一条长500m的大坝，该大坝偏东北45°斜伸向河心，把水挑向北岸，到1979年使老城乡（现属于会盟镇）原有的10个大大小小的夹心滩连城片，形成了现在的花园滩和扣马滩。同时，由于河道北滚，把黄河北滩的大部分沙地抬走，水落下后留下大面积嫩滩。到80年代初，老城蝗区有相当面积的滩地芦苇丛生、茅草遍地，成了飞蝗的适生地。1989年孟津区蝗区面积0.72万hm²，蝗区也由以往的一般发生区转化为飞蝗大量滋生的常年发生基地，被河南省正式列为蝗区县。

1997年后随着小浪底水库大坝截流，形成坝上小浪底水库蝗区和坝下黄河滩蝗区两种类型的蝗区，现有蝗区面积1.13万hm²。原来上游的煤窑蝗区、王良蝗区被小浪底水库、西霞院水库淹没，现在水库大坝以上是孟津小浪底水库蝗区（分为寺院坡蝗区和黄鹿山蝗区），孟津县黄河上游蝗区面积较之前增大；水库建设前，黄河自孟津白鹤镇以东泥沙大量沉积，河道不稳、游荡频繁，蝗区嫩滩地淹出不定，小浪底水利工程调水调沙后，这一带除去在调水调沙的一个月水流大、含沙量大之外，其余时间水质清澈，河道均较为稳定。近30年来，孟津区加大对河岸边滩地的生态改造，建设"沿黄防护林""万亩黄河鲤鱼生产基地""万亩优质牧草基地""银滩荷花基地""黄河湿地自然保护区"等。目前黄河滩蝗区主要有白鹤蝗区、花园蝗区及扣马蝗区（原老城蝗区）。

三、蝗虫发生情况

孟津区历史上是东亚飞蝗蝗灾的重发地，据《孟津县志》记载，"民国30年（1941年）9月全县蝗灾很重，禾苗被食"。最近一次蝗虫大发生在1993年，孟津区黄河河岸嫩滩秋蝗出现了高密度蝗片，最高密度760头/m²，近20多年再没有出现蝗虫成灾现象，蝗情年度间发生较为稳定。

孟津区蝗虫常年发生面积0.42万hm²，防治面积0.44万hm²。核心蝗区0.3万hm²，在会盟镇黄河公路大桥以东至扣马村黄河沿线，嫩滩全部在孟津区黄河湿地保护区范围内，二滩种植花生、大豆、棉花、山药、水稻等农作物，还有很多鱼塘、藕池。夏蝗出土始期在5月1日前后，出土盛期5月9日前后，3龄盛期5月23日前后，羽化盛期6月14日前后，产卵盛期在7月上旬。

四、治理对策

30年来，孟津区贯彻"改治并举"方针，针对小浪底水库、西霞院水库投入使用后新出现一些嫩滩以及整个黄河滩蝗区较稳定的情况，采取"巩固老滩、改造二滩、监视嫩滩、综合治理"的策略。安排治蝗专干负责蝗情预测预报，全站人员全部参与蝗情调查。老滩通过开建池塘养鱼、种莲，能垦荒种植的滩地全部垦殖，营造黄河防护林等蝗区生态改造，种植花生、棉花、大豆、山药、牧草等作物减少飞蝗食物源等措施加强生态控制，并在开展农作物病虫害防治时兼防兼治东亚飞蝗。近年来，注重生物防治，主要使用的生物制剂主要有苦参碱，化学药剂主要有高效氯氰菊酯。

嵩县蝗区概况

一、嵩县蝗区概况

嵩县属洛阳市，位于河南省西部，东接汝阳县、鲁山县，南与南召县、内乡县为邻，西与栾川县、洛宁县相依，北与宜阳县、伊川县接壤。东西长62km，南北宽86km，总面积3 009km²。辖10镇、6乡59.63万人，耕地面积4.83万hm²，2016年人均生产总值2.63万元。

二、蝗区分布及演变

现有蝗区0.68万hm²，位于伊河中游的陆浑水库周边，涉及城关镇、田湖镇、库区乡、饭坡乡、纸坊乡，属河泛蝗区。蝗虫类型有东亚飞蝗和中华蚱蜢、红胫小车蝗、亚洲小车蝗、花胫绿纹蝗、棉蝗、大垫尖翅蝗、黄脊蝗等。蝗区地形为丘陵山地下淤积滩地，主要有荒滩、荒坡、耕地组成。

蝗区水文：陆浑水库水面0.36万hm²，蓄水13.2亿m³，平均水深9.50m，最大水深20.00m。上游汛期在7—10月，洪水位高程分别为327.5m（黄海高程系）和331.8m，正常高水位高程317m，坝顶高程333m，一般每年冬春季水位在最低位，7、8月在最高位。嵩县位于中国南北地理分界线，海拔320～280m，气候属于中纬度半湿润易旱气候类型区，地跨暖温带向亚热带过渡地带，年平均气温16℃，年降水量500～800mm，多集中在7—9月，出现干旱年份的频率为50%。

天敌种类有鸟类、蛙类、昆虫类、蜘蛛类、菌类等；植被杂草主要有禾本科的狗芽根、狗尾草、莎草、马唐、牛筋草、芦苇、节节草等，阔叶杂草的苍耳子、野塘蒿、水蓼、青蒿、水蒿、鬼灯、马齿苋、苘麻、小飞蓬、野菊花等。土壤质地为红黄土碳酸盐褐土，栽培的农作物主要有小麦、玉米、油菜、豆类、蔬菜等。

蝗区演变：陆浑水库建于1958年，60年代中期蓄水，库区面积5.3万亩，经过多次旱旱涝涝水涨水落，在库围形成了环形荒地，每年裸露滩地3.5万亩左右，杂草丛生，适宜蝗虫发生。

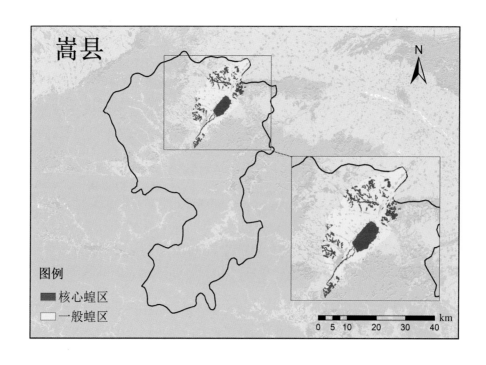

三、蝗虫发生情况

嵩县历史上东亚飞蝗多次严重发生，据《嵩县志》记载，"民国33年（1944年）落蝗累累，树枝压折，飞蝗声传数里，2万亩秋禾被害"。新中国成立以来，1949年、1950年、1952年、1957年均有不同程度危害，1995年再次出现高密度蝗片，夏蝗最高密度60头/m²，秋蝗最高密度300头/m²，经过1996—1998年三年的大力防治，蝗情得到有效控制，截至目前蝗情稳定。

嵩县东亚飞蝗常年发生面积0.23万hm²，主要集中于饭坡乡、田湖镇。核心蝗区0.17万hm²，涝时被淹，旱地裸露，位于环绕水库的纸房乡高村、城关镇北街、库区乡梁园、望城岗、楼上、岗上等6个村。一般蝗区0.17万hm²，主要集中于饭坡、田湖等乡。夏蝗出土始期在5月11日前后，出土盛期5月17日，3龄盛期5月31日，羽化盛期6月18日，产卵盛期7月上旬。

四、治理对策

嵩县贯彻"改治并举"方针，针对陆浑水库库尾大面积荒滩季节性变化对蝗虫发生的影响，进一步加大沿水荒地垦荒力度，秋季在荒滩种植小麦、油菜，消灭飞蝗滋生地，在水库周边丘陵蝗区种植大豆、油菜、蔬菜等非蝗虫嗜食植物进行生态调控；安排治蝗专干，加强蝗情调查及预测预报；在开展农作物病虫害防治时兼防兼治东亚飞蝗。蝗区防控分类指导，及时开展化学农药挑治和统一防治等综合治理对策。使用的化学农药主要有高效氯氰菊酯。

新安县蝗区概况

一、新安县蝗区概况

新安县属洛阳市，位于河南省西部，东与孟津县、洛阳市毗连，西与渑池县、义马市为邻，南与宜阳县接壤，北临黄河、与济源县及山西省垣曲县隔河相望。南北长44km，东西宽31km，总面积1 164km²。辖11个镇、2个产业集聚区50.22万人，耕地面积3.65万hm²，2016年人均生产总值8.26万元。

二、蝗区分布及演变

现有蝗区1.2万hm²，属于河泛蝗区。分布在小浪底水库南岸的石井、仓头、北冶、石寺四个乡镇，分别是畛河、青河、金水河汇入黄河小浪底水库处，划分为石寺蝗区、石井蝗区、峪里蝗区。蝗虫类型有东亚飞蝗及黄胫小车蝗、亚洲小车蝗、黑条小车蝗、短额负蝗、日本黄脊蝗、中华剑角蝗、笨蝗等土蝗。蝗区地形为丘陵浅山，主要有荒坡、荒滩、林地、耕地、水面组成。

蝗区水文：1997年小浪底水库建成后，新安县境内黄河、畛河川平地大部分被库区蓄水所淹没。小浪底水库每年6—7月黄河调水调沙，冬季水位在最高点265m上下，3月初水位开始下降，7、8月份水位在最低点230m上下，9月初水位开始缓慢上涨，11月达高水位，落差达30～40m，使夏、秋季荒滩面积急剧增大。蝗区属于暖温带大陆性季风气候，是黄河流域和淮河流域的分界线，境内四季分明，气候条件复杂、自然灾害频发，年均气温14.2℃，年均降水量642mm，7—9月雨量占年平均降水量的52%，十年九旱是新安县水资源突出的特点。天敌种类有鸟类及中华蟾蜍、蜘蛛、豆芫青幼虫、菌类等。植被杂草主要有禾本科的狗尾草、莎草、芦苇、马唐、牛筋草、茅草、狗牙根、马绊草、稗草、画眉草等和阔叶杂草的苘麻、苋菜、苍耳、田旋花、小蓟等。土壤质地为黏土，栽培的农作物主要有小麦、玉米、谷子、甘薯、大豆、红豆、绿豆、花生、油葵、西瓜、甜瓜、蔬菜等。

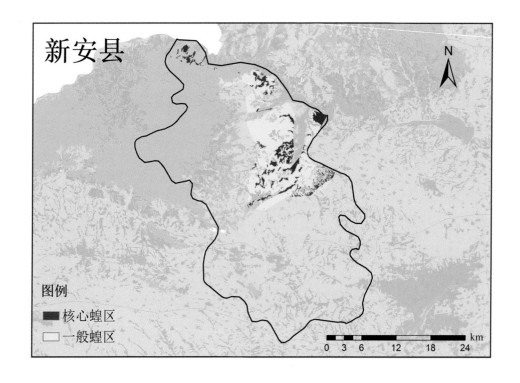

蝗区演变：新安县境内河流主要有黄河、涧河、畛河、青河，其中畛河、青河在境内注入黄河，1996年蝗区主要分布在这些河流交汇处、沿河荒滩及30余座水库周边，有西沃蝗区、峪里蝗区、畛河滩区蝗区、大崖洼蝗区、麻峪村等沿黄滩区蝗区、铁门段家沟等水库蝗区；1997年小浪底水库大坝建成后，原蝗区大部分被淹没，新安县淹没面积达82.7km²，涉及60个行政村、43个村民小组。小浪底水库水位275m高程以下居民搬迁后遗留大面积荒坡，几条河流入小浪底水库处形成了大面积嫩滩，各蝗区中间为滩区、两边为丘陵浅山，即"两山加一滩"的蝗区地貌，现在主要有石寺滩蝗区、石井滩蝗区、峪里蝗区。

三、蝗虫发生情况

新安县历史上东亚飞蝗一般由东而西发生，据《新安县志》记载，"民国32年（1943年）夏，飞蝗成灾，由东而西蔓延全县，绝收"。1996年夏蝗最高密度42头/m²。近20多年没有出现蝗虫成灾现象，蝗情年度间发生较为稳定。

新安县东亚飞蝗常年发生面积0.4万hm²，防治面积0.33万hm²。核心蝗区0.26万hm²，在石寺镇石寺滩、石井镇石井滩，每年5—9月裸露出大面积库尾荒滩，荒草丛生，并以禾本科杂草为主，非常适宜蝗虫发生。夏蝗出土始期在5月12日前后，出土盛期5月18日，3龄盛期5月30日，羽化盛期6月17日，产卵盛期7月上旬。

四、治理对策

近年来，新安县针对小浪底水库大坝建成后出现的大面积嫩滩蝗区，进一步开发利用库区周边土地，恶化东亚飞蝗生态环境，压缩蝗虫发生面积；加强蝗情系统监测：成立治蝗领导小组，从每年3月开始，由治蝗专干负责蝗情预测预报，全站人员参与蝗情调查。对发现的消灭高密点片立即进行防控，降低蝗虫种群数量；在开展农作物病虫害防治时兼防兼治东亚飞蝗。注重生物防治，主要使用的生物制剂有苦参碱，化学药剂有菊酯类农药。

偃师区蝗区概况

一、蝗区概况

偃师区市属洛阳市，位于河南省中西部，东与巩义市毗连，南倚嵩山接登封市、伊川县，西接洛阳市区和孟津县，北与孟州市隔黄河相望。南北长44km，东西宽34km，总面积668km²。辖9个镇4个街道63.2万人，耕地面积3万hm²，2016年人均生产总值7.06万元。

二、蝗区分布及演变

偃师区现有蝗区0.67万hm²，被不同地形地貌划分为北部丘陵黄河流域邙山蝗区、中部平原伊洛河河泛蝗区、南部山地东一干渠蝗区三部分。蝗虫类型有东亚飞蝗和红胫小车蝗、花胫绿纹蝗、棉蝗、稻蝗、大垫尖翅蝗、笨蝗等。

偃师区邙山蝗区地形为丘陵，主要有荒坡、林地、耕地组成；伊洛河蝗区地形为冲积平原，地势平坦，主要有荒滩、耕地、河流组成；东一干渠蝗区地形为丘陵山地，主要有荒坡、林地、耕地组成。

蝗区水文：偃师区境内河流属黄河水系，黄河沿邙岭北麓流过，伊洛河自西向东交汇于偃师市岳滩镇东端，形成了滩区湿地，共有水库5座。中间盆地平原、南北山地丘陵地貌及相关河系流量富于变化的特点相结合，极易造成水灾和旱灾，为东亚飞蝗提供了有利滋生环境。蝗区属于暖温带大陆性季风气候，年均降水量535mm，主要集中在6—8月。天敌种类有鸟类、蛙类、昆虫类、蜘蛛类、菌类等。植被杂草以禾本科、莎草科、菊科、蓼科、唇形科、十字花科和茄科等为主。土壤质地：邙山蝗区、东一干渠蝗区为黏土，伊洛河河泛蝗区为沙壤土，栽培的农作物主要有小麦、谷子、玉米、高粱、大豆、棉花、油菜、烟草等。

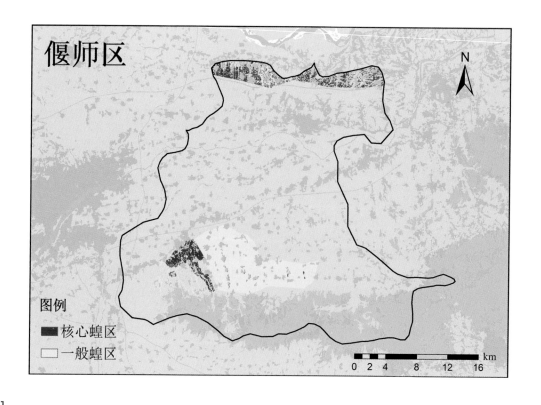

蝗区演变：伊洛河交汇处是洛阳市地势最低处，历史上每到伊河、洛河上游进入汛期，这里大片农田被淹没，易涝易旱适宜蝗虫发生，是老蝗区。经过多年河道治理，生态调控，蝗情得到控制，多年蝗情稳定。偃师区南部万安山脚下的东一干渠1970年开工建设，1987年建成通水，其水源来自陆浑水库，有效灌溉面积8万亩。该渠建成后，1997年渠边玉米田突然出现高密度蝗片，演变成核心蝗区。2016年以来，东一干渠偃师段沿渠进行防护工程建设，渠道全部采取水泥护坡，蝗情得到有效控制。

三、蝗虫发生情况

偃师区历史上是东亚飞蝗重发区，据《偃师县志》记载，"民国31年（1942年）七月，蝗灾，人多以树皮、草根、观音土、雁屎充饥"。最近一次出现高密点片是在1998年，偃师市大口乡东一干渠边玉米田，最高密度400头/m^2。

偃师区东亚飞蝗常年发生面积0.47万hm^2，防治面积0.33万hm^2。核心蝗区在伊洛河交汇处地势低洼的岳滩村及大口乡东一干渠沿线。夏蝗出土始期在5月1日前后，出土盛期5月10日，3龄盛期5月24日，羽化盛期6月16日，产卵盛期7月上旬。

四、治理对策

30年来，偃师区贯彻"改治并举"方针，针对伊洛河交汇处河泛区易于出现旱灾、涝灾的情况，采取"修坝防漫、垦荒种植、植树造林"的策略进行生态改造；成立治蝗指挥部，每年3月安排治蝗专干开展蝗情系统调查，对蝗情加强监测；在开展农作物病虫害防治时兼防兼治东亚飞蝗；注重生物防治，2017年生物防治1万亩，主要使用的生物制剂有苦参碱，化学药剂有菊酯类农药。

范县蝗区概况

一、蝗区概况

范县地处华北平原黄河中下游北岸，在河南省东北部，隶属濮阳市。南与山东省鄄城、郓城两县隔黄河相望，北与山东省莘县以金堤河为界，西与濮阳县接壤，东与台前县为邻。海拔高度44.5～54.1m。县境南北长20km，东西宽42km，总土地面积590km²，人口55.34万，辖7镇5乡，574行政村，耕地面积57.1万亩。人均生产总值3.3592万元。

二、蝗区分布及演变

范县现有蝗区3200hm²，划分为5个蝗区，主要分布在张庄、陆集、陈庄、杨集、辛庄镇。蝗虫类型有东亚飞蝗、土蝗、中华蚱蜢、亚洲小车蝗等。

范县蝗区地形低洼平坦，有狭长的顺堤洼地和二滩坡洼地。受黄河洪水冲淤、沙淤层交替覆盖，地下含水层多为黏土细砂和流沙。地下水矿化度大，陈庄镇以上地下水是微咸水，以下为淡水。平均降水量600mm，多时达到900多mm，少时不足300mm，属暖温带大陆性季风气候。天敌主要有蛙类、鸟类、蜘蛛、寄生蝇、寄生蜂、步行虫、菌类等。植被杂草主要有芦苇、茅草、狗尾草、蟋蟀草、小蓟、苣荬菜、猪毛菜、铁苋菜、田旋花、马齿苋、龙葵等。土壤属黄潮土类，其中：嫩滩多为沙土，质地较差，漏水漏肥，种不保收；老滩多为两合土，保水保肥能力较好，是黄河滩的主要产粮区。串沟和回水处多为淤土，pH7.2～7.8，呈微碱性。农作物常年种植小麦、玉米、大豆等。

蝗区历史演变：飞蝗是范县具有历史性的大害虫，在历史上蝗灾频繁，人民深受其害，有关蝗灾的记述也见诸于多种史书和志记。《濮州志》《范县志》记载，唐代文宗太和二年（公元764年）至

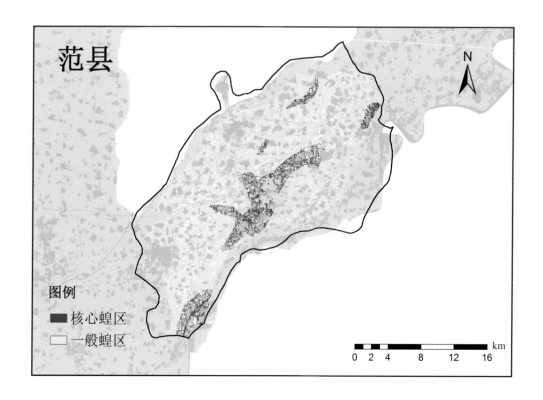

图例
■ 核心蝗区
□ 一般蝗区

km
0 2 4 8 12 16

1944年的1180年间，蝗灾见于州、县志者，特大灾害26次，小害多达百余次。《范县志》载：1944年秋，"飞蝗云集，食草尽"，庄稼树叶尽被吃光。

新中国成立后，范县蝗虫仍频繁发生。1952—1958年，夏秋蝗发生面积最大11万亩，最小2.9万亩，分布于黄河滩区。1960—1964年连续汛期，暴雨成灾，据气象资料记载，1960—1964年，6—9月份降水量分别为482.3、736.4、473.3、441.7、465.2mm，金堤河、黄河洪水同时徒涨，陆地行舟，1963年，淹地面积达41.92万亩，占总面积的82.1%。当时农作物基本绝收，土地无法耕种，芦苇杂草丛生，给飞蝗创造了有利的繁殖场所，形成了内涝蝗区。飞蝗面积不断扩大，由1958年夏秋蝗发生11万亩到1964年发生达46.81万亩。1965—1966年，连续两年干旱，受灾面积分别为28.5万亩、25万亩，蝗虫发生面积达到了新中国成立以来最高峰。1966年共发生夏秋蝗58.45万亩，其中秋蝗发生面积29.46万亩，严重影响着农业生产的发展。

县委、县政府根据1959年农业部提出的"猛攻巧打，积极改造蝗区自然环境，采取各种措施，迅速根除蝗害"的治蝗方针，对内涝蝗区开始了综合治理。在各级政府领导下，组织广大干部群众，采取了治水、治坡、飞机防治等措施，截至1967年，范县摘除了内涝蝗区的帽子，把蝗虫发生区压回到黄河滩区，面积14.75万亩。1978年农村实行责任制后，充分调动了农民种田的积极性，目前蝗虫发生区已压缩在滩区的4.8万亩范围内，控制了危害，保证了农作物的正常生长。千年蝗虫，已得到了控制。

自1980年以来，范县总体蝗情中度发生，局部出现高密度蝗片。如1985年5月份降水量为118.7mm，比常年平均降水量多90.5mm，是近30年同期降水量最多的月份，6—7月份出现了干旱，降水量仅59.2mm，比常年平均降水量少163.9mm，是近30年同期降水量最少的月份。造成大面积庄稼、杂草枯萎，只有少数低洼地庄稼，杂草能维持生存，使夏蝗集中取食产卵，结果在张庄乡凤凰岭、陆

集乡的王子圩等低洼地发生飞蝗密度达300头/m²以上的高密蝗片，一脚踏死32头，是40年所罕见。全县共发生秋蝗5.96万亩，平均密度4.8头/m²，最高达300头/m²以上。

三、蝗虫发生情况

范县常年发生面积6 000hm²，其中夏蝗发生3 500hm²，秋蝗发生2 500hm²；防治面积4 000hm²，其中夏蝗防治2 500hm²，秋蝗防治1 500hm²。

范县夏蝗出土始期在4月底5月初，盛期在5月15日左右，3龄盛期在5月底6月初。蝗蝻经过5个龄期40天左右发育为成虫，6月下旬为羽化盛期，羽化至交尾8天左右，交尾后7～8天产卵，7月中旬为产卵盛期，从羽化到死亡一般30～50天。

四、治理对策

（1）贯彻"改治并举"方针，树立长期治蝗减灾思想。蝗虫具有群居迁飞的特性，要彻底消灭蝗虫的滋生地，还需要一个较长的时期，因此，要树立长期治蝗减灾思想，把防治蝗虫作为一项长期性防灾减灾工作来抓，充分利用土地治理、千亿斤粮食工程项目，逐步减少蝗虫滋生环境，达到不起飞、不扩散、不成灾的目的。

（2）加强防蝗治蝗基础设施建设。为改善和完善治蝗条件，应加强治蝗基础设施建设，改善施药设备，充分发挥蝗虫应急站的作用，提高抗御蝗灾的能力。

（3）强化蝗情侦查和预测预报。针对当前查蝗、治蝗队伍薄弱的现状，范县继续在每个蝗区配备一名蝗虫侦查员，准确掌握蝗情，做好"查卵、查孵化、查蝻、查残蝻、查成虫"的五查工作，建立和完善蝗情周一报告，特殊情况随时报告制度，加强蝗虫预测预报，提高蝗情监测和预报质量，准确系统地监测蝗虫发生动态，及时发布预报，指导防治工作，与毗邻蝗区组织治蝗联防，搞好协调，互通情报，做到适时防治。

（4）改进治蝗策略。继续贯彻"狠抓夏蝗、抑制秋蝗"的防治策略，坚持生态综合治理、化学、生物防治并重，加快蝗灾生态治理步伐，逐步减少蝗虫滋生环境，控制压缩蝗虫发生面积，降低治蝗成本。在蝗虫防治中，积极推广生物治蝗技术，逐步取代化学农药的使用，保护农田资源，减少环境污染。

濮阳县蝗区概况

一、蝗区概况

濮阳县属于濮阳市，位于河南省东北部，黄河下游北岸，豫、鲁两省交界处。南部及东南部以黄河为界，与山东省东明县、鄄城县隔河相望；东部、东北部与河南省范县及山东省莘县毗邻；北部、西北部与河南省濮阳市、清丰县相临；西部、西南部与河南省内黄县、滑县、长垣县接壤。在东经 114.52°～115.25°，北纬 35.20°～35.50°。全县土地面积 1 382km²，耕地面积 9.25 万 hm²，辖 9 乡 11 镇，988 个行政村，人口 115.1 万，人均生产总值 2.971 3 万元。

二、蝗区分布及演变

现有蝗区 6 600hm²，划分为五个蝗区，主要分布在王称堌、白堽、梨园、习城、渠村，蝗虫类型有东亚飞蝗、土蝗、中华蚱蜢、亚洲小车蝗等。

濮阳县蝗区主要在黄河滩区，地形平坦，有狭长的顺堤洼地和滩坡洼地，地下水均为淡水。属于暖温带半湿润季风性大陆气候，年降水 600 mm 左右，最多时达 1 000mm，最少时 200mm 左右。天敌有蛙类、鸟类、蜥蜴、蜘蛛、螳螂、寄生蝇、步行虫等。主要作物有小麦、大豆、玉米、花生等，杂草主要有芦苇、茅草、荠菜、播娘蒿、狗尾草、小蓟、猪毛菜、苣荬菜、田旋花、苋菜、节节麦等 80 多种，土壤类型主要沙土和壤土，嫩滩多为沙土，老滩多为壤土，也有黏土。

飞蝗是濮阳县历史性大害虫，在历史上蝗灾频繁，人民深受其害。据濮阳县志记载，唐朝至民国期间，大灾有 20 多次，小灾百余次。1944 年秋，"飞蝗云集，食草尽"，庄稼树叶尽被吃光，蝗灾给濮阳县人民带来无穷灾难，惨不忍睹。

1952—1958 年蝗虫仍频繁发生，夏秋蝗发生 15 万亩，分布于黄河滩区，1960—1964 年，6—9 月降水量均在 400mm 以上，金堤河、黄河水徒涨，陆地行舟，当时农作物基本绝收，土地无法耕种，芦

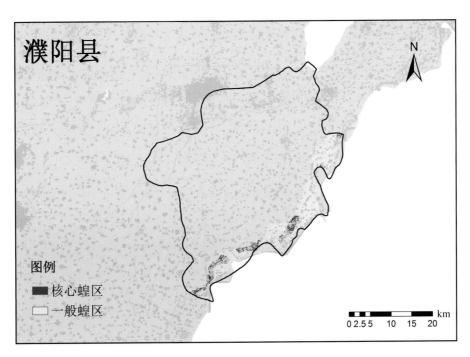

濮阳县

图例
■ 核心蝗区
□ 一般蝗区

km
0 2.5 5   10   15   20

苇杂草丛生，给飞蝗创造了有利繁殖场所，飞蝗面积不断扩大，严重影响农业生产。县委、县政府根据1959年农业部提出的"猛攻巧打，积极改造蝗区自然环境，采取各种措施，迅速根除蝗害"的治蝗方针，对内涝蝗区开始了综合治理。在各级政府的领导下，组织广大干部群众，采取了治水、治坡、飞机防治等措施，截至1967年，濮阳县摘除了内涝蝗区的帽子，把蝗虫发生区压回到黄河滩区，面积15万亩。1978年农村实行责任制后，充分调动了农民种田的积极性，目前蝗虫发生区已压缩在滩区的6万亩范围内，控制了危害，保证了农作物的正常生长。千年蝗虫，已得到了控制。

自1980年以来，濮阳县总体蝗情中度发生，局部出现高密度蝗片。如：1985年5月份降水量为110mm，比常年平均降水量多102mm，是近30年同期降水量最多的月份，6—7月份出现了干旱，造成大面积庄稼、杂草枯萎，只有少数低洼地庄稼，杂草能维持生存，使夏蝗集中取食产卵，渠村、王称堌等低洼地发生飞蝗密度达200头/m²以上。

三、蝗虫发生情况

常年发生面积4 000hm²，防治面积3 300hm²，夏蝗出土始期 5月1日左右，出土盛期5月15日左右，3龄盛期6月1日左右，羽化盛期6月8日左右，产卵盛期6月21日左右。

四、治理对策

（1）濮阳县认真贯彻"改治并举"的方针，对蝗区进行改造，鼓励农民在蝗区耕种、养殖，大大破坏了蝗虫的生活环境，有效控制了蝗虫发生。

（2）重视蝗情调查及预测预报，在蝗区聘用5名农民蝗虫测报员，耕作在蝗区，实时监测蝗虫动态，及时上报，蝗虫测报员定时到蝗区科学调查，准确发出预报，为科学防治提供依据。

（3）农作物病虫兼治，蝗区由于农民种植了农作物，在防治农作物病虫害的同时兼治了蝗虫，同样，在防治蝗虫时，农作物其他虫害也得到兼治。

（4）加强生态控制，在蝗区内进行养鱼、养鸭、养鹅，改善了生态环境，压制了蝗虫发生。

（5）注意生物挑治。为改善生态环境，在防治上注重生物防治，防治蝗虫用蝗虫微孢子虫、绿僵菌、白僵菌、印楝素等生物农药和氯氰菊酯、敌敌畏、溴氰菊酯等化学农药。

台前县蝗区概况

一、蝗区概况

台前县位于河南省东北部，东与东平县、南与鄄城县、郓城县隔黄河相望，北与阳谷县相交，西于范县毗邻。面积393.97km²，全县东西狭长40.4km，南北平均宽15.5km。县辖6镇3乡，37.64万人，耕地面积1.8万hm²，2016年台前县人均生产总值3.069 9万元。

二、蝗区分布及演变

现有蝗区1 333.33hm²，划分为4个蝗区，主要分布在黄河北岸，黄河滩区。

（1）清水河乡蝗区：共有滩区总面积4 233.33hm²，其中农田2 733.33hm²。现有蝗区面积573.33hm²，常发面积353.33hm²。地形西高东低。蝗区内有2条南北乡级公路，在黄河北岸无大的河流。土壤以沙土为主，农作物以小麦—大豆—小麦、玉米—小麦—花生轮作为主。

（2）马楼镇蝗区，共有滩区面积4 466.67hm²，其中农田3 000hm²。现有蝗区面积940hm²，常发面积580hm²。地形西高东低。蝗区内有3条南北乡级公路，新修一条东西乡级公路。在黄河北岸，无大的河流。土壤以黏土为主。农作物以小麦、玉米、大豆为主。

（3）打渔陈镇蝗区，共有滩区面积546.67hm²，其中农田473.33hm²，现有蝗区面积320hm²，常发面积200hm²。地形成东西狭长，黄河南岸有插花地。总的地形西高东低，有4条南北乡级公路。土壤以黏土为主，农作物以小麦、玉米、大豆为主。

（4）夹河乡蝗区，滩区总面积860hm²，其中农田566.67hm²，现有蝗区面积333.33hm²，常发面积200hm²。在黄河北岸，呈圆形，有3条南北的乡级公路。农作物以小麦、玉米、花生为主。

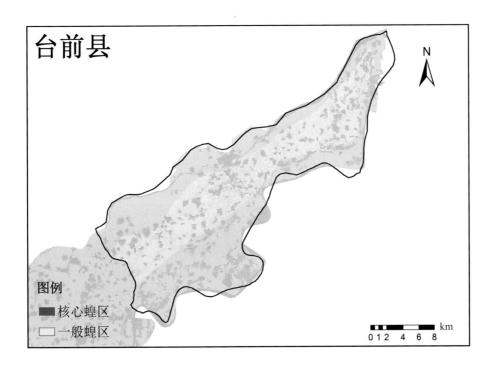

台前县

图例
■ 核心蝗区
□ 一般蝗区

km
0 1 2　4　6　8

台前县蝗区主要分布在黄河北岸，邻黄大堤以南，都属于黄河滩区，蝗区属东部季风区暖温带大陆性气候，四季分明。春季多风回温快，夏季炎热气温高，秋季潮湿多阴雨，冬季寒冷少雨雪。年平均气温13.3℃，日照率56%。无霜期年均216天。历年平均降水量562.5mm。蝗虫类型有东亚飞蝗，土蝗有小车蝗、短额负蝗、锥头蝗、中华蚱蜢、大垫尖翅蝗、隆背蚱、中华稻蝗、日本黄脊蝗、斑角蔗蝗。天敌种类有15种，以麻雀、黑喜鹊、燕子、蜘蛛、蛙类、寄生蜂、步甲等为主。植被杂草共有19科、52种，覆盖比较均匀。其中禾本科有9种杂草，莎草科的聚穗莎草是蝗虫的主要食料来源。从杂草比例区分，以禾本科的毛马唐、千金子、狗尾草、芦苇、狗牙根、稗草、茅草根，以及木贼科的问荆、蓼科的酸模叶蓼、旋花科的打碗花较多，占总数的91.67%。

台前县蝗区是历史上蝗虫发生的重灾区，黄河、金堤河在这里交汇，易发生涝灾，经过20世纪60年代的大面积飞机治蝗，蝗区面积逐步减少。至1966年蝗区面积减少到10 000hm²。1989年蝗区面积缩减到5 406.67hm²。八九十年代，由于黄河河床逐年升高，河滩逐渐加宽，1996年、1997年黄河水发生漫滩，漫水后滩地面积扩大。蝗虫发生面积减少缓慢。从2001年开始，黄河开始调水调沙，台前县黄河河床不断刷深，十几年来河床下降2m多深，黄河滩区面积相对稳定，蝗虫发生面积逐年减少。至2007年蝗虫发生面积减少到2 686.67hm²，常发面积减少到1 333.33hmm²以下。

三、蝗虫发生情况

台前县常年发生面积1 333.33hm²，防治面积1 200hm²。夏蝗出土始期在5月3日左右，3龄盛期5月28日，羽化盛期在6月15日，产卵盛期在6月25日。2017年普查时间：5月10—16日，平均密度0.26头/m²，发生面积1 333.33hm²，其中0.2～0.5头/m²，面积866.67hm²，0.5～3头/m²，面积266.67hm²，3～10头/m²，面积133.33hm²，大于10头的66.67hm²，最高密度13头/m²，面积13.33hm²。位于马楼镇的张集村。

四、治理对策

台前县蝗区改治工作，继续贯彻依靠群众，勤俭治蝗，改治并举，根除蝗害的治蝗方针，提高改治技术，压缩重发范围，控制蝗虫面积。偏重发生区，包括整个马楼乡蝗区，全面监视，以防回升。在防治策略上，采取狠治夏蝗、抑制秋蝗；武装侦察、堵窝防治的措施。根据近几年蝗虫出土不齐、龄期参差的情况，已进行分期防治，即收麦前重点进行挑治堵窝，收麦后围歼高密度蝗片。

重视蝗情调查，搞好预测预报。每年组织技术人员，到蝗区挖卵，依据当地气候条件，分析蝗卵发育进度，调查蝗虫出土时间、蝗虫密度、龄期，给领导当好参谋，确定最佳防治时间。

台前县夏蝗出土时间，在5月初，与防治小麦病虫害时间相吻合，可在防治小麦病虫害时兼防兼治。

加强生态控制。推广深耕深耙，深耕改土、铲除杂草，改善土壤环境，限制蝗虫滋生。推广冬灌，提高蝗卵死亡率，减少越冬基数。推广化学除草，减少荒地，破坏蝗虫生长环境。推广种植三权两柳，所谓三权是白蜡权、桑权、杞权，两柳是杞柳、旱柳。在马楼、清河两乡建立以白蜡、杞柳为主的经济林基地。

注重生物防治，保护生态环境。推广低毒无公害农药，减少用药次数，保护蝗虫天敌，充分发挥生物控制的作用。

所用药剂有：生物制剂有绿僵菌、蝗虫微孢子、球孢白僵菌。化学药剂有20世纪50至70年代用6%六六六粉，以后用40%氧乐果乳油、40%辛硫磷乳油、45%马拉硫磷乳油、2.5%溴氰菊酯乳油、20%氰戊·马拉松乳油。

台前县近20年蝗虫发生面积统计表

单位：hm²

年份	发生		合计
	夏蝗	秋蝗	
1998	3 000	2 950	5 950
1999	2 800	1 000	3 800
2000	3 100	2 900	6 000
2001	2 700	2 500	5 200
2002	2 950	2 000	4 950
2003	2 860	2 470	5 330
2004	2 900	2 300	5 200
2005	2 750	2 380	5 130
2006	2 820	2 200	5 020
2007	2 760	2 230	4 990
2008	2 680	2 170	4 850
2009	2 650	2 360	5 010
2010	2 667	2 667	5 334
2011	2 670	2 400	5 070
2012	2 700	2 500	5 200
2013	2 600	2 520	5 120
2014	2 500	2 480	4 980
2015	2 510	2 440	4 950
2016	2 680	2 510	5 190
2017	2 667	2 667	5 334
合计	54 964	47 644	102 608

封丘县蝗区概况

一、蝗区概况

封丘县属新乡市辖区，位于河南省东北部，地处北纬34°53′～35°14′，东经114°14′～114°45′，东南两面毗邻黄河，沿黄河50多km，西邻原阳、延津、北接长垣、滑县，与兰考、开封隔河相望。全县现辖19个乡（镇），604个行政村，总面积1 220km²，全县人口80万人，其中农业人口67万人，耕地面积114万亩。

二、蝗区分布及演变

现有蝗区11 333hm²，划分为5个蝗区，主要分布在封丘县尹岗乡、李庄乡、曹岗乡、陈桥乡、荆宫乡，蝗虫类型有东亚飞蝗、土蝗、长额负蝗、黄胫小车蝗等。

封丘县蝗区，地面平整，土壤肥沃，黄河自西向东贯穿其中，蝗区水文状况良好，属于暖温带大陆性季风，降水615.1mm，天敌种类有：灰喜鹊、金钱蛙、小嘴乌鸦；植被杂草高滩以禾本科、十字花科、木贼科、菊科类为主；低滩以禾本科、菊科、唇形科，土壤属于黄潮土，农作物以小麦、玉米、花生、大豆为主。

蝗区自1957年有记载以来，总体蝗情属中度发生，在1996年严重发生，出现了高密度蝗片，最高密度2 000头/m²。目前封丘县蝗区常年发生面积9.3万亩，防治面积6.2万亩。小浪底水库建成后，因其调水调沙的功能发挥，核心蝗区出现了4个大夹河滩，该类夹河滩每个面积大约

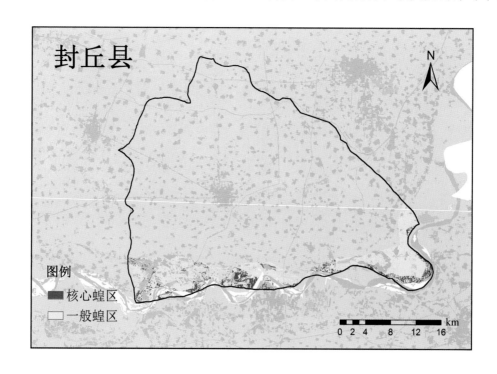

封丘县

图例
■ 核心蝗区
□ 一般蝗区

km
0 2 4   8   12 16

1 000亩以上，小的夹河滩有15个左右，500余亩，枯水季节，杂草丛生，露出水面，适宜蝗虫滋生繁衍。该类地形因黄河沿岸水冲塌方，变化不定，新的嫩滩不断出现，改变了蝗虫的生长环境条件，给调查防治工作带来了不确定性，一般蝗区由于沿黄农户机械化耕作，无裸露土地荒生，农民已开发种植小麦、玉米、花生、大豆等作物。

夏蝗出土始期4月下旬左右，出土盛期5月中旬，3龄盛期5月底6月初羽化盛期6月中旬，产卵盛期6月下旬至7月上旬。

三、治理对策

（1）坚决贯彻执行"改治并举，根除蝗害"的方针，结合当地实际，兴修水利，大面积垦荒种植，减少蝗虫发生基地，植树造林，改善蝗区小气候，消灭飞蝗产卵繁殖场所，因地制宜种植飞蝗不喜食的作物，如甘薯、马铃薯、麻类等作物，断绝飞蝗的食物来源。

（2）做好蝗情监测、预报、准确掌握蝗情，定期做好核心蝗区的蝗虫残蝗基数、挖卵调查、蝗蝻调查工作，做好重点调查和蝗区普查相结合，准确掌握蝗虫的发生程度、发育进度，制定防治措施，及时开展飞机防治和人工挑治，做好蝗虫扫残工作。

（3）加强化学防治与绿色防控相结合。东亚飞蝗防治指标0.5头/m²，防治适期为蝗蝻2～3龄盛期，可选用50%马拉硫磷乳油

900～1 350mL/hm²进行化学防治，兼治其他农作物虫害。亦可优先选用推广杀蝗绿僵菌微孢子虫等微生物农药和苦参碱等其他植物源农药的防治技术，合理安全用药，减少对天敌的影响和环境的污染。以生态控蝗为重点，结合农业结构调整，在河泛蝗区垦荒种植，造塘养鱼，改造植被。在农田蝗区种植大豆、西瓜、棉花、牧草等蝗虫厌食作物，提高复种指数，减少撂荒土地面积，破坏蝗虫产卵适生环境，因地制宜，发展禽畜养殖业，压低虫源基数，减轻发生程度，充分发挥生态调控作用来控制蝗害。

原阳县蝗区概况

原阳县隶属新乡市，位于河南省北部，东临封丘县，南与郑州市区隔黄河相望，西与平原示范区相交，北与新乡县相邻，总面积1 339km²，县辖3个街道办事处17个乡镇，67万人，耕地面积679.44km²。

一、蝗区概况

原阳县蝗区属于河泛蝗区，现有蝗区面积1.33万hm²，主要分布于韩董庄乡、蒋庄乡、官厂乡、靳堂乡、大宾乡、陡门乡6个沿黄滩区，蝗虫类型以东亚飞蝗为主，土蝗为次。

蝗区地形沿黄河流向走势，曲折蜿蜒，新滩老滩交错，气候属温带大陆性季风气候，年均降水量556mm。天敌种类以鸟类为主，植被杂草以马唐、牛筋草、野芦苇等禾本科杂草为主，葎草、苋菜等阔叶杂草为辅，土壤以黏土、壤土为主，常年种植小麦、玉米、花生、大豆、高粱。

二、蝗虫发生情况

原阳县蝗区常年发生面积1万hm²，防治面积0.33万hm²。夏蝗出土始期一般在4月底5月初，出土盛期5月15日左右，3龄盛期在5月底6月初。

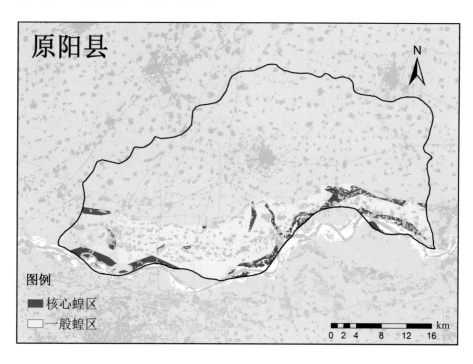

三、治理对策

（1）贯彻"改治并举"方针，结合实际改造生态环境。随着黄河小浪底工程修建投用，黄河洪灾年份减少，滩区人们种地积极性提高，开垦耕种河道周边的荒地，有效降低了蝗虫的生存环境，减轻了蝗虫危害。

（2）加强蝗情调查及预测预报。对于滩区一些特殊环境，如堤坝、荒地、荒坑、夹河滩，时刻关注，加强调查，及时预测预报。

（3）结合当地农作物病虫害防治，兼防兼治蝗虫危害。

（4）加强生态控制。

（5）注重生物防治。近几年结合省站指导，我们采用白僵菌等生物制剂进行飞机防治作业，效果良好，药后15天调查，防效达90%以上。

惠济区蝗区概况

一、蝗区概况

惠济区位于郑州市北部，北邻黄河，南邻金水区，东临郑东新区，西临郑州高新技术开发区；下辖两镇、6个街道和3个开发区；辖区总面积232.8km²，总人口28.6万人，其中城镇人口20.3万。耕地面积7 096hm²，人均生产总值3.723 4万元。

二、蝗区分布及演变

惠济区沿黄河有近7万亩的黄河滩地，蝗区均分布在黄河滩区以内。现有蝗区5.6万亩，蝗区内有黄河、枯河、岗李水库、鱼塘10处，人造水系3处，划分为东滩、中滩、西滩三个蝗区。其中黄河滩区有20多家大中型休闲园区，这一部分滩地基本稳定，极少水淹，已全部开垦利用。蝗虫主要分布在东滩和西滩，蝗虫类型有东亚飞蝗、土蝗。

惠济辖区内的整个黄河滩，地势整体西高东低，大部分土地比较平坦，基本上一马平川。蝗区从邙山提灌站开始，沿北侧横贯全区，经花园口镇进入金水区，在黄河大堤沿水呈东西带状分布，全长33km，堤防长25km。由于大量泥沙淤积，河道宽、浅、散、乱，主河道摆动频繁，系典型游荡型河段。三门峡、小浪底等大型水利工程运行后，黄河下游河势好转，汛情减少。属于暖温带亚湿润季风气候，四季分明，雨热同期，干冷同季，冬冷夏热。基本气候特征为：春旱多风，夏炎多雨，秋凉晴爽，冬寒干燥，风多雪少，年均降水量640.9mm。区内沿黄河大堤建设了长27km、宽1km的生态防护林带，构筑了绿色长堤，天敌种类经初步调查有啄木鸟、乌鸦、步行虫、螳螂、家燕、家禽、蛙科等。在自然植被中，以一二年生杂草为主，同时也有多年生杂草的分布。其中禾本科的狗尾草、菊科的苍耳、刺儿菜、藜科的藜等。滩区内植被覆盖率高，动植物物种种质资源非常丰富。

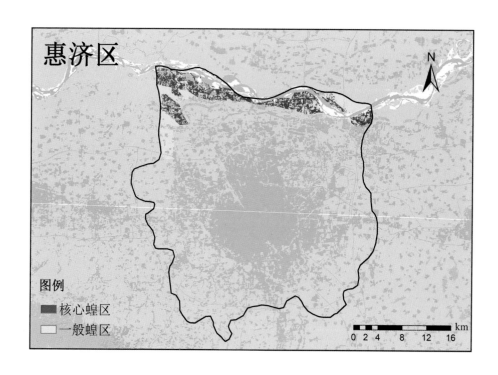

三、蝗虫发生情况

惠济区东亚飞蝗常年夏秋蝗发生面积4万亩左右,防治面积1.5万亩左右。夏蝗出土始期在每年4月底5月初,出土盛期在5月下旬,3龄盛期在6月上旬,羽化盛期在6月中下旬,产卵盛期在6月下旬至7月上旬。

四、治理对策

一是充分开发利用土地资源实行综合治理。近年来随着黄河滩区的不断开发利用,一批现代农业示范园区迅速建成发展,滩区的粮食种植面积逐年减少,而果园面积、蔬菜面积、花卉面积、休闲园区等不断扩大,大大破坏了蝗虫的栖息环境,客观上改造了蝗区。

二是重视蝗情调查及预测预报。惠济区确立了东滩和西滩2个固定的蝗区测报点,现有4名专业蝗虫侦察员,还成立了20人的蝗虫应急防治队伍。在加强人员队伍培训的基础上,系统开展了越冬蝗卵挖方调查、蝗蝻出土情况、蝗蝻发育进度及蝗蝻"拉网"普查,澄清蝗虫分布情况,及时准确对蝗情进行预测预报,为大面积防治提供了科学依据。

三是切实加强生态控制。多年来惠济区政府投入了大量的人力、物力、财力进行生态环境建设,取得了显著的成效。沿黄河大堤两侧建设了1km宽、27km长的黄河防浪林、防护林带,中滩规划建设了总面积2万多亩的郑州黄河国家湿地公园,园内植被茂密,物种丰富,对生态环境起到了很好的保护作用,有效遏制了蝗情发生。

四是做好药剂防治工作。常规化学防治采用的是一种高效、低毒、广谱、低残留的4.5%高效氯氰菊酯。基本上在每年的6月份和8月份开展夏蝗和秋蝗两次集中防治,防治面积达到1.5万亩左右,效果明显。

中牟县蝗区概况

一、蝗区概况

中牟县位于郑州市东部，土地总面积917km²，14个乡镇（街道），273个行政村，人口46万人，东接古都开封，距两地各30km，是郑汴融城战略和郑汴产业带的中心区域。

二、蝗虫分布及演变

中牟县是我国历史上有名的老河泛蝗区，主要分布在黄河滩区的狼城岗、雁鸣湖、万滩三乡镇，宜蝗面积1.37万hm²，常年发生面积1.13万hm²，由于黄河水位不定，河道滚动频繁，形成大面积荒地或间有耕作粗放的夹荒地，滋生大量芦苇、莎草、稗草等飞蝗喜食植物，且难以彻底改造，其自然条件十分适合蝗虫产卵、繁殖和生长发育。一般年份这些荒地随着水面缩小而增大，宜蝗面积增加。先涝后旱是导致蝗虫大发生的重要条件，在少雨干旱年份发生更为严重，长期以来，治蝗减灾一直是当地政府和农业部门的一项政治性任务。

多年来，中牟县控制东亚飞蝗的方法主要采用化学农药进行防治，这种措施在蝗虫连年重发的严峻形势下，对在最短时间内控制蝗情蔓延，防止蝗虫起飞和大面积成灾，确实起到了其他方法无可比拟的作用，但也带来种种不良后果。

近年来，在河南省植保植检站的领导下，中牟县对东亚飞蝗防治技术进行了大量的试验研究工作，形成了一套比较科学实用的综合防治技术体系。但总的来看，存在着绿色防控技术措施不配套、不完善，蝗区缺乏数字化区划，新技术示范应用推广慢等问题，亟须进行制订科学安全有效的技术规范，尽快大面积推广应用。

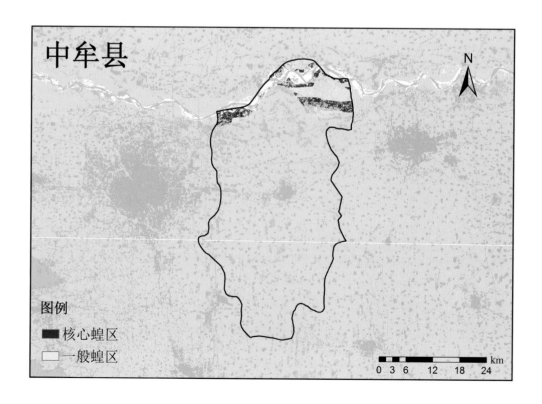

三、蝗虫发生情况

常年发生面积1.13万hm²，防治面积0.8万hm²，一般夏蝗出土始期5月1—5日，出土盛期5月下旬，3龄盛期6月上旬；秋蝗出土始期7月上旬，出土盛期7月下旬，3龄盛期8月上中旬。

四、防治对策

（1）生物控制，种植花生、大豆、苜蓿、棉花、辣椒等东亚飞蝗非喜食植物，创造不利于飞蝗适生的环境。

（2）生物防治。用绿僵菌、蝗虫微孢子虫防治东亚飞蝗，降低农药残留，达到防治效果。

（3）采取无人机开展蝗虫防控，节约成本，降低施药量，防效较好。

（4）常用的化学农药有25%高氯·马乳油、5%高效氯氟氰菊酯乳油。

荥阳市蝗区概况

一、蝗区概况

荥阳市隶属河南省郑州市，位于郑州市西部，距郑州市中心城区25km，处于黄河流域与淮河流域共聚处、黄河中下游分界处，西望古都洛阳，南眺中岳嵩山，北濒九曲黄河，东接省会郑州，自古就有"两京襟带，三秦咽喉"之称。荥阳市下辖12个乡镇、2个街道，东西宽27.6km，南北最长处45.5km，全市总面积943km²，常住人口为73万人，2020年人均生产总值7.5万元。

二、蝗区分布及演变

（1）荥阳市北部紧邻黄河，自西向东有汜水、王村、高村、广武四个乡镇，沿黄河河岸线40多km，滩区面积10万亩以上，其中黄河北岸滩区约4万亩，南岸6万亩以上。按照区域可以分为4个滩区，分别是汜水滩、王村滩、高村滩、广武滩区，其中汜水滩区在黄河北岸，其余3个滩区均在黄河南岸邙岭脚下。现有蝗虫种类以东亚飞蝗和土蝗为主。

（2）10多年来荥阳市黄河滩区整体情况保持相对稳定，嫩滩、老滩分布变化不大，开发利用布局合理，形成了种植业、养殖业、水产业等多种产业链，给当地群众带来了较高的经济效益；只有在小浪底水库调水调沙期间，黄河河道会有小范围的变化，但对整个滩区影响不大。黄河北岸汜水滩区开发利用率较高，主要产业为种植业，粮食作物主要是小麦，经济作物以中药材、花生、牧草为主。王村滩区、高村滩区、广武滩区水产养殖与种植业同步发展，已建成3万亩黄河鲤鱼养殖基地；粮食作物以小麦、玉米为主，蔬菜、水果等经济作物也占有较大的比重，已形成粮食、蔬菜、林果、水产养殖四大支柱产业。该滩区拥有河阴石榴、黄河鲤鱼、广武大葱等多个国家地理标志保护产品，给当地群众带来了较高的效益回报。

（3）黄河滩区属暖温带大陆性季风气候，在季风影响下，春季干燥多风，夏季炎热多雨，秋季凉爽，冬季干寒；冬夏季长，春秋季短，四季分明。光、热、水资源比较丰富，气候温和，雨热同期，有利于多种植物生长，年降水量约650mm左右，土壤以沙质壤土为主。有丰富的动植物资源，有维管束植物80科284属598种，已知存在陆生野生脊椎动物217种，其中鸟类169种，兽类21种，两栖类10种，爬行类17种。

（4）多年来由于小浪底工程的投入使用，黄河水量稳定，河道基本没有大的变化，加上周边群众惜地情结，大量的滩区被开发利用，对抑制蝗情起到了重要作用，蝗虫发生趋于稳定。直到2014年，在广武镇寨子峪滩区由于滩地长期撂荒，导致局部区域蝗虫密度增大，出现了高密点，最高密度近10头/m²，由于发现及时、措施得当，蝗情很快得到了控制。

三、蝗虫发生情况

荥阳市东亚飞蝗常年发生面积在8万亩左右，核心蝗区以东亚飞蝗为主，湿地保护区发生密度较大，农作物种植区发生密度较小；一般蝗区以土蝗为主，由于群众防治病虫及时，蝗虫发生密度小。荥阳市东亚飞蝗常年达标面积5.5万亩左右，防治面积6万亩以上，其中夏蝗防治面积4.5万亩左右，秋蝗防治面积1.5万亩以上。

荥阳市夏蝗蝻出土始期一般在4月底5月初，大致在4月28日至5月5日，随温度、降水等情况有所变化，出土盛期在5月中下旬，三龄盛期在6月上旬，产卵盛期在6月底至7月初。

四、治理对策

（1）统一思想，提高认识。蝗虫防治是一项政治性较强的农业防灾减灾任务，做好治蝗减灾工作，不仅仅是保障农业的丰产丰收，更有着维稳的特殊意义。认清形势，坚决克服麻痹思想和侥幸心理，切实负起责任，把治蝗工作当头等大事来抓。进一步统一思想，提高认识，增强蝗虫防治的使命感和责任感，精心组织好蝗虫的查治工作。

（2）加强领导，精心组织。按照省政府的要求实行"地方行政首长负责制"，市级成立以副市长任组长的蝗虫防治指挥部，要求各蝗区成立相应的机构，加强部门之间的协调，强化管理，明确任务，责任到人，使蝗虫防治工作有组织有计划地开展。

（3）加强测报，科学决策。荥阳市植保站加强对全市蝗虫发生动态的系统调查和监测，对辖区内的蝗区划片分区，固定蝗虫测报员进行监测调查，做到"不漏查、不漏报、不误报、不留死角"，蝗情数据记录、上报要做到快速、准确，便于领导部门准确掌握蝗虫发生动态，分析发生原因，为科学防治提供可靠依据。

（4）储备物资，组建队伍。各蝗区乡镇及市财政、农业等部门及早落实治蝗经费，建立防控队伍，搞好防治药剂、药械等物资储备。对于已成立蝗虫专业化防治队的乡镇，充分发挥其专业化防治队的作用，在必要时实行统防统治，联防联治。对于没有成立专业化防治队伍的重点片区，以镇或重点村为单位，选用责任心强、踏实肯干的人员，组建蝗虫防治专业队伍，以便随时投入治蝗一线。

（5）加强绿色防控，保护生态平衡。在蝗虫滋生地积极推广生物多样性生态控制技术，开展植树造林或种植棉花、花生、大豆、苜蓿等蝗虫非喜食作物，实行精耕细作，改造蝗区生态条件，破坏蝗虫适生环境，减轻蝗虫发生程度。

在东亚飞蝗密度中等或偏低的地区，优先使用蝗虫微孢子虫、金龟子绿僵菌等微生物农药和苦参碱等植物源农药开展防治，保护滩区生态环境。

（6）加强科学用药，开展应急防治。在高密度蝗区，及时组织应急防治专业队进行统一防治，因地制宜优先选用高效低毒化学药剂，如高效氯氟氰菊酯、溴氰菊酯等。

平舆县蝗区概况

一、蝗区概况

平舆县位于驻马店市东部，河南省东南部，位于北纬32°40′～33°10′和东经114°24′～114°56′之间，两省（河南、安徽）三市（驻马店、周口、阜阳）结合处，距驻马店市约60km，东与新蔡县、安徽省临泉县接壤，北与项城市、上蔡县毗邻，南与正阳县相望，西与汝南县接壤，南北长45km，东西宽46.8km，总面积1282.15km²。县辖3街道11镇5乡，总人口101万人，耕地面积8.94万hm²，2016年人均生产总值1.9万元。境内土质分为砂姜黑土、黄棕壤、潮土三大类型。气候资源，年降水量932.4mm，平均温度15.1℃，日照2015h，相对湿度73%，无霜期230天，属季风性北温带气候。主要农作物有小麦、玉米、芝麻、花生、大豆、马铃薯等，还有绿豆、高粱等杂粮作物和蔬菜、果树、中药材、花卉等多种作物种植，是典型的平原农业县。

二、蝗区分布及演变

平舆县为淮河平原内涝蝗区，与淮河水系变化关系密切。自古多内涝，坡洼地带较多，因雨季积水不易排出，洼地难以正常耕种，同时旱涝不均，俗称"淹三年，旱三年，不淹不旱又三年"，随着近年来全球气温上升，县域气候条件逐年恶化，旱年上升，一年内旱涝交替，形成"旱六淹五正常稀"，适宜东亚飞蝗及土蝗滋生。

平舆县蝗区主要分布在洪河、汝河及支流沿岸荒坡，20世纪八九十年代主要分布在阳城、射桥、庙湾、杨埠、李屯等5个乡镇，宜蝗面积2万hm²，蝗区面积1.3万hm²，到2000年逐步扩展到除以上5乡镇外的玉皇庙、高杨店、东和店、东皇庙、辛店、老王岗、西洋店、双庙等13个乡镇，宜蝗面积达到3万hm²，蝗区面积达到2万hm²。随着近年来综合治理，目前蝗区面积大辐下降，宜蝗面积1万hm²

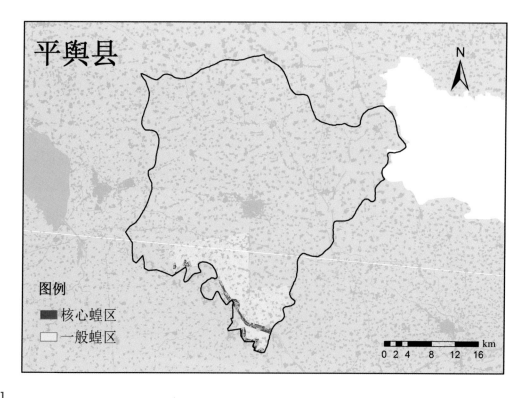

左右，蝗区面积0.05万～0.2万hm²。

蝗区具有明显的地形和植被条件，主要分布在河、港外围低洼荒坡地及道路、沟渠边的荒沟旁，这里常年无人耕种，杂草丛生，温、热、雨、土适宜。产卵部位有适当的硬度，以黏重土壤居多，周围以禾本科作物或杂草较多，食料丰富，最适宜蝗虫滋生。天敌较少，卵期天敌极少，大豆面积下降，豆芫菁幼虫较少，受农药污染影响，寄生蜂数量明显减少，蛹期和成虫期天敌蛙类、鸟类、步甲、蜘蛛、线虫、抱草瘟菌等也急剧减少，生态控制显著下降。2002年在后刘乡（现阳城镇）张万寨村呈出现密度高达10头/m²以上的高密蝗片。

三、蝗虫发生情况

平舆县东亚飞蝗常年发生面积50～120hm²，防治面积70～120hm²，宜蝗面积2 000hm²左右，一般蝗区主要分布在等乡镇的荒坡荒地，一般密度0.1～0.3头/m²，最高密度2～4头/m²，核心蝗区主要分布在等乡镇的荒坡荒地，一般密度0.3～0.7头/m²，最高密度4～8头/m²。夏蝗出土始期5月12—18日，出土盛期5月18—25日，3龄盛期6月2—10日，羽化盛期6月26—30日，产卵盛期7月12—15日。

四、治理对策

近年来，基于内涝蝗区蝗虫发生抬头的趋势，平舆县贯彻落实各级党委政府的指示精神，按照依靠群众、改治并举的治蝗方针，结合当地实际，采取多种切实有效的措施，对蝗虫适生区进行了多年连续不断的综合治理，使本县近5年来蝗虫处于较低的发生水平，治理成效显著。重点采取了以下几项措施。

（1）加强蝗情调查监测和预测预报。加强监测调查，根据蝗虫发生特点，结合蝗卵越冬情况进行中期预测；开展蝗卵发育情况调查、蝗卵死亡情况调查、出土情况调查，科学分析，进行短期预测；根据蝗卵分布和出土情况，确定蝗虫防治重点区域；加强汇报交流，互通信息，使蝗虫监测防治工作无死角，无空隙，为科学防治蝗虫提供科学依据。

（2）加强蝗区改造，以农业措施为主进行综合治理。改造蝗虫适生区是治理蝗虫的基础，春季开展大规模的林网改造，破除路边沟边杂草、板土等适生区4 000hm²以上；大力兴修水利，对河港、干渠进行植树造林，种植花草，硬化边坡，整治环境，每年破除蝗虫适生区2 000hm²以上；号召广大群众对部分荒地、沟渠边坡进行开荒种植作物等植被，每年破除蝗虫适生区2 000hm²以上；实施村村通工程和土地整治，硬化田间生产路和路沟边坡，种植风景树木和花卉，每年破除蝗虫适生区1 000hm²以上；坑塘改造养鱼、种藕，每年破除蝗虫适生区500hm²左右。通过这些措施的持续实施，本县每年进行蝗区改造1万hm²左右。

（3）保护生态环境，进行生态控制。开展农业结构调整，增大芝麻、花生、花菜等不适宜蝗虫取食的作物种植面积，有效减少蝗虫食料，创造不利于蝗虫适生的环境；农田实施减药控害，逐步加大实施绿色防控技术措施，优先选用农业、物理、生物防治措施，选用高效低毒农药，禁用高毒农药，科学用药，减少农药应用，保护生态环境。近年来，本县农药应用总量已开始下降，农田生态体系逐步向好，对保护生物多样性、促进生态控蝗具有重要意义。

（4）引进试验防治新技术，提高防治效果。选用高效低毒农药、新型农药和方法，提高施药技术水平，对蝗虫进行科学防治。在治蝗选药中，优先选用菊酯类氯氟氰、新烟碱类的吡虫啉、噻虫嗪、脲类的灭幼脲、虫酰肼等农药，以及飞机等超低容量器械，在蝗虫2～3龄期精准施药技术，提高效果，减少农药用量，保护生态环境，对蝗虫达到可持续治理。

通过各种治理措施的应用，使蝗虫在近期内一直处于较低的发生水平，年发生面积控制在100hm²以内，危害轻微，不能形成灾害，经济效益、社会效益和生态效益都非常显著，发挥了很好的治理成效。

确山县蝗区概况

一、蝗区概况

确山县属驻马店市，位于河南省南部，淮河北岸，西依桐柏、伏牛两山余脉，东临黄淮平原，位于郑州与武汉之间，历史上被誉为"中原之腹地，豫鄂之咽喉"。属暖温带大陆性季风气候。全县总面积1 783km²，总人口约53万人，全县耕地面积104万亩。

二、蝗区分布及演变

确山县有两个蝗区，主要分布在南部任店、李新店，西部竹沟、瓦岗、石滚河三个乡镇，蝗虫类型有东亚飞蝗、土蝗等。

蝗区：地形复杂，多以河道、丘陵、山区为主，属暖湿气候，降水充足。天敌种类有鸟类、蛙类等。植被杂草丰富，土壤湿度大，有沙土、黑土、潮土为主要土壤类型，主要农作物以甘薯、烟草、中药材，山区种植有果树、花卉等。

蝗区自2000年以来，总体蝗情没有大的发展。随着近年来综合治理，目前蝗区面积大辐下降，宜蝗面积1.2万hm²左右。

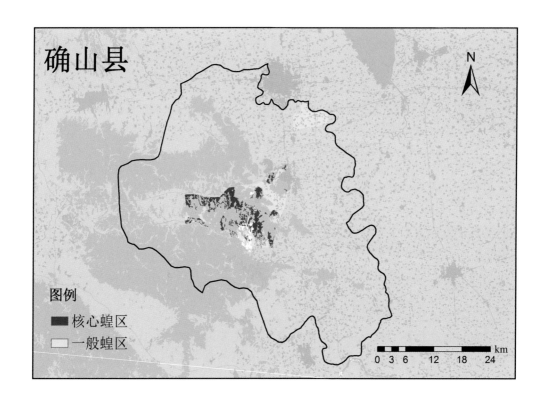

三、蝗虫发生情况

常年发生面积2.4万hm²，防治面积有2万hm²。

四、治理对策

（1）加强蝗情调查监测和预报。开展蝗卵发育情况调查、蝗卵死亡情况调查、出土情况调查，科学分析，进行短期预测；根据各蝗区蝗卵分布和出土情况，确定蝗虫防治重点区域。

（2）以农业措施为主进行综合防治。破除路边沟边杂草、板土；大力兴修水利，对河港、干渠进行植树造林，种植花草。加大林果业的开发种植面积，县每年进行蝗区改造1.2万hm²左右。

（3）注重生物防治。确山县注重生物防治，选用高效低毒农药，禁用高毒农药，林果、蔬菜推广无公害农药苦参碱，保护农业生态环境。

汝南县蝗区概况

一、蝗区概况

汝南县属驻马店市，位于河南省东南部，西与驿城区接壤，北与上蔡相交，东与平舆毗邻，南与正阳相连，南北长65km，东西宽25km，总面积1 504km²。全县辖4个街道12个镇2个乡，83.6万人，耕地面积9.27万hm²，人均生产总值2.83万元。

二、蝗区分布及演变

现有蝗区6 530hm²，划分为2个蝗区，主要分布在宿鸭湖两侧，西部湿地蝗区和东部滩涂蝗区，蝗虫类型有东亚飞蝗、土蝗。

西部湿地蝗区：地势较平坦，主要有道路、牧草、湿地、湿地林等。海拔在54m以下，离湖面水位较近，易被水淹，属于大陆性气候，常年降水量900mm左右。天敌种类有各种鸟类、家禽、蛙类等，土壤以黄棕壤土为主，植被杂草有马塘、莎草、芦苇、稗草、黑麦草、蒿草等多种杂草，主要种植的农作物有油菜、玉米、芝麻等。

东部滩涂蝗区：地势相对较高，蝗区内有道路和庄稼，主要以张楼、金铺、老君庙等镇群众种植的农作物为主，土壤类型也属黄棕壤土，降水量、天敌等与西部湿地蝗区相同。

自80年代以来，蝗区整体发生平稳，每年发生10万亩左右，总体蝗虫密度一般0.6～1头/m²，但1993年，东部滩涂蝗区蝗虫大发生，主要发生在金铺、张楼等镇的部分村，高密度蝗片最高密度达到35头/m²。

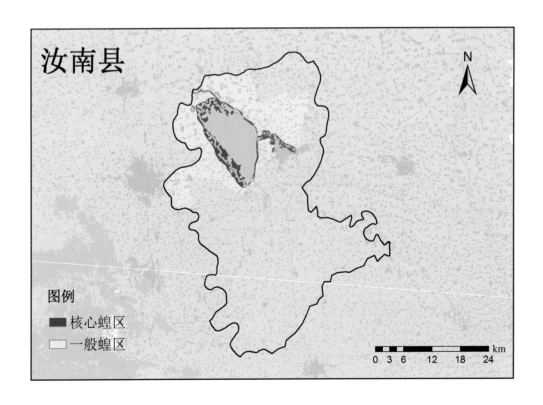

三、蝗虫发生情况

常年发生面积6 500hm²，防治面积7 000hm²，核心蝗区约1 000hm²，主要分布在金铺、张楼等宿鸭湖东部的滩涂区，核心区蝗虫最高密度3头/m²，一般密度1.2头/m²，一般蝗区分布在罗店、老君庙、三桥等宿鸭湖的周围，最高密度1头/m²，一般密度0.4头/m²。

常年夏蝗出土始期一般在5月10日前后，盛期在5月16日前后，3龄盛期在6月2日前后，羽化盛期在6月15前后，产卵盛期在7月5日前后。

四、防治对策

（1）贯彻"改治并举"方针，在蝗区内种植芝麻。汝南县每年都要对宿鸭湖周围的宜蝗区进行改造，在秋冬季水位低时，广大群众对宜蝗区内的地块自发犁起，种植油菜，破坏越冬蝗虫的生态环境，减少蝗卵的越冬基数，油菜收获后，如果水位不高，群众在夏季还会在宜蝗区种植芝麻，减少蝗虫的适宜生存环境以此达到治蝗的目的。

（2）重视蝗虫的调查及预测预报。县测报人员每年春季，都要到宿鸭湖滩涂宜蝗区挖蝗卵，调查蝗卵密度，预测蝗虫发生情况，为后期指导防治打基础。在蝗卵发育过程中，测报人员根据蝗卵发育进度和蝗虫出土时期，及时发布病虫情况，指导宜蝗区群众积极开展防治。

（3）加强对蝗虫的生态控制。在宿鸭湖西部湿地蝗虫发生区，广大群众根据湿地和林地的特点，分别在湿地和林地内养殖鸡、鸭、鹅等家禽，并把它们放入湿地内自由择食，利用家禽来控制蝗虫的数量，达到生态治蝗的目的。

（4）注重生物防治。在蝗虫出土后3龄前，利用无人机喷洒生物制剂，白僵菌或Bt乳剂，或号召宜蝗区群众利用生物制剂白僵菌或Bt乳剂对蝗虫幼虫进行防治。

（5）积极开展化学防治。在蝗虫出土始期，号召宜蝗区群众，利用马拉硫磷、辛硫磷等农药，积极对蝗虫幼虫进行堵治或喷雾防治，对所有宜蝗区都要普遍防治一次，以降低蝗虫的发生程度。

上蔡县蝗区概况

一、蝗区概况

上蔡县位于河南省东南部，属于驻马店市，东西长60km，是一个平原农业县。地处东经114°6′～114°42′、北纬33°4′～33°25′之间，东靠项城，西连西平、遂平，南接汝南、平舆，北临商水、郾城。属暖温带大陆性季风气候。上蔡县总面积1517km²，辖8个镇、14个乡、4个街道办事处，总人口153万（2016年）。

二、蝗区分布及演变

现有蝗区4个，主要分布在吴宋湖农场、汝河堤岸、洪河堤岸、邵店窑业区。蝗虫类型有东亚飞蝗、土蝗、蚱蜢等。

蝗区：地形为低洼杂草丛生地带、堤岸荒草覆盖区域，属暖温带大陆性季风气候，降水充沛，天敌主要有青蛙、鸟类。蝗情曾多次暴发，在1994年出现了高密度蝗片，最高密度3000头/m²。

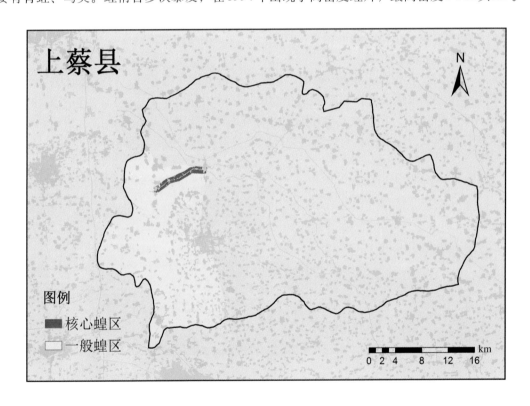

三、蝗虫发生情况

常年发生面积为9km²，防治面积20km²，蝗虫发生重点区，蝗虫比较密集，杂草及农作物受损比较严重，尤其是1994年邵店窑业区蝗虫发生中心虫口密度高达3000头/m²以上，所到之处杂草及作物只剩茎秆；一般蝗区，虫口密度比较小，杂草及作物零星被害。

上蔡县夏蝗出土始期在4月20日左右，出土盛期在5月10日前后，3龄盛期在5月底，羽化盛期在6月中旬，产卵盛期7月上旬。

四、治理对策

（1）贯彻改治并举，结合当地实际。开垦湖区减少杂草覆盖面积，深耕破坏蝗虫存活量；在河道堤岩岸，增加植被。

（2）重视蝗情调查及预测预报。县植保站常年坚持蝗情系统跟踪调查，调查越冬蝗卵总量、监测蝗虫发育进度、集中出土时期，预测蝗虫迁飞时期，根据调查情况，预测最佳防治时期，及时发布防治预报，制定防治策略，适时防治，绝不让蝗虫起飞，使蝗害降低到最低限度。

（3）农作物病虫害兼防兼治。根据蝗虫调查情报，在蝗虫集中出土时期，蝗蝻3龄以前，结合农事，在防治大田作物病虫害的同时，适当扩大防治范围兼治蝗蝻，起到一药多用的效果。比如在防治玉米二点尾夜蛾时，用敌敌畏毒土或辛硫磷毒土地面撒施，对二点尾夜蛾和蝗蝻都有很好的防治效果。

（4）加强蝗虫种群及数量变化的检测，加强生态控制。在日常调查中，注意区分蝗虫种类的变化及种群数量的增减，注意观察种群内数量的变化，力争在蝗虫种类最少、种群内数量少的时候进行控制，努力把蝗虫种类及数量控制在最小危害范围内。

（5）注意生物防治，保护生态环境。在农作物生产及蝗虫防治过程中大力推广了生物防治，在蝗虫常发高发区，禁止捕青蛙、捕鸟；在农药选择上，选择生物农药或高效低毒制剂；在耕作制度方面，改种厌食作物或提高复种指数。

（6）选用农药。1970年以前，主要用六六六喷粉和撒毒饵；70年代至90年代，主要是使用马拉松等有机磷农药；90年代后高效低度的菊酯类农药在蝗虫防治上开始应用；2000年以后灭幼脲、锐劲特等农药应用在治蝗上。治蝗药械也随着科技的进步而改进，有人工到新型机械、自动化机械、飞防等逐渐先进。

遂平县蝗区概况

一、蝗区概况

遂平县属于驻马店市，位于河南省南部，地处北纬32°59′～33°18′，东经113°37′～114°10′。东与上蔡、汝南为邻，北与西平接壤，西与舞钢市、泌阳县毗连，南与驿城区、确山县交界。总面积1 080km²，总人口55万，辖18个乡镇，3个街道，2个景区，1个产业集聚区，1个新区。遂平县有京广高铁、京广铁路、107国道、京港澳高速路、石武客运专线纵贯全境，七蚁公路等省道穿境而过，城乡公路四通八达，101万亩耕地，农作物常年播种面积170万亩以上。

二、蝗区分布及演变

现有蝗区2 000hm²，主要为东南蝗区，蝗虫类型主要有东亚飞蝗、土蝗。地形由山区、平原、岗地组成，境内有汝河、奎旺河等河流，有河滩低洼荒地，属于暖温带气候，降水分布不均。蝗虫天敌有鸟类、蛙类、蜘蛛等，植被杂草以禾本科为主，土壤有沙土、壤土和黏土，农作物有小麦、玉米、花生、大豆等。

1995年蝗虫危害较重，出现了高密度蝗片，最高密度115头/亩，分布于东南部的常庄、车站、褚堂等乡镇，自1995年以来蝗虫发生有所减轻。

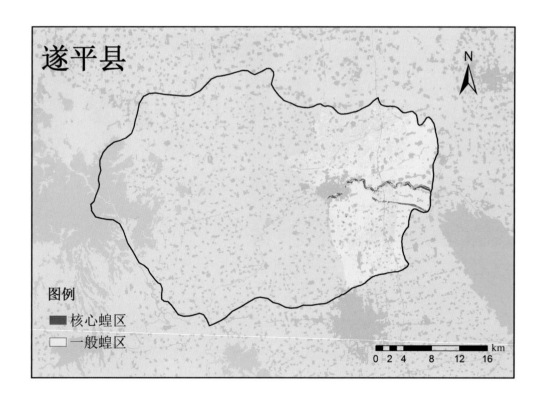

三、蝗虫发生情况

常年发生面积在2 000hm²以内，防治面积在2 000hm²以上，核心蝗区在东部、南部平原地带，这里常年大面积种植小麦、玉米等禾本科作物，为蝗虫提供了充足的食物，河滩、荒坡较多，且杂草以禾本科为主，为蝗虫提供了良好的滋生场所。

夏蝗出土始期4月底至5月初，出土盛期5月中旬，3龄盛期5月下旬，羽化盛期6月中旬，产卵盛期6月下旬。秋蝗出土始期7月上旬，出土盛期7月中旬，3龄盛期7月底至8月初，羽化盛期8月中旬，产卵盛期9月上旬。

四、治理对策

在蝗虫防治上贯彻"改治并举"的方针，荒地复耕，荒坡绿化，河流整治。搞好蝗虫调查测报工作，常年设置3个以上测报点，及时调查，及时发出病虫情报，指导防治。成立蝗虫防治指挥部，协调各职能部门，集中人财物进行蝗虫防治工作。积极进行统防统治，结合农作物病虫害的防治，对蝗虫进行兼防兼治，面面俱到，不留死角。同时加强生态控制，保护鸟类、蛙类等蝗虫天敌，从而抑制蝗虫的发生发展。注重生物防治，使用阿维菌素等生物制剂进行防治，常用药剂有：阿维菌素等生物农药，三唑磷等化学农药。

泌阳县蝗区概况

一、泌阳县概况

泌阳县位于河南省驻马店市西南部，南接桐柏，北连方城、舞阳，西临唐河、社旗，东交遂平、确山、驿城区,属浅山丘陵区，地势中部高，东西低，山区面积占总面积的43%，丘陵区占41%，平原区占16%。海拔为83～983m，平均海拔142.1m。境内伏牛山与大别山交汇，长江与淮河分流，总体格局呈"五山一水四分田"。全县辖6镇13乡3个街道办事处，352个行政村，90万人，总面积2 335km²。林业用地面积172万亩，森林覆盖率43.3%，有大、中、小型水库66座，蓄水量7.4亿m³，是国家级生态示范区。全县有耕地154万亩，农作物主要有小麦、玉米、大豆、芝麻、花生等。

泌阳地处北半球亚热带与暖温带过渡地带，属大陆性季风气候。春暖温季短，夏炎热多雨，秋短夜凉昼热，冬长寒冷少雪。四季分明，气候湿润。夏多西南风，秋至春多偏北风。常年日照时数1 758～2 361h。年平均日照时数2 066.3h。年平均气温14.6℃，无霜期219天。年平均降水量为960mm，年平均降雨日数为104天。降水时间分布不匀，夏季降雨量占全年降水量的50%以上。主要灾害性气候为旱、涝。

二、蝗区分布及演变

蝗区20世纪在本县各乡镇均有分布。现分布区域逐步萎缩到铜山湖水库及支流辐射到的高邑、铜山、王店、马谷田4乡镇，宜蝗面积3 000hm²，蝗区面积1 000hm²。随着近年来综合治理，目前蝗区面积大辐下降，宜蝗面积1 000hm²左右，蝗区面积只有200～500hm²。

本县蝗区具有明显的地形和植被条件，主要分布在水库及支流外围山区坡地、低洼荒坡地及道路、沟渠边的荒沟旁。这里常年无人耕种，杂草丛生，温、热、雨、土适宜。产卵部位有适当的硬度，以黏重土壤居多，周围以禾本科作物或杂草较多，食料丰富，最适宜蝗虫滋生。

三、蝗虫发生情况

本县蝗区主要是土蝗，常见的有笨蝗、黑背蝗、尖翅蝗等。常年发生面积10～30hm²，防治面积15～30hm²，一般密度0.1～2.2头/m²，最高密度5.5～9头/m²。

四、治理对策

1. 加强蝗情调查监测　健全蝗虫监测队伍，严格执行蝗虫测报调查规范，加强监测调查，必要时加大调查范围，适时开展拉网式普查，准确掌握蝗情，确定蝗虫防治重点区域，及时发布预报，为科学防治提供依据。

2. 保护生态环境，进行生态控制　开展农业结构调整，蝗区增大芝麻、花生、花椰菜等不适宜蝗虫取食的作物种植面积，有效减少蝗虫食料，创造不利于蝗虫适生的环境。在蝗虫常年发生区，可通过垦荒种植，减少撂荒地面积，春秋深耕细耙，破坏蝗虫产卵环境，减轻发生程度。农田实施减药控害，逐步加大实施绿色防控技术措施，优先选用农业、物理、生物防治措施，选用高效低毒农药，禁用高毒农药，隐形施药，科学用药，减少农药应用，保护农业生态环境，有利于蝗虫蛹期和成虫期天敌蛙类、鸟类、步甲、蜘蛛等繁衍。

3. 引进试验防治新技术，提高防治效果　选用高效低毒农药、新型农药和方法，提高施药技术水平，对蝗虫进行科学防治。在治蝗选药中，淘汰毒死蜱、辛硫磷、氧乐果、马拉硫磷等毒性较高、半衰期长的农药，优先选用菊酯类氯氟氰、新烟碱类的吡虫啉、噻虫嗪、脲类的灭幼脲、虫酰肼等农药，施药器械采用无人机等超低容量器械，在蝗虫2～3龄期精准施药，提高效果，减少农药用量，保护生态环境，对蝗虫达到可持续治理。

通过近年来各种治理措施的应用，泌阳县蝗虫在近年一直处于较低的发生水平，危害轻微。经济效益、社会效益和生态效益都非常显著，发挥了很好的治理成效。

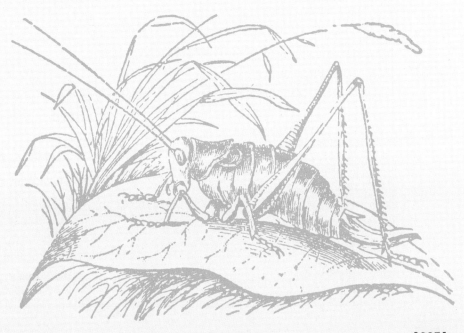

西平县蝗区概况

一、蝗区概况

西平县属驻马店市，位于河南省中南部，东临上蔡，南与遂平，西与平顶山市舞钢市接壤，北与漯河市源汇区相交。东西长53.8km，南北长32.8km，总面积1 089.77km²。县辖3街道6镇10乡，总人口86万人，耕地面积7.87万hm²，人均生产总值2.323 2万元。

二、蝗区分布与演变

西平县现有蝗区14 800hm²，划分为3个蝗区，主要分布在老王坡滞洪区、重渠焦庄二郎、杨庄水库库区。蝗虫类型有东亚飞蝗、土蝗等。

1.老王坡蝗区 该区包括老王坡农场及人和、宋集、环城、五沟营等乡镇，地处老王坡滞洪区，面积7 000hm²。地形平原低洼。道路主要有西漯公路，河流有洪河、淤泥河、溢洪道、唐江河等河流。蝗区水文状况：域内河流属淮河流域的洪、汝水系，天然河川径流量的主要补给来源是大气降水，地表水资源不丰富，地表径流量年际间和年内季节间变化大，丰水年很大，枯水年很小，汛期雨量充沛，地表径流占全年的80%，易形成内涝，冬春径流量大幅减少，占全年的10%～20%。蝗区地处北亚热带向暖温带过渡地带，属亚湿润大陆性季风型气候，年降水852mm。天敌优势种有蛙类、鸟类、蜘蛛类、线虫及蝗瘟菌。植被杂草主要有马塘、芦苇、茅草等，土壤为砂姜黑土，农作物有小麦、玉米、大豆、花生。

蝗区历史变演：自1990年以来的27年，总的发生情况偏轻至中发生，一般年份密度0.3～0.8头/m²，其中1995年重发生，平均密度1.8头/m²，老王坡农场三分场高密度蝗虫发生片，最高密度8.4头/m²。2003年环城乡李庄杜村高密度蝗虫发生片，最高密度4.8头/m²。

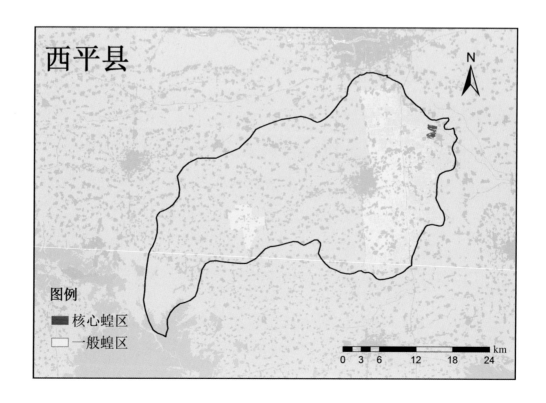

2. **东部蝗区** 该区包括重渠、焦庄、二郎等乡，面积4 000hm²。域内河流属淮河流域的洪、汝水系，天然河川径流量的主要补给来源是大气降水，地表水资源不丰富，地表径流量年际间和年内季节间变化大，丰水年很大，枯水年很小，汛期雨量充沛，地表径流占全年的80%，易形成内涝，冬春径流量大幅减少，占全年的10%～20%。蝗区地处北亚热带向暖温带过渡地带，属亚湿润大陆性季风型气候，年降水805.2mm。天敌优势种有蛙类、鸟类、蜘蛛类、线虫及蝗瘟菌。植被杂草主要有马塘、芦苇、茅草等，土壤为砂姜黑土，农作物有小麦、玉米、大豆、花生。

蝗区历史变演：自1990年以来的27年，总的发生情况偏轻至中发生，一般年份密度0.3～0.7头/m²，其中1995年重发生，平均密度1.7头/m²，焦庄乡郝庄高密度蝗虫发生片，最高密度12头/m²。2003年重渠乡王湾村高密度蝗虫发生片，最高密度5.6头/m²。

3. **杨庄水库蝗区** 该区包括杨庄、专探、师灵、芦庙等乡镇，地处杨庄库区内外，面积3 800hm²。地形平原低洼。域内河流属淮河流域的洪、汝水系，天然河川径流量的主要补给来源是降水，地表水资源不丰富，地表径流量年际间和年内季节间变化大，丰水年很大，枯水年很小，汛期雨量充沛，地表径流占全年的80%，易形成内涝，冬春径流量大幅减少，占全年的10%～20%。蝗区地处北亚热带向暖温带过渡地带，属亚湿润大陆性季风型气候，年降水831mm。天敌优势种有蛙类、鸟类、蜘蛛类。植被杂草主要有马塘、芦苇、茅草等，土壤为砂姜黑土，农作物有小麦、玉米、大豆、花生。

蝗区历史变演：自1990年以来的27年，总的发生情况偏轻至中发生，一般年份密度0.3～0.8头/m²，其中1995年重发生，平均密度2.1头/m²，杨庄和专探两乡交界处高密度蝗虫发生片，最高密度8.7头/m²。2003年杨庄乡小赵庄村高密度蝗虫发生片，最高密度4头/m²。

三、蝗虫发生情况

西平县蝗区常年发生面积2 000hm²，防治2 000hm²。杨庄库区蝗区和老王坡蝗区发生频次较多，蝗蝻密度也较高，一般年份0.3～0.8头/m²。1990年以来重生年份有1995年，发生面积2 600hm²，密度1.9头/m²，最高达12头/m²，局部小面积范围内还出现了"蝗虫如风过，麦苗似火烧"的严重危害状况，焦庄乡赫庄村1.3亩小麦秋苗短时间内被毁；中发生年份是2003年，发生面积2 300hm²，密度0.8头/m²。

夏蝗孵化出土始期5月6日左右，5月中旬为孵化盛期，5月底至6月初为3龄蝗蝻盛期，夏蝻经30～35天羽化为成虫，称为夏蝗，羽化初期为6月上旬，盛期为6月中旬，6月下旬开始产卵而发生第二代，产卵盛期7月上中旬。

四、治理对策

（1）贯彻"改治并举、综合治理"的治蝗方针，采取"狠治夏蝗、抑制秋蝗"的策略，以绿色控蝗为主，适时开展统防统治防治工作，实施集中歼灭，不断压缩蝗区面积，确保蝗虫不起飞成灾。

（2）重视蝗情调查及预测预报，把握防治适期，指导防治。全县共设立蝗情监测点12个，各个监测点从每年冬前至4月上旬，开展从冬季蝗虫越冬（土中越冬卵囊密度）调查至迁移状态以及危害趋势的全程追踪调查，重点开展夏季和秋季蝗情的监测。主要对历史发生区和新发地段进行蝗虫发生、发展动态的普查和监控。重点监测区域有焦庄、重渠、五沟营、老王坡、杨庄库区以及各个乡镇沿岸及荒坡坡草地、沟沿、路沿、河沿以及周围的农作物，尤其是禾本科作物和杂草上的蝗虫发生动态。

在蝗虫历史发生地段挖土查卵调查，掌握蝗虫存卵密度并带回饲养观察其发育进度，在掌握蝗虫（蝻和成虫）密度的基础上，结合蝗虫的发育进度、生殖力和扩散迁移习性、环境条件的变化，运用生长进度与环境调查预测法，对蝗情作出预测预报，提早部署治蝗工作。

（3）农作物病虫兼防兼治。在5月中旬至6月上旬防治小麦后期病虫害和秋作物苗期病虫害时，正值蝗蝻出土期间，施药也兼治了部分蝗蝻。

（4）加强生态控制。生态控制是一项可持续治蝗的治本措施，通过农业生态环境的改造，创造有利于蝗虫自然天敌生长而不利蝗虫繁衍生长的生态环境。

（5）注重生物防治。在中、低密度蝗区，利用杀蝗绿僵菌、杀蝗白僵菌、蝗虫微孢子虫等微生物农药、植物源农药和昆虫信息素（如蝗虫聚集素）开展综合防治，保护蝗区生态环境。

（6）大力推广生物药剂和高效低毒化学药剂。目前用于防治蝗虫的生物农药主要有白僵菌。2014年6月和7月分别在杨庄乡和焦庄乡进行了白僵菌防治蝗虫的药效试验，效果明显，有效抑制了东亚飞蝗的发生。2015—2016年，在内涝蝗区，进行了重点挑治，每年挑治面积0.5万亩次。

推广的化学药剂有：10%高效氯氰菊酯或48%乐斯本（毒死蜱）等高效安全药剂，氯氰菊酯类药剂对鱼类有毒，鱼塘边要慎用。

三门峡市陕州区蝗区概况

一、蝗区概况

三门峡市陕州区（原陕县撤县设区）位于豫西丘陵山区，北依黄河，与山西省平陆县隔河相望，南有崤山与洛宁县接壤，东与渑池县为邻，西与灵宝市相连。东经111°1′～111°44′，北纬34°25′～34°52′，全区东西长65.2km，南北宽48.5km，总面积1 609km²。地貌复杂多样，大致可分为三山五岭二分平。全区辖4镇9乡34.69万人，耕地面积3.4万hm²，2015年人均生产总值5.02万元。

二、蝗区分布及演变

三门峡市陕州区蝗区位于陕州区境内西北黄河岸边，是典型的库区性蝗区，大致呈不规则的条状沿黄河分布。现有蝗区3 000hm²。按行政地理位置划分为2个蝗区，分别为大营蝗区和张湾蝗区。大营蝗区主要分布在官庄村、城村、辛店村和吕家崖4个行政村，张湾蝗区主要分布在桥头村、七里村、雷湾村、关沟村和南关村5个行政村。蝗区类型有东亚飞蝗、土蝗包括尖头蚱蜢、黄胫小车蝗、尖翅蝗、大青蝗、负蝗等。蝗区内有沿黄道路、防汛（生产）路、淄阳河等。由于本区蝗区是三门峡库区的一部分，每年库区内定期拦洪蓄水（每年10月15日至次年7月上旬）直接影响着蝗虫的生长发育和消长。蝗区属于暖温带季风气候，年降水量650mm左右，干旱是本区主要的气候灾害之一，全区旱情趋势由东向西、由南向北递增，黄河沿岸旱情比较严重。天敌种类有卵寄生蜂和蛙类。植被种类繁多，包括高大的乔木、较矮的灌木丛及草本植物。乔木类主要有杨树、柳树、刺槐、桐树等；灌木类即紫穗槐；草本植物包括野生杂草和栽培作物，野生杂草主要有芦苇、白茅、狗牙根、狗尾草、稗草等，栽培作物主要为大豆、玉米、谷子等。土壤类型以河流冲击沙土为主。农作物有玉米、大豆、谷子、葡萄、莲菜等。

1960年以前，本区滩区狭小，宜蝗面积不足666.7hm²；1960年三门峡大坝建成开始拦洪蓄水，扩大了滩区面积，据1989年蝗区勘察，滩区面积增至1 533.3hm²。20世纪90年代至21世纪初期，由于黄河水流量减少，库区蓄水量下降，主河道移动等原因，滩区增加到3 000hm²。近10年，由于黄河湿地的建立和白天鹅栖息地的保护，三门峡库区上水时间（每年10月15日）、退水时间（每年7月上旬）基本处于稳定，淹滩面积加大、淹滩时间延长，是本蝗区蝗虫发生形成了"夏蝗轻，秋蝗重"的特点。

三、蝗虫发生情况

在陕州区历史上，东亚飞蝗曾多次大发生造成蝗灾，新中国成立后也曾4次大发生，由于防治得当，均未起飞造成灾害。近几年，由于生态环境恶化和防治技术提升等因素的影响，黄河滩区东亚飞蝗发生面积、发生程度基本稳定。常年发生面积2 401.2hm²，防治面积1 334hm²。核心蝗区主要分布在官庄滩区、城村滩区、桥头滩区路边、田埂、堤坡、林间撂荒区域、老滩和嫩滩（现二滩、嫩滩没有明显分别）交界退水早的区域；一般蝗区主要分布在老滩部分林间、改造地及嫩滩散播种区。

夏蝗出土始期在5月中旬左右，出土盛期在5月中旬到下旬，3龄盛期在6月中旬，羽化盛期6月下旬到7月上旬，产卵盛期7月中旬。

四、治理对策

1.基本思路　坚持"改治并举，综合防治"的方针，加强蝗情监测，在战略上采取分区治理策略，在战术上采取生态控制、应急防治和综合治理配套技术措施，达到标本兼治和持续控制蝗害的目的。

2.蝗灾治理的主要措施

（1）重视蝗情调查及预测预报。加强东亚飞蝗虫情监测和预测预报是做好防治工作的基础性工作和关键性技术手段。充分利用现有病虫测报站，建立健全监测网络，在官庄、城村、吕崖、辛店、七里等滩区设立监测点50个，固定人员，明确职责，专职蝗情侦查，及时、准确掌握东亚飞蝗发生动态。并逐步利用最新植保科研成果、计算机网络和地理信息系统等高新技术，改进蝗虫测报技术和方法，提高测报的时效性和准确性，使蝗虫测报准确率达到98%以上。

（2）加强生态控制。根据本区黄河滩区的演变规律和水位变化，因地制宜，多策并举，在进一步巩固老滩治理成果的基础上，重点在嫩滩抢种适宜作物，逐步压缩东亚飞蝗滋生环境。主要包括以下几个方面：

——黄河滩涂万亩大豆高产开发。根据黄河滩涂的自然资源特点和生产实际，兼顾经济社会生态效益，调整结构，合理布局，在蝗区嫩滩以大豆高产开发为重点，推广精耕细作、种植良种、化学除草等先进实用技术，提高大豆产量，从而改变飞蝗适生环境，实现经济社会生态三丰收。目前大豆种植面积增加到500hm²。

——筑堤养鱼种藕，建园建场。对低洼积水的滩地进行挖塘养鱼种藕，对适宜的场所建设标准化葡萄园和发展畜牧业，改变飞蝗适生场所。目前，蝗区滩地开挖鱼塘33.3hm²，建设葡萄园超过70hm²，建设猪、羊等各种牧场20 hm²，发展莲菜33.3hm²。

——以建设三门峡市天鹅湖城市湿地公园为契机，精心打造白天鹅观赏区、沿黄生态林。通过大力发展植树造林，绿化荒滩，带动老滩边沿绿化美化，再造秀美山川。目前已栽植刺柏、柳树等风景树以及杨树、刺槐等防护林近700 hm²。通过植树造林，绿化荒滩，可明显形成一种不利于东亚飞蝗繁殖的低温高湿的林区小气候，压缩宜蝗面积。

（3）注重生物防治。蝗虫生物防治常用的方法是利用绿僵菌及蝗虫微孢子虫进行防治。由于受成本和植保机械的限制，生物防治目前还没有成为本区蝗虫防治的重要手段。

（4）化学防治。化学防治仍是当前东亚飞蝗应急防控的重要手段。近几年，本区突出做好大型施药机械和先进药剂的引进、试验、示范，不断更新药械、药剂，大力发展高效、低毒、低残留化学农药的筛选和推广应用，提高施药技术水平和应急防治效率，使治蝗技术向精准高效型转变。在做好老滩核心蝗区防治的同时，重点抓好嫩滩大豆种植区病虫害的兼防兼治，有效地兼治了甜菜夜蛾、棉铃虫、黏虫、大豆食心虫等害虫的危害。目前常用的防治机械有远程风送式打药机和植保无人机，防治农药有甲维盐、灭幼脲、高效氯氰菊酯、三氟氯氰菊酯、毒死蜱、氰马乳油等。

湖滨区蝗区概况

一、蝗区概况

湖滨区属三门峡市，位于河南省西北部，北临黄河，东、南、西与陕州区接壤，总面积185km²，其中城区面积21km²。有常住人口32万，其中农业人口不足6.3万。下辖3个乡、7个街道，耕地面积8万亩。

二、蝗区分布与演变

湖滨区现有蝗区1.1万亩，划分为4个蝗区，主要分布在 沿崖底、会兴、高庙三个乡（街道）。蝗虫主要有东亚飞蝗，以及花胫绿纹蝗、红翅斑腿蝗、中华稻蝗、黄胫小车蝗、大垫尖翅蝗、短额负蝗等土蝗。

湖滨区蝗区地形比较平缓，沿黄河呈东西走向，总体南高北低，黄河自接壤的陕州风景区西边入境，由西向东，从湖滨区境北部沿崖底、会兴、高庙三个乡，到三门峡下游出境，其间总长31km，坡降1‰。该河段多弯曲，宽窄不同，一般河宽为500～700m，蓄水以后河面宽1～3km不等。主要道路有209国道，湖滨区属暖温带大陆性季风气候，春暖、夏热、秋凉、冬寒，一年四季分明，历年平均降水量为554.9mm。但年际变化大，降水量最多年份是1958年，为828.5mm，最少年份是1969年，为388.6mm。年平均降水日数为87.8天，最多达126天。本地风多，气候干燥，地区差异性比较大。蝗区土壤为冲於土，含盐量0.28%～0.92%，海拔306～326m。

蝗区植被种类主要有芦苇、狗尾草、狄草、苍耳等，蝗虫的天敌种类主要有花背蟾蜍、黑斑蛙、喜鹊、斑鸠、螳螂等，黄河滩夏季种植豆类、玉米、向日葵等作物。

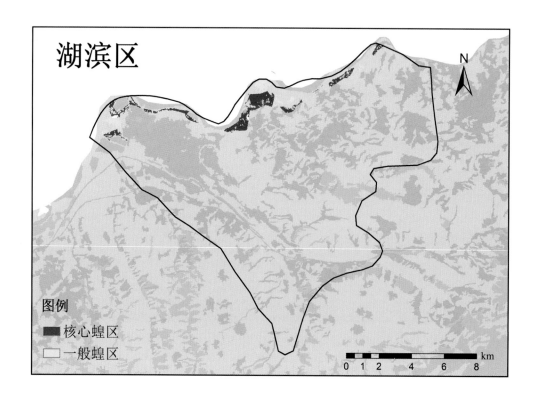

湖滨区是黄河三门峡大坝所在地，1960年三门峡大坝建成蓄水，1961年库区建成后每年周期性蓄水脱水，随着每年库区水位涨落，淤积的滩地逐步演变为蝗区，形成河泛型新蝗区。自1973年以来，水库采用"蓄清排浑"方法，蝗虫发生总体平稳，在1981、1986年因高温干旱，库区蓄水水位比较低，脱水时间在5月底以前，造成当年夏蝗发生面积大，出现了高密度蝗虫，最高密度达到每平方米20头。

三、蝗虫发生情况

湖滨区常年蝗虫发生面积1.1万亩，防治面积1万亩左右。夏蝗出土始期在5月18日左右，出土盛期在5月23日左右，3龄盛期在6月初期，羽化期在6月中下旬。秋蝗发生面积比较大，出土始期在7月18日左右，出土盛期在7月中旬，3龄盛期在7月下旬，羽化期在8月中下旬。

四、治理对策

多年来，湖滨区坚持"改治并举，综合治理"的治蝗方针，加强预测预报工作，提高应急防治能力，实施生态治蝗与化学防治相结合，确保了"飞蝗不起飞、不成灾"。

1. 全面实施生态治蝗　通过开垦黄河滩地，变草滩为良田，同时在黄河滩开挖鱼池以及种植大片杨树林，破坏了蝗虫的生态环境。由于种植了蝗虫非喜食作物，使蝗虫无食可取，恶化了飞蝗生存环境，取得了控制飞蝗发生和危害的很好效果。同时天敌数量鸟类明显增加，充分发挥了自然天敌控制蝗虫的作用。通过全面实施生态治蝗，蝗虫发生面积不断下降，取得了显著的经济、生态和社会效益。

2. 加强蝗虫监测与预报工作　严格按照《东亚飞蝗测报调查规范》进行蝗虫监测与预报工作，及时上报和发布蝗虫预报，在飞蝗发生盛期，植保人员深入蝗区进行大面积拉网式普查，为全面掌握发生动态提供依据。

3. 加大统防统治力度，提高应急防控能力　由于飞蝗是一种迁飞性、群聚性害虫，因此在发生出现高密蝗群时，化学防治仍然是目前一种应急防控的重要手段。我们坚持"狠治夏蝗，抑制秋蝗"的策略，采取重点挑治与大面积普治相结合，生态控制与化学防治相结合，专业队防治与群众防治相结合，为及时有效控制飞蝗发生危害提供了重要保证。

灵宝市蝗区概况

一、灵宝蝗区概况

灵宝市位于河南省西部豫、陕、晋三省交界处，北纬34°7′10″～34°33′21″，东经110°21′18″～111°11′35″。境域东西长78.43km，南北宽68.7km，总面积3011km²。东与三门峡市陕县相连，南依小秦岭和崤山与卢氏县、洛宁县毗邻，西与陕西潼关、洛南县接，北濒黄河，与山西省芮城县、平陆县隔河相望，全市共有10镇5乡2个管区，共74万人，耕地面积57240hm²，2005年9月，建成灵宝市蝗灾地面应急防治站。

二、蝗区分布及演变

灵宝市现有蝗区8133.33hm²，分为6全蝗区，分布在大王镇、函谷关镇、西闫乡、阳平镇、故县镇、豫灵镇。黄河流经本市西起豫灵镇杨家村的西堡头，东至大王乡的淄阳河，滩区东西直线长125.6km²，沿河岸曲线长162.4km²。蝗区地势平坦，气候温和，平均降水量506mm，平均气温14.2℃，≥3℃的积温5144℃，≥10℃的积温4620℃，年均气温日差11.1℃，无霜期213天，属北暖温带向亚热带过度的大陆性季风气候。水资源丰富，便于开发利用。本市境内注入黄河的地方支流有8条，从西往东是豫灵镇的双桥河、十二里河，故县镇的枣乡河，阳平镇的阳平河，西闫乡的沙河，函谷关镇的宏农涧河，大王镇的好阳河、淄阳河，这些河均由南向北注入黄河，在黄河入口处形成波及两岸的三角蝗区，扩大了黄河滩区范围。

蝗虫类型有东亚飞蝗、中华稻蝗、黄胫小车蝗、亚洲小车蝗、长额负蝗、笨蝗、菱蝗、中华蚱蜢等数十种。其分布特点是各种蝗虫混合发生，以东亚飞蝗分布最广，危害最重，是优势种。

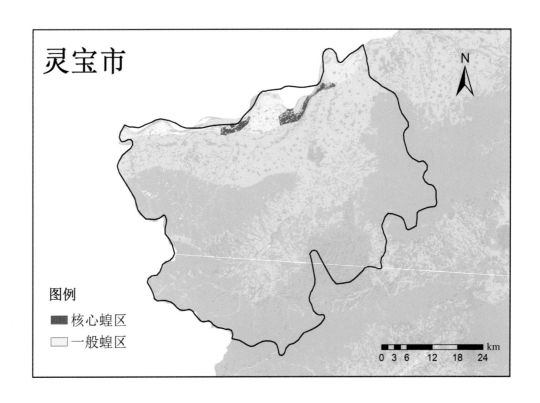

蝗区土壤以褐土类的白面土面积最大，潮土类的滩土次之，另有少量风沙土。土层深厚，土质良好，pH 在 6.5 ~ 8.1 之间，平均 7.1，蝗区植被种类有各种农作物、树木和杂草。农作物主要有小麦、玉米、棉花、豆类、花生、油菜、蓖麻及各种瓜菜等。林业以杨树、柳树、枣树、刺槐为主。果树以苹果、桃、杏、葡萄为主。此处还有铺满地面的杂草，杂草种类及分布：①沼泽、低洼、水潭等积水潮湿区主要有聚穗莎草、水莎草、芦苇、狗牙根、小香蒲、水蓼、巴天酸模等。②水塘和莲菜池杂草有野慈姑、泽泻、水芹、紫萍、眼子菜、鱼腥草等。③荒草区有稗草、荻草、旋复花、小飞蓬、野薄荷、地肤、野胡萝卜、野豌豆、野大豆等。④路旁杂草主要有苍耳、阿尔泰、狗娃草、葎草、车前、蔓陀罗、龙葵等。⑤林区主要有刺儿草、蒲公英、茜草等。⑥改治后农田主要有马唐、虎尾草、蟋蟀草、金狗尾草、藜藜、地锦草、田旋花、打碗花等。

蝗虫天敌主要有麻雀、白鹭、野鸡、小灰蛙、土燕以及寄生菌、蝇等多种。

三、蝗虫发生情况

蝗虫常年发生面积 6 333.3hm²，其中夏蝗发生 3 333.3hm²，防治 3 000hm²，秋蝗发生 3 000hm²，防治 2 666.7hm²。其中夏蝗出土始期在 5 月 5 日左右，出土盛期 5 月 22 日左右，3 龄期 6 月 6 日左右，6 月 20 日左右产卵盛期，6 月 25 日左右进入羽化盛期。秋蝗出土始期 7 月 20 日左右，出土盛期在 7 月 31 日左右，3 龄盛期在 8 月 13 日左右，羽化盛期 8 月 25 日左右，产卵盛期在 8 月 31 日左右。

灵宝市蝗区自 1990 年以来，总体蝗情中度发生，个别年份重发生，共发生 3 次大的蝗情。1991 年 8 月下旬至 9 月下旬，天气严重干旱，东亚飞蝗秋蝗严重发生，发生面积 1 667hm²，一般每平方米有蝗蝻 17 头，多的达 200 头以上，阌东、阌西滩重发生。1992 年，东亚飞蝗夏蝗严重发生，面积 4 666.7hm²，每平方米 10 头以上 1 000hm²，最高 150 头以上。采用飞机喷洒防治 4 架次，4 万余亩。1995 年 6 月，东亚飞蝗夏蝗大发生，发生面积 5 333.4hm²，每平方米 10 头以上的面积 600hm²。

四、多措并举，综合控制

蝗虫防治工作贯彻"改治并举、根除蝗害"方针，蝗虫监测每年 3 月份开始，对蝗卵发育进度进行监测，每 5 天监测一次，准确掌握发生发展动态。在蝗蝻出土关键时期，采取拉网普查和重点踏查相结合方式对蝗虫出土情况进行全面普查，准确掌握蝗虫发生情况，在防治中采取生态控制与化学防治相结合方式，利用滩涂开展种粮、栽树等多种形式，破坏蝗虫生态环境，在高密荒草滩区采用重点化学防治。每年夏、秋蝗防治采取生态控制面积 5 000hm²，化学防治面积 666.7hm²。采用生物农药：苦参碱。化学农药：氯氰菊酯、毒死蜱、马拉硫磷等。

卢氏县蝗区概况

一、蝗区概况

卢氏县为河南省三门峡市下辖县。位于河南省西部，地理坐标为北纬33°33′~34°23′、东经110°35′~111°22′之间。地处黄河、长江分水岭南北两麓，跨崤山、熊耳、伏牛三山，北邻灵宝市，东连洛宁县、栾川县，南接西峡，西和西南与陕西省洛南县、丹凤县、商南县接壤。县境东西宽约72km，南北长约92km，总面积3 665.2km²。下辖9镇10乡，分别为城关镇、东明镇、杜关镇、官道口镇、范里镇、五里川镇、官坡镇、朱阳关镇、双龙湾镇、文峪乡、横涧乡、汤河乡、瓦窑沟乡、双槐树乡、狮子坪乡、徐家湾乡、潘河乡、木桐乡、沙河乡。全县总人口37.97万，其中农业人口33.18万人，农业户数8.9万，耕地面积377.3hm²。人均生产总值1.152万元。

二、蝗区分布及演变

现有蝗区11.33hm²，主要分布在洛河两岸的横涧、文峪、范里和东明四个乡镇的河滩地。蝗虫类型有东亚飞蝗、亚洲飞蝗、土蝗等。

蝗区地形为洛河河漫滩地和河谷阶地，主要道路有G209、S59，主要河流为洛河，洛河在卢氏境内流长122km，多年平均流量40m³/s，年径流总量5.29亿m³，为卢氏第一大河，蝗区主要位于横涧望云庵至范里山河口的流长26km、宽约1km的卢氏盆地内，属于暖温带气候，年降水量632.7mm。天敌种类有蛙类、蟾蜍、鸟类、步甲类、蜘蛛类，植被杂草有芦苇、白茅草、牛筋草等，土壤为潮土、褐土，主要农作物有小麦、玉米、豆类、薯类、蔬菜。

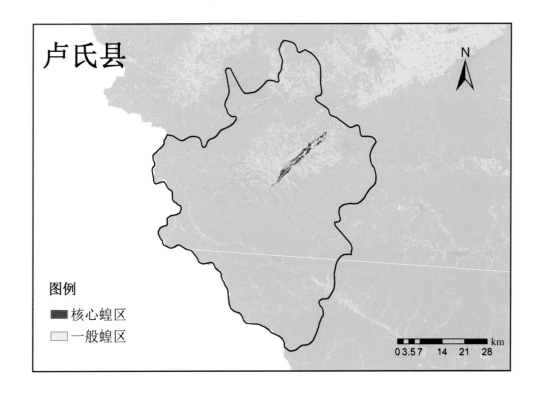

蝗区自1995年以来，总体蝗情由重到轻，在1998—2000年出现了高密度蝗片，最高密度11头/m²，经过大力防治，每年蝗虫发生密度逐年减轻，特别是近几年来未发现高密度蝗片。

三、蝗虫发生情况

常年发生面积在23hm²左右，防治面积23hm²。核心蝗区主要位于靠近故县水库库区的范里镇和东明镇的部分村组，面积约8hm²，发生特点是夏蝗重于秋蝗，高密度点分散，无明显的高密度点。一般蝗区在洛河两岸的横涧、文峪、范里和东明四个乡镇均有分布，面积约15hm²，此区域内洛河经过治理和群众耕作频次较高，发生的夏蝗和秋蝗受当年气候影响较大，发生程度相对较轻。

夏蝗出土始期在5月20日左右，出土盛期在5月25日左右，3龄盛期在6月13日左右，羽化盛期在7月13日前后，产卵盛期在7月15日前后。

四、治理对策

1. 加强蝗情调查及预测预报　为做好当年的蝗虫防治，我们在卵期、出土期、3龄盛期等几个关键时期做好调查，特别加强调查频次和扩大调查范围，准确摸清当年蝗情发生趋势，并根据调查结果结合当年气候特点进行预测预报，为科学防治提供可靠依据。

2. 与农作物病虫害防治相结合　蝗区与本县粮食高产区和蔬菜主产区向邻近或重合，在对粮食和蔬菜进行病虫害防治时，可对蝗虫进行兼防兼治；同时在此区域内由于集约化程度较高，普遍实行精耕细作，此类环境不适宜蝗虫滋生，也是近几年蝗虫发生程度逐年降低的原因之一。

3. 加强防治技术培训，提高农区蝗虫防治水平　近年来结合实施的高产创建项目、"一喷三防"等农业项目，特别是农区蝗虫防治补助资金项目，对蝗区内群众广泛开展防治技术培训，提高防治水平。

4. 注重综合防治　按照当前的"科学防治、绿色防治"的植保工作要求，对蝗区内采取多种防治措施进行综合防治。一是结合本县开展的洛河治理，对可复垦的土地进行合理耕种，提高复种指数；二是指导群众种植不利蝗虫取食的花生、大豆等适宜性作物；三是进行化学防治时选用菊酯类、阿维菌素、印楝素等高效低毒、生物农药。

渑池县蝗区概况

一、蝗区概况

渑池县位于河南省西部，隶属三门峡市。地处北纬34°36′~35°05′，东经111°33′~112°01′之间。北濒黄河与山西省的垣曲、夏县、平陆隔河相望，南与洛阳市的洛宁、宜阳相连，东裹义马与洛阳市的新安为邻，西界崤函与陕县接壤。东西宽43.5km，南北长52.8km，国土总面积1 368km²。全县辖6乡6镇，236个行政村，总人口36.8万人（其中农业人口26.6万人，农村劳动力18.6万人），耕地面积4.63万hm²。2016年，全县地区生产总值完成249.97亿元，农林牧渔业总产值40.429 8亿元，农民人均纯收入13 456.7元。

二、蝗区分布及演变

现有蝗区2 400hm²，主要分布在南村、段村、坡头、陈村四个乡镇沿黄十四个行政村。蝗虫种类主要有东亚飞蝗、土蝗等。

渑池县蝗区：属于暖温带大陆性季风气候，春旱大风日多，夏热雨水集中，秋朗日照时长，冬寒降雪稀少。年均降水量550~650mm，多集中在7—9月，且年际、年周期内变化较大，经常出现春旱、夏旱、秋旱、伏旱年份。年均气温12.4℃，年≥0℃积温4 646℃，无霜期216天。主要自然灾害还有冰雹（发生频率为32.6%）、干热风（年平均1.8次）、倒春寒、大风（年平均21.6天）。地处黄河流域，属秦岭余脉，地貌属浅山丘陵类型，主要为韶山山脉。

天敌种类主要有螳螂、步甲、蚂蚁、蜘蛛、斑鸠、麻雀、鸡、鸭、燕、青蛙、野鸡等。杂草主要有苍耳、芦苇、鱼腥草、水芹、眼子菜等。滩区农作物主要以玉米、花生为主。

1987年，本县发生土蝗虫灾害，全县受灾面积1.27万hm²，以洪阳乡的东洪阳、刘村、德厚村，果园乡的南平泉、北平泉、赵庄为重，每平方米蝗虫30只以上。西村、天池、张村等乡（镇）不同程度发生灾情。

三、蝗虫发生情况

渑池县常年发生面积1 200hm²，防治面积2 500hm²。蝗区主要涉及南村、段村、坡头、陈村四个乡镇十四个行政村。由于小浪底库区移民搬迁，库区每年蓄水、放水，导致南村沿黄大片耕地和村落杂草丛生，雨季暴涨，许多新垦田夷为荒滩，河床大片裸露，循环往复，荒滩面积逐年扩大，为蝗虫泛滥提供了极有利的条件。

夏蝗蝗蝻5月5日左右出土，出土高峰期在5月15—20日，3龄蝗蝻盛期在5月25日至6月上旬，秋蝗出土始期在7月20日左右，出土高峰期在7月27—30日，3龄盛期在8月15—20日。

四、防治概况

蝗虫防治坚持"监视为主、重点挑治"的策略，采取专治与兼治相结合、化学防治与生物防治、生态控制相结合的综合防治措施。

一是组织专业机防队对高密度蝗区集中统一防治，7月下旬至8月初，组织专业机防队6个，每队配弥雾机50部，对沿蝗滩涂的河水、南村、仁村蝗区进行统一防治，防治面积800hm²左右，其中河水233hm²左右，南村434hm²左右，仁村133hm²左右。

二是8月中下旬对南村乡河水、南村、仁村蝗区进行重点挑治，防治面积187hm²左右；对柳窝蝗区的荒草地、芦苇夹荒地及旱作粗耕种地，进行统一防治，防治面积267hm²左右。

三是大力开展生态治蝗，蝗区改造，增加植被覆盖面，保护利用天敌等措施，恶化蝗虫生存环境，控制蝗虫发生。

蝗虫防治农药品种主要是甲维盐、三氟氯氰菊酯、氯氰菊酯、毒死蜱、马拉硫磷。

五、采取的措施

1. 加强组织领导　为切实加强蝗虫防治工作，根据农业农村部要求，本县及时成立治蝗指挥部，认真贯彻治蝗地方首长负责制原则，全面加强对蝗虫防治工作的组织领导，同时不断稳定和加强监测与应急防治两支队伍，部署防治工作，落实防治责任。

2. 加强蝗情监测汇报与新技术培训　一是增加蝗情监测点，进一步完善侦察机构，提高蝗情数据的可靠性。二是加大蝗虫普查力度。严格按照蝗虫测报调查规范开展系统监测与大面积普查工作，加大不同生态类型蝗区调查，确保查蝗不留空白点，及时掌握秋蝗蝗蝻密度与发育进度，以及蝗区水文、气象及生态有关信息，提高测报准确率。三是建立健全蝗情汇报制度。建立完善通畅的蝗情报告和治蝗值班制度，利用固定电子邮件及时将防治信息每7天上报省治蝗指挥部1次。

3. 加强防治督查指导，狠抓各项措施落实到位　严格按照年初制定的防治预案开展治蝗工作。植保站下派3个防治组分赴蝗区防治第一线，检查治蝗物资的使用情况、资金的落实情况，宣传发动与防治工作开展情况，促进治蝗工作的有序开展。

广东 · GUANGDONG

蝗区概况

一、总体概况

（一）自然概况

广东省地处中国大陆最南部。东邻福建，北接江西、湖南，西连广西，南临南海，珠江口东西两侧分别与中国香港、澳门特别行政区接壤，西南部雷州半岛隔琼州海峡与海南省相望。位于北纬20°13′～25°31′和东经109°39′～117°19′之间。全省陆地面积17.97km²，海域总面积41.9万km²。广东省地貌类型复杂多样，有山地、丘陵、台地和平原。平原以珠江三角洲平原面积最大，潮汕平原次之，此外还有高要、清远、杨村和惠阳等冲积平原。

广东省属于东亚季风区，从北向南分别为中亚热带、南亚热带和热带气候，是全国光、热和水资源最丰富的地区之一，且雨热同季。全省年平均气温21.8℃。年平均气温分布呈南高北低；年平均降水量为1 789.3mm，年降水量分布不均，呈多中心分布，降水主要集中在4—9月。广东省2015年末耕地保有量面积262.33万hm²，其中旱地面积84.21万hm²，水田面积166.26万hm²，水浇地面积11.86万hm²。

（二）蝗区的生态特点

广东省蝗虫主要分布在三个蝗区，粤北蝗区、粤西蝗区和珠江三角洲蝗区，蝗虫种类较多，以土蝗和东亚飞蝗混合发生，年发生总面积约2.7万hm²，东亚飞蝗年发生面积在0.67万hm²左右。东亚飞蝗主要在粤西雷州半岛和珠江三角洲局部地区发生，发生时多与异歧蔗蝗或黄脊竹蝗等混合发生，在广东一年发生3～4代，由于发生代次多，世代重叠较为严重，导致其出土期不整齐，一般夏蝗出土始期在4月上旬。

经过近年来蝗区的改造和治理，目前东亚飞蝗主要发生在粤西蝗区的雷州和廉江两个县级市，涉及12个镇。雷州发生区主要分布在龙门镇、北和镇及调风镇，发生面积为167.801hm²，发生地为丘陵地区，主要发生在甘蔗园及附近的杂草地，周边有水沟、小水塘等，土壤为红砂壤，与异歧蔗蝗混合发生为害；廉江发生区主要分布在石岭、石颈、塘蓬、河唇、吉水、新民、雅塘、横山、安铺等9个镇的九洲江流域沿岸和其他河流两岸，发生面积为2 667hm²，发生地为低丘陵区，海拔100m以下，属于南亚热带季风气候区，夏长冬暖，雨量偏少，分布不匀，蝗区位于九洲江中下游，九洲江在此拐弯，靠近许村一面形成一片沙滩，堤坝和沙滩边主要着生簕竹、小灌木和杂草，江边的农田为砖红壤黄赤沙泥地，受难灌溉影响，作物布局单调，长期种植甘蔗，靠近村边有部分种植花生、番薯等作物，复种指数低，生态环境有利于蝗虫的繁殖活动。

此外，调查研究表明，广东还潜在着东亚飞蝗的隐伏蝗区，在一般年份存在少量的散居型个体，但在持续干旱或生态环境发生变化时可能局部暴发。

二、蝗区的演变

广东省气候全年高温、夏季台风多暴雨多，地理自然条件非蝗虫的最佳生殖地，因而并未形成大范围的、固定的蝗源地，东亚飞蝗多为迁移而来，据《广东省自然灾害史料集》记载，广东蝗灾发生周期与全国的蝗灾暴发期相关性强，飞蝗往往由广西、湖南、海南等地迁飞而来。

1949年以前，广东省东亚飞蝗为害周期受全国蝗患周期的影响，韶关、揭阳等地受害较重，每蝗灾年蝗患范围多则6县，1948年最为严重，潮汕地区各县均发生蝗灾，蔓延至潮安、饶平、潮阳、澄海、惠来等地，以揭阳最为惨重。

1949—2000年，全国范围内推广化学农药防治害虫，蝗虫生源地在几年内得到了有效控制，广东蝗灾发生范围也大大缩小。据2001年出版的《广东省志·自然灾害志》记载，1955年，蝗虫在粤西严重发生，其中湛江专区的阳江、电白、茂名、吴川、廉江、遂溪、徐闻、合浦等县及湛江市郊等

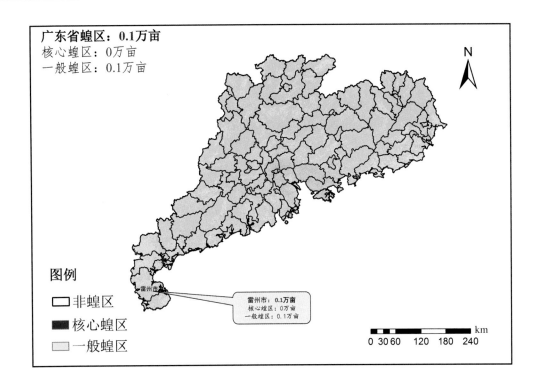

地，以及惠阳专区惠阳县部分地区，发生东亚飞蝗为害，受害面积达2.7万hm²。1963年，惠阳、三水、四会、高要等县在西北江流处沿岸冲积草滩地上飞蝗密度大，蝗虫为害甘蔗204.7万hm²，损失20%～40%。

2000—2010年，蝗虫在粤北、粤西两大区域发生面积较大，为害程度较重，以东亚飞蝗与土蝗混合发生为害，其中以清远、湛江、茂名、韶关等地为主，虫源地主要是沿江滩涂、竹林、甘蔗林、桑树园等，这一时期的东亚飞蝗主要发生在粤西和珠三角地区，以散居型零星发生，10年累计发生面积达3.3万hm²，其中，2006年、2009年、2010年、2012年在廉江发生较重。

2010年以后，随着城市化进程的加速及治蝗技术的发展，珠三角发生区部分耕地进行改造开发，东亚飞蝗得到有效的控制。目前广东省东亚飞蝗主要发生在粤西沿海一带，主要集中在雷州、廉江地区，2011—2016年累计发生面积为1.1万hm²。

三、发生规律

历年来广东没有发生大规模的东亚飞蝗暴发，蝗灾在广东也没有明显的周期性，这可能是蝗虫发生规律受近年来异常气候和生态环境变化以及人类活动等各种人为因素的影响。据农业部门监测，东亚飞蝗在广东粤西和珠三角局部地区发生，在某些年份发生程度中等，因为缺乏相关历史资料，目前有关东亚飞蝗的记载只有从《全国植保专业统计资料》中查找，广东省从2008年起有记载东亚飞蝗的发生防治情况。

2008—2016年，广东省东亚飞蝗发生面积累计4.4万hm²，防治面积为2.72万hm²，主要与异歧蔗蝗和黄脊竹蝗等土蝗混合发生为害，发生程度轻，累计挽回损失5 119.83t，实际损失1 348.1t。

1999—2012年，廉江发生区年均发生面积133hm²，防治面积100hm²，基本为东亚飞蝗混合土蝗发生，一般密度12～16头/m²，高的40头/m²左右。其中，2012年平均虫口密度37头/m²，最高86头/m²，甘蔗叶片平均受害率43.6%，高的92.3%；2013年至今发生面积减少，虫口密度降低，平均年发生面积33hm²，平均虫口密度6～8头/m²。

2001年，东亚飞蝗在雷州暴发，虫口密度为27～101头/m²，高的216～657头/m²，发生面积81.33hm²，为历年来之最，防治面积实行全覆盖。2012—2015年雷州市调风、英利和南兴3个镇发生蝗害，部分竹林叶子被吃光，并转移为害水稻、甘蔗等农作物，2012年发生面积为106.67hm²，虫口密度分别为15～31头/m²，高的74～101头/m²，2015年发生面积为86.7hm²，虫口密度分别为15～25头/m²，高的70～90头/m²。

广东省2008—2016年东亚飞蝗发生防治面积统计表

年份	发生面积（万hm²）	防治面积（万hm²）	挽回损失（t）	实际损失（t）
2008	1.17	0.72	860.03	444.94
2009	1.06	0.65	1 064.34	310.56
2010	1.07	0.56	1 080.67	207.02
2011	1.07	0.74	953.09	262.98
2012	0.00	0.00	0	0
2013	0.00	0.00	0	0
2014	0.00	0.00	0	0
2015	0.01	0.02	351.2	40.5
2016	0.02	0.03	810.5	82.1

四、可持续治理

2000年以来，广东省大力开展了蝗虫综合治理技术研究，坚持"改治并举"，将农业防治、生物防治、物理防治和化学防治等技术组合进来，形成了一套蝗虫的综合治理技术。

1. 生态控制　从2004年开始，广东省根据蝗虫发生的地理布局与生态类型、蝗虫的发生规律和农作物产业结构，对蝗虫发生虫源滋生地进行改造。一是兴修农田水利，加大对江河水域涨涝的控制能力，减少内涝范围。二是在沿江低洼内涝地适耕地因地制宜合理规划农、牧、渔、林等事业，开垦农田，消除荒滩地。三是提倡精耕细作，合理改变蝗虫虫源地的农作物布局。推广土地畦田化，并根据当地蝗虫优势种类和其嗜食寄主范围，调整作物布局，尽量避开蝗虫嗜食作物。雷州市通过在蝗虫发生区改种短期作物，错开收获期与蝗虫发生期，控制蝗虫发生为害。

2. 生物防治　在中低密度发生区、湖库及水源区、自然保护区，使用绿僵菌、蝗虫微孢子虫等微生物农药或植物源农药防治，使用绿僵菌防治时，采取大型植保器械喷雾，使用蝗虫微孢子虫防治时，则单独使用或与昆虫蜕皮抑制剂混合进行防治。广东省蝗虫虫源地有很多是河滩地，实践证明，在河滩附近推广养鸭、养鸡治蝗技术，保护生态环境，达到防治蝗虫和增加农民收入的双重目的。同时，保护生态环境，充分发挥鸟、青蛙、蟾蜍、蜥蜴、捕食性昆虫和寄生蜂等天敌的控害效果。

3. 物理诱杀　采用人工捕捉法，在低龄蝗蝻期，利用蝗虫的聚集习性，充分发动群众，利用捕虫网等工具捕捉聚集的蝗蝻，减少虫口密度。

4. 科学用药　严格按照防治指标施药，实行分类指导，科学用药。飞蝗防治指标为0.5头/m²，土蝗防治指标为5～10头/m²，防治适期为蝗蝻2～3龄盛期。主要在高密度发生区（飞蝗密度5头/m²以上，土蝗密度在20头/m²以上）采取化学应急防治。在集中连片面积较大区域，由专业化防治组织以大型施药器械开展统防统治。在甘蔗、玉米等高秆作物田以及发生环境复杂区，重点推广超低容量喷雾技术。

雷州市蝗区概况

一、蝗区概况

雷州市是湛江市所辖的一个县级市，位于祖国大陆最南端的雷州半岛中部，两面临海。东濒南海，西靠北部湾，北与湛江市郊、遂溪县接壤，南与徐闻县毗邻，地理位置优越，素称"天南重地"。地跨东经109°44′~110°23′，北纬20°26′~21°11′，南北长83km，东西宽67km，总面积3 532km²，海岸线406km。全市属亚热带海洋性季风气候，冬无严寒，夏无酷暑，年平均温度23℃。全市总人口141万，辖20个镇，境内有11个国营农、林、盐场，雷州城为市人民政府所在地，面积40km²，常住人口20万。全市耕地面积10.133万hm²。

二、蝗区分布及演变

截至2017年8月，全市曾发生蝗害的有5个镇，发生总面积为346.33hm²。全市蝗区划分为1个东亚飞蝗区和2个异歧蔗蝗区，东亚飞蝗总面积167.801hm²，异歧蔗蝗区总面积178.53hm²。东亚飞蝗主要分布在龙门镇、北和镇及调风镇，2个异歧蔗蝗区分布在红壤区和洋田区，第一异歧蔗蝗为红壤蝗区，主要分布在调风镇，面积21.333hm²，第二异歧蔗蝗为洋田蝗区主要分布在南兴镇，共计157.2hm²。其中，龙门镇那平洋蝗区发生面积21.467hm²，蝗虫类型有东亚飞蝗、土蝗，北和镇刘张村蝗区发生面积59.667hm²，蝗虫类型有东亚飞蝗、异歧蔗蝗和土蝗，英利青桐村委会蝗区发生面积86.667hm²，蝗虫类型有散居型东亚飞蝗和土蝗。调风蝗区发生面积21.333hm²，蝗虫类型有异歧蔗蝗和土蝗，南兴蝗区发生面积157.2hm²，蝗虫类型有异歧蔗蝗和土蝗。

雷州蝗区地形为丘陵。东亚飞蝗主要发生在甘蔗园及附近的杂草地，周边有水沟、小水塘等，土

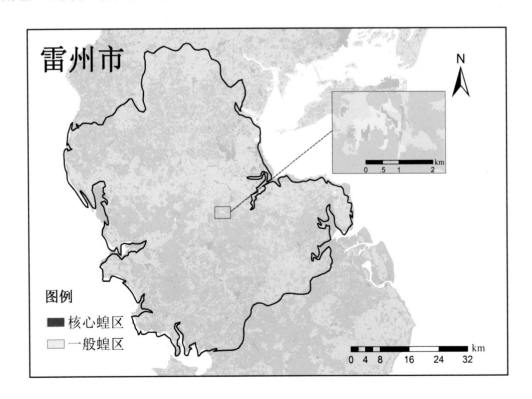

壤为红砂壤；南兴蝗区的异歧蔗蝗主要发生在竹林，然后殃及水稻、甘蔗等农作物，蝗区附近有水沟、稻田灌溉水，土壤为近海沉积物，调风和英利蝗区，蝗虫发生地与一般农田无特别大的区别，无山塘水沟，无大面积积水处，蝗虫先发生在杂草中，然后殃及甘蔗，土壤为砖红黏土。

三、蝗虫发生情况

东亚飞蝗突然暴发于2001年，发生地位于龙门镇的那平洋和北和镇的刘张村，虫口密度分别为 $27 \sim 101$ 头/m² 和 $20 \sim 74$ 头/m²，其中虫口密度较高的甘蔗地龙门点为 $216 \sim 657$ 头/m²，北和点的为 $101 \sim 141$ 头/m²，防治面实行蝗害全覆盖，面积达81.33hm²，甘蔗园组织农民进行集中施药扑杀，草地、水沟和山塘边由植保部门进行施药扑杀。2012年5月30日南兴镇东村村再次发生蝗害，竹园受到蝗虫的疯狂为害，部分竹林叶子被吃光，并开始向周边的水稻、甘蔗等农作物转移为害。发生面积为106.67hm²，虫口密度分别为 $15 \sim 31$ 头/m²，高的 $74 \sim 101$ 头/m²，防治面同样实行蝗害全覆盖，面积达106.67hm²，竹林由农业局、林业局组织人员施药扑杀，水稻、甘蔗等农田则免费提供药剂给农民进行施药扑杀；2015年8月31日调风镇坑尾村委会西湖村发生异歧蔗蝗为害，受害作物为甘蔗，发生面积为21.333hm²，虫口密度分别为 $25 \sim 180$ 头/m²，高的 $600 \sim 950$ 头/m²，杂草中的虫口密度超过1000头。9月30日英利镇青桐村委会青桐洋甘蔗受蝗虫为害严重，蝗虫种类为散居型东亚飞蝗。虫口密度分别为 $15 \sim 25$ 头/m²，高的 $70 \sim 90$ 头/m²，2017年5月南兴镇东村村、袁新村发生异歧蔗蝗为害，大片竹林被啃食光，虫口密度 $15 \sim 27$ 头/m²，高的 $35 \sim 83$ 头/m²。2015年和2017年调风、英利和南兴3个镇的蝗虫发生核心区的防治由雷州市农作物病虫害统防统治组织进行专业化统一防治，一般蝗区则由农业局、当地镇政府农办、蝗区村干部一起组织农民自行施药扑杀。所有防治农药均由应急防治农药贮备供应商提供，经费由植保部门在当年的应急防治或其他植保经费中安排解决。

异歧蔗蝗夏蝗3月底至4月上中旬开始孵化，4月上中旬1龄蝗蝻开始出土，4月下旬至5月初进入孵化出土盛期，3龄盛期为5月上中旬，6月上旬开始羽化，羽化盛期为6月中旬至7月下旬，7月初开始进入产卵期，7月下旬至8月中旬为交尾、产卵盛期。

四、治理对策

1. 贯彻"改治并举"方针 根据雷州市蝗虫发生的地理布局与生态类型、蝗虫的发生规律和农作物产业结构，在当地镇政府和村委会的配合下，积极进行作物布局的调整。在蝗虫发生区改种短期作物，并使收获期与蝗虫发生期错开。如在蝗虫发生区，把甘蔗等生育期长的作物改为花生、蕃薯等作物，蝗虫发生期的6~7月份，已经是作物的收获期前后或下季作物的出苗期或幼苗期，从而减少蝗虫为害的损失量，劣化蝗虫的食料，以恶化其生长、发育的环境；与此同时，积极发动农民群众开垦荒地，整理山塘，硬底化水沟，以最大限度地破坏蝗虫产卵、孵化和发育的生态环境，压低其虫源基数，进而控制蝗虫的发生与为害。

2. 重视蝗情调查及预测预报 为有效防控蝗虫，高度重视蝗虫的预测预报与蝗情发生动态的调查。首先，每年都结合水稻的冬季虫源调查在蝗虫的发生地进行蝗卵密度与孵化进度调查，以掌握其卵量的大小和孵化进度、出土时间等，以及时发出预测预报，指导蝗虫的防治工作；其次，在蝗虫出土期，在每个蝗区都进行蝗情调查，以掌握其发生期、虫口密度、蝗蝻龄态等，以确保把蝗虫扑杀在低龄状态，达到"不扩散、不起飞、不成灾"的防控目的。

3. 与农作物病虫害的兼防兼治 蝗虫往往发生在农田、田边草丛等与农作物生长紧密相关的环境中。因此，多年来，把蝗虫的防治与农作物病虫害防治有机地结合起来，以减少农民的用工和蝗虫防治成本。在蝗虫发生期，指导农民群众在防治甘蔗、花生、水稻等农作物病虫害的同时，甚至在防治农田杂草时均添加可扑杀蝗虫的农药一起施用，以实现蝗虫与其他农作物病虫害的兼防兼治。

4. 加强生态控制　东亚飞蝗能在雷州市销声匿迹，最大的成功莫过于蝗虫生态的控制与治理。2001年突发东亚飞蝗后，在省植保部门、农业科学院、华南农业大学等专家指导下，在当地镇政府和蝗发区村干部的配合下，加强了蝗虫生态的彻底治理。首先，充分发动群众开垦荒地，深犁翻草，彻底破坏蝗虫的产卵与越冬孵化场所，从而有效地控制蝗虫的发生；其次，整治农田排灌系统。有条件的蝗区实现水沟三面硬底化，把山塘和水沟的生态进行全面整治。没有条件的村庄，也每年都组织农民群众铲除水沟及山塘边的杂草，最大限度破坏蝗虫繁殖的生态环境；再次，在蝗区种植甘蔗、花生、蕃薯、芋头、辣椒等农作物，或者植树造林，有水源的地方甚至改种水稻等作物。通过植物的多样性来延长蝗虫寻找食物的时间，通过植物的高覆盖度来减少蝗虫产卵的场所，同时，提高植被覆盖度和植物多样性还有效地提高了一些蝗虫天敌的数量。

5. 注重生物防治　在蝗虫的产卵、孵化地利用鸡的觅食去压制蝗虫的发生；在没有条件进行生态整治的地方，发动农民群众在与蝗虫同一类型生态环境的有杂草的低洼地、坑塘、沟渠等地方投放青蛙种苗(或蟾蜍)，实行以蛙治蝗；再次，在蝗区植树造林和保护鸟类，实行以鸟治蝗。

6. 生物及化学药剂防治　生物制剂有绿僵菌和印楝素；化学药剂：有机磷类农药有马拉硫磷、敌敌畏；菊酯类农药有溴氰菊酯、氯氰菊酯等。

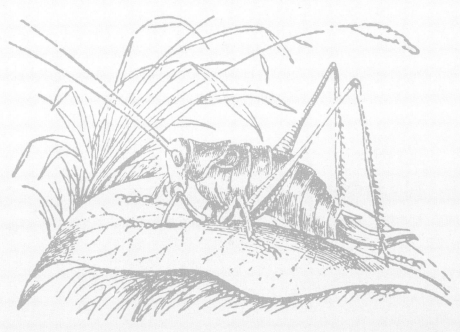

廉江市蝗区概况

一、蝗区概况

廉江市属广东省湛江市，位于广东省西南部的雷州半岛北部，东邻茂名市的化州市，南接遂溪县，东南一隅分别与吴川市和湛江市坡头区相连，西南濒临北部湾，西与广西合浦县接壤，北部与广西陆川县、博白县相交。东西相距79.5km，南北长60.2km，海岸线长108km，总面积2 867km²。市辖3个街道办和18个镇，2016年总人口182.45万人，耕地面积82 945hm²，人均生产总值31 639元。

二、蝗区分布及演变

现有蝗区面积约2 667hm²，主要分布在石岭、石颈、塘蓬、河唇、吉水、新民、雅塘、横山、安铺等9个镇的九洲江流域沿岸和其他河流两岸。蝗虫类型主要有东亚飞蝗（散居型）、土蝗（主要以黄脊竹蝗、异歧蔗蝗为主）。东亚飞蝗（散居型）主要集中在石岭镇许村村委，蝗区面积267hm²，其余各镇主要发生土蝗。

石岭镇许村蝗区：属于低丘陵区，海拔100m以下，属于南亚热带季风气候区，夏长冬暖，雨量偏少，分布不匀。蝗区位于九洲江中下游，九洲江在此拐弯，靠近许村一面形成一片沙滩，堤坝和沙滩边主要着生籍竹、小灌木和杂草，江边的农田为砖红壤黄赤沙泥地，受难灌溉影响，作物布局单调，长期种植甘蔗，靠近村边有部分种植花生、番薯等作物，复种指数低，生态环境有利于蝗虫的繁殖活动。该蝗区为害特点：以黄脊竹蝗为主、异歧蔗蝗相间发生，东亚飞蝗为散居型，但虫口密度较低。据调查鉴定，2006年东亚飞蝗比例占13.3%，2008年占10.3%，2009年为8%。

有记载的石岭镇许村蝗区蝗虫始发于1999年6—7月，当年一般有蝗虫12头/m²，高的30头/m²，主要为害甘蔗、籍竹和花生，发生面积105hm²。此后历年均有发生，总体蝗情偏轻，在2012年出现了高密度蝗片，最高密度86头/m²。

三、蝗虫发生情况

廉江市蝗区蝗虫常年发生面积1 333.5hm²，防治面积1 200hm²。许村蝗区1999—2012年年均发生面积133.3hm²，防治面积100hm²，基本为东亚飞蝗混合土蝗发生，一般密度12～16头/m²，高的40头/m²左右。其中1999年、2006年、2009年、2010年、2012年为较重发生年。如2012年平均虫口密度37头/m²，最高86头/m²，甘蔗叶片平均受害率43.6%，高的92.3%。2013年至今发生面积减少，虫口密度降低，平均年发生面积33hm²，平均虫口密度6～8头/m²。其余蝗区主要集中在九洲江流域和其他河流两岸，以黄脊竹蝗、异歧蔗蝗等土蝗为主，一般虫口密度为8～10头/m²，主要为害籍竹、甘蔗、水稻等作物。

廉江蝗区夏蝗出土始期在4月5日左右，出土盛期为4月15日前后，3龄盛期为5月下旬。

四、治理对策

1.贯彻"改治并举"方针　采取各种措施修建排灌渠，改善水利设施，增加灌溉面积，提高农作物复种指数，改变蝗区次生结构，降低蝗虫基数。

2.重视蝗情调查和预测预报　廉江市农业技术推广中心内设有蝗虫地面应急防治站，专门负责蝗虫调查、预测预报和防控工作，有利于及时发现蝗情和指导防控。

3. 加强生态控制　在河滩地推广养鸡养鸭治蝗。

4. 化学药剂防治　抓住蝗虫虫源地蝗蝻聚集期进行化学防治，防止蝗虫扩散为害。选用农药：生物制剂主要为Bt悬浮剂，其他农药以4.5%高效氯氰菊酯、40%毒死蜱等为主。

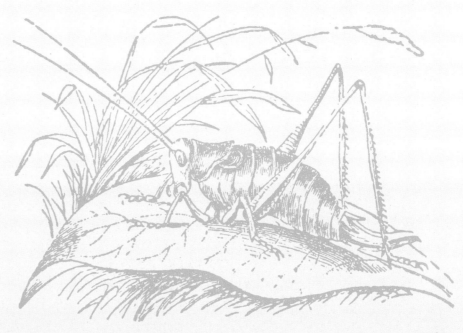

广西 ·GUANGXI
蝗区概况

一、概况

广西壮族自治区地处祖国南疆，地跨热带亚热带，位于东经104°28′~112°04′，北纬20°54′~26°24′之间，北回归线横贯中部。东连广东省，南临北部湾并与海南省隔海相望，西与云南省毗邻，东北接湖南省，西北靠贵州省，西南与越南接壤。常年气候温和，雨水丰沛，光照充足，多样化的自然环境为广西农业发展创造了得天独厚的条件，常年盛产多种亚热带和热带特色农产品。

（一）气候

全区夏季日照时间长、气温高、降水多，冬季日照时间短、天气干暖。受西南暖湿气流和北方变性冷气团的交替影响，干旱、暴雨、热带气旋、大风等气象灾害较为常见。自北向南分为中亚热带、南亚热带、北热带等3个气候带。南亚热带北界经梧州北、平南北、武宣、宾阳、上林、马山、都安、巴马至田林一线，界线位于大桂山、大瑶山、都阳山、青龙山南侧，金钟山东侧。北热带主要包括东兴市、北海市区、合浦县山口镇、沙田镇等地，与广西荔枝、龙眼、香蕉、芒果、菠萝、木菠萝及八角、肉桂等南亚热带、热带水果和经济作物的经济生产北界大致相同。

广西气候的东西差异主要表现在降水特征上。以2—4月降水量300mm、200mm等值线为界，将广西中亚热带和南亚热带地区划为东部、中部、西部3个大区：东部为融水、鹿寨、桂平、博白等地及以东地区，大部地区2—4月降水量>300mm；西部为天峨、东兰、邕宁、上思一带及其以西地区，2—4月降水量<200mm；其余地区为中部，2—4月降水量200~300mm，北热带不再分区。以1月平均气温9℃等值线为界，将中亚热带再划为南北两部分：富川、恭城北部、阳朔、融水、罗城、南丹及其以北划为北部，其余地区划为南部。

（二）地理

总体是山地丘陵性盆地地貌，分山地、丘陵、台地、平原、石山、水面等6类。山地以海拔800m以上的中山为主，海拔400~800m的低山次之，山地约占广西土地总面积的39.7%；海拔200~400m的丘陵占10.3%，在桂东南、桂南及桂西南连片集中；海拔200m以下地貌包括谷地、河谷平原、山前平原、三角洲及低平台地，占26.9%；水面仅占3.4%。盆地中部被两列弧形山脉分割，外弧形成以柳州为中心的桂中盆地，内弧形成右江、武鸣、南宁、玉林、荔浦等众多中小盆地。平原主要有河流冲积平原和溶蚀平原两类，河流冲积平原中较大的有浔江平原、郁江平原、宾阳平原、南流江三角洲等，面积最大的浔江平原达到630km²。广西境内喀斯特地貌广布，集中连片分布于桂西南、桂西北、桂中和桂东北，约占土地总面积的37.8%，发育类型之多世界少见。

（三）农业生产概况

广西耕地面积6 000多万亩，其中具备灌溉设施面积约2 900万亩，无灌溉设施面积3 600多万亩。主要粮食作物有水稻、玉米、大豆、甘薯、马铃薯等，年播种面积约3 000万亩次。主要经济作物有蔬菜、水果、甘蔗、桑蚕、茶叶、木薯等，其中蔬菜面积约1 900万亩次，水果面积约1 800万亩，其中柑橘种植面积约500万亩，居全国第一位；甘蔗面积约1 500万亩，其产量和面积均占全国60%以上。除传统的水稻玉米等大宗粮食作物，花生、油茶籽等油料作物，甘蔗、黄红麻等大宗经济作物外，还有多种地方特色作物，地方名优蔬菜品种有荔浦芋、玉林大蒜、横县大头菜、博白雍菜、扶绥黑皮冬瓜、田林八渡笋、覃塘莲藕、长洲慈菇等。著名热带及亚热带水果有荔枝、龙眼、木瓜、香蕉、凤梨（菠萝）、芒果、沙田柚、柑、橙、菠萝蜜等。

二、蝗区演变

广西历史上曾经多次暴发东亚飞蝗，最早有记载的1191年广西横县蝗灾，随后15世纪发生2次，18世纪发生9次，19～20世纪7次，2000年至今4次，发生区总体上呈缩减趋势。

（一）历史蝗区

东亚飞蝗蝗区主要有分为滨湖蝗区、沿海蝗区、河泛蝗区和内涝蝗区。90年代初，尤其徽等收集广西蝗灾历史与现状有关资料，对1955、1963和1988年广西飞蝗灾害地区进行调查和访问，考察蝗区自然地理情况（地形地貌、植被、水文、耕作制度及经济概况）；调查荒草地和甘蔗地飞蝗种群密度，定期检查飞蝗发育进度，结合马世骏、胡少波等学者50年代中期和60年代初期对广西的飞蝗灾害和蝗区调查基础上，将广西蝗区分为内涝蝗区和沿河蝗区两大类。

1. 内涝蝗区　主要分布在北流江上游和南流江上中游之间的玉州区和博白县及右江北岸的部分盆地，玉林盆地和博白盆地形成的大面积内涝蝗区于1405年发生飞蝗，1817—1855年间发生7～10次；田东、田阳一代历史上未有蝗灾记载，仅1963年特大干旱暴发过一次。

2. 沿河蝗区　该类蝗区根据受内河影响的不同分为岩溶内涝型蝗区和岩溶泛涝型蝗区。

（1）岩溶内涝型蝗区。主要分布于漓江—桂江沿岸、龙江—柳江沿岸和左右江—邕江—郁江沿岸。漓江—桂江沿岸全州至桂林湘桂走廊和临桂至平乐峰林谷地蝗区最早于1488年发生蝗灾，随后1823—1875年发生过11次，平均近5年发生1次，属历史上的一般发生区；柳江—龙江沿岸蝗区包括柳城县路塘农场、柳江区（原柳江县）里雍河沿岸和宜州区（原宜山县）怀远镇等，该蝗区1833—1894年发生过10次，每6年发生一次，此后60年后于1955年和1963年各发生一次，属于飞蝗适生区向偶发区演变的过渡型蝗区；左右江—邕江—郁江沿岸为百色至武鸣右江沿岸岩溶峰林洼地，涉及平果县、龙州县、邕宁区、宁明县、扶绥县等，于1517年发生过蝗灾，1807—1914年发生过12次蝗灾，平均近9年发生1次，属飞蝗偶发区。

（2）岩溶泛涝型蝗区。主要分布于红水河—柳江—黔江沿岸的桂中溶岩盆地，包括黔江北岸平原、丘陵区及红水河沿岸峰林盆地，主要包括兴宾区、武宣县等，该蝗区1488年发生过蝗灾，1833—1874年发生12次，平均3.4年大发生一次，在历史上近似于飞蝗发生基地。

（二）蝗区演变

1. 内涝蝗区　广西东南部玉林和博白盆地地势低洼，属于典型的内涝地区，新中国成立前因水利设施落后，长期旱涝交替，洪水泛滥后大片淹没耕地，进入旱季后无水灌溉，变成适宜飞蝗滋生繁衍地。新中国成立后随着国家水利设施不断完善，农业生产力提升，改革开放后经济发展，荒地逐步被开垦为良田，昔日的飞蝗滋生地逐渐变成的广西粮食主产区，再也没有大规模飞蝗发生。

2. 沿河蝗区

（1）岩溶内涝型蝗区。1950年以来随着种植结构、农业生产发展使得该流域变成了广西重要的粮食和水果基地，排灌设施不断改善，大片荒地被开垦为水田、果园和蔬菜种植基地，1949年后没有再发生过蝗灾，仅右江沿岸在1963年特大干旱时发生过飞蝗。

（2）岩溶泛涝型蝗区。该类蝗区由于地处广西中部地区，地貌上称为桂中岩溶盆地，由岩溶峰丛洼地、岩溶溶蚀平原和岩溶残峰平原组成，该区域水网纵横，如来宾市兴宾区、象州县等，境内大小河流沟渠众多，这些沟渠遍布来宾市各大糖料蔗产区，洪水过后在岩溶盆地形成的大面积滩涂地，为飞蝗提供了理想的滋生地，而甘蔗又是飞蝗喜食的禾本科作物，飞蝗极易在此区域内暴发成灾，1955、1963和1988年由于上述原因暴发飞蝗，进入21世纪又于2005年和2006年暴发，该蝗区历经演变，成为广西主要的东亚飞蝗发生区。

3.沿海蝗区　2000年以前广西沿海地区未发生过东亚飞蝗,2003、2004年北海市1县3区(合浦县、银海区、海城区、铁山港区)的8个乡镇发生东亚飞蝗,主要在甘蔗、玉米、牧草混栽地及市区内的平整荒草地,经广西昆虫学会、广西科学院、广西大学、广西农业科学院、广西植保总站等单位的学者专家对蝗虫中心区生态环境的考察、论证,认为北海沿海蝗区属北热带稀树草原类型,环境与海南省西南部较为相似。

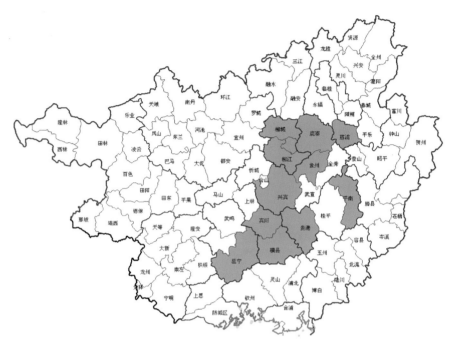

1955年东亚飞蝗暴发涉及县（区）

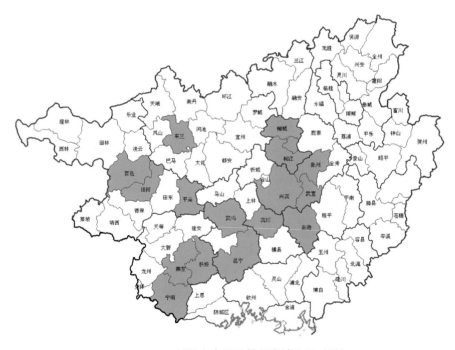

1963年东亚飞蝗暴发涉及县（区）

1988年东亚飞蝗暴发涉及县（区）

2003—2004年东亚飞蝗暴发涉及县（区）

2005—2006年东亚飞蝗暴发涉及县（区）

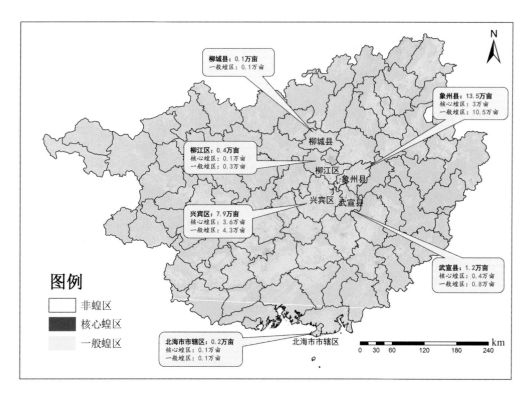

2005—2006年东亚飞蝗暴发涉及县（区）

三、蝗区现状

2000年前，广西东亚飞蝗蝗区主要分内涝蝗区和沿河蝗虫（岩溶内涝蝗区、岩溶泛涝蝗区）两个类型，1950年以后内涝蝗区及沿河蝗区中岩溶内涝蝗区逐渐消失，仅剩下岩溶泛涝蝗区。2000年以后随着北海发生东亚飞蝗，又新增沿海蝗区。

（一）蝗区类型及分布

1.岩溶泛涝蝗区　广西岩溶泛涝型蝗区主要集中在中部的柳州和来宾2个市，包括来宾市下辖的兴宾区、象州县和武宣县及柳州市下辖的柳江区和柳城县，与该型历史蝗区相比，涉及县（区）变少，面积比原有蝗区有较大程度缩减，主要集中于兴宾区的大湾乡、象州县的石龙乡、武宣县的黄卯乡、柳城的马山乡和柳江区的穿山乡。

2.沿海蝗区　北海沿海蝗区为2000年以后广西新出现的蝗区类型，2003年刚发生时涉及合浦县、银海、海城及铁山港区，随着近年沿海经济发展、城镇化率提高，国家加大对北部湾红树林保护政策出台，沿海生态环境改善，农业开发力度加大，蝗区面积不断缩小，现仅有合浦县和铁山港区有少量飞蝗发生。

（二）各类蝗区生态特点

1.岩溶泛涝蝗区　此蝗区地形以丘陵为主，地质和土壤构成主要是浅灰色灰岩、夹白云质灰岩、白云岩、黏土和亚黏土等，蝗区由大小河流沟渠及小水库水位变化形成的滩涂地构成，大发生年份部分飞蝗扩散至周边小面积的山塘水库及小沟渠边的适生地，一般年份此区域的飞蝗密度较低，与其他土蝗混合发生，大部分为散居型。蝗区内主要农作物有甘蔗、水稻、玉米、花生、黄豆等。植被杂草有胜红蓟、狗牙根、马唐、飞扬草等。天敌主要种类是鸟类、蜘蛛、蛙类、寄生蜂等。

2.沿海蝗区　北海市属北热带，地理位置为北纬20°26′~21°55′，蝗区土地为退耕还林的林地和耕地混合区，表土坚硬，下层松软，地上杂草丛生，主要农作物有甘蔗、水稻、西瓜、木薯、大豆等，植被杂草以马唐、狗牙根、牛筋草、地毯草、假臭草、三叶鬼针草为主；天敌种类主要有蛙类、鸟类。

（三）蝗虫发生动态

1.2000年以前飞蝗发生情况　1940—2000年广西共有3次东亚飞蝗暴发，2000年至今也有4次较大面积发生危害，其中1955年有10个县市发生，发生面积超过3万亩，种群密度每亩一般1 200~1 800头，最高6万~9万头，主要发生区为柳城、柳州市郊区、宾阳、港南区等地。其中仅贵港市西江农场早稻受害面积就达16 177亩，损失稻谷100多万kg，甘蔗受害11 802亩，飞蝗发生区多为夏涝秋干的半可耕地。

1963年广西第2次暴发东亚飞蝗，发生区涉及邕宁、宁明、扶绥、武鸣、江州区、港南区、港北区、宾阳、兴宾区、柳江、柳城、武宣、象州、右江区、平果等16个县（区），发生总面积达35万亩，其中农作物受害面积约20万亩。当年发生的特点是发生时间早、密度高、分布广、持续时间长，1963年大发生初期为7月上旬，比1955年提前2个月，发生区涉及16个县（区），比1955年多11个县（区），在多个发生地均出现高密度蝗蝻群，其中象州县运江区东林公社9月下旬发现50多亩荒草地上发生12股高密度蝗蝻群，其中最大1股每亩约22万头，一般每亩密度都在7万头以上。

新中国成立后广西第3次暴发蝗灾在1988年，发生区包括兴宾、宾阳武宣3个县的20个乡镇和3个国有农场，总面积约4.8万亩，其中甘蔗、玉米、水稻和高粱等农作物受害面积1.3万亩，约占总发生面积的27%。

2.2000年以来飞蝗发生情况 2003年秋，广西暴发新中国成立以来第四次东亚飞蝗灾害，此次东亚飞蝗灾害涉及广西北海市1县3区（合浦县、银海区、海城区、铁山港区）的8个乡镇，虫口密度高的每平方米超过1 000头，田间蝗蝻以群居型为主，群居、散居、过渡三种生态类型并存，主要在甘蔗、玉米、牧草混栽地发生为害。2004年，北海市再次暴发飞蝗灾害，其中高密度蝗群区达2 500亩，发生地点是北海市出口加工区内的平整荒草地，虫口密度一般为300～500头/m²，高密度群集处达5 000头/m²。

2005年广西来宾市兴宾区、象州县暴发东亚飞蝗，在兴宾区飞蝗发生中心区域，甘蔗地虫口密度最高达2 130头/m²，平均为16.2头/m²；荒草地虫口密度最高达1 220头/m²，平均为57头/m²，以群居型蝗蝻为主。象州县甘蔗地虫口密度高的1 300头/m²，低的15头/m²，平均40头/m²，以蝗蝻为主；荒草地虫口密度高的110头/m²，低的5头/m²，平均32头/m²。2006年在兴宾区和象州县再次东亚飞蝗暴发，较2005年发生程度稍低，蝗情中心区域的大湾乡石山村、新巴德和老巴德村一带，秋蝗虫口密度最高达1 764头/m²，最低423头/m²，平均724头/m²。

3.近50年来飞蝗发生动态分析 随着国家经济飞速发展，农业产业化、集约化水平提高，农业开发力度增加，城镇化和工业化程度提高，飞蝗总体发生呈下降趋势，老蝗区仅剩下中部的兴宾、象州、武宣、柳江、柳城等地。新增沿海蝗区北海市合浦县、铁山港区、银海区、海城区等历史发生区目前仅剩合浦县和铁山港区有少量飞蝗发生，原有的飞蝗发生区域缩小，发生密度变小，群居型比例显著降低，随着各地飞蝗治理工作深入开展，生态环境不断改善，社会经济发展水平提高，飞蝗总体将继续呈下降趋势，主要发生区将向土壤较为干旱贫瘠，水利条件有限，可利用耕地少的偏僻丘陵地区。目前广西壮族自治区政府正以建设生态广西为目标，将对此类区域开展生态环境恢复工程，预计将来此类蝗区面积也将逐渐减少。

四、蝗虫发生规律

广西东亚飞蝗每年发生3个世代，主要以卵越冬，少量第三代蝗蝻和成虫可以存活至第二年春夏期间。春季气温回升时越冬卵孵化，4月下旬至6月中旬蝗蝻虫口数量逐渐上升，该阶段为零星发生期；6月中旬至8月中旬为飞蝗始盛期，栖息地主要是荒草地；8月中旬以后飞蝗种群急剧增加，8月中旬至10月中旬是飞蝗盛发期，此期间如遇到适宜的气候条件，飞蝗即由散居型变为群居型，向周边作物地迁移为害，飞蝗盛发高峰期受当年气候因素影响差异较大，早发年份发生于8月底9月初，迟发年份可至10月中旬初。

五、可持续治理策略

广西属于东亚飞蝗偶发区，历史上也曾多次暴发成灾，1988年桂中地区再次暴发东亚飞蝗引起了各级政府的高度重视，区政府、全国植保总站及区植保总站先后派员到蝗区调查指导，在区政府的大力支持下，1988年11月下旬在南宁召开了广西治蝗工作学术交流会，与会专家提出在兴宾、武宣、宾阳、贵港、邕宁、象州6个县（区）设立监测点，定期进行蝗情调查，综合分析数据，发布中、短期预报，为各级政府提供飞蝗治理的决策依据。

（1）强化蝗情监测与防控数字化工作。全区已建立了市、县级监测预警系统，市、县实行定期和随时汇报制度，目前广西正在建设重大病虫害数字化监测与防控指挥系统，各基层植保部门可利用该系统结合原有平台，开展数字化监测防控试点推进工作，提高信息传递效率，强化蝗虫防控指挥能力。

（2）开展技术宣传培训。目前基层农业植保部门大多处于人员老化或新老交替时期，急需培养年轻技术人员骨干，各级农业植保部门根据实际情况开展针对基层农技人员蝗虫监测及防控技术培训。同时继续加强对重点蝗区群众蝗虫防控技术宣传培训，提高各乡镇村群众的防蝗意识，组织农民参加蝗虫防治应急预案演练等活动，提高应急防控水平。

（3）探索提高绿色防控技术、统防统治覆盖率的工作机制。针对广西山区地形及作物环境复杂，大面积连片使用大中型设备防治困难等因素，各蝗区农业植保部门与本地或周边专业化合作社开展合作试点，寻求适合当地发展的统防统治和绿色防控服务模式。

（4）做好应急保障。做好防蝗物资、资金、技术、人员等各项准备工作，有条件的地区要合理利用各级项目资金或通过多方筹措资金更新现有防治器械，为应急防治开展做好后勤保障工作。

（5）加强专业化统防统治工作。当前各地依托各级财政和项目支持逐步建立专业化防治组织，通过提升防治器械水平，提高应急防控能力，针对东亚飞蝗蝗区多为甘蔗产区，各主要东亚飞蝗蝗区县正积极申报自治区财政本级补助市县有关植保项目，不断提升东亚飞蝗防控技术水平和能力。

兴宾区蝗区概况

一、蝗区概况

兴宾区属于来宾市，位于东经108°44′~109°36′，北纬23°16′~24°04′之间，地处广西中部，年均气温20.9℃，年均降水量1 500mm，年平均日照时数1 498.5h，年均无霜期333天。乡镇数量17个，耕地面积182万亩，农作物种植面积255.04万亩次。

二、蝗区分布及演变

现有蝗区1.6万hm²划分为两个蝗区，主要分布在大湾镇、正龙乡。蝗虫类型有东亚飞蝗、中华稻蝗、尖头蚱蜢、蔗蝗、车蝗、棉蝗等。

大湾蝗区：地属丘陵地带，地势自西向东倾斜，中部较平坦。红水河、凤凰河流经大湾境。红水河自南向北经大湾街向东17km到三江口流入黔江。红水河至大湾处形成一个深水大回旋，是一个得天独厚的天然泊船港湾和水运良港。凤凰河下游自西向东横贯境内大湾乡，日照充足，光照强，年平均气温20.7℃，年降水量为1 370.9mm。由于地处红水河边，极易发生水灾和出现内涝现象。天敌主要种类是鸟类、蜘蛛、蛙类、寄生蜂等。土壤主要是浅灰色灰岩、夹白云质灰岩、白云岩、黏土和亚黏土等。野生植物有竹节草、金茅草、蜈蚣草等。农作物主要有甘蔗、水稻、玉米、花生、大豆等。

正龙蝗区：属丘陵平原谷地，境内主要有红水河，自西向东到新村，转北流向大湾镇，红水河在境内流程20多km。植被杂草有胜红蓟、狗牙根、马唐、飞扬草等。

据历史记载，蝗虫尤以东亚飞蝗曾经多次猖獗、暴发成灾。新中国成立以来，1955、1963、1988、1991、1992、2005、2006年7次大发生。2005年出现高密度蝗片，9月13日调查仅大湾乡密屋村委古柳、鸭江、密屋、王贵四个自然村发生面积为4 100亩，严重面积3 000亩；正龙乡东阳村委老六田、大任、

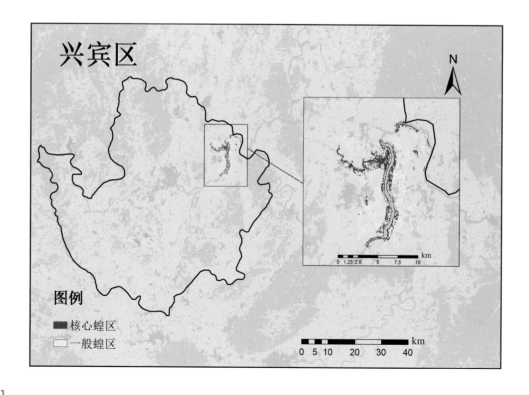

大王、大安、力村村委蒙村发生面积3 000多亩，严重面积1 500亩。蔗地虫口密度平均为16.2头/m²，最高达42头/m²，荒草地虫口密度平均为57头/m²，最高达1 220头/m²，以3、4龄蝗蝻为主。

三、蝗虫发生情况

土蝗常年发生1万～1.1万hm²，防治0.2万～0.3万hm²，平均虫口密度约5.6头/m²；东亚飞蝗常年发生面积133hm²，最高虫口密度0.8头/m²，一般0.02～0.03头/m²。

夏蝗蝗蝻出土始期4月5日左右，蝗蝻出土盛期在4月中旬，3龄蝗蝻盛期在5月上旬，羽化盛期在6月下旬。秋蝗蝗蝻出土始期6月下旬末，蝗蝻出土盛期在7月中旬，3龄蝗蝻盛期在7月下旬至8月上旬，羽化盛期8月下旬。

四、治理对策

（1）贯彻"改治并举"方针，结合当地实际兴修水利，稳定湖河水位，大面积垦荒种植，减少蝗虫发生基地。在蝗区的甘蔗地之间的荒草地及河滩上的荒草地上植树造林，减少蝗虫滋生地，同时给鸟类及蝗虫的其他天敌创造栖息环境，达到逐步根治蝗害的目的。

（2）重视蝗情调查。加强系统监测，尽早发现蝗情，及时发出预报，在防治上争得主动，在大湾、正龙等两个乡镇设立了东亚飞蝗定点观测点，每5～10天到田间调查一次，每次调查分耕地和非耕地（荒草地）进行，取样不少于40个。兴宾区是蝗虫历史发生区，过去除大湾、正龙外，还有小平阳、石陵、迁江、桥巩、良江、凤凰、蒙村、南泗、高安、寺山、三五、陶邓等乡镇均有过大发生的历史。因此，在加强系统监测的同时还抓好面上蝗区的监测与治理工作。根据定点监测情况，结合面上普查工作，准确掌握全区飞蝗的发生动态，并及时将材料整理归档，上报上级业务主管部门。

（3）所用药剂。防蝗农药选用胃毒或触杀的农药，如敌敌畏、毒死蜱、除虫菊酯类农药，为提高防治效果，在防蝗中利用上述农药混配。

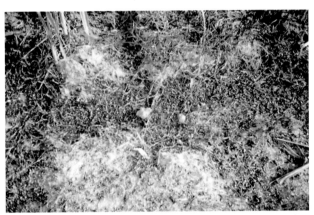

象州县蝗区概况

一、蝗区概况

象州县属于来宾市，东临金秀瑶族自治县，南毗武宣县，西与柳江区、兴宾区接壤，北与鹿寨县相交，全县总面积 1 898km²，县辖 8 镇 3 乡，40 万人，耕地面积 7.07 万 hm²，人均生产总值 2.28 万元。

二、蝗区分布及演变

现有蝗区 2.8 万 hm²，划分为一个蝗区，统称石龙蝗区，主要分布在石龙、马坪两个镇。蝗虫类型有东亚飞蝗、中华稻蝗、棉蝗、尖头蚱蜢、云斑车蝗、青脊竹蝗、小稻蝗等。

石龙蝗区：地形似多边形，主要有道路、水库、小河沟、树林及村庄。2015 年 5 月份以前处于低水位，露出库区荒草地，为蝗虫滋生地，无径流、含沙低、无汛期、无结冰期，水资源只用于灌溉，水位 1 ~ 5m，水库补给靠雨水；2015 年 6 月至 2017 年 3 月，水库处于高水位，2017 年 5 月，水位略有下降，露出几个大岛，2017 年 7 月的几场大雨，水位又恢复到高水位，2017 年 3 月在库区用 200hm² 荒草地用于光伏发电，宜蝗面积有所减少；蝗区气候属于南亚热带向中亚热带过渡的季风显著的湿润农业气候，年降水量 1 300mm 左右。天敌种类有鸟类、蛙类、捕食性昆虫如步甲、虎甲等，植被杂草有银胶菊、藜、小飞蓬、牛筋草、狗牙根、马唐、蟋蟀草等，土壤类型为红壤，农作物种类以甘蔗、玉米为主，近年增加了柑橘。

象州县是东亚飞蝗历史发生区，据史料记载，1963 年 9 月在运江镇发生为害，受害作物为玉米，发生面积 1 780 亩，严重受害 1 500 亩，颗粒无收 741 亩；2005 年 8—9 月在石龙镇大蒙、大塘、马列、青凌 4 个村委和马坪乡古德村委发生危害，受害作物为甘蔗，发生面积 1.72 万亩，防治面积 1.65 万亩，

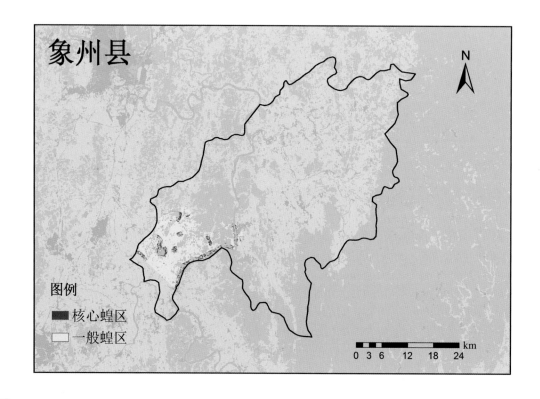

虫口密度高的110头/m²，低5头/m²，平均32头/m²，严重受害的田块甘蔗叶被吃光，仅剩叶脉。2005年东亚飞蝗系统普查，在丰收水库荒草地每次普查时都能捕获散居型东亚飞蝗成虫、蝗蝻，面上调查在中平、象州等乡镇偶尔也能捕获散居型东亚飞蝗成虫。运江蝗区由于土地平整、种植结构调整等因素已很少有东亚飞蝗发生；石龙蝗区2005年、2006年连续两年出现群居型蝗蝻、成虫，最高密度110头/m²；2007年以后蝗虫发生趋于平稳，没有多大波动，定点观察及面上普查，均未发现有群居型蝗蝻，以散居型为主，加上近几年水库处于丰水期，荒草地少，虫口密度更低。

三、蝗虫发生情况

常年发生面积5 000 ~ 6 000hm²，防治面积4 500 ~ 5 000hm²。核心蝗区以水库库区荒草地为主，水库水退后形成荒草地，适宜蝗虫滋生，加上无人管理，任其繁殖，偶尔有点片高密度发生；2017年3月，一家公司在荒草地上征地200hm²开展光伏发电，减少宜蝗面积。一般蝗区以早、晚稻中后期稻蝗发生为主，分布全县各稻区，视年份而定，发生程度在1 ~ 2级。

夏蝗出土日期在5月下旬末，出土盛期在6月上旬，3龄盛期为6月中旬初，羽化盛期在6月下旬，产卵盛期在7月上旬。

四、治理对策

（1）贯彻"改治并举"方针，结合本县实际，改善蝗区生态环境，破坏蝗虫生态环境。近年来，在蝗区附近开展植树、种果，破坏蝗虫生态环境，减少虫源地。

（2）库区水退后种植秋瓜子、甘薯、马铃薯等蝗虫不喜食作物，减少蝗虫食物来源。

（3）加强监测预警，当好参谋，县植物保护检疫站做好蝗虫监测、预警，按要求从3月下旬开始至10月下旬，每周五深入蝗区调查，形成制度，并及时上报调查数据，提出防治建议，做好领导参谋。

（4）蝗虫发生与其他作物病虫害发生期基本一致防治上可以兼防兼治，重点区域如水库荒草地、无人管理的荒草地和公共绿地是主要的虫源地，对该地域实行重点监测，实行达标防治。

（5）探索生物防治最佳区域，由于蝗区内作物复杂，一些敏感作物如桑树对生物制剂比较敏感，使用时远离桑园。

（6）目前使用的生物制剂主要有0.3%印楝素、1%苦参碱等，化学制剂有毒死蜱、乐果、稻丰散、丙溴磷、溴氰菊酯等。

武宣县蝗区概况

一、蝗区概况

武宣县位于广西中部，隶属来宾市，地处北纬23°19′～23°56′，东经109°27′～109°46′。东北面与金秀县为界，东南面、南面分别与桂平市、贵港市毗邻，西面与来宾市兴宾区接壤，北面与象州县相交，县境南北长约75km，东西宽约55km，总面积1 739.45km²，县辖9镇1乡，人口总数45.39万人（2016年），耕地面积3.5万hm²，人均总产值28 756元（2016年）。

二、蝗区分布及演变

武宣县为历史性蝗区，现有蝗区（宜蝗面积）约10 000hm²，主要分布在金鸡、黄茆、二塘、武宣等四个乡镇，整个蝗区沿黔江河岸连接成片，蝗虫种类有东亚飞蝗、稻蝗、棉蝗、印度黄脊蝗、车蝗等。20世纪50年代、60年代、80年代曾先后发生的三次大面积蝗灾及2004年发生的一次较大蝗灾，均发生在以上区域。

武宣蝗区由金鸡乡马良村起沿黔江河岸至武宣镇大龙村止，南北长度约40km，西侧为黔江河河道、东面至209国道以东山地，东西宽约5～8km，主要地貌为丘陵和冲积平原；蝗区内有不规则水塘、季节性山塘、洼地分布。武宣蝗区虽属于南亚热带气候，但小气候方面处于桂中旱带，年均降水量1 200～1 300mm，秋旱是该区域一大特点，由于地处黔江河沿岸，大汛过后遇到严重秋旱，常常诱发严重蝗灾；天敌方面，主要种类有蛙和鸟两大类；植被杂草主要有雀稗、马塘、蟋蟀草、狗牙根、狗尾草、细叶千斤草、铺地黍、茅草等；土壤种类以沙壤、红壤为主；农作物以甘蔗为主外，其间杂有一些玉米、花生、黄豆、甘薯、木薯等经济作物种植。

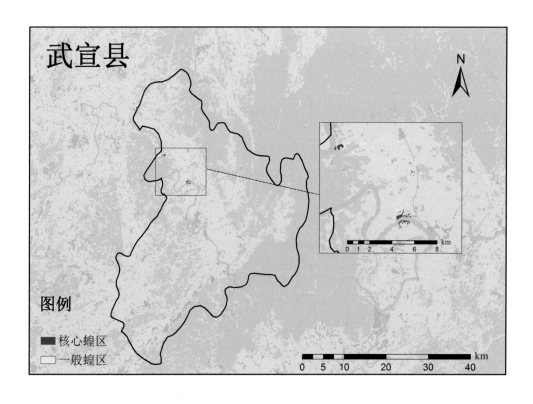

有史记载以来，武宣在清代期间蝗灾频发，其中清咸丰2～4年，武宣县3发蝗灾，史料记载称："蝗发三次，伤稼殆尽"，1955、1963、1988、2004年发生了四次较大蝗灾，其中，1955、1963、1988年蝗灾甚为严重，1988年全县蝗虫成灾面积达5万多亩，最高蝗蝻密度达500～1 000头/m²，2004年发生的蝗灾相对较轻，发生地点主要集中在金鸡乡马良至鱼步沿河地带，虫口密度一般为50～200头/m²，成灾面积约1.5万亩。2004年这次较大蝗灾后，武宣蝗区蝗情趋于平静。

三、蝗虫发生情况

武宣蝗区常年土蝗、东亚飞蝗累计发生面积约8万亩左右，其中土蝗发生面积4万～6万亩，东亚飞蝗发生面积2万～4万亩。一般以兼治为主，因虫口密度一般较低，需要专门开展防治的面积约占发生面积的10%以下，约5 000～6 000亩。正常年份（无大涝大旱）蝗区内无核心与非核心之分，蝗区内蝗虫种类和虫口密度多与作物布局有一定关系，甘蔗嫩叶、玉米苗等蝗虫适口作物一般受到为害较重。

武宣蝗区土蝗因种类不同夏蝗出土始期各有先后，一般5月中下旬可见各种蝗蝻活动，出土盛期约在6月上旬初前后，6月中下旬至7月为各种土蝗活动和产卵盛期；东亚飞蝗在武宣蝗区常年一般有三个完整世代，第一代蝻期为4月下旬至6月中旬，第二代（介于夏蝗与秋蝗之间）为7月中旬至9月中旬，第三代为9月上旬至10月下旬。夏蝗出土盛期一般为7月中旬，产卵盛期在8月下旬。

四、治理对策

受农业开发和生产发展影响，武宣县蝗区已从近代的常发区演变成偶发区，发生程度也不断减轻。根本原因在于农业开发和农业生产发展对于蝗区生态环境的重大影响，垦荒造地、植树造林、兴修水

利等等生产活动，从根本上改变了蝗区面貌和生态环境，大量荒草地的开垦和绿化造林，至使蝗区生态环条件不断压缩和破坏了蝗虫滋生和产卵场所，这是本县蝗区治理的成功经验之一。对于今后治理工作如何进一步开展，我们对策是：

（1）继续加强蝗区环境治理，在宜蝗区域内，宜林则林，大力发展林果产业；宜垦则垦，全面消灭宜蝗荒草地，大力发展甘蔗、水果和其他农作物；兴修水利、努力改造或消除荒芜水域（沟壑、山塘、洼地），全面压缩和破坏蝗虫滋生和产卵场所，以达到抑制和减轻蝗虫发生的目的。

（2）认真做好蝗情监测、预警工作，通过定时、定点系统监测调查与全蝗区不定期普查相结合，随时掌握蝗情动态，为防治工作提供准确、及时、科学的情报和技术支撑，确保防治工作落到实处。

（3）结合蝗区农作物病虫防治工作，尽可能做到对农区蝗虫的兼防兼治，降低防控成本。

（4）加强专业化应急防治队伍建设，重点扶持一至两支农民专业防治组织，随时为应急防治提供专业化人员和装备保障。

（5）继续加强蝗区生态环境的治理，在蝗区内农作物病虫防治中大力推广绿色防控技术，减少化学农药用量，达到保护蛙、鸟等蝗虫天敌，促进蝗区生态平衡，抑制蝗虫发生的目的。

柳城县蝗区概况

一、蝗区概况

柳城县属柳州市，位于广西中部偏北，东临鹿寨县，南与柳州市柳北区、西与河池宜州区、罗城县接壤，北与融水县、融安县相交，南北长47km，东西宽79km，面积2 109km²。县辖12个乡镇2个华侨管理区，耕地面积78 333.3hm²，人均生产总值2.74万元。

二、蝗区分布及演变

现有蝗区5 000hm²，主要分布在马山镇、社冲乡、凤山镇、大埔镇、冲脉镇、六塘镇、寨隆镇，蝗虫类型有东亚飞蝗、土蝗等。

东亚飞蝗蝗区：土岭、丘陵，有1个小水库、几个山塘。属中亚热带季风性气候，年平均降水量1 348.6mm。杂草主要是莎草类、香附子、百花舌蛇草、牛筋草、牵牛花等，土壤属沙壤土，主要农作物为甘蔗。

80年代末，在社冲乡调查偶见东亚飞蝗，后一直都是极零星的轻发生，总体零星轻发生。在2005年出现了高密度蝗虫，成群的蝗蝻有10多群，每群有3 000～5 000头，蔗地内最高密度300～500头/m²，经防治后发生面积和密度降低，2008年以后偶有零星发生，常年监测已很少查到东亚飞蝗。

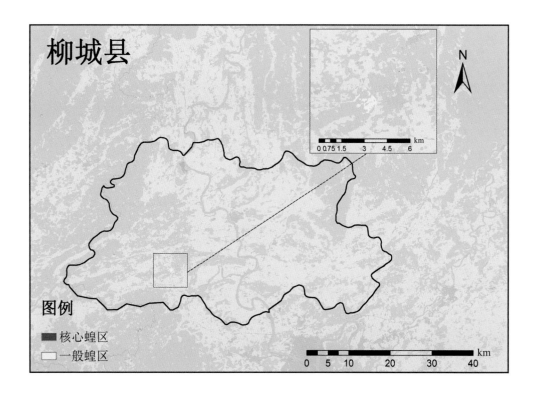

三、东亚飞蝗发生情况

常年零星发生，基本上不需要防治，在核心区偶尔会发现少量散居型蝗虫，一般蝗区极少发现东亚飞蝗。

夏蝗出土始期3月下旬，出土盛期4月中旬，3龄盛期5月上旬，羽化盛期6月中旬，产卵盛期7月下旬。

四、治理对策

（1）2005年严重发生时，组织群众施药防治，统一时间、统一药剂、统一行动，使用敌杀死进行防治。

（2）2005年以后，由于都是零星轻发生，对甘蔗的为害极轻，关键防治时期指导当地群众结合甘蔗等农作物害虫防治兼治蝗虫。

（3）甘蔗的中耕培土、施肥、除草等一系列的生产活动，对东亚飞蝗有一定抑制作用。

柳江区蝗区概况

一、蝗区概况

柳江区位于东经108°53′～109°45′，北纬23°54′～24°33′之间，地处桂中盆地中心，东邻来宾市象州县，南与来宾市兴宾区接壤，西与柳城县相接，北与鹿寨县毗邻，全区耕地总面积8.56万hm²。柳江区属南亚热带向中亚热带过渡的季风型气候，光照充足，太阳辐射强，气候温和，常年平均气温20.4℃，日均气温稳定≥10℃达289天，年平均日照时数1 658.7h，年平均无霜期331天，年平均降水量1 482.9mm，农业资源丰富。全区农业以水稻、甘蔗、蔬菜、水果等作物为主。水稻常年播种面积约2.5万hm²，蔬菜播种面积0.9万hm²，甘蔗面积30.6万hm²。

二、蝗区分布及演变

柳江区蝗虫发生种类主要有长翅稻蝗、东亚飞蝗两个种类。年发生面积约2.3万亩，其中东亚飞蝗发生面积0.3万亩，土蝗发生2万亩。主要发生在穿山镇思荣、龙榜村一带。主要危害糖蔗及间作、套种的玉米。该地区地理地貌和小气候情况复杂，既有平原、丘陵山区，又有水库、沟渠等低洼地，区域地貌特点是山多、水多、草多和荒山、荒地等宜蝗面积大，加上蔗区管理较为粗放，很适合蝗虫发生为害，为本区近年来蝗虫的重点监测区域。

根据历史记载，东亚飞蝗是间歇性发生的农业害虫，曾多次猖獗危害。据《柳江县志》记载，本区有记录大面积发生东亚飞蝗的就有8次，其中1893年、1894年连续2年暴发。1910年、1955年、1963年曾先后3次间歇性局部暴发成灾，给农业生产造成严重损失。2005年受干旱等异常气候的影响，蝗灾再次暴发。全区共发生面积0.52万亩，其中属三级的500亩，集中在穿山镇思荣、龙榜村一带，主要受害作物为甘蔗，造成农民损失严重。虫情发生后，区植保站把虫情及时向上级业务部门、县政

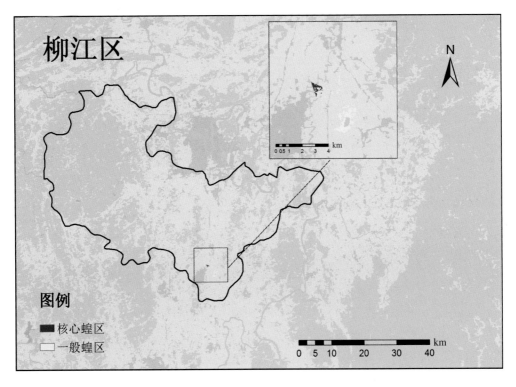

府汇报，并协同有关单位组织了专业机防队，实施了紧急扑灭工作，使该发生地"飞蝗不起飞成灾，土蝗不扩散为害"。2005年以后，对穿山东亚飞蝗采取严密监控，一旦发现群居型高密度区及时防治，控制扩散危害，对蝗区实行了可持续综合治理，蝗虫发生区域、危害面积、造成损失均持续下降，总体蝗情发生偏轻，没有再次暴发蝗灾。

三、蝗虫发生情况

经过多年持续治理，本区蝗虫轻发生，残留虫源低，年均发生面积0.15万hm²，防治面积0.15万hm²，其中夏蝗发生面积0.85万hm²，秋蝗发生面积0.65万hm²。东亚飞蝗发生面积0.02万hm²，土蝗发生0.13万hm²。总体防效95.4%，防治效果好。土蝗平均虫口密度约1.6头/m²，东亚飞蝗一般虫口密度0.01~0.02头/m²。

夏蝗蝗蝻出土始期4月10日左右，蝗蝻出土盛期在4月中旬，秋蝗蝗蝻出土盛期8月下旬。

四、治理对策

1. 加强蝗情监测汇报　蝗虫发生区的乡镇配备专业技术人员，开展蝗虫监测，掌握蝗虫的发生范围、发生动态、发展趋势，根据虫情调查做好发生期、发生量和防治适期预报，及时向当地政府和上级业务部门汇报，为控制蝗灾制定防治决策提供科学依据。

2. 建立应急防治机制，大力推进统防统治　本区制定蝗虫防治应急预案，在关键时期及时启动应急防治预案，快速、有效、安全地控制蝗虫灾害；在蝗虫发生区域，以乡镇为单位组建应急防治机防队，做好人员培训和应急防治物资准备，提升专业化统防统治服务水平；同时加强对蝗虫防治示范技术推广、宣传和技术培训工作。

3. 加强蝗区生态环境治理　整治丢荒地，通过农业综合开发、兴修水利、植树造林等措施恶化飞蝗的滋生条件，创造不利其繁殖和栖息的环境，减少蝗虫适生面积。

4. 防控药剂　化学制剂为毒死蜱、除虫菊酯、高效氯氰菊酯等。

合浦县蝗区概况

一、蝗区概况

合浦县隶属于北海市，东与广东省廉江市和广西博白县接壤，西与钦州相邻，南临北部湾。东西最大横距96km，南北最大纵距54km，总面积2 762km²，介于东经108°51′～109°46′，北纬21°27′～21°55′之间。下辖14个镇和1个乡，总人口105.66万，耕地面积8.15万hm²。2015年，生产总值202.15亿元。

二、蝗区分布及演变

现有蝗区0.05万hm²，主要分布在廉州镇大岭村一带。蝗虫类型有东亚飞蝗、土蝗等。

大岭蝗区：蝗区地形以台地和低丘陵地为主。主要有沿湖滩涂、林地、水塘等。蝗区春夏多雨，秋冬干旱，属于亚热带季风型海洋性气候，年均降水量1 500～1 600mm。各月雨量差异大，8月雨量最多，在330～400mm之间；12月雨量最少，约20～40mm。雨日平均每年148天，全年分为旱季和雨季。4—9月为雨季，总雨量占全年的83%～87%；10月至次年3月为旱季，总雨量占全年的13%～17%。天敌种类主要有蛙类、鸟类；植被杂草以马唐、狗牙根、牛筋草、地毯草、假臭草、三叶鬼针草为主；土壤类型为潴育潮泥田，种植的农作物主要为水稻、玉米、甘蔗、木薯等。

根据历史记载，东亚飞蝗是间歇性发生的农业害虫，曾多次猖獗危害。据《合浦县志》记载，有记录大面积发生东亚飞蝗的就有8次，其中1893年、1894年连续2年暴发。1910年、1955年、1963年曾先后3次间歇性局部暴发成灾，给农业生产造成严重的损失。2003年，受干旱等异常气候影响，蝗灾再次暴发，出现了高密度蝗片，一般密度30～150头/m²，最高密度达120～150头/m²。全县共发生面积0.35万hm²，其中属三级的0.03万hm²主要集中在廉州镇大岭村委一带，农作物重灾面积0.02万hm²。禁山、冲口、清江、烟楼、乾江、红碑城、青山等地方也有一、二级蝗灾发生，面积约0.33万hm²，严重影响当地农作物生产安全。

三、蝗虫发生情况

近7年蝗虫平均发生面积83.88hm²，防治面积83.88hm²，一般密度0.05头/m²，发生程度轻。

夏蝗出土始期在4月中旬左右，出土盛期4月底到5月初左右，出土高峰期在5月上中旬左右，3龄盛期5月中下旬左右，羽化盛期5月底到6月上旬左右，产卵盛期6月中旬左右。

四、治理对策

认真贯彻"改治并举"的方针，结合当地实际，做好以下工作：

（1）重视蝗情调查，加强蝗情监测预警。县植保部门加强蝗情监测预警，强化大田普查，准确掌握蝗情发生动态，及时发布蝗情情报，提出防治对策，做到早发现、早预警、早治理、科学防控。

（2）建立示范区。在廉州镇大岭村建立县级蝗虫防治示范区，示范区做到"五个有"，即有指导专家、有统防统治服务组织、有科技示范户、有示范对比田、有醒目示范牌，示范牌重点标明重大病虫统防统治实施模式、综合防治、应急防治和绿色防控主推技术等。在统防统治服务区内建立绿色防控示范区，采用1～2项绿色防控技术，提升专业化统防统治服务水平，带动绿色防控推广应用。

（3）加强技术指导，实行兼防兼治。结合农作物病虫害防治，在蝗虫防治关键时期，组织专家和技术人员深入生产一线，指导农民科学防治。在飞蝗虫口密度处于中、低水平时，用生物制剂进行防治，减少群居型飞蝗蝗群发生；在飞蝗虫口密度处于高密度水平时，用化学制剂进行防治，迅速压低虫口密度，防止暴发成灾以致扩散迁飞。

（4）大力推进统防统治。根据合浦县生产实际，科学制定项目实施方案和蝗虫防治技术方案，明确蝗虫防控及其关键防治技术，指导群众突出预防、抓好综防、强化统防，实行综合治理、绿色防控和应急防治相结合，科学防控病虫害。

（5）加强蝗区生态环境治理。整治丢荒地，对荒地的开垦利用，通过农业综合开发、兴修水利、植树造林等措施恶化飞蝗的滋生条件，创造不利其繁殖和栖息的环境，减少蝗虫适生面积。

（6）防控药剂。化学制剂为溴氰菊酯、高效氯氰菊酯；生物制剂为白僵菌、绿僵菌。

海南 ・HAINAN

蝗区概况

一、海南地理、气候、耕作等总体情况

海南岛位于我国南海的北部，地处北纬18°10′~20°10′东经108°10′~110°03′，是我国第二大岛屿。在自然地理区划上它处于热带区，具有丰富的水、热、光等自然资源。地形复杂独特，气候暖热湿润，但也存在季风气候影响且复杂多变，土地和植被均具有明显的热带区特征，四季常青，由于季风气候的影响和复杂多变，故存在季节性干旱和周期性低温的变化特点。

海南岛的面积约为3.4万km²。约在50万~100万年以前，由于喜马拉雅造山运动，因地壳的断陷作用形成了现在的琼州海峡，于是，海南岛才与大陆分隔开来成为岛屿。琼州的峡宽20~30km，平均深度40余m，最深处达120m。

（一）海南热带蝗区的地理分布

海南岛为一穹形山体，中间高四周低，据许士杰（1988）记载，本岛由山地、丘陵、台地、平原组成，整个地形从中部山体向外，由山地、丘陵、平原顺序逐级递降，形成层状垂直分布与环状水平分布带。从而在生产上形成了以山地丘陵为中心的热带林业带，以低丘台地为中心的橡胶热作带，以阶地平原为中心的热作粮作带的布局。

根据东亚飞蝗的生活行为特性分析，上述三个不同的地理景观带中，蝗区的分布亦有明显的不同。在阶地平原为中心的热作粮作景观带中，在干旱年及一般年份可以成为飞蝗的发生基地。在低丘台地为中心的橡胶热作带中，在旱年可以成为飞蝗扩散场所，而在涝年可以成为飞蝗繁殖生境。而山地、丘陵为中心的热带森林带中，基本不会成为飞蝗繁衍的生境。在涝年仅丘陵区可能成为飞蝗临时扩散地。

山地与丘陵主要分布在岛的内陆和西北、西南部等地区，是海南地貌的核心，山地主要分布在岛的中部偏南地区，由于山体迎风坡与背风坡的不同，岛的东南部与西部的雨量有明显的不同。

台地与平原在山地丘陵周围，广泛分布着宽窄不一的台地与阶地。熔岩台地集中分布在海南北部，山麓台地在西部，其他主要是花岗岩台地。在台地、阶地地区，由于植被破坏，增强蒸发，缺乏水源，造成干旱加剧。

（二）海南热带蝗区的气候

1. 温度分布　海南全省终年暖热，气温高，积温多，各地年平均气温都在22~36℃。

在海南地区的气候条件均已得到满足，因此东亚飞蝗在本省全年均可发育繁殖，并完成世代，结合海南温积常数，可计算出东亚飞蝗在海南发生的世代数为4~5代。

2. 降水分布　海南地区雨量充沛，东湿西干非常明显，降雨随地形升高而增多的趋势亦明显。全岛最多雨区在五指山的东南坡区，年雨量达2 000~2 400mm。少雨地区在西部及南部，约1 000~1 200mm。由于降雨季节主要在5~10月，因此形成干湿季分明，旱季、雨季的雨量差异很大。

二、海南蝗虫发生情况演变

（一）海南省东亚飞蝗的发生分布

1987—2017年海南省20年不同程度发生东亚飞蝗。发生区分别分布在万宁、陵水、三亚、乐东、东方、昌江、儋州等7个市县58个乡镇和5个农场。

1996年以前乐东县、东方市和三亚市为海南省的重点蝗区。

1996—2005年的重点蝗区分布在乐东县、昌江县和儋州市。

2006—2017年，海南省通过发展设施农业与农业产业调整，以及旅游业和房地产的发展使得蝗区

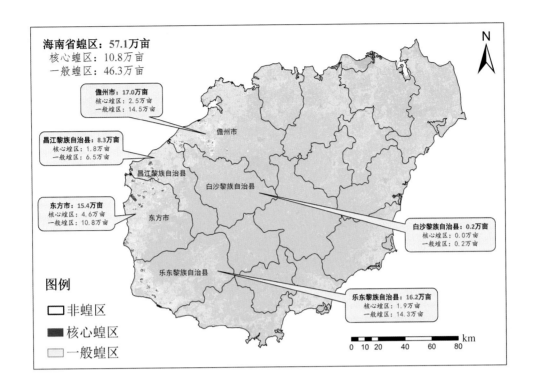

面积减小。乐东县蝗区主要分布在沿海平原的尖峰镇、佛罗镇、莺歌海镇、黄流镇、利国镇、九所镇和千家镇等7个乡镇部分丘陵地；儋州市核心蝗区主要分布在主要分布在海头镇、排浦镇、雅星镇、王五镇、白马井镇、峨蔓镇、光村镇及八一、龙山、红岭、新盈等镇、国有农场。东方市核心蝗区主要分布在板桥、感城、新龙、八所、四更、三家、大田、东河、天安等9个乡镇及华侨经济区。

（二）发生动态

1993年、1998年和2005年，海南省西部的乐东、东方、昌江、三亚、儋州等市、县逢大旱，暴发蝗灾。较为严重的是1999年发生面积4.99万hm²，达标面积3.89万hm²，密度较高；2005年发生面积9.948万hm²，达标面积5.64万hm²。为害较大的世代为二、三代，局部地区（如昌江、儋州）为第四代。一般密度20～30头/m²，蝗蝻团伙密度为500～2 000头/m²。高峰期为7月上旬至10月中旬。主要为害甘蔗和水稻，并在局部地区造成灾害，其中甘蔗受害面积1.2万hm²，受害程度为30%～50%，严重者达90%以上。水稻受害面积为0.8万hm²，受害程度为20%～30%，严重者达80%以上，约有666.67hm²水稻被啃光。受害较为严重的乡镇的有乐东县的佛罗、九所、黄流、冲坡，昌江县的十月田和儋州的海头等乡镇。

三、飞蝗的发生规律

1. 发生世代　海南省东亚飞蝗每年发生四代。

2. 世代重叠　海南月平均温度在东亚飞蝗整卵发育的有效温度之上，且虫态全年均处于有效发育温度条件下。因此，东亚飞蝗可终年发生，成虫可以随时产卵，卵可以随时孵化，蝻可以随时羽化。每雌成虫一生多次产卵，产卵期长达30天以上。7月第三代成虫最多可产11块卵，同一世代不同蝗虫所产的卵块、孵化出土时间差异较大。因此，海南蝗虫世代重叠是主要的发生规律之一，尤其是三四代的8～10月间更为明显。

3. **蝗蝻的发育和温度关系** 东亚飞蝗在海南省每月均有孵化、羽化、产卵等各种现象同时出现，但因各月温度的不同变化，每代或各月蝗虫的发育速度不完全相同，1—3月平均温度22～26℃，孵化的蝗蝻要经历44～79天方能羽化为成虫。4月上旬到9月上旬孵化的蝗蝻，温度在27.0～29.7℃，蝗蝻要经历20～30天羽化为成虫。9月下旬以后，随着温度的逐渐下降，蝗蝻的发育历期逐渐延长。10月上旬至12月孵化的蝗蝻，温度在21.6～23.7℃范围内，历期为46～71天。

4. **消长规律** 东亚飞蝗在海南终年发生，一年四代。但每一代的发生数量和发生区又有显著不同。第一代一般发生在1—4月，发生地一般在荒坡地，发生数量较少。第四代随着气温的下降以及防治措施的实施，从11月份开始，密度逐渐下降，每平方米仅有0.5～5头。

四、可持续治理

海南省结合农业结构的调整，抓好蝗虫生态环境的改造，破坏蝗虫的适生环境，从降低虫源基数，配合有效化防手段和生物防治措施，最终把蝗虫的发生、为害控制在最低水平。

1. **恢复森林植被，系统地进行绿化造林生态工程建设** 本岛北部东部地区的文昌等市县分别种植海岸防沙防风防护林带、水土保持林带、经济热作林带等，使森林覆盖率达45%以上，基本改变了稀树撂荒草原景观，再未发生飞蝗为害。

2. **改善水利条件，增加灌溉面积，减少由于干旱带来的沙化、撂荒的情况** 随着本岛水利条件的改善，实现全岛农田沟渠化、沟渠林网化，涝年无积水，旱年能灌田，形成了海岸、农田防护林带。对增加灌溉面积，恢复森林植被，扩大造林绿化面积，增加作物复种面积，减少撂荒地，增加植被覆盖度起着关键性作用。对提高作物产量，扩大绿化面积，减少撂荒地及对其他综合效益方面起到重要作用。

3. **生物防治** 1996—1999年海南省植保植检站与中国农业大学合作，开展"利用蝗虫微孢子虫防治海南蝗虫"的研究和推广应用工作。先后在乐东、东方、儋州等市县针对海南东亚飞蝗的发生特点，利用蝗虫微孢子虫进行可持续治理蝗害的工作，面积累计达5万亩。利用蝗虫微孢子虫防治蝗虫，不仅在低密度时控制当代蝗虫的为害，并通过微孢子虫在蝗群中流行，控制下一代以至往后多年的蝗害，从而减少化学农药的使用量和降低防治成本。使用蝗虫微孢子虫地区，当代蝗虫虫口密度下降60%～80%，第2年至5年后，当地蝗虫密度仍控制在防治指标内。

4. **化学防治** 对高密度的重点蝗区应急防治时，选用生物制剂或高效低毒低残留药剂如高效氯氰菊酯等化学农药进行防治，减少对环境的污染和天敌的伤害。

5. **飞蝗应急防治站的建设** 飞蝗应急防治站的建设，确保了防蝗药械、交通工具以及防蝗农药的及时供应，保证防蝗工作的顺利完成。在2005年蝗灾暴发之际，儋州、乐东和陵水等防蝗应急站在防治工作中发挥了很大的作用，在短时间内能迅速供应几百部防蝗药械和足够的防蝗农药，为防蝗工作顺利开展提供了基础保障。

各级治蝗部门在认真做好监测工作准确掌握蝗情发生动态的基础上，认真贯彻"预防为主、综合防治"的植保方针，采取挑治第二代，控制第三代的防控策略。早发现，早防治，"抓早、抓小、抓团伙""化学防治、生物防治和生态控制"三者相互结合是保证蝗虫治理长远目标和短期目标的有效手段。在防蝗治蝗过程中始终牢固树立"绿色植保，公共植保"理念，对蝗区改治并举，侧重生态控制，逐步改造蝗虫的适生环境，遏制飞蝗的大面积发生。

昌江黎族自治县蝗区概况

一、蝗区概况

昌江黎族自治县属海南省直管，地处海南岛西部，东与白沙黎族自治县毗邻，南与乐东黎族自治县接壤，西南与东方市以昌化江为界对峙相望，西北濒临北部湾，东北部隔珠碧江同儋州市相连，陆地面积1 500km²，东西长21.5km，南北宽75km。县辖7个镇1个乡，辖区人口24万人(2007年)，耕地面积3.8万hm²，人均生产总值4.3万元。

二、蝗区分布及演变

现有蝗区0.55万hm²，划分为5个蝗区，主要分布在：昌化镇江门村、大风村核心蝗区233.33hm²，乌烈镇峨港村核心蝗区166.66hm²，叉河镇红阳村核心蝗区100hm²，海尾镇打显村、大安村、永安村核心蝗区466.66hm²，十月田镇才地村、南岭村核心蝗区233.33hm²，蝗虫类型有东亚飞蝗、土蝗等。

昌江县地形自西北向东南为平原阶地—台地—丘陵—山地逐级上升，西北部平原区是土蝗和飞蝗良好的栖息地，主要蝗区都分布在这片区域。1987年以前蝗区由于原先生态环境以灌木丛为主，蝗情都是轻度发生。自1987年以后，农民耕作力度加大，耕作面积逐年增加，大部分灌木丛已退化为草原生态，同时受到邻近市县蝗区飞蝗的影响，在大旱年份迁徙入本县，总体蝗情逐步发展为中等水平，其中在1998年、2005年出现了高密度蝗片，最高密度800头/m²。2005年后经政府大力支持，预报测报，兼防兼治及天气变化出现低温年份，如2007年冷风过境，蝗情开始得到有效控制。2005年后至今总体蝗情维持在中等偏轻水平。

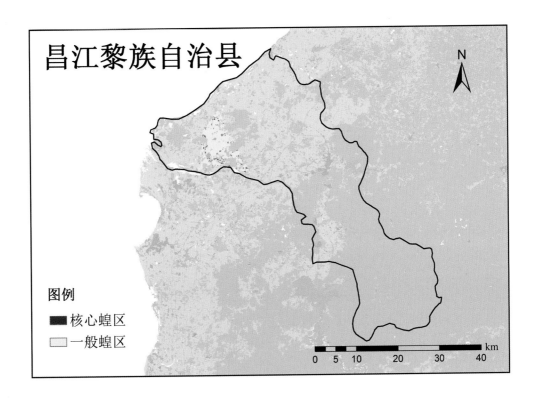

三、蝗虫发生情况

常年发生面积 1 466.66hm²。

蝗虫类型有东亚飞蝗、土蝗等。五个蝗区地形相似，基本为平原地带。农作物基本一致为瓜菜、甘蔗，植被情况以草原、撂荒地居多。每年发生四代，主害代为第三代，发生密度平均为 20 ～ 100 头/m²，最高达到 800 头/m²。

一般蝗区情况：蝗虫类型有东亚飞蝗、土蝗等。地形相似，基本为台地、丘陵，部分平原。农作物基本一致为瓜菜、甘蔗，部分经济林地，植被情况以林地居多，部分草原，撂荒地少。每年发生四代，发生密度平均为 1 ～ 20 头/m²。

第二代出土始期在 5 月 18 日左右，出土盛期 5 月 28 日，3 龄盛期 6 月 12 日，羽化盛期 6 月 22 日左右，产卵盛期 7 月 11 日。

四、治理对策

（1）贯彻"改治并举"方针，结合昌江县实际，狠治夏蝗，抑制秋蝗，协调运用农业、化学、生物和生态方法把蝗虫控制在不起飞、不危害的水平，逐步根除蝗害。

（2）重视蝗情调查及预测预报，分析病虫情发生趋势，密切注意发生发展动态，提早发动群众耕作撂荒地，积极采取有效措施，改变蝗虫滋生地，防止蝗情扩散蔓延，最大限度减轻灾害损失。

（3）农业作物病虫害兼防兼治，在发生期组织捕捉小组，在傍晚和凌晨，撒网捕捉，是提高防控效果，促进粮食稳定增产，降低农药使用风险，保障农产品质量安全和农业生态环境安全。

（4）加强生态控制，保持生态平衡，避免出现抗药性，例如使用生物制剂，捕捉小组，提前耕作。

（5）注重生物防治保持生态种群多样性，保护蛙类和鸟类。

（6）所用药剂：生物制剂绿僵菌、微孢子虫等，化学药剂高效氯氰菊酯、阿维毒死蜱等。

东方市蝗区简介

一、蝗区概况

东方市地处东经108°36′46″～109°07′19″，北纬18°43′08″～19°36′43″之间。位于海南岛西部偏南，昌化江下游，南及东南与乐东县接壤，北至东北隔昌化江与昌江县交界，西临北部湾，与越南隔海相望。东西横跨53.6km，南北纵长65.4km，土地面积2 256km²，辖10个乡镇、192个村（居委会）和1个华侨经济区。总人口44.2万人，耕地面积4.77万hm²，人均生产总值33 365元，农村常住居民人均可支配收入12 006元。

二、蝗区分布及演变

全市宜蝗区约2万hm²，划分为南部、北部、东部三个蝗区，主要分布在板桥、感城、新龙、八所、四更、三家、大田、东河、天安等9个乡镇及华侨经济区。其中板桥镇、感城、新龙镇、八所镇、四更镇、三家镇、大田镇为常发区，东河镇、天安和江边乡为偶发区。蝗虫类型有东亚飞蝗、土蝗、黄胫小车蝗、花胫绿纹蝗、短额负蝗、长额负蝗、稻蝗、异歧蔗蝗、黄脊蝗、棉蝗等。蝗区属于热带稀疏草原蝗区类型。蝗虫主要天敌有蚂蚁、蜘蛛、螨类、螳螂、螽蟖、蜥蜴、蛙类及鸟类等。

东方市蝗区地势由东南向西北倾斜，依次地形成山地、丘陵、台地和平原四种地貌。其中，山地面积占土地总面积的28.14%，分布于东部和东南；丘陵盆地占7.43%，主要分布在中部；台地平原占53.96%，分部于西部，其中沿海地带海拔50m以下的平原和台地，占全市土地面积33%；其他地貌类型占10.47%。主要河流有昌化江、感恩河、罗带河、通天河、北黎河、南港河等。

东方市共有水稻土、黄壤、赤红壤、砖红壤、潮沙泥土、燥红土、滨海沙土、红色石灰土和石质土九种土类，其中以砖红壤分布最广，占全市土地总面积47.72%；其次是燥红土，占全市土地面积

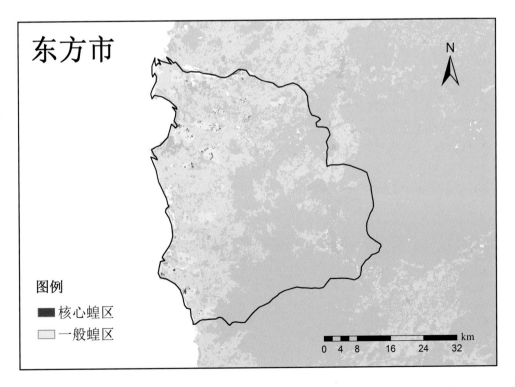

的20.17%。土壤分布水平为：海拔10m以下为滨海沉积物发育而形成的滨海沙土；海拔10～50m为浅海沉积物发育而成的燥红土，该区域是东方市粮食作物和经济作物的主要产区，也是东亚飞蝗常发区；海拔50～160m为花岗岩、砂页岩风化物发育而成的褐色砖红壤亚类，该区域是香蕉、芒果、橡胶、剑麻的主要生产地；海拔160～350m为花岗岩、砂页岩风化物发育而成的砖红壤亚类，该区域以种植橡胶等热带作物以及热带水果为主；海拔350～750m为赤红壤；海拔750m以上为黄壤。

蝗区植被有人工植被和天然植被，多呈垂直带状分布，具有热带植被特点。人工植被主要有水稻、甜玉米、花生、大豆、甘薯、甘蔗、瓜菜等农作物和橡胶、香蕉、芒果、火龙果等热带作物。天然植被有稀树灌木和灌丛、草地等。

自1987年大发生以来每年均有一定面积发生。总体蝗情一般较稳定，2005年、2015年、2016年出现高密度蝗片，最高密度1000多头/m²。

三、蝗虫发生情况

本蝗区飞蝗和土蝗混合发生，优势种为东亚飞蝗，常年发生面积约5000hm²，应急防治面积约2000hm²。核心蝗区主要分布在本市板桥、感城、新龙、八所、四更、三家、大田等乡镇旱作地、旱作田、甘蔗地、稻田；偶发蝗主要分布在东河镇、天安。一年可发生四代，世代重叠，各虫态呈现立体交叉发生。总体第一代于2月上旬孵化，第二代蝻于5月中旬孵化，第三代于7月下旬孵化，第四代蝻于9月下旬孵化。一般以7～9月份第三代发生面积大，密度高，受害严重的是干播田、甘蔗地、休耕草地等，其发生数量随着雨量及耕作程度而变化。

四、治理对策

（1）贯彻"改治并举"方针，结合东方市实际，兴修水利(大广坝)，大搞农田基建设，植树造林（黄花梨等），因地制宜推广微喷（滴）灌技术，大力发展旱坡地冬季瓜菜、热带水果，提高复种指数，精耕细作，减少蝗区面积。

（2）重视蝗情调查及预测预报，东方市设立防蝗专门机构，配备技术干部，乡镇设立蝗虫监测点10个，从上到下形成了东亚飞蝗监测网络。自1989年起，开展系统的监测活动，具体调查研究蝗区的发生动态与规律，及时掌握蝗做出预报，为防蝗工作提供依据。

（3）农作物病虫害兼防兼治，冬季瓜菜病虫害发生防治频率较高，在防治过程中兼防兼治。

（4）加强生态控制，因地制宜大力发展冬季瓜菜、热带水果，精耕细作，提高复种指数，减少撂荒面积，恶化蝗虫适生环境。

（5）注重生物防治，开展蝗虫微孢子虫、绿僵菌等生物制剂的试验示范推广工作，推广牧鸡牧鸭控蝗，人工抓捕蝗虫，保护天敌。

（6）所用药剂有：生物制剂蝗虫微孢子虫、绿僵菌，化学药剂高效氯氰菊酯、毒死蜱。

乐东黎族自治县蝗区概况

一、蝗区概况

乐东黎族自治县隶属海南省直辖县，位于海南省西南部，靠山面海，东北与五指山市交界，东南与三亚市毗邻，南、西南面临南海，西北与东方市接壤，总面积2 474km²，南北长58km，东西宽72km，地势北高南低，由山地、丘陵、平原三部组成，南部、西南部都是沿海一带平原阶地台地，全县辖11个镇，人口50万，耕地面积45.5万hm²，人均生产总值2.5万元。

二、蝗区分布及演变

现有蝗区面积16.2万亩（1.08万hm²），划分为七个蝗区，主要分布在沿海平原的尖峰镇、佛罗镇、莺歌海镇、黄流镇、利国镇、九所镇和千家镇部分丘陵地，蝗虫类型有：东亚飞蝗、土蝗、稻蝗、黄脊蝗、斑腿蝗及竹蝗等，优势种为东亚飞蝗。

乐东县地形地貌，北部背靠尖峰镇——猕猴岭，中部丘陵，南部、西南部为沿海一带平原台地，地势有一定的倾斜比降。河溪有望楼河，佛罗白沙河自北向南流入南海。该区域水库为长茅水库、石门水库和三曲沟水库。年平均温度25℃，年降水量1 200～1 800mm，年蒸发量1 800～2 200mm；光热充足，但年降水量分布不均，冬春降水量少，秋季台风常光顾，降水量集中，11月至翌年4月为旱季，5—10月为雨季，干湿季节分明，终年温暖无冬，北纬18°地区，天然大温室。沿海平原，台地为热作，粮作生态带，属热带季风气候。天敌种类有：蚂蚁、蜘蛛、青蛙、蜥蜴、家鸭等。植被杂草：以热带稀疏树草与刺灌丛草地类植被，一般以禾草、莎草为主，如茅草等，土壤以燥红土、水稻土、沙质壤土和滨海沙土为主，农作物以甘蔗、看天水稻田、秧地、玉米、冬春反季节瓜菜等。

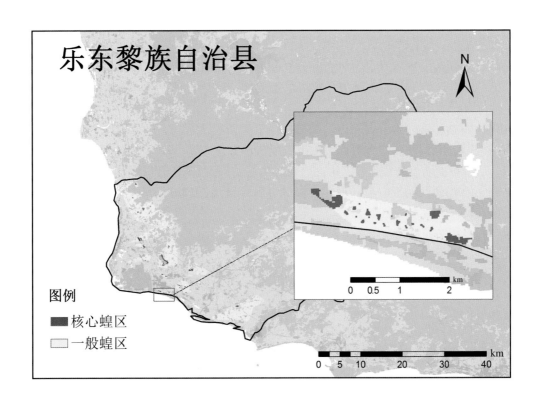

过去，据《崖州志》等有关史料记载，从1403—1963年东亚飞蝗在本地区曾大发生9次，只要遇干旱较重年份，常伴有出现蝗灾的记录。海南建省之始，1987—1993年沿海平原蝗区暴发历史上罕见蝗灾，1987年、1988年、1989年相接出现大面积群居型高密度蝗虫，来势猛、范围广、为害重，发生密度一般为 $5 \sim 10$ 头 $/m^2$，最高密度达 $500 \sim 5\,200$ 头 $/m^2$，1994年、1998年、2006—2009年也发生大面积密度较高蝗灾，最近几年虽没有大面积发生高密度蝗灾，局部小面积仍还是存在，大面积蝗区虽得治理控制，但隐患尚存。

三、蝗虫发生情况

乐东县蝗虫常年发生面积16.2亩（1.08万 hm^2），最高发生年份1987年达22.25亩（1.48万 hm^2），一般蝗区14.4万亩（0.96万 hm^2），核心蝗区1.8万 ~ 2.3 万亩（1 333万 hm^2），历年防治面积为6万 ~ 10 万亩。核心蝗区发生密度为 $1 \sim 10$ 头 $/m^2$，最高年份1987年密度达 $150 \sim 5\,200$ 头 $/m^2$。1994年、1998年、2006年、2008年、2009年也出现高密度蝗虫 $100 \sim 1\,000$ 头 $/m^2$。主要发生在甘蔗地、干旱水稻田、晚造秧田、撂荒茅草地、瓜菜迹地等。高密度蝗虫主要以群居型蝗蝻为主，类型以优势种东亚飞蝗为主。

2013—2017年，虽没有大面积高密度蝗虫发生，但部分蝗区局部出现，如2015—2016年尖峰镇黑眉田洋、黄流飞机场等曾反复发生高密度蝗虫，飞蝗发生隐患尚存，必须加大监测和治理力度，继续实施数字精细化监控。

四、治理对策

乐东县蝗区从1987年大面积发生至2017年，断断续续发生30年来，在农业部、海南省农业农村厅、省植保总站以及县蝗灾应急防治站、各级防治蝗指挥部和广大蝗区群众的共同努力可持续治理下，有效控制飞蝗发生和为害，发生面积和程度逐年减少，成效显著。我们采取的治理对策为：

（1）贯彻"改治与药治并举"方针，结合当地实际，改革耕作制度，改革、改种蝗虫易发生的甘蔗产业。把大量甘蔗地和蝗虫易发生地种植经济效益较高的芒果、香蕉和反季节瓜果菜，大棚西瓜和哈密瓜，禁止自然森林砍伐，大量退耕还林，不断改造，硬化水利灌溉渠道，恢复更新田间排灌系统，大量进行农田综合整治，大力推广大型农业机耕设备，及时翻耕撂荒坡园地，增加复种指数，有效减少蝗虫发生繁殖条件，实行农业综合治理。

（2）重视蝗情调查及预测预报。注重充分发挥治理第一线县蝗灾应急站科技人员的作用，强化职能意识，坚持定时，定点野外田间调查，准确掌握蝗情和预测预报，及时有效提供准确信息，蝗情简报，无可或缺地发挥事半功倍的作用。

（3）农作物病虫害兼防兼治。近10多年来，经过大面积改制，大量种植反季节瓜果菜和大棚哈密瓜，经济效益较好。广大农民群众大量使用高效低毒绿色无害农药防治病虫害，对蝗虫防治也起到兼防兼治作用。实施专业队统防统治与农用无人机统防统治病虫害对蝗虫起到兼防兼治的作用。

（4）加强生态控制，保护生态环境，青山绿水就是金山银山，环境改善了，森林植被大量恢复，天敌增加了，农田水利灌溉条件改善了，土地复种指数增加了，农民大量采用节水微喷灌技术，群众采用鸭群捕食蝗虫和网捕蝗虫食用及出售餐饮酒店等。

（5）注重生物防治，防治蝗虫使用农药，除注重选用高效低毒，无公害农药外，还注意推广使用生物农药。

（6）所用药剂：化学药剂有高效氯氰菊酯、阿维菌素、阿维毒死蜱、甲维盐等。生物药剂：微孢子菌、印棟素等。

儋州市蝗区概况

一、蝗区概况

儋州市位于海南岛的西北部，东部与临高县、澄迈县相邻，南至东南靠琼中黎族苗族自治县，西南与白沙黎族自治县、昌江黎族自治县相接，西北濒临北部湾。面积3 294km²，东西长87km，南北宽82km。全市辖16个镇，人口94.54万（2016年），耕地面积52 806hm²（2016年），人均生产总值27 267.1万元（2016年）。

儋州市蝗区地貌类型有沿海台地、丘陵，流经蝗区境内的主要河流有珠碧江、春江、山鸡江、光村江等。地处大陆季风气候的南缘，属热带季风气候。

蝗区地处西北部，气候干热，年均降水量1 000 ～ 1 200mm。天敌种类有蚂蚁、蜘蛛、螳螂及白鹭鸶鸟等，植被杂草主要有白茅、稗草、马唐等，沿海多为潮沙泥土，土壤类型有黄赤土田、黄色赤土地等，种植的主要农作物有甘蔗、水稻、瓜菜等。

二、蝗区分布及演变

现有蝗区面积11 300hm²，主要分布在海头镇、排浦镇、雅星镇、王五镇、白马井镇、峨蔓镇、光村镇及八一、龙山、红岭、新盈等镇、国有农场。蝗虫种类主要有东亚飞蝗、土蝗（主要是异歧蔗蝗、斑角蔗蝗）等。

东亚飞蝗自1987年首次在海头镇暴发以来，发生面积5 000hm²以上的在发生年份有1998年、2005年、2010年，发生范围波及全市9个镇4个有营农场。大发生年份蝗区出现多个高密度蝗片，其中2005年的最高密度达1 500头/m²。

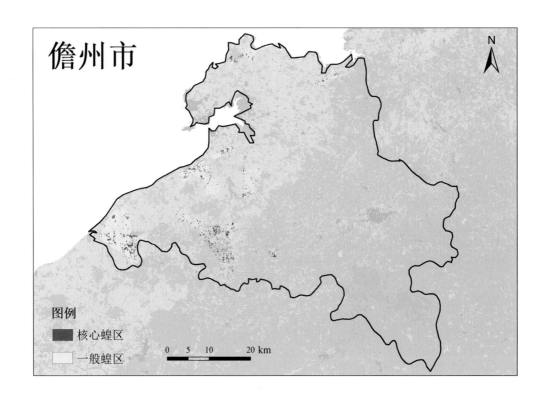

儋州市

图例
■ 核心蝗区
□ 一般蝗区

0 5 10   20 km

三、蝗虫发生情况

1987年以来蝗虫大发生的年份

年 份	1987	1993	1998	1999	2001	2002	2003	2004
发生面积 (hm²)	1 533	1 987	6 667	1 400	4 600	2 533	3 533	2 666
防治面积 (hm²)	1 066	1 233	5 333	93	2 700	2 026	2 133	1 600

年 份	2005	2006	2007	2010	2011	2014	2015	
发生面积 (hm²)	12 333	4 200	3 067	5 500	2 006	2 535	1 620	
防治面积 (hm²)	10 487	3 267	1 500	3 990	933	780	970	

儋州市常年蝗虫发生面积1 300～1 800hm²。核心蝗区主要分布在海头、排浦、王五、峨蔓等镇，面积约1 600hm²，区内种植作物主要以甘蔗、水稻为主，部分旱坡地、旱田种植瓜菜、香蕉等。第一代飞蝗一般发生在1—4月，发生环境多在荒坡草地、籽瓜地，以成虫为主，罕见蝗蝻，密度较低，零星发生。正常年份5—6月降水量充足，撂荒地得到及时翻犁耕种，飞蝗适生区减少，飞蝗发生较轻。如遇干旱少雨年份，撂荒地、长势较差的宿根蔗地成为蝗虫集中产卵地，易出现高密度蝗蝻团伙。一般蝗区主要作物有橡胶、浆纸林，插花种植甘蔗、水稻、瓜菜等，常年零星发生。如遇长时间持续严重干旱年份，作物长势差，撂荒地多，蝗虫可能大发生。

2010年至今，总体蝗情呈轻发生。

四、治理对策

（1）坚持"改治并举，综合治理"的方针。改善蝗区生态环境、植被条件。结合农业产业结构调整和发展热带高效农业基地建设，进一步调减宜蝗作物——甘蔗种植面积。改种天然橡胶林、经济林，大力发展热带水果、瓜菜等生产基地，减少蝗虫适生环境。

（2）加强蝗情的调查监测，建立统防统治专业队伍，提高应急防治能力，确保"不起飞、不扩散、不成灾"。

（3）合理使用化学药剂。对高密度的重点蝗区应急防治时，选用生物制剂或高效低毒低残留药剂，减少对环境的污染和天敌的伤害。

（4）注重生物防治。利用近些年来蝗虫轻发生的特点，开展生物防治，如在蝗区喷施微孢子虫感染蝗虫，让其在蝗区流行，以达到控制蝗虫暴发的目的。

陕西 ·SHANXI

蝗区概况

一、总体概况

(一) 陕西总体情况

陕西省简称"陕"或"秦",地处中国内陆腹地,黄河中游,位于东经105°29′～111°15′,北纬31°42′～39°35′之间。东邻山西、河南,西连宁夏、甘肃,南抵四川、重庆、湖北,北接内蒙古。地域南北长,东西窄,南北长约880km,东西宽约160～490km,土地面积20.58万km²。由于南北延伸很长,跨纬度多,从而引起境内南北间气候的明显差异。长城沿线以北为温带干旱半干旱气候、陕北其余地区和关中平原为暖温带半湿润气候、陕南盆地为北亚热带湿润气候、山地大部为暖温带湿润气候。年平均降水量576.9mm,年平均气温13.0℃,无霜期218天左右。2016年末,全省常住人口3 812.62万,城镇人口2 109.90万人,占55.34%;乡村人口1 702.72万人,占44.66%。全省粮食种植面积4 603万亩、总产1 228万t;水果生产规模达到1 842万亩、总产1 711万t;畜牧、蔬菜和茶叶发展势头良好,肉蛋奶增产360万t,蔬菜生产面积763万亩、总产1 730万t,其中设施蔬菜面积300万亩以上,稳居西北首位;茶叶种植面积231万亩、总产10万t。

(二) 蝗区概况

1. **蝗区地形情况** 广泛分布于陕北、关中和陕南地区,陕北、陕南多为散居型零星分布,而较集中分布在北纬34°～36°之间,即秦岭以北,宜川、富县以南,沿一些川道、沟谷向北延伸,可沿渭河河谷向西达宝鸡。

渭河一带的盆地,居晋陕盆地带的南部,包括陕西省秦岭北麓渭河平原(即关中平原)和渭河谷地及渭河丘陵,平均海拔约500m,其北部为陕北黄土高原,向南则是陕南盆地(安康盆地)、秦巴山脉(秦岭—大巴山脉),为陕西的工、农业发达,人口密集地区,富庶之地,号称"八百里秦川"。

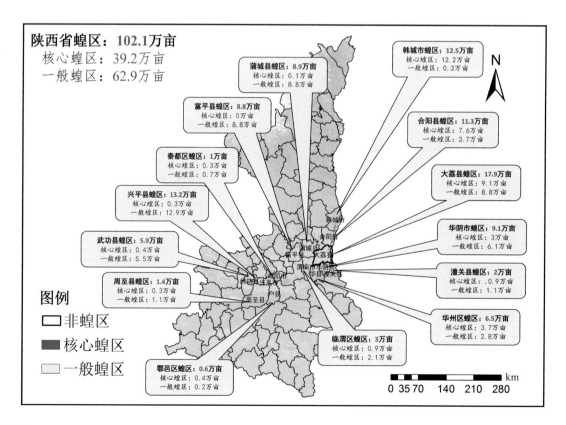

关中盆地介于陕北高原与秦岭山地之间。西起宝鸡峡，东迄潼关港口，东西长约360km，西窄东宽。总面积39 064.5km²。关中盆地是由河流冲积和黄土堆积形成的，地势平坦，土质肥沃，水源丰富，机耕、灌溉条件都很好，是陕西自然条件最好的地区。基本地貌类型是河流阶地和黄土台塬。渭河横贯盆地入黄河，河槽地势低平，海拔324～600m。从渭河河槽向南、北南侧，地势呈不对称性阶梯状增高，由一二级河流冲积阶地过渡到高出渭河200～500m的一级或二级黄土台塬。阶地在北岸呈连续状分布，南岸则残缺不全。渭河各主要支流，也有相应的多级阶地。宽广的阶地平原是关中最肥沃的地带。渭河北岸二级阶地与陕北高原之间，分布着东西延伸的渭北黄土台塬，塬面广阔，一般海拔460～800m，是关中主要的产粮区。渭河南侧的黄土台塬断续分布，高出渭河约250～400m，呈阶梯状或倾斜的盾状，由秦岭北麓向渭河平原缓倾，如岐山的五丈原，西安以南的神禾原、少陵原、白鹿原，渭南的阳郭原，华县的高塬原，华阴的孟原等，目前已发展成林、园为主的综合农业地带。

渭河谷地—汾河谷地，面积47 611.2km²，主要地形为多级黄土台塬及山前丘陵，盆地边缘有少量断续分布的低山。川地平坦土壤肥沃，水源充足灌溉方便，有的地方灌淤土层厚达数十厘米，以堆积作用为主。台塬塬面高出河床100～400m，经过长期流水冲刷，塬地受到不同程度割切而变得相当破碎。较完整的塬地，塬面广阔，地面比较平坦，侵蚀微弱。多数塬面，由于长期耕种施用土粪，形成了独特的娄土，有不同程度的面蚀。

渭河丘陵是区域里的小山，所占分量并不突出。

2.蝗区气候情况　由于南北延伸很长，所跨纬度多，从而引起境内南北间气候的明显差异。长城沿线以北为温带干旱半干旱气候、陕北其余地区和关中平原为暖温带半湿润气候、陕南盆地为北亚热带湿润气候、山地大部为暖温带湿润气候。年平均降水量576.9mm，年平均气温13.0℃，无霜期218天左右。

3.蝗区土壤情况　土质以河淤土、壤土、沙壤土为主，鸡心滩退水漕和三河口为沙土和沙砾土，pH7.0～7.8。

4.蝗区植被情况　生物资源丰富，已查明的植物种类有192种，植被覆盖率为25%～85%，其中蝗虫喜食的芦苇、狗尾草、稗子、假苇拂子茅、狗牙根、狼尾草等禾本科群落以及禾本科、莎草科和其他混生的小飞蓬、苦荬菜等群落，占总群落80%以上。蝗虫非喜食的杂草有水烛、阿尔泰狗娃花、青蒿、盐蓬等占总群落的20%以下。农作物夏粮以小麦为主，秋粮以玉米、高粱、谷子为主。另有大豆、棉花等经济作物80余种。森林覆盖率3.6%～21%，主要林木树种有杨、柳、洋槐、苹果、梨等35种。

5.蝗区水文情况　陕西境内绝大部分为外流河，分属黄河、长江两大水系，其中在陕西境内的黄河流域面积133 301km²，有河流2 524条；在陕境内的长江流域面积72 265km²，有河流1772条。黄（渭、洛）河属淤积泛滥型河流，流量年际间和季节性变化较大。最大流量21 000m³/s，最小流量53.2m³/s；7—10月径流量占全年的38%。境内湖泊稀少，除秦巴山地有散见漱池外，主要分布在陕北长城沿线风沙滩区。

二.蝗区的演变

(一) 原有蝗虫的发生及分布情况

20世纪50年代由于三门峡库区蓄水，移民外迁，土地荒芜，杂草滋生，为蝗虫提供了良好的生存场所，国家投入了大量的人力、物力、财力治理蝗虫，但收效甚微，90年代初在省有关部门的领导下对蝗区进行了重新勘测认定，并制定了翔实的综合治理规划，经近30年的不断努力，蝗区生境得到很大改善，滋生地面积大幅下降。蝗区涉及渭南市的韩城、合阳、大荔、潼关、华阴、华县、临渭、蒲城等县（市、区）以及国有农场，西安市灞桥、高陵，咸阳市渭城、秦都区等宜蝗面积达31.7万hm²，常年发生面积16万hm²，一般虫口密度1.7～3头/m²，发生程度为中度偏重。由于受河道走向的影响，陕西蝗区在地理上形成三个区域明显，分布集中的发生带。①黄河滩发生区，沿黄河由韩城禹门口，经过合阳、大荔，至潼关港口，包括较大的支流渭河，洛河交汇处，共有宜蝗面积15万hm²，其中黄河鸡心滩、沿河荒草滩及农田夹荒地是陕西蝗虫的重点发生区，发生面积3万hm²，该区其他12万hm²农田是蝗虫的扩散为害区。②渭河滩发生区，位于渭河下游，西自咸阳市秦都区，东到潼关口，东西长约150km的渭河滩是陕西省的东亚飞蝗第二发生区。包括咸阳市、渭南市等（区、县），宜蝗面积达12.5万hm²。③卤泊滩发生区。由于历史上的卤阳湖水干涸，形成常年弃耕，杂草丛生的卤泊滩荒草地4.2万hm²。

（二）现有宜蝗面积及分布区域

经过多年的综合治理改造，陕西虽然仍属飞蝗常年发生区，但从2007年以来，陕西宜蝗面积已减少至18.9万hm²，常年发生面积减少至6万hm²左右，其中黄河沿岸宜蝗面积9.6万hm²，常年发生面积2.8万hm²，渭河沿岸宜蝗面积7万hm²，常年发生2.3万hm²，卤泊滩宜蝗面积2.3万hm²，常年发生0.9万hm²，发生程度为中度。发生范围涉及秦都、渭城、高陵、灞桥、大荔、韩城、合阳、临渭、富平、潼关、华阴、华县、蒲城县（市、区）和农垦处。主要分布在黄、渭、灞、洛河沿岸荒草滩、黄河鸡心滩、沿河农田夹荒地带和卤泊滩。虫口密度0.24～1.1头/m²，大荔、华阴、华县、韩城等地的部分黄渭河荒草滩和黄河鸡心滩出现高密度蝗虫点片，虫口密度3～11头/m²。

三、发生规律

东亚飞蝗在陕西每年发生二代，平均1.3年发生一次，夏蝗蝻出土始期为5月上旬，如果5月份雨量较多，土壤湿度好，出土高峰集中在5月中下旬；如果持续干旱，土壤墒情差，蝗蝻出土历期最多可达1月之久，成虫出现几次峰期。近年来受气候、生态、人为等多种因素综合影响，东亚飞蝗虫口密度总体偏低，发生面积减小。但每年大荔、华阴、华县、韩城等地的黄渭河荒草滩、沿河农田、农田夹荒地和黄河鸡心滩易出现高密度点片，且分布不均。由于卤泊滩农业综合开发项目和飞机场建造工程的实施，富平、蒲城境内的卤泊滩面积较历年减少约0.6667万hm²，蝗虫生境发现变化。

各年份蝗虫发生情况

年份	地点	发生面积（万hm²）	密度（头/m²）		防治面积（万hm²）
			一般	最高	
1990		9.59	0.5～3	40	5.75
1991		9.33	1～3	50	5.34
1992		9.53	1～5	40	4.07
1993	黄、渭、洛河滩	7.8	1～4	20	4.16
1994	及三河口、沿河农田	8.2	0.5～3	120	4.32
2000		14	1.5～18	60～70	10
2010		13.53	0.35～1.6	3～12	9.73
2017		8.74	0.13～0.89	3	7.13

四、可持续治理

在近几年的治蝗工作中，陕西一直将蝗区生境改造，利用天敌等因素作为治蝗的根本措施来推广实施，不断提高蝗虫综合防治水平，逐步实现蝗灾可持续治理目标。多年来，陕西按照"宜农则农，宜林则林，宜牧则牧，宜渔则渔"的原则，开展了多种形式的生态治蝗工作，通过种植大豆、棉花、油菜、植树造林、挖池种莲菜等共推行生态治蝗面积达 10 万 hm²，有效抑制了蝗虫发生为害。

（一）技术措施

1. 治河防蝗 洪灾是导致蝗虫频发的一项主要原因。陕西省地处洪灾频发地段，修建水库，修筑防洪堤坝是防止洪水泛滥的关键措施，加固河堤、防洪减灾是全省每年都高度重视的一项措施，全省每年都投入大量人力物力来加固和防护河堤，在黄河和渭河大堤内修建了生产围堤，绵延数公里用来稳固河道，有效防止了农田受淹。韩城市黄河主河道东西摆移不定，滩地不稳定是多年滩地难以利用的主要原因，各级政府投入大量资金在龙门滩、相里堡滩和芝川滩修筑了防护堤坝 3 个，为开发利用滩地奠定了基础。华阴市从治理三条南山支流及渭河，稳定水位入手，修建中型水库 3 个，调节河水流量，增加境内 38km 渭河防洪堤的高度和厚度，增强抗洪能力，防止洪水泛滥。

2. 植树防蝗 近年来陕西加大植树造林力度，开展植树防蝗活动，据调查，目前陕西蝗虫发生区共植树造林 4.5 万 hm²。主要以骨干林带为基础，渠、坝、路为骨架，带、片、网相结合。采取以乔为主，乔、灌相结合，以"谁造、谁管、谁受益"原则，营造防风固沙林带。其中黄河沿岸种植速生杨、柳树、刺槐、花椒树、果树等 2.8 万 hm²，渭河沿岸滩地、防洪堤、支流、土埝、沟埂种植速生杨、苹果、香椿、桐树、酥梨、葡萄、桃等 0.95 万 hm²，蒲城县卤泊滩蝗区植树 0.9 万 hm²。

3. 调整作物布局，抑制蝗灾发生 近年来，通过大面积调整作物布局，采用种植棉花、大豆等蝗虫不喜食作物 5.37 万 hm²，同时精耕细作、中耕除草、化学灭草，有效地抑制了蝗虫的发生蔓延和危害。其中黄河沿岸荒草滩种植蝗虫厌食的棉花、花生、西瓜、油菜、苜蓿、芦笋、黄花菜、向日葵、中药材等 2.26 万 hm²；渭河沿岸种植棉花、大豆、西瓜、油菜、芦笋、黄花菜、白菜、大葱等 2.85 万 hm²。特别是随着产业结构调整和棉花种植效益的提高，棉花面积在黄河沿岸迅速扩大，仅此一项作物种植达 0.8 万 hm²；蒲城、富平境内卤泊滩种植棉花、高粱、豆类等 0.25 万 hm²，有效抑制了蝗灾发生。

4. 建池种藕养鱼，改制荒滩防蝗 根据黄渭河滩区、华阴、华县夹槽蝗区部分地区地下水位高，适合开挖鱼塘，种植莲藕等实际，积极倡导，建池养鱼 0.35 万 hm²，主要分布在大荔、合阳、华阴；挖池种藕 0.1 万 hm²，主要分布在临渭、合阳。华阴通过利用低凹滩地蓄水养鱼种藕，稳定水位，使大片滩地常年淹没在水中，端掉了蝗虫滋生的重点基地。

5. 建立生态治蝗示范区 2006 年以来，陕西在防蝗工作中牢固树立"公共植保"和"绿色植保"理念，继续加大生态治理技术实施力度，积极贯彻"改治并举"的治蝗工作方针，因地制宜开展了生态治蝗工作，在合阳、大荔、韩城、渭南农垦处等蝗虫常发、重发地区分别建立了 0.33 万 hm² 的省级生态治蝗示范区，种植蝗虫非喜食作物，带动周边各县（区）每年生态治蝗示范面积达 333hm²，有效抑制了蝗灾发生。

（二）取得成效

随着蝗区生态治理的开展，化学农药次数减少，蝗区各地取得了较好的生态效益，现在蝗区生态条件优越，适宜各类天敌生存，蝗区主要天敌种类和数量增多。据调查，天敌种类有 9 纲 25 目 35 科 85 种，以灰椋鸟为优势种；捕食性天敌 45 种。主要调查区域在黄、渭、洛河沿岸荒滩、黄河鸡心滩、沿河农田夹荒地带和卤泊滩蝗虫常发区域。重点调查区域在大荔、华阴、合阳、韩城、华县、潼关、临渭等地沿河滩地、三河交汇处的荒草滩和沿河适生农田。

蝗区天敌调查汇总表

蝗区类型	天敌名称	密　度（头/m²）	蝗区类型	天敌名称	密　度（头/m²）
农作区	螽蟖	0.7	沿河荒草滩	螽蟖	8.2
	蜘蛛	2.4		蜘蛛	1.3
	蟾蜍	0.01		青蛙	0.4
	麻雀			飞鸟类	6只/m²
	燕子			野鸡	
	乌鸦			黄鸭	

蝗区蝗虫生境调查汇总表

蝗区类型	人工栽培植物名称	天然野生植物名称	天然植物野生密度（株/m²）	总植被覆盖率（%）
黄河荒滩	花椒	狗尾草	13	80
	玉米	野菊花	2	
		刺儿菜	6.3	
		牛筋草	11	
		画眉草	4	
		马唐	18	
渭河荒滩	玉米	狗尾草	7	70
	桃树	刺儿菜	9	
	花椒	牛筋草	6	
		马唐	12	
农作区	玉米	狗尾草	8	70
	大葱	马唐	17	
	辣椒	灰条	2	
	棉花	打碗花	6	
洛河荒滩	玉米	蒲公英	2	60
		打碗花	6	
		车前草	4	
	苹果树	画眉草	6	
灞河荒滩	玉米	狗尾草	14	60
		臭蒿	3	
		马唐	16	
农田夹荒区	玉米	茅草	80	60
	黄豆	菖蒲	40	
	棉花	狗尾草	0.4	
生态示范区	黄豆	马唐	6	80
		灰条	0.8	
		苦荬菜	7	

建立的生态示范区也取得了显著成效，如大荔县建立的三个示范区，总面积0.4万hm²。①牧草示范区：位于黄河滩赵渡镇雨林村西1km处，面积0.13万hm²，种植年限4年，投资400万元，年产干草2×10⁷kg，产值1 600万元，年效益1 200万元，蝗虫密度由0.47头/m²，下降至0.03头/m²，年节约治蝗经费4.3万元。②速生杨示范区：位于黄河拦水坝西0.3km处，面积0.2万hm²，预计收益可达8 000万元左右，林区内很难见到蝗虫。③芦笋示范区：位于黄河滩三河口蝗区，面积0.1万hm²，种植年限6年，年产鲜笋1×10⁷kg，年投入300万元，收入8 000万元，蝗虫密度由1.2头/m²下降至0.08头/m²，节省治蝗经费2万余元。

（三）治理展望

从近年来陕西蝗虫发生情况总的情况来看，相当长一段时间内蝗灾仍不可避免，搞好蝗虫监测与防治是一项长期的战略性任务，必须加强政府的主导作用，联防联控，做好技术宣传指导工作，并逐步实现蝗灾的持续控制。今后应使陕西省"飞蝗不起飞成灾，土蝗不扩散危害"，保障全省农业生产安全。

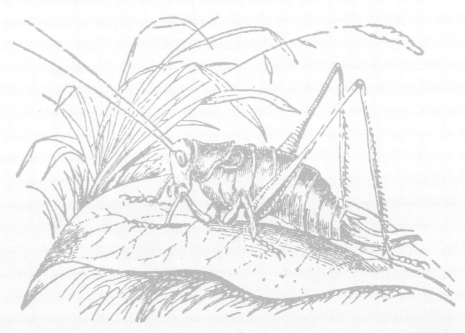

韩城市蝗区概况

一、蝗区概况

韩城是陕西省计划单列市，位于陕西省东部黄河西岸，关中盆地东北隅，北依宜川，西邻黄龙，南接合阳，东隔黄河与山西省河津、乡宁、万荣等县市相望。南北最长处50.2km，东西最宽处42.5km，总面积1 621km²。韩城市辖2个街道、6个镇，40万人，耕地面积2.8万hm²，年人均生产总值80 257元。

二、蝗区分布及演变

现有蝗区8 300hm²，划分为6个蝗区，主要分布在芝川、龙门、新城三个地方，蝗虫类型有东亚飞蝗、土蝗等。

龙门滩蝗区：地形平坦。属于大陆季风气候，降水559mm，集中月份为7—9月。天敌种类有寄生蜂、寄生蝇、寄生螨、步甲、暴猎蝽、螽斯螨、螳螂、铁线虫、黑豹蛛、蛙类、鸟类等，植被杂草有芦苇、狗尾草、马唐、柽柳等，土壤为淤土，农作物玉米、高粱。该蝗区面积2 000hm²，经过1998—2017年的监测防治和开垦种植，植树造林及淤沙，现有面积1 200hm²。

大池埝滩蝗区：蝗区面积2 800hm²，现有面积1 667hm²。

昝村滩蝗区：蝗区面积1 733hm²，现有面积1 133hm²。

苏东滩蝗区：蝗区面积1 667hm²，现有面积1 000hm²。

芝川滩蝗区：蝗区面积2 067hm²，现有面积1 667hm²。

龙亭滩蝗区：蝗区面积2 000hm²，现有面积1 667hm²。

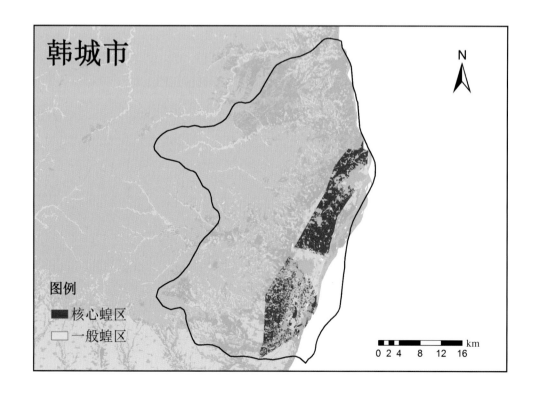

三、蝗虫发生情况

常年发生面积 0.6 万 hm², 防治面积 0.5 万 hm²。

夏蝗出土始期在 5 月 3 日，出土盛期在 5 月 21 日，3 龄盛期在 6 月 5 日，羽化盛期 6 月 18 日，产卵盛期在 7 月 2 日。

四、治理对策

（1）贯彻"改治并举"方针，结合韩城实际，在黄河滩地开展植树造林、开荒种田及发展养殖业，同时通过排水、筑堤等措施，改变当地生境，同时根据蝗虫预测预报适时开展"预防为主，综合防治"的治蝗方针。

（2）重视蝗情调查及预测预报。坚持系统调查与大面积普查相结合的方法，落实蝗情报告制度，为适期开展防治提供了科学依据，控制蝗害，把蝗蝻消灭在 3 龄以前。

（3）农作物病虫害兼防兼治。蝗虫是韩城市农作物主要病虫害之一，开展新型药剂试验示范和研究工作，筛选高效低毒低残留药剂。加强监测预警，把韩城市主要农作物病虫监测同蝗虫监测相结合，选用新型高效植保机械，开展统防统治，全面控制蝗害。

（4）加强生态控制，保护蝗虫天敌。通过植树造林、开垦种植、发展养殖业，同时通过保护湿地环境保护蝗虫天敌，绿色环保，治蝗成效显著。

（5）注重生物防治。蝗虫防治工作中，保障人畜安全和保护黄河湿地，同时保护天敌，维持生境稳定也尤为重要，适期开展生物防治是当前控制蝗害的指导思想。在蝗虫应急防控使用化学药剂防治外，积极推行使用生物防治，主要使用蝗虫微孢子虫控制蝗害，压低虫口基数。

（6）所用生物制剂有蝗虫微孢子虫；化学药剂有马拉硫磷、辛硫磷、毒死蜱、高效氯氰菊酯等。

合阳县蝗区概况

一、蝗区概况

合阳县隶属渭南市，位于陕西省关中平原东北部、黄河西岸，总面积1 437km²，耕地面积93.2万亩。辖11个镇1个街道办事处，总人口51万。全县生产总值76.71亿元，城乡居民人均可支配收入分别为26 600元和8 600元。

二、蝗区分布及演变

合阳县主要有黄河滩涂飞蝗区和旱塬土蝗区两大蝗区。目前共有宜蝗面积19.7万亩。

1.黄河滩涂蝗区　黄河滩涂蝗区面积5.9万亩，达标防治面积2.1万亩，位于北纬35° 10′ 25″，东经109° 58′ 33″左右，海拔高度320～500m之间，包括百良滩、洽川镇滩、黑池团结滩、马家庄全兴寨滩四个区域。

百良滩土壤类型为黏土，地形地貌为河谷冲积滩地；洽川镇滩土壤类型为沙土，地形地貌为荒草滩兼有沼泽；黑池团结滩土壤类型为沙土，地形地貌为荒滩；马家庄全兴寨滩土壤类型为沙土，地形地貌为河谷冲积滩地。该区域临近黄河，每年黄河积水时间为7—9月份，积水面积在1.05万亩左右，退水时间为10月至次年5月份，退水面积为0.19万亩。

该区杂草种类主要有芦苇、茅草、狗尾草、柽柳、白茅草、蒲草等57种，种植作物种类为小麦、玉米、棉花、莲藕等14余种，植被总覆盖度为85.7%。

该区蝗虫种类优势种为东亚飞蝗、短额负蝗、中华稻蝗、短星翅蝗等。

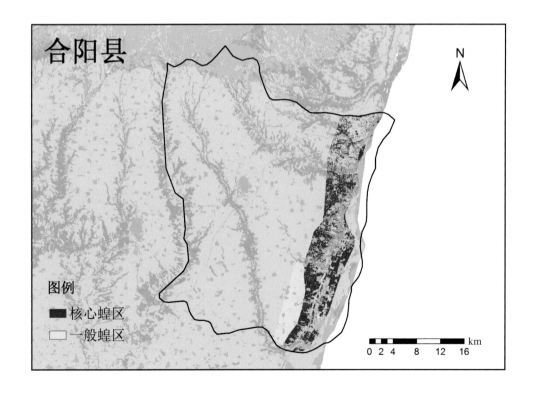

2. 旱塬蝗区　旱塬蝗区面积14.9万亩，达标防治面积6.6万亩，位于北纬35°14′53″，东经109°58′33″～110°27′00″左右，海拔高度320～800m，包括南部沟壑地区、中部地区、西北沿山地区三个区域，涉及14个镇办。

南部沟壑地区涉及路井、马家庄、和家庄、黑池四个乡办，地形地貌为农田夹沟坡荒地；中部地区涉及城关、知堡、王村、坊镇、新池五个镇办，地形地貌为农田夹沿路荒地；西北沿山地区涉及杨家庄、百良、同家庄、甘井、皇甫庄、金峪六个镇办，地形地貌为农田夹山坡荒地。

该区杂草种类优势种有狗尾草、黄蒿、狼尾草、地丁、车前草、刺儿菜、灰绿藜、鹅绒藤、苦荬菜、千穗谷等90余种，种植作物种类为小麦、玉米、棉花、豆类、果树、药材、谷子、糜子等。

该区蝗虫种类优势种为：短额负蝗、中华稻蝗、短星翅蝗、宽翅曲背蝗、黄胫小车蝗、花胫绿纹蝗、中华蚱蜢等。

黄河滩蝗区由于河床滚动频繁，新滩、嫩滩面积虽有增加，但杂草生长不利，不利于蝗虫的发生，近年来在黄河滩蝗区大面积推广挖塘养鱼、种植莲藕、植树造林，荒滩面积逐年减少，有效地抑制了蝗虫的繁衍滋生。旱塬蝗区因近年来防治有所疏漏，导致土蝗发生种类增多，面积增大，密度增高，发生危害程度呈增加趋势。

三、蝗虫发生特点

蝗卵、蝗蝻出土发育不整齐，龄期杂乱。飞蝗主要为东亚飞蝗，夏蝗蝻出土始期在5月9—14日，出土盛期在5月26—31日，3龄盛期在6月8—12日，较历年偏晚3～5天，秋蝗3龄盛期在8月中下旬；土蝗出土盛期在5月中下旬，3龄盛期在6月中旬。

近年合阳县大力发展水产养殖，兴建鱼塘荷塘，蝗虫发生面积、密度、程度较历年呈减轻趋势。

四、蝗虫防治措施

强调"预防为主"，因地因时制宜。重视蝗情的调查，在蝗虫发生的关键时期及时组织人员下乡进行实地普查，并在蝗区建设五个实时监测点，依靠当地热爱农业事业的农户，实时监测蝗虫发生情况，并及时进行蝗情的预测预报，发送病虫情报，用以提醒及指导蝗区农户及时有效地进行防治。

防治蝗虫的方法很多，目前主要有农业防治、生物防治、化学防治和物理防治等。

秦都区蝗区概况

一、蝗区概况

秦都区位于关中腹地，咸阳市城区西半部，南邻户县，西邻兴平，北邻礼泉，2017年全区总面积544.64km²，区内辖11个街办，125个行政村，总人口43万，其中农业人口14.85万，全区耕地面积3.33万hm²，人均生产总值1.335万元。

二、蝗区分布及演变

现有蝗区666.7hm²，其中主蝗区200hm²，一般蝗区466.7hm²。主要分布在渭河两岸河滩地。蝗虫类型有东亚飞蝗、大翅素木蝗、黄胫小车蝗、中华蚱蜢、中华稻蝗、短星翅蝗、蒙古疣蝗、中华负蝗等10种。

蝗区：地形复杂，主要有道路、渭河河床等，属于西北内陆暖温带半湿润大陆性季风气候区，四季冷暖干湿分明，每年平均日照2 175h，气温13.1℃、降水量549.5mm。天敌种类有青蛙、蚂蚁。植被有杂草区、芦苇区、湿地区、农作物等。

蝗区自1997年以来，曾经宜蝗面积3 000hm²，东亚飞蝗发生面积333.3hm²，达标面积133.3hm²，在1997年出现了高密度蝗片，最高密度230头/m²，一般密度3头/m²。

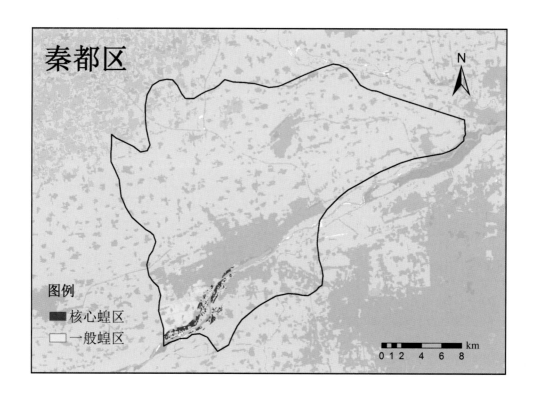

三、蝗虫发生情况

秦都区近年常发面积133.3hm²，防治面积35～70hm²。重发区域在渭河滩杂草丛中以东亚飞蝗为主，一般蝗区临近杂草农田以土蝗为主。夏蝗出土始期在4月28日左右、出土盛期在5月3日左右、3龄盛期在5月18日，羽化盛期在6月5日左右，产卵盛期在6月25日至7月1日。

四、治理对策

（1）贯彻"改治并举"方针，结合当地实际进行开垦荒地、种粮种菜、植树造林、修建公园等，有效消灭了蝗虫栖息地，有力地扼制了蝗虫的发生和蔓延。

（2）重视蝗虫调查及预测预报：每年从3月份开始，根据每万亩配备一名查蝗人员的要求，建立蝗虫监测点，实行责任到人、分片包抓、定期定点监测的系统监测办法，以室内温箱培养为辅助手段，研究蝗虫发育进度，开展5日一小查、10日一大查，及时汇报蝗虫发生发展状况和蝗虫发生区域、虫口变化情况，准确预测并编发虫情预报，密切注视蝗虫发生动态，发现虫情及时扑灭。

（3）农作物病虫兼防兼治，结合农田病虫害防治，大力开展统防统治。

（4）加强生态控制：在蝗区滩地大力推广种植苜蓿、蔬菜等蝗虫不喜欢食用的作物，减少小麦、玉米等粮食作物面积，在河堤路两侧植树造林、修建公园等。

（5）注重生物防治：对蝗虫发生区组织人力药械，实行重点围歼，地毯式喷药防治，杂草区所用药剂有毒死蜱胶囊剂2 000倍，农田区所用药剂高效氯氰菊酯乳油1 500倍。

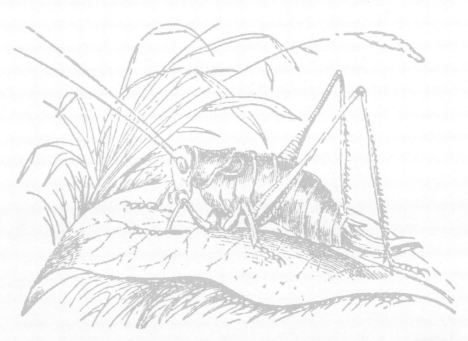

大荔县蝗区概况

一、蝗区概况

大荔县属渭南市，位于陕西省东部，南界渭河与潼关、华阴、华州为邻，西绕洛河与蒲城、临渭区毗连，北沿台塬与澄城、合阳县接壤，东濒黄河与山西永济相望。面积1 800km²，南北长38～40km，东西宽48～50km。县辖2个街道办事处和15个乡镇。人口75万。年人均生产总值1.65万元。

二、蝗区分布及演变

大荔县现有蝗区面积13 100hm²，位于黄、洛、渭三河汇流处。有黄河滩区和渭河滩区两个大蝗区。

黄河滩东起黄河主河道与山西相望，西至老崖下，东西宽18～22km，南起渭河入口与潼关交界，北至金水沟与合阳接壤，全长38～40km，面积60万亩。另有鸡心滩5个，面积10.6万亩；渭河滩东起洛河口，西至张家与临渭交界，总面积12万亩。海拔301～310m，年降水量518mm，年平均气温13.3～14.5℃，无霜期213～218天。

蝗区生态地理条件优越，生物资源丰富，已查明的植物种类有192种，植被覆盖率为25%～85%，其中蝗虫喜食的芦苇、狗尾草、稗子、假苇拂子茅、狗牙根、狼尾草等禾本科群落以及禾本科、莎草科和其他混生的小飞蓬、苦荬菜等群落，占总群落80%以上。蝗虫非喜食的杂草有水烛、阿尔泰狗娃花、青蒿、盐蓬等占总群落的20%以下。农作物夏粮以小麦为主，秋粮以玉米、高粱、谷子为主。另有大豆、棉花等经济作物80余种。森林覆盖率3.6%～21%，主要林木树种有杨、柳、洋槐、苹果、梨等35种；有脊椎动物30余种，水禽40余种，候鸟37种，昆虫百余种。家禽、家畜有鸡、鸭、牛、羊、猪等；水产有鲤鱼、鲢鱼等。

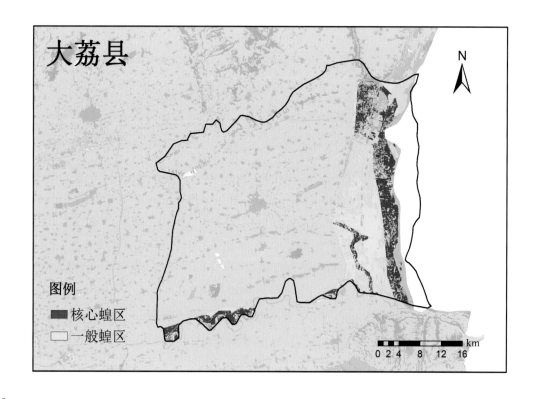

黄（渭、洛）河属淤积泛滥型河流，流量年际间和季节性变化较大。最大流量21 000m³/s，最小流量53.2m³/s；7—10月径流量占全年38%。

土质以河淤土、壤土、沙壤土为主，鸡心滩退水漕和三河口为沙土和沙砾土，pH7.0～7.8。

三、蝗虫发生情况

大荔县常年发生面积10 800hm²，防治面积5 300hm²。由于受河床倒悬和三河口拦门沙影响形成的鸡心滩（4、5号）和沿河滩区（黄河鲁安滩、三河口滩、苏—张渭河中滩、西寨—韦林渭河下滩）成为东亚飞蝗核心区；华原滩、牛毛湾、1、2、3号鸡心滩及附近适生农田为一般发生区；黄河滩的农田、夹荒地、渭、洛河沿岸适生农田以及县境内盐碱滩夹荒地、荒沟地等为监测区。主要分布在渭河滩区的苏村镇、韦林镇，黄河滩区的赵渡镇、范家镇。

东亚飞蝗每年发生两代，夏蝗出土始期在4月25日，出土盛期5月10日，3龄盛期6月10日，羽化盛期6月20日，产卵盛期7月5日。

四、治理对策

（1）按照"宜农则农，宜牧则牧，宜林则林，宜渔则渔，改治并举"的原则，以治蝗促发展，尽快把蝗区建成独具特色的新生态区。先后修建护堤护岸护滩工程12处，长50.48km，筑围堤54km，加固防洪坝工程44.18km，可防217 000m³/s的洪水决堤漫滩；修复排水等工程，全长13km。新修灌溉干渠25km，斗渠28条63km，钻井17 800眼。

（2）重视蝗情调查及预测预报。以植保站为龙头，各蝗区监测员为网络的蝗虫监测网络下，专人负责，常年固定监测点，采取专业测报和群众测报相结合、定点定期调查与普查相结合、踏查与走访相结合等方式，预报准确率达90%以上。

（3）农作物病虫兼防兼治。结合小麦一喷三防、玉米化除、玉米螟、黏虫等农作物病虫发生，在蝗蝻3龄前期有计划用药防治，控制发生。

（4）加强生态控制。改种粮食为种植棉花、花生、油菜、向日葵、药材等蝗虫非喜食作物。改露地栽培为地膜、麦草覆盖栽培。改单施氮素化肥为多施有机肥和扩大种植绿肥。改前茬作物收获撂荒为及时深耕深翻，提高复种指数。

（5）注重生物防治。植树造林，保护利用天敌，恶化蝗虫产卵生境。恢复防风固沙骨干林7条，栽植速生杨丰产林2.6万亩，沿渠路坝两侧植树143万株，枣农间作5万亩。修建鱼塘1.5万亩年产鲜鱼375多万kg；大面积种苜蓿、毛苕子改良了滩区荒草种类，减少蝗虫喜食杂草，也为滩区畜牧业发展奠定了基础，保护利用天敌，实施生物控制。发挥蝗区天敌种类多、数量大，对蝗虫控制作用强的优势，利用益鸟、天敌等有益生物，实施对东亚飞蝗生物控制。

（6）所用药剂。对高密点采用化学药剂马拉硫磷或氯氰菊酯，进行应急防控，对中低密度采用生物药剂苦参碱、杀蝗绿僵菌或蝗虫微孢子虫。

富平县蝗区概况

一、蝗区概况

富平县属渭南市。位于陕西省东北部，东临蒲城、渭南；西接耀县、三原；北靠铜川，南与临潼，阎良相连。南北长45km，东西宽40km，总面积1 242km²。县辖2个街道办14个镇，83万人，耕地面积6.8万hm²。人均生产总值1.83万元。

二、蝗区分布及演变

富平县蝗虫发生区4 000hm²，其中卤泊滩为蝗虫重发区，石川河流域为蝗虫轻发生区。卤泊滩是无人耕种的盐碱地，生长着稀疏的耐盐碱植物，如盐蓬、稗草、芦苇等。20世纪90年代后期，各地区飞蝗的危害程度日渐加剧，21世纪初期，受异常气候的影响，蝗灾较重发生。发生种类以东亚飞蝗、车蝗、蒙古疣蝗以及土蝗为主。蝗虫基本为中度偏重发生，达防治指标面积控制在2.3万亩左右，5 ~ 11头/m²。到2017年的平均0.25头/m²；发生面积由1996年的6 000hm²缩减到2002年的4 000hm²，2017年发生面积缩减到1 667hm²。

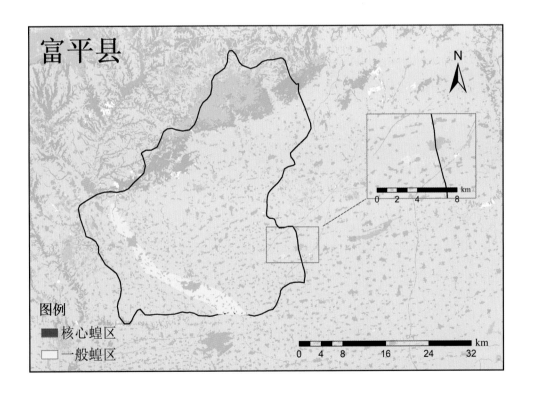

三、蝗虫发生情况

常年发生面积4 000hm²，防治面积1 000hm²。核心蝗区卤泊滩近几年进行了开荒改盐，使得大片盐碱滩分割成一个个60亩的方块田，以排为主，排灌结合，改良土壤，深耕细耙，种植棉花、豆类等经济作物，改变蝗区植被。据系统调查，经济作物区蝗虫虫口密度比未垦区少3倍以上，通过实施生态治蝗，扩大种植蝗虫不喜食的苜蓿等作物，压缩了宜蝗面积，改善了蝗区生态环境。截至目前，蝗虫发生面积 1 667hm², 卤泊滩核心蝗区 333hm², 一般蝗区 1 333hm²。达防治指标面积 333hm², 平均每平方米 0.2 ~ 0.5 头。夏蝗出土始期在 5 月 8 日左右, 出土盛期 5 月 16 日, 3 龄盛期在 6 月 5 日, 6 月 25 日羽化盛期, 产卵盛期 7 月 5 日左右。

四、治理对策

（1）贯彻"改治并举"方针，结合富平县实际，近几年进行了开荒改盐，使得大片盐碱滩分割成一个个 60 亩的方块田，以排为主，排灌结合，改良土壤，深耕细耙，种植棉花、豆类等经济作物，改变蝗区植被，使 96 年卤泊滩 3 万亩核心蝗区缩小到现在的 0.5 万亩核心蝗区。达到改造飞蝗适生环境的目的。

（2）重视蝗情调查及预测预报，植保站配有专职查蝗员一名长期系统监测。监测蝗虫发生、发育动态，随时了解卤泊滩蝗区蝗虫发生变化情况。一般情况正常报，特殊情况及时报。植保站准确及时的向市站汇报蝗虫发生动态和防治情况。适时开展调查和防治指导工作。发放病虫情报给各乡镇，通过各乡镇农干向当地农民进行宣传指导；利用各乡镇农资经销商代为农户发放技术资料指导群众专治或兼治蝗虫；利用小麦病虫高发期组织科技宣传车下乡镇直接向农民散发资料。

（3）农作物病虫害兼防兼治。每年 5 月中下旬结小麦"一喷三防"防治夏蝗一次，每年防治面积 2 万亩左右，7 月初结合防治玉米黏虫兼治秋蝗一次，每年防治面积 2 万亩左右。

（4）加强生态控制。近年来，蝗虫重发区卤泊滩种植苜蓿，发展草业，苜蓿耐干旱，耐盐碱。有效减少蝗虫食物来源，遏制蝗虫发生，推动特色种植业和养殖业的发展。核心蝗区由 1996 年的 3 万亩缩小到现在的 0.5 万亩，蝗虫密度减少了 3 倍以上。

（5）注重生物防治。积极推广使用生物农药，对蝗虫虫口密度较高区域配合施用了绿僵菌等对蝗虫防治效果好和对天敌安全以及对环境无污染的生物制剂。加强以保护利用蜘蛛类、蚂蚁类等天敌为重点，综合利用其他天敌控制蝗害。创造天敌适生环境保护其在沟坎、土坡、高地等的越冬栖息场所，使其安全越冬与繁殖。

所用生物制剂有绿僵菌，化学药剂有快杀灵、高效氯氰菊酯、吡虫啉等。

华阴市蝗区概况

一、蝗区概况

华阴市属渭南市，位于陕西关中平原东部，西岳华山脚下。东临潼关，西接华州区，南与洛南县以秦岭为界，北和大荔县隔渭河相望。下辖3街道、3镇，总人口26.28万。市境南北长约34.5km，东西宽约28km，全市总面积817km²，总耕地14 828hm²，人均生产总值为26 655元。

二、蝗区分布及演变

现有蝗区6 000hm²，主要分布在渭河沿岸、南山支流及干沟周边荒草地。蝗虫类型有东亚飞蝗、土蝗等。

华阴蝗区地形南高北低，境内有6条南山支流自南向北流入渭河。蝗区水文状况渭、洛河流有着丰富的水量，特别是渭河河道宽浅，河形散乱，水位猛涨猛落，变幻无常，影响着蝗区变动和蝗虫发生。蝗区属于大陆性暖温带气候，年平均降水631.8mm。天敌种类有中华大刀螂、蟾蜍、池鹭、赤麻鸭、喜鹊、麻雀等，植被以杂草、芦苇、稗草、马唐、狗尾草等为主，土壤以娄土为主，略偏碱性，农作物主要以小麦、玉米为主。

自2012年以来，总体蝗情呈逐年减轻态势，在2013年出现了高密度蝗点，最高密度25头/m²，发生面积不足100亩，为害作物高粱。

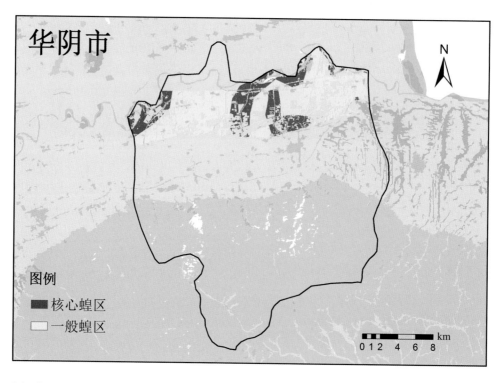

三、蝗虫发生情况

常年发生面积4 500hm²，防治面积1 500hm²。核心蝗区主要是渭河沿岸及南山支流荒草地，一般蝗区主要是干沟以北渭河防洪堤以南区域，该区域土地平整，适合农业生产，因此基本被大田作物覆盖。

夏蝗出土始期在5月8日左右，出土盛期在5月13日左右，3龄盛期在6月5日左右，羽化盛期在6月10日左右，产卵盛期在7月5日左右。

四、治理对策

（1）贯彻"改治并举"方针，导致飞蝗发生地形成的主要因素是水，所以改造蝗区首先要解决水的问题。由于近年来华阴市河流治理力度不断加大，渭河防洪大堤加高加宽，南山支流河道治理，三门峡库区蓄滞洪区建设等水利工程的相继完工，对蝗区治理工作也提供了非常大的帮助作用。增强了抗洪能力，控制了洪水泛滥，并且使蝗区地下水位下降，适合大面积种植，从而压缩蝗区面积，宜蝗面积由21世纪初的8 000hm²压缩到6 000hm²。

（2）重视蝗情调查及预测预报，按照每万亩蝗区1名监测员，配备人员。定期对蝗区开展监测调查，准确掌握蝗虫发生情况并及时发布夏秋蝗趋势预报。

（3）农作物病虫害兼防兼治，随着蝗区大面积种植，种植户在防治病虫的同时，所用药剂对蝗虫有兼治作用，也进一步压低了蝗虫的发生。

（4）加强生态控制，大力开展植树造林工作，对改善蝗区生态环境起了积极作用；近年来在地下水位高、容易发生内涝的岳庙办，充分利用水资源，趋利避害，大力发展莲藕生产，目前已发展面积近万亩，过去蝗虫常发的区域，绿叶满布，荷花飘香，焕发了新的生机。

（5）注重生物防治，在蝗虫防治工作中，不断尝试引进推广使用绿色无公害的生物防治药剂，如蝗虫微孢子虫、白僵菌等，但是由于防治成本过高，不能被群众所接受，化学防治药剂主要用毒死蜱、高效氯氰菊酯等进行防治。

华州区蝗区概况

一、蝗区概况

华州区属陕西省渭南市，位于陕西省东部，东临华阴，南、东南与洛南交界，西南一隅与蓝田相接，西与临渭区接壤，北与大荔、临渭相交，东西长38km，南北宽43km，面积1 127km²，辖1个街道9个镇，人口35.08万人，耕地面积2.89万hm²，人均生产总值3.4万元。全区地势南高北仰，中部夹槽低洼，自南向北有五条河流汇入渭河。气候属暖温带半湿润气候，年降水量586.1mm，降雨多集中在5—10月，年平均气温13.4℃。

二、蝗区分布及演变

华州区原蝗区面积5 733hm²，经过多年治理，现有蝗区面积4 333hm²，划分为方山河、罗纹河、遇仙河3个蝗区，主要分布在二华干沟与渭河之间，蝗虫类型有东亚飞蝗、土蝗等。天敌种类有鸟类、蛙类、禽类、螳螂等，植被杂草有芦苇、马唐、稗草、牛筋草、莎草、蒲公英、狗尾草、蒲草等，土壤为黏土和沙壤土，农作物主要是小麦、玉米、大豆、西瓜、蔬菜、果树等。

华州区北部由于渭河涨落和多条支流与渭水汇聚，在渭河两岸形成一条东西贯穿全境的冲淤漫滩，又随河流走向而经常变迁，无法常规耕种，荒草丛生，加之过去夹槽积水多荒，生态条件适宜蝗虫滋生，故蝗虫发生危害历史久远。新中国成立后，党和人民政府非常重视治蝗工作，开挖排水干、支、毛渠，排水治碱，筑坝建堤，治理河滩，精耕细作，消灭荒草，开展综合治理，蝗害得以基本控制。

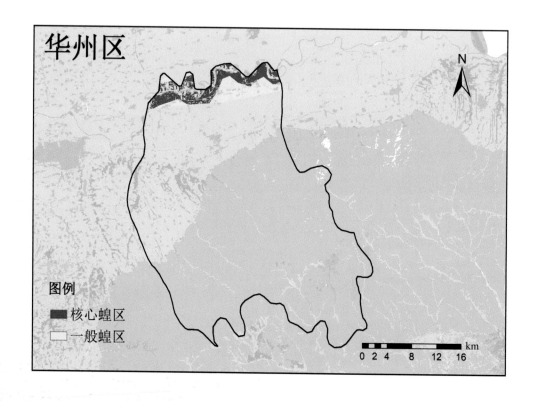

60年代三门峡拦洪后，河床抬高，内涝严重，沿渭河及各支流入渭河口滩地增加，夹槽地带积水严重，无法固定耕种，撂荒严重，荒草丛生，又复形成宜于蝗虫滋生的有利生境，1968—1969年渭河暴涨后，蝗虫在渭河滩地再度猖獗发生，毕家、柳枝镇一带发生危害面积达3万余亩，每平方米有飞蝗15.86头。省级有关部门派飞机喷药防治，才得以控制大的危害，1990年、1991年蝗虫自二华交界的方山河沿渭河经柳枝、莲花寺、毕家、下庙、侯坊、辛庄、赤水七个乡镇，直至渭南市信义乡交界一带，又复发生危害。蝗区面积达9 333hm²，常发危害面积4 000hm²，一般农田每平方米有蝗蝻2.6 ~ 7.3头，荒草和夹荒地每平方米7 ~ 18头，高密度蝗蝻群每平方米达百头以上，多数玉米、豆类叶片被蚕食成缺刻。严重田块的玉米叶片、天花、嫩棒全被吃光，大豆上部叶片、花蕾几乎全被蚕食成残茬。荒滩禾本科杂草基本食净，农田开展大面积施药防治，基本控制了起飞，减轻了危害。2009年8月份，秋蝗发生面积5 000hm²，毕家、下庙一带严重发生，重发面积333hm²，最高每平方米有蝗50头，田内玉米被啃食成花叶、光秆，县植保站立即组织专业机防队进行药剂防治，才使得蝗灾得以有效控制。

三、蝗虫发生情况

华州区东亚飞蝗夏蝗常年发生面积3 666.7hm²，防治面积1 666.7hm²，秋蝗常年发生面积3 200hm²，防治面积1 720hm²，核心蝗区主要在渭河各条支流两岸、渭河大堤两侧以及渭河滩地和部分农田，这些区域杂草丛生，适合东亚飞蝗繁衍生息，是夏蝗和秋蝗的主要发生区域；一般蝗区基本为农田，种植的作物有小麦、玉米、果树蔬菜等，常年发生量较少。

夏蝗出土始期在5月10日左右，出土盛期5月24日左右，3龄盛期6月8—12日，羽化盛期6月25日左右，产卵盛期7月5日左右。

四、治理对策

对于蝗虫的防治，应当进行综合治理，从长期治蝗的战略目标出发，对华州区蝗区的治理应着重从以下几个方面入手：

（1）调整作物布局。因地制宜、合理规划作物布局，提高蝗区作物的多样性，大面积种植果树、西瓜、油菜等蝗虫厌食的作物，在渭河滩地发展莲藕种植等，减少蝗虫的食料，抑制蝗虫的发生。

（2）加强蝗情的监测预报。植保部门设立专门的蝗情监测点，对蝗虫的发生、发育情况进行严密监测，及时制定蝗虫防治预案，并且及时向有关部门和群众通报。

（3）植树造林，改变蝗区生境。在渭河大堤以及各支流河堤大搞植树造林，使密集成荫，绿化堤岸道路，改变蝗区小气候，减少飞蝗产卵繁殖的有利场所，这样既能绿化环境，又能压低蝗虫基数。同时，植树造林还有利于鸟类的栖息，不但能提高蝗虫天敌的数量，而且能有效控制蝗虫种群的数量。

（4）农作物病虫害的兼防兼治。在秋蝗的发生期，可结合秋作物（玉米田防治黏虫、玉米螟等）虫害防治时兼防蝗虫。

（5）药剂防治。药剂可选用生物制剂和化学制剂。目前用于防治蝗虫的生物农药有蝗虫微孢子虫、绿僵菌、印楝素、苏云金杆菌等。采用化学农药防治蝗虫，一定要注意化学农药的药性以及对农作物的损害，可选用的药剂有菊酯类、昆虫生长调节剂、卡死克、阿维菌素等，施药时一定要按照农药的使用方法进行操作，保证高效低毒、低残留，确保人身及农作物安全。

临渭区蝗区概况

一、蝗区概况

临渭区位于关中平原东部，南依秦岭、横岭一线与蓝田县相接，北部平原与蒲城县相连，东以赤水河为界与华州区为邻，西以零河为畔与临潼区相望，东北以洛河故道与大荔县相间，西北经肖高村与富平县接壤，南北长60km，东西宽14～31km，总面积为1221km²。临渭区辖6个街道办、14个镇，户籍人口102.61万（2016年），耕地面积6.53万hm²。

二、蝗区分布及演变

1.蝗区分布　近年来勘察说明，临渭区蝗区分布在西接临潼，东临华州区、大荔县的渭河流域，南北以防洪堤外1km²为界。包括双王办、向阳办、孝义镇等一镇两办渭南延滩及夹荒地段，蝗区面积为800hm²，主要种类为群居型东亚飞蝗。根据渭河走向，由西向东依次划分成双王、向阳、孝义三个蝗区。

2.水文情况　渭河有着丰富的水量，径流量变化幅度较大，渭河平均径流量93.3亿m³，最大年径流量194亿m³，最小47.1亿m³；最大流量7 760m³/s，最小流量0.9m³/s。全年平均降水量为580.1mm，最多可达608.9mm；全年平均气温13.6℃，无霜期217天。属于暖温带大陆性季风型半湿润气候。多春旱、伏旱，土壤土质为淤绵土。

3.植被情况　在渭河流域和渭沈交汇处形成了大面积荒草滩，加之渭河滩地农民素来耕作粗放，田间杂草丛生，其主要以禾本科植物为主，种类有稗草、白茅、芦苇、狗尾草、马唐等，均是蝗虫喜食植物，占总群落的56%，这种生境对蝗虫发生十分有利，因而一般年份虫口密度较高，且分布均匀。

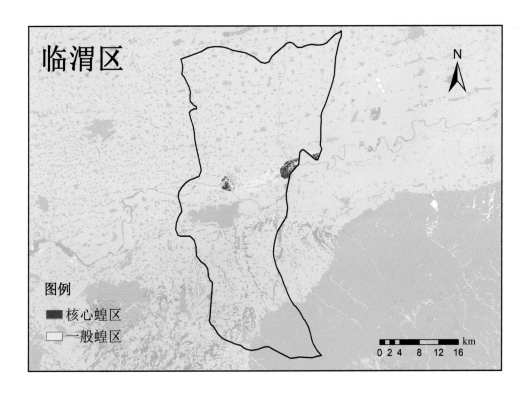

4. 蝗区历史演变　1986—1990年，临渭区蝗虫发生面积一直稳定在1 600～2 000hm²，应防面积1 300hm²左右，虫口密度0.4～3头/m²。这几年，只注重了重点发生区沈、渭河交汇处蝗虫的监测与防治，其他地方监测防治有所放松，由于虫源的积累，生态条件适宜，致使1991年蝗虫成灾，最高虫口密度达150～200头/m²。1992—2017年，随着渭河流域陕西段的河坝不断治理，实施生态控蝗，改变蝗区单一的种植模式，及时调整蝗区粮食种植结构，指导群众种植抑蝗农作物如花生、棉花、大豆、黄花菜等。加之植保部门在蝗虫防治工作中做了大量的工作，沿河蝗虫的扩散已基本控制。

三、蝗虫发生情况

临渭区蝗虫常年发生面积1 000～1 300hm²，防治面积400～750hm²。临渭区双王蝗区概况：原蝗区面积1 433hm²，已改造面积1 300hm²，现有面积133hm²。常年降水量555.5mm，蝗区主要以芦苇、柽柳、白茅草、稗草为主。向阳办蝗区概况：原蝗区面积666.7hm²，已改造面积533.3hm²，现有面积133.3hm²。常年降水量555.5mm，蝗区主要以芦苇、柽柳、白茅草、稗草为主。孝义蝗区概况：原蝗区面积1 200hm²，已改造面积666.7hm²，现有面积533.3hm²。常年降水量555.5mm，蝗区主要以芦苇、柽柳、白茅草、稗草为主。

据临渭区植站工作人员调查，常年夏蝗出土始期在5月8日左右，出土盛期5月12日左右，3龄盛期6月5日左右，羽化盛期6月20日左右，产卵盛期7月17日左右。天敌种类为蛙类和鸟类。

四、治理对策

近几年来，滩地农民种植意识普遍提高，对河滩地进行精耕细作，及时清除田间、路边杂草，结合低洼地改造，大量种植抑蝗作物莲藕、大豆、黄花菜等，提倡挖塘养鱼，恶化蝗虫生存环境，具体措施：

(1) 认真贯彻"改治并举"方针，结合临渭区当地实际情况，在渭河大堤的坡面营造护堤林带，形成大面积的蝗区林带。宜蝗面积由2 000hm²压缩到1 300hm²。

(2) 重视蝗情调查及预测预报。及时准确监测预报是搞好蝗虫防治的基础，针对蝗虫可能发生的蝗情，临渭区植保站安排2名专业技术人员定期定点系统监测蝗虫发育进度和蝗蝻密度，及时将调查分析情况上报省、市植保站和区农业局，准确掌握蝗虫发生情况并及时发布夏秋蝗趋势预报。

(3) 农作物病虫害兼防兼治，蝗区农户在防治病虫害上，所用的药剂对蝗虫也有防治作用，从而进一步降低了蝗虫的发生。

(4) 加强生态控制，实施生态控蝗，改变蝗区单一的种植模式。及时调整蝗区粮食种植结构，指导群众种植抑蝗农作物如花生、棉花、大豆、黄花菜等。

(5) 注重生物防治和化学防治相结合。临渭区遵照"狠治夏蝗，抑制秋蝗"的策略，不断尝试生物防治，保护利用天敌，充分利用蝗区天敌，起到对蝗虫的生物控制。化学防治药剂主要用菊酯类、甲维盐类进行化学防治。

蒲城县蝗区概况

一、蝗区概况

蒲城县地处陕西关中平原东北部，东与澄城县、大荔县毗邻，西与富平县、铜川市相依，南与渭南市相连，北与白水县接壤。面积1 583.58km²。蒲城县是陕西省的农业大县，下辖17个镇办，275个行政村，现有耕地面积168万亩，粮食作物以小麦、玉米为主。

二、蝗区分布及演变

蒲城县现有蝗区面积6 666.67hm²，划分为两大蝗区，主要分布在卤泊滩和洛河沿岸，蝗虫类型有东亚飞蝗、土蝗等，其中卤泊滩蝗区主要以东亚飞蝗为主，洛河沿岸以土蝗为主。

卤泊滩蝗区：地形平坦，随着地下水位下降，原来部分明水区也已干涸，形成荒滩，常年弃耕。蝗区属于大陆性暖温带气候，年平均降水533.2mm。天敌种类有中华大刀螂、蟾蜍、池鹭、赤麻鸭、喜鹊、麻雀等，植被杂草以芦苇、稗草、马唐、狗尾草等为主，土壤为娄土为主，偏碱性，农作物主要以小麦、玉米为主。

洛河沿岸蝗区：随着退耕还林还草的推广，在洛河沿岸形成了新的洛河沿岸蝗区，主要以土蝗为主，面积约4 000hm²。北起与白水、澄县交界的三眼桥，南至城南村与大荔县接壤，洛河在我县境内全长70km，常流量为15m³/s，最大洪水流量为4 000m³/s，最小流量为5.05m³/s；多年平均径流量9.024亿m³。土质以河淤土、壤土、沙壤土为主。

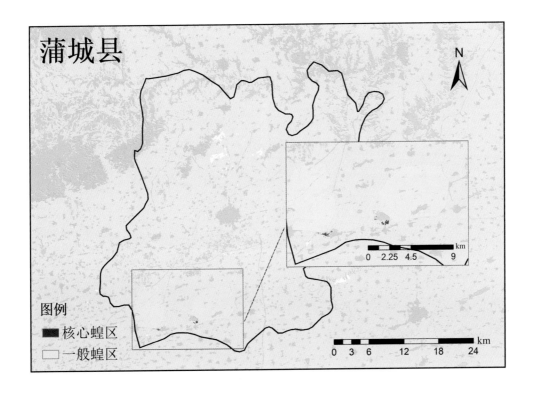

三、蝗虫发生情况

蒲城县蝗区面积2 666.67hm²左右，防治面积666.67hm²，核心蝗区400hm²左右，一般蝗区2 266.67hm²左右。一般蝗区分布在陈庄铁路两边，以铁路南边内府村、富新村、吴家寨等区域为主；核心区域分布在内府卤泊滩、明德村农场区域。

夏蝗出土始期在5月8日左右，出土盛期在5月13日左右，3龄盛期在6月6日左右，羽化盛期在6月11日左右，产卵盛期在7月6日左右。

四、治理措施

（1）做好预测预报工作。预测预报是防蝗的重点，飞蝗发生数量和为害程度，决定于气候、植被及栖息环境等的综合作用。开展蝗虫监测预报，跟踪境内外蝗虫发生发展动态，及时准确发布预报和报告蝗情，对重点蝗区要全面普查，在蝗虫发生和防治的关键时期，要实行值班制度，确保信息传递畅通。做好"三查"工作，即查卵、查蛹、查虫，及时掌握蝗虫分布地点、密度、面积，为开展防治工作提供依据。

（2）加强生态调控。按照现代农业和科学发展观的思路，改造植被，保护生态环境，压缩蝗虫适生地面积，减少蝗虫产卵场所。通过植树造林、种植苜蓿、中药材，发展果业，农田开垦，发展水产养殖等生态治蝗措施，使得宜蝗面积大大缩减，不仅使群众获得了现实的生产效益和经济效益，开拓了致富门路，同时有效地破坏了蝗虫发生的生态条件，缩小了发生面积，降低了蝗虫口密度，起到了根治蝗害的作用。

（3）抓好药剂防治。坚持"预防为主、综合防治"的方针，为了使蝗虫"不起飞不成灾"，应采取生物防治、生态防治和应急防治相结合的方式，努力提升现代治蝗工作水平。目前本县由于防治飞蝗的药剂，仍然以破坏性应急防治的化学农药为主，品种有氯氰菊酯、毒死蜱等。随着农药负面影响越来越受到人们的关注，优先使用生物农药，辅以化学药剂调控，在保护天敌安全以及不污染环境的同时，较为有效地控制蝗虫为害。

潼关县蝗区概况

一、蝗区概况

潼关县属渭南市，位于陕西省关中东部，东临河南省灵宝市，南与商州市洛南县，西与渭南市的华阴市接壤，北与山西省的芮城县相交，面积526km²，南北长28.4km，东西宽24.6km。县辖一个街道五个镇，16.58万人，耕地面积11 330hm²，人均生产总值2.35万元。

二、蝗区分布及演变

潼关县现有蝗区2 600hm²，划分为吊桥、秦东、西北3个蝗区，主要分布在黄河和渭河沿岸滩地、三河口滩地、黄河鸡心滩与滩地接壤的农业地带。蝗虫类型有东亚飞蝗、土蝗等。

蝗区位于县境内北部，黄河主干流由北向南直冲秦东镇花园以西的黄河二级地，折向东流入河南省，境内流程14.5km。渭河从秦东镇四知村入境，在秦东镇花园西汇入黄河，流程12.2km，洛河在西北方向与华阴市相邻处同渭河汇流。由于黄、渭、洛三河在潼关县境内先后交汇，形成一个广阔狭长而平坦的河谷冲积滩地。黄、渭河沿岸滩地、三河口滩地、黄河鸡心滩等属典型的河泛型蝗区。潼关热量和降水量偏少，属暖温带大陆性雨热同季的季风型干旱气候。农作物有玉米、小麦、油菜等。

随着环境条件的改变，由于发展旅游，把黄渭河滩地变成黄河湿地公园，使潼关县蝗区面积缩小，总体蝗情偏轻，再没有高密度蝗群。

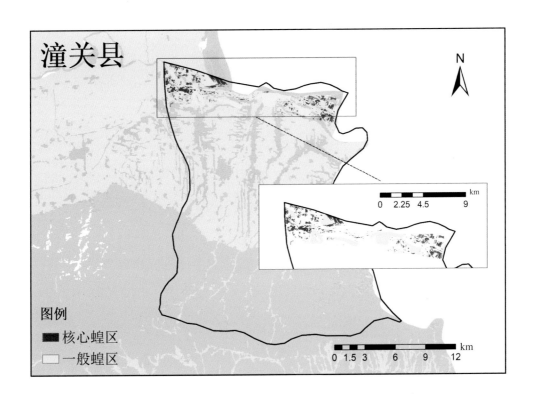

三、蝗虫发生情况

常年发生面积2 600hm²，防治面积2 000hm²，高密度蝗区200hm²。主要集中在黄渭河荒草滩、黄河鸡心滩、农夹荒地带及周边农田。

夏蝗出土始期5月5日，出土盛期为5月18—23日，3龄盛期为6月7—11日，羽化期在6月20—25日左右，7月上旬进入产卵期。

四、治理对策

（1）贯彻"改治并举"方针，结合当地实际，坚决贯彻"狠治夏蝗、抑制秋蝗"的防治策略，针对蝗区类型的差异，采取针对性措施，确保"飞蝗不起飞成灾，土蝗不扩散危害"的防治目标，把蝗虫给农业生产造成的损失控制在最低限度。首先，围歼重点区域。把黄渭河荒草滩、黄河鸡心滩，农夹荒地带作为夏蝗防治重点。组织防蝗应急队进行重点防治，突击围歼。其次，挑治一般区域。组织群众防蝗队，开展挑治。再次，继续搞好生态治蝗。在蝗区继续扩大棉花、西瓜、芦笋等蝗虫非喜食作物种植面积，改变蝗区生态环境，创造蝗虫非适生区域，达到根治蝗灾、标本兼治之目的。

（2）重视蝗情调查及预测预报。在严密布网的基础上，根据监测要求，对三个蝗区，每区固定2名基层查蝗人员，1名专业人员，进一步充实蝗虫监测网络，定点定时做好蝗情监测工作。坚持做到防前查密度，防中查质量，防后查效果。5月底，开展一次蝗蝻普查，分类排队，划分防区，把握时机，有的放矢，及时发布蝗情发生趋势的预报。

（3）农作物病虫害兼防兼治。在蝗虫发生区，一般可结合玉米、小麦等农作物其他病虫害防控进行兼治。一旦发生大面积高密度蝗虫时，及时开展应急防治，控制扩散危害。

（4）加强生态控制。麦收后，扩大种植豆类、油葵等蝗虫非喜食作物，改变蝗区的生态环境。积极引导群众，加大对荒草滩地的开发力度。

（5）注重生物防治。大力推广微孢子虫、绿僵菌、苦参碱等生物防治药剂，减少环境污染，保护水源地生态环境。

武功县蝗区概况

一、蝗区概况

武功县属于咸阳市，位于关中平原中部，陕西省咸阳市西部，东临兴平市，南与周至，西与杨凌、扶风接壤，北与乾县接壤，面积397.8km²，南北长25km，东西宽15.9km，全县总面积397.8km²。县辖区1个街道办事处7镇4社区，耕地面积42.5万亩，年人均生产总值2.9391万元。

二、蝗区分布

武功县现有蝗区2 800hm²，划分为2个蝗区，主要分布在漆水河、渭河流域。蝗虫类型有：东亚飞蝗、土蝗。蝗区地形为西北高、东南低，从北向南呈阶梯跌落。境内有渭河、漆水河、漠峪河等河流，均属渭河水系。

武功县属大陆性季风半湿润气候，四季分明，光照充足，年均气温12.9℃，极端最高温度42℃，是关中中部较热的地区之一；极端最低温度−19.4℃。全年无霜期221天，最多年为255天，最少年为183天。年平均降水量552.6～663.9mm，最多为979.7mm，最少年为327.1mm。自然光、热、水匹配，对粮食作物生长较为有利。天敌种类有麻雀、燕子、猫头鹰等，主要农作物有小麦、玉米。

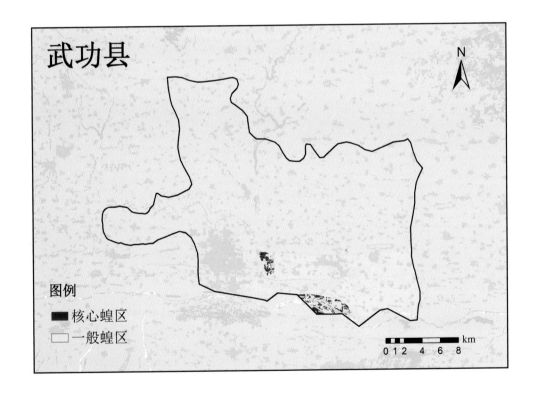

三、蝗虫发生情况

常年发生面积2 866.6hm²，核心蝗区66.6hm²，一般蝗区2 800hm²。夏蝗出土始期在5月上旬，出土盛期在5月中旬，3龄盛期在6月中旬。

四、治理对策

（1）加强蝗虫调查与监测，及时发布信息。

（2）农作物病虫防治兼防蝗虫。

（3）加强生态控制，主要以绿化、苗木改善生态环境，使蝗虫得到有效控制。

（4）加大荒滩地改造，建设渔场、游泳、娱乐设施。

周至县蝗区概况

一、蝗区概况

周至县属西安市，位于陕西省中部，东临鄠邑区，南与佛坪县、宁陕交界，西与太白县、眉县接壤，北与武功县、兴平县、杨凌区和扶风县相邻，总面积2 974km²，县辖22镇376行政村，人口67.2万人（截至2012年），耕地面积90万亩，人均生产总值1.54万元。

二、蝗区分布及演变

现有蝗区2 066.6hm²，划分为2个蝗区，一是渭河沿岸蝗区，主要分布在青化镇、哑柏镇、四屯镇、二曲镇、富仁镇、侯家村镇、尚村镇；二是黑河沿岸蝗区，主要分布在马召镇、司竹镇、尚村镇。蝗虫类型有东亚飞蝗、土蝗等。

2个蝗区地形平坦。主要有农田、苗木、道路、河流等，蝗区水文状况良好，属于暖温带大陆性季风气候，年降水量674.3mm。天敌种类主要有家燕、喜鹊、麻雀、雉鸡、布谷鸟、乌鸦、蜘蛛、步甲、蜥蜴、青蛙、蚂蚁等。沿岸部分区域杂草茂盛，土壤肥沃，苗木花卉长势良好，农作物生长态势良好，主要以猕猴桃、小麦为主。

蝗区自2010年以来，总体蝗情趋于稳定，并呈逐年减少态势。

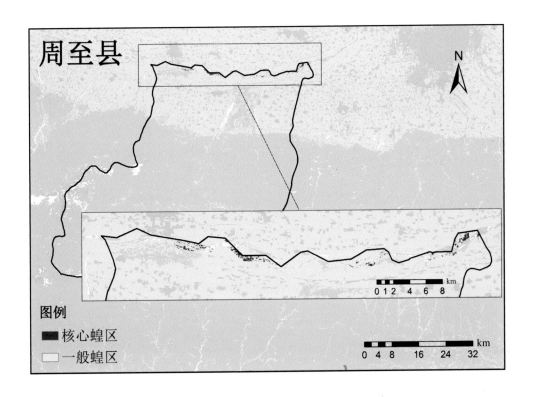

三、蝗虫发生情况

常年发生面积800hm²，防治面积466.6hm²。两个蝗区发生程度均为轻发生。

夏蝗出土始期在5月7日左右，出土盛期在5月9日左右，3龄盛期5月25日左右，羽化盛期为6月15日左右，产卵盛期在7月10日左右。

四、治理对策

（1）贯彻"改治并举"方针，结合当地实际，加强生态控制力度，在渭河和黑河沿岸建设渭河湿地公园及黑河湿地省级自然保护区，减少蝗虫的生存地和产卵地，大力进行渭河、黑河综合整治和砂石治理工作，补齐绿化空段，提升渭河整体景观水平。

（2）重视蝗情调查及预测预报，在往年蝗虫易暴发的季节和地点，技术人员加大频次进行调查，指导群众群防群治，与此同时加大力度培养农民病虫测报员，不断提高蝗虫预测预报的准确性。

（3）农作物病虫害兼防兼治，在小麦、玉米、蔬菜、猕猴桃等主要病虫害统防统治中对蝗虫进行兼防兼治。

（4）加强农业防治力度，一是减少蝗虫的食物源，根据蝗虫不吃苜蓿、果树等食性特点，在渭河和黑河沿岸多种植果树、苜蓿和其他林木，改变蝗区小气候，减少飞蝗产卵繁殖的适生场所；二是做到荒滩垦荒种植，改变蝗虫的栖息环境，减少发生基地的面积；三是提高耕作和栽培技术，达到控制蝗卵的作用，因地制宜，改变作物的布局，减少蝗害。

（5）注重生物防治，目前主要采用的有两种：一是保护和利用当地蝗虫的天敌控制蝗虫；二是采用生物制剂进行防治，主要有绿僵菌和印棟素。

（6）目前防治蝗虫所用化学药剂有：高效氯氰菊酯、吡虫啉、啶虫脒等。

兴平市蝗区概况

一、蝗区概况

兴平市属于咸阳市，位于陕西省中部，东临咸阳市，南傍渭河与周至县、鄠邑区相望，西与武功县接壤，北与礼泉、乾县相交。南北宽22.95km，东西长28.82km，总面积508.94km²。兴平市辖5个街道，7个镇办，总人口62.02万，耕地面积3.18万hm²，人均生产总值3.3万元。

二、蝗区分布及演变

兴平市现有蝗区8 800hm²，属于河泛蝗区，主要分布在渭河流域。蝗虫类型仅为土蝗，目前发现的种类分别为红胫小车蝗、黄胫小车蝗、花胫绿纹蝗、疣蝗、长翅素木蝗、中华剑角蝗、短额负蝗等。

新中国成立后，兴平蝗区面积达10万hm²，主要在渭河流域，禾本科杂草、芦苇、芦竹丛生，适合蝗虫发生繁殖。随着黄河、渭河治理，生境受到破坏，部分荒草地被开垦，面积逐步缩小。直到今日，渭河河堤路道路建设、河床挖沙，滩涂地大面积开发利用，种植经济作物有莲藕、甘薯、花生、油菜、苗木、花卉等；开办养殖场养猪、养牛、养鸡；建设休闲娱乐场所等，蝗虫的发生面积减少到如今8 800hm²。

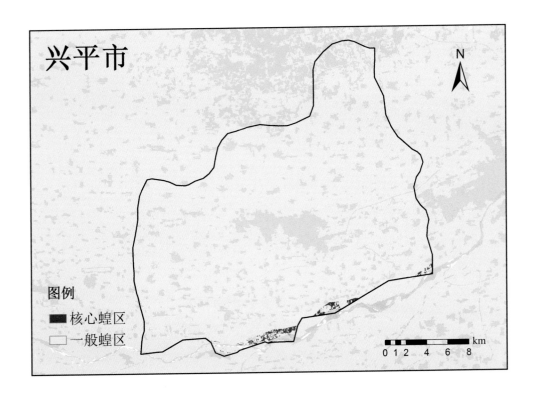

三、蝗虫发生情况

兴平市蝗虫发生面积8 800hm²，一般蝗区8 600hm²，分布沿渭流域桑镇、汤坊镇、丰仪镇、庄头镇、阜寨镇、西吴镇6个镇办，核心蝗区200hm²，涉及丰仪镇和庄头镇。发生平均密度为0.01头/m²，最高0.5头/m²。夏蝗出土始期5月上旬，出土盛期6月上中旬，3龄盛期6月下旬，羽化盛期7月中旬，产卵盛期8月上旬。

四、治理对策

（1）贯彻"改治并举"方针，结合当地实际，合理进行荒地改造，种植农作物，破坏蝗虫发生繁殖的适宜生境。

（2）重视蝗情调查及预测预报，早春调查蝗虫卵块分布及发育进度，预测蝗虫出土时期；定期调查蝗虫发生种类、数量、龄期、分布等，及时向上级业务部门汇报情况。

（3）农作物病虫害兼防兼治，农作物、苗木、花卉、芦苇防病防虫的同时对蝗虫起到兼治作用。

图书在版编目（CIP）数据

中国东亚飞蝗数字化区划与可持续治理/杨普云等主编 . —北京：中国农业出版社，2021.12
ISBN 978-7-109-29182-9

Ⅰ.①中…　Ⅱ.①杨…　Ⅲ.①东亚飞蝗-植物虫害-防治-中国　Ⅳ.①S433.2

中国版本图书馆CIP数据核字（2022）第037152号

审图号：GS（2022）1985号

中国农业出版社出版

地址：北京市朝阳区麦子店街18号楼
邮编：100125
责任编辑：刁乾超　王　凯　吴丽婷
版式设计：李　文　责任校对：刘丽香　责任印制：王　宏
印刷：中农印务有限公司
版次：2021年12月第1版
印次：2021年12月北京第1次印刷
发行：新华书店北京发行所
开本：889mm×1194mm　1/16
印张：31.75
字数：1000千字
定价：298.00元